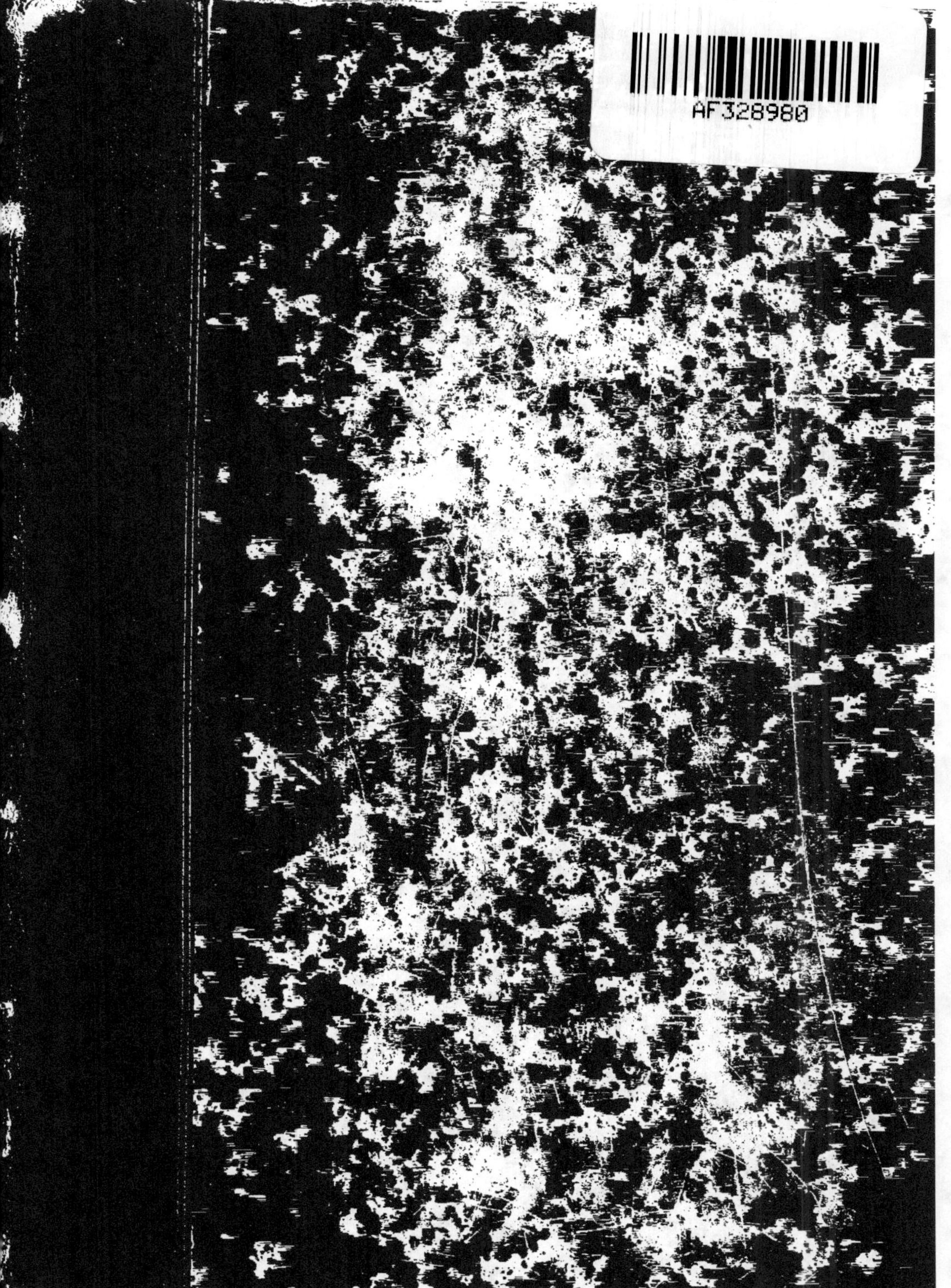

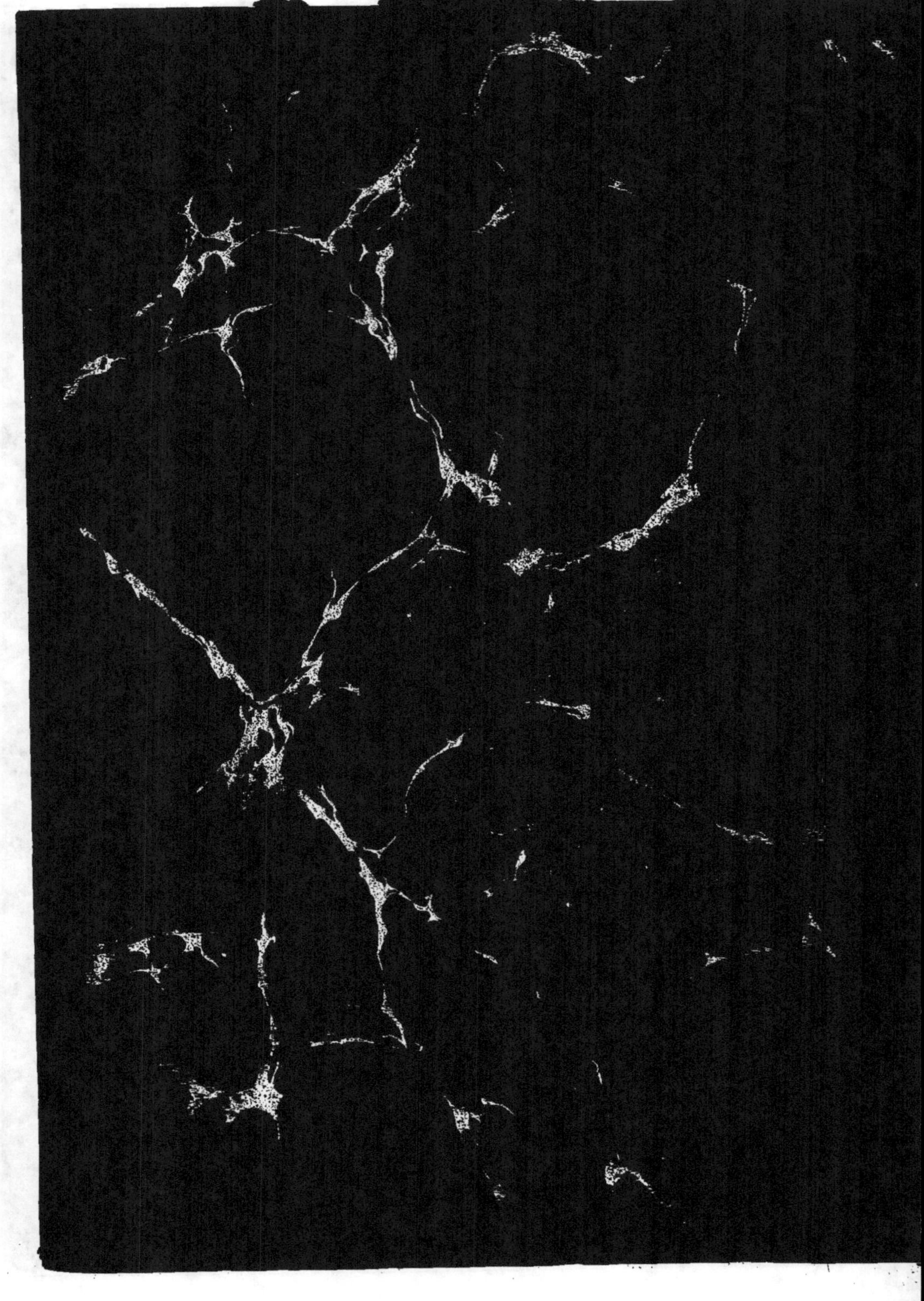

FLORE PITTORESQUE

DE LA FRANCE

BOTANIQUE POPULAIRE ILLUSTRÉE

FLORE PITTORESQUE

DE LA FRANCE

ANATOMIE — PHYSIOLOGIE — CLASSIFICATION — DESCRIPTION

DES PLANTES INDIGÈNES ET CULTIVÉES

AU POINT DE VUE

DE L'AGRICULTURE, DE L'HORTICULTURE ET DE LA SYLVICULTURE

Publiée sous la Direction de J. Rothschild

AVEC LE CONCOURS DE MM.

GUSTAVE HEUZÉ
Inspecteur général
de l'Agriculture

BOUQUET DE LA GRYE
Conservateur des Forêts, Membre
de la Société centrale d'Agriculture

STANISLAS MEUNIER
Aide Naturaliste
au Muséum

J. PIZZETTA
Lauréat
de l'Institut

B. VERLOT
Chef de l'École de
Botanique au Muséum

A L'USAGE DES

Lycées — Collèges — Écoles normales — Écoles primaires — Agriculteurs
Horticulteurs — Forestiers — Artistes, etc.

ORNÉ DE 1000 GRAVURES, AVEC ATLAS DE 82 PLANCHES EN CHROMO ET UNE CARTE AGRICOLE

DEUXIÈME ÉDITION

PARIS

J. ROTHSCHILD, ÉDITEUR

13, RUE DES SAINTS-PÈRES, 13

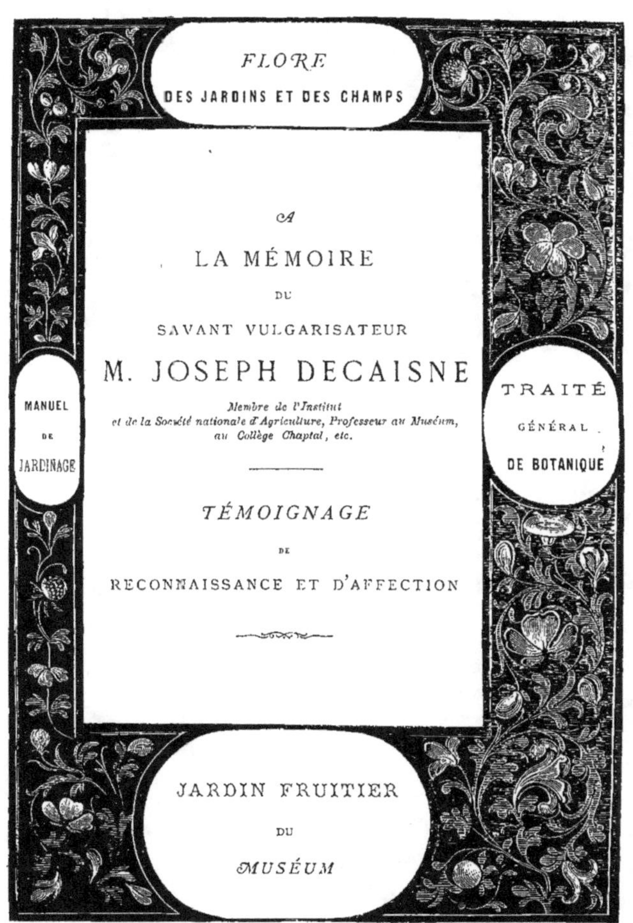
FLORE
DES JARDINS ET DES CHAMPS

MANUEL
DE
JARDINAGE

TRAITÉ
GÉNÉRAL
DE BOTANIQUE

A

LA MÉMOIRE

DU

SAVANT VULGARISATEUR

M. JOSEPH DECAISNE

Membre de l'Institut
et de la Société nationale d'Agriculture, Professeur au Muséum,
au Collège Chaptal, etc.

TÉMOIGNAGE

DE

RECONNAISSANCE ET D'AFFECTION

JARDIN FRUITIER
DU
MUSÉUM

TABLE DES SOMMAIRES

TABLE DES 82 PLANCHES EN COULEUR

AVEC INDICATION DE LEUR PLACEMENT

AVERTISSEMENT DE L'ÉDITEUR

N dédiant cette publication à M. Decaisne, nous avons voulu rendre un dernier hommage au savant éminent, qui a été, pendant plus de quarante ans, l'un des plus vaillants vulgarisateurs de la Botanique et de l'Horticulture.

C'est d'ailleurs une dette de reconnaissance que nous acquittons, car nous ne pouvons oublier que c'est grâce à ses bons conseils que nous avons entrepris la publication de la série d'ouvrages illustrés sur l'Horticulture et sur la Botanique, dont le succès a si puissamment contribué à donner à notre Maison la notoriété dont elle jouit dans le monde savant.

Nous n'avons pas à faire ici l'éloge de la Botanique, cette science au développement de laquelle l'esprit si méthodique des savants français, tels que les Jussieu, les Brongniart, les Decaisne, etc., a tant contribué. Chacun sait qu'elle est la plus utile de toutes les branches de l'histoire naturelle.

N'est-ce pas elle, en effet, qui dirige l'horticulteur dans la recherche de ses acquisitions les plus précieuses; qui apprend à l'agriculteur à connaître non seulement les végétaux utiles, mais aussi ceux que leurs propriétés nuisibles doivent faire soigneusement extirper? N'est-ce pas au règne végétal que la médecine emprunte le plus grand nombre de ses médicaments? Le commerce et l'industrie ne lui doivent-ils pas d'innombrables produits?

Et quand ce ne serait que l'attrait qu'inspire par lui-même ce règne si gracieux, où tout est beau et plein d'harmonie, où la variété le dispute à la profusion, ne serait-ce pas assez pour inviter l'observateur à porter particulièrement son attention vers cette branche aussi utile qu'agréable des connaissances humaines?

Il n'est pas d'étude plus attrayante pour l'homme, quelle que soit sa condition ou sa fortune; il n'en est pas de plus convenable à tous les âges, ni de plus propre à charmer nos loisirs ou à calmer nos douleurs. Elle fait les délices de notre séjour à la campagne; elle fortifie notre corps par l'exercice salutaire de l'herborisation, et notre esprit par l'observation et l'analyse; enfin, elle nous inspire des goûts simples bien préférables aux amusements frivoles des villes.

La Botanique est la science de tous les temps et de tous les lieux. Partout on trouve des plantes et dans toutes les saisons. Le Botaniste ne peut faire un pas dans la campagne sans se voir entouré d'objets qui le charment, qui sollicitent ses regards et réclament son attention. L'hiver même il en jouit encore, lorsqu'assis au coin du feu, il revoit dans son herbier les plantes qu'il a cueillies pendant la belle saison. Elles sont, il est vrai, desséchées et sans vie; mais elles lui rappellent ses promenades champêtres et les doux instants qu'il a passés à les observer lorsqu'elles étaient brillantes de fraîcheur.

Depuis bientôt quinze ans l'excellent ouvrage sur les Familles végétales, du docteur Le Maout, est complètement épuisé; on a publié, il est vrai, beaucoup de Flores et de Traités illustrés, mais aucune de ces publications ne répond aux désirs des lecteurs qui veulent trouver dans un même ouvrage un Traité de Botanique et une Flore, illustrés de *planches en couleurs, de nombreuses vignettes de détail et du port des plantes dans le texte.*

Nous avons été assez heureux pour trouver un botaniste qui a bien voulu suivre ces idées, et en offrant aujourd'hui cette nouvelle Flore française *au public, nous croyons devoir expliquer en quoi elle diffère de celles qui l'ont précédée.*

Tous ces livres, recommandables à beaucoup de titres, sont toujours écrits dans un langage tout technique, et présentent par cela même de grandes difficultés à ceux qui ne sont pas déjà familiers avec la science. La Botanique est ainsi rendue inaccessible à un grand nombre de personnes qui, attirées par le goût des fleurs, sont rebutées par l'aridité de leur étude.

Nous nous sommes proposé d'éviter ces inconvénients et d'offrir aux instituteurs, à la jeunesse, aux gens du monde, aux cultivateurs, aux jardiniers et aux forestiers une Flore française *accessible à ceux qui ne savent pas encore, mais qui ont le désir d'apprendre. Ceux-là trouveront dans notre ouvrage une introduction à des études plus complètes, en même temps qu'un résumé de ce que l'observation et la science nous ont appris sur les propriétés et sur l'utilité des plantes de notre pays.*

Nous avons restreint, autant que possible, le nombre des termes techniques, et évité ce néologisme sans frein, que déjà Linné appelait une calamité, et qui a pris de nos jours une extension bien faite pour effrayer la mémoire la plus robuste; nous avons suivi la classification de De Candolle, en la mettant dans toutes ses parties à la portée du public, qui sera à même, au moyen de nos tableaux, d'apprendre rapidement la classification.

Nous avons cru devoir faire précéder dans notre Flore *les noms scientifiques latins des noms français, tels qu'ils sont adoptés généralement par les Botanistes.*

L'un des principaux mérites de notre ouvrage est l'exactitude et le nombre des figures.

Notre Atlas, qui est en même temps un charmant Album de Salon, forme un Genera complet de 500 Plantes en couleurs, dans lequel toutes les espèces typiques ont été figurées avec soin ; les vignettes en noir, intercalées dans le texte, en sont le complément.

La Flore descriptive est précédée de notions élémentaires de Botanique, d'un Vocabulaire des mots techniques, d'instructions sur les herborisations d'après les données de la Commission du Ministère de l'Instruction publique ; — on y indique les meilleurs procédés pour la conservation des végétaux et pour la préparation microscopique de leurs organes ; et des Tableaux dichotomiques permettent d'arriver sans difficulté à reconnaître la famille à laquelle appartient une plante quelconque.

Enfin, l'ouvrage se termine par plusieurs chapitres consacrés à l'histoire végétale de la France, aux points de vue agricole, horticole, sylvicole et paléontologique. Ces monographies, accompagnées de nombreuses illustrations, sont dues aux plumes savantes de MM. Heuzé, Bouquet de la Grye, Stanislas Meunier et Verlot.

Il nous reste à remercier sincèrement les honorables savants, professeurs et spécialistes qui ont bien voulu nous aider de leurs excellents conseils. Grâce à leur concours spontané, notre bel ouvrage se trouve entièrement à la hauteur de la Science actuelle, et remplira une lacune regrettable de notre Bibliothèque scientifique populaire.

INTRODUCTION

ANATOMIE - PHYSIOLOGIE
CLASSIFICATION
HERBORISATION — GLOSSAIRE

FLORE PITTORESQUE DE LA FRANCE

BERNARD et Ant. L. de JUSSIEUX.

ORGANOGRAPHIE

OMME tous les êtres vivants, les plantes ont des organes, et ces organes remplissent des fonctions. Tant que ces fonctions se soutiennent avec énergie, la plante vit; si elles languissent, elle est malade; si elles s'arrêtent, elle meurt. Naître, s'accroître, se reproduire et mourir, tel est le sort de. la plante comme de l'animal.

2. — De même que les phénomènes de la vie sont moins complexes chez les végétaux que chez les animaux, de même aussi l'organisme y est moins compliqué. Dépourvus

de sensibilité et de mouvement volontaire, les fonctions n'y sont plus que de deux sortes : la *nutrition* qui entretient la vie des individus, et la *reproduction* qui assure la durée des espèces.

3. — Si nous examinons un peu attentivement un des végétaux qui nous entourent le plus communément, nous reconnaîtrons au premier coup d'œil un axe principal ou corps, en partie plongé dans la terre, la *racine*, en partie aérien, la *tige*. Celle-ci porte des *feuilles*, à la base desquelles se voient de petits boutons destinés à se développer plus tard en rameaux chargés de feuilles : ce sont les *bourgeons*. Avec sa racine, sa tige, ses feuilles et ses bourgeons, un végétal peut vivre sans fleurir ; mais il ne peut devenir fécond, c'est-à-dire produire les graines d'où naîtront d'autres végétaux semblables à lui. Pour remplir cette seconde partie de ses fonctions, il épanouit ses *fleurs* ; celles-ci produisent plus tard un *fruit* dans lequel mûrit la *graine*, qui, déposée dans la terre, donnera naissance au jeune végétal. Il est donc facile de spécialiser les organes principaux d'une plante ; 1° organes de nutrition : racine, tige, feuilles, bourgeons ; 2° organes de reproduction : fleur, fruit, graine. Nous examinerons chacun d'eux en particulier ; mais avant, il nous faut dire quelques mots de leur structure intime.

4. — Si l'on fend dans sa longueur la tige d'une plante, on voit qu'elle se compose de filets blancs tenaces, placés les uns à côté des autres, et formant des faisceaux plus difficiles à rompre en travers qu'à séparer longitudinalement ; ce sont les *fibres*. Entre ces fibres est répandue une matière molle, spongieuse, verte dans les jeunes rameaux : c'est le *parenchyme*. On reconnaît la même organisation dans les feuilles, il n'y a de différence que dans les proportions réciproques du parenchyme et des fibres : le premier y est plus abondant.

5. — Le tissu interne de tous les végétaux se compose d'un nombre infini de petits utricules ou *cellules* contiguës, dont la paroi est formée de cellulose. Les cellules isolées ont souvent la forme ovoïde ou globuleuse ; quand elles sont réunies, elles présentent des modifications nombreuses et sont polyédriques, comme dans le tissu cellulaire ou parenchyme ; ou sont cylindriques et très allongées dans les fibres, les vaisseaux. Les cellules renferment dans leur intérieur diverses substances,

soit gazeuses (air, oxygène), soit liquides (eau, matières huileuses), soit enfin solides (chlorophylle, fécule, cristaux).

6. — La *chlorophylle* est la substance qui donne aux végétaux leur couleur verte; ce sont des granules de nature résineuse, qui se développent sous l'influence de la lumière. On sait que les plantes maintenues dans l'obscurité sont incolores ou, comme on dit, étiolées.

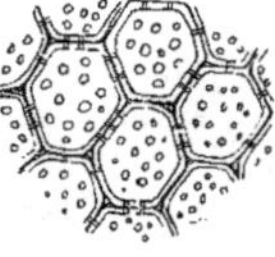

Fig. 4. — Moelle de Sureau (Cellules grossies).

7. — Les cellules polyédriques qui forment le parenchyme et que l'on distingue facilement dans la moelle de sureau (fig. 4) et la chair des fruits pulpeux, adhèrent entre elles au moyen d'une matière mucilagineuse étalée en couches minces entre les cellules. Celles-ci laissent aussi souvent entre elles des vides, des lacunes plus ou moins étendus (fig. 5).

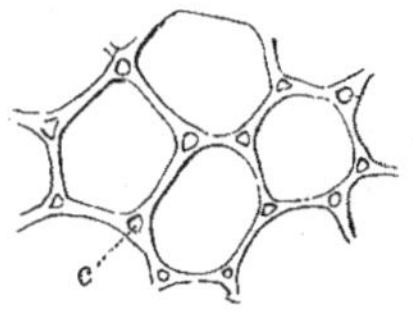

Fig. 5.
Cellules et lacunes.

8. — Les *fibres* sont des cellules allongées, cylindriques, à parois épaisses se touchant latéralement, qui, superposées bout à bout en empiétant l'une sur l'autre par leur extrémité amincie en fuseau, forment les fibres ligneuses du bois et celles du liber, (fig. 6 et 7). Ces fibres ne contiennent jamais de chlorophylle.

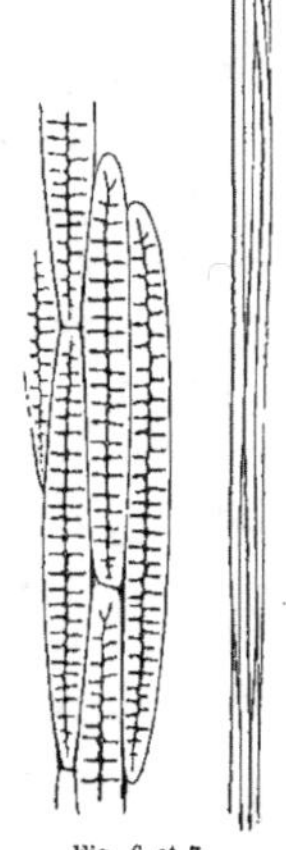

Fig. 6 et 7.
Fibres ligneuses.

9. — Les *vaisseaux* sont de longs tubes offrant, de distance en distance, des rétrécissements dûs à ce qu'ils sont formés de cellules superposées ou articulées bout à bout. Ils ne sont jamais unis, et présentent toujours des ponctuations, des raies, des anneaux ou des spirales, provenant de l'épaississement partiel de leur membrane (fig. 8). Les vaisseaux spiraux, auxquels on donne aussi le nom de *trachées*, sont garnis à l'intérieur d'un fil spiral qu'on a comparé à ceux que l'on fabriquait en laiton pour les élastiques de bretelles (fig. 9). Ces vaisseaux sont les principaux conduits de la sève; mais il en est d'autres, désignés sous le nom de vaisseaux propres, tubes membraneux à parois lisses qui

s'anastomosent entre eux et sont remplis par un suc particulier, le *latex,*
d'où le nom de vaisseaux laticifères (fig. 10).

Fig. 8. — Vaisseaux.

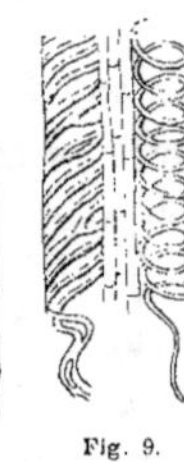

Fig. 9.
Trachées.

10. — Sur toute la surface du
végétal à l'exception des racines
s'étend une mince enveloppe, l'*épiderme,* constituée par des cellules
aplaties, soudées intimement. Elle
offre de distance en distance des
ouvertures ou pores que l'on nomme
stomates (fig. 11 et 12). L'épiderme
n'existe pas dans la plupart des
végétaux cryptogames, ni dans les
parties submergées des plantes aquatiques. La couche externe de la
membrane des cellules épidermiques forme une pellicule très mince, la
cuticule, qui recouvre toute la plante et ne manque qu'à l'ouverture
des stomates; elle existe toujours, même là où l'épiderme manque; les
cryptogames et les plantes submergées en sont revêtues.

11. — Les *stomates* (du grec *stoma*, bouche) sont de petites ouvertures
en forme de boutonnières que l'on trouve en général sur toutes les parties
herbacées exposées au contact de l'air. Ils sont inégalement répartis sur le dessus et le dessous de la
feuille, mais plus abondants en-dessous. Ces organes jouent un rôle important dans la respiration.

12. — L'axe végétal présente deux aspects différents : la partie aérienne, la tige, pourvue de
feuilles, verte, au moins sur les jeunes rameaux, se
ramifie de bas en haut et s'amincit à mesure qu'elle
se ramifie; de sorte que son point le plus volumineux touche le sol. La partie souterraine, la racine,
dépourvue de feuilles, jamais verte, se ramifie de
haut en bas et s'amincit à mesure qu'elle s'enfonce

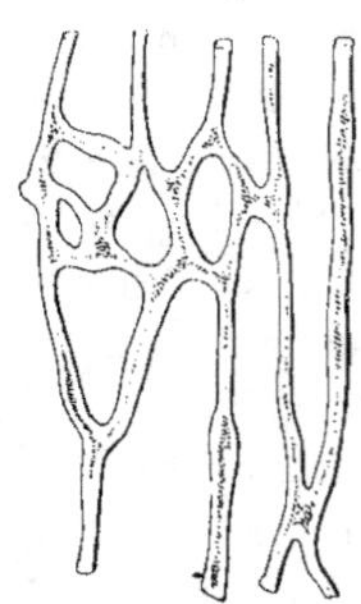

Fig. 10.
Vaisseaux laticifères.

en terre. Il en résulte deux corps rameux s'appliquant l'un contre l'autre
par leur portion la plus élargie et se développant en sens inverse. Le
point où ces deux portions de l'axe végétal se joignent, se nomme le
collet (fig. 13 C).

13. — La Racine (R) sert à fixer la plante au sol et à y puiser la nourriture nécessaire à l'accroissement du végétal. Quelques plantes manquent de racines, telles sont celles qui vivent en parasites sur d'autres végétaux, comme le Gui, la Cuscute, les Orobanches.

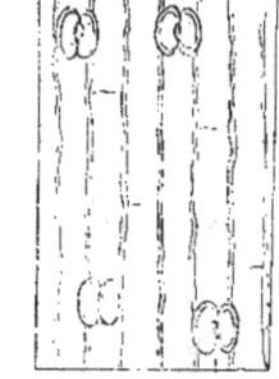

Fig. 11.
Stomates du Réséda.

Fig. 12.
Stomates du Lis.

14. — Tantôt la racine reste simple, tantôt elle se ramifie très irrégulièrement. Son axe ou ses branches émettent des radicelles dont l'ensemble constitue ce qu'on nomme le *chevelu ;* ces radicelles se terminent par une partie sèche et dure, la coiffe, et sont garnies au-dessus de leur pointe d'un duvet délicat de poils très déliés qui constituent le système absorbant.

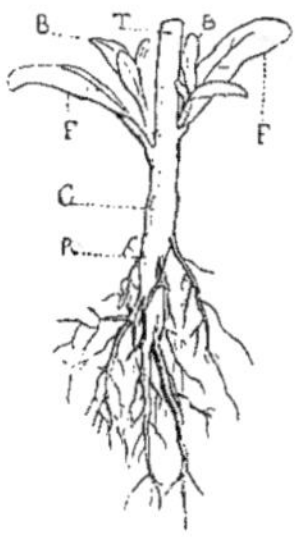

15 — Les racines à base unique, qui s'enfoncent verticalement dans le sol, sont dites *pivotantes* (fig. 13 à 15) ; on les dit *fibreuses*, quand le faisceau partant du collet se compose de filets minces, allongés et peu ou point rameux (fig. 17) ; *noueuses,* quand les fibres se renflent de distance en distance comme dans la filipendule (fig. 18) ; *tubéreuses,* lorsque le faisceau se compose de fibres très renflées à leur milieu et remplies de fécule,

Fig. 13. — Axe végétal.

comme dans la Ficaire (fig. 19). Les racines qui naissent sur les rameaux inférieurs des plantes rampantes, comme le fraisier, le lierre terrestre, se nomment *adventives.* Quant aux tubercules, aux oignons, aux rhizomes, ils appartiennent à la tige.

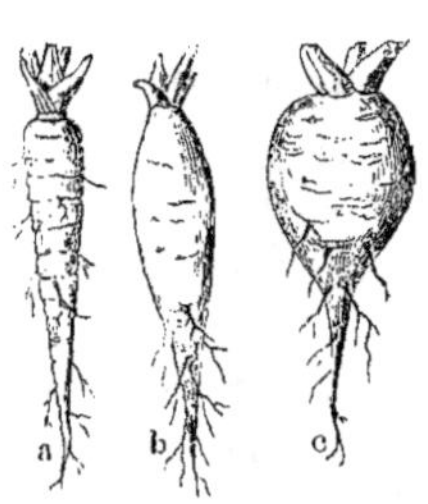

16. — La Tige est la partie aérienne de l'axe végétal qui porte les feuilles et les fleurs. Elle se ramifie au moyen des bourgeons qui naissent à l'aisselle des feuilles. La tige existe dans tous les végétaux phanérogames ; mais parfois elle est si peu apparente, que les feuilles et le

Fig. 14. — Racine de Carotte.
» 15. — » de Navet.
» 16. — » de Rave.

rameau floral semblent naître de la racine ; la plante est alors dite *acaule* (sans tige), tels sont le pissenlit, le plantain, etc.

17. — La tige est dite *vivace*, quand elle vit plusieurs années; *annuelle*, quand elle ne vit qu'un an; *bisannuelle*, quand elle vit deux ans, comme la carotte. Ordinairement la tige bisannuelle ne produit la première année que des feuilles, la seconde année elle meurt après avoir fleuri. La tige est *herbacée*, lorsqu'elle est molle et facile à briser; elle est *ligneuse*, quand elle forme un bois solide qui persiste après son endurcissement. On a donné le nom de *tronc* à la tige ligneuse des arbres; celui des Palmiers prend le nom de *stipe*; les tiges tortueuses qui, comme celles de la vigne, ont besoin de supports pour se soutenir, s'appellent *sarments*; celles des graminées, qui sont creuses avec des nœuds de distance

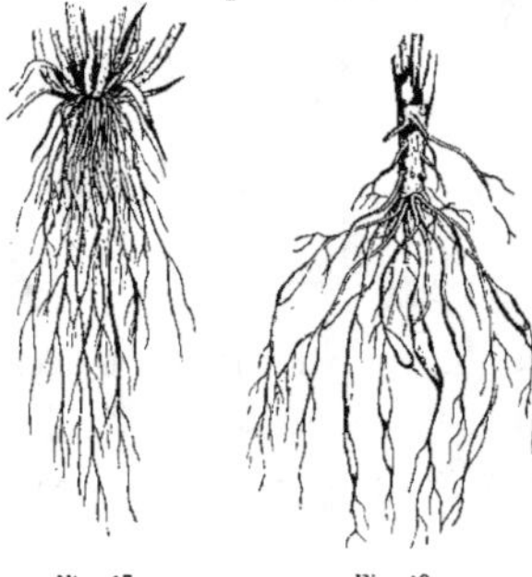

Fig. 17.
Racine fibreuse.

Fig. 18.
Racine noueuse.

en distance, sont des *chaumes*. Suivant leur taille et la disposition des rameaux, les plantes ligneuses sont dites : *arbres*, lorsqu'elles acquièrent une grande élévation et ne se ramifient qu'à une certaine hauteur au-dessus du sol; *arbrisseaux*, lorsqu'elles s'élèvent peu et sont plus faibles; *arbustes*, si elles restent basses et se ramifient au sortir du sol.

Suivant sa direction, on dit que la tige est *fastigiée*, si elle s'élève verticalement et dirige sa pointe vers le ciel (peuplier, sapin); *ascendante*, si elle est inclinée à la base et s'élève ensuite; *grimpante*, lorsqu'elle s'attache aux corps voisins (lierre); *volubile*,

Fig. 19. — Racine tubéreuse.

quand elle s'enroule autour d'autres plantes (liseron); *rampante*, si elle s'étend sur le sol sans s'enraciner (melon); *traçante* et *stolonifère*, lorsqu'elle s'étend sur le sol et y prend racine par des *stolons* ou rejets (fraisier).

18. — La tige est quelquefois souterraine et n'émet au dehors que

des feuilles, comme la fougère, ou des feuilles et des fleurs, comme le carex. On lui donne alors le nom de *souche* ou de *rhizome* (fig. 20).

19. — Le *bulbe* ou *oignon* est une tige souterraine arrondie, composée

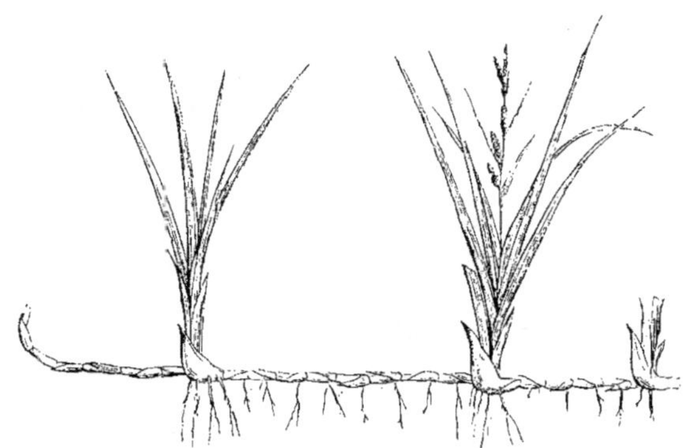

Fig. 20. — Carex Rhizome.

d'un plateau charnu qui, inférieurement, donne naissance à des racines et, supérieurement, à un bourgeon entouré d'écailles, comme l'oignon, le lis, la jacinthe (fig. 21). On y voit souvent des bourgeons latéraux destinés à répéter la plante; on donne à ceux-ci le nom de *caïeux* (fig. 22).

20. — Les *tubercules* sont des rameaux rampant sous le sol et gonflés de fécule. Ces renflements portent des yeux ou bourgeons qui, en se développant, fournissent une tige droite; c'est ce que l'on voit dans le topinambour et la pomme de terre.

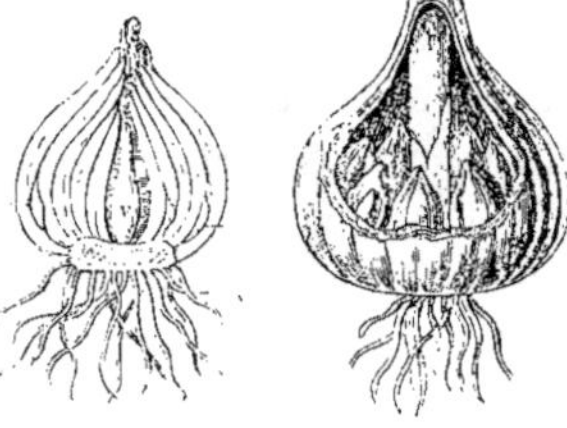

Fig. 21. — Bulbe.   Fig. 22. — Caïeux.

21. — Suivant sa forme et sa nature, on dit la tige cylindrique, comprimée, triangulaire, quadrangulaire, polygonale, noueuse, articulée, striée, cannelée, sillonnée, épineuse, glabre, velue, cotonneuse, hérissée, etc., expressions qui s'expliquent d'elles-mêmes.

22. — Considérées par rapport à leur structure, les tiges offrent trois types différents suivant qu'elles sont fournies par les plantes dicotylédones, monocotylédones ou acotylédones.

Nous étudierons surtout les espèces ligneuses, comme offrant un développement plus complet des diverses parties.

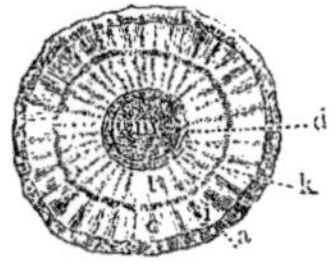

Fig. 23.
Coupe horizontale de Tige
dicotylédone.

23. — DICOTYLÉDONES. — Le tronc ou tige des arbres dicotylédonés est conique et plus ou moins ramifié à sa partie supérieure. Il est formé de parties concentriques qui sont, en procédant du centre à la circonférence (fig. 23) : une *moelle* centrale (*m*) qui forme une colonne cylindrique enfermée dans le *canal médullaire;* celui-ci est formé d'une couche de trachées et de vaisseaux annelés; les *couches ligneuses* (*l*) ou le bois proprement dit, composées de fibres tubuleuses dont les parois sont d'autant plus épaisses qu'elles appartiennent à des couches plus anciennes, c'est-à-dire plus intérieures; celles-ci constituent le cœur ou *duramen* (*d*); les plus récentes ou les plus extérieures, plus pâles et moins dures forment l'*aubier* (*a*). Chaque couche ligneuse est le produit d'une année, de sorte qu'on peut connaître l'âge d'une tige ou d'un rameau en comptant le nombre des couches qu'il présente. A la limite extérieure du bois commence l'écorce : c'est d'abord le *liber*, formé de fibres épaisses et résistantes auxquelles on donne le nom de

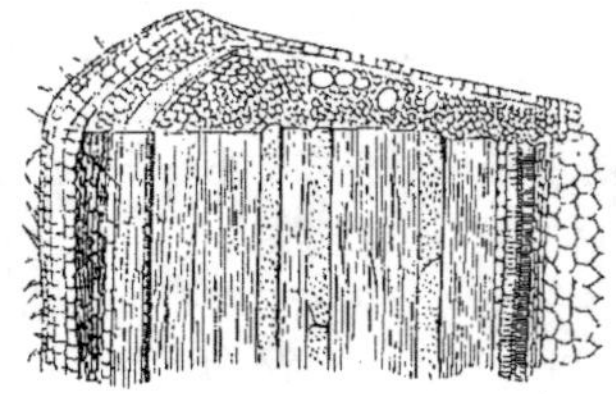

Fig. 24. — Tranche verticale de Tige dicotylédone.

fibres corticales; puis une couche verte et tendre ou *enveloppe herbacée* qu'on nomme *moelle externe;* puis enfin l'*épiderme* et la *cuticule,* dont nous avons déjà parlé (10). Des *rayons médullaires* unissent la moelle externe à la moelle centrale: ce sont des lames de tissu médullaire qui rayonnent du centre à la circonférence; tous, cependant ne partent pas de la moelle centrale, il en est qui prennent naissance dans les diverses couches ligneuses pour se rendre à la moelle externe (fig. 24). La sève dépose, chaque année, entre l'écorce et le corps ligneux, une nouvelle couche qui donne au végétal l'accroissement en épaisseur et en hauteur.

24. — L'écorce de quelques plantes est filamenteuse et sert à préparer des matières textiles, comme le lin, le chanvre, l'ortie. Dans le chêne-liège les couches corticales, très épaisses et élastiques, fournissent ces plaques de liège qu'on détache après une période de dix ans.

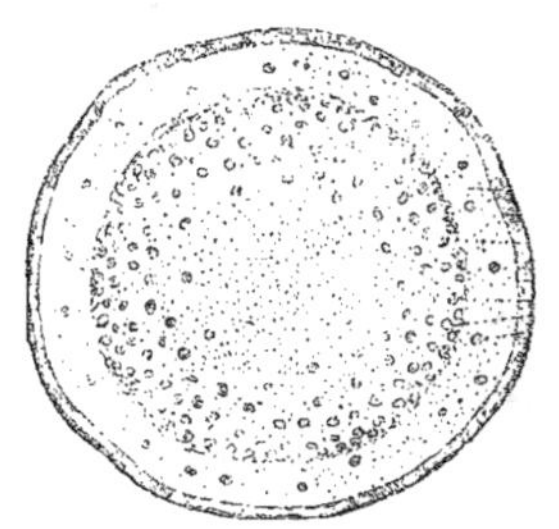

Fig. 25.
Coupe en travers de Tige monocotylédone.

25. — MONOCOTYLÉDONES. — La tige ligneuse des monocotylédones à laquelle on a donné le nom de *stipe,* se compose d'un grand nombre de fibres plus rapprochées vers la circonférence que vers le centre de la tige, et qui ne donnent pas de couches régulières concentriques de ligneux (fig. 25). Les feuilles qui les embrassent étroitement par la base forment une sorte d'enveloppe recouvrant une couche de tissu cellulaire très-mince. La masse est formée de fibres entremêlées de trachées et de vaisseaux. Dans les tiges ligneuses monocotylédonées, les bourgeons sont ordinairement terminaux et la tige paraît s'accroître de dedans en dehors (*endogène*).

Fig. 26.
Coupe en travers de Tige acotylédone
(Fougère).

26. — ACOTYLÉDONES. — La tige ligneuse des fougères offre des faisceaux fibreux très développés, disposés en cercle non continu autour de la moelle et en dedans d'une couche interne cellulaire (fig. 26). Dans les lichens, les champignons, les algues, le tissu est complètement cellulaire.

27. — FEUILLES. Les feuilles sont des expansions ordinairement planes, vertes et horizontales, naissant sur la tige ou ses rameaux et résultant de l'épanouissement d'un faisceau de fibres dont les ramifications laissent entre elles des intervalles que remplit le parenchyme. Jamais elles ne naissent sur les racines, et lorsqu'elles semblent s'y

insérer, c'est que cette racine sous forme de rhizome, de bulbe ou de tubercule est une véritable tige souterraine. Les feuilles sont, avec les

racines, les organes principaux de la nutrition ; elles absorbent dans l'atmosphère les substances gazeuses et liquides qui concourent à l'accroissement du végétal, et servent en outre à la transpiration.

28. — On distingue dans la feuille le *pétiole* et le *limbe*.

29. — Le *pétiole,* vulgairement queue de la feuille, est ordinairement cylindrique, ou creusé en gouttière, quelquefois comprimé, d'autres fois renflé, ou dilaté de façon à former une espèce de limbe, on le dit alors *ailé* (oranger, fig. 27). Lorsque la base du pétiole est élargie de manière à occuper une partie de la circonférence de la tige, on le dit *amplexicaule* (renoncule); s'il forme autour de la tige un fourreau, la feuille est dite *engainante* (carex, froment).

Fig. 27.
Feuille d'Oranger.

3o. — Les *stipules* sont des appendices, plus ou moins analogues à des feuilles, placés à la base du pétiole ou du limbe. Elles sont *foliacées* (fig, 28), *écailleuses, épineuses ;* les *vrilles* sont des stipules *cirrhiformes* qui s'allongent pour s'enrouler autour des corps voisins.

3i. — Le *limbe,* ou feuille proprement dite, est formé par l'épanouissement des fibres ; on le dit *pédonculé* quand il est porté par un pétiole ; lorsque celui-ci manque, et que le limbe s'épanouit immédiatement au sortir de la tige, la feuille est dite *sessile* (fig. 29 à 33). Les nervures des feuilles sont dites *parallèles,* lorsqu'elles marchent le long du limbe à égale distance les unes des autres et sans se ramifier, comme dans l'iris; *rameuses,* quand elles se subdivisent dans le limbe; celui-ci est *penninervié* (fig. 34), quand la nervure médiane émet des nervures latérales disposées comme les barbes d'une plume (cerisier); *palminervié,* quand de la base du limbe partent plusieurs

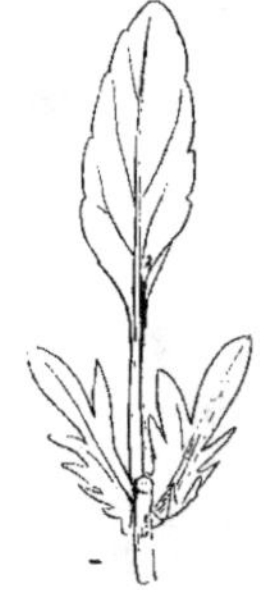

Fig. 28.
Pensée (Stipules).

nervures divergentes et disposées comme les doigts de la main (fig. 41). — On nomme les feuilles *radicales,* lorsqu'elles naissent près du collet de la plante ou d'une souche souterraine (pissenlit, iris); *caulinaires,* quand elles poussent sur la tige et sur les rameaux. Les feuilles sont embrassantes ou *amplexicaules,* quand la base de leur pétiole ou de leur limbe entoure la tige (fig. 29); *décurrentes* (fig. 30), quand leur limbe se prolonge sur la tige avant de s'en détacher (consoude); *con-*

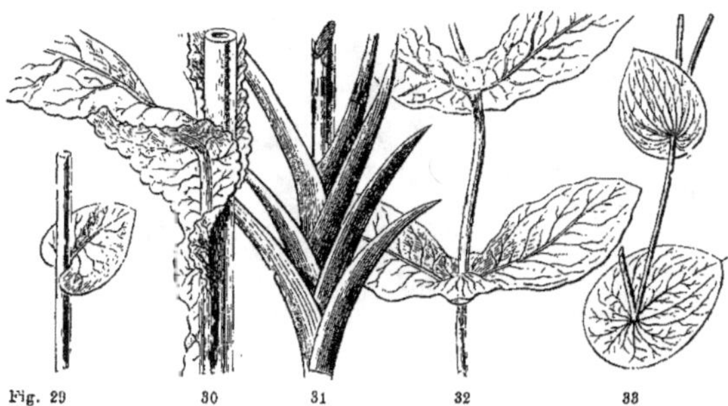

Fig. 29 à 33. — FEUILLES : 29 amplexicante — 30 décurrente — 31 chevauchante — 32 connée — 33 perfoliée.

fluentes (fig. 32); ou *connées* quand, étant opposées, elles se joignent par leurs bases entre lesquelles passe la tige; lorsque c'est une feuille unique dont la base s'étale et enveloppe complètement la tige, on la dit *perfoliée*, (fig. 33).

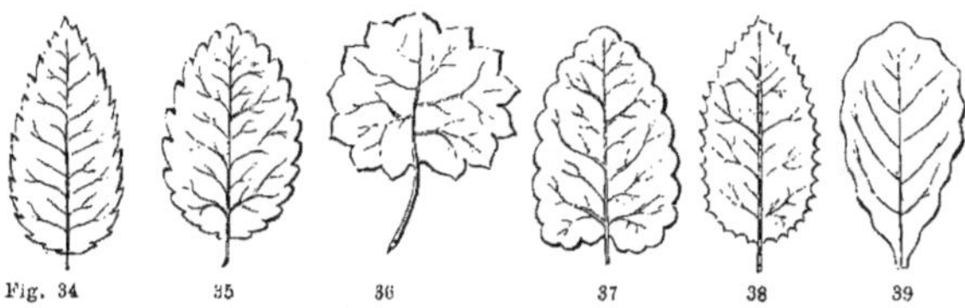

Fig. 34 à 39. — FEUILLES : Fig. 34 en scie — 35 à 37 crénelées — 38 dentée — 39 ondulée.

32. — Relativement à la position qu'elles occupent sur la tige ou les rameaux, les feuilles sont *opposées,* c'est-à-dire situées deux à deux sur le même plan et vis-à-vis l'une de l'autre; *alternes,* ou placées à des hauteurs différentes; *verticillées,* groupées circulairement autour de la tige comme une couronne; *géminées,* naissant deux à deux du même point; *fasciculées,* réunies en faisceau.

33. — Le limbe offre deux faces, dont la supérieure est généralement plus lisse, plus luisante et moins chargée de stomates, et dont l'inférieure est plus velue, à nervures plus saillantes, et porte un plus grand nombre de stomates. Sa forme est extrêmement variable : linéaire, ensiforme, lancéolée, sagittée, ovale, orbiculaire, triangulaire, etc. ; sa base

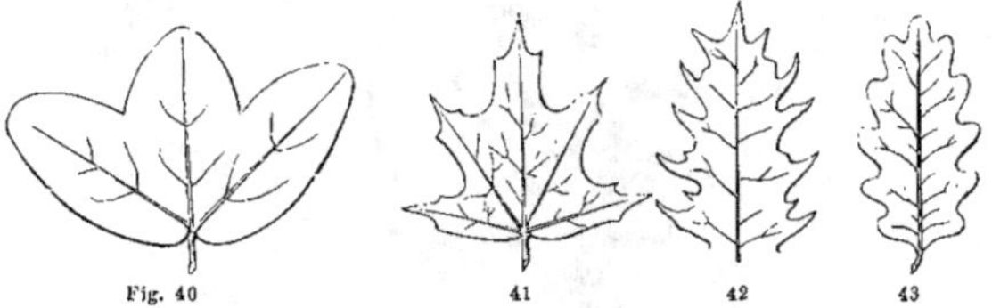

Fig. 40 à 43. — FEUILLES : Fig. 40 trilobée. — 41 et 42 laciniées — 43 sinuée.

peut être obtuse, acuminée, émarginée, cordiforme ; son sommet peut être obtus, acuminé, émarginé, épineux. Ses bords peuvent être lisses, dentés, dentelés, en scie, crénelés, plus ou moins découpés, et l'on indique ces divers genres de découpures par des expressions spéciales : ainsi on la dit *fide* (bifide, trifide, quadrifide), quand la division ne va

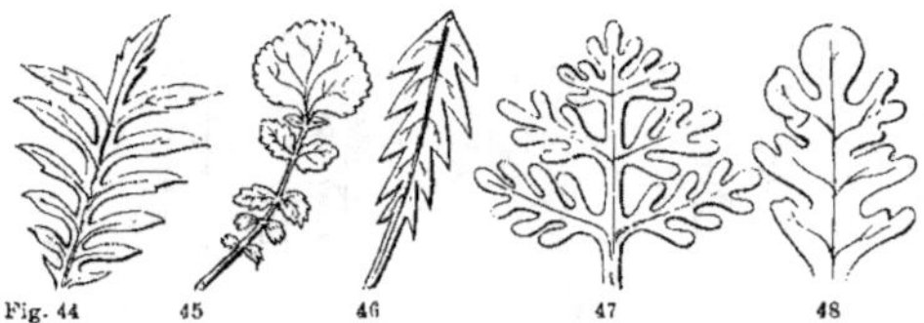

Fig. 44 à 48. — FEUILLES : 44 pinnatifide — 45 lyrée — 46 roncinée — 47 bipennatifide — 48 pennatiséquée.

que jusqu'à la moitié ; *séquée,* lorsqu'elle va jusqu'à la nervure ; *lobée,* quand on ne peut préciser la profondeur des découpures.

Nous donnons ici un spécimen des principales formes des feuilles (fig. 34 à 48).

34. — Les feuilles sont simples ou composées : La *feuille simple* est celle dont le pétiole n'offre aucune division, dont le disque est continu dans toute son étendue, qu'il soit entier ou offre des découpures plus

ou moins profondes. La *feuille composée* est formée de la réunion d'un plus ou moins grand nombre de petites feuilles ou folioles distinctes et portées sur un pétiole commun; on donne alors à celui-ci le nom de *rachis* et celui de *pétiolules* aux petits pétioles qui s'y rattachent (acacia, pois, rosier, fig. 49). — On dit la feuille *digitée,* lorsque les folioles sont disposées au sommet du pétiole, comme les doigts de la main (marronnier, fig. 50). Quand les folioles sont placées parallèlement sur les côtés du rachis, on les dit *ailées* ou *pinnées* (rosier, acacia); chaque couple de folioles se nomme alors *paire.* Si la feuille composée de plusieurs paires de folioles se termine

Fig. 49. — Feuille composée.

par une foliole unique, elle est *imparipennée;* sans foliole impaire, elle est *paripennée.* On donne le nom de feuille *décomposée* à celle qui, sans être réellement composée, est découpée en un grand nombre de lanières inégales, indéfiniment divisées. C'est le cas de la plupart des plantes de la famille des ombellifères (fig. 51).

35. — Les feuilles jouent un rôle important pour l'entretien et le développement des végétaux, en attirant la sève dans la partie supérieure de la tige, en exhalant, sous forme de vapeur, l'eau qu'ils ont en excès, en puisant l'acide carbonique dans l'atmosphère et y rejetant l'oxygène qui ne leur est pas utile.

Fig. 50. — Feuille digitée.

36. — Bourgeons. Pendant la végétation des plantes vivaces, on voit apparaître à l'aisselle des feuilles de petits renflements ovoïdes ou coniques désignés sous le nom d'*yeux* ou *boutons,* qui grossissent graduellement et qui, au printemps suivant, donnent des rameaux, des feuilles ou des fleurs; ces jeunes pousses sont des *bourgeons.* Comme on peut l'observer facilement sur les bourgeons du marronnier, qui sont très volumineux, ils sont recouverts d'écailles vernies et imbriquées, et garnis intérieurement d'une bourre pour protéger les jeunes pousses contre le froid et l'humi-

dité. D'après leur contenu on distingue les bourgeons à feuilles ou *bourgeons* proprement dits, les bourgeons à fleurs ou *boutons,* et les *bourgeons mixtes* qui donnent naissance à un rameau à la fois foliaire et floral. D'après leur position, les bourgeons sont *terminaux* ou *latéraux;* les premiers prolongent l'axe, les seconds, nommés *axillaires,* parce qu'ils naissent à l'aisselle d'une feuille, produisent des rameaux (fig. 52 à 54); lorsqu'ils poussent sur un point quelconque de l'axe, hors de l'aisselle d'une feuille, ils sont dits *adventifs.*

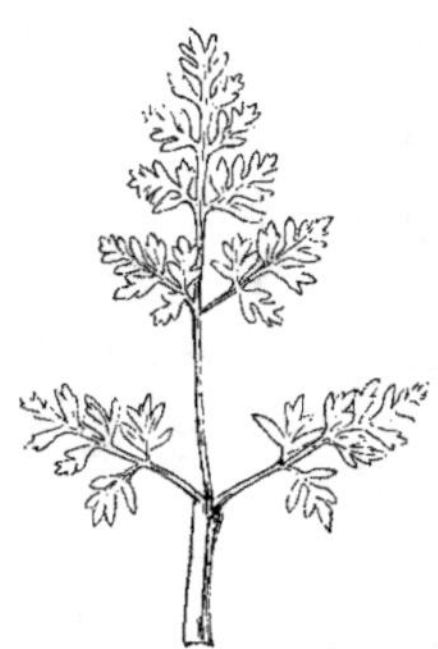

Fig. 51. — Feuille décomposée.

37. — Le *turion* est le bourgeon des herbes vivaces partant du rhizome et donnant naissance aux tiges annuelles; la pousse de l'asperge que l'on mange est un turion. Le bulbe du lis et de l'oignon, les caïeux de l'ail, les yeux des tubercules sont des bourgeons.

38. — On nomme *préfoliation,* la disposition que prennent les feuilles dans les bourgeons d'où elles se dégagent. On distingue trois modes de préfoliation : 1° la *préfoliation droite,* feuilles sans pli appliquées face à face; 2° la *préfoliation pliée,* à feuilles repliées du sommet sur la base (*réclinées*); à feuilles repliées une moitié latérale sur l'autre (*condupliquées*); à feuilles repliées sur les nervures en éventail (*plissées*); 3° la *préfoliation courbe,* à feuilles roulées en crosse de haut en bas (*circinées*); à feuilles roulées parallèlement à l'axe (*convolutées*); à feuilles roulées par les bords réfléchis en dedans (*involutées*); à feuilles roulées par les bords réfléchis en dehors (*révolutées*).

Fig. 52 à 54.

Bourgeons axillaires et terminaux.

39. — FLEUR. La fleur est cette partie passagère du végétal au moyen de laquelle s'opèrent la fécondation et la formation du fruit. La

fleur se compose ordinairement de quatre organes distincts : le pistil, les étamines (*e*), la corolle (*p*) et le calice (*s*) (fig. 55). La fleur qui réunit ces quatre appareils est appelée *fleur complète ;* celle qui manque de l'un ou de l'autre est dite *fleur incomplète*. Elle est formée par un système de feuilles modifiées et disposées en verticilles. Dans le langage ordinaire, le nom de fleur s'applique plus particulièrement à la corolle, pourvue habituellement de couleurs brillantes; mais, dans beaucoup de plantes, celle-ci manque, et, pour le botaniste, la fleur réside essentiellement dans le pistil et l'étamine, les autres appareils n'étant considérés que comme le berceau de la fleur et comme

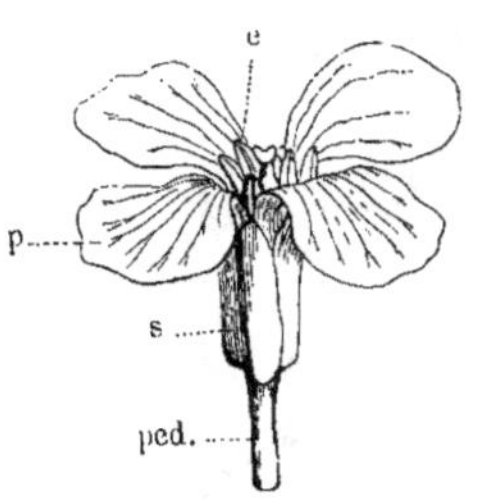

Fig. 55. — Fleur complète (Giroflée).

accessoires. Le nombre normal des pièces de chaque verticille est de cinq pour les dicotylédones et de trois pour les monocotylédones, mais leur symétrie est souvent modifiée par des soudures, des avortements et des dédoublements (fig. 56).

40. — Si l'on observe la fleur d'un lis, d'une giroflée, d'une primevère, on voit au centre une colonne droite, verticale, c'est le *pistil* (fig. 57). Quel que soit l'aspect sous lequel il se présente, il occupe toujours le centre de la fleur. La partie inférieure

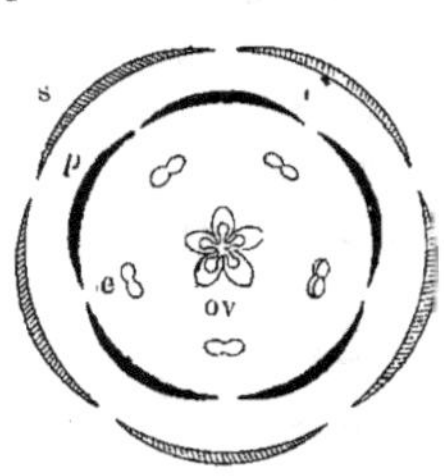

Fig. 56.
Diagramme et Coupe transversale
d'une Fleur complète.

et renflée du pistil prend le nom d'*ovaire* (*ov*), la partie atténuée et allongée reçoit le nom de *style,* et la partie supérieure et terminale du style constitue le *stigmate* (*st*). L'ovaire est le premier rudiment du fruit, il renferme les *ovules* qui, par suite de la fécondation, constituent les graines. Dans les fleurs que nous venons de citer, l'ovaire est unique et simple et surmonté d'un seul style; mais dans

Fig. 57.
Fleur de Cochlearia (coupe).

un grand nombre de plantes, l'ovaire est *multiple,* c'est-à-dire qu'il se compose d'une réunion de plusieurs petits pistils particuliers, ou de plusieurs parties distinctes supportant chacune un style ou un stigmate particulier (renoncule, fraisier, rosier, fig. 58). Quelquefois un ovaire simple offre plusieurs divisions, mais alors il ne supporte qu'un seul

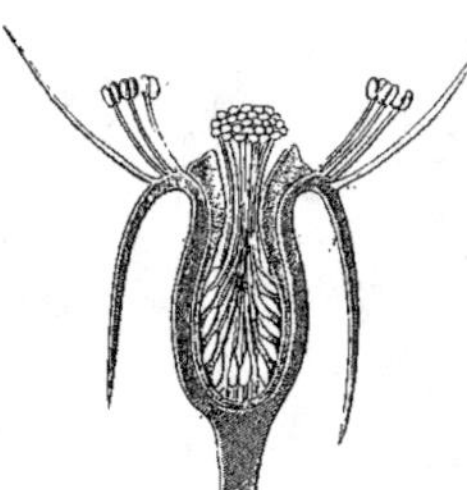

Fig. 58. — Coupe de la Fleur du Rosier.

style (bourrache). Le style peut être entier ou divisé; on le dit *bifide, trifide, quadrifide,* selon qu'il est fendu en deux, trois ou quatre parties plus ou moins profondes mais ne descendant pas jusqu'à la base (fig. 59). Quel que soit le nombre des styles ou de leurs divisions, il existe toujours autant de stigmates que de divisions. Quelquefois le style manque totalement et alors le stigmate est *sessile,* c'est-à-dire qu'il repose immédiatement sur l'ovaire (pavot).

41. — L'*ovaire simple,* surmonté de son style et de son stigmate, est l'organe femelle de la fleur ou *gynécée;* les feuilles composant le pistil se nomment *carpelles.* L'ovaire est formé d'une petite feuille pliée longitudinalement, et dont les bords appliqués l'un sur l'autre et soudés dans toute leur longueur constituent la cavité ovarienne. C'est à l'intérieur de cette suture, sur un cordon saillant, que sont fixés les ovules (fig. 57). Le style est creux et communique avec l'ovaire; le stigmate qui le termine, de forme variée suivant les espèces, est habituellement recouvert d'un enduit visqueux qui a pour but de retenir le pollen des étamines.

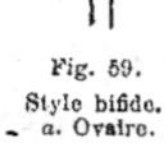

Fig. 59.
Style bifide.
a. Ovaire.

42. — Immédiatement autour du pistil on observe une réunion plus ou moins nombreuse de corps souvent filiformes, ce sont les *étamines* (fig. 60). Chaque étamine se compose d'un *filet* et d'une *anthère.* Le filet (*f*), est la partie inférieure et atténuée qui supporte l'anthère; celle-ci est une espèce de sachet (*a*), quelquefois articulé et mobile au sommet du filet et qui renferme la poussière fécondante nommée *pollen* (fig. 61). Le filet manque quelquefois et alors l'étamine est uniquement constituée par l'anthère qui est *sessile.* Le nombre des étamines est variable; de une à douze on

les dit *définies,* au-delà de douze elles sont *indéfinies.* Les étamines sont susceptibles d'être soudées entre elles par leurs filets (mauves, fig. 62) ou par leurs anthères (soleil). L'ensemble des étamines constitue l'appareil mâle des fleurs ; on lui donne le nom d'*androcée.*

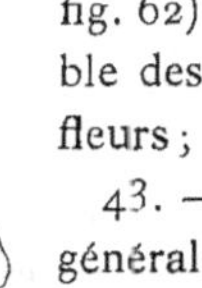

Fig. 60.
Fleur hermaphrodite.

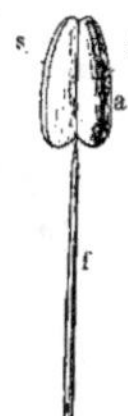

Fig. 61.
Étamine.

43. — L'*anthère,* qui contient le pollen, est généralement composée de deux loges contiguës, séparées par une nervure qu'on nomme *connectif.* Lorsqu'elles s'ouvrent pour la sortie du pollen par la face tournée du côté du pistil, on dit les anthères *introrses;* lorsqu'elles s'ouvrent par la face tournée vers la périphérie de la fleur, on les dit *extrorses.*

44. — Le *pollen* se compose d'une multitude de petits grains de couleur jaune, orange ou rougeâtre qui s'échappent des anthères sous forme de poussière. La forme de ces grains est très variable, globuleuse, ellipsoïde, polyédrique, anguleuse; ils peuvent être lisses ou hérissés, unis ou rayés. Voici quelques-unes des ces formes (fig. 63 à 67).

Fig. 62. — Fleur de Mauve.

45. — Les étamines et les pistils sont le plus souvent réunis dans la même fleur ; ces sortes de fleurs sont dites *hermaphrodites* ou *bisexuelles.*

On nomme *unisexuelles* celles qui ne contiennent que des étamines (fleurs mâles), ou que des pistils (fleurs femelles) séparés. Si ces fleurs mâles et femelles séparées sont portées sur le même individu, la plante est dite *monoïque* (melon, noisetier); si ces fleurs séparées sont portées sur des pieds différents, la plante est *dioïque* (chanvre, houblon). Enfin, la plante est dite *polygame,* lorsqu'elle

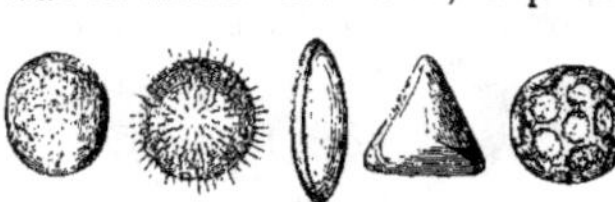

Fig. 63 à 67. — Grains de Pollen.

porte à la fois sur le même individu des fleurs mâles, des fleurs femelles et des fleurs hermaphrodites : telle est la pariétaire. L'état des fleurs hermaphrodites étant le plus ordinaire dans les plantes, on en peut conclure qu'il est aussi le plus naturel, et que les fleurs unisexuelles ne le sont que par suite de l'avortement d'un des organes, et ce qui le prouve, c'est qu'on retrouve souvent dans ces dernières, sous forme d'appendices, des traces de l'organe avorté.

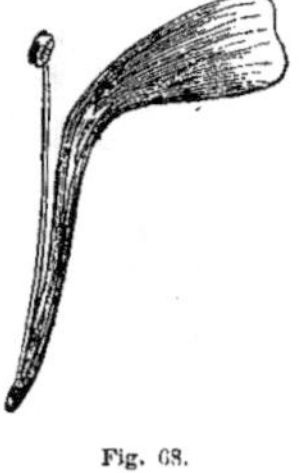

Fig. 68.
Pétale de Saponaire.

46. — Dans le plus grand nombre des fleurs les étamines et les pistils sont entourés de deux enveloppes distinctes : l'une intérieure, circonscrivant immédiatement les étamines, et habituellement nuancée de couleurs brillantes, c'est la *corolle*; l'autre extérieure, presque toujours verte et herbacée, c'est le *calice*. L'une des enveloppes manque quelquefois, c'est généralement la corolle; on donne alors à l'enveloppe unique le nom de *périgone*.

47. — Lorsque la corolle se compose de plusieurs pièces ou feuillets distincts et isolés, comme dans l'œillet ou la rose, chacune de ces parties reçoit le nom de *pétale* et la corolle est dite *polypétale*. Chaque pétale offre une partie inférieure atténuée, nommée *onglet,* et une partie supérieure élargie, nommée *lame*, qui répondent au pétiole et au limbe de la feuille (fig. 68). Lorsque la corolle n'est formée que d'une seule pièce entière ou non divisée jusqu'à la base, on la nomme *monopétale* ou *gamopétale* (fig. 69, campanule, bourrache). — La lame du pétale est tantôt entière, tantôt dentelée ou frangée, bifide, trifide, quadrifide, etc.

Fig. 69. — Campanule.

Fig. 70.
Renoncule.

48. — Les pétales sont généralement *plans,* quelquefois *concaves* (berberis); *tubuleux* (hellébore fétide); *bilabiés,* c'est-à-dire formant un tube dont l'orifice présente deux lèvres distinctes (nigelle); *unilabiés,* quand le tube se termine par une lèvre unique (trolle); en capuchon (ancolie); *calcariformes,* c'est-à-dire en éperon ou en cornet (dauphinelle). Les pétales creux, quelle que soit leur forme, renferment généralement au fond de leur cavité une glande qui distille du nectar (*glande nectarifère*), à l'époque où la fleur s'épanouit. La corolle est *régulière* quand toutes ses parties égales

pour la forme et la proportion forment un tout symétrique comme la rose, l'œillet, la renoncule (fig. 70). Elle est irrégulière quand ses divisions sont inégales et non symétriques (pensée, sauge, fig. 71). La corolle polypétale régulière est dite *cruciforme,* quand elle se compose de quatre pétales opposés deux à deux, en croix (roquette, fig. 72); *rosacée,* quand elle se compose de cinq pétales à onglet court ou nul, et ouverts (fig. 73); *caryophyl-*

Fig. 71.
Fleur de Sauge.

Fig. 72.
Fleur cruciforme.

lée, lorsqu'elle se compose de cinq pétales munis d'onglets allongés (œillet, fig. 74). — La corolle polypétale *irrégulière* est dite *papilionacée,* quand elle est formée de cinq pétales, dont un supérieur (*étendard*) embrasse les quatre autres, deux latéraux (*ailes*) recouvrant les deux inférieurs, souvent soudés ensemble (*carène*), tels sont le pois, le cytise (fig. 75 et 76). La corolle irrégulière, sans être papilionacée, est dite *anomale* (pensée, aconit).

Fig. 73.
Fleur rosacée.

49. — La corolle monopétale offre un tube, une gorge, un limbe. Le *tube* est la partie inférieure tubuleuse; le *limbe* est la portion supérieure de la corolle à partir du point où les pétales deviennent libres; la *gorge* est l'entrée du tube, c'est-à-dire la région intermédiaire entre le tube et le limbe; elle est souvent garnie de poils ou d'appendices. On dit la corolle monopétale *partite,* quand les pétales sont cohérents à la base seulement, et alors, selon le nombre des partitions, elle est *bipartite, tripartite, quadripartite,* etc. (bourrache, fig. 77 et 78); — *fendue,* quand les pétales sont cohérents jusqu'à moitié ou à peu près, et que les sinus ainsi que les

Fig. 74. — Fleur caryophyllée.

parties libres sont aigus; elle est alors bifide, trifide, quadrifide, quinquéfide, etc. (raiponce); quand la partie libre des pétales est obtuse ou arrondie, on la dit *lobée;* elle est alors *bilobée, trilobée, quadrilobée, quinquelobée,* etc. (buglosse, héliotrope); *dentée,* quand les parties qui restent libres sont très courtes (consoude).

5o. — On la dit *infundibuliforme,* quand le tube s'évase insensiblement de la base au sommet, de manière à former un entonnoir (liseron,
fig. 79); *campanulée,* quand son tube, dilaté dès sa base, s'évase graduellement en cloche (campanule, fig. 8o); *urcéolée,* quand le tube,

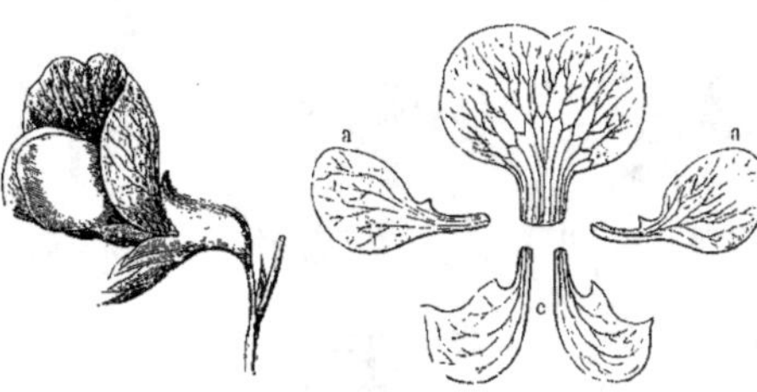

Fig. 75 et 76. — Fleur papilionacée.

renflé à son milieu, se
rétrécit à ses deux bouts,
de manière à figurer un
grelot (bruyère, fig. 81);
rotacée, quand le tube est
nul ou presque nul, et
que les divisions du limbe
sont ouvertes et diver-
gentes comme les rayons
d'une roue (mouron, bourrache, fig. 77); *labiée,* quand le limbe offre
deux divisions principales ou *lèvres* placées l'une au-dessus de l'autre
et dont la gorge reste ouverte; la lèvre supérieure est composée de
deux pétales et l'inférieure de trois, le plus souvent soudés ensemble
(lamier, fig. 82 et 83). La corolle *personée,* ou en masque, a son limbe
divisé en deux lèvres de même que la labiée, mais la gorge est fermée
par une saillie de la lèvre inférieure appelée *palais* ou *langue* (linaire,
fig. 84). La corolle monopétale irrégulière *anomale* est celle qui n'est ni

Fig. 77.
Corolle 5 Partite.

labiée ni personée ; la corolle en dé
à coudre de la digitale, celle en tube
éperonné, de la dauphinelle (fig. 85);
les fleurons stériles du bleuet sont
des corolles anomales.

5i. — La corolle monopétale est
toujours accompagnée d'un ovaire
simple; elle porte les étamines qui y

Fig. 78.
Bourrache.

sont toujours en nombre défini. Dans les corolles polypétales, les étamines sont très rarement adhérentes aux pétales. Le nombre des étamines est habituellement en rapport avec celui des divisions de la
corolle; ou ce nombre est égal, ou il est un multiple du nombre des
divisions. Les étamines alternent généralement avec les pétales ou avec

les divisions d'une corolle monopétale, et les pétales alternent avec les divisions du calice (fig. 56).

52. — Le *calice* est l'enveloppe ou le verticille le plus extérieur de la fleur. Lorsqu'il est formé de plusieurs parties distinctes et séparables sans déchirure, chacune de ces parties se nomme *sépale*, et le calice est dit *polysépale*; lorsqu'il est d'une seule pièce et non formé de segments distincts jusqu'à la base, on le dit *monosépale*. Ce dernier peut être entier ou découpé en segments plus ou moins profonds, et on lui applique les noms de *parti, fide, denté*, comme à la corolle (49). On le dit

Fig. 79. — Liseron.

de même *régulier* cu *irrégulier*, suivant que ses sépales forment un verticille symétrique ou non symétrique. Il peut être *cylindrique, cam-*

Fig. 80.
Campanule.

panulé, urcéolé, vésiculeux, cupuliforme, bilabié, etc. (50). On dit du calice qu'il est *connivent*, quand les sépales se rapprochent par leur sommet vers l'intérieur de la fleur ; *dressé*, quand ils sont verticaux ; *étalé*, lorsqu'ils sont horizontaux ; *réfléchi*, quand ils se renversent en arrière et s'in-

Fig. 81. — Bruyère.

clinent vers le bas. — Le calice est *tombant*, lorsqu'il tombe avec la corolle après la floraison ; *caduc* ou *fugace*, s'il tombe aussitôt que s'épanouit la corolle (coquelicot) ; *persistant*, lorsqu'il reste en place même après la floraison (mouron) ; *marcescent*, lorsque, en persistant, il se fane et se dessèche (mauve).

53. — Dans certaines plantes, le calice est accompagné de divers appendices foliacés auxquels on donne le nom de *bractées*. Le *calicule* résulte de la réunion de plusieurs bractées et adhérant au calice (fig, 86). — L'*involucre* n'est aussi formé que de la réunion de plusieurs bractées très rapprochées,

Fig. 83.
Fleur labiée (Bugle).

Fig. 82.
Lamier
(Labiée).

comme dans les *composées*. — La *collerette* des *ombellifères* n'est qu'un involucre peu serré qui entoure la base des ombelles.

54. — La *spathe* est une expansion foliacée ou membraneuse qui enveloppe d'abord les fleurs de certaines plantes, et s'ouvre ou se rompt au moment de l'épanouissement. La spathe n'est qu'une grande bractée (narcisse, arum). — Les enveloppes des fleurs des *graminées* (glume, glumelle) ne sont que des bractées (fig. 87).

Fig. 84.
Fleur personée.

Fig. 85.
Fleur de Dauphinelle.

55. — Le support de la fleur, ou ce que l'on nomme vulgairement la queue de la fleur, est le *pédoncule*. S'il se ramifie, chacune de ses divisions prend le nom de *pédicelle*. La *hampe* est un pédoncule qui part de la racine (jacinthe, pissenlit, plantain).

56. — La partie supérieure du pédoncule, qui s'élargit pour porter les verticilles de la fleur, prend le nom de *réceptacle* ou de *torus*. On entend par *insertion,* les relations qu'ont entre elles les différentes parties de la fleur relativement à leur position respective sur le

Fig. 86. — Calicule (Fleur de Fraisier).

réceptacle, bien qu'elle ait toujours lieu dans le même ordre. L'ovaire est *libre* ou *supère,* lorsqu'il ne s'attache que par sa base, sans contracter aucune adhérence avec les organes voisins (polygonum, fig. 88). Il est *adhérent* ou *infère,* lorsqu'il est soudé avec le tube du calice, de telle sorte que les autres organes le surmontent et le couronnent (narcisse, bryone, fig. 89).

57. — Les étamines sont dites *périgynes,* quand elles sont insérées sur le calice ou autour de la base de l'ovaire (fig. 90).

Fig. 87. — Fleur de Graminée.

Si les étamines sont insérées immédiatement au-dessous de l'ovaire, elles sont *hypogynes,* et alors l'ovaire est toujours libre (renonculacées,

fig. 91). Enfin les étamines sont dites *épigynes,* lorsqu'elles sont attachées au sommet de l'ovaire, celui-ci étant infère (coriandre, fig. 92).

Suivant que les étamines sont portées sur
le calice, sur la corolle ou sur le réceptacle, on donne aux fleurs les noms de *ca-
liciflores, corolliflores et thalamiflores.*

58. — La disposition qu'affectent les
fleurs sur le végétal porte le nom d'*inflorescence.* Les fleurs peuvent être *solitaires,*
géminées (réunies deux à deux), *ternées*
(réunies trois à trois). Lorsqu'elles sont
réunies en grand nombre, elles offrent

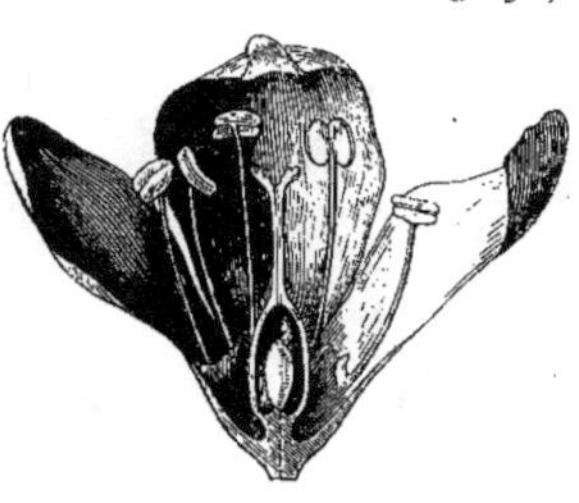

Fig. 88. — Ovaire supère (Polygonum).

divers modes d'inflorescence qu'on peut ramener aux types suivants :

Lorsque l'axe primitif est terminé par
une fleur, l'inflorescence est dite DÉFINIE;
lorsque l'axe est terminé par un bourgeon et porte les fleurs à l'aisselle de ses
feuilles, l'inflorescence est INDÉFINIE;
l'épanouissement des fleurs se fait alors
de la base vers le sommet.

Fig. 89.
Ovaire infère (Bryone).

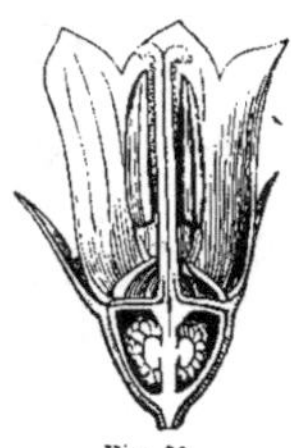

Fig. 90.
Étamines périgynes.

59. — Les inflorescences définies ont
toutes reçu le nom de *cymes ;* elles peu-
vent être *simples,* c'est-à-dire composées d'une seule fleur, ou composées de plusieurs fleurs. A l'aisselle des bractées de la fleur terminale se développent des axes secondaires, sur lesquels peuvent se
développer des axes tertiaires,
quaternaires, etc., et l'on dit
alors la cyme *dichotome, tri-
chotome, tétrachotome,* suivant
qu'il y aura 2, 3, 4 pédicelles
(fig. 97).

Les inflorescences indéfinies
sont :

Fig. 91.
Étamines hypogynes.

Fig. 92.
Étamines épigynes.

60. — La *panicule,* dont le support commun porte des ramifications

écartées et allongées (verge d'or, yucca, fig. 93). La panicule prend le nom de *thyrse,* quand les pédicelles du milieu sont plus longs que ceux des extrémités, ce qui lui donne une forme ovoïde.

61. — La *grappe,* pédoncule commun portant des pédicelles simples et non ramifiés (groseillier rouge, acacia, fig. 94).

62. — Le *sertule* ou *ombelle simple :* pédoncules uniflores, presque égaux, réunis en grand nombre et insérés au même point (butome, cerisier, fig. 95).

63. — L'*ombelle composée :* tous les pédoncules insérés au même point se divisent en pédicelles insérés aussi à un point commun; les fleurs représentent par leur disposition la surface convexe d'un parasol (carotte, fig. 96, ciguë); chaque branche de l'ombelle se nomme

Fig. 93. — Panicule (Yucca).

rayon et soutient une petite ombelle partielle que l'on nomme *ombellule.* Beaucoup d'ombellifères portent un involucre (53) à la base des ombelles (carotte).

64. — Le *corymbe :* pédoncules partant de points inégaux et divisés en pédicelles naissant aussi à des points différents; fleurs à peu près au même niveau (mille-feuille).

65. — L'*épi :* pédoncule allongé et portant des fleurs sessiles, c'est-à-dire sans pédicelle

Fig. 95.
Ombelle simple (Cerisier).

Fig. 94.
Grappe (Groseillier).

(seigle, blé, plantain, fig. 98). L'épi se compose quelquefois de la réunion de plusieurs autres petits épis partiels que l'on nomme *épillets* (ivraie, raygrass).

66. — Le *chaton* est un épi à fleurs unisexuées (saule, charme, fig. 99).

67. — On nomme *verticille* un assemblage de fleurs disposées en anneau autour de la tige (menthe, basilic).

Fig. 96. — Ombelle composée (Carotte).

Fig. 97. — Cyme dichotome (Cerastium).

68. — Le *capitule* ou *glomérule :* fleurs serrées en têtes globuleuses sur un réceptacle commun (scabieuse, trèfle, fig. 100).

Dans cette dernière inflorescence, les fleurs sessiles et serrées sur un réceptacle commun semblent n'en former qu'une seule. On leur donne aussi le nom de *calathides.* Telles sont les DIPSACÉES et les COMPOSÉES.

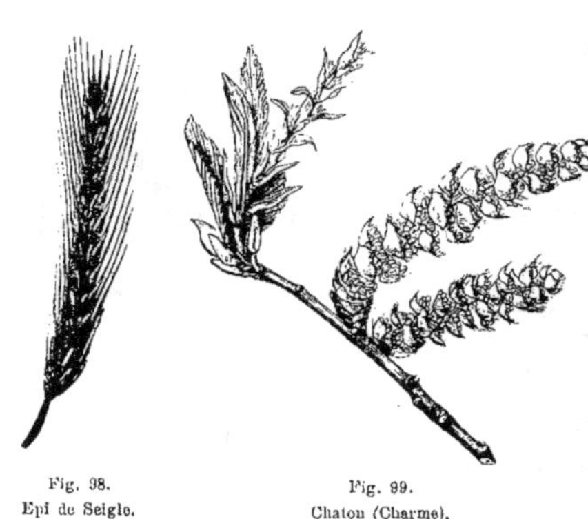

Fig. 98. Epi de Seigle.

Fig. 99. Chaton (Charme).

69. — Le *sycône* est un capitule qui s'est creusé de telle sorte, que les fleurs unisexuées sont enfermées dans la cavité qu'il forme (figue, fig. 101). — Le *cône* (94).

70. — FRUIT. Le fruit n'est que l'ovaire fécondé et parvenu à son entier développement. Il se compose du péricarpe et de la graine. Le *péricarpe* est cette partie du fruit qui en détermine extérieurement la forme et qui renferme les graines destinées à reproduire la plante. Le fruit peut ne contenir qu'une seule graine, on le dit *monosperme;* lorsqu'il en contient plusieurs, il est dit *polysperme.* Dans le premier cas il n'a qu'une loge, il est *unilo-*

culaire, comme la cerise; dans le second cas il offre plusieurs loges, comme la pomme et la poire; il est *pluriloculaire.* Pour la plupart des fruits, pommes, prunes, melons, etc., c'est le péricarpe qui est alimentaire; pour d'autres, amandes, noix, haricot, c'est la graine qu'on mange en rejetant le péricarpe qui se dessèche à la maturation.

Fig. 100. — Capitule (Scabieuse).

71. — Dans le *péricarpe,* on distingue trois parties : la pellicule supérieure ou *épicarpe,* la chair intérieure ou *mésocarpe,* et l'enveloppe interne des cavités ou loges dans lesquelles sont placées les graines et que l'on nomme *endocarpe* (fig. 102); il a la consistance du parchemin dans la pomme, le haricot, le pois; il est ligneux et forme ce que l'on nomme le noyau, dans la noix, la pêche, l'abricot, etc. Chaque loge d'un fruit est séparée des autres par une *cloison,* espèce de membrane formée par un prolongement de l'endocarpe; ces cloisons viennent souvent aboutir et s'appuyer sur un axe central nommé *columelle.* La partie extérieure des loges, c'est-à-dire le panneau formé par la distance d'une suture à l'autre, porte le nom de *valve;* ainsi le pois, le haricot ont des fruits *bivalves* ou à deux valves (fig. 103). Le point de réunion des bords des valves est formé par les *sutures* sur lesquelles s'appuient toujours les cloisons. C'est toujours par ces sutures que s'opère la *déhiscence* naturelle, c'est-à-dire la séparation des valves du péricarpe parvenu à une maturité parfaite.

Fig 101.
Sycône (Figue).

72. — Il est des fruits qui ne s'ouvrent pas naturellement, on les dit *indéhiscents,* mais le plus grand nombre est *déhiscent,* et cette déhiscence s'opère par les sutures. Il y a cependant de nombreuses exceptions à cette règle, quelquefois le péricarpe éclate et se rompt (balsamine); d'autres fois les graines s'échappent par des pores ou trous placés au sommet du péricarpe (pavot), ou à sa base (campanule). La partie intérieure du péricarpe sur laquelle les graines sont attachées, prend le nom de *placentaire* ou *trophosperme;* dans les fruits à une loge, il correspond toujours aux sutures (71), pois, haricot.

Dans les fruits à plusieurs loges, il forme l'axe central du fruit (saponnaire). Le placentaire offre des prolongements plus ou moins déliés à l'extrémité desquels sont attachées les graines ; chacun de ces filets reçoit le nom de *podosperme* ou *funicule* (fig. 104, F).

73. — La *graine* est cette seconde partie du fruit qui, occupant la cavité du péricarpe, provient d'un ovule fécondé, et contient le rudiment d'un nouveau végétal (74). Elle ne tient au péricarpe que par l'extrémité du funicule F, et la surface souvent déprimée au moyen de laquelle elle s'y attache reçoit le nom de *hile ;* près du hile se trouve une petite ouverture nommée *micropyle* M, par laquelle l'ovule a reçu l'action fécondante du pollen. La graine se compose de l'*amande* C, et de l'*épisperme* ou peau de la graine ; celle-ci est formée de deux téguments ou

Fig. 102 et 103. — Gousse de Haricot.

pellicules : l'une externe, le *testa*, et l'autre interne, le *tegmen* ou *endosperme* E.

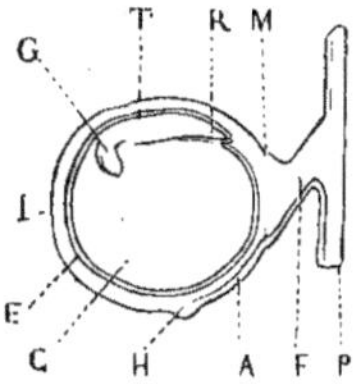

74. — L'*amande* ou *embryon* existe nécessairement dans toute graine (fig. 105) ; c'est la plante complète en raccourci, composée d'une petite tige nommée *tigelle* T, d'une racine nommée *radicule* R, d'une ou de deux feuilles nommées *cotylédons* C, C, et d'un bourgeon nommé *gemmule* G, occupant ordinairement une petite fossette creusée dans l'épaisseur des cotylédons.

Fig. 104. — Graine de Pois.

La *tigelle* ou *plumule* est un petit corps cylindrique ou conique, portant les premières feuilles de la plantule et s'élevant toujours vers le ciel pour former la tige. La *radicule,* organe destiné à produire les racines, est primitivement réduite à un point transparent, et termine l'extrémité libre de la tigelle ; elle tend constamment à s'enfoncer en terre. La radicule répond ordinairement dans la graine au micropyle. Les cotylédons, premières feuilles de la plantule, naissent

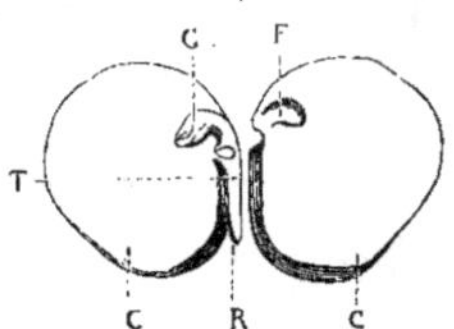

Fig. 105. — Graine de Pois.

latéralement de la tigelle et protègent la *gemmule,* premier bourgeon de la plante future, qui contient les feuilles primordiales.

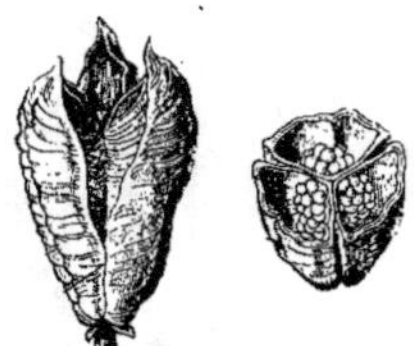
Fig. 106 et 107.
Follicule (Colchique).

75. — Lorsque le corps cotylédonaire est simple et non divisé, il n'y a qu'un seul cotylédon et l'embryon est dit *monocotylédoné* (froment, lis); lorsqu'il est formé de deux corps contigus et opposés, il y a deux cotylédons et l'embryon est *dicotylédoné* (pois, haricot). Il est des végétaux, tels que les lichens et les champignons, qui n'offrent rien de comparable à l'embryon et n'ont par conséquent pas de cotylédons. On les a nommés *acotylédons.* Les végétaux *acotylédons, monocotylédons* et *dicotylédons* forment trois grandes classes très naturelles.

76. — La structure et la forme des fruits sont très variables. Quand les carpelles qui le composent sont libres entre eux, on dit le fruit *apocarpé* (renoncule, baguenaudier, abricotier); il est dit *syncarpé* quand les carpelles qui le composent sont soudés à un corps unique (lis, pavot, pensée). — Les fruits apocarpés sont : le follicule, le légume, la drupe simple, la baie simple, l'akène, le

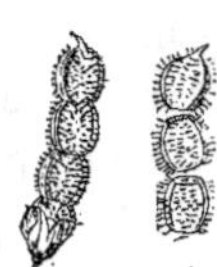
Fig. 108.
Gousse lomentacée.

caryopse; les fruits syncarpés sont : la capsule et ses variétés, la baie et ses variétés, la drupe composée ou nuculaine.

77. — Le *follicule* est un fruit sec, déhiscent, à plusieurs graines, s'ouvrant par sa suture ventrale (dauphinelle, colchique, fig. 106, 107).

Fig. 110.
Fruit
de Renoncule.

78. — Le *légume* ou *gousse* est un fruit sec, déhiscent, s'ouvrant en deux valves par ses sutures ventrale et dorsale (pois); quelquefois le légume est rétréci de distance en distance et divisé en logettes par des cloisons transversales, et le fruit se sépare en autant d'articles qu'il y a de

Fig. 109.
Fruit du Bleuet
(akène).

graines (coronille, sainfoin); on le dit alors *lomentacé* (fig. 108).

79. — La *drupe* est un fruit indéhiscent, ordinairement à graine unique renfermée dans un noyau osseux, à mésocarpe charnu (pêcher, prunier, cerisier, etc.).

80. — La *baie simple* ne diffère de la *baie composée* que par son carpelle unique (berberis, arum).

81. — L'*akène* ou *achaine* est un fruit sec, indéhiscent, à graine unique n'adhérant pas au péricarpe. Les *akènes* sont solitaires dans le bleuet (fig. 109), le pissenlit; ils sont agglomérés dans les renoncules (fig. 110). — L'*utricule* est une variété de l'akène à péricarpe très mince et presque membraneux (scabieuse).

82. — La *samare* est un akène ailé par l'amincissement du péricarpe (orme, érable, fig. 111).

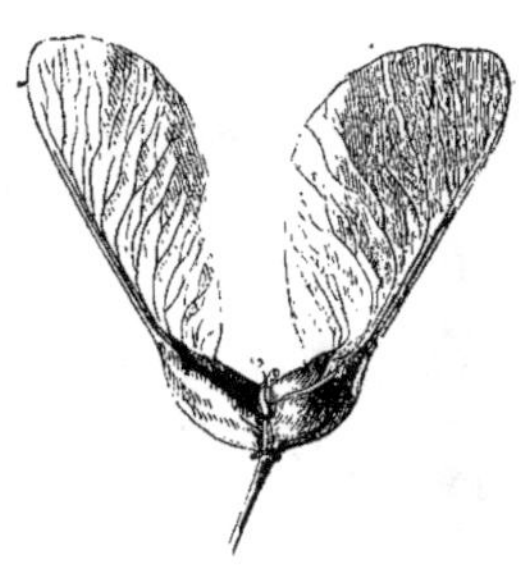

Fig. 111. — Samare (Fruit d'Érable).

83. — Le *caryopse* est un fruit sec indéhiscent à graine unique adhérant au péricarpe (graminées).

84. — La *capsule* est un fruit syncarpé, sec, à une ou plusieurs loges et déhiscent. Il est très variable : tantôt sa déhiscence est *septicide*, c'est-à-dire que les cloisons se décollent en deux lames et que les carpelles soudés deviennent distincts (millepertuis, scrofulaire, fig. 112); d'autres fois elle est *loculicide*, lorsqu'elle s'opère par les sutures dorsales (lis, iris).

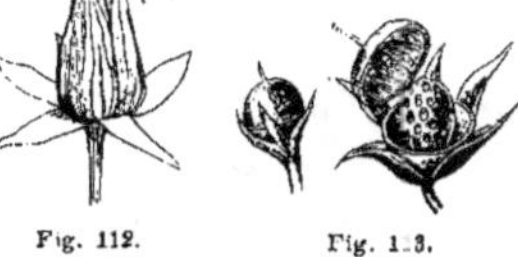

Fig. 112.
Capsule Mille-pertuis).

Fig. 113.
Pyxide (Mouron).

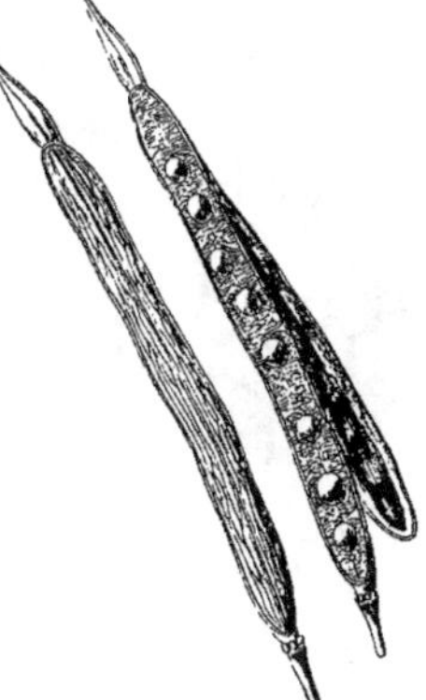

Fig. 114. — Silique (Chou).

85. — La *pyxide* est une variété de capsule qui s'ouvre transversalement en deux parties concaves, à la manière d'une boîte à savonnette (mouron, pourpier, fig. 113).

86. — La *silique* est une capsule allongée à deux loges et à deux valves s'ouvrant de bas en haut; la cloison longitudinale est formée par un placentaire dilaté, sur les côtés duquel les graines sont attachées

(giroflée, chou, fig. 114). La silique prend le nom de *silicule* quand sa longueur n'excède pas de beaucoup sa largeur (cochlearia, thlaspi). Ces fruits appartiennent exclusivement à la famille des crucifères.

87. — Le *conceptacle* ressemble beaucoup à la silique, mais il n'a qu'une seule loge et ses graines sont attachées aux bords de la suture (chélidoine, fig. 115).

88. — La *nucule* est une capsule indéhiscente à péricarpe osseux ou coriace, réduite par avortement à une seule loge et à une seule graine (chêne, coudrier, châtaignier).

89. — La *baie*, simple ou composée, est un fruit mou ou pulpeux, à graines non ossiculées (raisin, groseille). Le sureau a une baie à trois loges, le myrtille une baie à quatre loges, le lierre une baie à cinq loges. Le raisin est une baie à deux loges et la groseille une baie à une seule loge.

Fig 115.
Conceptacle
(Chélidoine).

Fig. 116.
Péponide (Coloquinte).

90. — L'*hespéridie* (orange, citron), est une baie pluriloculaire, remplie de cellules gorgées de suc.

91. — La *pomme* ou *mélonide* est une baie composée de cinq carpelles cartilagineux formant cinq loges (pommier, poirier, fig. 102). La *péponide* est une baie composée de trois à cinq carpelles formant une seule loge à placentaires pariétaux très charnus et chargés de graines (melon, coloquinte, fig. 116).

Fig. 118. — Fraisier.

92. — La *nuculaine* ou *drupe*

Fig. 117.
Cône. — Fruit du Pin.

composée est un fruit charnu renfermant plusieurs noyaux, tantôt soudés ensemble (cornouiller), tantôt libres (néflier).

93. — Le *sycône* (figue) est un involucre charnu renfermant des caryopses ou akènes secs (69), (fig. 101).

94. — Le *cône* des arbres verts (pin, sapin) est composé d'akènes ou de samares (81, 82), agrégés et recouverts par des bractées ligneuses en forme de cône (fig. 117).

95. — Il ne faut pas confondre avec les fruits certains produits alimentaires désignés sous ce nom, et dus à l'état charnu du receptacle qui, dans certains cas, supporte le pistil (fraise), (fig. 118).

Fig. 119.
Fruit du Pissenlit.

Fig. 120.
Fruit du Salsifis.

96. — Les fruits offrent quelquefois des appendices ou parties accessoires, qui ont reçu des noms particuliers. Tels sont les *ailes*, appendices membraneux qui environnent certains fruits (orme, érable, fig. 106). La *couronne* formée par le calice dont les lobes persistent au sommet du fruit (pomme, poire). L'*aigrette*, due également au calice persistant, mais dont les divisions sont grêles et allongées comme des poils (composées); elle est *sessile* dans le laitron, *pédicellée* dans le pissenlit (fig. 119), *poilue* dans le séneçon, *plumeuse* dans le salsifis (fig. 120).

PHYSIOLOGIE VÉGÉTALE

ᴇs divers phénomènes qui se succèdent dans la vie des plantes peuvent se classer en trois groupes : la germination ou naissance du végétal, la nutrition ou l'accroissement, et la reproduction. Divers agents concourent à ces phénomènes : le sol, qui fournit des principes minéraux ; l'eau, qui produit les sucs ; l'air, qui donne les substances gazeuses ; la chaleur et la lumière, qui excitent et favorisent l'action de ces substances.

98. — GERMINATION. L'ovule fécondé dans l'ovaire par le pollen (44) devient une graine douée de la propriété de donner naissance à une autre plante par la germination. Placée en terre dans des conditions favorables de profondeur, d'humidité et de température, la graine se tuméfie, ses enveloppes se ramollissent et se fendent, l'embryon développe sa gemmule et s'allonge en puisant la matière sucrée dans les cotylédons (74), véritables mamelles végétales qui nourrissent le jeune bourgeon jusqu'à ce qu'il soit en état de croître par ses propres forces. Il pousse sa radicule dans le sol, sa plumule vers l'air où elle apparaît

après un temps plus ou moins long. Les cotylédons fournissent peu à peu leur substance au jeune végétal, puis se dessèchent et tombent aussitôt que des feuilles véritables et les racines sont en état de pourvoir à ses besoins.

99. — NUTRITION. Les fonctions de nutrition nécessaires pour développer et maintenir l'individu sont : l'absorption, la circulation, la transpiration et la respiration.

100. — *Absorption*. Les racines sont les principaux organes de l'absorption; elles pompent le liquide dans le milieu où elles sont plongées, par leurs poils absorbants (14); ces liquides, chargés d'ammoniaque, d'acide carbonique et de divers sels, montent par capillarité et endosmose dans les vaisseaux et de cellule en cellule jusqu'au sommet de la plante. L'absorption est en outre facilitée par l'appel qui se produit dans les tissus de la partie supérieure du végétal et par la transpiration des feuilles.

101. — *Circulation*. Lorsque l'eau du sol, chargée des substances minérales qu'elle a dissoutes, a pénétré dans la plante, elle prend le nom de *sève ascendante;* cette sève s'épaissit en montant, à mesure qu'elle délaye et dissout les matériaux contenus dans les cellules. Parvenue aux jeunes rameaux, elle pénètre dans leur moelle corticale et dans le parenchyme des feuilles; là elle se trouve en rapport avec l'air qui a pénétré par les stomates (11), y subit d'importantes modifications, et perd une partie de son eau qui s'évapore à l'extérieur. La sève prend alors le nom de *sève élaborée* et fournit le *cambium,* suc gélatineux qui se dépose entre le bois et l'écorce et produit chaque année des couches nouvelles, dont l'une, très mince, adhère à l'écorce et fournit le *liber,* l'autre, plus puissante, forme l'*aubier* (23). La sève descend ainsi et arrivera à l'extrémité des racines qui a été son point de départ : il y a donc eu circulation véritable.

102. — Comme l'arbre s'allonge chaque année par le développement des bourgeons terminaux, les couches successives forment comme des cornets très allongés qui s'emboîtent les uns sur les autres. A mesure que le cœur du bois durcit, la sève porte son cours vers les parties plus tendres qui se développent en épaisseur et en hauteur, puis dur-

cissent à leur tour de l'intérieur à l'extérieur; quelquefois l'axe de l'arbre pourrit et se creuse, comme on l'observe sur les vieux saules; mais la plante n'en continue pas moins à vivre et à pousser des branches.

103. — *Évaporation*. En même temps qu'elles puisent au dehors des éléments dont elles s'assimilent une partie, les plantes rejettent au dehors ce qui leur est inutile ou nuisible; elles se débarrassent d'un excès d'humidité par un phénomène analogue à la transpiration pulmonaire des animaux, l'*évaporation*. Elle s'opère par toute la surface poreuse des parties vertes, mais surtout par les stomates; elle augmente ou diminue suivant que l'air ambiant est plus sec ou le ciel plus lumineux. L'évaporation comme l'absorption est très amoindrie la nuit.

104. — *Respiration*. Les parties vertes des végétaux, principalement les feuilles, qu'elles soient submergées ou non, sont les organes principaux de la respiration des plantes. Ces parties possèdent exclusivement la faculté de décomposer l'acide carbonique de manière à en séparer l'oxygène et à rendre celui-ci à l'atmosphère en s'assimilant le carbone; elles décomposent aussi l'eau et gardent l'hydrogène; cette faculté ne s'exerce que sous l'influence de la lumière, elle cesse la nuit ou dans l'obscurité; alors la plante laisse écouler par ses feuilles l'acide carbonique qui se produit incessamment dans toutes les parties. Quant aux parties colorées des végétaux, elles absorbent toujours de l'oxygène et exhalent de l'acide carbonique; de là l'insalubrité des fleurs accumulées dans un appartement. L'action réciproque de la sève sur l'air et de l'air sur la sève, en un mot la respiration, s'exécute dans les cavités intercellulaires ou lacunes (7), répondant toujours aux stomates où l'air a pénétré, et se trouve en contact avec le parenchyme.

105. — On sait que, dans l'acte de la respiration, les animaux brûlent constamment du carbone au moyen de l'oxygène de l'air, et expirent de l'acide carbonique; celui-ci finirait donc par dominer et rendrait l'atmosphère irrespirable pour l'homme et les animaux, si les plantes, en restituant sans cesse l'oxygène, ne réparaient constamment le déficit causé par la respiration des animaux.

106. — Reproduction. Fonction qui assure la conservation de l'espèce, et dont les organes constituent la fleur (39) dans les végétaux

supérieurs. Au degré le plus bas du règne végétal, quelques plantes d'une organisation très simple se propagent naturellement par la simple division des corps d'un individu en plusieurs parties dont chacune devient un individu nouveau. Ce mode de propagation élémentaire est le principe du *bouturage* employé par l'homme pour reproduire artificiellement beaucoup de plantes et qui consiste à séparer une portion du végétal et à la transplanter en terre pour y développer des racines.

107. — Le plus généralement, les végétaux ont la propriété de produire dans leur organisme des germes libres, destinés à se développer en de nouveaux individus de même conformation. Ces germes libres sont les *spores* des végétaux cryptogames et les *graines* des végétaux phanérogames. Chez les cryptogames, les germes libres ou spores sont habituellement renfermés dans des réceptacles (sporanges, thèques, urnes, etc.); mais dans les phanérogames, la production du germe est plus compliquée. Enveloppé de téguments spéciaux, muni de matières nutritives en réserve pour aider à son développement, le germe est contenu dans ce qu'on nomme l'*ovule*, qui plus tard sera la graine (73).

108. — L'ovule est contenu dans cette partie du pistil qu'on nomme l'*ovaire* (40), et que surmontent le style et le stigmate. Cet ovule adhère à la face intérieure de la cavité de l'ovaire où il est renfermé; il doit s'organiser et se transformer en une graine dans cette cavité et ne la quitter qu'à un moment déterminé où la graine est mûre, c'est-à-dire renferme une petite plante capable de se développer au moyen des matériaux que contient la graine.

109. — Au moment de la floraison qui, pour la plante, répond à l'âge adulte des animaux, la fleur en s'épanouissant montre ses étamines avec leurs anthères gonflées de pollen (42), le pistil recèle dans son ovaire les ovules, et son stigmate se recouvre d'un liquide visqueux et gluant. Lorsque les anthères arrivent à maturité, elles crèvent comme un sac trop plein, et le pollen, lancé par l'anthère, transporté par le vent, ou dispersé par les insectes, s'attache à la surface humide du stigmate.

110. — Le pollen est composé d'une multitude de petits grains (44), dont chacun est un utricule à double enveloppe et rempli d'un liquide mucilagineux. Au contact de l'humidité du stigmate, les grains de pollen

se gonflent, la membrane extérieure de l'utricule se rompt, et la membrane interne s'allonge en un long tube (*tube pollinique*) qui pénètre à travers le stigmate dans le canal du style, descend jusque dans l'ovaire, pénètre dans l'ovule par son micropyle (73), et se met en contact avec l'oosphère contenue dans le sac embryonnaire. Dès ce moment l'ovule est fécondé et se transforme en graine. A dater de la fécondation, la fleur perd rapidement sa fraîcheur, la corolle et les étamines se flétrissent et tombent; le style se dessèche et disparaît. Alors la vésicule embryonnaire, recevant seule les sucs nourriciers, augmente de volume ainsi que les ovules, et devient fruit (70).

111. — *Maturation*. On donne ce nom à l'ensemble des changements qui s'opèrent dans le fruit, depuis la fécondation, jusqu'à la dispersion des graines. Si les fruits sont foliacés, à leur maturité leur tissu se dessèche, leur couleur s'altère, leurs faisceaux fibro-vasculaires se décollent et la déhiscence a lieu. Lorsque le fruit est charnu, le parenchyme se développe, la cellulose devient de la fécule qui, par l'addition de l'eau, est changée en sucre. Lorsque la maturation est achevée, les fruits dégagent de l'acide carbonique formé aux dépens du sucre qui disparaît peu à peu ; cet acide carbonique contribue puissamment à la nutrition de la graine, et sa maturation est complète quand le fruit, en se désagrégeant, lui laisse une existence indépendante.

112. — *Dissémination*. Acte par lequel les graines mûres sont dispersées à la surface de la terre. La nature a varié à l'infini les moyens qui concourent à la dissémination : les vents, les eaux, les animaux frugivores en sont les agents principaux. Outre les divers modes de déhiscence des capsules qui tous sont favorables à la dispersion, on observe des aigrettes chez la valériane et le pissenlit (96), des ailes dans les graines de l'érable et de l'orme (96), des crochets dans le gratteron ; les carpelles de la balsamine sont élastiques et lancent au loin leurs graines au moindre attouchement.

113. — *Germination*. C'est l'acte par lequel la plantule s'accroît, se débarrasse de ses téguments et finit par se suffire à elle-même en tirant du dehors sa nourriture. Nous avons décrit ces phénomènes (98). Voir le GLOSSAIRE à la page 51.

CLASSIFICATIONS

N promenant ses regards autour de lui, l'homme est frappé de la variété des productions et de la multiplicité des êtres organisés qui l'environnent. Pour parvenir à se reconnaître au milieu de cette multitude prodigieuse d'individus de toute espèce qui peuplent le globe, il a dû y tracer partout des divisions, les soumettre à des arrangements méthodiques ; de là ces distributions des êtres par classes, par familles, par genres que l'on nomme *classifications*. On a donc rapproché ces êtres suivant les ressemblances qu'ils présentent ; on les a divisés en un certain nombre de groupes d'après les caractères qui leur sont communs ; on les a disposés, en un mot, dans un ordre méthodique et régulier comme dans un grand catalogue qui puisse offrir un moyen facile de reconnaître au besoin chacun de ces êtres par ses caractères distinctifs. Ces caractères peuvent être choisis d'une façon arbitraire et en vue seulement d'arriver à une détermination rapide et commode, ou bien ils sont tirés de la nature même des objets de manière à les rapprocher ou à les éloigner suivant le degré de ressemblance qu'ils ont entre eux. Dans le premier cas on a une classification artificielle ou *système;* dans le second cas une classification naturelle ou *méthode*, qui a pour but d'exprimer les rapports existant entre les objets eux-mêmes. C'est à ce dernier ordre qu'appartiennent les classifications botaniques actuelles.

Au célèbre Linné revient l'honneur d'avoir, le premier, établi une classification réellement scientifique, et son *système sexuel,* basé sur le nombre des étamines et des pistils, bien qu'artificiel, fut accueilli avec enthousiasme. L'influence de cet illustre naturaliste fut immense et contribua puissamment au développement de la science dont il fut en quelque sorte le législateur. Il introduisit la *nomenclature binaire*, dont le principe consiste à donner aux objets deux noms, le premier indiquant le genre et le second l'espèce, suivant un procédé analogue à celui par lequel on distingue dans la société chaque individu par un nom de famille et un nom de baptême. Chaque plante qui se multiplie et se reproduit en conservant toujours les mêmes caractères forme une espèce distincte, un groupe d'espèces voisines, distinctes par quelques caractères particuliers, mais ayant les caractères essentiels communs, forme un *genre*. On range de même sous le nom commun de *famille,* tous les genres qui ont des affinités entre eux par les organes essentiels. Les familles sont réunies elles-mêmes en groupes plus considérables qu'on nomme des *classes*.

La classification dans le système sexuel de Linné est basée sur le nombre et la disposition des étamines et des pistils. En voici le résumé :

1re classe, *Monandrie,* 1 seule étamine (centranthe) ;

2e   »   *Diandrie,* 2 étamines égales (sauge) ;

3e   »   *Triandrie,* 3 étamines égales (iris) ;

4e   »   *Tétrandrie,* 4 étamines égales (gaillet) ;

5e   »   *Pentandrie,* 5 étamines égales (liseron) ;

6e   »   *Hexandrie,* 6 étamines égales (lis) ;

7e   »   *Heptandrie,* 7 étamines égales (marronnier) ;

8e   »   *Octandrie,* 8 étamines égales (bruyère) ;

9ᵉ classe, *Ennéandrie*, 9 étamines égales (butome) ;
10ᵃ   »   *Décandrie*, 10 étamines égales (œillet) ;
11ᵉ   »   *Dodécandrie*, 11 à 19 étamines (réséda) ;
12ᵉ   »   *Icosandrie*, 20 ou plus (poirier) ;
13ᵉ   »   *Polyandrie*, plus de 20 (renoncule) ;
14ᵃ   »   *Didynamie*, 4 étamines dont deux plus courtes (lamier) ;
15ᵉ   »   *Tétradynamie*, 6 étamines dont 2 plus courtes (chou) ;
16ᵉ   »   *Monadelphie*, étamines soudées par les filets en 1 faisceau (géranium) ;
17ᵃ   »   *Diadelphie*, étamines soudées par les filets en 2 faisceaux (haricot) ;
18ᵉ   »   *Polyadelphie*, étamines soudées par les filets en 3 faisceaux ou plus (millepertuis) ;
19ᵉ   »   *Syngénésie*, étamines soudées par les anthères (laitue) ;
20ᵉ   »   *Gynandrie,* étamines soudées avec le pistil (orchis).

Quatre autres classes sont établies sur ce que les étamines ne se trouvent pas dans la même fleur que les pistils, ou sur ce que les organes sont invisibles.

21ᵉ classe, *Monoécie*, étamines et pistils séparés, sur la même plante (maïs) ;
22ᵉ   »   *Dioécie*, étamines et pistils sur des plantes distinctes (chanvre) ;
23ᵉ   »   *Polygamie,* des fleurs à étamines et pistils à la fois, d'autres à organes séparés (pariétaire) ;
24ᵉ   »   *Cryptogamie,* étamines et pistils inapparents (fougère).

Les classes sont à leur tour divisées en ordres d'après le nombre des styles : *monogygnie*, 1 style ; *digynie*, 2 styles ; *trigynie*, 3 styles ; etc.; jusqu'à la *polygynie*, 20 styles et plus. La dernière classe, *cryptogamie*, se divise en *fougères*, *mousses*, *algues*, et *champignons*. Ce système, d'une application très facile, a l'inconvénient de réunir dans certains groupes des plantes dissemblables ; mais, comme il est basé sur des caractères d'un ordre assez important, il offre des groupes naturels bien marqués. Dans ses écrits, Linné préconise d'ailleurs la méthode naturelle et en pose les principes généraux; mais ce fut Antoine-Laurent de Jussieu qui en formula plus tard les règles.

Cette méthode, basée sur la subordination des caractères, donne une première division selon qu'il existe ou non des cotylédons, et quand cet organe existe, d'après leur nombre. De là trois embranchements : 1º Les *acotylédonées,* qui répondent aux cryptogames de Linné; 2º les *monocotylédonées*, dans lesquelles il n'existe qu'un cotylédon; 3º les *dicotylédonées*, caractérisées par deux cotylédons. Les classes sont établies d'après l'insertion des étamines, *hypogynes*, *périgynes* et *épigynes*. — Voici le tableau de cette méthode :

MÉTHODE NATURELLE DE JUSSIEU

Embranchements.   **Familles.**

Embranchements		Familles	
ACOTYLÉDONÉES . . .			ACOTYLÉDONÉES.
MONOCOTYLÉDONÉES.	étamines	hypogynes. (*Typhacées, Graminées*)	MONOHYPOGYNÉES.
		périgynes. (*Juncacées, Liliacées*).	MONOPÉRIGYNÉES.
		épigynes. (*Orchidées*). . . .	MONOÉPIGYNÉES.
DICOTYLÉDONÉES. . .	apétales, à étamines.	épigynes. (*Aristolochiées*) .	ÉPISTAMINÉES.
		périgynes. (*Daphnéacées, Lauracées*).	PÉRISTAMINÉES.
		hypogynes. (*Amaranthacées, Plantaginacées*). . .	HYPOSTAMINÉES.
	monopétales, à étamines.	hypogynes. (*Labiées*). . . .	HYPOCOROLLÉES.
		périgynes. (*Campanulacées*).	PÉRICOROLLÉES.
		épigynes, anthères. soudées entre elles. (*Carduacées*).	ÉPICOROLLÉES SYNANTHÉRÉES.
		libres. (*Dipsacées*).	ÉPICOROLLÉES CHORISANTHÉRÉES.
	polypétales, à étamines.	épigynes. (*Ombellifères*) . .	ÉPIPÉTALÉES.
		périgynes. (*Rosacées, Papilionacées*)	PÉRIPÉTALÉES.
		hypogynes. (*Renonculacées, Crucifères*)	HYPOPÉTALÉES.
		diclines ou fleurs unisexuelles. (*Conifères, Amentacées*)	DICLINES.

Quelques modifications ont été apportées à cette méthode par De Candolle, dont la classification est aujourd'hui la plus généralement suivie. Il divise d'abord les végétaux en *cellulaires* ou *inembryonnés,* et en *vasculaires* ou *embryonnés.* Le premier groupe correspond aux acotylédones; il se partage en *foliacés* et *aphylles*, suivant qu'ils ont des feuilles ou en sont privés. Les vasculaires ou embryonnés, qui correspondent aux cotylédonés, se distinguent en *endogènes* (monocotylédones) et *exogènes* (dicotylédones). — Voici le tableau de cet arrangement méthodique :

MÉTHODE NATURELLE DE DE CANDOLLE

Acotylédonées (germe homogène, sans cotylédon	Tissu dépourvu de vaisseaux et de stomates pendant toute la durée de la plante		Végétaux cellulaires.
	Tissu d'abord cellulaire, devenant vasculaire ; épiderme pourvu de stomates.		Végétaux cellulo-vasculaires.
Cotylédonées (semences contenant un embryon ; organisation vasculaire ; épiderme pourvu de stomates. . .	Germe à un seul cotylédon, tige sans écorce ni moelle, à texture fibreuse croissant par l'intérieur *(Endogène)*. Enveloppe florale glumacée ou pétaloïde.		Monocotylédonées.
	Germe à deux cotylédons. Tige à écorce et à moelle à texture par couches et croissant par l'extérieur *(Exogène)*	Une seule enveloppe florale, rarement pétaloïde, quelquefois réduite à une écaille.	Monochlamydées.
		Calice monosépale, corolle monopétale, portant les étamines. . . .	Corolliflores.
	Deux enveloppes florales.	Corolle monopétale ou polypétale insérée avec les étamines sur le calice, quelquefois à sa base, et entourant l'ovaire quelquefois au sommet du tube et surmontant l'ovaire. . . .	Caliciflores.
		Corolle polypétale, insérée avec les étamines sur un thalamus. . . .	Thalamiflores.

C'est cette méthode que nous suivrons dans le présent ouvrage; elle a l'avantage d'être fort simple en raison du petit nombre de divisions qu'elle admet et des caractères sur lesquels elle est fondée. Nous avons cru utile, toutefois, surtout pour les néophytes, de la faire précéder de tableaux analytiques qui conduiront sûrement à la détermination des familles.

Pour se servir de la clé analytique, il suffit de lire attentivement les deux phrases qui dépendent d'un même numéro, de choisir celle de ces deux phrases qui convient à la plante que l'on veut déterminer, de remarquer le chiffre qui la termine, et de rechercher le chiffre semblable le long de la marge gauche. Quand ce chiffre est trouvé, il faut lire les deux phrases qui lui appartiennent, choisir celle des deux qui convient à la plante, passer du chiffre qui la termine au chiffre semblable occupant la marge gauche, et continuer ainsi jusqu'à ce que l'on soit arrivé au nom de la famille.

Supposons que l'on ait en main le *fraisier*, et qu'on veut en déterminer la famille. On lira donc les deux phrases appartenant au n° 1, et l'on verra que c'est la première qui lui convient :

N° 1. Plante à fleur apparente (renvoi au n° 2). 2

2. Fleurs disjointes (oui). 3

3. Fleurs complètes avec calice, corolle, étamines et pistils (oui). 4

4. Corolle polypétale (oui). 5

5. Ovaire visible dans la corolle (oui). 6

6. ⎰ Un seul ovaire (non).
⎱ Plusieurs ovaires ou carpelles distincts (oui). 89

89. ⎰ Calice à sépales libres (non).
⎱ Sépales soudés à la base (oui). 91

91. ⎰ Feuilles charnues (non).
⎱ Feuilles non charnues; fam. *rosacées*.

Le fraisier appartient donc à la famille des *rosacées*.

L'HERBIER — LES HERBORISATIONS

L'EMPLOI DU MICROSCOPE

OUR devenir promptement botaniste, le meilleur moyen est de former une collection de plantes sèches ou *herbier*. On y trouve en toute saison des objets d'étude et de comparaison et mille souvenirs agréables viennent s'y rattacher. «Toutes mes courses de botanique, dit Jean-Jacques Rousseau, m'ont laissé des impressions qui se renouvellent par l'aspect des plantes herborisées dans divers lieux. Je ne reverrai plus ces beaux paysages, ces forêts, ces lacs, ces bosquets, ces rochers, ces montagnes, dont l'aspect a toujours touché mon cœur; mais maintenant que je ne peux plus parcourir ces heureuses contrées, je n'ai qu'à ouvrir mon herbier et bientôt il m'y transporte. Cet herbier est pour moi un journal d'herborisations qui me les fait recommencer avec un nouveau charme et produit l'effet d'un optique qui les peindrait de rechef à mes yeux.»

Les instruments nécessaires pour herboriser sont la serpette, la houlette et la boîte à herboriser. Le couteau (fig. 126 et 127) sert à couper les branches et à enlever les herbes gazonnantes, les lichens, etc. La *houlette* (fig. 128) sert à déraciner les plantes. La *boîte à herboriser* (fig. 129), cylindre de fer-blanc un peu comprimé, peint en vert et verni pour réfléchir les rayons du soleil, doit avoir 4 à 5 décimètres de longueur. Des anneaux fixés aux extrémités permettent d'y fixer une courroie pour porter la boîte en bandoulière. Une loupe et un bon canif, pour examiner sur les lieux certaines fleurs caduques; un crayon et des carrés de papier pour prendre des notes et étiqueter ses plantes, voilà le bagage indispensable de l'herborisateur.

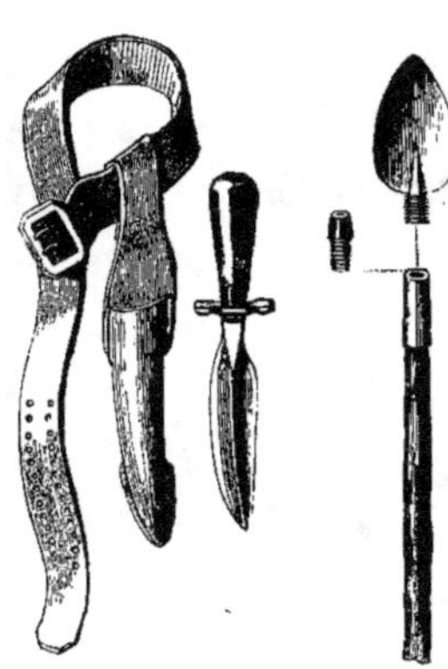

Fig. 126 et 127.
Couteau.

Fig. 128.
Houlette.

On doit, autant que possible, herboriser par un temps sec; les plantes récoltées sous la pluie sont sujettes à noircir et à pourrir dans l'herbier. Les plantes doivent être récoltées en entier, avec leurs racines, lorsqu'elles ne sont pas trop élevées; dans le cas contraire, on les courbe ou les sépare en plusieurs morceaux. Pour les végétaux ligneux, il suffit d'un rameau pourvu de feuilles, de fleurs et de fruits; si ces organes ne se développent que successivement, il faut récolter sur le même individu plusieurs exemplaires à des époques différentes.

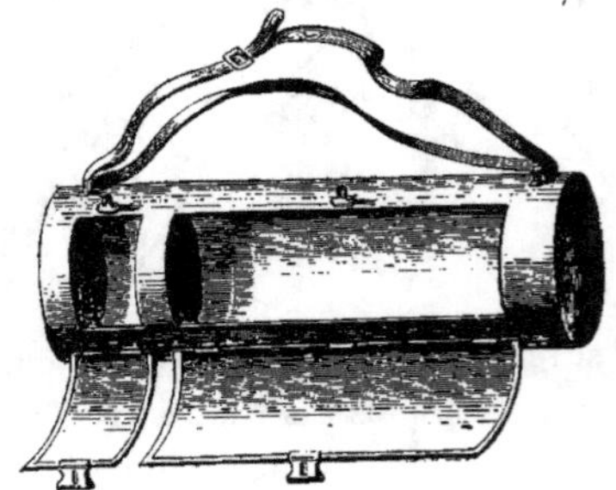

Fig. 129. — Boîte à herboriser.

Si la plante est dioïque, il faut recueillir au moins deux échantillons, l'un mâle l'autre femelle, pour avoir l'espèce complète. Les plantes récoltées aussi complètes que possible doivent être placées dans la boîte de fer blanc dans une position uniforme, de manière que les racines des unes ne puissent froisser les fleurs des autres. Les racines doivent être soigneusement dégagées de la terre qui leur est adhérente. Ainsi disposées dans la boîte fermée, les plantes peuvent s'y conserver fraîches pendant quelques jours; il n'y faut jamais mettre d'eau.

De retour de son excursion, on se livre à l'étude de chacune des espèces recueillies; on en détermine la famille, le genre, l'espèce, et l'on joint à chacune d'elles une étiquette indiquant son nom et le lieu et la date du jour où elle a été recueillie.

Il s'agit ensuite de dessécher ses plantes pour les conserver. Rien n'est plus facile que la préparation d'un herbier. On se procure quelques mains de papier sans colle, nommé communément papier buvard; celui qui boit le mieux est le meilleur, et le format le plus commode est l'*in-folio* de 42 à 48 centimètres. On distribue son papier buvard par cahiers de 3 ou 4 feuilles: au centre et sur l'une des faces de ce cahier ouvert, on place une plante ou même plusieurs si elles sont petites et si elles peuvent y tenir sans se toucher; on les y étale avec soin, de manière qu'aucune partie ne recouvre les autres ou ne fasse de plis, et en s'efforçant de conserver à la plante son port naturel. Il faut intercaler des petits morceaux de papier buvard entre les parties qui chevauchent naturellement l'une sur l'autre, comme celles de la fleur; sans cette précaution, elles noirciraient sur toute l'étendue de leur contact.

Les plantes étant ainsi disposées, chacune au centre de trois feuilles de papier, on superpose tous ces cahiers pour les soumettre à la presse. Deux petites planches bien unies entre lesquelles on les place et sur lesquelles on pose un objet quelconque du poids de 3o à 4o kilogrammes forment tout l'appareil nécessaire pour opérer cette pression. Cette opération doit être faite, autant que possible, dans un lieu sec, chaud et aéré; un grenier, en été, remplit toutes ces conditions.

Après douze heures de pression, on retire les poids et l'on trouve les papiers imprégnés de l'humidité qu'ils ont enlevée aux plantes. On les remplace par des cahiers de papier sec, et on les remet en presse. Lorsqu'on a changé les coussins une fois ou deux (il suffit de faire ce changement toutes les vingt-quatre heures), on prend les chemises contenant les plantes et on les met les unes sur les autres, sans interposition de coussins de papier, entre deux plaques en toile métallique, on serre le tout avec deux sangles en toile, et on expose ce paquet au soleil ou devant le feu. La dessiccation se fait très rapidement. On aura soin toutefois de ne pas mettre plus de 12 à 15 chemises à la fois dans cet appareil appelé le *Préparateur botanique*, parce que, si le paquet était trop épais, les plantes du milieu pourriraient au lieu de sécher. On reconnait que les échantillons sont complétement secs par le simple toucher.

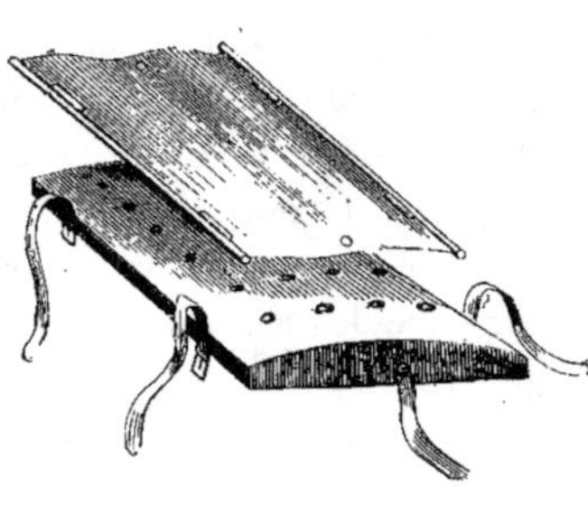

Fig. 130. — Presse.

Si la plante est sèche, elle ne produira au contact de la main aucune sensation, mais si elle contient encore de l'humidité, elle donnera une impression de fraîcheur plus ou moins marquée.

Il est des plantes très aqueuses ou charnues qui ne se dessèchent pas aussi facilement, et qui continuent de végéter dans le papier ou qui finissent par y pourrir; on détruit le principe végétatif dans ces plantes en les immergeant pendant vingt-quatre heures dans le vinaigre, jusqu'à la fleur *exclusivement;* on les laisse ensuite un peu sécher à l'air, et on les essuie légèrement, puis on les met dans le papier buvard, pour les traiter par les moyens ordinaires. Ce procédé est indispensable pour la préparation des plantes grasses ou à feuilles charnues, et de celles dont les racines sont bulbeuses. Quant au papier qui a servi à la dessiccation des plantes, il peut servir indéfiniment en le faisant sécher.

Lorsque les plantes sont sèches, on les retire du papier buvard et on les dispose dans l'herbier. C'est-à-dire qu'on place chacune d'elles sur une feuille de papier blanc collé, épais, de même format que le papier buvard, où on la fixe au moyen d'épingles ou mieux de bandelettes de papier gommé. On inscrit au bas de la feuille blanche le nom de la plante, le lieu et le jour où on l'a recueillie, puis cette feuille simple mise dans une chemise ou double feuille de papier gris ou bleu est prête à être placée à son ordre de famille dans un carton en forme de portefeuille fermé avec une sangle, les plantes sèches demandant à être toujours légèrement pressées.

Généralement les botanistes, avant de placer les plantes dans l'herbier, leur font subir une préparation ayant pour but de les préserver des attaques des insectes ; cette préparation consiste à les enduire, à l'aide d'un pinceau doux, d'une solution alcoolique de deutochlorure de mercure (20 grammes de deutochlorure pour 500 grammes d'alcool à 85°) ; mais la manipulation de cette liqueur demande une grande attention, car elle constitue un violent poison. Il faut, en outre, visiter son herbier deux ou trois fois par an, et enlever sur-le-champ tout échantillon mal desséché, noircissant ou se couvrant de moisissure, pour le laver à l'alcool pur et le faire sécher de nouveau dans un courant d'air. S'il était rongé par les insectes, on le brûlerait, s'il appartenait à une espèce commune, afin de détruire les larves et les œufs, et si c'était une espèce rare, on la laverait avec la liqueur indiquée ci-dessus.

PRÉPARATIONS MICROSCOPIQUES. — Une simple loupe suffit pour l'observation des organes extérieurs des plantes ; mais l'étude des cellules, des tissus, du pollen, etc. nécessite l'emploi d'un instrument plus grossissant, du microscope, et nous donnerons ici quelques notions sur la manière de préparer convenablement les objets dont on veut observer l'organisation.

Les pellicules et les parties très minces des plantes peuvent être observées directement ; à cet effet on les détache sans les froisser et on les dépose dans une goutte d'eau placée sur une lame de verre porte-objet, et on recouvre le tout avec une lamelle de verre mince. Quand ces parties sont trop épaisses pour être transparentes, il faut en obtenir des coupes très fines, afin que la lumière puisse les traverser. Il suffit d'un bon scalpel ou d'un rasoir pour opérer ces coupes, qui doivent être aussi régulières que possible ; la lame du scalpel doit être humectée d'eau. Si le corps est trop dur pour être facilement coupé en tranches, on le prépare par usure (houille, bois silicifié) ou par le moyen

7

d'instruments spéciaux appelés *microtomes*. Si les objets à couper sont très petits, on les fixe dans un bâton de moelle de sureau fendu qu'on serre entre les doigts.

Les tranches minces ainsi obtenues sont placées dans un liquide approprié tel que l'eau, l'alcool, la glycérine, l'huile, etc. C'est l'eau qui est le plus souvent employée. Souvent il est avantageux de teindre les coupes au moyen de couleurs d'aniline qui se fixent de préférence sur certaines parties et les mettent en évidence.

Les préparations sont quelquefois assez intéressantes pour qu'on désire les conserver. Suivant leur nature on les traite de diverses manières. Lorsqu'elles sont très petites, très transparentes et qu'elles ne se déforment pas en séchant (comme les diatomées), on les conserve à sec entre deux lames de verre simplement fixées au moyen d'un peu de cire ou de gomme laque. — Le plus souvent on les garde dans des milieux liquides ou solidifiables. Le liquide le plus généralement employé est la glycérine anglaise étendue de 2 à 6 fois son poids d'eau. La glycérine ne s'évaporant pas, la préparation, mise à l'abri de la poussière, se conserve sans autre soin. Lorsqu'on se sert d'un liquide volatil tel que l'eau additionnée de substances très diverses (acide acétique, acide phénique, alcool camphré, chlorure de calcium, etc.), il est indispensable de former autour du couvre-objet une fermeture hermétique. Le lut qui convient à presque tous les cas, est formé de bitume de judée et de mixture des doreurs dissous dans l'essence de térébenthine. On l'applique à froid au moyen d'un petit pinceau qu'on promène légèrement autour du couvre-objet de manière à recouvrir les bords de celui-ci et une portion de la lame de verre qui le porte. On fait aussi des luts avec la cire à cacheter dissoute dans l'alcool, avec la gomme laque, etc.

Les milieux solidifiables les plus usités pour les préparations durables sont la gélatine-glycérine, mélange de gélatine, d'eau, de glycérine et d'acide phénique en proportion telle que la masse soit ferme à la température ordinaire, mais qu'elle se ramollisse aisément vers 50 à 60 degrés. Cette mixture convient aux objets délicats et transparents. Pour les objets durs et moins translucides, on se sert de baume de Canada qui se ramollit également à une chaleur peu élevée.

La préparation terminée, on colle à chaque bout de la lame porte-objet une bande de carton blanc mince ou de papier assez épais pour dépasser le niveau de la lamelle couvre-objet, on inscrit sur cette bande le nom de l'objet, la date de sa préparation, la nature du milieu conservateur. Les lames peuvent alors être empilées les unes sur les autres et attachées en petits paquets au moyen d'anneaux de caoutchouc. On les met dans un tiroir à l'abri de la poussière et de la lumière.

GLOSSAIRE BOTANIQUE

EXPLICATION

DES MOTS TECHNIQUES EMPLOYÉS DANS CETTE PUBLICATION

Les Chiffres placés après les Mots, se reportent aux Numéros des Paragraphes de l'Introduction, où ces Mots se trouvent expliqués. Ainsi le chiffre 100 après le Mot Absorption *veut dire : voir l'explication au § 100, page 35.*

Akène (fruit), 81.

Aisselle, angle formé par l'insertion d'une feuille, d'un rameau sur la tige.

Bsorption, 100.

Caule, se dit des plantes qui sont ou paraissent dépourvues de tige.

Chaine (fruit), 81.

Cotylédone (plante), 75.

Cuminé, se terminant en pointe effilée.

Dné, fixé immédiatement sur une partie quelconque.

Game, sans organes sexuels apparents, synonyme de *Cryptogame.*

Gglomeré, disposé en groupe.

Igrette, 96.

Ile, 96.

Ilée (feuille), 34.

Alterne, se dit en général des organes qui ne sont pas placés vis-à-vis les uns des autres.

Amande, 74.

Amplexicaule (feuille) dont la base embrasse la tige.

Anastomosé, se dit des vaisseaux des nervures qui communiquent les uns avec les autres.

Androcée, appareil mâle des fleurs, l'ensemble des étamines.

Androgyne, se dit d'une plante qui porte des fleurs mâles et des fleurs femelles sur le même individu.

Anomale (fleur), 48.

Anthère, 42, 43.

Apétale, fleur qui manque de pétales.

Aphylle, dépourvu de feuilles.

Apiculé, terminé par une petite pointe molle.

Appendiculé, pourvu d'appendices.

Apprimé, serré contre le support.

Apre, rude au toucher.

Arbre, 17.

Arbrisseau, 17.

Arbuste, 17.

Arête, filet plus ou moins roide terminant une partie quelconque.

Arille, tégument accessoire, indépendant du *testa*, qui enveloppe parfois la graine.

Aristé, muni d'une arête.

Ascendant, se dit d'une tige, d'un organe qui, d'abord horizontal, se redresse ensuite.

Atténué, diminuant d'épaisseur de la base au sommet.

Aubier, 23.

Axe végétal, 3.

Axillaire, placé dans l'*aisselle*.

Baie (fruit), 80, 89.

Balle, voyez *Glume*.

Bandelettes, lignes ou côtes propres au fruit des *Ombellifères*.

Barbu, couvert de poils droits.

Basilaire, qui tient à la base.

Bi, placé devant un mot, indique la dualité.

Bidenté, à deux dents.

Bifide, divisé en deux lanières.

Bilabié, à deux lèvres.

Bilobé, partagé en deux lobes.

Biloculaire (ovaire), à 2 loges.

Biparti, ite, fendu jusqu'à la base en deux divisions profondes.

Bivalve (gousse), 71.

Bois, 23.

Bourgeon, 36.

Bouton, 36.

Bractée, bractéole, 53.

Bulbe, 19.

Bulbifère, qui porte des bulbes.

Bullée (feuille), dont la surface paraît comme boursouflée (chou).

Caduc, se dit d'un organe qui se détache et tombe de très bonne heure.

Caieux, 19.

Calathides, 68.

Calcariforme, conformé en éperon.

Calice, 52.

Caliciforme, en forme de calice.

Calicule, 53.

Campanulé, en forme de cloche.

Canaliculé, creusé en gouttière.

Cannelé, relevé de côtes saillantes.

Capillaire, fin et délié comme un cheveu.

Capité, renflé ou rassemblé en tête.

Capitule, 68.

Capsule, 84.

Caréné, creusé d'un côté et saillant de l'autre, comme la carène d'un vaisseau.

Carpelle, ovaire simple ou partie close d'un ovaire multiple.

Corymbe, 63.

Côte, ligne saillante d'un organe.

Cotylédons, 74.

CARYOPHYLLÉE (fleur), 48.

CARYOPSE, 83.

CAULINAIRES (feuilles), naissant sur la tige.

CELLULES, TISSU CELLULAIRE, 5.

CHATON, 66.

CHAUME, 17. Tige des *Graminées*.

CHEVELU, 14.

CHLOROPHYLLE, 6.

CILS, poils droits disposés en série sur le bord d'un organe.

CILIÉ, qui est pourvu de cils.

CIME, 62.

CIRCINÉ, roulé de la base au sommet en forme de crosse.

CLAVIFORME, en forme de massue.

CLOISON, membrane qui divise la cavité d'un fruit en compartiments.

COLLERETTE, 53.

COLLET (racine), 12.

COLORÉ, se dit en botanique de toute partie qui n'est pas verte.

COLUMELLE, 71.

COMPOSÉE (feuille), 34 — (fleur), 67, 68.

CONCEPTACLE, 87.

CONE, 94.

CONIQUE, en forme de cône.

CONNÉ, E, se dit de deux parties opposées et soudées l'une à l'autre par leur base : feuilles connées.

CONNECTIF, 43.

CONNIVENT, rapproché sans être soudé.

CONVOLUTÉ, roulé en gaine ou en spirale.

CORDIFORME, se dit d'une feuille, d'un pétale échancré comme un cœur de carte à jouer.

CORIACE, tenace et flexible comme du cuir.

CORNÉ, qui a l'aspect, la consistance de la corne.

COROLLE, 46, 51.

CORTICAL, qui appartient ou adhère à l'écorce.

CORYMBE, 64.

CRÉNELÉE (feuille), dont les bords portent des dents obtuses et perpendiculaires au bord qui les porte.

CRUCIFORME, composé de 4 parties opposées deux à deux en forme de croix.

CRYPTOGAME, plante dont les organes sexuels ne sont pas apparents : champignons, lichens, algues, etc.

CUNÉIFORME, en forme de coin.

CUPULIFORME, en forme de coupe.

CUSPIDÉ, terminé en pointe dure, aiguë.

CUTICULE, 10.

CYME, 59.

DÉCLINÉ, se dit d'un organe qui retombe en se courbant en arc.

DÉCOMPOSÉE (feuille), 34.

DÉCURRENTE (feuille), 31.

DÉHISCENCE, 71, 72.

DELTOÏDE, en forme de triangle comme le delta grec Δ.

DEMI-FLEURONS, voyez la famille des *Composées*.

DENTÉ, à bords découpés en dents.

DENTELÉ, muni de petites dents.

DENTICULÉ, muni de très petites dents.

DIADELPHE, fleur dont les étamines sont soudées en deux faisceaux.

DIAGRAMME, 39, 40.

DICHOTOME, qui se divise et se subdivise en deux branches égales.

DICOTYLÉDONÉE (plante), 75.

DIDYME, formé de deux parties semblables.

DIDYNAME (fleur), à quatre étamines dont deux plus longues.

DIFFUS, épars et étalé sans ordre.

DIGITÉE (feuille), 34.

DIGYNE, à deux styles.

DIOÏQUE (plante), 45.

DISCOÏDE, en forme de disque.

DISPERME, à deux graines.

Disque, petit plateau qui couronne parfois l'ovaire infère et sur lequel sont fixés les étamines et les pétales (*ombellifères*).

Distique, se dit des parties disposées d'une manière régulière sur deux rangs opposés.

Divariqué, s'écartant de l'axe principal et à angle droit.

Divergent, se dit des organes qui se dirigent en sens divers et tendent à s'écarter l'un de l'autre.

Dorsal, qui est placé sur le dos.

Dressée (tige) dont la direction est verticale.

Drupe (fruit), 79.

Duramen, 23.

Écailleux, garni d'écailles, ou qui a l'apparence d'une écaille.

Écorce, 23.

Elliptique, qui a la forme d'une ellipse, c'est-à-dire d'un ovale allongé; ce mot s'applique surtout aux feuilles.

Émarginé, marqué d'une échancrure plus ou moins profonde.

Embrassantes (feuilles), synonyme de amplexicaules.

Embryon, 74.

Endocarpe (fruit), 71.

Endogène, 25.

Engainant, qui forme un tube ou gaine entourant une partie quelconque.

Enroulé, roulé en dedans.

Ensiforme, en forme d'épée.

Entier, sans aucune division.

Épars, disposé sans ordre.

Éperon, prolongement tubuleux qui s'observe dans les sépales ou les pétales de certaines fleurs.

Épi, 65.

Épicarpe, 71.

Épiderme, 10.

Épigyne (étamine), 56.

Épineux, garni d'épines.

Épisperme, 73.

Étalé, se dit des organes qui s'écartent de leur axe à angle droit.

Étamine, 42.

Étendard, pétale supérieur d'une corolle papilionacée, 48.

Évaporation, 103.

Extrorse (anthère), 43.

Falciforme, en forme de faux.

Fasciculé, rapproché en faisceau.

Fastigiés (rameaux), redressés et rapprochés de la tige, 17.

Fécondation, 110.

Femelle (fleur), n'ayant que des pistils.

Feuilles, 27 à 35.

Fibres, 4 à 8.

Fibreuse (racine), 15.

Fide (*bi, tri, quadri*), découpé de façon que les lobes au nombre de 2, 3, 4, atteignent la moitié de la longueur de l'organe, 33 à 40.

Filet de l'étamine, 42.

Filiforme, ténu comme un fil.

Fimbrié, à bord découpé comme une frange.

Fistuleux, ce qui est creux à l'intérieur.

Fleur, 39 à 69.

Fleuron, corolle tubuleuse des fleurs *composées*.

Flexueux, courbé alternativement dans des sens opposés.

Floraison, époque de l'épanouissement des fleurs.

Florifère, qui porte des fleurs.

Flosculeuses, fleurs composées formées exclusivement de fleurons.

Foliacé, de la nature des feuilles.

Folioles, 34.

Follicule, (fruit), 77.

Fongueux, qui a la forme ou la consistance d'un champignon.

Fruit, 70 à 96.

Frutescent, se dit de la tige ligneuse d'un arbrisseau.

Fugace, synonyme de *caduc*, 52.

Funicule, 72.

Fusiforme, renflé au milieu et atténué par les deux bouts comme un fuseau.

Gaine, pétiole élargi qui embrasse la tige.

Gamopétale, synonyme de *monopétale*.

Gazonnant, se dit des plantes à tiges et feuilles fines et serrées formant tapis.

Géminé, disposé deux à deux par paire.

Gemmule, 74.

Geniculé, ou *genouillé*, qui est coudé en genou.

Germe, corpuscule renfermé dans l'ovaire, qui après la fécondation devient l'embryon.

Germination, 98.

Gibbeux, bossu.

Glabre, dépourvu de poils.

Gland, fruit du chêne.

Glanduleux, chargé de glandes ou de la nature des glandes.

Glauque, vert de mer, mat et grisâtre.

Glomérule, 68.

Glume, voyez la famille des *Graminées*.

Glutineux, couvert d'une matière gluante.

Gorge, 49.

Gousse ou *légume*, 78.

Graine, 73 à 75.

Granuleux, couvert de granulations.

Grappe, 59.

Grimpant, qui s'élève en s'accrochant aux corps voisins par des vrilles.

Gueule (*corolle en*) ou *personée*.

Gynécée, 41.

Hampe, 18.

Hasté, en forme de fer de lance.

Herbacé, formé d'un tissu tendre et non consistant.

Hérissé, couvert de poils raides et droits.

Hermaphrodite, (fleur), qui porte à la fois étamines et pistils, 45.

Hespéridie (fruit), 90.

Hile, 73.

Hispide, garni de poils raides et durs au toucher.

Hypocratériforme, en forme de coupe antique.

Hypogyne, 56, inséré au-dessous du pistil.

Imbriqué, qui se recouvrent comme les tuiles d'un toit.

Imparipennée (feuille), 34.

Incisée, (feuille), découpée en lobes irréguliers.

Inclus, e, se dit des étamines et du pistil qui sont renfermés dans le tube de la corolle.

Indéfini, se dit des étamines lorsque leur nombre dépasse 12 ou 15.

Indéhiscent, qui ne s'ouvre pas naturellement, 72.

Inerme, sans épines ni aiguillons.

Infère (ovaire), 55.

Inflorescence, 58.

Infundibuliforme, en entonnoir.

Insertion, 56.

Introrse (anthère), 43.

Involucre, 53.

Involuté, à bords roulés en dedans.

Labelle, division inférieure de la fleur des orchidées.

Labiée (corolle), 50.

Lache (grappe, épi), qui a peu de fleurs.

Lacinié, divisé en lanières longues et étroites.

Lactescent, qui contient un suc laiteux.

Lancéolé, élargi au milieu et se rétrécissant insensiblement en pointe vers les extrémités, comme un fer de lance.

Latex, 9.

Laticifères (vaisseaux), 9.

Légume, 78.

Lenticulaire, en forme de lentille.

Liber, 23.

Ligneux, de la nature du bois.

Limbe, partie étalée de la feuille ou du pétale.

Linéaire, allongé et d'égale largeur dans toute son étendue.

Lisse, n'offrant ni poils ni aspérités.

Lobes, parties saillantes séparées par des sinus ou échancrures.

Lobée (feuille), 33.

Loculaire, on dit le fruit uniloculaire, bi, tri, quadriloculaire, selon qu'il a 1, 2, 3, 4 loges.

Loculicide (déhiscence), 84.

Loges, cavités qui contiennent les ovules dans l'ovaire et les graines dans le fruit.

Lomentacée (gousse), 78.

Lyrée, se dit d'une feuille pennatifide a lobes inférieurs très petits en comparaison du lobe terminal.

Maculé, parsemé de taches.

Male (fleur), celle qui n'a que des étamines.

Marcescent, e, se dit d'un organe qui après s'être flétri reste attaché sur la plante.

Marginal, qui appartient au bord.

Maturation, 111.

Médian, e, qui occupe le milieu ou la partie moyenne.

Médullaire, qui appartient à la moelle.

Mélonide, 91.

Membraneux, se dit d'un organe plan, mince, flexible et transparent comme une membrane.

Mésocarpe, 71.

Micropyle, 73.

Moelle, 23.

Moniliforme, formé d'une succession de petites masses arrondies imitant les grains d'un chapelet.

Monocotylédonée, 75.

Monoïque, 45.

Monopétale (corolle), 47 à 49.

Monosépale (calice), 52.

Monosperme, se dit du fruit qui ne contient qu'une seule graine.

Mucroné, terminé par une petite pointe isolée, droite et raide.

Multi, plusieurs; placé devant un mot indique la pluralité.

Multicaule, à plusieurs tiges.

Multifide, à divisions nombreuses.

Multiflore, à plusieurs fleurs.

Multiloculaire, à plusieurs loges.

Multipartite, divisé en partitions nombreuses.

Multiséminé, fruit à graines nombreuses.

Muriqué, couvert de pointes robustes et courtes.

Mutique, sans arêtes ni pointes.

Napiforme, en forme de navet.

Naviculaire, en forme de nacelle.

Nectaire, et

Nectarifère (glande), 48.

Nervures, voyez *Feuilles*.

Noueuse (racine), 15; tige offrant des renflements, des nœuds.

Noyau, enveloppe osseuse qui entoure l'amande dans les drupes.

Nu, se dit de tout organe dépourvu d'appendices ou d'enveloppes.

Nuculaine, 92.

Nucule, 88.

Nutrition, 99.

Oʙ (à l'envers). Ce mot devant un adjec-
tif indique que la disposition qu'indique
celui-ci est inverse.

Oʙconique, en cône renversé.

Oʙcordiforme, qui a la forme d'un cœur
renversé.

Oʙlong, plus long que large.

Oʙovale, qui par son contour représente
la coupe longitudinale d'un œuf dont
le petit bout serait inférieur.

Oʙtus, à sommet arrondi et sans pointe.

Oignon, 19.

Oligosperme, qui n'a qu'un petit nombre
de graines.

Ombelle, 62, 63.

Ombellule, 63.

Ombiliqué, marqué au centre d'une dé-
pression ou ombilic.

Onglet, 47.

Onguiculé, muni d'un onglet.

Opposé, placé par paire vis-à-vis l'un de
l'autre, 32.

Orbiculaire, corps aplati dont le contour
est à peu près circulaire.

Osseux, composé d'un tissu sec et dur
comme un os.

Ovale, en forme d'œuf dont la partie la
plus large est en bas.

Ovoïde, se rapprochant de la forme d'un
œuf.

Ovule, granule renfermé dans l'ovaire et
qui deviendra la graine, 107, 108.

Paillettes, lames minces et transparentes'
écailleuses, qui, dans beaucoup de composées, sont mêlées aux fleurs.

Paléacé, couvert de paillettes.

Palmé, composé de divisions divergentes
comme les doigts étalés de la main.

Palmatilobée, feuille palmée lobée.

Palmatipartite, feuille palmée divisée en
plusieurs parties.

Palmatiséquée, feuille palmée divisée en
segments jusqu'au pétiole.

Panicule, 60.

Papilionacée, 48.

Parasite (plante), celle qui vit sur les
corps organisés et à leurs dépens.

Parenchyme, 4 à 7.

Pariétal, qui adhère à la paroi.

Paripennée (feuille), 34.

Partite (corolle), 49.

Pauciflore, qui porte peu de fleurs.

Pectiné, divisé comme les dents d'un
peigne.

Pédicelle, 55.

Pédoncule, 55.

Pelté, élargi en forme de bouclier et fixé
par son centre : feuille de *capucine*.

Penné, synonyme de *Pinné*.

Penninerviée (feuille), 31.

Pentagone, à cinq pans.

Pentamère, à cinq parties.

Pepin, graine des fruits charnus.

Péponide, 91.

Perfolié, se dit de la feuille dont le limbe
est traversé par la tige, 31.

Péricarpe, 70, 71.

Périgone, 46.

Périgyne, 57.

Personée (corolle), 50.

Pétale, 47, 48.

Pétaloïde, de la nature des pétales.

Pétiole, 29.

Phanérogame, se dit d'une plante à organes sexuels manifestes.

Pinnatifide, ayant de chaque côté des
lobes assez profonds et parallèles.

Pinnée (feuille), 34.

Piriforme, en forme de poire.

Pistil, organe femelle, 40.

Pivotante (racine), 15.

Placenta, Placentaire, 72.

Plateau, voyez *Bulbe*.

PLUMEUX, portant des poils disposés comme les barbes d'une plume.

PLUMULE, 74.

PLURILOCULAIRE, à plusieurs loges, 70.

PODOSPERME, 72.

POLLEN, 44.

POLYGAME, 45.

POLYMORPHE, qui varie de forme.

POLYPÉTALE, 47, plusieurs pétales.

POLYSPERME, 70, plusieurs graines.

PROCOMBANTE (tige) couchée sur la terre sans s'enraciner.

PUBESCENT, couvert d'un duvet court et mou.

PULVÉRULENT, comme couvert de poussière.

PYRAMIDAL, se rétrécissant insensiblement de la base au sommet.

PYXIDE, 85.

QUADRI, quatre, se met devant les mots :

QUADRIFIDE, divisé en 4 parties.

QUADRILOBÉ, divisé en 4 lobes.

QUADRILOCULAIRE, à 4 loges.

QUADRIOVULÉ, contenant 4 ovules.

QUADRIPARTIT, divisé en 4 partitions.

QUATERNÉES, feuilles verticillées par quatre ou composées de 4 folioles.

QUINAIRE, se dit de la fleur dont les organes suivent le nombre 5 ou ses multiples.

QUINQUE, cinq, se met devant les mots : *Quinquéfide, quinquélobé, quinquéloculaire,* etc.

RACHIS, 34.

RACINE, 13 à 15.

RADICAL, qui part de la racine ou qui appartient à la racine.

RADICULE, 74.

RADIÉES, disposition des fleurs en rayons, *composées.*

RAMEUX, pourvu de branches ou de rameaux.

RAMPANTE (tige) couchée horizontalement sur le sol et s'y enracinant çà et là.

RAYONS MÉDULLAIRES, 23.

RÉCEPTACLE, 56.

REDRESSÉ, se dit d'une tige couchée à la base et qui se relève.

RÉFLÉCHI, courbé vers la terre.

RÉGULIER, dont toutes les parties sont égales et symétriques.

REJET, pousse qui sort de la racine ou du collet de la racine.

RÉNIFORME, en forme de rein ou de haricot.

REPRODUCTION, 106.

RESPIRATION, 104.

RÉTICULÉ, couvert de lignes croisées en forme de réseau.

RÉVOLUTÉ, roulé en dehors.

RHIZOME, 18.

RHOMBOÏDAL, en forme de rhombe ou de losange.

RONCINÉE (feuille), feuille pennatifide dont les divisions sont aiguës et se dirigent de haut en bas.

ROSACÉE (corolle), 48.

ROTACÉE (corolle), 50.

RUDIMENTAIRE, se dit d'un organe incomplet ou avorté.

RUGUEUX, couvert de rides ou de rugosités.

SAGITTÉ, en forme de fer de flèche.

SAILLANT, s'élevant au-dessus des organes voisins.

SAMARE, 82.

SARMENTEUSE (tige), qui s'appuie sur les plantes voisines, 17.

SCABRE, couvert d'aspérités, rude au toucher.

SCARIEUX, mince, sec et transparent.

SCORPIOÏDE, roulé comme la queue d'un scorpion.

SCUTELLIFORME, en forme d'écusson.

Segment, portion divisée et distincte d'un organe quelconque.

Semence, synonyme de graine.

Semi, devant un mot signifie à moitié.

Séminifère, qui porte des graines.

Séminules, semences des cryptogames.

Sépales, 52.

Septicide (déhiscence), 84.

Séquée (feuille), 33.

Sertule, 61.

Sessile, qui n'a pas de support.

Sétacé, menu et roide comme une soie de sanglier ou un crin.

Sève, 101.

Silicule, 86.

Silique, 86.

Simple, se dit des parties qui ne sont ni divisées ni ramifiées.

Sinué, à bord découpé de lobes et de sinus peu profonds.

Sinus, échancrures placées entre les lobes.

Souche, 18.

Sous-arbrisseau, synonyme d'arbuste.

Soyeux, muni de poils courts, lisses et brillants comme de la soie.

Spathe, 54.

Spatulé, à base rétrécie et à sommet élargi et arrondi en forme de spatule.

Sphérique, Sphéroïdal, en forme de sphère.

Spiciforme, en forme d'épi.

Spinuleux, couvert de petites épines.

Spiral, disposé en tire-bouchon.

Spongioles, 14.

Spores, 107.

Squamiforme, en forme d'écaille.

Staminifère, qui porte les étamines.

Stigmate, 40, 41.

Stipe, 17 à 25.

Stipité, pourvu d'un petit support.

Stipule, 30.

Stolon, bourgeon, rejet qui pousse sur les racines ou sur les tiges et peut devenir une nouvelle plante.

Stolonifère, qui produit des stolons.

Stomates, 11.

Stries, petits sillons parallèles et longitudinaux.

Style, 40, 41.

Sub, devant un mot signifie *presque* : sub-obtus, sub-aigu, sub-ovale.

Subéreux, semblable à du liège.

Subulé, linéaire et rétréci en pointe comme une alène.

Supère, situé au-dessus, 55.

Suture, ligne qui correspond à la soudure de deux parties.

Sycône, 69 à 93.

Syncarpé (fruit), 76.

Syngénèses, se dit des étamines quand elles sont soudées ensemble par les anthères.

Tegmen, 73.

Terminal, placé au sommet.

Terné, organes au nombre de trois ou fixés par trois : les folioles du trèfle.

Testa, 73.

Tétragone, à 4 pans, carré.

Tétramère (fleur), à quatre parties.

Thyrse, 58.

Tige, 16 à 26.

Tigelle, 74.

Tomenteux, couvert de poils courts et entrelacés comme du feutre.

Torus, 55.

Traçant, synonyme de rampant.

Tri, trois, devant un mot, exprime la triplicité.

Triangulaire, présentant trois angles.

Trifide, à trois incisions.

Trigone, synonyme de triangulaire.

Trilobé, à trois lobes.

Triloculaire, à trois loges, etc.

Tronqué, terminé brusquement comme coupé net.

Trophosperme, 72.

Tube (corolle), 49.

Tube pollinique, 110.

Tubercule, 20.

Tubéreuse (racine), 15.

Tubuleux, qui a la forme d'un tube.

Turbiné, en forme de toupie.

Turion, 37.

Uniflore, qui porte une seule fleur.

Uniloculaire, à une seule loge, 70.

Unisexuelle (fleur), 45.

Urcéolé, en forme d'outre, de grelot, 50.

Utricule, 81.

Vaisseaux, 9.

Vallécules, voyez la famille des *Ombelli-fères*.

Valves, 71.

Velu, couvert de poils.

Verticille, 67.

Verticillé, 67.

Vésiculeux, renflé en vessie.

Vivace (plante herbacée), dont la souche plus ou moins ligneuse persiste indéfiniment et dont les tiges aériennes sont herbacées et périssent chaque année.

Volubile, tige qui s'enroule autour des corps voisins, en formant une spirale.

Vrilles, appendices ou rameaux filiformes qui s'enroulent en spirale autour des corps voisins.

Zoospores, spores ou graines des algues, que l'on a comparées à des animalcules.

CLÉ ANALYTIQUE
—
DESCRIPTION DES PLANTES
DE
LA FLORE FRANÇAISE
ATLAS DE 82 PLANCHES

ALPHONSE DE CANDOLLE.

CLÉ ANALYTIQUE

POUR LA DÉTERMINATION DES FAMILLES

<table>
<tr><td rowspan="2">1</td><td>Plantes adultes à fleurs apparentes, avec étamines ou pistils et graines.</td><td>2</td></tr>
<tr><td>Plantes adultes sans fleurs apparentes, CRYPTOGAMES . . . . . .</td><td>267</td></tr>
<tr><td rowspan="2">2</td><td>Fleurs disjointes, non réunies dans un involucre commun . . . .</td><td>3</td></tr>
<tr><td>Fleurs conjointes, réunies dans un involucre commun . . . . .</td><td>265</td></tr>
<tr><td rowspan="2">3</td><td>Fleurs complètes renfermant étamines et pistils, munies d'un calice et d'une corolle . . . .</td><td>4</td></tr>
<tr><td>Fleurs incomplètes, manquant d'étamines ou de pistils, de calice ou de corolle, avec une seule enveloppe florale . . . .</td><td>151</td></tr>
<tr><td rowspan="2">4</td><td>Corolle polypétale, à plusieurs pétales distincts . . . .</td><td>5</td></tr>
<tr><td>Corolle monopétale, d'une seule pièce . . . .</td><td>108</td></tr>
</table>

POLYPÉTALES

<table>
<tr><td rowspan="2">5</td><td>Ovaire supère ou libre, au-dessus du calice, visible dans la corolle .</td><td>6</td></tr>
<tr><td>Ovaire infère, adhérent au calice, caché sous la corolle . . . . .</td><td>92</td></tr>
<tr><td rowspan="2">6</td><td>Un seul ovaire . . . .</td><td>7</td></tr>
<tr><td>Plusieurs ovaires ou carpelles distincts . . . .</td><td>89</td></tr>
<tr><td rowspan="2">7</td><td>Corolle régulière, à pétales conformes et égaux . . . .</td><td>8</td></tr>
<tr><td>Corolle irrégulière . . . .</td><td>81</td></tr>
<tr><td rowspan="2">8</td><td>10 étamines ou moins . . . .</td><td>9</td></tr>
<tr><td>Plus de 10 étamines . . . .</td><td>66</td></tr>
</table>

<table>
<tr><td rowspan="2">9</td><td>Pétales réduits à des écailles, des filets ou nuls . . . .</td><td>10</td></tr>
<tr><td>Pétales apparents . . . .</td><td>14</td></tr>
<tr><td rowspan="3">10</td><td>2 étamines, (Supprénie) fam. Lythrariées.</td><td></td></tr>
<tr><td>5 étamines fertiles, 5 stériles, fam. Paronychiées.</td><td></td></tr>
<tr><td>3 à 10 étamines, toutes fertiles . . . .</td><td>11</td></tr>
<tr><td rowspan="2">11</td><td>Arbrisseaux . . . .</td><td>12</td></tr>
<tr><td>Tige herbacée ou à peine ligneuse. . . . .</td><td>13</td></tr>
<tr><td rowspan="2">12</td><td>Feuilles simples, fruits à plusieurs graines, (Nerprun), fam. Rhamnées.</td><td></td></tr>
<tr><td>Feuilles ailées, fruits à 1 noyau, (Pistachier), fam. Térébinthacées.</td><td></td></tr>
<tr><td rowspan="2">13</td><td>1 ou 2 styles, fam. Paronychiées.</td><td></td></tr>
<tr><td>3 ou 4 styles, fam. Caryophyllées.</td><td></td></tr>
<tr><td rowspan="4">14</td><td>3 pétales . . . .</td><td>15</td></tr>
<tr><td>4 pétales . . . .</td><td>18</td></tr>
<tr><td>5 pétales . . . .</td><td>30</td></tr>
<tr><td>6 pétales . . . .</td><td>64</td></tr>
<tr><td rowspan="2">15</td><td>Tige herbacée . . . .</td><td>16</td></tr>
<tr><td>Tige ligneuse . . . .</td><td>17</td></tr>
<tr><td rowspan="2">16</td><td>Calice à 2 divisions, (Pourpier) fam. Portulacées.</td><td></td></tr>
<tr><td>Calice à 3 ou 4 divisions, (Élatine) fam. Caryophyllées.</td><td></td></tr>
<tr><td rowspan="2">17</td><td>Fleurs à étamines et pistils, (Camélée) fam. Térébinthacées.</td><td></td></tr>
<tr><td>Fleurs n'ayant qu'étamines ou pistils, (Camarine) fam. Éricinées.</td><td></td></tr>
<tr><td rowspan="2">18</td><td>2 étamines . . . .</td><td>19</td></tr>
<tr><td>Plus de 2 étamines . . . .</td><td>20</td></tr>
<tr><td rowspan="2">19</td><td>Arbre élevé, (Frêne) fam. Jasminées.</td><td></td></tr>
<tr><td>Herbe, (Salicaire) fam. Lythrariées.</td><td></td></tr>
<tr><td rowspan="3">20</td><td>4 étamines . . . .</td><td>21</td></tr>
<tr><td>8 étamines . . . .</td><td>27</td></tr>
<tr><td>6 étamines, dont 2 plus courtes, fam. Crucifères.</td><td></td></tr>
<tr><td rowspan="2">21</td><td>Tige ligneuse . . . .</td><td>22</td></tr>
<tr><td>Tige herbacée . . . .</td><td>24</td></tr>
<tr><td rowspan="2">22</td><td>Feuilles à bord épineux, fam. Aquifoliacées.</td><td></td></tr>
<tr><td>Feuilles non épineuses . . . .</td><td>23</td></tr>
<tr><td rowspan="2">23</td><td>Arbrisseau de plus de 1 mètre, (Fusain) fam. Célastrinées.</td><td></td></tr>
<tr><td>Arbrisseau de moins de 1 mètre, (Camélée) fam. Térébinthacées.</td><td></td></tr>
<tr><td rowspan="2">24</td><td>Feuilles opposées ou verticillées . . . .</td><td>25</td></tr>
<tr><td>Feuilles alternes ou radicales . . . .</td><td>26</td></tr>
<tr><td rowspan="2">25</td><td>1 style, fleurs purpurines, fam. Frankéniacées.</td><td></td></tr>
<tr><td>2 à 4 styles, fleurs blanches, fam. Caryophyllées.</td><td></td></tr>
</table>

26 { 1 style, presque latéral, 2 bractées, (*Épimède*) fam. Berbéridées.
{ 2 styles très courts, 2 sépales, fam. Papavéracées.

27 { Tige feuillée 28
{ Tige munie d'écailles, fam. Monotropées.

28 { 2 styles (*Mœringie*) fam. Caryophyllées.
{ 3 ou 4 styles 29

29 { Sépales entiers, (*Élatine*) fam. Caryophyllées.
{ Sépales à 3 segments, (*Radiole*) fam. Linées.

30 { 5 étamines ou moins 31
{ 6 étamines ou plus 46

31 { 5 styles 32
{ 1 à 4 styles 34

32 { Feuilles verticillées, (*Aldrovande*) fam. Droséracées.
{ Feuilles opposées, fam. Caryophyllées.
{ Feuilles alternes ou radicales 33

33 { Feuilles ciliées glanduleuses, (*Rossolis*) fam. Droséracées.
{ Non, fam. Plumbaginées.

34 { Arbres ou arbrisseaux 35
{ Herbe 43

35 { Arbrisseaux sarmenteux, avec vrilles, fam. Ampélopsidées.
{ Arbres ou arbrisseaux, sans vrilles 36

36 { Feuilles très petites, linéaires, fam. Tamariscinées.
{ Feuilles assez grandes 37

37 { Feuilles composées 38
{ Feuilles simples 39

38 { Ovaire à 1 loge, fruit en noyau, (*Sumac*) fam. Térébinthacées.
{ Ovaire à 2-3 loges, fruit en capsule, (*Staphylier*) fam. Célastrinées.

39 { Feuilles épineuses, fam. Aquifoliacées.
{ Non 40

40 { Feuilles opposées 41
{ Feuilles alternes 42

41 { 1 stigmate, (*Fusain*) fam. Célastrinées.
{ 2 stigmates, (*Érable*) fam. Acérinées.

42 { Fleurs terminales, (*Sumac*) fam. Térébinthacées.
{ Fleurs axillaires, opposées aux feuilles, fam. Rhamnées.

43 { Feuilles alternes 44
{ Feuilles opposées 61

44 { Fleur avec 5 écailles, (*Parnassie*) fam. Droséracées.
{ Point d'écailles dans la fleur 45

79 { Filets des étamines libres 80
    { Filets des étamines soudés à la base, fam. Hypéricées.

80 { 5-12 étamines, (*Érable*) fam. Acérinées.
    { 20 étamines au moins, fam. Cistées.

81 { 1 éperon à la base du calice ou de la corolle 82
    { Pas d'éperon 85

82 { 8 étamines, éperon naissant du calice, (*Capucine*) fam. Tropéolacées.
    { 5-6 étamines, éperon naissant de la corolle 83

83 { Calice à 5 sépales persistants, fam. Violacées.
    { Calice à 2 sépales caducs 84

84 { 5 étamines style nul, fam. Balsaminées.
    { 6 étamines style filiforme, fam. Fumariacées.

    { 3 ou 5 étamines, (*Montie*) fam. Portulacées.
    { 4 étamines, (*Hypecoum*) fam. Papavéracées.
    { 6 étamines, (*Ibéride*) fam. Crucifères.
85 { 7 étamines 86
    { 8 étamines, fam. Polygalés.
    { 10 étamines ou plus 87

86 { Arbre, fam. Hippocastanées.
    { Herbe, fam. Primulacées.

87 { Pétales supérieurs découpés, fam. Résédacées.
    { Pétales entiers 88

88 { 5 stigmates, fam. Géraniacées.
    { 1 stigmate, fam. Légumineuses.

89 { Calice à sépales libres 90
    { Sépales soudés à la base 91

90 { Étamines libres, fam. Renonculacées.
    { Étamines soudées en tube, fam. Malvacées.

91 { Feuilles plus ou moins charnues, fam. Crassulacées.
    { Feuilles non charnues, fam. Rosacées.

92 { Fruit à 1 loge 93
    { Fruit à 2 loges ou plus 96

93 { Plante ligneuse 94
    { Plante herbacée 95

94 { Tige charnue avec articles simulant des feuilles, fam. Cactées.
    { Tige non charnue avec feuilles, fam. Grossulariées.

    { Plante terrestre, corolle nulle, 8-10 étamines, (*Dorine*) fam. Saxifragées.
95 { Plante aquatique, corolle nulle, 1 étamine, (*Pesse*) fam. Haloragées.
    { Plante aquatique, 4 pétales, 4 étamines, (*Macre*) fam. Onagrariées.

MONOPÉTALES

143 { Fruit en baie à graines nombreuses, (*Morelle*) fam. Solanées.
    { Fruit capsulaire 144

144 { Capsule à 2 valves, (*Limoselle*) fam. Personnées.
    { Capsule s'ouvrant en travers 145

145 { Fleur scarieuse, fam. Plantaginées.
    { Fleur non scarieuse, (*Centenille*) fam. Primulacées.

146 { Fruit un peu charnu, feuilles ailées ou dilatées, fam. Verbénacées.
    { Fruit sec, capsulaire, feuilles simples. 147

147 { Corolle en roue 148
    { Corolle à 2 lèvres, ouvertes ou rapprochées. 149

148 { Plante basse, hampe nue, (*Limoselle*) fam. Personnées.
    { Tige élevée, feuillée, (*Celsie*) fam. Solanées.

149 { 2 étamines, corolle éperonnée, fam. Lentibulariées.
    { 4 étamines ou 2 étamines, corolle non éperonnée . . . 150

150 { Plante assez élevée, (*Acanthe*) fam. Acanthacées.
    { Plantes peu élevées, fam. Personnées.

INCOMPLÈTES

151 { Fleurs tout à fait nues ou réunies dans un involucre commun . . . 152
    { Fleurs munies chacune d'une enveloppe florale. 171

152 { Plantes flottantes ou submergées 153
    { Plantes terrestres ou marécageuses 160

153 { Fleurs à étamines et pistils réunis. 154
    { Fleurs à étamines et pistils séparés 156

154 { Herbes articulées, fragiles, à rameaux verticillés, fam. Characées.
    { Herbes ni articulées, ni à rameaux verticillés 155

155 { Herbes très petites, nageantes, composées d'une feuille arrondie, (*Lenticule*)
    {   fam. Aroïdées.
    { Herbes submergées munies de tiges, fam. Potamées.

156 { Plantes marines, (*Zostère*) fam. Potamées.
    { Plantes d'eau douce 157

157 { Plantes nageantes, très petites, à 1 feuille arrondie, fam. Aroïdées.
    { Plantes submergées munies de tiges 158

158 { Herbes articulées, fragiles, rameaux verticillés, fam. Characées.
    { Herbes ni articulées, ni à rameaux verticillés, 1 étamine 159

159 { 4 ovaires, capsule à 4 loges à 1 graine, style bifide, (*Callitrique*) fam.
    {   Haloragées.
    { Non, fam. Potamées.

160 { Herbes 161
    { Arbres ou arbrisseaux 166

161 { Suc propre laiteux, fam. EUPHORBIACÉES.
    { Suc propre non laiteux 162

162 { Tige grimpante, (*Houblon*) fam. URTICÉES.
    { Tige non grimpante 163

163 { Plante non feuillée, à rameaux verticillés, fam. ÉQUISÉTACÉES.
    { Plantes feuillées 164

164 { Fleurs disposées en chaton ou autour d'un spadice 165
    { Fleurs disposées en épi lâche 166

    (Fleurs en chatons à étamines et pistils séparés, fam. TYPHACÉES.
165 { Fleurs à étamines et pistils disposés autour d'un spadice, ou renfer-
    (mées dans une spathe, fam. AROÏDÉES.

166 { Feuilles ailées, (*Frêne*) fam. JASMINÉES.
    { Feuilles entières, dentées ou lobées 167

167 { Feuilles lobées à nervures palmées, fam. URTICÉES.
    { Feuilles entières, dentelées ou pinnatifides 168

168 { Ovaire pédicellé à 3 coques, à 3 graines, fam. EUPHORBIACÉES.
    { Ovaire sessile 169

169 { Fruit en baie, feuilles écailleuses en dessous, fam. ÉLÉAGNÉES.
    { Non 170

    (Filets des étamines libres, feuilles élargies caduques, fam. AMEN-
170 {   TACÉES.
    (Filets nuls ou soudés, feuilles linéaires persistantes, fam. CONIFÈRES.

171 { 7 étamines ou plus 172
    { 1-6 étamines 196

172 { Plusieurs ovaires 173
    { Un seul ovaire 176

173 { 2 ovaires, (*Pimprenelle*) fam. ROSACÉES.
    { 5 ovaires ou plus 174

174 { 9 étamines, feuilles radicales, (*Butome*) fam. ALISMACÉES.
    { Étamines indéfinies 175

175 { Feuilles en flèche, (*Sagittaire*) fam. ALISMACÉES.
    { Feuilles non en flèche, fam. RENONCULACÉES.

176 { Enveloppe florale à 10-12 lobes 177
    { Enveloppe florale, 2 à 8 lobes 179

177 { Feuilles divisées en lobes filiformes, (*Cornifle*) fam. HALORAGÉES.
    { Feuilles sinuées ou entières. 178

213 { Calice à limbe entier allongé en languette, fam. ARISTOLOCHIÉES.
{ Limbe de la fleur non allongé en languette 214

214 { Ovaire adhérent, plante grimpante, *Tamier*, fam. ASPARAGINÉES.
{ Ovaire adhérent, plantes non grimpantes, fam. AMARYLLIDÉES.
{ Ovaire libre 215

215 { Fruit en baie, fam. ASPARAGINÉES.
{ Fruit capsulaire 216

216 { Fleurs sessiles avec écailles scarieuses, (*Aphyllanthe*) fam. COMMÉ-
{ LINÉES.
{ Non 217

217 { Capsule triangulaire, 1 style, 1 ovaire, fam. LILIACÉES.
{ Capsule à 3 styles, fam. COLCHICACÉES.

218 { Fruit en baie, (*Smilax*) fam. ASPARAGINÉES.
{ Non 219

219 { 1 capsule à 1 graine, 8 étamines, (*Renouée*) fam. POLYGONÉES.
{ 1 capsule à plusieurs graines, ou plusieurs capsules 220

220 { Ovaires soudés. 221
{ Ovaires très distincts, fam. ALISMACÉES.

221 { Style nul, (*Troscart*) fam. ALISMACÉES.
{ Style plus ou moins long, fam. COLCHICACÉES.

222 { Arbres ou arbrisseaux 223
{ Tige herbacée ou un peu ligneuse. 230

223 { Feuilles ailées ou digitées 224
{ Non 226

224 { Fleurs sessiles sur un spadice entouré d'une spathe, fam. PALMIERS.
{ Non 225

225 { Fruit sec, 1 noyau, 1 graine, (*Pistachier*) fam. TÉRÉBINTHACÉES.
{ Gousse allongée, (*Caroubier*) fam. LÉGUMINEUSES.

226 { Feuilles profondément lobées 227
{ Feuilles entières, dentées ou sinuées 228

227 { Feuilles opposées, fruit sec, ailé, (*Érable*) fam. ACÉRINÉES.
{ Feuilles alternes, fruit charnu, non ailé, fam. URTICÉES.

228 { Fruit à 3 cornes, à 3 coques, (*Buis*) fam. EUPHORBIACÉES.
{ Non 229

229 { Arbre à fruit globuleux, 1 noyau, ou fruit ailé, fam. URTICÉES.
{ Arbrisseau à chatons et fleurs en épi, fam. TAMARISCINÉES.
{ Fruit en baie à 1 graine, fam. ÉLÉAGNÉES.
{ Fruit succulent à 2-4 loges, (*Nerprun*) fam. RHAMNÉES.

248 { Capsule s'ouvrant en travers, (*Amaranthe*) fam. AMARANTHACÉES.
{ Capsule ne s'ouvrant pas. 249

249 { Feuilles engaînées à la base, fam. POLYGONÉES.
{ Feuilles dépourvues de gaînes, fam. CHÉNOPODÉES.

250 { Feuilles verticillées, (*Pesse*) fam. HALORAGÉES.
{ Non 251

251 { Feuilles non engaînantes, fleurs non glumacées. 252
{ Feuilles engaînantes, fleurs glumacées 263

252 { Calice nul ou à 1-2 divisions 253
{ Calice à 3-6 divisions. 254

253 { Plantes terrestres, (*Corisperme*) fam. CHÉNOPODÉES.
{ Plantes aquatiques, fam. POTAMÉES.

254 { 3 étamines 255
{ 1-2 étamines 260

255 { Feuilles en épée, presque engaînantes, fam. TYPHACÉES.
{ Non 256

256 { 1 style, (*Lœflingie*) fam. PARONYCHIÉES.
{ 2 styles ou 2 stigmates 257
{ 3 styles 259

257 { Capsule s'ouvrant en travers, (*Amaranthe*) fam. AMARANTHACÉES.
{ Capsule ne s'ouvrant pas en travers 258

258 { Feuilles roides, en alène, imbriquées, fam. CHÉNOPODÉES.
{ Non. fam. PARONYCHIÉES.

259 { Capsule à 1 loge, graines nombreuses, (*Polycarpe*) fam. PARONYCHIÉES.
{ Capsule à 1 loge, 1 graine, fam. AMARANTHACÉES.
{ Capsule à 3 loges, (*Mollugine*) fam. CARYOPHYLLÉES.

260 { Capsule à 3 coques, fam. EUPHORBIACÉES.
{ Capsule non à 3 coques 261

261 { Plante nageante, (*Vallisnérie*) fam. HYDROCHARIDÉES.
{ Non 262

262 { Plante un peu ligneuse, non feuillée, (*Salicorne*) fam. CHÉNOPODÉES.
{ Petite plante, tige et feuille filiformes, (*Suffrénie*) fam. LYTHRARIÉES.
{ Plante élevée, feuilles en fer de lance, (*Blite*) fam. CHÉNOPODÉES.

263 { Fleurs à 6 divisions sur deux rangs, fam. JONCÉES.
{ Calice à 1-2 valves ou écailles 264

264 { Calice à 1 valve, chaume sans nœuds, gaîne des feuilles entières, fam.
{   CYPÉRACÉES.
{ Calice à 2 sépales, chaumes noueux, gaîne des feuilles fendue en long,
{   terminée à l'intérieur par une languette, fam. GRAMINÉES.

FLEURS COMPOSÉES

265 { Corolles ou fleurettes uniformes, ou tubuleuses et dentées (fleurons) ou déjetées en languette d'un côté (demi-fleurons) 266
Corolles de deux formes, fleurons au centre et demi-fleurons au pourtour, RADIÉES ou CORYMBIFÈRES.

266 { Fleurs composées uniquement de fleurons, FLOSCULEUSES, ou CYNAROCÉPHALES.
Fleurs composées uniquement de demi-fleurons, SÉMIFLOSCULEUSES, ou CHICORACÉES.

CRYPTOGAMES

267 { Plantes vasculaires, feuillées, ayant de véritables racines 268
Plantes cellulaires, feuillées ou dépourvues de feuilles, n'ayant pas de vraies racines 273

268 { Feuilles roulées en crosse dans le jeune âge. 269
Non 270

269 { Sporanges naissant sur les nervures des feuilles ordinaires ou de feuilles dépourvues de parenchyme, FOUGÈRES.
Sporanges naissant sur le rhizome, MARSILIACÉES.

270 { Plantes nageantes, à feuilles en cœur, SALVINIÉES.
Plantes terrestres 271

271 { Rameaux verticillés, feuilles peu apparentes, ÉQUISÉTACÉES.
Rameaux solitaires 272

272 { Fructification à l'aisselle des feuilles aériennes, LYCOPODIACÉES.
Fructification à l'aisselle des feuilles souterraines, ISOÉTÉES.

273 { Plantes colorées en vert par la chlorophylle 274
Non 277

274 { Spores contenues dans un réceptacle en forme d'urne, de sphère ou de chapeau 275
Non 276

275 { Plantes feuillées; réceptacle pourvu d'un opercule, MOUSSES.
Plantes feuillées ou en forme de thalle aplati; réceptacle sans opercule, HÉPATIQUES.

276 {
Plantes aquatiques à rameaux verticillés; fructification de 2 sortes:
les unes globuleuses et rouges, les autres oblongues, à tégument
spiralé, Characées.

Plantes aquatiques ne présentant pas ces deux sortes de fructifications,
Algues chlorosporées.

277 {
Plantes généralement aquatiques, de formes variées, rouges, brunes
ou bleuâtres, renfermant dans leurs cellules de la chlorophylle mas-
quée par un pigment coloré, Algues.

Plantes ordinairement aériennes, dont les cellules ne renferment pas
de chlorophylle. 278

278 {
Plantes formant des taches, des croûtes, des rosettes foliacées ou buis-
sonneuses, dans la couche extérieure desquelles sont dispersées des
cellules colorées, (Gonidies) Lichens.

Plantes filiformes, tuberculeuses, spongieuses ou charnues, parasites
ou croissant sur les matières en décomposition, dépourvues de gonidies. Champignons.

DESCRIPTION

DES

PLANTES

PHANÉROGAMES

OU

COTYLÉDONÉES

Plantes pourvues de vaisseaux et de trachées; offrant une tige, une racine et des feuilles; se reproduisant par des fleurs et par des graines munies d'un embryon et d'un ou plusieurs cotylédons.

1ᵉʳ EMBRANCHEMENT. — DICOTYLÉDONES ou EXOGÈNES

Deux cotylédons; tige à écorce distincte et moelle centrale, et dans laquelle les faisceaux fibro-vasculaires sont disposés par couches concentriques, dont les plus jeunes sont en dehors. Feuilles à nervures rameuses, anastomosées et fleurs distinctes.

Iʳᵉ CLASSE. — THALAMIFLORES

Corolle polypétale, indépendante du calice, insérée avec les étamines sur le réceptacle ou torus; ovaire supère, libre.

FAMILLE DES RENONCULACÉES

Cette famille, fort nombreuse en espèces, comprend des plantes herbacées ou des arbrisseaux sarmenteux, à feuilles presque toujours alternes et à pétiole engainant; à fleurs régulières ou irrégulières, ayant un calice de 3 à 6 sépales, une corolle de 3 à 18 pétales, tantôt plans, tantôt tubuleux ou en cornet; des étamines nombreuses, libres, hypogynes, à anthères biloculaires; des ovaires multiples à une seule loge. Les fruits sont de petits akènes disposés en capitule ou des capsules agrégées ou solitaires, à une seule loge, polyspermes. Dans l'Actée en épi les fruits sont bacciformes.

On les divise en trois sections ou tribus :

I. — **RANONCULÉES**: *à carpelles monospermes, indéhiscents ; deux enveloppes florales.*

Genre RANUNCULUS (*Renoncule*). 5 sépales caducs, ordinairement 5 pétales pourvus à la base d'un nectaire nu ou garni d'une écaille; carpelles lisses ou tuberculeux, épineux, surmontés d'une pointe ou d'un bec et disposés en capitule globuleux, ou oblong (fig. 138 et 139).

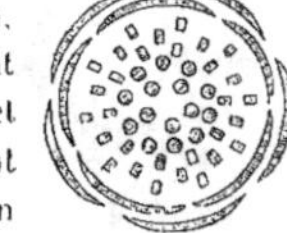

Fig. 139.
Diagramme de la
Fleur de Renoncule.

Fig. 138. — Fleur
de Renoncule.

Renoncule âcre, (*Ranunculus acer*), vulgairement *bouton d'or* (fig. 140). — Fort commune dans les bois et les lieux un peu humides; ses feuilles sont profondément divisées en 3 ou 5 lobes et ses fleurs sont jaunes. On en cultive dans les jardins une variété à fleurs doubles sous le nom de *bouton d'or*.

Renoncule bulbeuse, (*Ranunculus bulbosus*, fig. 141).

Tige renflée à sa base en un bulbe charnu, haute de 3 à 4 décim ; feuilles radicales partant du bulbe, tripartites, à divisions trilobées, dentées, velues; fleurs jaunes, vernissées, assez grandes. Commune dans les bois et les prés humides.

Renoncule à Feuilles d'Aconit, (*Ranunculus aconitifolius*, Pl. 1., fig. 6), vulgairement *Bouton d'argent*. Tige de 5 à 8 décim., rameuse, fistuleuse ; feuilles palmées à 3, 5 ou 7 lobes, incisés dentés ; fleurs blanches. Croît dans les bois frais des Montagnes.

Renoncule aquatique, (*Ranunculus aquatilis*), vulgairement *Grenouillette* (fig. 142). Tige fistuleuse, nageante, quelquefois très longue, à feuilles inférieures submergées finement découpées en lanières capillaires, les supérieures flottantes réniformes, lobées : fleurs blanches. Commune dans les eaux stagnantes, mares, fossés.

Fig. 140. — Renoncule âcre.

Beaucoup d'espèces vivant dans l'eau : *R. fluitans, tripartitus, capillaceus*, etc. ont les fleurs blanches ; les espèces terrestres les ont jaunes. Ces dernières viennent dans tous les sols, mais plus communément dans les lieux frais. Les *R. acer bulbosus* et plusieurs

1.
1 a.
1 b.
2.
3.
5.
6 a.
6 b.

autres telles que *R. reptans, auricomus, arvensis, flammula* etc. sont remarquables par leur extrême âcreté. Dans les herbages, elles sont très nuisibles aux bestiaux et agissent comme un véritable poison. Autrefois employées en médecine, quelques Renoncules ne sont plus guère utilisées aujourd'hui que comme plantes d'ornement.

Fig. 142. — Renoncule aquatique.

Genre FICARIA : calice à 3 sépales ; 6 à 9 pétales munis d'une fossette nectarifère ; stigmate sessile ; carpelles réunis en tête globuleuse, sans bec. Tige herbacée, feuilles alternes, racines à fibres tubéreuses en forme de figues, d'où son nom de *ficaire* (fig. 143).

Fig. 141. — Renoncule bulbeuse.

Ficaire Renoncule (*Ficaria ranunculoïdes*), — Ranunculus ficaria, Lin. (fig. 144). Plante de 15 à 20 centim. de hauteur, glabre, luisante, à feuilles en cœur, à fleurs d'un jaune doré. Connue sous les noms vulgaires d'*éclairette, petite chélidoine*, elle croît dans les bois et les prés humides et fleurit au printemps. On employait autrefois la pulpe de ses racines écrasées contre les hémorrhoïdes, d'où le nom d'*herbe aux hémorrhoïdes* qu'on lui donne quelquefois.

Genre MYOSURUS : calice à 5 sépales prolongés en éperon ; 5 pétales à onglet tubuleux ; akènes nombreux, disposés en épi grêle, munis d'un bec court ; étamines peu nombreuses.

Myosure minime (*Myosurus minimus*), vulgairement nommée *Ratoncule* (Pl. 1, fig. 5), est une petite herbe à hampe uniflore, à fleur d'un jaune verdâtre, à feuilles radicales, linéaires. On la trouve dans les champs sablonneux où elle fleurit au printemps.

Genre ADONIS : calice à 5 sépales colorés, caducs ; corolle de 5 à 9 pétales sans fossette nectarifère ; akènes en épi ovale. Plantes herbacées à feuilles découpées en lanières fines, à fleurs solitaires à l'extrémité des rameaux.

Fig. 143. — Racine de Ficaire.

Fig. 144. — Ficaire Renoncule.

Adonis d'Automne (*Adonis autumnalis*), vulgairement *Goutte de sang*, à cause de la couleur de ses fleurs ; croît en été parmi les moissons (fig. 145).

Adonis d'Été (*A. æstivalis*), vulgairement *Rougeole* (Pl. 1, fig. 4) se distingue par ses fleurs d'un rouge vermillon avec les sépales jaunâtres.

Adonis printanière (*A. vernalis*), à grandes fleurs jaunes ; habite les Alpes.

II. — ANÉMONÉES : *Carpelles monospermes indéhiscents, une seule enveloppe florale.*

Genre CLEMATIS : Plantes ordinairement ligneuses, sarmenteuses ou grimpantes, à feuilles opposées, à fleurs composées d'un calice de 4 à 8 sépales pétaloïdes ; carpelles à style plumeux (fig. 146 et 147).

Fig. 145. — Adonis d'Automne.

Clématite des Haies (*Clematis vitalba*), vulgairement *Clématite commune*, *Herbe aux gueux* (Pl. 1, fig. 1, *a b*), est une plante grimpante, légèrement poilue, qui croît dans les haies, les buissons, et ouvre en été ses fleurs blanches et odorantes disposées en panicule. Toutes les parties de cette plante ont une saveur âcre et brûlante ; les mendiants employaient autrefois son suc pour déterminer sur leurs

Fig. 146. — Clématite.
Fleur coupée verticalement.

membres des ulcères passagers, destinés à exciter la pitié publique (*herbe aux gueux*).

Les Clématites à tige grimpante sont cultivées dans les jardins pour garnir les berceaux, surtout la Clématite odorante qui produit une énorme quantité de fleurs. On cultive aussi comme plante d'ornement la Clématite à feuilles entières (*Cl. integrifolia*) des Pyrénées, à tiges dressées et à grandes fleurs bleues.

Genre THALICTRUM : calice de 4 à 5 sépales pétaloïdes, caducs, pétales nuls ; carpelles striés ou ailés, surmontés d'un style court, persistant. Les thalictrons ou *Pigamons* sont des plantes vivaces, à tige striée, à feuilles alternes bi- ou tripennées, à fleurs petites nombreuses et disposées en panicule.

Pigamon jaune (*Thalictrum flavum*), vulgairement *Rue des prés*, *Rhubarbe des pauvres* (fig. 148), croît dans les prés humides. Elle épanouit en été ses nombreuses fleurs jaunâtres disposées en pyramide. Dans les campagnes on emploie ses feuilles à faire des bouillons laxatifs ; ses racines sont purgatives et diurétiques.

Fig. 148. — Pigamon jaune.

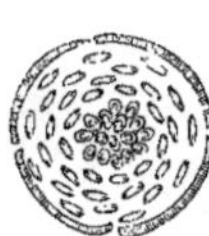

Fig. 147.
Diagramme de
Clématite.

Pigamon mineur (*T. minus*) à tige flexible, coudée, sillonnée dans son pourtour ; à folioles arrondies, lobées ; à fleurs jaunâtres en panicule. Croît dans les prés montueux ; fleurit en été. Haute de 2 à 3 décim.

Pigamon à Feuilles d'Ancolie (*T. aquilegifolium*), vulgairement *Colombine plumeuse* (Pl. 1, fig. 2). Tige de 6 à 10 décim., à folioles orbiculaires, 3 ternées. Croît sur les coteaux, dans les bois montagneux, et épanouit ses fleurs violacées en été.

Genre ANÉMONE : calice de 5 à 10 sépales pétaloïdes, corolle nulle ; étamines en nombre indéfini ; akènes nombreux en tête globuleuse sur un réceptacle renflé. Hampe à feuilles radicales, pétiolées, plus ou moins divisées ; fleurs précédées d'un involucre à 3 folioles incisées (fig. 149).

Anémone pulsatille (*Anemone pulsatilla*), vulgairement *Coquelourde* (Pl. 1, fig. 3). La hampe uniflore s'élève à 2-4 décim. entre les feuilles radicales qui sont trois fois pinnatifides à folioles linéaires ; la fleur à 6 sépales d'un violet lilas, s'épanouit au printemps sur les pelouses découvertes des bois. Cette plante âcre et corrosive a été employée en médecine contre l'amaurose et la paralysie.

Anémone des Bois (*A. nemorosa*), vulgairement *Sylvie* (fig. 150) à tige uniflore de 2 à 3 décim., à feuilles et involucre un peu velus ; donne en mars et avril une fleur solitaire, blanche rosée en dehors. Ses propriétés sont beaucoup moins actives que celles de la pulsatille.

Anémone sylvestre, à grande fleur blanche ; croît dans les bois sablonneux.

On cultive dans les jardins d'autres espèces d'anémones dont on a obtenu de belles variétés.

Genre HEPATICA · involucre de 3 folioles entières rapprochées de la fleur et figurant un calice ;

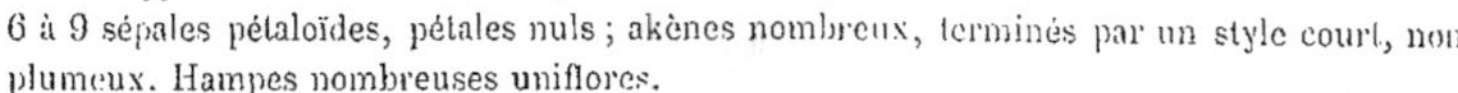

Fig. 149.

Anémone. Fleur coupée verticalement.

6 à 9 sépales pétaloïdes, pétales nuls ; akènes nombreux, terminés par un style court, non plumeux. Hampes nombreuses uniflores.

Hépatique à trois Lobes (*H. triloba*), à fleurs bleues ou lilas, croît spontanément dans les montagnes de la Provence, du Jura et des Alpes ; on la cultive dans nos jardins. Son nom (de *hepar*, foie) provient de ce qu'on lui attribuait autrefois des propriétés curatives dans les maladies du foie.

III. — HELLÉBORÉES : *Follicules polyspermes ; deux enveloppes florales, excepté dans le genre Caltha.*

Fig. 150. — Anémone des Bois.

Genre CALTHA (*Populage*) : 5 sépales pétaloïdes, pétales nuls ; 5 à 10 follicules en verticille ; étamines nombreuses.

Populage des Marais (*Caltha palustris*), vulgairement *souci d'eau* (Pl. 2, fig. 7, *a b*), a une tige dressée, un peu rameuse, de 3 à 5 décim. ; ses feuilles radicales sont cordiformes, crénelées ; ses fleurs sont grandes, terminales, d'un beau jaune vif. Il croît dans les lieux marécageux, au bord des rivières et fleurit au printemps.

Genre TROLLIUS : calice de 5 à 15 sépales, colorés ; corolle de 8 à 20 pétales à onglet tubuleux ; follicules secs, libres, verticillés sur plusieurs rangs.

Trolle d'Europe (*Trollius Europœus*) vulgairement *Renoncule des montagnes* (Pl. 2, fig. 8) Plante qui croît sur les montagnes jusqu'à environ 2000 m. d'altitude et dont les tiges s'élèvent à 4 ou 5 décim. ; elle se couvre, au printemps, de grandes fleurs jaunes globuleuses. Ses feuilles sont découpées en 5 segments trifides.

Genre HELLEBORUS : calice à 5 sépales colorés, pétales très petits, nectariformes, à deux lèvres ; 3 à 10 follicules sessiles, verticillés sur un seul rang (fig. 151 et 152).

Hellébore noir (*H. niger*), vulgairement *Rose de Noël* (Pl. 2, fig. 9, *a b*) est une plante des montagnes, qui fleurit en hiver. Ses feuilles, toutes radicales, sont composées de 7 à 8 folioles dentées en scie ; ses fleurs d'un blanc rosé, sont très grandes. Sa racine (9, *b*) noire, charnue, rameuse, est âcre et brûlante ; c'est un purgatif drastique puissant et même un poison à haute dose.

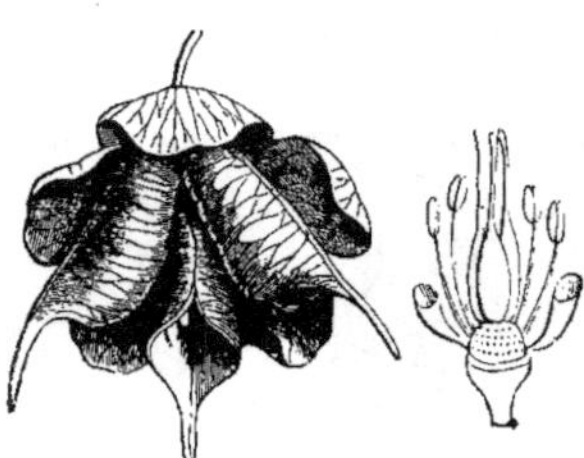

Fig. 151 et 152.
1. Fleur d'Hellébore dépouillée de son Calice.
2. Fruit d'Hellébore vert.

Hellébore vert (*H. viridis*, fig. 153), croît dans les lieux ombragés et pierreux, et ouvre au printemps ses fleurs verdâtres. Sa tige dressée porte des feuilles palmatiséquées, dentées, presque sessiles.

Hellébore fétide (*H. fœtidus*), vulgairement *Pied de griffon*, a ses fleurs verdâtres bordées de rouge et ses feuilles caulinaires longuement pétiolées. — Toutes ces plantes sont âcres et vénéneuses.

Genre NIGELLA : calice à 5 sépales colorés. 5 à 8 pétales plus courts, bilabiés, la lèvre inférieure bifide ; 5 à 10 follicules verticillés, soudés à la base, sessiles, terminés par les styles allongés et recourbés (fig. 154).

Nigelle des Champs (*Nigella arvensis*), vulgairement *Nielle* (Pl. 2, fig. 10), à tige droite, haute de 2 à 3 décim., à rameaux dressés, portant des feuilles multifides à divisions linéaires ; fleurs d'un blanc bleuâtre veiné, de juin à septembre. Croît dans les moissons.

On trouve parfois autour des jardins, d'où elle s'échappe, la NIGELLE DE DAMAS (*N. Damasena*), vulgairement *Cheveux de Vénus*, *Patte d'araignée*, remarquable par ses belles fleurs bleues et leur involucre finement découpé.

Nigelle cultivée (*N. sativa*), vulgairement *Toute épice*,

Fig. 153. — Hellébore vert.

Graine noire, *Poivrette*, dont les graines sont aromatiques, se cultive dans les jardins.

Genre DELPHINIUM (*Dauphinelle*) : calice irrégulier de 5 sépales pétaloïdes, le supérieur prolongé postérieurement en éperon creux ; 4 pétales dont les deux supérieurs prolongés en cornet pointu inclus dans l'éperon du calice ; 1 à 5 follicules libres, sessiles (fig. 155).

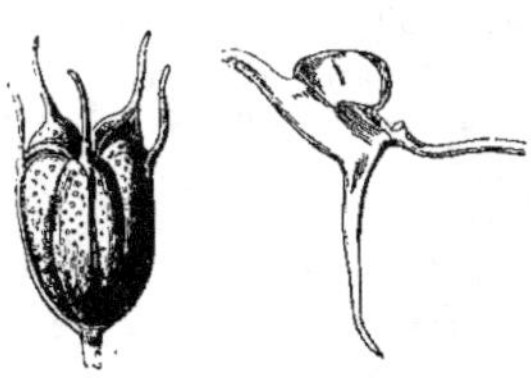

Fig. 154.   Fig. 155.
Fruit de Nigelle.   Fleur de Dauphinelle.

Dauphinelle des Champs (*Delphinium consolida*), vulgairement Pied d'alouette des blés (Pl. 2, fig. 12) fleurit l'été au milieu des moissons. Sa tige est grêle, pubescente, à rameaux étalés, haute de 3 à 5 décim. ; feuilles sessiles, multifides, à divisions linéaires ; fleurs bleues en grappes lâches. Plante médicinale, diurétique et vermifuge.

Dauphinelle d'Ajax (*Delph. Ajacis*), vulgairement *Pied d'alouette* (fig. 156), croît

2.
10.
7 b.
7 a.
12
11.
8.
9 a.
9 b.

dans les terrains cultivées et sablonneux du midi. Sa tige, haute de 5 à 9 décim., droite, à rameaux redressés, porte des feuilles multifides à lobes courts, linéaires. Ses fleurs bleues, en grappes longues, serrées, passent au rose, au blanc ou au lilas dans les variétés cultivées.

Dauphinelle staphisaigre (*Delph. staphisagria*), vulgairement *Herbe aux poux*, du midi. Ses graines en décoction servent à détruire les parasites.

Genre ACONITUM : calice pétaloïde irrégulier à 5 sépales, le supérieur dressé, concave, en forme de capuchon, recouvrant la corolle; celle-ci de 5 pétales, les 2 supérieurs longuement onguiculés, les inférieurs très petits ou nuls; 3 à 5 carpelles polyspermes (fig. 157-158).

Aconit Napel (*Ac. napellus*), vulgairement *capuchon, casque* (Pl. 3, fig. 14, *a b*), croît dans les lieux frais des montagnes et épanouit ses fleurs bleues en août et septembre. Sa tige droite, presque simple, s'élève à 8 ou 10 décim.; sa racine porte 2 ou 3 tubercules en forme de navet; ses feuilles (14, *b*) pétiolées, luisantes, sont palmées multifides.

L'Aconit napel est souvent cultivé dans es jardins pour ses belles grappes de

Fig. 156.
Dauphinelle d'Ajax.

Fig. 157 et 158.
a. Fleur d'Aconit. — *b*. Fruit.

fleurs bleues; toutes ses parties sont vénéneuses, surtout la racine; c'est un poison narcotico-âcre; son extrait était autrefois employé contre les paralysies et les affections rhumatismales.

Fig. 159. — Ancolie. Fleur coupée verticalement.

Genre AQUILEGIA (*Ancolie*): calice à 5 sépales pétaloïdes, colorés; 5 pétales prolongés inférieurement en éperons tubuleux saillants entre les sépales; 5 follicules soudés à la base, sessiles verticillés (fig. 159).

Ancolie commune (*Aquilegia vulgaris*), vulgairement *Gants de Notre-Dame* (Pl. 2, fig. 11). Tige de 4 à 8 décim., droite, pubescente, un peu rameuse; feuilles à folioles trilobées, à lobes cunéiformes; fleurs bleues à éperon recourbé en dedans; follicules pubescentes. Croît dans les prés et les bois, et fleurit de mai à juillet. On la cultive dans les jardins où elle a donné des variétés violettes et purpurines.

Ancolie des Alpes (*Aquilegia alpina*, fig. 160) a ses feuilles à segments profondément divisés en lobes linéaires; ses fleurs sont bleues.

Ancolie visqueuse (*Aq. viscosa*) des Pyrénées (fig. 161), à tige de 1 à 3 décim., est pubescente et glanduleuse, à fleurs bleues.

Genre PÆONIA (*Pivoine*): calice à 5 sépales inégaux, foliacés; 5 à 10 pétales très grands ; étamines nombreuses à anthères introrses ; stigmates sessiles (fig. 162) ; 2 à 5 follicules oblongs, ventrus ; graines nombreuses, globuleuses, luisantes.

Fig. 160. — Ancolie des Alpes.

Fig. 161. — Ancolie visqueuse.

Pivoine officinale (*Pæonia officinalis*, fig. 163) croît dans le Midi ; on la cultive dans les jardins sous le nom de *Pivoine femelle*.

Pivoine Corail (*Pæonia corallina*), vulgairement *Pivoine mâle*, diffère de la précédente par ses feuilles à segments ovales, entiers.

Pivoine à Feuilles menues (*P. tenuifolia*), figurée dans notre atlas (Pl. 3, fig. 15), diffère des précédentes par ses feuilles découpées en lanières linéaires.

Ces plantes, employées autrefois en médecine comme antispasmodiques, font aujourd'hui l'ornement des jardins.

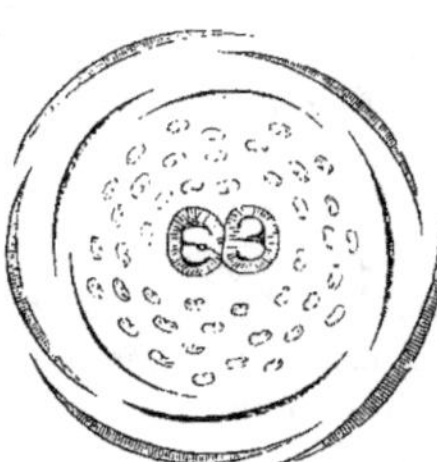

Fig. 162.
Pivoine. Diagramme de la Fleur.

Genre ACTÆA : fleurs régulières ; calice de 4 sépales colorés, corolle de 4 pétales, étamines nombreuses à anthères introrses ; ovaire supère, stigmate sessile (fig. 164) ; le fruit est une baie uniloculaire, polysperme.

Actée en Épi (*Actæa spicata*, Pl. 3, fig. 13, *a b c*), croît dans les bois montueux. Sa tige dressée, peu rameuse,

Fig. 163. — Pivoine officinale.

haute de 4 à 8 décim., porte des feuilles deux ou trois fois ailées, à folioles ovales dentées (13, *a*). Ses fleurs petites, blanches, sont disposées en grappes terminales compactes. Ses baies (13, *c*) sont noires. Cette plante, connue sous le nom vulgaire d'*Herbe de Saint-Christophe*, répand, quand on la froisse, une odeur désagréable ; sa baie est vénéneuse et sa racine (13, *b*) purgative.

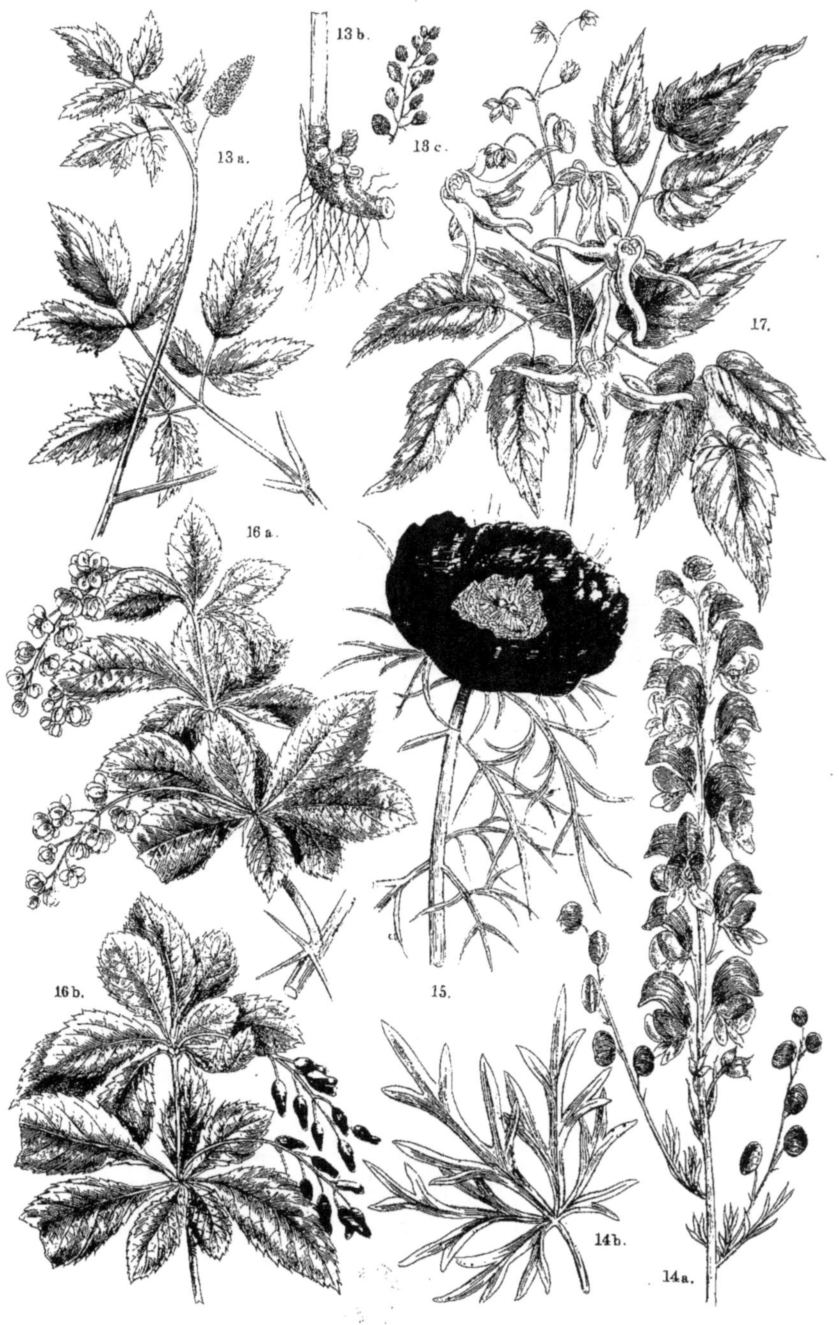

3.
13 b.
13 a.
13 c.
17.
16 a.
16 b.
15.
14 b.
14 a.

FAMILLE DES BERBÉRIDÉES.

Plantes ligneuses ou herbacées à feuilles bordées de dents ciliées. Calice de 3 à 4 ou 6 sépales caducs, colorés; pétales en nombre égal à celui des sépales, portant chacun deux glandes à leur face interne; 6 étamines à filet libre, à anthères adnées, biloculaires; ovaire simple, à style court couronné par le stigmate : Baie renfermant deux ou plusieurs graines (fig. 165).

Genre EPIMEDIUM : calice de 4 sépales caducs; 8 pétales en deux séries, les extérieurs plans, les intérieurs capuchonnés ou en éperon; 4 étamines opposées aux pétales; capsule à deux valves en forme de silique.

Épimède des Alpes (*Epimedium alpinum*) vulgairement *Chapeau d'É-vêque* (Pl. 3, fig. 17). C'est une plante vivace à tiges grêles de 2 à 4 décim., qui croît dans les lieux frais et couverts des montagnes. La tige, nue à la base, porte à sa partie supérieure une feuille biternée, à folioles lancéolées, dentées, ciliées. Fleurs en grappe.

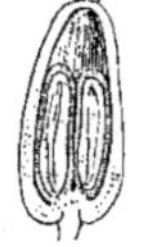

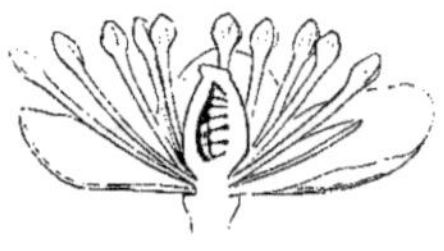

Fig. 165.
Coupe verticale de l'Ovaire.

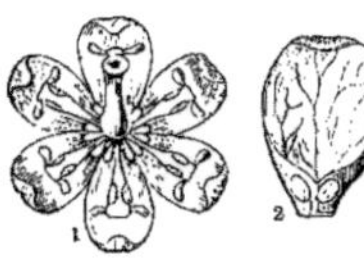

Fig. 166 et 167.
1. Fleur de Berberis. — 2. Pétale.

Genre BERBERIS (*Vinettier*) : calice de 6 sépales colorés, entourés de 3 bractées; corolle de 6 pétales, portant 2 glandes à leur base; 6 étamines; ovaire ovoïde, stigmate sessile; baie à 1 ou 3 graines (fig. 166-167).

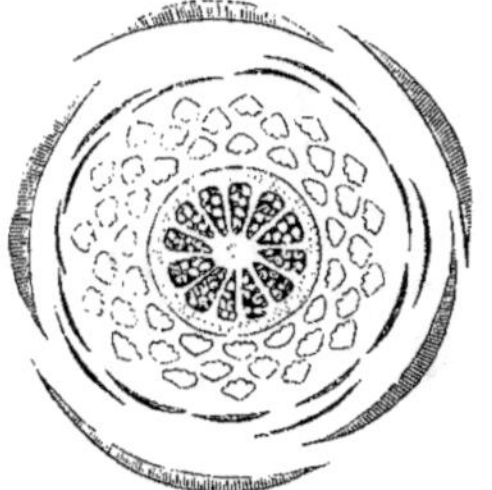

Fig. 164.
Actée. Fleur coupée verticalement.

Berberis commun (*B. vulgaris*), communément *Vinettier* ou *Épine-vinette* (Pl. 3, fig. 16, *a b*) est un arbrisseau touffu, épineux, à rameaux droits; épines ternées en forme de stipules; feuilles ovales, atténuées à la base; dentées ciliées. Grappes de fleurs jaunes en avril et mai; baies rouges. Il croît communément dans les haies, les buissons.

FAMILLE DES NYMPHÉACÉES.

Fleurs hermaphrodites, régulières; calice de 4 à 6 sépales; corolle à pétales nombreux, plurisériés, les intérieurs passant quelquefois insensiblement à l'état d'étamines; étamines nombreuses, hypogynes, ou insérées sur un disque urcéolé entourant l'ovaire, anthères introrses;

Fig. 168. — Nymphæa. Diagramme de la Fleur.

ovaire à plusieurs loges multiovulées, stigmates sessiles, en nombre égal à celui des loges, et soudés en un disque circulaire (fig. 168). Fruit charnu, indéhiscent, pulpeux. Ce sont des plantes herbacées, vivaces, aquatiques, à rhizôme noueux, à feuilles radicales, alternes, longuement pétiolées; fleurs solitaires, émergées souvent flottantes, à long pédoncule radical.

Genre NYMPHÆA (*Nénuphar*) : calice à 4 sépales; pétales nombreux dépourvus de fossette nectarifère ; étamines insérées sur l'ovaire.

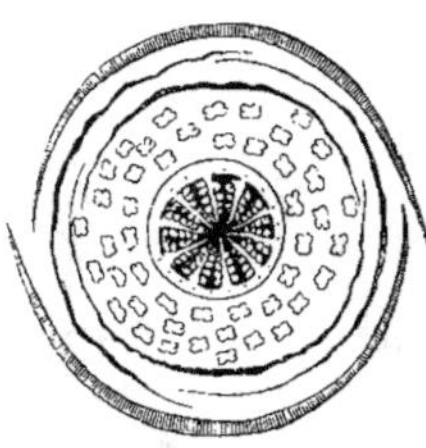

Fig. 169.
Pavot. Diagramme de la Fleur.

Nénuphar blanc (*Nymphæa alba*), vulgairement *Lis des étangs* (Pl. 4, fig. 18) croît dans les étangs et les eaux profondes, à la surface desquelles il épanouit ses belles fleurs blanches de juin à août.

Genre NUPHAR : 5 sépales, pétales plus petits que le calice, munis sur le dos d'une fossette nectarifère ; étamines insérées sous l'ovaire.

Nénuphar jaune (*Nuphar luteum*), vulgairement *Plateau* (Pl. 4, fig. 19), croît dans les eaux tranquilles et ouvre ses grandes fleurs jaunes odorantes pendant l'été. Les fleurs des

Fig. 170.
Capsule de Pavot.

Nénuphars possèdent des propriétés narcotiques et sédatives ; la racine a été employée contre les fièvres intermittentes.

FAMILLE DES PAPAVÉRACÉES.

Plantes herbacées contenant un suc laiteux, à racines fibreuses et à feuilles alternes.

Fig. 171. — Pavot somnifère.

Calice de 2 sépales libres, caducs ; 4 pétales réguliers ; étamines hypogynes, libres, en nombre indéfini ; ovaire supère, couronné par plusieurs stigmates sessiles disposés sur un disque ou portés sur un ou deux styles très courts ; capsule polysperme ovoïde ou allongée en forme de silique (fig. 169).

Genre PAPAVER (*Pavot*) : 4 à 20 stigmates rayonnants sur un disque couronnant l'ovaire ; capsule globuleuse, ovoïde ou cylindracée ; uniloculaire, s'ouvrant au sommet par autant de pores qu'il y a de stigmates. Plantes laiteuses, à fleurs solitaires, penchées avant la floraison.

Pavot des Moissons (*Papaver rhœas*), vulgairement *Coquelicot* (Pl. 4, fig. 20), croît communément dans les champs et parmi les moissons. Sa tige droite, rameuse, poilue, haute de 3 à 4 décim., porte des feuilles pinnatifides à lobes lancéolés, dentés. Ses grandes fleurs, d'un beau rouge, s'épanouissent de mai à juillet ; il leur succède une capsule presque globuleuse, arrondie à la base (fig. 170). Ses fleurs sont béchiques, anodines; son suc blanc est âcre, narcotique et nuisible aux bestiaux qui le broutent.

Pavot somnifère (*Papaver somniferum*), Pavot cultivé (fig. 171), à tige droite, rameuse, de 6 à 9 décimètres, à feuilles amplexicaules, ovales oblongues, incisées dentées. Fleurs blanches, rouges ou violettes, s'épanouissant de juin à août; capsule globuleuse ou ovale. Le Pavot somnifère est cultivé en grand pour sa graine qui fournit *l'huile d'œillette;*

4.
19.
18.
23 b.
21.
22.
23 a.
20.

ou retire l'opium de ses capsules en les incisant à l'approche de leur maturité, et l'on fait bouillir ses capsules concassées pour faire des décoctions calmantes.

Nous figurons ici une jolie espèce des Alpes, le **Pavot à Tige nue** (*Papaver nudicaule*, fig. 172).

Fig. 172. — Pavot à Tige nue.

Genre RŒMERIA : calice à 2 sépales ; corolle de 4 pétales ; 16 à 20 étamines ; ovaire longuement cylindrique à style court avec stigmate en tête ; capsule très allongée, uniloculaire, s'ouvrant en 2 ou 4 valves du sommet à la base.

Rœmérie hybride (*R. hybrida*, fig. 173). C'est une plante herbacée, poilue ; à tiges dressées, renfermant un suc jaune, portant des feuilles 2 à 3 fois pennatiséquées à

Fig. 173. — Rœmérie hybride.

segments presque linéaires. Elle croît dans le Midi et ouvre au printemps ses grandes fleurs violettes.

Genre CHELIDONIUM (*Chélidoine*) : calice à 2 sépales caducs ; 4 pétales ; étamines nombreuses ; style très court à stigmate bilobé (fig. 174) ; capsule allongée en forme de silique, à 2 valves, s'ouvrant de la base au sommet (fig. 175). Ce sont des plantes herbacées, à tige rameuse, renfermant un suc jaune âcre, à feuilles alternes, penniséquées, à segments dentés ou lobés.

Grande Chélidoine (*Chelidonium majus*), vulgairement *Éclaire; Herbe aux verrues* (Pl. 4, fig. 21), à tige dressée, rameuse, un peu velue, haute de 4 à 6 décim., à feuilles molles, glauques en dessous, à segments ovales. Fleurs jaunes d'avril à septembre ; croît dans les haies, au pied des vieux murs. Son suc âcre et caustique s'emploie pour faire passer les verrues, et, étendu d'eau, contre les ophthalmies.

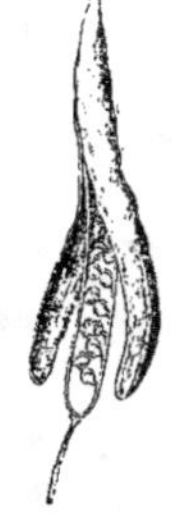

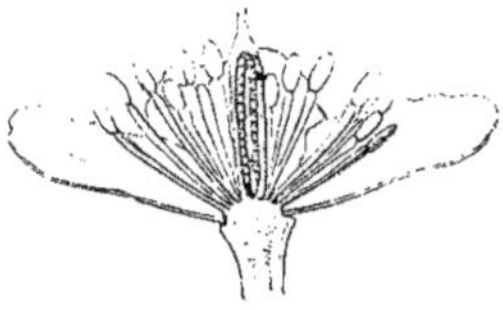

Fig. 175.
Fruit
de Chélidoine.

Fig. 174.

Chélidoine. Fleur coupée verticalement.

Genre GLAUCIUM, établi aux dépens du genre *Chelidonium*, dont il diffère par sa grande silique à 2 loges séparées par une cloison spongieuse qui porte les graines et par ses grandes fleurs qui se rapprochent de celles du Pavot.

Glaucion jaune (*Gl. luteum*), vulgairement *Glaucienne* (Pl. 4, fig. 22). Tige dressée, rameuse, de 5 à 9 décim. ; feuilles radicales pétiolées, les supérieures amplexicaules, lobées, glauques. Fleurs grandes, d'un beau jaune doré, s'ouvrant l'été ; capsule en forme de silique très allongée, rude, tuberculeuse. Croît dans les lieux sablonneux ou pierreux. Cette plante est âcre et caustique.

Glaucion cornu (*Gl. corniculatum*), du Midi, a ses fleurs rouges tachées de noir aux onglets.

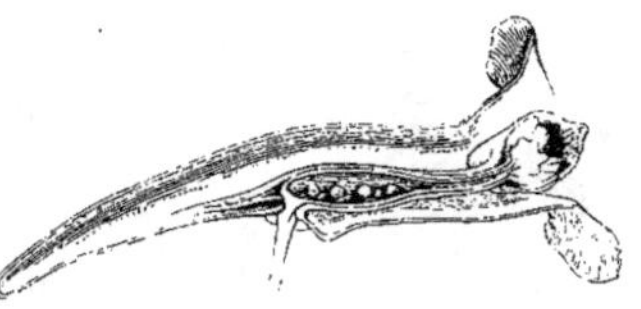

Fig. 176.

Corydalis. Coupe longitudinale de la Fleur.

FAMILLE DES FUMARIACÉES.

Plantes herbacées à suc aqueux, à feuilles alternes multifides, à fleurs en grappes, irrégulières : calice à 2 sépales membraneux, très petits, caducs ; corolle de 4 pétales, les deux extérieurs plus grands, souvent gibbeux ou éperonnés ; 6 étamines hypogynes soudées en deux faisceaux ; ovaire uniloculaire, style filiforme à stigmate bilobé ; fruit en forme de silique polysperme, à 2 valves, ou monosperme et indéhiscent.

Genre CORYDALIS : Pétale supérieur prolongé en éperon, l'inférieur linéaire ; silique bivalve, polysperme à graines lenticulaires (fig. 176).

Corydalis jaune (*C. lutea*, Pl. 5, fig. 24, *a b*). Tige rameuse, anguleuse, de 2 à 4 décim. ; feuilles composées (24, *b*) à folioles obovales, incisées trifides. Fleurs jaunes en grappes terminales, en juin et juillet, croît sur les murs et les rochers.

Corydalis à Vrilles (*C. claviculata*, fig. 177). Tige grimpante, rameuse, à folioles ovales ternées ou quinées ; pétiole

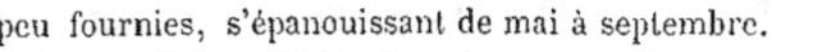

Fig. 177. — Corydalis à Vrilles.

terminé par une vrille rameuse accrochante. Fleurs jaune pâle, en grappes terminales peu fournies, s'épanouissant de mai à septembre.

Le **Corydalis solida** espèce vivace a ses fleurs purpurines.

Genre FUMARIA (*Fumeterre*) : fruit globuleux, indéhiscent, monosperme. Plantes annuelles, à feuilles très découpées (fig. 178-179).

Fumeterre officinale (*Fumaria officinalis*), vulgairement *Fumeterre* (Pl. 4, fig. 23, *a b*). Tige droite, rameuse, de 3 à 6 décim. ; à feuilles décomposées, à folioles lancéolées incisées ; fleurs rouges, en grappes droites, terminales ; fruit plus large que long, échancré au sommet. Croît dans les lieux cultivés ; fleurit tout l'été. La fumeterre officinale, *fumée de terre*, nom qui dérive de l'odeur qu'elle répand, est amère et

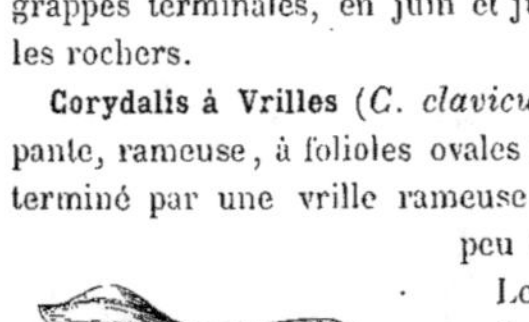

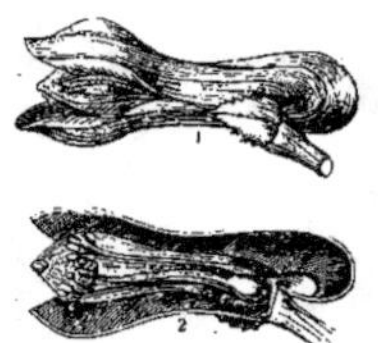

Fig. 178 et 179.

1. Fleur de Fumeterre. — 2. La même coupée longitudinalement.

détersive et employée contre la jaunisse, les affections de la peau. — Les *Fumaria media* et *spicata* jouissent des mêmes propriétés.

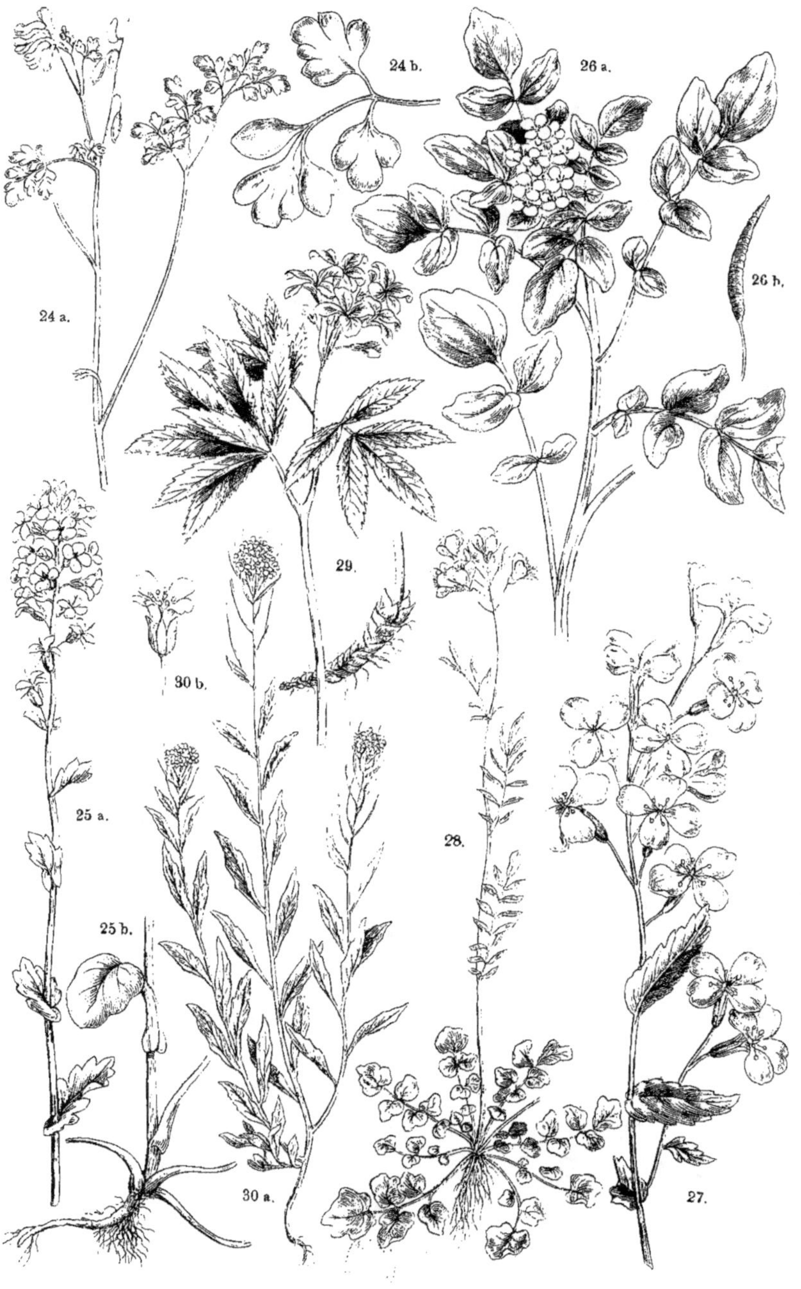

24 a.
24 b.
25 a.
25 b.
26 a.
26 b.
27.
28.
29.
30 a.
30 b.

FAMILLE DES CRUCIFÈRES.

Plantes herbacées à feuilles alternes, sans stipules ; fleurs en grappes courtes corymbiformes. Calice à 4 sépales, caduc, corolle à 4 pétales alternes avec les sépales, opposés en
croix, onguiculés ; 6 étamines, dont 4 plus grandes opposées
deux à deux (tetradynames), et deux petites opposées l'une à
l'autre ; toutes insérées sur le réceptacle, muni de glandes
entre les pétales et les étamines ; style à 2 stigmates (fig. 180
et 181) ; fruit capsulaire, silique ou silicule, le plus souvent
bivalve et déhiscent, à une ou plusieurs graines (fig. 182-183).

Cette famille, très nombreuse, est l'une des mieux caractérisées du règne végétal, autant par les propriétés que par
les caractères botaniques de ses espèces. Toutes sont plus
ou moins excitantes, et la plupart peuvent être employées
comme apéritives, stomachiques et antiscorbutiques.

Fig. 180 et 181.
Fleur de Crucifère. Étamines et Pistil.

On divise les Crucifères en plusieurs sections ou tribus,
suivant la forme du fruit et la position des cotylédons.

1. *Fruit au moins trois fois plus long que large* (SILIQUEUSES, 1.).

*a) Silique indéhiscente articulée ; cotylédons pliés
en long :* RAPHANÉES.

Genre RAPHANUS (*Radis*) : calice dressé, sépales latéraux bossus à la base ; silique oblongue, renflée, conique,
indéhiscente, à graines séparées par de fausses cloisons transversales.

Radis cultivé (*Raphanus sativus*, fig. 184) est bien
connu de tout le monde par sa racine tubéreuse alimentaire,
rose ou violette à l'extérieur, blanche à l'intérieur et d'une
saveur piquante. Sa tige est dressée, fistuleuse, de 5 à 8
décim., ses feuilles inférieures lyrées, les supérieures lancéolées ; ses fleurs grandes, blanches ou violettes.

Raifort (*R. niger*) à grosse racine noire de saveur âcre,
en est une simple variété.

Genre RAPHANISTRUM (*Ravenelle*) : diffère du genre
précédent par sa silique cylindrique, allongée, bosselée, à
parois coriaces, formant à la maturité un chapelet qui se
rompt en tronçons monospermes.

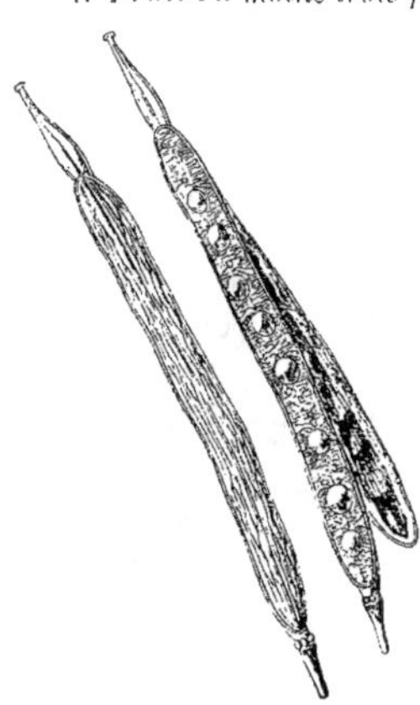

Fig. 182 et 183. — Silique du Chou.

Ravenelle des Champs (*Raphanistrum arvense*) vulgairement *Ramiau* (Pl. 8, fig. 41) a
sa tige dressée, hérissée de poils raides, de 3 à 5 décimètres ; à feuilles lyrées ; à grandes
fleurs jaunes, blanches ou lilas.

Une autre espèce la RAVENELLE MARITIME croit sur les côtes de Bretagne.

*b) Silique déhiscente, non articulée ; cotylédons pliés dans leur longueur, embras-
sant la radicule* (BRASSICÉES).

Genre Brassica (*Chou*) : calice dressé, quelquefois étalé ; pétales obovales ; style court à stigmate discoïde ; silique allongée, cylindrique, ou linéaire tétragone, munie d'une nervure dorsale ; graines globuleuses ou ovoïdes, disposées sur un rang.

Fig. 184. — Radis cultivé.

Chou potager ou cultivé (*Brassica oleracea*) (Pl. 6, fig. 33 et 34). — Tige droite, rameuse, à feuilles glauques, épaisses, sinuées ou lobées ; fleurs d'un jaune pâle, en grappes allongées et très lâches. Cultivé partout et offrant de nombreuses variétés, parmi lesquelles nous figurons le *chou pommé* ou *chou cabus* (fig. 33, *a b*) et le *chou allemand* (fig. 34, *a b*).

Chou Navet (*Brassica napus*). Tige de 4 à 8 décim., droite, rameuse ; feuilles glabres, les radicales lyrées, les supérieures entières, lancéolées, sessiles ; pédoncules fructifères et siliques fortement étalés ; silique bosselée à valves convexes. Cultivé.

Var. *a* (*Br. oleifera*), Colza, à racine grêle, pivotante ; cultivée en grand pour ses graines qui fournissent une bonne huile à brûler.

Var. *b* (*Br. esculenta*) Navet, Rutabaga, à racine renflée, charnue, blanche.

Chou rave (*Br. rapa*), à feuilles inférieures hérissées de poils, lyrées, les supérieures glabres, lancéolées, amplexicaules ; siliques redressées.

Var. *a* (*Br. campestris*) Navette ; graines donnant une huile bonne à brûler.

Var. *b* (*Br. esculenta*) Rave, Turneps (fig. 185), cultivée pour ses grosses racines blanches ou violettes, charnues, alimentaires.

Genre Sinapis (*Moutarde*) : sépales non bossus, ordinairement étalés ; style long, persistant, formant un prolongement sur la silique ; celle-ci à valves convexes, à trois nervures ; graines globuleuses, unisériées. Fleurs jaunes.

Moutarde blanche (*Sinapis alba*, fig. 187) qui croît parmi les moissons, a sa tige droite, striée, garnie de poils, haute de 3 à 6 décimètres ; ses feuilles pétiolées, lyrées ; ses fleurs d'un jaune pâle s'ouvrent en juin et juillet ; les siliques sont étalées, cylindriques, bosselées, hérissées de poils blanchâtres et terminées par le style qui forme comme un long bec à 3 nervures ; graines jaunâtres, finement ponc-

Fig. 185. — Rave turneps.

tuées. La moutarde blanche, dont les propriétés sont moins actives que celles de la moutarde noire, est employée en médecine (graines) comme dépurative.

Moutarde noire (*Sinapis nigra*, fig. 186) croît dans les lieux pierreux et sablonneux. Sa tige droite, rameuse, un peu velue, s'élève à 6 ou 8 décimètres ; feuilles inférieures

6.

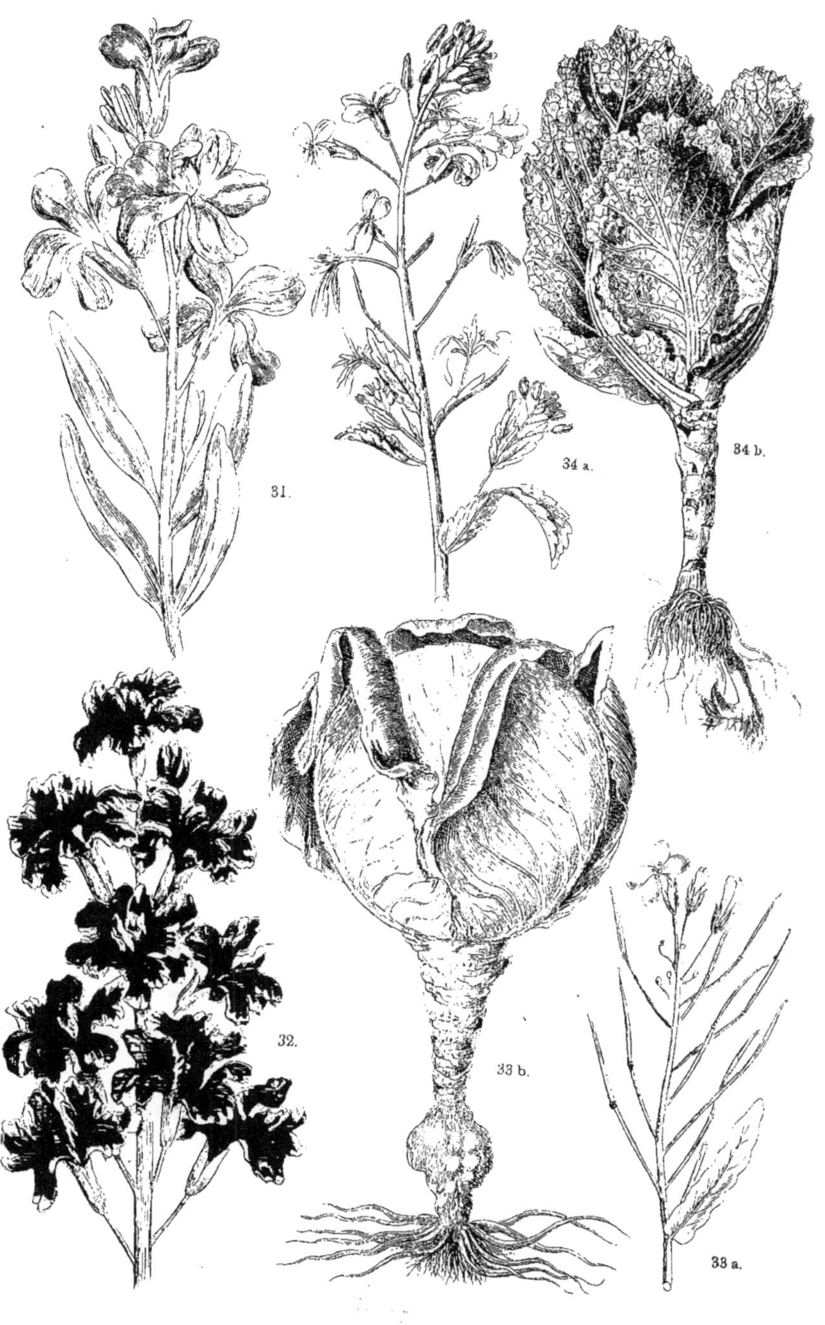

lyrées à segment terminal très grand ; les supérieures incisées dentées ; siliques petites appliquées contre l'axe floral, à valves portant une seule nervure et terminées par un bec très court, anguleux ; graines noires. La moutarde noire fournit lagraine dont la farine sert à préparer les sinapismes et le condiment qui paraît sur nos tables sous le nom de moutarde.

Moutarde des Champs (*Sinapis arvensis*), vulgairement *Sénevé*, à tige droite, rameuse, hispide, de 3 à 6 décim., à feuilles rudes, les inférieures lyrées, pétiolées, les supérieures sessiles, dentées ; siliques glabres, cylindriques, valves à 3 nervures saillantes, à bec court, croît dans les champs, les moissons et fleurit tout l'été.

Fig. 186. — Sinapis nigra.

Genre ERUCA (*Roquette*): sépales non bossus ; pétales grands, saillants ; silique oblongue, cylindracée, terminée par un long bec pointu à deux tranchants, valves convexes, à nervure dorsale proéminente ; graines globuleuses disposées sur deux rangs (fig. 188).

Roquette (*Eruca sativa*) croît dans les décombres, et parmi les moissons. Sa tige, haute de 3 à 5 décim., est droite, rameuse, hérissée de poils, à feuilles profondément lyrées, à lobe terminal grand, ovale ; fleurs blanches ou jaunâtres, veinées de lignes violettes, d'avril à juin. Cette plante d'une odeur et d'une saveur âcre et piquante, possède des propriétés diurétiques et antiscorbutiques. Dans quelques pays, on la joint aux salades comme condiment.

c) Silique déhiscente non articulée ; cotylédons plans. (CHEIRANTHÉES.)

Genre HESPERIS (*Julienne*): calice fermé, bossu à la base ; pétales étalés, obtus ; silique linéaire, cylindrique, atténuée à la base et au sommet, terminée par deux stigmates en forme de lamelles droites et conniventes ; graines oblongues, anguleuses, sur un seul rang.

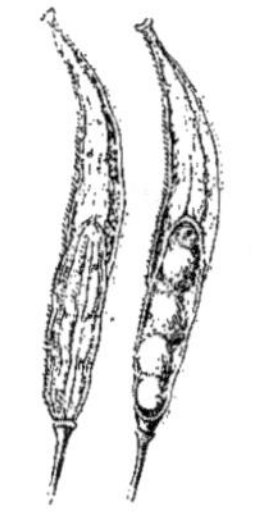
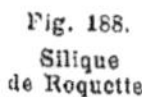

Julienne des Dames (*Hesperis matronalis*) vulg. *Cassolette* (fig. 189). Plante velue de 4 à 5 décim., droite, peu rameuse ; feuilles ovales, lancéolées dentées ; fleurs lilas ou blanches, odorantes le soir, en mai et en juin. Croît dans les bois montagneux et se cultive dans les jardins où ses fleurs doublent facilement.

Le genre **Malcolmia**, à silique cylindrique terminée par un stigmate conique, fournit à nos jardins le *Malcolmia maritima*: jolie espèce à fleurs d'un rose violacé, cultivée en bordures sous le nom de *Giroflée de Mahon*.

Genre MATTHIOLA formé aux dépens du genre *Cheiranthus*, dont il ne diffère que par sa silique cylindrique comprimée.

Matthiole blanche (*Matthiola incana*) vulgairement *Violier*, (Pl. 6, fig. 31) est une plante cotonneuse, d'aspect blanchâtre, à grandes fleurs violettes, à pétales entiers, oblongs. Cultivée dans les jardins où elle donne des variétés rouges, blanches et panachées.

Fig. 187.
Silique de Moutarde blanche.

Fig. 188.
Silique de Roquette.

Quarantaine (*Matthiola annua*) espèce annuelle assez distincte de la précédente.

Genre CHEIRANTHUS (*Giroflée*) : calice à sépales dressés, les deux latéraux bossus à la base ; stigmate court, bilobé, à lobes divariqués ; silique tétragone, à valves marquées d'une nervure saillante ; graines comprimées, unisériées (fig. 190).

Fig. 189. — Julienne des Dames.

Giroflée cultivée (*Cheiranthus cheiri*), vulgairement *Violier, Ravenelle* (Pl. 6, fig. 32) a produit sous l'influence de la culture de nombreuses variétés simples ou doubles et de couleurs diverses. La *Giroflée des murailles* ou Giroflée sauvage, à fleurs jaunes odorantes croît sur les vieux murs, les rochers, est le type de ces variétés.

Genre BARBAREA : calice droit, non bossué ; pétales entiers, stigmate obtus ; silique tétragone à valves carénées, uninerviées ; graines sur un rang dans chaque loge.

Barbarée commune (*Barbarea vulgaris*) vulgairement *Herbe de Sainte Barbe* (Pl. 5, fig. 25, *a b*). Croît dans les lieux frais au bord des eaux. Sa tige droite, striée, est haute de 3 à 5 décim. ; à feuilles radicales pétiolées, lyrées ; les supérieures amplexicaules, ovales dentées. Les fleurs jaunes sont disposées en grappes cylindriques. La Barbarée, macérée dans l'huile d'olive, donne, dit-on, un excellent baume pour les blessures d'où le nom d'*herbe aux charpentiers*.

Genre ERYSIMUM (*Vélar*) : calice à sépales serrés, non bossué ; pétales entiers ; style très court, à stigmate obtus ; silique linéaire, tétragone, à valves marquées d'une nervure saillante ; graines ovoïdes sur un rang.

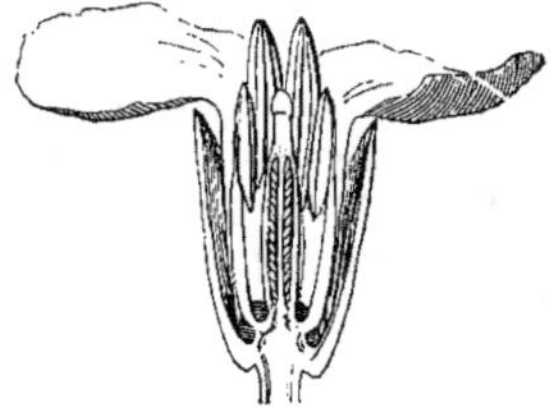

Fig. 190. — Giroflée. Coupe verticale.

Vélar Giroflée (*Erysimum cheiranthoïdes*. Pl. 5, fig. 30, *a b*). Plante velue, à tige dressée, striée ; de 4 à 8 décim., à feuilles oblongues lancéolées, atténuées aux deux bouts ; fleurs jaunes, petites, de juin à septembre ; siliques anguleuses, dressées, stigmate très petit. Croît dans les champs le long des routes.

Vélar des Murailles (*Er. murale*), croît sur les vieux murs, les lieux secs. Sa tige anguleuse, poilue, porte des feuilles oblongues lancéolées ; ses fleurs d'un jaune pâle, très odorantes, s'ouvrent en mai et juin, ses siliques, dressées, sont pubescentes, terminées par un style court.

Fig. 191. — Vélar pâle.

Vélar pâle (*Er. ochroleucum*, fig. 191), à fleurs d'un jaune très pâle, odorantes ; à siliques épaisses, bosselées, dressées ; tige de 1 à 3 décim., croît sur les hautes montagnes.

Vélar d'Orient (fig. 192) dont on a fait un genre distinct (*Conringia orientalis*), se reconnaît par ses fleurs d'un blanc jaunâtre à sépales et pétales dressés, par ses siliques tétragones, 8 ou 10 fois plus longues que le pédicule, à cloison spongieuse. Cette plante glauque, très glabre, à feuilles cordiformes, amplexicaules, croît dans les champs calcaires et s'élève à 5 ou 6 décimètres.

Fig. 192. — Vélar d'Orient.

Genre SISYMBRIUM : Calice non bossu, pétales entiers à limbe étalé ; silique linéaire, cylindrique, droite, à valves convexes marquées de trois nervures ; graines sur un rang.

Sisymbre alliaire (*Sis. alliaria*, fig. 193) est une plante d'un vert pâle, qui répand une forte odeur d'ail quand on la froisse ; sa tige, haute de 4 à 8 décimètres, est droite, peu rameuse, à feuilles pétiolées, ovales cordiformes, dentées. Ses fleurs blanches, en grappes, s'épanouissent d'avril à juin ; siliques prismatiques à graines oblongues striées. Lieux frais et couverts.

Fig. 193. — Sisymbre alliaire.

Sisymbre officinal (*Sis. officinale*) vulgairement *Herbe aux chantres* (fig. 194), plante scabre, de 4 à 8 décim. de hauteur, à tige dressée, roide, à rameaux très ouverts ; feuilles pétiolées, les inférieures roncinées, les supérieures hastées ; fleurs petites, jaunes, en grappes terminales ; siliques velues, presque sessiles, appliquées contre la tige. Croît dans les lieux incultes, de juin à octobre. On la considérait autrefois comme très efficace contre les maux de gorge et de poitrine.

Fig. 195. — Sisymbre Sagesse.

Sisymbre sagesse (*Sis. Sophia*), vulgairement *Sagesse des chirurgiens* (fig. 195) est une plante annuelle d'un vert blanchâtre, duveteuse, à tige droite, rameuse, à

Fig. 194. — Sisymbre officinal.

feuilles bi- ou tripenniséquées, à segments très étroits ; fleurs petites, d'un jaune pâle, en grappe très allongée ; siliques grêles, dressées, arquées, 2 fois plus longues que le pédicelle. Cette plante, qui croît dans les lieux arides, doit son nom vulgaire à la grande réputation dont elle jouissait autrefois pour la guérison des blessures.

Genre NASTURTIUM (*Cresson*) : calice ouvert, non bossu, pétales entiers ; silique cylindrique, à valves convexes, sans nervures saillantes ; graines petites, non bordées, sur deux rangs.

Fig. 196. — Cresson sauvage.

Cresson officinal (*Nasturtium officinale*) vulgairement *cresson de fontaine* (Pl. 5, fig. 26, *a b*). Tige fistuleuse rameuse, couchée à la base, redressée au sommet, longue de 5 à 10 décim. ; à feuilles penniséquées, à segments ovales, le terminal plus grand. Fleurs blanches, en grappes terminales, de juin à septembre ; siliques (26, *b*) un peu arquées. Cette plante alimentaire a des propriétés dépuratives et antiscorbutiques ; elle croît dans les eaux pures, les fontaines, les ruisseaux.

Cresson sauvage (*Nast. sylvestre*) vulgairement *Roquette sauvage* (fig. 196) croît dans les lieux frais et humides. Sa tige d'abord étalée, puis redressée, est rameuse, anguleuse, de 2 ou 3 décim. de longueur ; ses feuilles penniséquées à lobes lancéolés aigus. Fleurs d'un jaune vif pendant tout l'été ; siliques linéaires, arquées, à peu près de la longueur du pédicelle.

Genre ARABIS (*Arabette*) : calice droit à sépales bosselés, pétales entiers, étalés, stigmate obtus, presque sessile ; silique linéaire, allongée, comprimée, à valves munies d'une nervure dorsale ; graines comprimées, souvent ailées, sur un rang.

Arabette des Alpes (*Arabis alpina*, Pl. 5, fig. 27) croît sur les montagnes élevées et se cultive dans les jardins sous le nom d'*Arabette du Caucase;* à souche émettant des tiges florifères de 1 à 2 décim. ; feuilles sessiles, molles, dentées ; épanouit dès le mois de mars ses fleurs blanches un peu odorantes.

Arabette tourette (*Arabis turrita*, fig. 197) se rencontre dans les bois élevés et pierreux. Sa tige droite, simple, robuste, velue, haute de 4 à 8 décim., porte des feuilles ovales oblongues dentées, sessiles ; les radicales pétiolées. Fleurs d'un blanc jaunâtre en mai et juin ; siliques très longues, arquées, comprimées ; graines brunes entourées d'une bordure jaune.

Arabette ciliée (*Arabis ciliata*, fig. 198) croît sur les hautes montagnes. Sa tige de 2 à 3 décimètres porte des feuilles ciliées ou velues, les radicales sont étalées en rosette. Fleurs blanches disposées en cyme.

Fig. 197.
Arabette tourette.

Genre CARDAMINE : calice à sépales ouverts, non bossus ; pétales étalés, ovales entiers, style court ou nul, stigmate obtus ; silique linéaire, comprimée, à valves planes sans nervures, se roulant de bas en haut avec élasticité lors de la déhiscence ; graines ovales, non bordées, sur un seul rang.

Cardamine des Prés (*Cardamine pratensis*), vulgairement *Cressonnette* (Pl. 5, fig. 28), croît dans les prés humides : dans plusieurs localités on l'utilise en guise de cresson. Sa racine est fibreuse, sa tige, parfois stolonifère, dressée, striée, peu rameuse, de 3 à 5 décim.; feuilles radicales à segments arrondis, anguleux; celles de la tige à segments linéaires, lancéolés. Fleurs lilas ou blanches veinées de lilas, s'épanouissant au printemps en grappe; siliques dressées à style presque nul.

Cardamine velue (*C. hirsuta*, fig. 199) C'est une plante hérissée, à tige grêle dressée, de 1 à 3 décim., à feuilles penni-séquées, de 5 à 9 segments, les radicales plus grandes et plus nombreuses; celles de la tige rares, plus petites, à folioles oblongues ou linéaires. Fleurs à 4 étamines, blanches, disposées en grappe corymbiforme, au printemps; siliques grêles, à style presque nul, dressées et serrées contre la tige. Lieux frais.

Fig. 198. — Arabette ciliée.

Fig. 199. — Cardamine velue.

Plusieurs autres espèces : *C. alpina*, *C. amara*, *C. sylvatica*, etc.

Genre DENTARIA (*Dentaire*) : calice dressé, non bossu ; style conique allongé, stigmate entier ; silique linéaire, lancéolée, à valves planes, sans nervures, se roulant avec élasticité de bas en haut, lors de la déhiscence ; graines ovoïdes sur un rang.

Dentaire pennée (*Dentaria pinnata*, Pl. 5, fig. 29), plante à souche écailleuse, horizontale, à tige simple, dressée, de 4 à 8 décim., à feuilles alternes, pétiolées, de 7 à 9 folioles lancéolées, dentées, parsemées en-dessus de poils courts. Fleurs blanches ou lilas d'avril à juin. Croît dans les bois montagneux.

II. *Fruit jamais trois fois plus long que large*. (SILICULEUSES.)

a) Silicule articulée.

Genre CAKILE (*Caquillier*) : calice bossu à la base, style nul ; silicule indéhiscente, à 2 articles monospermes superposés, le supérieur tétragone, stigmate sessile ; une graine solitaire dans chaque loge, oblongue.

Caquillier maritime (*Cakile maritima*), vulgairement *Roquette de mer* (fig. 200), plante glauque qui croît sur le littoral. Sa tige flexueuse de 1 à 3 décim. porte des feuilles charnues, oblongues, crénelées. Fleurs rouges ou violacées en grappe allongée.

Fig. 200. — Caquillier maritime.

Genre CRAMBE : calice étalé, non bossu ; filet des étamines bifide au sommet, une des divisions portant l'anthère ; stigmate sessile ; silicule indéhiscente à 2 articles superposés, l'inférieur stérile, le supérieur ovoïde, contenant une seule graine lisse, suspendue (fig. 201).

Crambé maritime (*Cr. maritima*), vulgairement *Chou marin*, (Pl. 8, fig. 42), croît sur le littoral océanique. C'est une plante glabre, glauque, haute de 2 à 5 décim. à feuilles charnues, sinuées, dentées, à fleurs blanches ou rosées. Ses jeunes pousses, blanchies par étiolement, se mangent comme l'asperge et le chou-fleur.

Fig. 201. — Crambé maritime.)
(Coupe verticale de la Fleur.)

b) Silicule non articulée ; cloison aussi large que le fruit ou à peu près ; valves planes ou convexes, jamais complètement pliées.

Genre LUNARIA (*Lunaire*): calice dressé, bossu à la base ; pétales ovales (fig. 202); silicule elliptique, à cloison large, longuement pédiculée, comprimée, plane, sans nervures, terminée par le style filiforme; graines sur deux rangs, suspendues par de longs funicules à la cloison (fig. 203).

Lunaire vivace (*Lunaria rediviva*), vulgairement *Bulbonac*. (Pl. 7, fig. 37), est une plante des forêts montagneuses, à tige droite, rameuse, de 5 à 8 décim. ; ses feuilles, toutes pétiolées, sont cordiformes, aiguës, denticulées ; ses fleurs violacées et odorantes, s'ouvrent de mai en juillet ; sa silicule est aiguë aux deux extrémités.

Lunaire annuelle (*L. annua*), vulgairement *Monnaie du pape* est cultivée dans les jardins ; ses fleurs sont très grandes et inodores.

Genre ALYSSUM (*Alysson*), calice serré, non bossu à la base, pétales ouverts, filets des étamines ailés ou dentés; silicule ovale comprimée, bordée, terminée par le style persistant, de 2 à 4 graines dans chaque loge.

Alysson calycinal (*Al. calycinum*, Pl. 7, fig. 36). Plante cendrée, couverte de petits poils étoilés, à tiges nombreuses, herbacées, de 1 à 2 décim., garnies de feuilles nombreuses, oblongues, lancéolées ; fleurs très petites, serrées, jaunes, devenant blanchâtres en vieillissant ; silicules orbiculaires, à style très court. Croît dans les terrains arides.

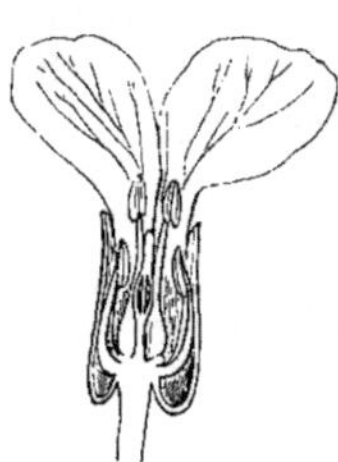

Fig. 202.
Lunaire. Coupe verticale
de la Fleur.

Fig. 203.
Silicule de Lunaire.

Alysson des Rochers (*Al. saxatile*), vulgairement *Corbeille d'or*, est cultivé dans les jardins, pour ses grappes de fleurs jaunes.

Alysson deltoïde (*Al. deltoïdeum*) à fleurs violettes, se cultive également dans les jardins.

Les alyssons croissent généralement dans le Midi, dans les lieux secs.

Alysson maritime (*Al. maritimum*) des côtes de Provence (fig. 204), épanouit pendant toute la belle saison ses fleurs blanches odorantes.

Genre CAMELINA : calice dressé, non bossu ; pétales entiers ; silicule ovoïde globuleuse, à cloison large, à valves très convexes munies d'une nervure dorsale et terminées par le style ; loges polyspermes renfermant sur deux rangs des graines suspendues.

Caméline cultivée (*Camelina sativa*, fig. 205), plante oléagineuse qui donne une huile bonne pour l'éclairage. Elle croît spontanément parmi les moissons et produit en juin et juillet des fleurs jaunâtres disposées en grappes paniculées.

Genre DRABA (*Drave*) : calice dressé, pétales entiers ou à peine échancrés ; silicule déhiscente par ses bords, ovale, comprimée, à deux loges polyspermes ; valves convexes à nervure dorsale, graines comprimées, disposées sur deux rangs.

Drave printanière (*Draba verna*, Pl. 7, fig. 38). C'est une petite plante à tiges grêles, nues, florifères ; à feuilles toutes radicales, étalées en rosette, ovales, lancéolées ; à fleurs blanches, en grappe lâche. Croît partout.

Drave de Muraille (*Draba muralis*, fig. 206). Plante poilue, à tiges grêles, dressées, rameuses, de 1 à 3 décimètres ; à feuilles radicales étalées, ovales, peu dentées, celles de la tige sessiles, cordiformes, dentées. Fleurs très petites, en grappes lâches, blanches ; silicules oblongues elliptiques. Croît sur les murs, dans les lieux ombragés.

Draba aizoïdes, se distingue par ses feuilles linéaires ciliées toutes radicales, ses fleurs jaunes et ses silicules oblongues.

Genre COCHLEARIA (*Cranson*) : calice à sépales concaves, ouverts, égaux à la base ; pétales obovales, obtus ; silicule globuleuse ou ovoïde, à valves ventrues à nervure dorsale, à loges polyspermes, terminée par un style très court ; graines suspendues, non bordées (fig. 207-208).

Fig. 204. — Alysson maritime.

Cranson officinal (*Cochlearia officinalis*), vulgairement *Cochlearia* (Pl. 7, fig. 35) qui croît sur les côtes de la Normandie, a sa racine fusiforme, sa tige rameuse, haute de 2 à 4 décim. ; ses feuilles alternes, petites, charnues, cordiformes, à bords relevés en forme de cuillère d'où le nom qu'on lui donne parfois d'*Herbe aux cuillères*. Fleurs petites et blanches ; silicules ovales ou elliptiques, à valves réticulées. Cette plante est l'antiscorbutique par excellence ; on emploie particulièrement ses feuilles fraîches.

Cranson de Bretagne (*Cochlearia Armoracia*), vulgairement *Raifort sauvage*, *cran* (fig. 209), est une herbe vivace, glabre et droite, dont la tige fistuleuse, haute de 8 à 10 décim., s'élève d'une racine grosse, charnue et rameuse ; ses feuilles radicales longuement pétiolées, ovales oblongues, crénelées, les supérieures oblongues, lancéolées, dentées ; ses fleurs blanches en grappe allongée. Sa racine est la seule partie usitée en médecine comme antiscorbutique, soit fraîche soit digérée dans le vin ou l'alcool.

Fig. 205. — Cameline cultivée.

Fig. 206. — Drave de Muraille.

Genre BUNIAS : calice à sépales dressés, non bossus ; silicule indéhiscente ovoïde ou tétragone à 2 loges ou à 4 loges superposées par paires ; une seule graine globuleuse suspendue dans chaque loge.

Bunias fausse Roquette (*B. erucago*), vulgairement *Roquette des champs, masse au bedeau* (fig. 210), est une plante annuelle, à tige dressée poilue, de 3 à 4 décim. ; à feuilles inférieures pétiolées, roncinées ; les supérieures lancéolées sessiles; fleurs jaunes, en juinet juillet; croît parmi les moissons. La Roquette des Champs est âcre et piquante et possède des propriétés antiscorbutiques.

Fig. 207. — Silicule ouverte de Cochlearia.

Fig. 208. — Fleur de Cochlearia. Coupe verticale.

b) *Silicule non articulée: cloison bien plus étroite que le fruit; valves complètement pliées, carénées ou ailées.*

Genre Iberis : calice non bossu à la base; pétales inégaux ; les deux extérieurs plus grands ; silicule échancrée ou bilobée en cœur, à valves carénées, à loges monospermes; graines ovoïdes, suspendues.

Ibéride amère (*Iberis amara*), vulgairement *Petit thlaspi* (fig. 211 et 212), croît parmi les moissons et se cultive dans les jardins. Ses tiges de 1 à 2 décim. portent des fleurs blanches ou violettes, en corymbe, pendant l'été, et des feuilles oblongues lancéolées dentées.

On cultive dans les jardins plusieurs Ibérides des régions méridionales, telles que : l'Ibéride de tous les mois (*Ib. semperflorens*), l'Ibéride toujours verte (*Ib. sempervirens*) et l'Ibéride en ombelle (*Ib. umbellata*); les jardiniers leur donnent le nom de *thlaspi* ou de *téraspic*.

Genre Lepidium (*Passerage*) : calice ouvert, non bossu ; pétales entiers; silicule ovale ou orbiculaire, le plus souvent

Fig. 209. — Cranson de Bretagne.

échancrée au sommet, à 2 valves carénées, souvent ailées; à 2 loges monospermes.

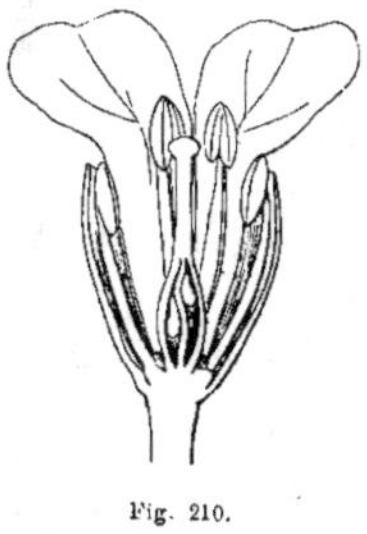

Passerage cultivée (*Lepidium sativum*), vulgairement *Cresson alénois*, est une plante annuelle, d'un vert glauque, à tige droite, rameuse, de 2 à 4 décim., à feuilles radicales arrondies, découpées et incisées, les supérieures sessiles, oblongues, peu dentées. Fleurs blanches de mai à juillet; silicules orbiculaires, échancrées. Cultivée, s'emploie comme assaisonnement.

Passerage champêtre (*Lep. campestre*), vulgairement *Passerage* commune (fig. 213), croît au bord des chemins. Sa tige, haute de 2 à 4 décim., est droite, velue, rameuse, à feuilles radicales pétiolées, ovales oblon-

Fig. 210. Bunias. Coupe verticale de la Fleur.

Fig. 211. Ibéride. Coupe verticale de la Fleur.

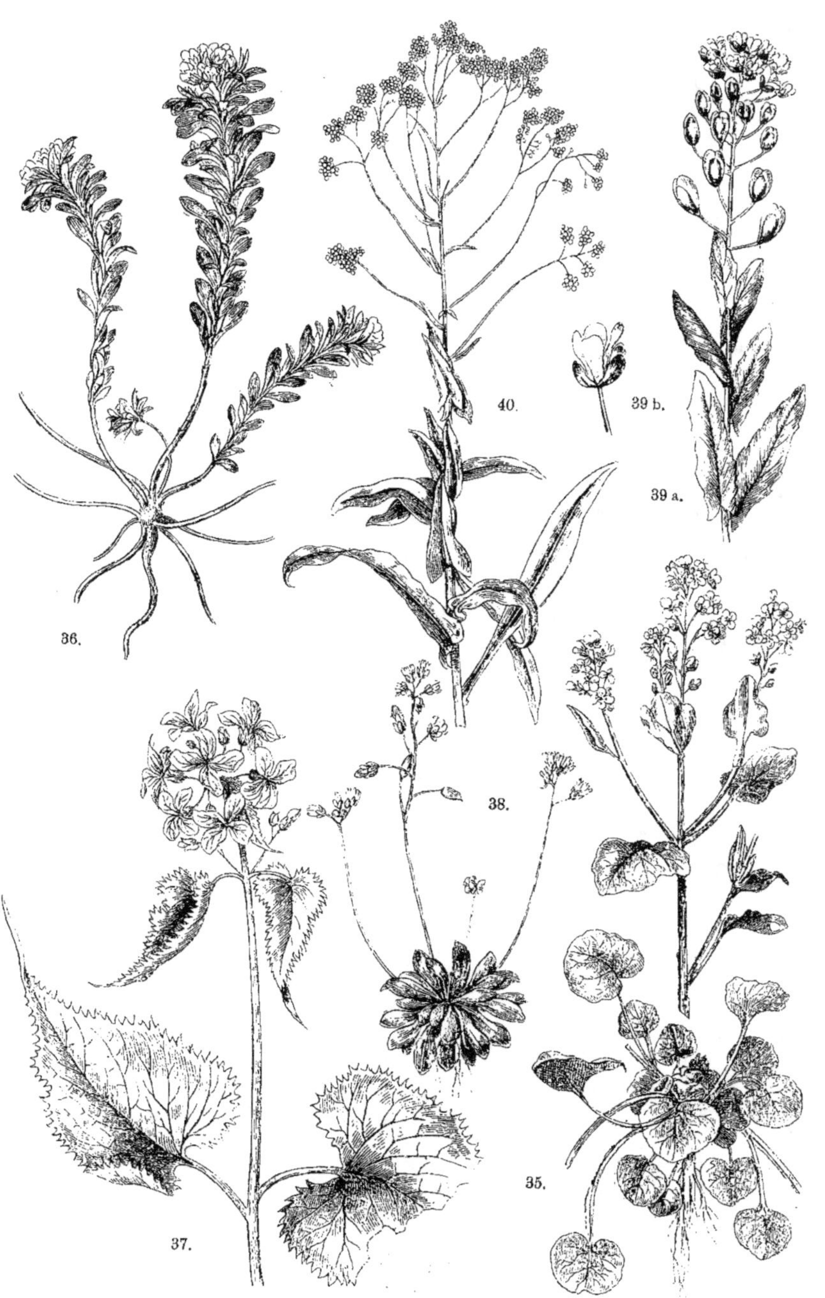
40.
39 b.
39 a.
38.
36.
37.
35.

gues, sinuées dentées; celles de la tige amplexicaules, sagittées, denticulées. Fleurs petites, blanchâtres, de mai à juillet; silicule ovale, bordée, échancrée en deux lobes courts, arrondis; valves carénées, ponctuées de papilles blanchâtres.

Fig. 212. — Ibéride amère.

Passerage des Rocailles (*Hutchinsia petræa*, fig. 214), petite plante grêle de 6 à 10 centim., à feuilles pinnatifides; à fleurs blanches, croît dans les terrains calcaires, les rochers, les vieux murs. Elle diffère des autres Lépidies par sa silicule à valves carénées non ailées. Il en est de même de :

Passerage à Feuilles larges (*Lep. latifolium*), vulgairement *Grande Passerage* (fig. 215), qui croît dans les lieux humides. C'est une plante gla-

Fig. 213. — Passerage champêtre.

bre et glauque, d'une odeur fétide et d'une saveur âcre, haute de 6 à 12 décim.; à feuilles radicales très grandes, pétiolées, dentées en scie; les supérieures presque sessiles, ovales acuminées. Fleurs petites, blanches en grappes paniculées.

Genre THLASPI (*Tabouret*): calice non bossu; pétales entiers à peu près égaux; silicule ovale, comprimée, échancrée au sommet, à valves carénées, bordées sur le dos d'une membrane foliacée et à deux loges polyspermes.

Thlaspi des Champs (*T. arvense*), vulgairement *Monoyère* (Pl. 7, fig. 39, *a b*). Plante glabre à odeur d'ail; à tige dressée, anguleuse, de 2 à 5 décim.; à feuilles oblongues, sinuées dentées; les radicales pétiolées, celles de la tige amplexicaules.

Fleurs blanches d'avril à octobre. Croît dans les lieux cultivés, les vignes.

Thlaspi alpestre (*T. alpestre*, fig. 216), qui croît dans les hautes montagnes, se distingue par ses anthères d'un noir violacé et par ses silicules largement ailées.

Thlaspi Bourse à Pasteur (*T. bursa pastoris*), vulgairement *Tabouret* (fig. 217), forme aujourd'hui le genre

Fig. 215.
Passerage à Feuilles larges.

Fig. 214.
Passerage des Rocailles.

Capsella, qui se distingue par sa silicule triangulaire, comprimée, à valves carénées, non ailées. C'est une petite plante très commune dans les lieux incultes, à feuilles radicales en rosette, celles de la tige, amplexicaules; à petites fleurs blanches.

Genre BISCUTELLA (*Lunetière*): calice égal à la base, pétales entiers, égaux; silicule aplatie, échancrée à la base et au sommet, à valves orbiculaires, ailées, se séparant de l'axe par la base et renfermant chacune une graine comprimée.

Lunetière lisse (*Biscutella lœvigata*, fig. 218). C'est une plante des montagnes, à souche ligneuse, horizontale, émettant des rosettes de feuilles et des tiges grêles, florifères, de 2

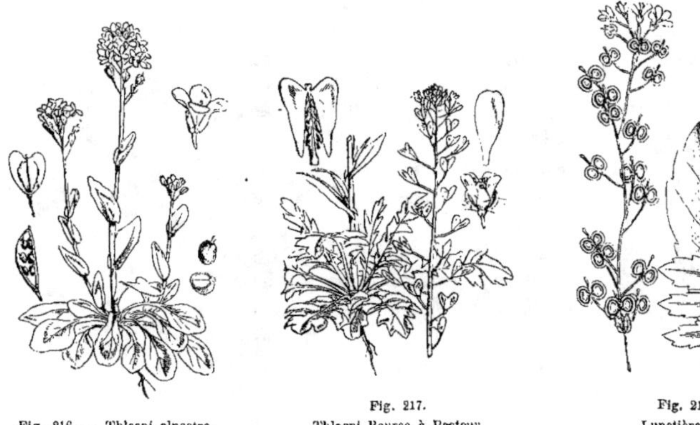

Fig. 216. — Thlaspi alpestre.

Fig. 217.
Thlaspi Bourse à Pasteur.

Fig. 218.
Lunetière lisse.

à 5 décim. Fleurs jaunes, en grappes lâches paniculées; silicules glabres, lisses; croît dans les lieux pierreux.

Lunetière des Rochers (*B. saxatilis*), diffère de la précédente par sa silicule couverte de points écailleux. Ce n'est qu'une variété.

Genre I S A T I S (*Pastel*): calice ouvert, égal; pétales entiers, stigmate sessile; silicule ovale, oblongue, comprimée sur les côtés, uniloculaire et monosperme, à valves carénées, ailées (fig. 219).

Pastel des Teinturiers (*Isatis tinctoria*), vulgairement *Guède, Vouède* (Pl. 7, fig. 40), croît spontanément dans les lieux pierreux d'une partie de l'Europe, et se cultive dans quelques-uns de nos départements pour la matière colorante (indigo indigène) qu'on extrait de ses feuilles. C'est une plante à tige droite, rameuse paniculée, de 5 à 10 décim., à feuilles glauques, oblongues; les inférieures pétiolées; celles de la tige, amplexicaules sagittées. Fleurs jaunes, petites, en mai et juin.

Fig. 219.
Isatis. Coupe verticale
de la Fleur.

Fig. 220.
Sénebière Corne de Cerf.

Genre S E N E B I E R A: calice à sépales égaux, ouverts; pétales entiers; silicule comprimée, orbiculaire, plus ou moins ridée, indéhiscente, à 2 loges monospermes.

Sénebière Corne de Cerf (*Sen. coronopus*, fig. 220). Tiges de 1 à 3 décim., très rameuses, couchées, diffuses ; feuilles pinnatifides pétiolées ; fleurs blanches, en grappes opposées aux feuilles ; silicules réticulées, rugueuses, à stries rayonnantes et bordées de petites pointes tuberculeuses. Croit dans les lieux incultes.

FAMILLE DES CISTINÉES.

Plantes herbacées ou sous-ligneuses à feuilles simples, entières, opposées, rarement éparses ; inflorescence terminale : fleurs hermaphrodites régulières ; calice à 5 sépales, dont 2 extérieurs plus petits ; 5 pétales égaux, étalés ; étamines nombreuses hypogynes ; ovaire libre à style filiforme et stigmate simple ; capsule à 3 ou 5 loges ou uniloculaire à 3, 5 ou 10 valves portant sur leur milieu interne les graines ou les cloisons incomplètes (fig. 221).

Genre CISTUS (*Ciste*) : capsule à 5 ou 10 loges, s'ouvrant par autant de valves. Arbrisseaux à feuilles opposées sans stipules, croissant dans le midi de l'Europe et les régions méditerranéennes. On les cultive dans les jardins.

Ciste ladanifère (*C. ladaniferus*), croit en Provence, a ses feuilles visqueuses et ses fleurs très grandes, blanches, avec les onglets tachés de rouge. Cette plante exsude la matière résineuse odoriférante connue sous le nom de *ladanum*.

Fig. 221.
Hélianthème. Coupe verticale de la Fleur.

Fig. 222.
Hélianthème à Feuilles de Polium.

Genre HELIANTHEMUM : capsule à une loge à 3 valves, portant au milieu une cloison incomplète qui supporte les graines. Plantes herbacées ou sous-ligneuses, à feuilles ordinairement stipulées.

Hélianthème commune (*H. vulgare*), vulgairement *Herbe d'or* (Pl. 8, fig. 44), C'est une plante herbacée à tige couchée, longue de 2 à 4 décim., à feuilles opposées, velues, blanchâtres en dessous, lancéolées linéaires, munies de stipules linéaires. Fleurs d'un beau jaune doré, grandes, en grappe lâche munie de bractées, en mai et juin. Croit sur les pelouses sèches et dans les bois.

Hélianthème à Feuilles de Polium (*H. polifolium*, fig. 222), croit sur les coteaux arides, a ses tiges étalées, rameuses, cotonneuses, à feuilles opposées, courtement pétiolées, roulées sur les bords. Fleurs blanches, en grappes lâches, au printemps.

FAMILLE DES VIOLARIÉES.

Plantes herbacées à feuilles alternes, stipulées ; à fleurs irrégulières, composées de

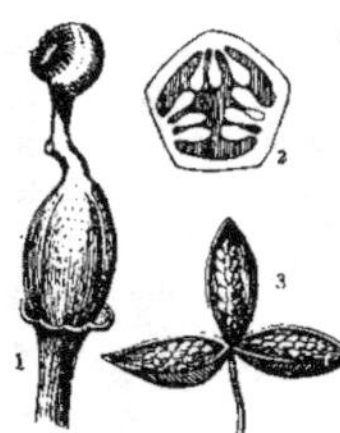

Fig. 223 à 225. — Pensée.

1. Pistil. — 2. Coupe transversale de l'Ovaire. — 3. Fruit déhiscent.

5 sépales persistants, prolongés à la base, de 5 pétales inégaux, l'inférieur terminé en éperon ou cornet, de 5 étamines à filets très courts, à anthères biloculaires, rapprochées en tube conique embrassant l'ovaire ; celui-ci uniloculaire, formé de 3 carpelles à ovules nombreux (fig. 223 à 225). Cette famille ne comprend que le genre VIOLA.

Violette odorante (*Viola odorata*), vulgairement *Violette de mars* (fig. 226), croît dans les bois, épanouit au printemps ses jolies fleurs violettes

Fig. 227. — Violette tricolore.

odorantes. Sa souche ligneuse émet des rejets rampants qui propagent la plante ; feuilles cordiformes crénelées ; stipules lancéolées, ciliées ; capsule ovoïde. Ses fleurs doublent par la culture et fleurissent dans les 4 saisons.

Fig. 226. — Violette odorante.

Fig. 228. — Pensées cultivées.

Violette des Chiens (*Viola canina*, Pl. 8, fig. 45), croît dans les lieux secs et sablonneux ; son rhizome court émet des tiges d'abord couchées, puis redressées, à feuilles ovales oblongues, cordiformes, crénelées ; stipules linéaires aiguës, ciliées ; fleurs d'un bleu pâle à éperon d'un blanc jaunâtre, s'épanouissant d'avril à juin ; capsule trigone, tronquée.

Violette tricolore (*V. tricolor*), vulgairement *Pensée* (fig. 227), à racine fusiforme, à tige anguleuse, rameuse, de 1 à 4 décim. ; à feuilles oblongues, lancéolées, crénelées,

8.
45.
43.
42.
46.
41 c.
41 b.
41 a.
44.

stipules pinnatifides ; fleurs mêlées de violet, de blanc et de jaune, et striées de lignes pourpres. Cette belle espèce donne par la culture un grand nombre de variétés remarquables par l'éclat des nuances, le velouté et la grandeur de ses fleurs (fig. 228).

Les fleurs de violettes sont employées en infusion comme sudorifiques et béchiques ; la pensée est amère et employée comme dépurative.

FAMILLE DES RÉSÉDACÉES.

Plantes herbacées à feuilles alternes ; fleurs petites, en grappes terminales : 4 à 6 sépales cohérents par le bas ; 4 à 6 pétales inégaux, irréguliers ; 10 à 24 étamines insérées sur un disque glanduleux ; ovaire uniloculaire formé de 3 à 6 carpelles soudés et surmonté de 3 à 6 styles très courts ; capsule à une loge polysperme, s'ouvrant au sommet (fig. 229 et 230).

Genre RÉSÉDA : *ut supra*.

Réséda jaune (*R. lutea*), vulgairement *Réséda sauvage* (fig. 231), croît dans les lieux incultes, les champs sablonneux. Ses tiges redressées, striées, rameuses, portent des feuilles pinnatifides, ondulées ; fleurs jaunes, en longues grappes terminales ; 6 sépales et 6 pétales ; fleurit de mai à septembre.

Le **Réséda odorant** que l'on cultive dans les jardins est originaire d'Orient.

Le **Réséda Gaude** (*R. luteola*), vulgairement *Gaude*

Fig. 229.
Réséda. Fleur vue de Face.

Fig. 230.
Réséda. Fleur vue de Dos.

Fig. 231. — Réséda jaune.

(Pl. 8, fig. 43), croît dans les lieux arides. Sa tige roide, effilée, de 6 à 10 décim., porte des feuilles sessiles, lancéolées, entières, munies à la base de deux petites dents. Fleurs jaune pâle en grappe très allongée ; 4 sépales ; capsule courte à 3 pointes. La *Gaude* fournit à l'industrie une matière colorante jaune.

FAMILLE DES DROSÉRACÉES.

Plantes herbacées à feuilles alternes ou toutes radicales, souvent munies de poils glanduleux et de cils ; fleurs pentamères, solitaires, en grappe ou en corymbe ; ovaire uniloculaire, polysperme (fig. 232).

Genre DROSERA (*Rossolis*) : Plantes herbacées, à feuilles toutes radicales, en rosette, entourées de longs poils glanduleux, rougeâtres ; fleurs en épi au sommet d'une hampe.

Rossolis à Feuilles rondes (*Drosera rotundifolia*), figuré dans notre atlas (Pl. 8, fig. 46). Ses feuilles, à limbe arrondi, rétréci en un long pétiole, sécrètent un liquide acide qui paraît avoir la propriété de digérer les matières organiques.

Lorsqu'un insecte vient à se poser sur une de ces feuilles, les longs poils glanduleux qui la bordent se rapprochent, s'entrecroisent, et enferment comme dans un étroit filet l'insecte, qui y est peu à peu étouffé.

Le **Rossolis à Feuilles longues** (*Drosera longifolia*, fig. 233), présente les mêmes curieux phénomènes.

Fig. 233.
Rossolis à Feuilles longues.

Genre PARNASSIA : écailles pétaloïdes 5, situées en dedans des pétales et découpées en lanières portant chacune un nectaire ; capsule uniloculaire, ovoïde, à 4 valves.

Fig. 232.
Drosera. Diagramme de la Fleur.

Parnassie des Marais (*Parnassia palustris*, Pl. 28, fig. 162), à tige grêle, simple, anguleuse, portant une seule feuille cordiforme, amplexicaule et une grande fleur blanche solitaire terminale, qui s'ouvre de juillet à octobre. Croît dans les prés marécageux et tourbeux.

FAMILLE DES POLYGALÉES.

Plantes herbacées ou sous-ligneuses, à feuilles alternes, simples, à fleurs irrégulières, disposées en grappe, munies à la base du pédicelle de 2 ou 3 bractées. Fleurs : calice à 5 sépales, 3 externes et 2 internes plus grandes (*ailes*) ; corolle à 3 sépales, plus rarement 5 soudés à leur base en un tube fendu supérieurement en deux lèvres, la supérieure bipartite, l'inférieure concave, en forme de carène à bord découpé en frange ; 8 étamines épipétales, soudées en deux faisceaux ; style long, à stigmate bifide ; capsule comprimée, à 2 loges monospermes ; graines caronculées (fig. 234-235).

Fig. 234. — Polygala.
Fleur vue de Face.

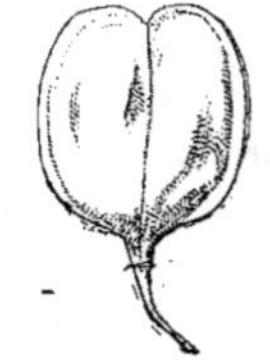
Fig. 235.
Polygala. Fruit.

Genre unique POLYGALA : caractères *ut supra*.

Polygala commun (*P. vulgaris*), vulgairement *Herbe au lait* (fig. 236), est une petite plante à racine ligneuse, à tiges de 2 ou 3 décim., nombreuses redressées, à feuilles linéaires, lancéolées, les inférieures plus courtes, ovales. Fleurs bleues, blanches ou roses, en grappes lâches, s'ouvrant d'avril à juin. Croît dans les prés et les bois.

Le **Polygala amer** (*P. amara*, Pl. 9, fig. 47) à tiges nombreuses de 10 à 15 centim.,

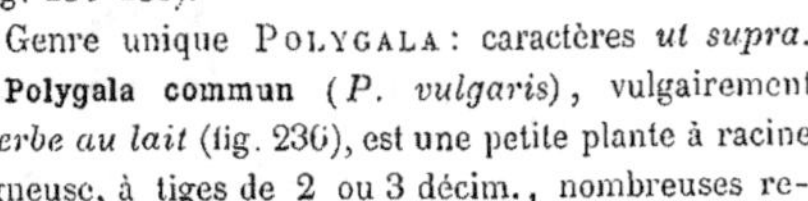

couchées à la base et redressées, formant de larges touffes, à feuilles éparses, ovales obtuses, à fleurs bleues ou violacées en grappes terminales.

Fig. 236. — Polygala commun.

FAMILLE DES CARYOPHYLLÉES.

Plantes herbacées ou sous-ligneuses à articulations renflées; à feuilles opposées, entières, souvent sessiles; à fleurs solitaires ou réunies en cyme, composées d'un calice monosépale, tubuleux, denté ou divisé au sommet en 3, 4 ou 5 sépales distincts; corolle à 3, 4 ou 5 pétales atténués en onglet à leur base et alternant avec les dents du calice; 5-10 étamines à filets quelquefois réunis à la base, anthères biloculaires; ovaire libre, portant de 2 à 5 styles; capsule polysperme à une ou plusieurs loges, s'ouvrant au sommet; graines fixées sur un placenta central (fig. 237).

Fig. 237.
Caryophyllée (Œillet). Coupe verticale.

Fig 238. — Silène gonflé.

Fig. 239. — Silène penché.

Genre SILENE : calice à 5 dents, 5 pétales, 10 étamines, 3 styles; capsule à une seule loge, à 6 valves, polyspermes; graines réniformes, chagrinées.

Silène gonflé (*Silene inflata*), vulgairement *Carnillet* (fig. 238), plante glabre et y glauque à tiges nombreuses, dressées, de 3 à 6 décim.; à feuilles sessiles, lancéolées aiguës; fleurs blanches, à anthères lilas, disposées en panicules dichotomes terminales. Croît parmi les moissons, dans les lieux incultes; fleurit tout l'été.

Silène penché (*Sil. nutans*, fig. 239) à tige dressée, pubescente, de 2 à 4 décim.; à feuilles lancéolées, les supérieures presque linéaires; fleurs penchées, en panicule unilatérale, blanches ou rosées, à calice ventru, strié, à dents aiguës. Croît dans les lieux secs et montueux, fleurit tout l'été.

Silène nain (*S. pumilio*), que nous figurons dans notre atlas (Pl. 9, fig. 52) est une espèce à tiges denses, très basses, à feuilles linéaires lancéolées, à pédoncules uniflores courts. Fleurs roses à calice hérissé. Croît sur les rochers humides des hautes montagnes.

Fig. 240.

Lychnis dioïque.

Fig. 241.

Lychnis. Fleur de Coucou.

Genre LYCHNIS (*Lychnide*) : Plantes dioïques ou hermaphrodites à tiges droites, à feuilles ordinairement linéaires. Calice tubuleux, plus ou moins renflé, sans calicule; corolle de 5 pétales onguiculés, 10 étamines, 5 styles; capsule uniloculaire, s'ouvrant au sommet par 5 ou 10 dents.

a) Espèces dioïques; capsule s'ouvrant par 10 dents.

Lychnis dioïque (*Lychnis dioïca*), vulgairement *Compagnon blanc* (fig. 240). Tige de 5 à 8 décim., rameuse, velue; à feuilles pubescentes, lancéolées, aiguës, à fleurs grandes, odorantes seulement le soir, d'où le nom de *Vespertina* qu'on lui donne aussi.

Lychnis des Bois (*L. sylvestris* ou *diurna*), vulgairement *Compagnon rouge* (Pl. 10, fig. 53) à tiges en touffes, de 3 à 6 décim., velues, à feuilles ovales, aiguës; fleurs inodores, purpurines; capsule à dents fortement roulées en dehors, fleurit en été, dans les champs.

b) Espèces hermaphrodites; capsule s'ouvrant par 5 dents.

Lychnis Fleur de Coucou (*L. flos cuculi*), vulgairement *Fleur de coucou* (fig 241), à

9.
49.
50.
51.
47.
48.
52.

tige cannelée, visqueuse au sommet, de 3 à 5 décim., à feuilles glabres, lancéolées; à fleurs roses ou rouges disposées en grappe lâche, et dont les pétales sont divisés en quatre lanières linéaires. Croît dans les prairies et fleurit de mai à juillet.

Lychnis Nielle (*L. githago*), dont quelques botanistes ont fait le genre *Agrostemma* (fig. 242), est connu sous le nom vulgaire de *Nielle des blés*. C'est une plante velue, à tige cylindrique de 5 à 8 décim., à feuilles sessiles, linéaires aiguës; à fleurs solitaires sur la tige et les rameaux, grandes, rouges, remarquables par leur calice sillonné, offrant 5 dents aiguës plus longues que le tube. Elle croît parmi les moissons et fleurit en juin et juillet.

Genre DIANTHUS (*Œillet*): Plantes herbacées à tiges renflées aux articulations; à feuilles linéaires connées à la base; à fleurs terminales, en cyme ou solitaires, entourées à leur base d'écailles imbriquées figurant un calice accessoire; le calice tubuleux, à 5 dents; pétales à long onglet linéaire; 10 étamines, 2 styles plumeux; capsule s'ouvrant par 4 valves; graines comprimées ou lenticulaires.

Œillet superbe (*Dianthus superbus*), vulgairement *Mignardise des prés* (Pl. 9, fig. 49), croît dans les bois et les prés couverts et se cultive dans les jardins. Il épanouit pendant tout l'été ses belles fleurs roses ou blanches, à pétales déchiquetés en fines lanières et très odorantes.

Fig. 242. — Lychnis Nielle.

Œillet mignardise (*D. plumarius*), vulgairement *Œillet plume* (Pl. 9, fig. 48), se

Fig. 243. — Œillet armeria.

Fig. 244. — Œillet bleuâtre.

cultive dans les jardins, il est remarquable par l'extrême division de ses pétales roses, blancs ou rouges. Son odeur agréable lui a fait donner le nom de *moschatus*. On en obtient de nombreuses et fort belles variétés.

Œillet armeria, vulgairement *Œillet velu* (fig. 243), à fleurs rouges tachetées de blanc, velues à la gorge et sur le calice ; la tige et les feuilles sont également velues.

Fig. 245.
Œillet des Chartreux.

Œillet bleuâtre (*D. cœsius*, fig. 244), qui croît dans nos montagnes de l'Est, doit son nom à ses feuilles glauques, linéaires, obtuses ; ses fleurs sont roses et s'ouvrent tout l'été, sa tige uniflore ne dépasse guère un décimètre.

Œillet des Chartreux (*D. carthusianorum*, fig. 245), croît dans les bois, les lieux incultes, a ses fleurs réunies en capitule terminal, de 3 à 6, d'un beau rouge, s'ouvrant tout l'été.

Œillet Girofle (*D. caryophyllus*), vulgairement *Œillet des fleuristes* (fig. 246), est la souche des belles et nombreuses variétés d'œillets qui décorent nos jardins. Spontanée dans les ruines, les lieux incultes de l'Ouest, ses fleurs sont rouges ; elle double par la culture et donne des fleurs blanches, purpurines, panachées.

Genre GYPSOPHILA : calice campanulé, à 5 divisions membraneuses sur les bords ; corolle à pétales cunéiformes à onglet très court ; 10 étamines ; 2 styles ; capsule uniloculaire, à 4 valves ; graines sessiles, réniformes.

Gypsophile des Murs (*G. muralis*, Pl. 9, fig. 50). Plante annuelle, dressée, grêle, très rameuse, de 1 à 2 décim. ; à feuilles linéaires, étroites ; à fleurs roses, rayées, s'ouvrant de juin à octobre. Croît sur les ruines, dans les lieux sablonneux et frais.

Genre SAPONARIA (*Saponaire*) : plantes vivaces à tige glabre, à feuilles elliptiques ; fleurs en cymes ou en fascicules, à calice nu à la base, cylindrique, à 5 dents, 5 pétales à onglet étroit, 10 étamines, 2 styles ; capsule uniloculaire à 4 dents.

Saponaire officinale (*S. officinalis*, Pl. 9, fig. 51) croît dans les lieux frais, les champs ; sa tige dressée, haute de 4 à 6 décim., est garnie de grandes feuilles ovales, trinervées ; ses fleurs, d'un blanc rosé ou

Fig 246. — Œillet Girofle.

roses, odorantes, sont disposées en corymbe serré. Les feuilles de la Saponaire moussent dans l'eau, comme le savon (d'où son nom), quand on les froisse ; on s'en sert pour nettoyer les étoffes de laine. Ses propriétés amères, apéritives et toniques la font employer en médecine.

La **Saponaire des Vaches** (*S. vaccaria*) est annuelle, croît parmi les moissons.

FAMILLE DES ALSINACÉES.

Cette famille, dont Jussieu et d'autres ne font qu'une simple tribu de Caryophyllées, se distingue par son calice à sépales libres ou à peine soudés à la base, ses pétales à peine onguiculés.

Genre SPERGULA (*Spargoute*): fleurs pentamères (5 sépales, 5 pétales, 10 étamines, 5 styles, 5 valves); graines lenticulaires, ailées, chagrinées.

Spargoute des Champs (*Spergula arvensis*, fig. 247). C'est une plante à tige rameuse diffuse, pubescente, de 2 à 4 décim., garnie de feuilles verticillées, linéaires, subulées, sillonnées en dessous, munies de stipules. Ses fleurs blanches s'épanouissent tout l'été dans les champs sablonneux.

Fig. 247. — Spargoute des Champs.

Fig. 248. — Spergelle noueuse.

Petite Spargoute (*Spergula pentandra*) diffère de la précédente par sa taille moindre, ses feuilles non sillonnées en dessous, ses stipules très petites, teintées de pourpre.

Genre SPERGELLA : feuilles sans stipules, opposées, connées à la base ; fleurs pentamères ; pédoncules axillaires ou terminaux ordinairement uniflores.

Spergelle noueuse (*Sp. nodosa*), vulgairement *Spargoute noueuse* (fig. 248), plante grêle, à tiges nombreuses, étalées redressées, pauciflores; feuilles linéaires, les inférieures plus longues et plus rapprochées ; fleurs blanches de juin à août; croît dans les terrains humides.

Genre SPERGULARIA : 5 sépales, 5 pétales entiers, 3 styles et capsule à 3 valves ; feuilles linéaires étroites.

Fig. 250. — Sagine couchée.

Fig. 249. — Spergulaire rouge.

Spergulaire rouge (*Sp. rubra*, fig. 249), plante pubescente à tiges très rameuses, étoilées, redressées ; à feuilles linéaires, filiformes, planes, pourvues de stipules scarieuses; fleurs rouges de mai à septembre, dans les lieux sablonneux.

Genre SAGINA : plantes très petites, à fleurs peu apparentes, 4 sépales, 4 pétales, 4 étamines, 4 styles, capsule uniloculaire à 4 valves (fleurs tétramères).

Sagine couchée (*S. procumbens*, fig. 250). C'est une plante petite, glabre, à tiges couchées, gazonnantes ; à feuilles étroites, mucronées ; à fleurs d'un blanc verdâtre. Tout l'été; terrains humides.

Genre ALSINE : 5 sépales, 5 pétales, 10-5 étamines ; capsule ovoïde à 3 valves ; graines nombreuses, réniformes.

Alsine printanière (*A. verna*, Pl. 10, fig. 54, *a b*), sépales à trois nervures ; feuilles étroites, roides, subulées (fig. 251). Croît dans les hautes montagnes, Alpes, Pyrénées.

Alsine à Feuilles menues (*A. tenuifolia*, fig. 252), tiges grêles, à rameaux divergents ; feuilles

Fig. 251. — Alsine printanière.

Fig. 252.— Alsine à Feuilles menues.

aiguës, connées ; fleurs blanches, paniculées; tout l'été ; croît dans les champs sablonneux.

Alsine faux Cherleria (*A. cherlerioïdes*, fig. 253), plante gazonnante, d'un vert pâle, à tiges nombreuses munies de feuilles triangulaires, très rapprochées, canaliculées ; à fleurs polygames ou dioïques, 10 étamines ; se trouve au sommet des hautes montagnes.

Genre ARENARIA (*Sabline*) : calice à 5 sépales; 5 pétales entiers; 10 étamines; 3 styles ; capsule ovoïde à 6 dents.

Sabline à trois Nervures (*Arenaria trinervia*, fig. 254), à tiges grêles, rameuses, divariquées, de 1 à 2 décim., à feuilles ovales, lancéolées, trinervées ; fleurs blanches, portées sur de longs pédoncules axillaires, à sépales lancéolés, aigus, trinervés, plus longs que les pétales. Fleurit tout l'été, dans les bois et les lieux ombragés.

Ce genre renferme de nombreuses espèces, parmi lesquelles :

Sabline à grandes Fleurs (*Ar. grandiflora*), à pétales plus longs que le calice, à feuilles linéaires, qui croît dans les lieux sablonneux.

Fig. 253. — Alsine faux Cherleria.

Sabline biflore (*Ar. biflora*), à tiges couchées, à fleurs géminées.

Sabline des Montagnes (*Ar. montana*), à grandes fleurs blanches.

Genre HOLOSTEUM : calice à 5 sépales ; corolle de 5 pétales dentés ; 3-5 étamines ; 3 styles ; capsule uniloculaire, s'ouvrant par 6 dents.

Holostée en Ombelle (*Hol. umbellatum*, fig. 255), à tiges molles, pubescentes, à feuilles

57.
53.
58.
54 b.
55 b.
56 b.
54 a.
56 a.
55 a.

sessiles, lancéolées, glauques; fleurs en ombelle, blanches ou rosées, de mars à mai, dans les lieux sablonneux.

Genre STELLARIA (*Stellaire*): calice à 5 divisions; 5 pétales bifides; 5 étamines; 3 styles; capsule à 6 dents ou 6 valves.

Fig. 254. — Sabline à trois Nervures.

La **Stellaire des Bois** (*St. ne-morum*, Pl. 10, fig. 56, *a b*), tiges grêles, pubescentes, rampantes à la base, de 2 à 4 décim., à feuilles inférieures pétiolées, cordiformes, les supérieures ovales, sessiles; fleurs blanches, en panicule lâche, à pétales bifides, deux fois plus longs que le calice. Fleurit de mai à juillet, dans les bois des montagnes.

La **Stellaire moyenne** (*St. media*), vulgairement *mors géline*, *mouron des Oiseaux*, à tige très rameuse, étalée, redressée, portant latéralement une ligne de poils qui alterne d'un nœud à l'autre; feuilles ovales, pointues, les inférieures pétiolées, les supérieures sessiles; fleurs blanches, à pétales bifides, plus courts que le calice; fleurissant tout l'été dans les lieux cultivés.

Fig. 255. — Holostée en Ombelle.

Stellaire aquatique (*St. aquatica*, fig. 256), à tiges anguleuses, glabres, à feuilles sessiles, lancéolées; fleurs en panicule dichotome, petites, blanches, à pétales bifides, plus courts que le calice. Croît dans les lieux tourbeux, au bord des ruisseaux.

Genre CERASTIUM (*Céraiste*): calice à 5 sépales; 5 pétales bifides ou échancrés; 10 étamines, quelquefois 5; 5 styles; capsule uniloculaire, polysperme, cylindrique ou conique, s'ouvrant par 10 dents.

Fig. 256. — Stellaire aquatique.

Fig. 257. — Céraiste commun.

Céraiste des Alpes (*C. alpinum*, Pl. 10, fig. 55, *a b*). Tige couchée à la base, redressée, velue, de 1 à 2 décim.; à feuilles ovales, elliptiques, ciliées; fleurs blanches à pétales étalés, bifides. Croît sur les hautes montagnes.

Le **Céraiste commun** (*C. vulgatum*, fig. 257), le **Céraiste visqueux** (*C. viscosum*), le **Céraiste des Champs** (*C. avense*), croissent dans nos prés et nos champs.

Genre ÉLATINE : calice à 3 ou 4 divisions ; corolle de 3 ou 4 pétales sans onglet ; étamines en nombre égal ou double des pétales ; ovaire libre, 3-4 styles ; capsule à 3 ou 4 loges polyspermes. Ce sont de petites herbes radicantes, à feuilles opposées et verticillées et à fleurs axillaires.

Fig. 258.
Élatine Poivre d'Eau.

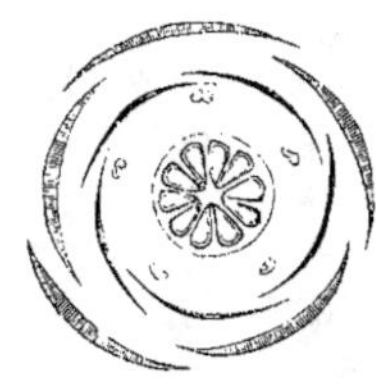

Fig. 259.
Lin. Diagramme de la Fleur.

Élatine Poivre d'Eau (*E. hydropiper*, fig. 258), croît dans les lieux inondés, dans les mares ; à tiges radicantes de 5 à 6 centim., munies de feuilles opposées, ovales, spatulées, longuement pétiolées ; à fleurs blanches ou rosées.

Les *Elatine triandra*, *hexandra* et *octandra*, se distinguent, comme leur nom l'indique, par le nombre de leurs étamines. Toutes sont aquatiques.

FAMILLE DES LINACÉES.

Plantes herbacées, à feuilles entières, sans stipules, alternes ou opposées ; inflorescence terminale en panicule ou en corymbe.

Fig. 260. — Lin vivace.

Fleurs régulières ; calice à 5 folioles, divisé jusqu'à la base ; corolle à 5 pétales égaux, 5 ou 10 étamines alternant avec les pétales ; ovaire à 5 loges, subdivisées chacune en deux logettes par une fausse cloison incomplète, et dont chacune contient un ovule inséré à l'angle interne des loges ; 3 à 5 styles libres ; capsule s'ouvrant en 5 valves bifides (fig. 259). Cette famille renferme le seul genre *linum*.

Genre LINUM (*lin*), *ut supra*.

Lin cultivé (*Linum usitatissimum*, Pl. 10, fig. 57), plante annuelle, à tige dressée, glabre, rameuse au sommet, de 4 à 6 décim. ; à feuilles linéaires

Fig. 261. — Lin cathartique.

aiguës, trinervées ; à fleurs bleu clair, tout l'été. C'est l'une de nos plantes industrielles les plus précieuses ; son écorce fournit une filasse très fine dont on fait les belles toiles, les dentelles ; sa graine, riche en mucilage et en huile, est employée en médecine et dans l'industrie.

Lin vivace (*Linum perenne*, fig. 260), à tiges très rameuses dès la base, dressées, de 3 à 4 décim.; à fleurs très grandes, d'un bleu violacé, se propage facilement dans les jardins, où il est du reste presque partout cultivé.

Lin purgatif (*Linum catharticum*, fig. 261), croît dans les prés et les bois. Ses tiges droites, grêles, dichotomes au sommet, portent des feuilles opposées, ovales oblongues; ses fleurs, en corymbe irrégulier, petites, blanches, s'ouvrent en été. Malgré son nom, le lin purgatif n'est pas employé en médecine.

FAMILLE DES TILIACÉES.

Arbres de haute taille, à feuilles alternes, simples, à stipules caduques. Fleurs axillaires, en corymbe pauciflore, hermaphrodites régulières; calice à 5 sépales, corolle de 5 pétales; étamines nombreuses, hypogynes, à anthères biloculaires, introrses; ovaire libre à 5 loges biovulées; 1 style, 5 stigmates; fruit indéhiscent à 5 angles (fig. 262).

Genre unique TILIA (*Tilleul*) : *ut supra*.

Tilleul d'Europe (*Tilia Europæa*, Pl. 11, fig. 60). Sous ce nom, Linné ne reconnaissait qu'une espèce de Tilleul; mais les botanistes modernes en distinguent plusieurs espèces :

Tilleul à grandes Feuilles (*T. platyphyllos*), vulgairement *Tilleul de Hollande*; arbre de 15 à 20 mètres de hauteur, à feuilles vertes et velues en dessous.

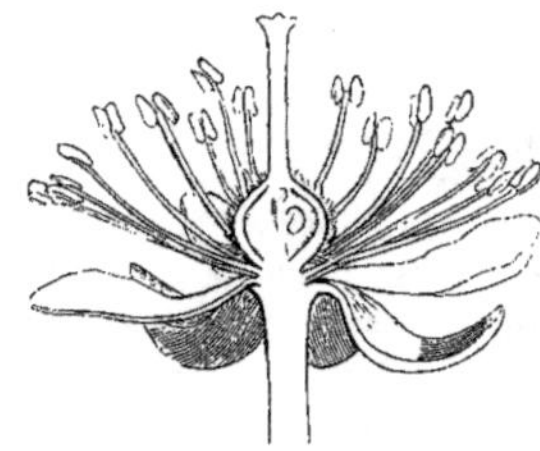

Fig. 262. — Tilleul. Coupe verticale.

Tilleul argenté (*T. argentea*), belle espèce originaire de la Hongrie, doit son nom à ses feuilles recouvertes en dessous d'un duvet cotonneux blanchâtre.

Les tilleuls sont cultivés dans les parcs et les jardins en raison de l'élégance de leur port, et de l'odeur suave de leurs fleurs, qu'on administre en infusion théiforme, comme calmant antispasmodique. Leur bois est léger, blanc et tendre; des fibres de leur écorce on fait des cordages grossiers.

Tilleul à petites Feuilles (*T. microphylla* ou *sylvestris*), à feuilles glauques et glabres en dessous.

FAMILLE DES MALVACÉES.

Herbes ou arbrisseaux à feuilles alternes, simples, stipulées; à fleurs régulières, hermaphrodites : calice à 5 divisions, parfois accompagné de bractées (calicule); corolle à 5 pétales égaux, à onglets soudés au tube staminal; étamines nombreuses, réunies inférieurement en un tube autour du style, à anthères uniloculaires; ovaire formé de 3 à 5 carpelles soudés, uniloculaires, monospermes; styles soudés à leur base, en nombre égal à celui des carpelles; capsule tantôt pluriloculaire s'ouvrant en coques à une graine, tantôt à 3-6 loges multiséminées; graines réniformes (fig. 263). Toutes les malvacées contiennent, dans leurs différentes parties, beaucoup de mucilage, aussi sont-elles essentiellement adoucissantes et émollientes.

Genre MALVA (Mauve) : calice pentafide, muni d'un calicule de 3 folioles libres; pétales cordiformes, carpelles monospermes, verticillés autour d'un axe central.

Mauve sauvage (*Malva sylvestris*), vulgairement *Grande mauve* (Pl. 10, fig. 58). C'est une plante rameuse, poilue, de 4 à 8 décim. ; à feuilles orbiculaires, à 5-7 lobes profonds, obtus, dentés ; fleurs axillaires, roses, veinées de violet ; à pétales bilobés beaucoup plus longs que le calice. Croît dans les champs, les haies, et fleurit tout l'été.

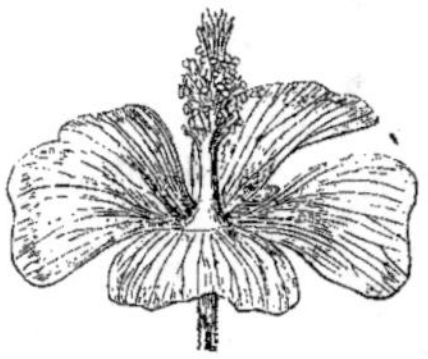

Fig. 264. — Mauve musquée.

Fig. 263. — Fleur de Mauve.

Mauve à Feuilles rondes (*M. rotundifolia*), vulgairement *Petite mauve*, haute de 2 à 4 décim. ; à feuilles orbiculaires, à lobes peu prononcés ; à fleurs roses ; plante velue qui fleurit tout l'été au bord des chemins.

Mauve musquée (*M. moschata*, fig. 264) doit son nom à l'odeur musquée de ses fleurs. C'est une plante des terrains sablonneux, à tige poilue, de 4 à 6 décim. ; à feuilles inférieures presque réniformes ; à feuilles caulinaires très découpées, en 3 ou 5 lobes ; à fleurs purpurines ou violacées. Fleurit en été.

Genre ALTHÆA (*Guimauve*) : calice à 5 divisions, précédé d'un calicule de 6 à 9 folioles soudées inférieurement ; les autres caractères comme dans le genre *Malva*.

Guimauve officinale (*Alt. officinalis*, Pl. 11, fig. 59), à racine fusiforme, pivotante, charnue, blanche, donnant naissance à une tige herbacée, dressée, pubescente, haute de 6 à 12 décim., à feuilles molles, cordiformes, à 3 ou 5 lobes peu marqués ; pédoncules axillaires multiflores ; fleurs blanches ou rosées, tout l'été, dans les prés, les lieux humides. On sait combien est répandu l'usage de la racine de guimauve comme émolliente et adoucissante.

On cultive dans les jardins l'*Althæa rosea* sous les noms de *Passe rose* et *Rose trémière* ; elle donne des variétés blanches, jaunes, fauves, rouges, pourpre foncé.

Fig. 265. — Lavatère en Arbre.

Genre LAVATERA (*Lavatère*) : calicule à 3 folioles soudées à la base, naissant du pédoncule ; les autres caractères comme dans le genre *Malva*.

Lavatère en Arbre (*Lav. arborea*, fig. 265), qui croît sur les rochers maritimes de l'Ouest et du Midi, est un arbrisseau de 2 mètres et plus; sa tige, très rameuse, porte des feuilles d'un vert pâle, cotonneuses, plissées, crénelées; dans l'aisselle des feuilles naissent plusieurs pédoncules florifères. Les fleurs, violettes, ont un calicule plus grand que le calice ; les pétales sont deux fois plus longs que les sépales. On la cultive dans les jardins.

On en cultive aussi plusieurs espèces étrangères : la *Lavatère écarlate*, à fleurs d'un rouge vif ; la *Lavatère à grandes fleurs*, roses veinées.

On cultive aussi les *hibiscus* ou *ketmies* connus sous les noms de Gombaud, Guimauve en arbre, Rose du Japon.

Fig. 267.
Géranium. Fruit.

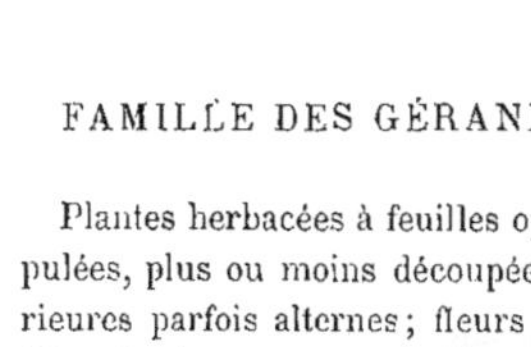

Fig. 266. — Géranium. Diagramme.

FAMILLE DES GÉRANIACÉES.

Plantes herbacées à feuilles opposées, stipulées, plus ou moins découpées, les supérieures parfois alternes ; fleurs hermaphrodites, le plus souvent régulières ; calice à 5 divisions profondes, corolle à 5 pétales libres ; 10 étamines à filets soudés à la base ; 5 styles soudés à l'axe central, 5 stigmates ; ovaire à 5 loges biovulées ; fruit à 5 coques, se détachant avec élasticité de bas en haut à la maturité (fig. 266 et 267).

Genre GÉRANIUM : 10 étamines toutes fertiles ; les 5 plus longues nectarifères à leur base ; carpelles arrondis au sommet, se détachant à la maturité de la base au sommet et s'enroulant en dehors. Herbes velues ou pubescentes, à feuilles palmées, plus ou moins divisées.

Géranium de Robert (*G. Robertianum*), vulgairement *Herbe à Robert, Bec de grue* (fig. 268), est une plante fétide, velue, souvent rougeâtre, à nœuds renflés, de 3 à 4 décim. ; à feuilles une ou deux fois palmatiséquées ; à fleurs purpurines veinées de blanc. Croît sur les murs, dans les haies, fleurit l'été.

Géranium des Prés (*G. pratense*, Pl. 12, fig. 68), plante de 7 à 8 décim., droite, hérissée de poils courts, rameuse ; à feuilles larges, profondément découpées en 7 lobes, parsemées de poils courts ; fleurs bleues, très grandes, en corymbe terminal, de juin à août. Croît dans les prés buissonneux, au bord des eaux.

Géranium sanguin (*G. sanguineum*, Pl. 12, fig. 66) à tige diffuse, hérissée de poils, de 3 à 4 décim. ; à feuilles d'un vert foncé, découpées en 5 à 7 lobes trifides ; pédoncules uniflores, à fleurs purpurines, veinées. Fleurit pendant tout l'été dans les bois secs.

Fig. 268.
Géranium de Robert.

Les *Geranium dissectum, molle, rotundifolium* se trouvent communément dans les champs.

On cultive dans les jardins plusieurs espèces de *Pelargonium* originaires du Cap.

Genre ERODIUM : calice à 5 sépales égaux, 5 pétales un peu inégaux ; 10 étamines, dont 5 fertiles et 5 stériles ; coques à arêtes, se roulant en spirale à la maturité.

16

Erodion à Feuilles de Ciguë (*Erodium cicutarium*), vulgairement *Cicutaire* (Pl. 12, fig. 67) à tige velue, rameuse, couchée ou redressée, à feuilles pennatiséquées de 7 à 11 segments égaux, rapprochés, incisés, dentés; pédoncules axillaires multiflores, à fleurs purpurines de mars à octobre, dans les terrains incultes.

Erodion musqué (*Erodium moschatum*, fig. 269) se reconnaît à ses étamines fertiles dilatées et bidentées à la base et à son odeur de musc. Il croît dans les terrains sablonneux de l'Ouest.

FAMILLE DES HYPÉRICINÉES.

Plantes herbacées ou arbrisseaux, à feuilles indivises, opposées ou verticillées; à fleurs régulières, en cymes dichotomes : calice à 4-5 divisions; pétales 4-5 hypogynes, libres; étamines nombreuses, à filets réunis à la base en 3-5 faisceaux, à anthères introrses; ovaire pluriloculaire ou uniloculaire, ovules nombreux, styles 3-5; fruit capsulaire ou bacciforme; graines

Fig. 269. — Erodion musqué.

petites, oblongues (fig. 270).

Genre ANDROSŒMUM : arbustes glabres; étamines en 5 faisceaux.

Androsème officinale (*Androsœmum officinale*), vulgairement *Toute saine*, est une plante sous-ligneuse à la base, de 7 à 9 décim.; tige marquée de deux lignes saillantes, à rameaux courts; à feuilles sessiles, grandes, ovales, finement ponctuées; à fleurs jaunes, pédonculées, en corymbe; le fruit est une baie sèche, noire à la maturité. Croît dans les bois frais et humides; fleurit en juin et juillet. Elle passait autrefois pour guérir une foule de maladies, mais n'est plus usitée aujourd'hui.

Genre HYPERICUM (*Millepertuis*) : Plantes herbacées, vivaces; étamines en 3 faisceaux; capsule membraneuse à 3 loges.

Millepertuis perforé (*Hypericum perforatum*), vulgairement *Herbe à mille trous* (Pl. 11,

Fig. 270.
Hypericum. Fleur, Coupe verticale.

Fig. 271. — Millepertuis velu.

fig. 61), plante glabre à tige dressée, rameuse; feuilles sessiles, ovales, oblongues, bordées de points noirs et criblées de points transparents, glanduleux; fleurs d'un jaune doré, assez grandes, en panicules fournies, de juin à août, dans les lieux secs et incultes, bois, prés.

Le **Millepertuis velu** (*Hyp. hirsutum*, fig. 271), plante de 5 à 10 décim., velue, à tige droite, cylindrique; à feuilles brièvement pétiolées, ovales, oblongues, parsemées de très petits points translucides, glauques en dessous ; fleurs en panicule pyramidale, jaunes, de juin à août, bois.

Millepertuis quadrangulaire (*Hyp. quadrangulum*) se distingue à sa tige marquée de 4 lignes saillantes, figurant 4 angles, à ses fleurs jaunes, en petits bouquets terminaux, à pétales ponctués de noir en dessous.

Millepertuis élégant (*Hyp. pulchrum*, fig. 272) de 2 à 4 décim., glabre, à tiges grêles, souvent rougeâtres ; à feuilles amplexicaules, courtes, cordiformes, parsemées de points translucides ; à fleurs en grappe allongée d'un jaune vif, souvent veinées de rouge. Fleurit l'été dans les bois sablonneux.

FAMILLE DES ACÉRINÉES.

Arbres élevés, à suc aqueux, souvent sucré ; à feuilles opposées, pétiolées, palminervées ; à fleurs polygames, en grappes ou en corymbes ; calice à 5 divisions, corolle de 5 pétales, 5-10 étamines hypogynes, plus souvent 8 ; à anthères introrses ; 1 style à stigmate bifide ; ovaire à 2 loges ; fruit

Fig. 272. — Millepertuis élégant.

formé de 2 capsules indéhiscentes uniloculaires et terminées par une aile membraneuse (Samare) ; graines sans périsperme, à embryon et cotylédons enroulés.

Genre ACER (*Érable*) : *ut supra* (fig. 273).

Érable champêtre (*Acer campestre*), vulgairement *Érable* (Pl. 11, fig. 63, *a b*), arbre peu élevé, très rameux, à écorce fendillée ; feuilles cordiformes à 5 lobes obtus, à sinus aigus ; fleurs petites, d'un jaune verdâtre, en grappes corymbiformes ; fruits à ailes divergentes, horizontales. Croît dans les bois, fleurit au printemps.

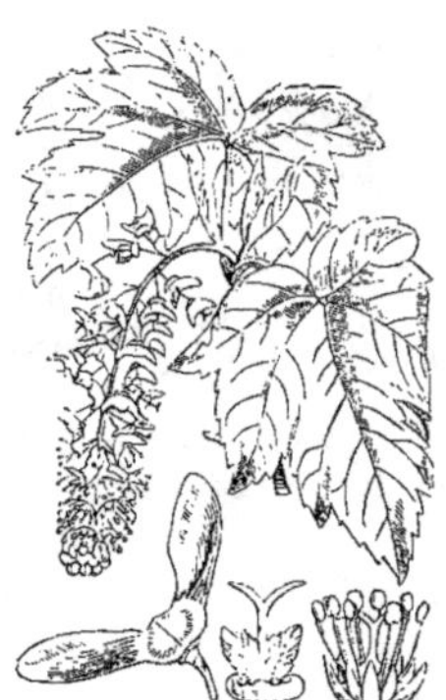

Fig. 274. — Érable faux Platane.

Érable faux Platane (*Acer pseudoplatanus*), vulgairement *Sycomore* (fig. 274), arbre élevé à cyme touffue et à écorce brune ; feuilles cordiformes à 5 lobes aigus, à pétiole sillonné ; fleurs d'un vert jaunâtre, en

Fig. 273.
Érable. Fleur.

longues grappes pendantes ; ailes du fruit peu divergentes. Croît dans les bois montagneux.

FAMILLE DES AMPÉLIDÉES ou VITACÉES.

Arbrisseaux à rameaux sarmenteux grimpants, à feuilles alternes, palmées ou digitées, à fleurs verdâtres, très petites, en grappes opposées aux feuilles, ainsi que les vrilles.

Genre VITIS (*Vigne*) : calice à 5 dents très petites, corolle de 5 pétales cohérents au sommet ; 5 étamines libres opposées aux pétales ; style épais, court ; baie à 4 ou 5 graines.

Vigne (*Vitis vinifera*, Pl. 11, fig. 65, *a b*) est bien connue de tout le monde pour son fruit délicieux, dont le suc fournit le vin par fermentation. L'énumération des innombrables variétés de vignes cultivées ne peut entrer dans notre cadre, surtout où de nombreuses variétés américaines, résistantes au Phyloxera, ont été introduites en France.

La **Vigne vierge**, que l'on cultive dans les jardins pour garnir les murs et les tonnelles, appartient à cette famille et constitue le genre *Ampelopsis*. Elle est originaire de l'Amérique boréale.

FAMILLE DES HIPPOCASTANÉES.

Cette famille ne comprend, dans notre flore, qu'un seul genre et une seule espèce : le MARRONNIER D'INDE ; encore est-il originaire d'Asie ; mais parfaitement naturalisé aujourd'hui , c'est un de nos arbres d'ornement les plus répandus.

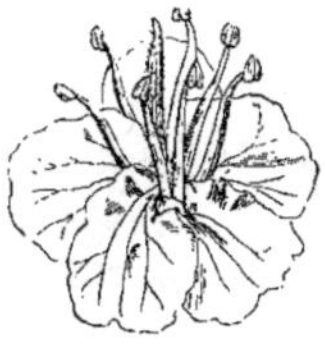

Marronnier d'Inde (*Æsculus hippocastanum*, Pl. 11, fig. 64) est un arbre élevé, à feuilles opposées, de 5 à 7 folioles, digitées, dentées ; les fleurs en grappe serrée, dressée, ont un calice campanulé, à 5 lobes, 5 pétales étalés ; 7 à 8 étamines (fig. 275) ; ovaire libre à 3 loges biovulées ; fruit capsulaire hérissé de piquants. Les fleurs sont blanches, tachées de jaune et de rouge, et s'épanouissent au printemps.

Fig. 275.
Fleur de Marronnier.

On cultive dans les parcs et les jardins une espèce à fleurs rouges, *Æsculus rubicunda*, de l'Amérique boréale.

FAMILLE DES BALSAMINÉES.

Plantes herbacées, succulentes, à feuilles sans stipules, ordinairement alternes ; à fleurs en grappes, irrégulières, anomales :

Genre IMPATIENS : calice pétaloïde à 5 sépales inégaux, les 2 latéraux très petits ; l'inférieur prolongé en éperon ; 4 pétales inégaux, réunis deux à deux ; 5 étamines à filets en partie soudés ; 1 ovaire libre, à stigmate sessile ; capsule à 5 loges polyspermes s'ouvrant avec élasticité en 5 valves (fig. 276).

Impatiente n'y touchez pas (*Imp. noli tangere*), vulgairement *Balsamine sauvage* (Pl. 12, fig. 69), à tige succulente, droite, rameuse, de 4 à 6 décim., renflée à la base

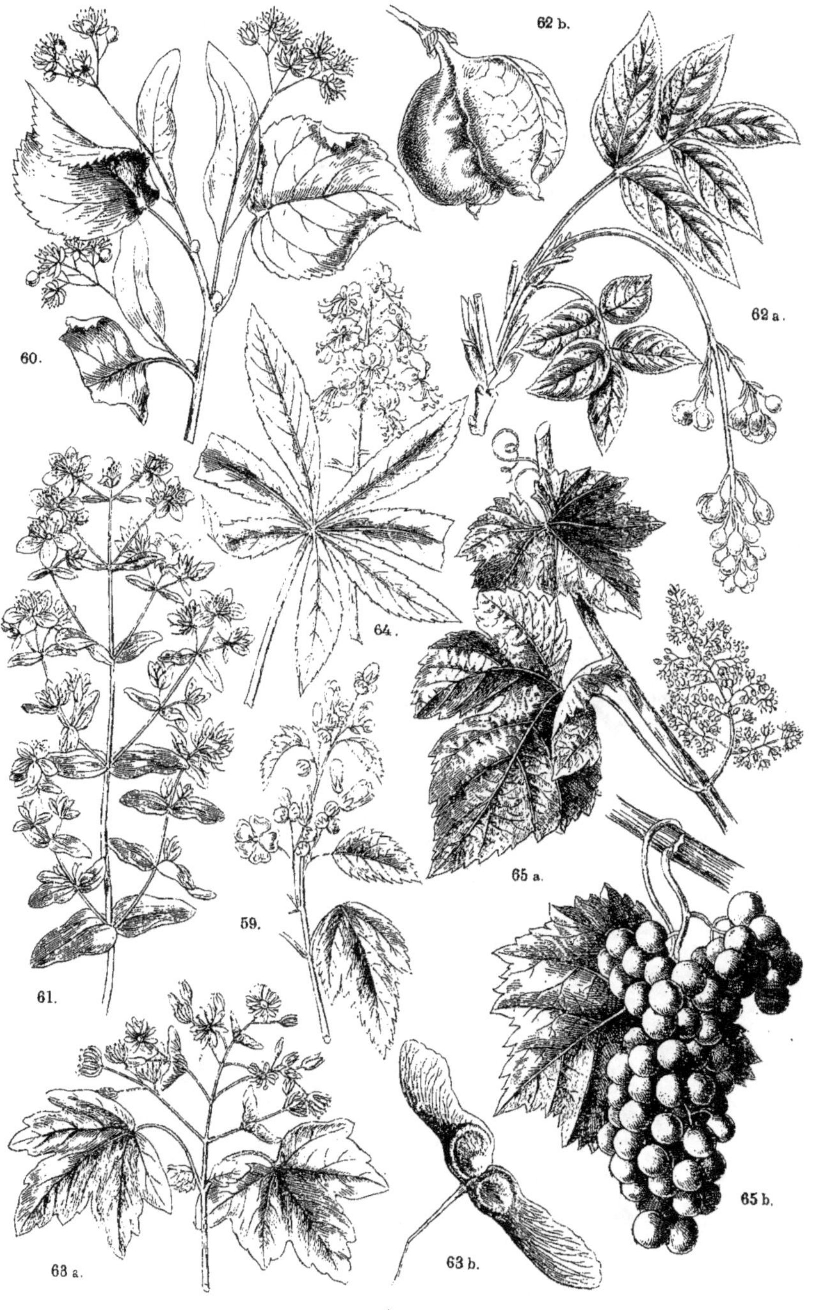
11.
62 b.
62 a.
60.
64.
61.
59.
65 a.
63 a.
63 b.
65 b.

des rameaux, portant des feuilles alternes, molles, ovales, pétiolées; fleurs jaunes, à éperon recourbé, l'été, dans les lieux frais et couverts.

La *Balsamine des jardins*, originaire de l'Inde et la *Capucine* (tropœolum), originaire du Pérou, toutes deux annuelles, rentrent dans ce groupe.

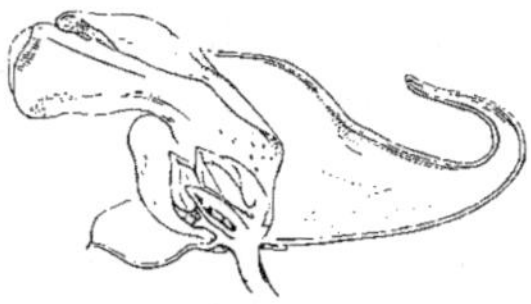

FAMILLE DES OXALIDÉES.

Plantes herbacées à suc acide; à feuilles alternes trifoliolées; à fleurs hermaphrodites régulières, en cyme ou en ombelle: calice persistant, à 5 sépales; 5 pétales égaux; 10 étamines, dont 5 plus courtes; 5 styles à stigmates bifides (fig. 277); fruit capsulaire à 5 loges, polyspermes; graines enveloppées d'un arille élastique qui les lance à la maturité.

Fig. 276. — Impatiente. Coupe verticale de la Fleur.

Genre unique OXALIS: ut supra.

Oxalide Oseille (*Ox. acetosella*), vulgairement *Allé-luia*, *Surelle* (Pl. 12, fig. 70), est une plante herbacée, vivace, à souche rampante souterraine, écailleuse, renflée à la naissance des pétioles; ceux-ci, très longs, portent des feuilles à 3 folioles, obcordées, un peu velues; pédoncules uniflores, munis d'une bractéole bifide; fleurs blanches ou rosées, au printemps, dans les bois couverts.

Fig. 277. — Oxalide. Coupe verticale de la Fleur.

Oxalide cornue (*Ox. corniculata*), vulgairement *Alléluia cornu* (fig. 278), plante à tige rameuse diffuse, couchée, pubescente; à feuilles stipulées; les pédoncules plus courts que les feuilles; fleurs jaunes, de juin à octobre, dans les champs.

Les Oxalides, et surtout l'*Acetosella*, ont des feuilles acidules, rafraîchissantes, que l'on mange en guise d'oseille, et d'où l'on retire l'acide oxalique et le sel d'oseille pour enlever les taches d'encre.

Fig. 278. — Oxalide cornue.

FAMILLE DES RUTACÉES.

Plantes herbacées ou sous-arbrisseaux, à feuilles alternes plus ou moins découpées, parsemées de points glanduleux translucides; fleurs en corymbe terminal ou en grappe; calice à 4-5 divisions profondes; corolle de 4-5 pétales; étamines hypogynes en nombre double ou triple des pétales; style à stigmate simple, surmontant un ovaire à 3-5 loges biovulées; capsules à 3-5 loges s'ouvrant par le sommet.

Genre RUTA (*Rue*) : fleurs en corymbe terminal à calice étalé, persistant, corolle de 4 à 5 pétales concaves, onguiculés, étamines 8-10 ; feuilles non stipulées, pennées (fig. 279).

Rue fétide (*Ruta graveolens*), vulgairement *Rue des jardins* (Pl. 12, fig. 71). Tige de 4 à 6 décim., droite, ligneuse à la base, très rameuse au sommet ; à feuilles glauques, d'une odeur forte et pénétrante, découpées en lobes ovales ; fleurs d'un jaune pâle, en corymbe terminal, de juin à août, dans les lieux secs et pierreux.

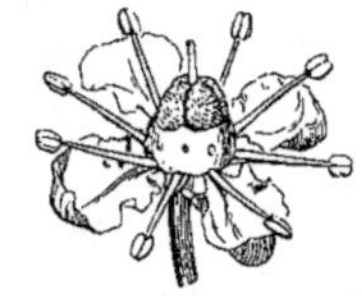

La *Rue fétide* a une saveur âcre et très chaude, qui la fait employer en médecine, surtout contre la chlorose et les affections vermineuses.

Genre DICTAMNUS : calice à 5 sépales, corolle à 5 pétales plans ; 10 étamines ; 5 styles soudés en un seul ; 5 capsules en étoile à 2 valves à 2 graines ; feuilles alternes, imparipennées ; fleurs en grappe.

Fig. 279. — Fleur de Rue.

Dictamne fraxinelle (*Dict. albus*), vulgairement *Fraxinelle* (Pl. 13, fig. 72). C'est une plante du Midi, cultivée dans les jardins, sa tige est dressée, de 5 à 6 décim. ; ses feuilles grandes, rappellent celles du frêne ; ses fleurs, blanches ou purpurines, en grappe dressée, répandent une odeur aromatique très forte. On cultive la Fraxinelle pour ses fleurs ; sa racine qui est amère et aromatique est quelquefois employée comme sudorifique et vermifuge.

IIe CLASSE. — CALICIFLORES.

Corolle polypétale ou monopétale insérée avec les étamines sur le calice ; ovaire libre ou adhérent au tube calicinal (infère).

FAMILLE DES CÉLASTRINÉES.

Arbustes ou arbrisseaux à feuilles simples, ordinairement alternes ; fleurs régulières, généralement hermaphrodites ; calice à 4-5 divisions, corolle de 4-5 pétales insérés au bord d'un disque hypogyne, 4-5 étamines alternes avec les pétales ; 1-3 styles soudés, à stigmate 2-5 lobes ; ovaire libre à 2-4 loges uni ou pluriovulées ; fruit capsulaire ou baie (fig. 280).

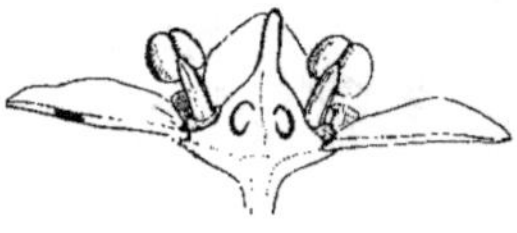

Fig. 280. — Evonymus. Coupe verticale de la Fleur.

Genre EVONYMUS (*Fusain*) : feuilles opposées, finement dentées ; à fleurs en bouquets longuement pédonculés ; ovaire libre, 1 style ; capsule 3-5 loges contenant 1-2 graines.

Fusain d'Europe (*Evonymus Europœus*), vulgairement *Bonnet de prêtre* (Pl. 13, fig. 73, *a b*). C'est un arbrisseau à tige droite, rameuse, à feuilles opposées, lancéolées ovales, finement denticulées ; à pédoncules axillaires, portant un petit nombre de fleurs verdâtres

12.
71.
66.
70.
69.
68.
67.

ou blanches ; à capsules lisses, à 4 angles obtus, rouges. Le Fusain est une plante fétide, qui fleurit en mai et juin dans les bois ; son fruit est irritant et purgatif ; son bois, très dense, fournit un charbon dont se servent les dessinateurs.

Genre STAPHYLEA : calice à 5 divisions ; corolle de 5 pétales, 5 étamines, adhérant avec les pétales à un disque charnu ; ovaire à 2-3 loges ; 2-3 styles plus ou moins soudés ; capsule membraneuse, renflée en vessie, à 2-3 lobes.

Staphylier penné (*St. pinnata*), vulgairement *Faux pistachier* (Pl. 11, fig. 62, *a b*), arbrisseau de 3 à 5 mètres, à feuilles pennées, de 5 à 7 folioles lancéolées, denticulées ; à fleurs blanches, en grappes pendantes. On l'emploie à l'ornement des bosquets.

FAMILLE DES RHAMNÉES.

Arbrisseaux à feuilles simples, ordinairement alternes ; à fleurs petites, axillaires, régulières, hermaphrodites ou dioïques : calice monosépale, à 4-5 lobes, 4-5 pétales quelquefois très petits et en forme d'écailles ; 4 à 5 étamines opposées aux pétales, à anthères introrses ; ovaire libre ou adhérant au calice ; 3-4 styles plus ou moins soudés ; fruit sec ou charnu, à 3 loges.

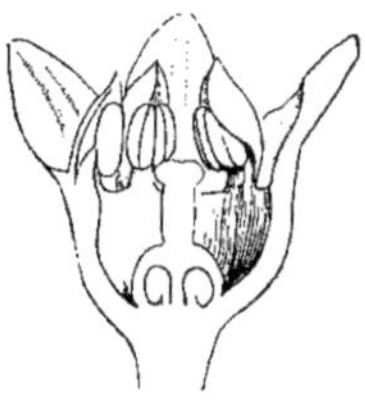

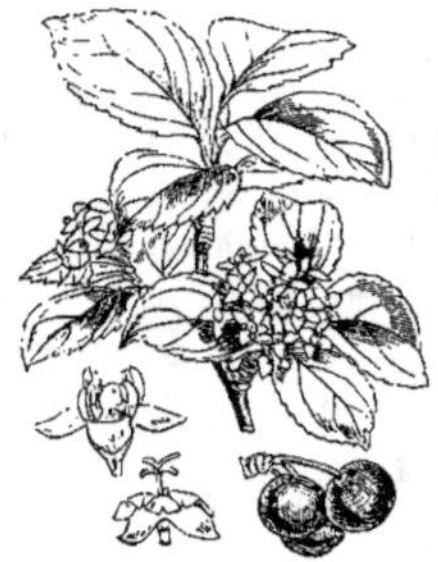

Fig. 282. — Nerprun purgatif.

Genre RHAMNUS (*Nerprun*) : fleurs dioïques, polygames à 4 parties (tétramères), 2 à 3 stigmates ; graines munies d'un sillon (fig. 281).

Nerprun purgatif (*Rhamnus catharticus*), vulgairement *Nerprun* (fig. 282), arbrisseau de 2 à 3 mètres, à rameaux épineux au sommet ; à feuilles ovales, denticulées ; fleurs

Fig. 281.
Rhamnus. Coupe verticale
de la Fleur.

d'un jaune verdâtre, en faisceaux axillaires ; baies noires, globuleuses ; fleurit en juin et juillet dans les bois.

Nerprun alaterne (*Rhamnus alaternus*), à feuilles coriaces, persistantes, dentées en scie ; à fleurs pentamères, jaunes, en grappes axillaires et terminales ; baie rouge, devenant noire.

Les Nerpruns sont purgatifs ; on prépare un sirop fort usité avec le fruit du *Rhamnus catharticus*. Leur écorce fournit, en outre, une couleur jaune à la teinture.

Genre FRANGULA (*Bourdaine*) : fleurs hermaphrodites, à 5 parties (pentamères), styles soudés, un seul stigmate ; baie sphérique ; graines comprimées.

Bourdaine (*Frangula vulgaris*), vulgairement *Rhubarbe des paysans* (Pl. 13, fig. 74, *a, b*), arbrisseau de 2 à 3 mètres, non épineux ; à feuilles alternes, pétiolées, entières, ovales, luisantes ; fleurs axillaires, pédonculées, d'un blanc verdâtre, de mai à juillet ; baies rouges, devenant noires en automne ; croît dans les lieux frais, les bois humides. L'écorce de la Bourdaine est fréquemment employée comme purgatif dans les campagnes.

FAMILLE DES TÉRÉBINTHACÉES.

Arbres ou arbrisseaux à suc balsamique, résineux ou laiteux, à feuilles alternes, sans stipules ; à fleurs souvent unisexuelles : calice monosépale à 3-5 divisions ; corolle de 3-5 pétales ; 3-5 étamines en même nombre que les pétales, ou en nombre double ou triple, stériles dans les fleurs femelles ; anthères introrses ; 1 à 5 stigmates simples ; fruit sec ou charnu, uniloculaire (fig. 283 et 284).

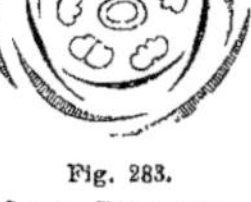

Fig. 283.
Sumac. Diagramme de la Fleur.

Genre RHUS (*Sumac*), arbres ou arbrisseaux à fleurs hermaphrodites ou dioïques : calice à 5 divisions ; 3 styles courts ; fruit à noyau renfermant une seule graine.

Sumac des Teinturiers (*Rhus cotinus*), vulgairement *Fustet* (Pl. 13, fig. 77), arbrisseau de 2 à 3 mètres, à feuilles simples, entières, pétiolées, ovales obtuses ; à fleurs verdâtres, en panicule lâche, terminale. Elle fleurit en mai et juin dans les lieux pierreux et montagneux. Ses feuilles sont employées pour le tannage et la teinture en jaune.

Sumac des Corroyeurs (*Rhus coriaria*), à feuilles pennées de 7 à 13 folioles ovales, dentées en scie, à pétiole velu : à fleurs blanchâtres, en panicule serrée. Son écorce sert à la tannerie ; ses feuilles sont un poison pour les bestiaux.

Sumac vénéneux (*Rhus toxicodendron*, Pl. 13, fig. 75), est originaire de l'Amérique du Nord, et acclimaté en France. C'est un arbrisseau dioïque, à racine traçante, à rameaux

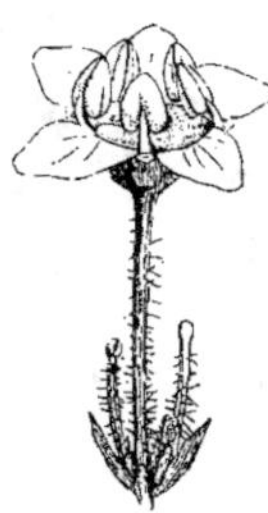

Fig. 284. — Sumac.
Fleur fertile accompagnée de Fleurs avortées.

faibles et grimpants ; à feuilles trifoliolées ; à fleurs petites, verdâtres, disposées en petites grappes axillaires. Cette plante est très vénéneuse ; il suffit de froisser ses feuilles pour que la main se couvre d'ampoules ; ses émanations mêmes sont dangereuses, et son suc laiteux est un poison âcre, violent. La médecine l'a pourtant employé contre la paralysie.

Genre PISTACIA (*Pistachier*) : arbres ou arbustes dioïques, à feuilles pennées, à fleurs en grappes : calice à 5 divisions, pétales nuls ; 5 étamines ; 1 style très court à 3 stigmates ; fruit drupacé à un noyau et à une graine. Ce sont des plantes résineuses, à odeur balsamique, orginaires d'Orient et aujourd'hui acclimatées sur le littoral méditerranéen ; tels sont les *Pistacia lentiscus* et *vera*, dont l'amande et la résine, connue sous le nom de mastic, sont employées dans la confiserie et la parfumerie.

Genre JUGLANS (*Noyer*) : arbres monoïques, à feuilles pennées, opposées ; à fleurs mâles en chatons cylindriques imbriqués ; périanthe simple à 5 ou 6 divisions ; étamines nombreuses insérées au milieu du calice ; fleurs femelles solitaires ou géminées ; calice à 4 dents, 4 pétales herbacés, 2 styles très courts, 2 stigmates grands, lancéolés ; drupe à noix osseuse, à 2 valves sillonnées, rugueuses.

Noyer commun (*Juglans regia*, Pl. 13, fig, 76) arbre de 15 à 30 mètres, à bois grisâtre, très dur, à cime touffue, arrondie ; à feuilles grandes, ovales, de 7 à 9 folioles. Fleurs verdâtres en avril et en mai ; fruit lisse, ovoïde ou globuleux.

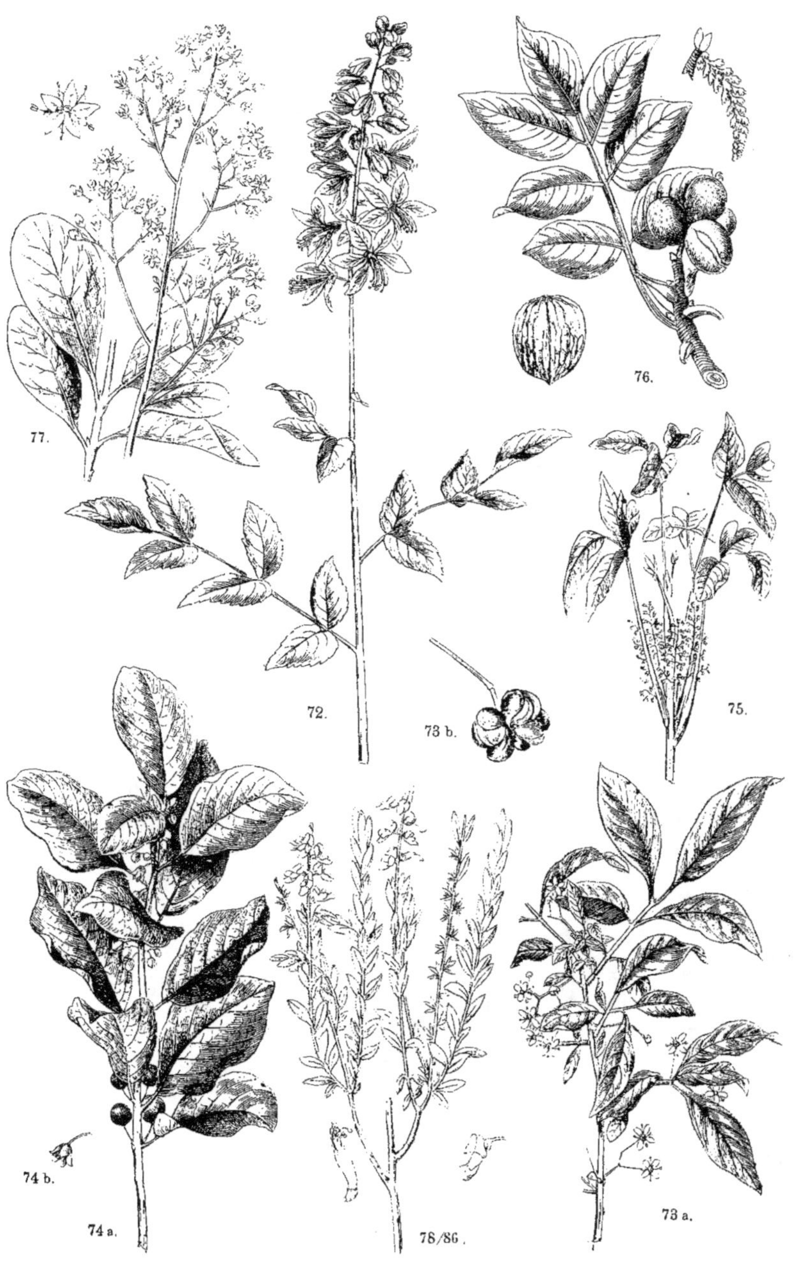
13.
77.
76.
72.
73 b.
75.
74 b.
74 a.
78/86.
73 a.

FAMILLE DES LÉGUMINEUSES OU PAPILLONACÉES.

Herbes, arbrisseaux ou arbres, à feuilles alternes, ordinairement composées ou stipulées.

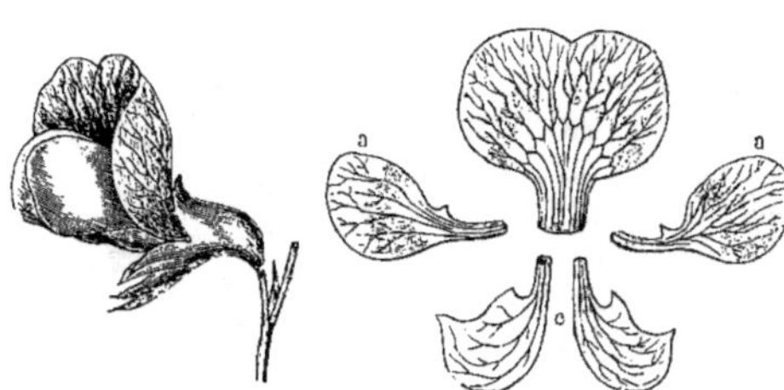

Fig. 285-286. — Fleur de Légumineuse.

Les légumineuses indigènes sont faciles à reconnaître à leur corolle en papillon, composée de 5 pétales irréguliers, insérés au fond du calice; 1 supérieur plus grand, nommé *étendard* (*v*); 2 latéraux nommés *ailes* (*a*) et 2 inférieurs soudés en un seul, nommé *carène* (*c*) (fig. 285 et 286); 10 étamines soudées par les filets en un ou deux faisceaux (le plus souvent 1 libre et 9 soudées); ovaire généralement unique, à 1 style et un stigmate peu distinct et devenant une gousse ou un fruit articulé.

I. — **GÉNISTÉES** : *étamines toutes soudées; gousse uniloculaire.*

Genre GENISTA (*Genet*) : sous-arbrisseaux épineux ou non épineux, à fleurs en grappes; calice à deux lèvres, la supérieure à 2 dents, l'inférieure à 3; étendard oblong ovale; carène lâche, obtuse, plus longue que l'étendard; style courbé au sommet, stigmate oblique (fig. 287); gousse généralement plane et comprimée (fig. 288).

Fig. 287.
Genet. Coupe longitudinale
de la Fleur.

Genet allemand (*Genista germanica*, Pl. 13, fig. 78) arbrisseau de 3 à 6 décim., velu dans toutes ses parties; à tiges rameuses, épineuses; à feuilles ovales lancéolées, d'un vert luisant, ciliées; fleurs jaunes, en grappes oblongues, de mai en juillet, dans les bois et les pâturages.

Fig. 288. — Genet. Fruit.

Genet des Teinturiers (*Gen. tinctoria*) vulgairement *Génestrole*, à tiges de 6 à 8 décim., à rameaux droits; feuilles glabres sur les deux faces, velues sur les bords; fleurs jaunes, axillaires, en grappes serrées, de juin à septembre, dans les bois et les prés. La racine de cette espèce renferme une matière colorante jaune, employée par les teinturiers; ses fleurs sont purgatives.

Genet velu (*Gen. pilosa*), l'un des plus répandus dans les landes et les bois, est revêtu jusque sur ses fleurs et ses fruits de poils courts soyeux. Ses fleurs jaunes s'épanouissent d'avril à juin.

Genre SAROTHAMNUS : arbrisseaux non épineux ; à feuilles ordinairement trifoliolées ; à fleurs jaunes solitaires ou fasciculées aux nœuds supérieurs des rameaux ; calice scarieux à 2 lèvres ouvertes, la supérieure à 2 dents, l'inférieure à 3 ; étendard ascendant, ne recouvrant pas les étamines ; celles-ci toutes soudées ; style long, filiforme, roulé en spirale ; gousse comprimée, polysperme.

Genet à Balais (*Sarothamnus scoparius*, Pl. 14, fig. 87), croît abondamment dans les lieux stériles et sablonneux ; ses feuilles inférieures sont pétiolées, les supérieures sont sessiles et unifoliolées. Ses rameaux servent à faire des balais ; des fibres de son écorce on fait des cordages, et les bestiaux mangent avec plaisir ses fleurs et ses jeunes pousses.

Genre ULEX (*ajonc*) : arbrisseaux très épineux, à feuilles linéaires, piquantes, portant à leur aisselle un rameau épineux ; fleurs jaunes, axillaires, portant 2 bractées à la base du calice ; celui-ci profondément divisé en 2 lèvres carénées, la supérieure à 2 dents, l'inférieure à 3 dents ; étamines toutes soudées, légume bivalve, renflé, dépassant à peine le calice.

Fig. 289. — Ajonc d'Europe.

Ajonc d'Europe (*Ulex Europœus*), vulgairement *jonc marin*, (fig. 289). C'est un arbrisseau touffu de 1 mètre et plus, à tige dressée, très rameuse ; à rameaux droits, pubescents, hérissés d'épines acérées ; feuilles très petites, linéaires, terminées en pointe piquante ; fleurs jaunes ; calice et légume velus.

Ajonc nain (*Ulex nanus*, fig. 290), très bas, à rameaux tombants ou rampants, pubescents, très épineux ; à feuilles linéaires terminées en pointe épineuse ; fleurs jaunes, petites, axillaires, à calice pubescent. Fleurit l'été dans les landes.

Le **Genet d'Espagne** (*Spartium junceum*) se cultive dans les jardins pour ses grandes fleurs jaunes dorées, d'une odeur suave.

Genre CYTISUS : arbres ou arbustes non épineux ; à feuilles ordinairement trifoliolées ; fleurs en grappes ; calice à deux lèvres, la supérieure à deux dents, l'inférieure à 3 ; étendard large redressé, carène obtuse, renfermant les étamines qui sont toutes soudées ; style courbé au sommet, stigmate oblique ; gousse linéaire, comprimée, polysperme.

Cytise aubour (*Cytisus laburnum*), vulgairement *Faux-Ébénier* (Pl. 14, fig. 89), arbre de 3 à 6 mètres, à écorce lisse et verte, à jeunes pousses pubescentes, blanchâtres ; feuilles pétiolées, à 3 folioles ovales, mucronées ; fleurs grandes, d'un jaune clair, en grappes pendantes ; gousse velue. Fleurit au printemps.

Fig. 290. — Ajonc nain.

Les espèces du genre Cytise sont purgatives.

Le **Cytise des Alpes** (*C Alpinus*) se distingue du précédent par ses fleurs d'un jaune foncé.

Genre LUPINUS (*Lupin*) : Plantes annuelles, à feuilles digitées ; à stipules adhérentes

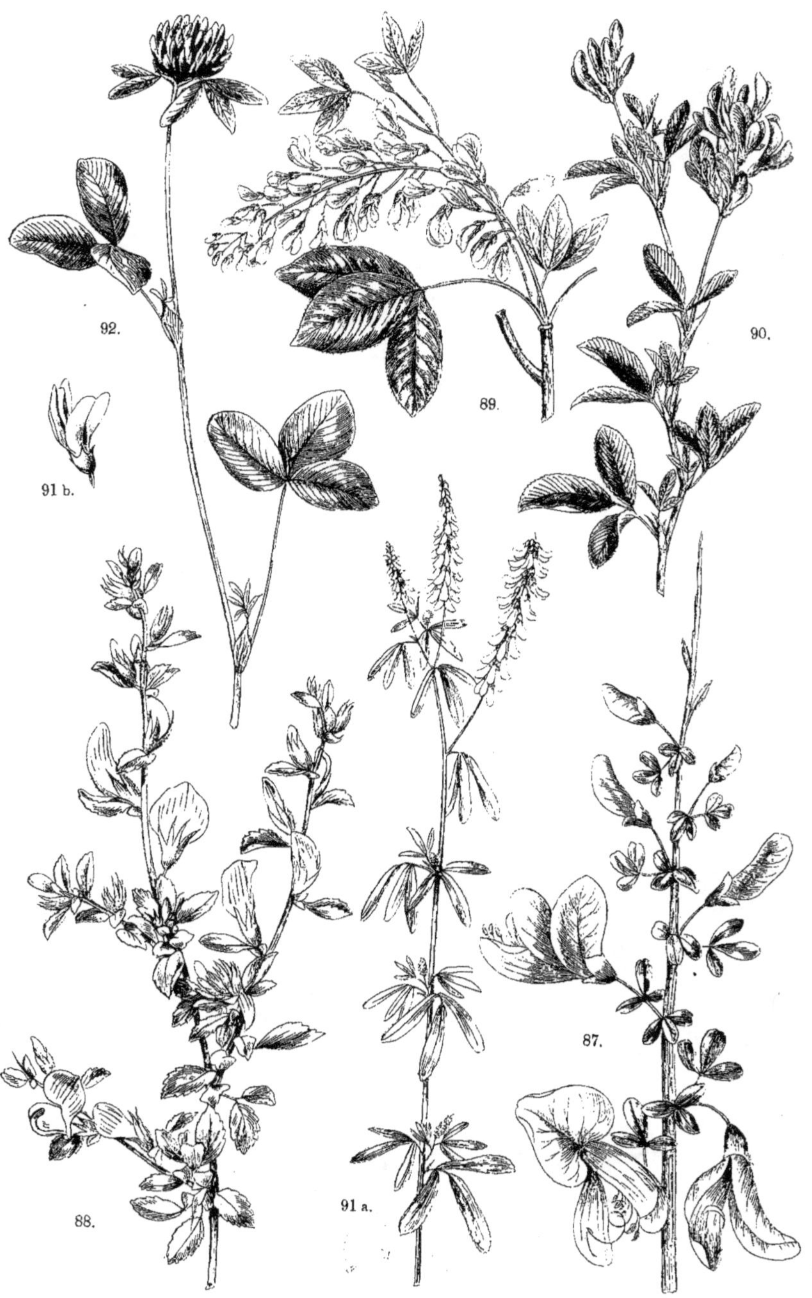
92.
91 b.
89.
90.
88.
91 a.
87.

au pétiole ; fleurs en grappe terminale ; calice à 2 lèvres, étendard grand, strié ; carène terminée en bec, gousse bosselée, coriace.

Lupin blanc (*L. albus*), cultivé dans le Midi pour enfouir sa production herbacée comme engrais ; c'est une plante velue à fleurs blanches.

On en cultive dans les jardins plusieurs espèces à. fleurs jaunes, bleues ou bigarrées.

Genre ONONIS (*Bugrane*) : Plantes herbacées, parfois sous-ligneuses à feuilles ternées et stipules engainantes ; calice persistant, en cloche, à 5 divisions linéaires ; carène rétrécie en bec, étendard large, strié, étalé ; étamines toutes soudées ; gousse sessile, renflée.

Bugrane épineuse (*Ononis spinosa*) ou *Bugrane des champs* (Pl. 14, fig. 88). C'est une plante à racine profonde et verticale, à tiges dressées, velues et armées d'épines nombreuses ; feuilles fasciculées, à folioles petites, cunéiformes, denticulées ; fleurs rouges axillaires, solitaires, sur un pédicelle très court ; gousse velue, à 3 graines. Fleurit l'été dans les champs arides.

Fig. 291. — Bugrane rampante.

Bugrane rampante (*Ononis repens*), vulgairement *Arrête bœuf* (fig. 291), plante velue, à tiges couchées, radicantes à la base, de 4 à 6 décim., à rameaux épineux ascendants, à folioles ovales, velues, visqueuses, à stipules larges, ovales, dentées ; fleurs roses ou blanches, axillaires, solitaires ; gousse pubescente à 2 graines, et plus courte que le calice. Fleurit l'été dans les lieux stériles et sablonneux, les champs.

On en connaît de nombreuses espèces, surtout dans le Midi.

Genre ANTHYLLIS : Plantes herbacées ou sous-ligneuses, à feuilles ailées avec impaire ; fleurs en tête : calice persistant, à 5 dents, à tube souvent renflé ; corolle à carène obtuse, ou à pointe courte, étamines toutes soudées ; gousse renfermé dant le calice, à une ou deux graines.

L'Anthyllide vulnéraire (*Anthyllis vulneraria*), vulgairement *Triolet jaune* (Pl. 15, fig. 95, *a b*) est une plante herbacée à tiges nombreuses, couchées, poilues, à feuilles pubescentes à folioles ovales oblongues, la terminale beaucoup plus grande ; fleurs jaunes ou rougeâtres, en capitules terminaux, de mai à juillet, dans les prés secs, les pâturages. Cette plante entre dans la composition du mélange qu'on appelle *Thé suisse*.

Fig. 292. — Haricot commun.

Quelques espèces du Midi : *Anthyllis cytisoïdes* et *Ant. Hermaniæ* sont ligneuses.

II. — **TRIFOLIÉES** : *étamines soudées en 2 faisceaux ; gousse uniloculaire.*

Genre PHASEOLUS (*Haricot*) : plantes herbacées, à tige ordinairement volubile ; à feuilles ternées ; à fleurs en grappes, calice à 2 lèvres, l'inférieure à 2 dents ; carène tordue en spirale avec les étamines et le style ; gousse polysperme à 2 valves.

Haricot commun (*Phaseolus vulgaris*, fig. 292) à tige longuement volubile de droite à gauche, à folioles ovales acuminées ; grappes de fleurs axillaires, plus courtes que la feuille, blanches ou lilas, de juin à août ; originaire de l'Inde et cultivé partout.

Haricot multiflore (*Ph. multiflorus*), vulgairement *Haricot d'Espagne* (Pl. 17, fig. 109, *a b*), originaire de l'Amérique méridionale, orne nos murs et nos berceaux de ses belles fleurs rouges.

Genre LOTUS (*Lotier*) : Plantes herbacées à feuilles digitées, trifoliolées, munies de 2 stipules foliacées ; pédoncules axillaires en ombelle ou 1-2 fleurs ; calice tubuleux, à 5 lobes ; carène terminée en bec ; gousse allongée, non ailée, polysperme ; s'ouvrant en 2 valves qui souvent se roulent en tire-bouchon.

Fig. 293. — Lotier corniculé.

Lotier corniculé (*Lotus corniculatus*), vulgairement *petit sabot* (fig. 293), est une plante très variable, de 2 à 4 décim., tantôt glabre, tantôt velue ; à tiges rameuses, anguleuses, tombantes ; à fleurs jaunes, souvent rouges en dehors, disposées en capitules de 2 à 6 fleurs ; tout l'été dans les prés et les champs.

Lotier élevé (*Lotus major*) de 5 à 8 décim. porte des capitules de 8 à 12 fleurs jaunes, de juillet en septembre, et croît dans les lieux frais et humides. On lui donne aussi le nom d'*uliginosus*.

Genre TRIGONELLA : Plantes herbacées à feuilles trifoliolées, stipulées ; fleurs solitaires ou en grappes ; calice campanulé à 5 divisions ; carène obtuse, très petite, en sorte que l'étendard et les ailes simulent une corolle à 3 pétales ; gousse linéaire, plus ou moins comprimée, polysperme.

Trigonelle Fénu grec (*Tr. fœnum græcum* Pl. 15, fig. 94) est cultivée comme plante fourragère ; sa graine se mange en Orient. C'est une plante glabre, de 2 à 5 décim., à tiges dressées, rameuses ; à folioles cunéiformes, ovales, denticulées au sommet ; fleurs sessiles, axillaires, solitaires ou géminées, jaunes, en juin et juillet ; gousse linéaire, très longue, courbée en faux et terminée par un bec allongé.

Trigonelle Pied d'Oiseau (*Tr. ornithopodioïdes*), assez commun dans l'Ouest ; a les tiges étalées, les folioles échancrées au sommet, les fleurs en bouquets pédonculés, la gousse très courte, épaisse.

Genre MEDICAGO (*Luzerne*) : plantes herbacées, à feuilles trifoliolées, stipulées ; fleurs en tête : calice cylindrique à 5 dents ; corolle caduque à carène obtuse, éloignée de l'étendard ; étamines en deux faisceaux ; gousse uniloculaire, polysperme, courbée en faux ou contournée en spirale (fig. 294). Presque toutes les plantes de ce genre sont fourragères.

Luzerne cultivée (*Medicago sativa*), vulgairement *Luzerne* (Pl. 14, fig. 90), à racine très longue, à tige de 5 à 7 décim., droite, rameuse, anguleuse, à folioles oblongues, dentées au sommet ; à fleurs violettes de juin à septembre : à gousses contournées en spirale de 2 ou 3 cercles. Cultivée partout.

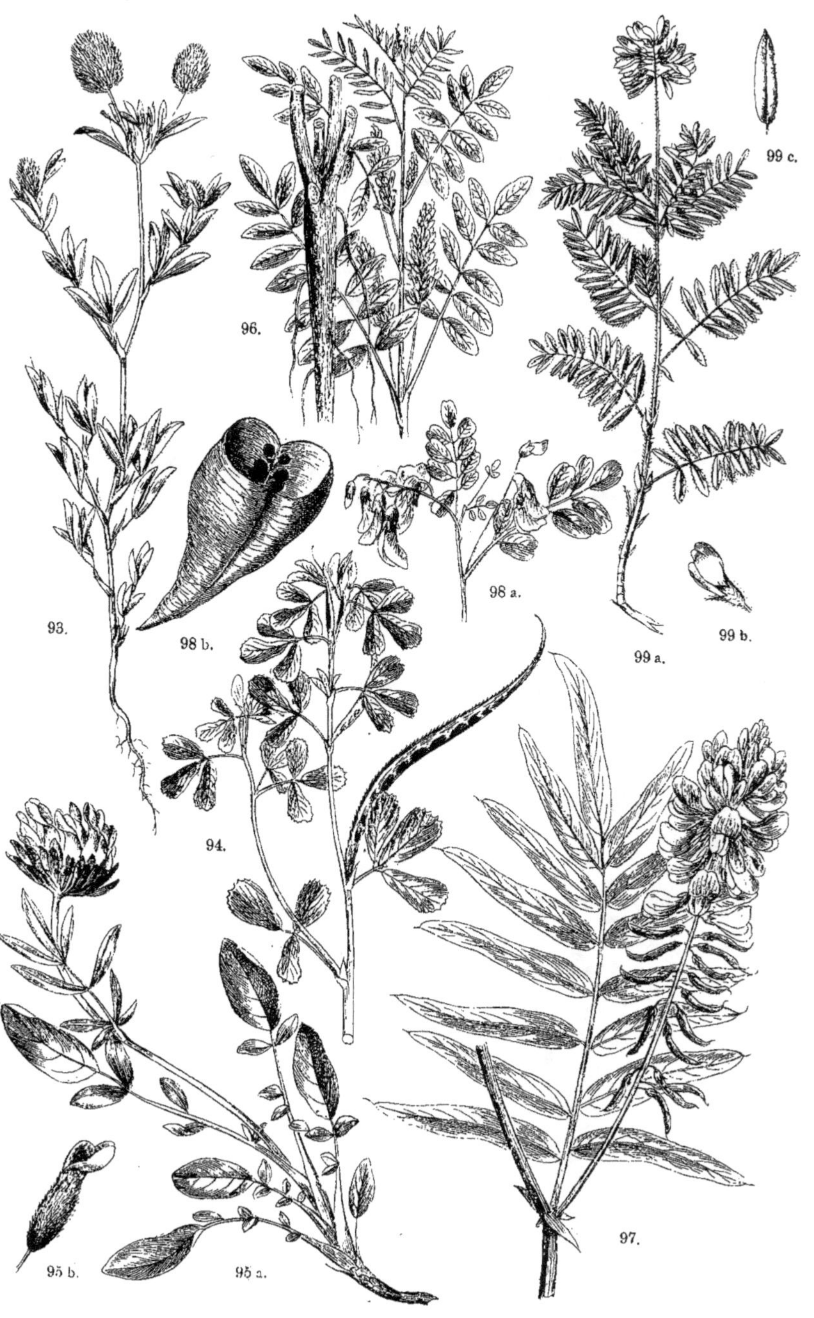
96.
99 c.
93.
98 b.
94.
98 a.
99 a.
99 b.
95 b.
95 a.
97.

Luzerne lupuline (*Med. lupulina*), vulgairement *Mignonnette* (fig. 295) plante pubescente, à tige rameuse, faible, couchée ou redressée, de 3 à 5 décim. ; à folioles obovales, denticulées au sommet, à fleurs petites, jaunes, en capitule serré; gousse petite, réniforme, monosperme, marquée d'un réseau de nervures. On en forme des pâturages.

Luzerne en Faucille (*Med. falcata*), vulgairement *Luzerne jaune* (fig. 296) à tiges couchées et redressées, de 4 à 6 décim. ; à grappes courtes de fleurs jaunes, à gousse courbée en faux ; ses fleurs, parfois bleues ou violettes, s'épanouissent l'été.

On en connaît un très grand nombre d'espèces.

Genre TRIFOLIUM (*Trèfle*) : plantes herbacées, à feuilles trifoliolées, stipulées ; à fleurs en capitule, plus rarement en épi : calice tubuleux, à 5 divisions ; corolle persistante, à carène obtuse, à ailes petites ; gousse plus courte que le calice ou le dépassant peu, renfermant de 1 à 4 graines, indéhiscente.

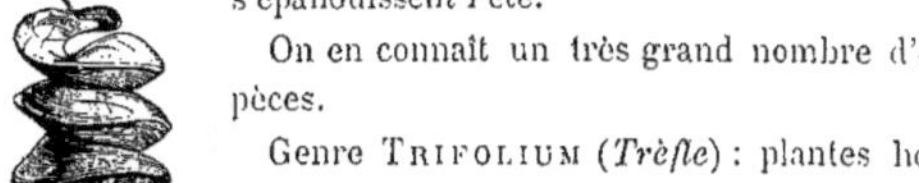

Fig. 294.
Luzerne. Fruit.

Fig. 295. — Luzerne lupuline.

Trèfle des Prés (*Trifolium pratense*), vulgairement *Grand Trèfle rouge* (Pl. 14, fig. 92) cultivé en grand comme fourrage, est très variable ; glabre ou velu, très développé par la culture ou rabougri dans les terrains arides ; tiges fistuleuses ; folioles ovales, souvent tachées au centre; fleurs d'un rouge clair en capitules globuleux presque sessiles, de mai à septembre.

Trèfle des Champs (*Tr. arvense*), vulgairement *Pied de lièvre* (Pl. 15, fig. 93), plante grêle, d'un vert blanchâtre, velue ; à tige de 3 à 4 décim., très rameuse ; à folioles linéaires oblongues, dentées au sommet, à fleurs petites, blanches ou rosées en capitules cylindriques, pendant l'été.

Trèfle rampant (*Tr. repens*), vulgairement *Trèfle de Hollande* (fig. 297) à tiges couchées, radicantes, de 2 à 4 décim. ; à fleurs blanches ou roses en capitules globuleux; gousses linéaires à 3 ou 4 graines. Est cultivé comme fourrage sous le nom de *Tricolet*.

Trèfle incarnat (*Tr. incarnatum*), vulgairement *Farouch* (fig. 298) est dressé, à racine pivotante, couvert de poils mous ; à folioles larges, obovales, en coin, dentées au sommet; à fleurs purpurines, en capitules ovoïdes, tout l'été.

Fig. 296. — Luzerne en Faucille.

Les plantes précédentes sont cultivées en grand. On en connaît de nombreuses espèces qui, toutes, sont de bonnes plantes fourragères.

Genre MELILOTUS (*Mélilot*) : plantes herbacées, à feuilles trifoliolées, stipulées; à fleurs en grappes axillaires : calice campanulé, à 5 dents; corolle caduque, à étendard égalant ou dépassant les ailes; gousse petite, ovoïde ou oblongue, indéhiscente, renfermant de 1 à 4 graines.

Mélilot officinal (*Mel. officinalis*, Pl. 14, fig. 91 *a b*), à tige de 4 à 8 décim., presque ligneuse à la base, droite, sillonnée, glabre, à rameaux ouverts ; à folioles oblongues, dentées, à stipules entières ; à fleurs jaunes, odorantes, en grappe plus longue que la feuille ;

Fig. 297. — Trèfle rampant.

Fig. 298. — Trèfle incarnat.

gousse ovoïde, pubescente, rugueuse, renfermant ordinairement 2 graines ponctuées. Employé en infusion contre les maux d'yeux.

Mélilot blanc (*Mel. alba*, — fig. 299), dont les grandes fleurs blanches sont inodores. C'est une bonne plante fourragère, mais qui produit peu.

Mélilot d'Allemagne ou *Beaumier* (*M. cœrula*) à fleurs bleues, se cultive dans les jardins.

Genre GLYCYRRHIZA (*Réglisse*) : plante herbacée, à rhizôme souterrain, à feuilles imparipennées ; à fleurs en grappes ; à calice tubuleux et bossu à la base, à 2 lèvres, la supérieure à 4 dents ; gousse sessile, comprimée, à 2 valves, contenant de 1 à 4 graines.

Réglisse officinale (*Gl. glabra*), vulgairement *Réglisse* (Pl. 15, fig. 96), bien connue pour sa racine sucrée, employée en nature pour édulcorer les boissons, ou en extrait desséché comme béchique, est une plante de 8 à 10 décim., s'élevant d'un rhizôme très long, rampant, jaune à l'intérieur, d'une saveur sucrée ; ses feuilles sont composées de 13 à 15 folioles glabres, visqueuses, sans stipules ; ses fleurs petites, rougeâtres, ou d'un lilas pâle, en épi dressé, allongé, s'ouvrent en mai et juin. Cette plante est cultivée dans le Midi.

III. — **GALÉGÉES** : *étamines en 2 faisceaux ; gousse uniloculaire ; feuilles imparipennées.*

Genre GALEGA : plantes herbacées, à feuilles imparipennées, stipulées ; à fleurs en grappes, à calice évasé, à 5 dents en alène, à carène obtuse, monopétale ; 10 étamines, le filet supérieur distinct jusqu'au milieu ; gousse sessile, bivalve, linéaire, comprimée, bosselée, striée à 2 ou 4 graines cylindriques.

Fig. 299. — Mélilot blanc.

Galéga officinal (*G. officinalis*), vulgairement *Rue de chèvre* (Pl. 15, fig. 97), à tiges fistuleuses de 8 à 10 décim., à feuilles de 15 à 19 folioles glabres, lancéolées, stipules en fer de flèche ; fleurs blanches ou bleuâtres en grappes longuement pédonculées ; cultivé dans le Midi comme fourrage ; plante médicinale : sudorifique.

Genre ROBINIA (*Acacia*) : arbre à feuilles imparipennées, stipulées ; les stipules se transforment en épines dures, aplaties ; fleurs en grappes pendantes, à calice presque bilabié, à 5 dents courtes; corolle a étendard ample, étalé, à carène obtuse ; gousse longue, stipitée, comprimée, à 2 valves, polysperme, bordée sur la suture.

Robinier faux-acacia (*R. pseudo-acacia*), vulgairement *Acacia* (fig. 300), est originaire de l'Amérique boréale, mais aujourd'hui acclimaté en France, où il est très recherché comme arbre d'ornement, en raison de ses magnifiques grappes de fleurs blanches d'une odeur suave. C'est un arbre de 10 à 15 mètres, à bois dur et cassant.

Robinier hispide (*R. hispida*), vulgairement *Acacia rose* (Pl. 18, fig. 112), à rameaux poilus mais sans épines, à grandes fleurs roses inodores, est originaire de l'Amérique boréale, et cultivé dans les parcs.

Genre COLUTEA (*Baguenaudier*) : calice campanulé à 5 dents; carène tronquée, étendard large ; style crochu, fortement cilié de chaque côté; gousse ovale, renflée, vésiculeuse, polysperme.

Fig. 300. — Robinier faux-acacia.

Baguenaudier arborescent (*Colutea arborescens*), vulgairement *Faux séné* (Pl. 15, fig. 98, *a b*). C'est un arbrisseau à rameaux pubescents grisâtres, haut de 2 à 3 mètres, à feuilles composées de 7 à 11 folioles ovales elliptiques, finement pubescentes en dessous ; fleurs jaunes, en grappes axillaires, pédonculées ; gousse énorme, fermée, éclatant avec bruit par la pression. Croît dans les bois montagneux et se cultive dans les jardins, ses feuilles sont légèrement purgatives, d'où son nom vulgaire.

IV. — **ASTRAGALÉES** : *étamines en 2 faisceaux ; gousse à 2 loges longitudinales.*

Genre ASTRAGALUS : plantes herbacées, à feuilles imparipennées, à fleurs en grappes axillaires : calice tubuleux à 5 divisions, carène mutique ; gousse partagée en 2 loges par une cloison formée par le prolongement de la suture inférieure.

Astragale Pois chiche (*Ast. cicer*, Pl. 16, fig. 100 *a b*) plante à souche rampante, à tiges couchées, diffuses, de 3 à 6 décim. ; à feuilles de 11 à 19 folioles pubescentes ; fleurs jaunâtres en grappes ovales compactes ; gousses vésiculeuses hérissées de poils noirâtres.

Fig. 301. — Astragale Réglisse.

Astragale Réglisse (*Ast. glycyphyllos*), vulgairement *Réglisse bâtarde* (fig. 301) à tiges couchées, flexueuses, de 6 à 10 décim., à feuilles de 9 à 13 folioles ovales, grandes, pâles en dessous ; fleurs en grappes courtes, ovales, d'un jaune verdâtre ; gousses linéaires, trigones. Sa racine est douce et un peu sucrée comme la réglisse.

Genre OXYTROPIS : diffère du genre *Astragalus* dont il a été détaché, par la carène apiculée de sa fleur, et la cloison de sa gousse formée par le prolongement de la suture supérieure.

Oxytrope champêtre (*Ox. campestris*, Pl. 15, fig. 99, *a b c*). C'est une plante gazonnante, couverte de poils appliqués. Une souche rampante à divisions écailleuses, émet des feuilles fasciculées, de 17 à 21 folioles elliptiques et 1 ou 2 hampes floriflères, les fleurs, en grappe courte, sont jaunes ; les gousses, enflées, ovales, apiculées, sont munies de poils noirs et blancs. Elle croît dans les pays montagneux.

Oxytrope de l'Oural (*Ox. uralensis*, fig. 302) qui croît dans les Alpes et les Pyrénées, a ses folioles soyeuses sur les deux faces et ses fleurs bleues ou lilas.

Fig. 302. — Oxytrope de l'Oural.

V. — **HÉDYSARÉES** : *étamines soudées en 2 faisceaux ; gousse articulée, séparée en loges ou en articles transversaux* (fig. 303).

Genre HEDYSARUM (*Sainfoin*) : les plantes françaises de ce genre sont très petites et sans importance ; celles qui sont cultivées comme plantes fourragères sous le nom de *sainfoin* appartiennent au genre *Onobrychis*.

Genre ONOBRYCHIS (*Esparcette*) : plantes herbacées, à feuilles imparipennées, à stipules soudées, à fleurs en grappes axillaires ; calice tubuleux à 5 divisions en alène, corolle à ailes très courtes à carène obliquement tronquée ; gousse rugueuse ou épineuse à une seule loge monosperme.

Sainfoin cultivé (*Onobrychis sativa*), vulgairement *Esparcette* (Pl. 16, fig. 103), cultivé dans les Terrains calcaires, est un excellent fourrage. Ses tiges de 4 à 5 décim., couchées à la base puis redressées sont garnies de feuilles composées de 16 à 21 folioles ; ses fleurs en épi conique sont purpurines, striées ; sa gousse tuberculeuse, à bords épineux.

On cultive comme ornement le **Sainfoin d'Espagne** (*Hedysarum coronarium*) à beaux épis d'un rouge incarnat.

Genre ORNITHOPUS : plantes herbacées, à feuilles imparipennées, à fleurs peu nombreuses, portées sur un pédoncule filiforme, axillaire ; gousse articulée, allongée comprimée.

Fig. 303.
Sainfoin. Fruit.

Ornithope cultivé (*Orn. sativus*), vulgairement *Pied d'oiseau* (Pl. 16, fig. 102), tiges nombreuses, diffuses, de 1 à 3 décim. ; à feuilles velues, multifoliolées ; à pédoncules très longs portant des fleurs roses ou violacées, et des gousses arquées, articulées. Croît dans les terrains sablonneux de l'Ouest.

Genre CORONILLA : herbes ou arbrisseaux à feuilles imparipennées, stipulées ; fleurs en ombelle à pédoncules axillaires : calice court, campanulé, à 5 dents, dont les 2 supérieures en partie soudées ; carène acuminée, terminée en bec ; gousse cylindrique, articulée, à 2, 4 ou 6 angles.

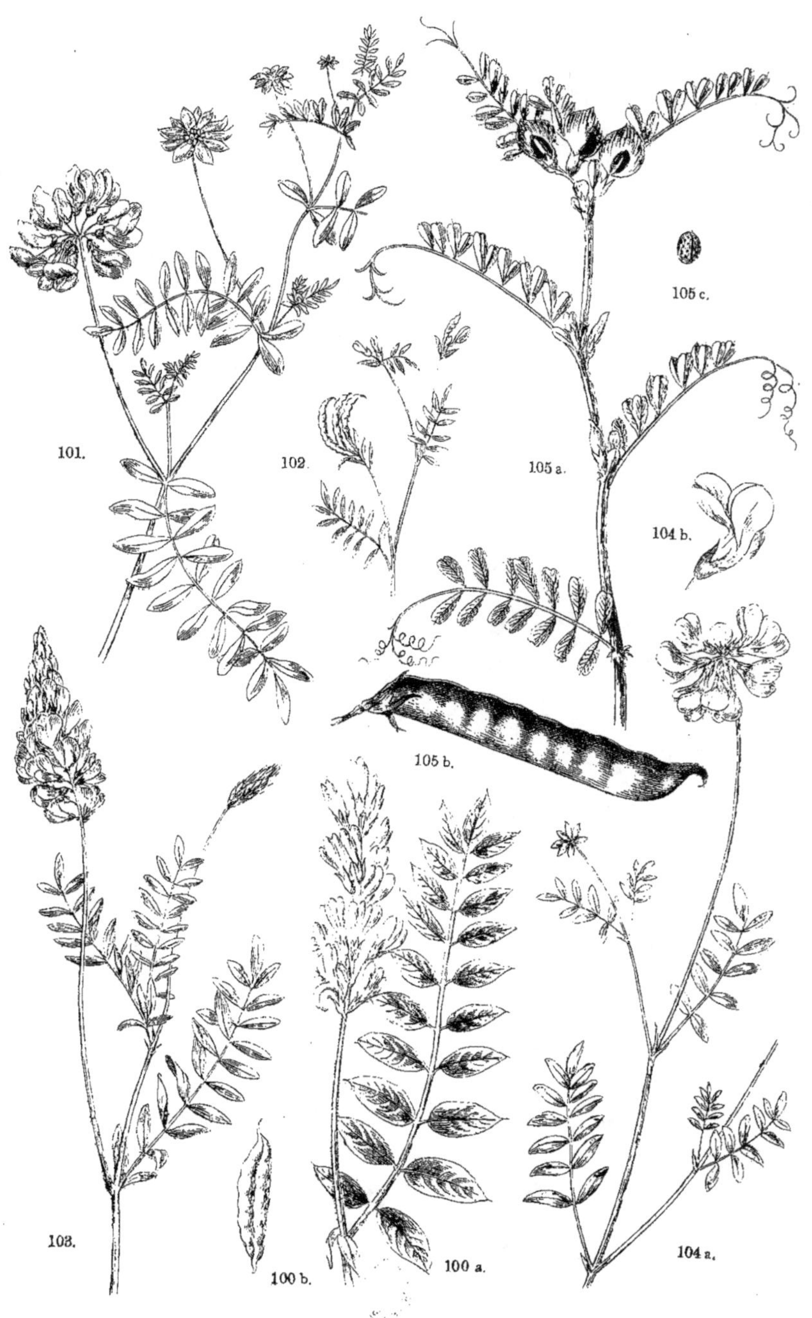

101.

102.

105 a.

105 c.

104 b.

105 b.

103.

100 b.

100 a.

104 a.

Coronille bigarrée (*C. varia*), vulgairement *Faucille* (Pl. 16, fig. 101), à tiges couchées, fistuleuses, de 3 à 5 décim., à folioles nombreuses, glabres, à stipules libres, très petites, à fleurs bigarrées de violet et de blanc, réunies de 12 à 15. Fleurit l'été sur les coteaux.

Coronille naine (*C. minima*, fig. 304), à tiges grêles, couchées, de 1 à 2 décim. ; à feuilles de 5 à 9 folioles, petites, glauques, à stipules très petites, soudées en une seule ; à fleurs jaunes, en corymbe de 6 à 12, à gousses droites, penchées d'un même côté. Fleurit au printemps sur les coteaux arides.

Genre HIPPOCREPIS : plantes herbacées, à feuilles imparipennées ; calice à 5 dents, les supérieures en partie soudées, carène acuminée, terminée en bec, étendard à long onglet ; gousse articulée, à articles échancrés en forme de fer à cheval.

Hyppocrépide en Ombelle (*H. comosa*), vulgairement *Fer à cheval* (Pl. 16, fig. 104, *a b*), tige de 2 à 3 décim., étalée, diffuse, rameuse, à feuilles de 7 à 11 folioles cunéiformes, oblongues ; ombelle de 6 à 8 fleurs jaunes, de mai à juillet, sur les pelouses et dans les bois.

VI. — **VICIÉES** : *étamines soudées en un seul ou en deux faisceaux; gousse bivalve non articulée, à 1 seule loge; feuilles ordinairement paripennées, à pétiole terminé en vrille.*

Genre PISUM (*Pois*): plantes ordinairement grimpantes ; à feuilles pinnées, à vrilles rameuses, à stipules foliacées très larges ; calice à 5 divisions foliacées ; étendard large, réfléchi, muni à sa base de 2 bosses calleuses ; 10 étamines en 2 faisceaux ; style coudé à la base, plié en long, arqué, canaliculé en dessous, velu en dessus ; gousse sessile, tronquée obliquement au sommet, polysperme, à graines globuleuses.

Fig. 304. — Coronille naine.

Pois cultivé (*Pisum sativum*), vulgairement *Pois* (Pl. 17, fig. 108, *a b c*), d'un vert glauque, à tige grimpante (sauf dans le *Pois nain*); feuilles à vrilles rameuses, à 2 ou 3 paires de folioles ; stipules ovales, prolongées à la base en oreilles ; fleurs blanches, à pédoncule multiflore. Cultivé partout, il offre de nombreuses variétés.

Pois champêtre (*Pisum arvense*), vulgairement *pisaille*, *pois pigeon*; moins robuste que le précédent ; à fleurs roses ou violacées, 1, 2 par pédoncule ; gousse comprimée, réticulée, à graines anguleuses, marbrées de brun.

Le *Pois de senteur* appartient au genre GESSE (*Lathyrus*).

Genre LATHYRUS (*Gesse*) : plantes herbacées, généralement grimpantes, à feuilles paripennées, terminées en vrille rameuse ; stipules à demi-sagittées ; pédoncules axillaires, uni ou multiflores : calice urcéolé à 5 dents, les deux supérieures plus courtes ; 10 étamines en 2 faisceaux ; style plan, dilaté et barbu au sommet ; gousse oblongue polysperme (fig. 305).

Gesse des Prés (*Lathyrus pratensis*, Pl. 18, fig. 111), à tiges carrées, grêles, rampantes, feuilles à une seule paire de folioles; à pédoncules multiflores du double plus longs que la feuille ; fleurs jaunes ou violacées de juin à août, dans les prés et les haies ; gousses comprimées chargées de veines obliques.

Gesse des Bois (*Lat. sylvestris*, Pl. 17, fig. 110, *a b*), plante glabre, grimpante, s'élevant à 1 mètre et plus; tige rameuse, anguleuse, ailée; pétiole à 2 folioles allongées, elliptiques, terminé en vrilles très rameuses ; pédoncules portant de 4 à 10 fleurs roses tachées de vert, avec les ailes pourpres; gousse à 3 côtes denticulées. Fleurit de juin à septembre dans les bois.

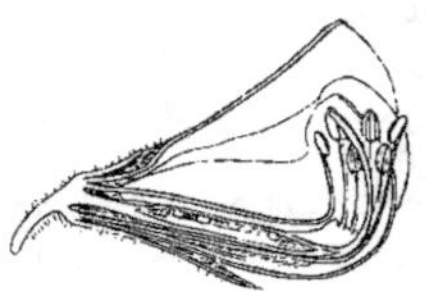

Fig. 305.
Gesse. Coupe longitudinale
de la Fleur.

Gesse tubéreuse (*Lat. tuberosus*), vulgairement *Gland de terre* (fig. 306), à souche rampante tuberculeuse, à tige débile, carrée ; à pédoncules du double ou du triple plus longs que la feuille et portant de 3 à 6 fleurs roses odorantes de juin à août; ses tubercules se mangent.

Gesse odorante ou *Pois de senteur*. Plante exotique cultivée dans les jardins pour le parfum délicieux de ses fleurs.

Genre VICIA (*Vesce*): plantes herbacées à tiges généralement grimpantes, à feuilles paripennées, à vrilles rameuses; fleurs axillaires : calice à 5 dents; style comprimé, très barbu sous le stigmate; gousse à 2 valves, sessile ou stipitée, tronquée obliquement au sommet.

Vesce cultivée (*V. sativa*), vulgairement *Voice* ou *Bisaille* (Pl. 16, fig. 105, *a b c*), plante de 3 à 5 décim., velue, à tige anguleuse, sillonnée, dressée ; à pétioles portant de 8 à 14 folioles obovales, à vrilles rameuses accrochantes ; stipules demi-sagittées, dentées, marquées en dessous d'une tache brune; fleurs presque sessiles, géminées, purpurines ou violacées, de mai à septembre. C'est une des plantes les plus convenables pour former des prairies précoces.

Vesce en Épi (*V. cracca*, Pl. 17, fig. 106, *a b*), à tige grimpante, soyeuse, de 8 à 12 décim.; feuilles à vrilles rameuses, à 8 ou 10 paires de folioles; fleurs bleues, réunies de 15 à 30 en grappe serrée; de juin en septembre ; croît dans les bois et les prés.

Fig. 306. — Gesse tubéreuse.

Fig. 307. — Vesce velue.

Vesce velue (*V. hirsuta*), vulgairement *Vesceron* (fig. 307), plante grimpante, velue, à 8 ou 10 paires de folioles linéaires, mucronées; à pédoncules plus courts que la feuille, portant de 3 à 8 fleurs blanches ou lilas ; gousses poilues à 2 graines. Moissons.

Ce genre renferme un grand nombre d'espèces.

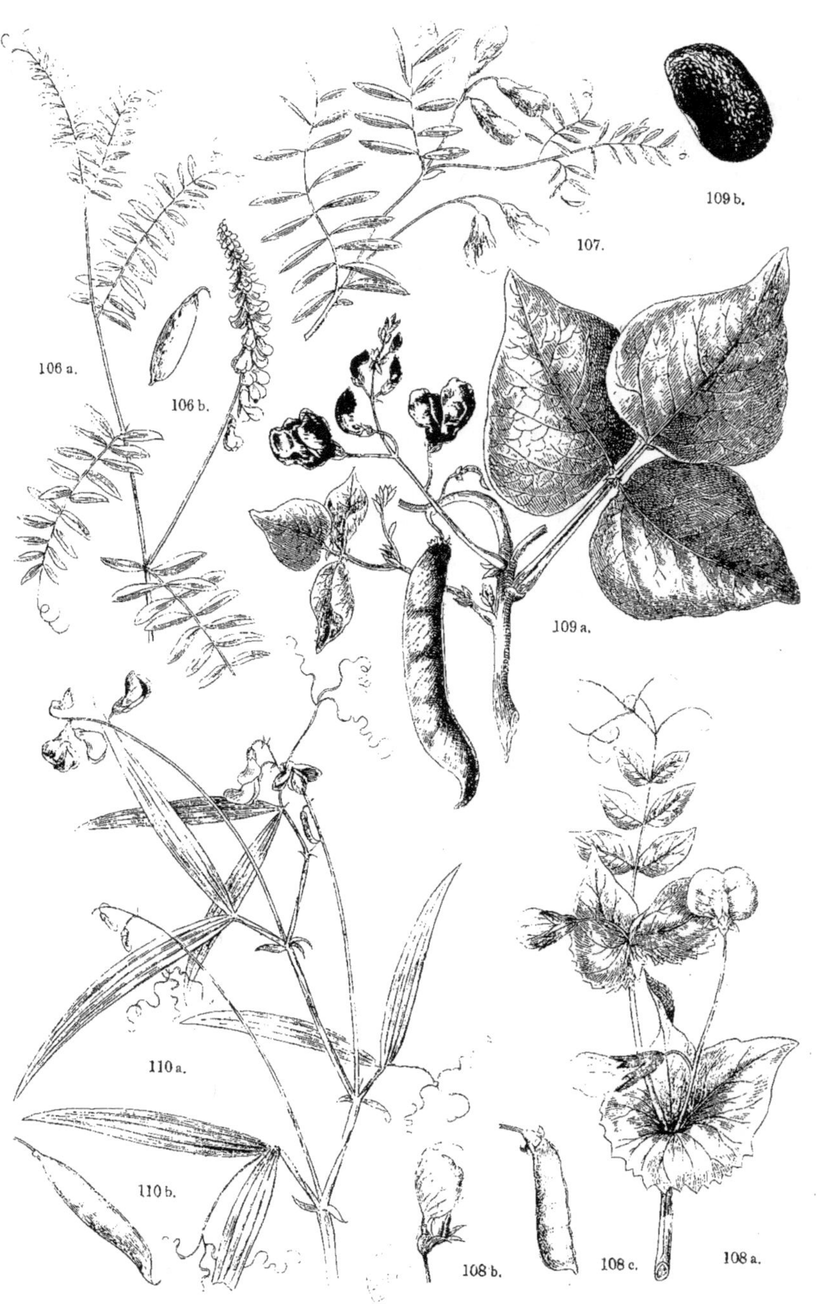

17

106 a.

106 b.

107.

109 b.

109 a.

108 b.

108 c.

108 a.

110 a.

110 b.

Genre FABA (*Fève*) : mêmes caractères que le genre *Vicia*, mais gousse à valves d'abord vertes et charnues, puis noires ; graines réniformes, séparées par du tissu cellulaire.

Fève commune (*Faba vulgaris*), vulgairement *Fève de marais* (fig. 308). Cette plante, originaire de l'Inde et cultivée partout, est reconnaissable à ses grandes fleurs blanches, tachées de noir sur les ailes, ses feuilles de 2 à 4 folioles, ses graines aplaties.

Une variété *Faba minor*, vulgairement *Féverolle*, a ses graines plus petites, oblongues et renflées.

Genre ERVUM (*Ers*) : plantes herbacées à feuilles pari-pennées, à pétiole terminé en vrille; pédoncules axillaires pauciflores : calice à 5 dents, les supérieures plus courtes; étamines en deux faisceaux ; style filiforme, non barbu sous le stigmate ; gousse stipitée, linéaire, arrondie au sommet, non prolongée en bec, graines globuleuses.

Ers à 4 Graines (*Ervum tetraspermum*), à petites fleurs lilas, et **Ers grêle** (*E. gracile*), à fleurs également bleues, croissent parmi les moissons.

Genre LENS (*Lentille*) : très voisin du précédent, dont il a été détaché et dont il diffère par sa gousse courte, prolongée en bec, et ses graines lenticulaires.

Lentille cultivée (*Lens esculenta*), vulgairement *Lentille* (Pl. 17, fig. 107), plante herbacée, pubescente, à tiges dressées, anguleuses, de 1 à 3 décim. ; à feuilles de 10 à 14 folioles oblongues, tronquées, à pétiole terminé par une vrille simple; pédoncule à peine aussi long que la feuille, portant 2 ou 3 fleurs blanches ou violacées ; graines blondes. Cultivée partout.

Fig. 308. — Fève commune.

FAMILLE DES AMYGDALÉES.

Arbres ou arbrisseaux à feuilles simples; fleurs à 5 divisions ; étamines nombreuses insérées avec les pétales sur la gorge du calice; ovaire libre, 1 style simple; fruit charnu à noyau osseux, renfermant une ou deux graines.

Genre AMYGDALUS (*Amandier*). Fruit oblong, coriace, velouté, à noyau pointu, comprimé, marqué sur ses faces de sillons irréguliers peu profonds ; fleurs presque sessiles, naissant avant les feuilles.

Fig. 309. Amandier commun.

Amandier commun (*Amygdalus communis* — fig. 309). C'est un arbre de 6 à 8 mètres, à feuilles lancéolées dentées, à fleurs blanches ou roses, solitaires ou géminées. On y distingue deux variétés, celle à noyau mou à amande douce (*A. dulcis*), et celle à noyau dur à amande amère (*A. amara*).

Amandier nain (*Amygd. nana*), vulgairement *Amandier de Géorgie* (Pl. 18, fig. 113, *a b*), qui ne dépasse pas 1 mètre de hauteur; à feuilles oblongues linéaires, dentelées; à grandes fleurs purpurines, solitaires ; à fruit très petit. Se cultive comme plante d'ornement.

Genre PERSICA (*Pêcher*) : fruit : drupe globuleux, succulent, à noyau très rugueux, creusé de sillons profonds, irréguliers (fig. 310).

Fig. 310. — Pêcher. Coupe verticale de la Fleur.

Pêcher commun (*Persica vulgaris*, Pl. 20, fig. 121). Arbre de 3 à 5 mètres, originaire de Perse et cultivé partout. Feuilles lancéolées dentées, courtement pétiolées ; fleurs d'un rose vif, naissant avant les feuilles en mars ou avril ; fruit cotonneux à chair molle. Il donne de nombreuses variétés.

Pêcher lisse (*P. lœvis*), vulgairement *Brugnon*, se distingue par son fruit lisse et sa chair adhérant au noyau.

Genre PRUNUS (*Prunier*) : fruit glabre, couvert d'une efflorescence glauque ; noyau lisse ou légèrement rugueux sur les faces, à bord ventral caréné. Fleurs blanches, naissant avant les feuilles.

Prunier domestique (*Pr. domestica*), vulgairement *Prunier* (Pl. 18, fig. 114, *a b*) ; arbre de 5 à 7 mètres, à rameaux étalés non épineux ; à feuilles pubescentes en dessous, ovales, dentées, à pédoncules pubescents, ordinairement géminés ; à fruits ovoïdes, oblongs, noyau à faces légèrement rugueuses. Variétés à fruit jaune ou rougeâtre ou violet. Cultivé partout.

Prunier épineux (*Pr. spinosa*), vulgairement *Prunellier* (Pl. 18, fig. 115. *a b*) ; arbrisseau buissonnant à rameaux tortueux, épineux, qui croît dans les bois ; à feuilles ovales lancéolées, dentelées ; fleurs solitaires, blanches ; fruit (prunelle) globuleux, petit, bleuâtre ; à chair verdâtre, âpre et astringente ; noyau rugueux.

Les nombreuses variétés de prunes alimentaires ont pour souche mère le *prunier domestique*.

Genre CERASUS (*Cerisier*) : drupe dépourvu d'efflorescence glauque, noyau arrondi, anguleux d'un côté ; fleurs en faisceaux latéraux, naissant à peu près en même temps que les feuilles.

Cerisier commun (*Cerasus vulgaris*, Pl. 20, fig. 123, *a b*), arbre de 2 à 5 mètres ; souche souterraine, traçante ; feuilles glabres, ovales, acuminées, dentées, fermes luisantes, fleurs fasciculées ; fruit rouge, acidule (cerise aigre, cerise anglaise). Donne de nombreuses variétés à la culture : Gobet, Griotte, Montmorency.

Fig. 311. — Cerisier Mahaleb.

Le *Guignier* à gros fruit noir et le *Bigarreautier* à fruit jaune ou rouge, constituent des espèces distinctes.

Cerisier à Grappes (*Cerasus Padus*), vulgairement *Putiet* (Pl. 19, fig. 116, *a b*), arbrisseau touffu, quelquefois arbre de 6 à 10 mètres, à rameaux étalés bruns ponctués de blanc,

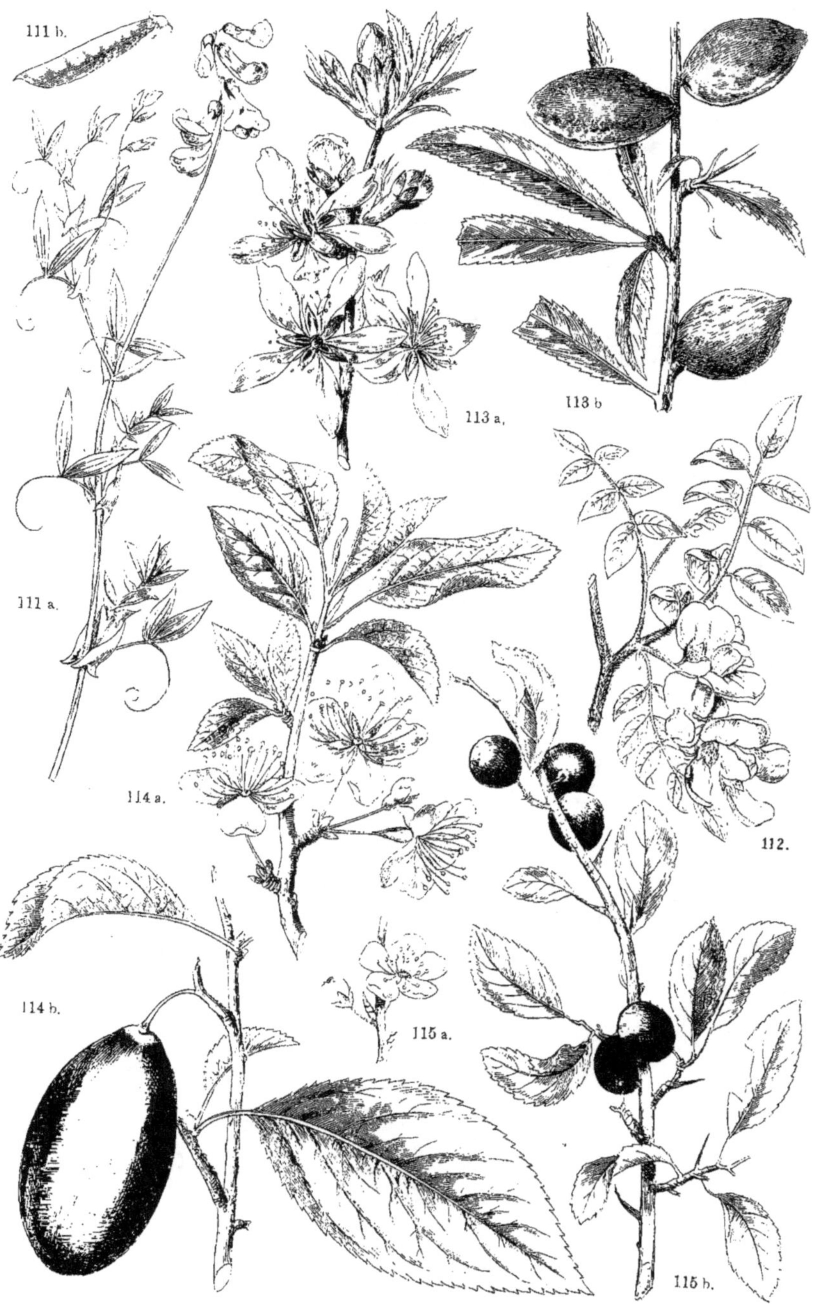
18.
111 b.
113 b
113 a.
111 a.
114 a.
112.
114 b.
115 a.
115 b.

à bois fétide ; feuilles ovales acuminées, finement dentées ; fleurs en grappes allongées, pendantes, blanches ; fruit noir, arrondi, très petit et très acerbe, à noyau rugueux. Croît dans les bois humides.

Cerisier Merisier (*Cer. avium*), vulgairement *Cerisier des oiseaux*, arbre de 5 à 10 mètres, à rameaux étalés, à épiderme blanchâtre ; feuilles ovales acuminées, dentées, pubescentes en dessous ; fleurs en faisceaux sessiles ; fruit (merise) petit, globuleux, rouge ou noir, à chair douceâtre, dont on obtient par distillation le *Kirsch-Wasser* et le *ratafia*.

Cerisier Malaheb (*Cer. malaheb*), vulgairement *Cerisier odorant, Bois de Sainte Lucie* (fig. 311) ; arbre de 3 à 5 mètres, à écorce lisse, d'un brun cendré, très odorante ; à fleurs petites, odorantes, en corymbe de 6 à 12 fleurs ; fruit petit, acerbe, à noyau lisse. Son bois est recherché des ébénistes et des tourneurs.

Laurier Cerise ou **Laurier Amandier** ; originaire d'Orient, est cultivé dans les jardins ; il appartient à ce genre.

FAMILLE DES POMACÉES.

Fig. 312. — Cotoneaster commun.

Arbres ou arbrisseaux à feuilles éparses ou fasciculées, à stipules libres ordinairement caduques. Fleurs s'épanouissant souvent avant les feuilles ; calice à 5 divisions, à tube soudé avec l'ovaire ; 5 pétales égaux, insérés sur la gorge du calice ; 15 à 30 étamines libres, insérées avec les pétales ; 5 styles libres ou soudés ; fruit charnu, couronné par les dents du calice, à 5 loges renfermant 1 ou 2 graines (pepins), rarement plus.

Genre COTONEASTER : calice à 5 lobes courts, persistant autour du disque du fruit ; 3-5 styles ; fruit rouge, globuleux, à 3-5 noyaux osseux, faisant saillie au milieu du disque.

Cotoneaster commun (*Cot. vulgaris*), vulgairement *Néflier cotonneux* (fig. 312). Arbrisseau non épineux, de 5 à 7 décim., à rameaux tortueux ; feuilles entières, ovales, cotonneuses en dessous ; à fleurs d'un blanc verdâtre, axillaires, en petits bouquets de 2 à 5 ; fruit rouge, penché. Croît sur les coteaux secs, les montagnes.

Cotoneaster pyracanthe, vulgairement *Buisson ardent*, croît dans le Midi ; est cultivé dans les jardins, en raison du bel effet que produisent ses fleurs et surtout ses fruits écarlates.

Genre CRATÆGUS (*Aubépine*) : Arbrisseaux épineux, à fleurs en corymbe, à feuilles lobées ; calice à 5 lobes courts, persistant ; 5 pétales arrondis étalés ; environ 20 étamines ; 1 à 3 styles ; fruit rouge ou jaunâtre, fortement ombiliqué.

Aubépine commune (*Cr. oxyacantha*), vulgairement *Épine blanche, noble épine* (Pl. 21, fig. 126, *a b*). Arbrisseau touffu, à feuilles ovales, à 3 lobes peu profonds, incisés dentés, d'un vert foncé et luisant ; fleurs blanches en corymbes latéraux ; fruit rouge, un peu astringent. Son bois est très dur ; ses fleurs, suaves, sont employées en infusion ; on en fait des haies excellentes.

Azérolier (*Cr. Azarolus*), croît dans la région méditerranéenne. C'est un arbrisseau de 5 à 6 mètres, pubescent ; feuilles 3-5 lobes profonds ; fruits jaunâtres ou rougeâtres, comestibles.

Genre MESPILUS (*Néflier*) : arbres ou arbrisseaux épineux à l'état sauvage, à feuilles entières, à fleurs solitaires; calice à 5 divisions foliacées; 5 pétales arrondis, obtus ; 2 à 5 styles glabres, fruit charnu, pulpeux, couronné par le limbe calicinal ; 5 noyaux légèrement saillants.

Néflier d'Allemagne (*Mespilus Germanica*), vulgairement *Néflier* (Pl. 20, fig. 120, *a b*), arbrisseau à rameaux tortueux, épineux, à feuilles lancéolées, cotonneuses inférieurement ; fleurs solitaires, terminales, sessiles, au centre des fascicules de feuilles qui terminent les ramuscules. Fruit (*nèfle* ou *mesle*) gros, d'un brun rougeâtre, charnu, acerbe, devient pulpeux et sucré par le blettissement.

Fig. 313.
Amelanchier commun.

Genre CYDONIA (*Coignassier*) : calice à 5 divisions foliacées, dentées ; 5 pétales arrondis ; étamines dressées ; 5 styles ; ovaire à 5 loges multiovulées; fruit charnu, pyriforme, odorant, à graines nombreuses entourées de pulpe.

Coignassier commun (*Cydonia vulgaris*, Pl. 21, fig. 124, *a b*), arbre de 5 à 8 mètres, à rameaux tortueux, les plus jeunes pubescents ; feuilles ovales entières, blanchâtres et pubescentes en dessous ; fleurs grandes, blanches et rosées, solitaires, presque sessiles ; fruit très gros, jaune odorant (*coing*). On en fait des gelées et des sirops. Cultivé.

Genre AMELANCHIER : calice à 5 dents ; 5 pétales linéaires-lancéolés, dressés ; 5 styles soudés à la base ; fruit à 5 loges partagées en deux par une cloison incomplète, 5 graines cartilagineuses.

Amelanchier commun (*Am. vulgaris*, fig. 313), arbrisseau rameux à écorce brune; feuilles ovales, obtuses, dentées en scie, fermes, coriaces ; fleurs blanches, longuement pédicellées, en petites grappes terminales; fruit lisse, d'un noir bleuâtre. Croît spontanément sur les coteaux secs et pierreux.

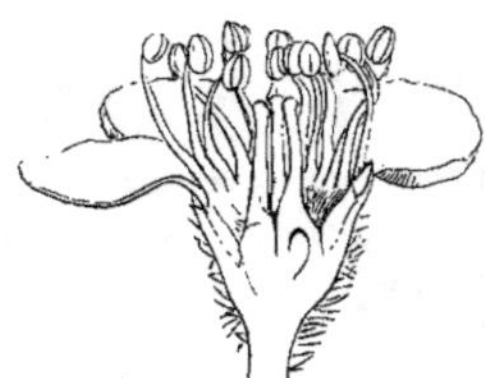

Fig. 314. — Sorbier. Coupe verticale de la Fleur.

Genre SORBUS (*Sorbier*) : calice à 5 divisions, persistant; 5 pétales arrondis ; 2-5 styles ; ovaire à 5 loges biovulées ; fruit globuleux, charnu, à 5 graines (fig. 314).

Sorbier Alisier (*Sorbus aria*), vulgairement *Allouchier* (Pl. 19, fig. 119), arbrisseau à écorce lisse, à feuilles ovales oblongues, doublement dentées en scie, cotonneuses et blanches en dessous; fleurs blanches en corymbes ; fruits rouges, globuleux, acerbes. Fleurit en mai, dans les bois montagneux.

Sorbier des Oiseleurs (*Sorbus aucuparia*), vulgairement *Sorbier des Oiseaux* (Pl. 21, fig. 125, *a b*), arbre à rameaux élancés, à bourgeons cotonneux, à feuilles pennées, de 9 à 15 folioles oblongues, lancéolées, dentées; fleurs en corymbe, blanches, en mai et juin ; fruit globuleux, d'un rouge écarlate, très acerbe; recherché par les oiseaux.

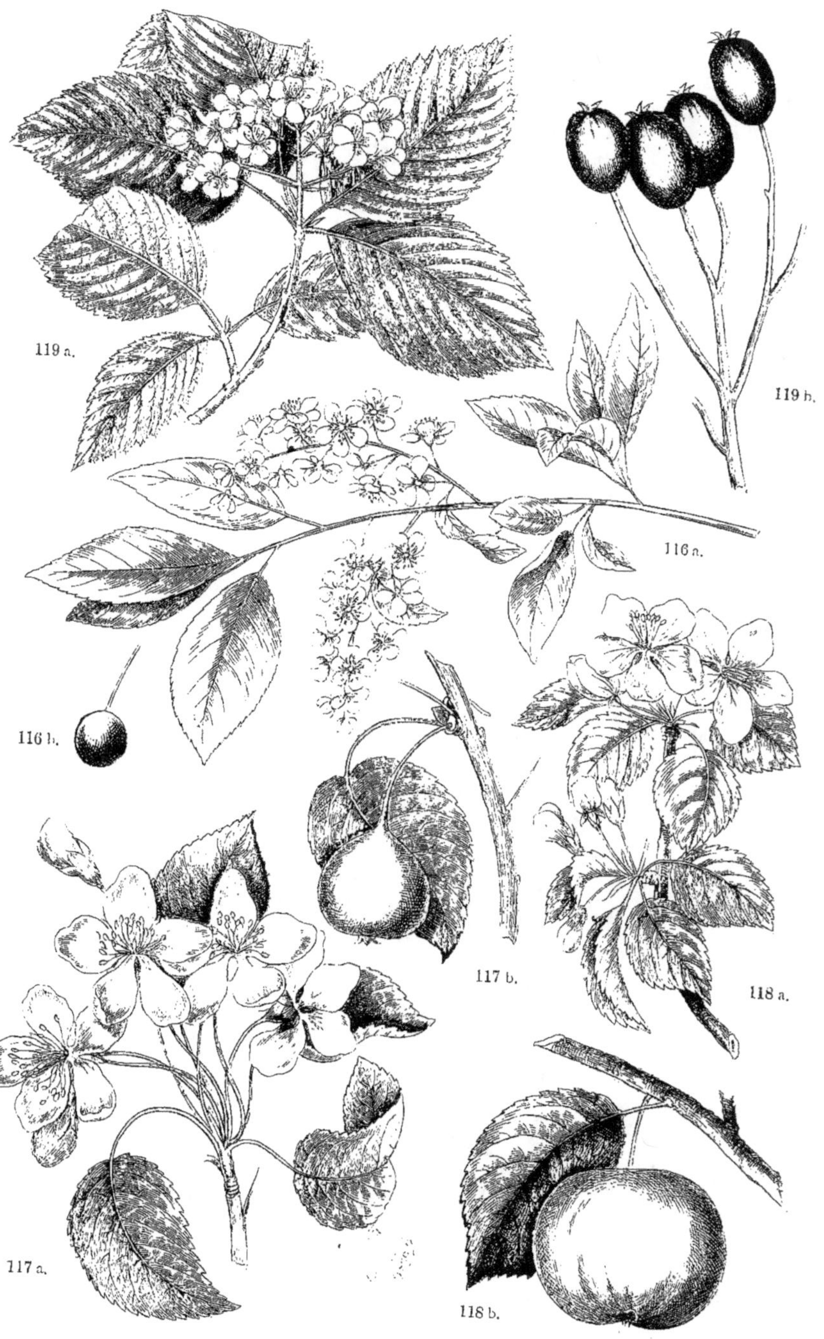

19.
119 a.
119 b.
116 a.
116 b.
117 b.
118 a.
117 a.
118 b.

Alisier des Bois (*Sorbus torminalis*), vulgairement *Aigrelier* (fig. 315), arbre de 10 à 15 mètres, à feuilles glabres, lobées, dentées ; fleurs en corymbe rameux, blanches ; fruits d'un jaune brun ou rougeâtre, acerbe. Bois montagneux.

Sorbier domestique ou **Cormier**, arbre élevé, pyramidal, donne un fruit pyriforme, comestible en blettissant.

Le bois des sorbiers est très dur, très serré et très fin.

Genre PIRUS (*Poirier*) : calice à 5 divisions, persistant, corolle à 5 pétales arrondis ; 5 styles libres ; fruit en toupie ou presque globuleux, mais jamais ombiliqué à sa base, à 5 loges renfermant chacune une ou deux graines (pepins).

Poirier commun (*Pirus communis*, Pl. 19, fig. 117, *a b*), arbre élevé, pyramidal, à feuilles entières ovales, glabres, dentelées finement ; fleurs grandes, blanches, en bouquets axillaires ; fruit alimentaire, variant à l'infini par la culture. (Beurré, Bergamote, Messire Jean, Rousselet, Bon Chrétien, Crassane, Doyenné, etc.)

Le bois du poirier est très dur est très résistant ; il sert à une foule d'usages ; les fruits de certaines variétés sont délicieux, et de ceux des poiriers sauvages on retire un cidre (*poiré*) plus alcoolique que celui de pommes.

Fig. 315. — Alisier des Bois.

Genre MALUS (*Pommier*) : caractères du genre *pirus ;* mais les styles sont soudés à la base et le fruit ombiliqué à la base et au sommet.

Pommier commun (*Malus communis*) *Pommier cultivé* (Pl. 19, fig. 118, *a b*), arbre de 5 à 8 mètres, à rameaux étalés, à feuilles ovales courtement acuminées, crénelées, dentées ; pédoncules cotonneux, réunis en sertules latéraux ; fleurs blanches mêlées de rose, odorantes, en avril et mai. Varie à l'infini. (Calville, Fenouillet, Reinette, Rambour, Api, etc.)

On fait une espèce distincte du POMMIER A CIDRE (*malus acerba*) à feuilles et calice très glabres ; à fruit acerbe donnant le cidre.

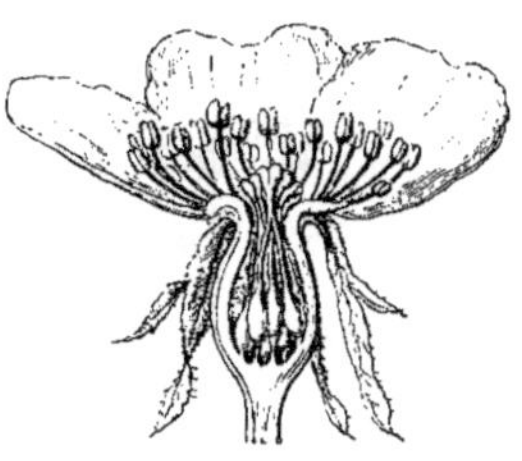

Fig. 316. — Rose. Coupe verticale.

FAMILLE DES ROSACÉES.

Plantes herbacées ou ligneuses, à feuilles alternes, munies de stipules : fleurs régulières, à calice persistant, à limbe partagé en 4 à 10 divisions ; corolle de 4 à 5 pétales insérés sur le calice ainsi que les étamines ; celles-ci nombreuses ; ovaires uniloculaires, à styles simples, tantôt libres et distincts, tantôt agglutinés en colonne, anthères biloculaires, introrses ; ovaires libres ; carpelles indéhiscents, monospermes (fig. 316), ou s'ouvrant par le bord interne et contenant 2 ou plusieurs graines (*Spiræa*).

I. — **SPIRÉES** : *carpelle en verticille, s'ouvrant par le bord interne ; à 2 ou plusieurs graines.*

Genre SPIRÆA (*Spirée*) : calice persistant à 5 lobes ; 5 pétales ; étamines nombreuses insérées avec les pétales sur le réceptacle adhérent au calice ; 3 à 15 styles ; carpelles capsulaires renfermant de 2 à 6 graines (fig. 317).

Spirée ulmaire (*Sp. ulmaria*), vulgairement *Reine des prés* (Pl. 23, fig. 136, *a b*). Plante herbacée vivace, à racines fibreuses, à tiges droites, rameuses, anguleuses, de 8 à 12 décim., à feuilles pinnées, à folioles larges, ovales, dentées, entremêlées de plus petites, la terminale très grande, à 3 - 5 lobes ; stipules arrondies, dentées ; fleurs blanches, petites, odorantes, en panicule serrée terminale, l'été, dans les prés humides, au bord des eaux.

Fig. 318 — Spirée filipendule.

Spirée filipendule (*Sp. filipendula*), vulgairement *filipendule* (fig. 318) à racines fibreuses, renflées en tubercules ovoïdes ; tiges de 2 à 3 décim., dressées, simples ; feuilles à 15 — 20 segments incisés, dentés ; stipules amplexicaules, dentées ; fleurs blanches ou rosées en panicule terminale, en juin et juillet. Bois et prés secs.

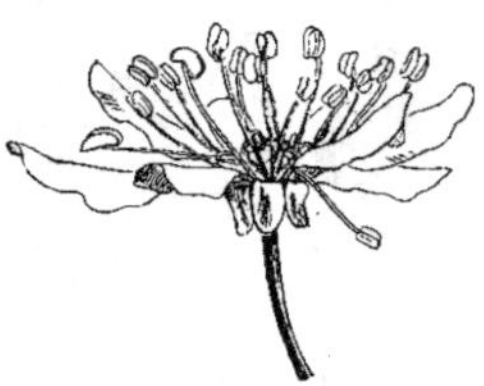

Fig. 317. — Spirée. Coupe verticale de la Fleur.

II. — POTENTILLÉES : *carpelles nombreux, monospermes, secs ou drupacés, insérés sur un réceptacle.*

Genre GEUM (*Benoite*) : plantes herbacées, à feuilles ailées, lobées ; calice et calicule chacun à 5 divisions ; 5 pétales ; étamines nombreuses ; carpelles secs, poilus, terminés par le style persistant, allongé, formant une arête nue ou plumeuse (fig. 319, 320, 321).

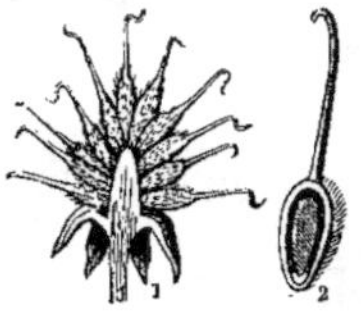

Benoite commune (*Geum urbanum*, Pl. 23, fig. 134), rhizôme à odeur aromatique, tiges de 4 à 6 décim., dressées, velues, peu rameuses ; à feuilles velues, les radicales à 5 folioles, les supérieures à 3, ovales, dentées ; stipules dentées ; pédoncules simples, terminaux, à fleurs jaunes dont la corolle dépasse à peine le calice. Été, bois.

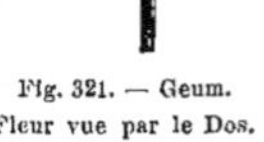

Fig. 321. — Geum. Fleur vue par le Dos.

Fig. 319. 320. — Geum. Carpelles. Coupe verticale.

Benoite des Ruisseaux (*Geum rivale*) vulgairement *Benoite aquatique* (Pl. 23, fig. 135, *a b*) ; plante velue, à rhizôme très fort, à tiges dressées, presque simples : feuilles penniséquées, à lobe terminal orbiculaire ; fleurs d'un jaune rougeâtre, à pétales égaux au calice, de mai en juillet, au bord des ruisseaux des montagnes.

Genre POTENTILLA : plantes herbacées, à feuilles pinnées ou digitées : calice et calicule

122 b.
123 b.
120 a.
120 b.
122 a.
121.
123 a.

à 4-5 divisions; 5 pétales obovales, souvent échancrés au sommet; étamines 20 ou plus; styles latéraux, caducs; carpelles nombreux sur un réceptacle sec et poilu.

Potentille printanière (*P. verna*, Pl. 22, fig. 130), plante en gazon, à tiges couchées; à feuilles d'un vert sombre, les inférieures de 5 à 7, les supérieures de 3 folioles, cunéiformes, incisées dentées; stipules linéaires aiguës; fleurs jaunes, à pétales échancrés, dépassant un peu le calice.

Fig. 322. — Potentille tormentille.

Potentille tormentille (*P. tormentilla*, fig. 322), rhizôme épais, tiges grêles, ascendantes, de 3 à 4 décim., à feuilles radicales pétiolées, les caulinaires sessiles, à 3 folioles cunéiformes; stipules incisées digitées; fleurs jaunes solitaires, à 4 divisions, sur des pédoncules axillaires au moins aussi longs que les feuilles. Été, champs et pâturages secs.

Fig. 323. — Potentille rampante.

Potentille rampante (*P. reptans*), vulgairement *Quintefeuille* (fig. 323) tiges de 3 à 5 décim., rampantes, à stolons radicants à chaque nœud; feuilles digitées à 5-7 folioles, obovales ou en coin, profondément dentées, poilues en dessous; stipules elliptiques, entières; pédoncules axillaires, uniflores, plus longs que les feuilles; fleurs jaunes. Été, champs et pâturages.

Potentille ansérine (*P. anserina*), vulgairement *Argentine* (fig, 324), tiges rampantes, stolonifères; feuilles composées de 6 à 10 paires de folioles blanches, soyeuses sur les deux faces, entremêlées d'autres folioles plus petites, à dents étroites et profondes; stipules engainantes, multifides; fleurs grandes, d'un beau jaune, à pétales plus grands que le calice. Été; lieux humides, bord des eaux.

Genre FRAGARIA (*Fraisier*): plantes herbacées, stolonifères, à feuilles trifoliolées: calice et calicule à 5 divisions; 5 pétales; étamines nombreuses; carpelles secs, nombreux, à styles latéraux, persistants, insérés sur un réceptacle charnu, succulent (*fraise*) et enchâssant les akènes (fig. 325 et 326).

Fraisier comestible (*Fragaria vesca*), cultivé (Pl. 22, fig. 131). Plante velue, de 1 à 3 décim., à folioles ovales arrondies, dentées; fleurs blanches; fruit succulent, parfumé. — Les variétés de fraises sont très nombreuses, et très recherchées comme fruits de table.

Genre RUBUS (*Ronce*): arbrisseaux à tiges ordinairement armées d'aiguillons; à feuilles presque toujours digitées, de 3 à 5 folioles; fleurs, le plus souvent en grappes axillaires

Fig. 324. — Potentille ansérine.

ou terminales: calice persistant à 5 divisions, 5 pétales, étamines nombreuses, ovaires nombreux surmontés d'un style caduc ; carpelles globuleux, charnus à noyau osseux sur un réceptacle conique (fig. 327, 328).

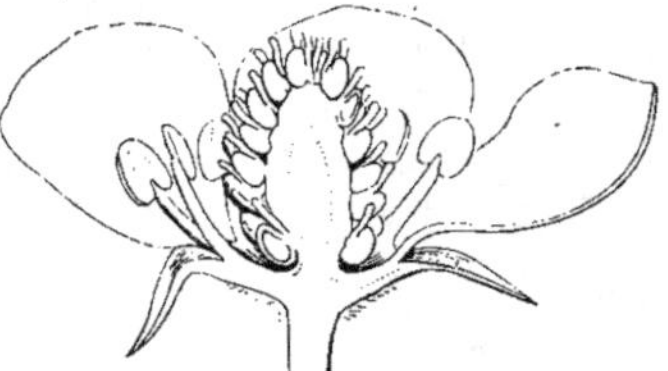

Fig. 325. — Fraisier. Coupe verticale de la Fleur.

Ronce Framboisier (*Rubus idœus*), vulgairement *Framboisier* (Pl. 22, fig. 132, *a b*), plante traçante, à tige de 5 à 9 décim., droite, rameuse, à aiguillons petits ; feuilles à 3-5 folioles, blanchâtres en dessous ; fleurs blanches axillaires, fasciculées ou solitaires ; carpelles rouges ou jaunes ; velus, odorants, se séparant en bloc du réceptacle. Cultivé: spontané dans les bois montagneux.

Ronce frutescente (*Rubus fruticosus*) vulgairement *Ronce* (Pl. 23, fig. 133, *a b*) ; tiges dressées, courbées ou arquées au sommet seulement, chargées d'aiguillons crochus ; feuilles pétiolées, à 3 ou 5 folioles ovales, inégalement dentées ; fleurs en thyrses terminaux ; fruits luisants, noirs à la maturité (*mûres*), sucrés. Croît dans les haies et les bois. Cette espèce varie beaucoup.

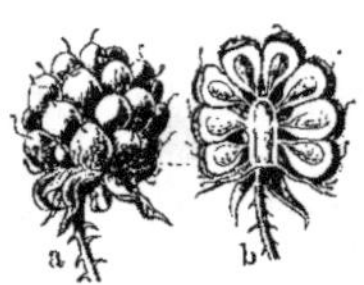

Fig. 327-328. — Ronce. Fruit.

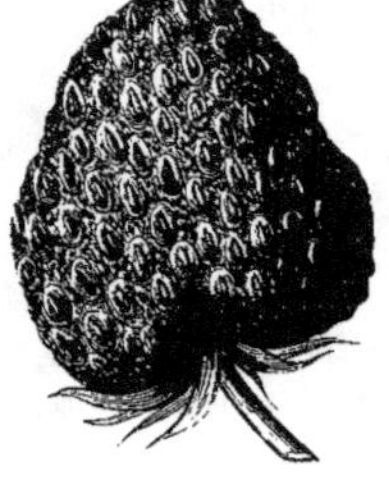

Fig. 326. —_Grosse Fraise.

Ronce bleue (*Rubus cœsius*, fig. 329). Tige grêle, couchée, glauque, hérissée d'aiguillons très petits ; feuilles presque toutes à 3 folioles ovales, dentées ; carpelles gonflés, peu nombreux d'un noir bleuâtre, adhérents au réceptacle. Bois, bords des ruisseaux.

Les feuilles des Ronces sont amères et astringentes, leur décoction s'emploie en gargarismes contre les maux de gorge ; il en est de même du sirop de mûres fait avec leur fruit.

III. — **ROSÉES**: *carpelles nombreux renfermés dans le tube du calice devenant charnu et succulent à la maturité* (Voir la fig. 316).

Genre ROSA : arbrisseaux à épines courbées ; à feuilles composées, à stipules adhérentes au pétiole : calice tubulé, à 5 divisions ; 5 pétales, étamines nombreuses, carpelles nombreux ; styles saillants hors du calice, tantôt courts et libres, tantôt plus longs et soudés en colonne. Espèces très variées dont quelques-unes produisant des hybrides dans les jardins et donnant par la culture des fleurs doubles et pleines.

Fig. 329. — Ronce bleue.

Rosier des Chiens (*Rosa canina*), vulgairement *Églantier* (Pl. 21, fig. 127), arbrisseau dressé, élevé, à aiguillons robustes dilatés à la base ; 5-7

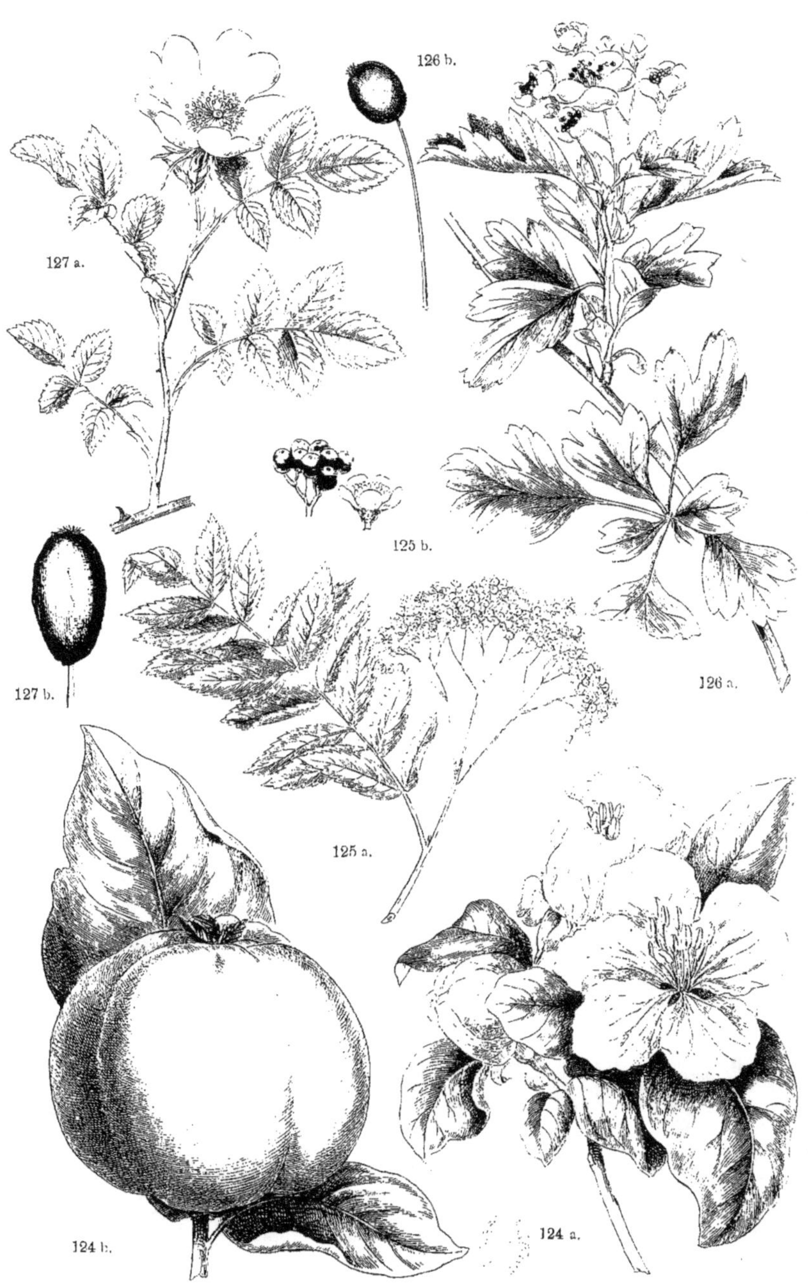

21.
126 b.
127 a.
125 b.
127 b.
126 a.
125 a.
124 b.
124 a.

folioles ovales, dentées en scie, à dents supérieures conniventes ; fleurs à peine rosées, odorantes : fruit oblong, rouge. Croît dans les bois.

Rosier rouille (*Rosa rubiginosa*), vulgairement *Églantier rouge* (Pl. 22, fig. 128, *a b*). Arbrisseau touffu à aiguillons robustes, courbés en faux ; feuilles glanduleuses en dessous, à odeur de pomme reinette ; fleurs roses, petites ; fruit ovoïde, d'un pourpre foncé. Bois.

Rosier des Champs (*Rosa arvensis*, Pl. 22, fig. 129), arbrisseau à rameaux allongés, tombants ou rampants, à aiguillons arqués ; feuilles glabres, dentées, d'un vert pâle en dessous ; fleurs blanches en corymbe ; fruit ovoïde, rouge, glabre. Bois, buissons.

Rosier pimprenelle (*Rosa pimpinellœ folia*, fig. 330), tige très rameuse, chargée d'aiguillons nombreux ; feuilles petites, ovales obtuses, de 5 à 9 folioles, dentées ; à fleurs blanches ou rosées, à fruit globuleux, rouge, passant au noir. Bois secs, rochers.

Fig. 330. — Rosier pimprenelle.

Rosier de France (*Rosa gallica*), vulgairement *Rose de Provins*. Tiges nombreuses et grêles, à aiguillons nombreux ; feuilles de 5-7 folioles, doublement dentées, pubescentes en dessous ; fleurs grandes, très rouges, solitaires ; fruits globuleux, coriaces. Bois frais.

On cultive plusieurs espèces de rosiers qui ont produit de nombreuses variétés que l'on multiplie en les greffant sur les églantiers. On obtient des roses, par distillation, une essence suave, très recherchée, et les *Roses de Provins* sont employées comme astringent et antiophthalmique.

IV. — **AGRIMONIÉES** : *1-2 carpelles monospermes renfermés dans le tube d'un calice devenant ligneux ; 12-20 étamines.*

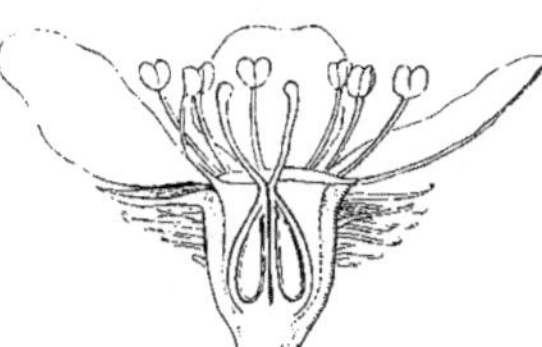

Fig. 331. — Aigremoine. Coupe verticale de la Fleur.

Genre AGRIMONIA : plantes vivaces, herbacées, à feuilles irrégulièrement pennatiséquées, à fleurs petites, en grappes terminales ; tube du calice cannelé extérieurement , hérissé au sommet d'épines cro-

Fig. 332. — Aigremoine eupatoire.

chues, à limbe à 5 divisions conniventes ; 5 pétales ; styles terminaux (fig. 331).

Aigremoine eupatoire (*Agrimonia eupatoria*), vulgairement *Herbe de Saint-Guillaume* (fig. 332). Plante velue, à tige dressée, anguleuse, de 4 à 6 décim. ; feuilles cotonneuses en dessous, à folioles ovales, dentées, entremêlées de folioles plus petites ; stipules amplexicaules, incisées dentées ; fleurs petites, jaunes, en longues grappes : le tube du calice profondément sillonné jusque près de la base. Été ; prés secs.

V. SANGUISORBÉES : *calice à 3, 4 ou 5 lobes, à tube contracté au sommet et contenant les carpelles non adhérents.*

Genre ALCHEMILLA : plantes herbacées, à feuilles palmées, à fleurs très petites, hermaphrodites régulières : calice tubuleux à 8 divisions sur deux rangs, les extérieures plus petites ; pétales nuls ; 1 à 4 étamines ; style latéral à stigmate capité ; fruit sec, indéhiscent, monosperme, renfermé dans le calice persistant.

Fig. 333. — Alchemille des Champs.

Alchemille commune (*Alchemilla vulgaris*), vulgairement *Pied de lion* (Pl. 23, fig. 137). Tiges dressées, rameuses de 3 à 4 décim., feuilles de 5 à 9 lobes, orbiculaires peu profonds ; fleurs d'un jaune verdâtre en corymbe dichotome. Fleurit l'été, dans les prés. Ses feuilles sont astringentes, vulnéraires.

Alchemille des Champs (*Alch. arvensis*, fig. 333), tiges couchées ou redressées, de 6 à 15 centim., pubescentes, à feuilles sessiles, à 3 lobes profonds, subdivisés en 3-5 segments ; fleurs très petites, d'un jaune verdâtre, à 1 ou 2 étamines ; fleurs réunies en glomérules, étroitement embrassées par les deux stipules soudées entre elles. Été, champs.

Genre SANGUISORBA : plantes herbacées, glabres, à feuilles imparipennées, à fleurs en épi, hermaphrodites, à calice coloré, à 4 lobes et à tube quadrangulaire entouré de 2 ou 3 bractées, pétales nuls, 4 étamines ; style filiforme ; 1 ou 2 carpelles inclus dans le tube du calice.

Sanguisorbe officinale (*Sanguisorba officinalis*), vulgairement *Pimprenelle des prés* (Pl. 23, fig. 138) ; tige droite, anguleuse, de 5 à 9 décim., à feuilles glauques, de 5 à 15 folioles, oblongues, dentées ; à fleurs d'un pourpre foncé en épi ovale, à bractées égalant les fleurs. Été ; prés humides.

Fig. 335.

Pimprenelle commune.

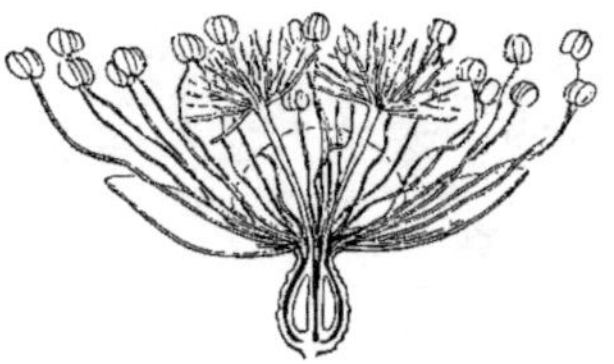

Fig. 334. — Pimprenelle, Fleur. Coupe verticale.

Genre POTERIUM (*Pimprenelle*) : fleurs polygames ; les femelles placées au haut de l'épi ; 20 à 30 étamines insérées sur un anneau glanduleux qui garnit la gorge du calice ; celui-ci à limbe quadripartite ; corolle nulle ; 2 stigmates terminaux, plumeux ; 2 akènes (fig. 334).

Pimprenelle commune (*Poterium sanguisorba*), vulgairement *Petite Pimprenelle*

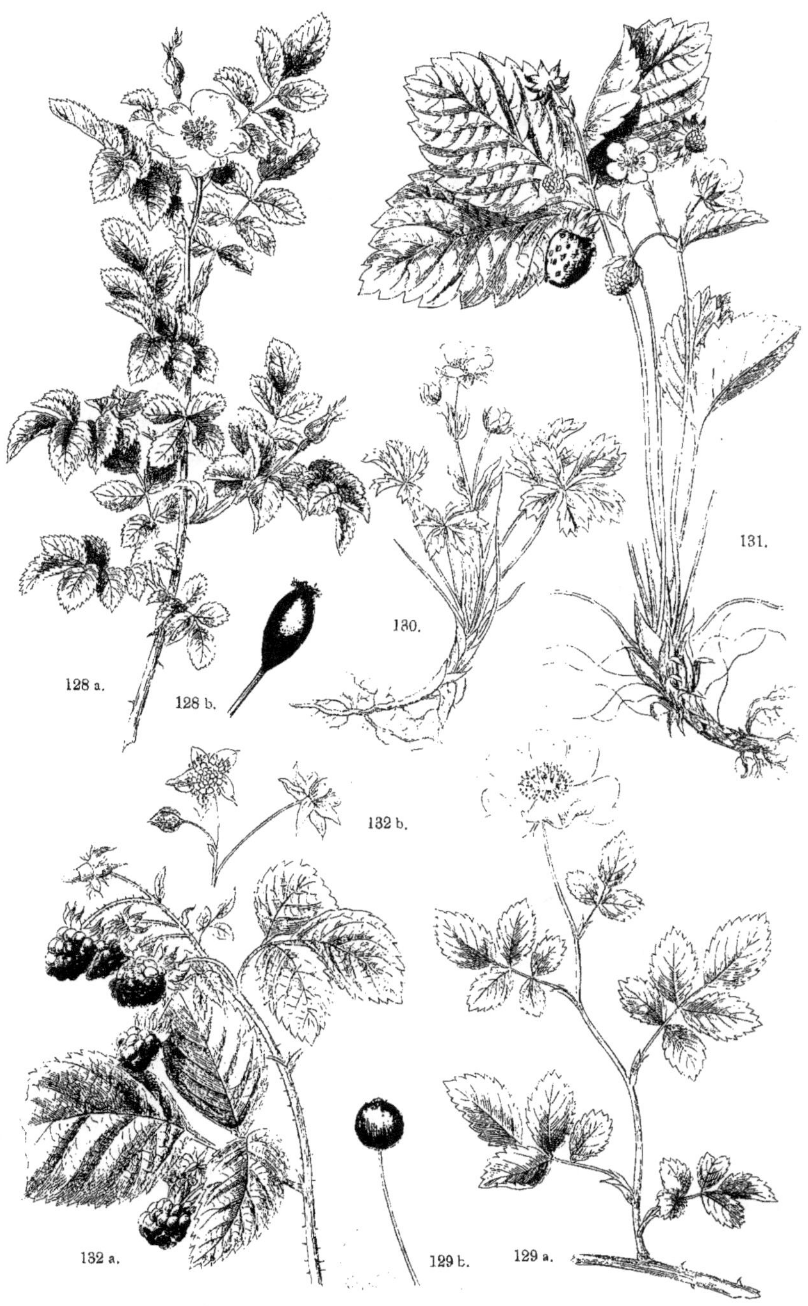

128 a.
128 b.
130.
131.
132 b.
132 a.
129 b.
129 a.

(fig. 335); tige dressée, anguleuse, rameuse, de 3 à 6 décim. ; feuilles ailées avec impaire, à folioles nombreuses; petites, ovales, incisées dentées; épi terminal de fleurs herbacées mêlées de blanc et de rougeâtre. Été; prés et coteaux. Cultivée comme condiment et comme fourrage.

FAMILLE DES CUCURBITACÉES.

Tige herbacée, velue, à vrilles accrochantes; feuilles alternes, pétiolées, palmatilobées.

Fleurs unisexuelles, rarement polygames; calice tubulé, à 5 divisions; corolle monopétale à 5 divisions; les mâles à 5 étamines, anthères flexueuses; femelles à ovaire infère adhérent au calice, style court, trifide, 3 stigmates (fig. 336-337); fruit charnu, souvent volumineux, à 3-5 loges; graines nombreuses, aplaties.

Genre BRYONIA : plantes grimpantes, monoïques ou dioïques; calice à 5 dents, corolle à 5 divisions; 5 étamines, dont 4 soudées deux à deux et 1 libre; fruit petit, globuleux, bacciforme, à graines comprimées (fig. 338).

Bryone dioïque (*Bryonia dioïca*), vulgairement *Couleuvrée* (Pl. 26, fig. 150); racine en forme de navet, très grosse, charnue, tiges grimpantes de 1 à 2 mètres, à vrilles en spirales; feuilles cordiformes, à 5 lobes profonds, aigus, dentés; fleurs dioïques en petits

Fig. 337.
Melon. Fleur femelle.

Fig. 336.
Melon. Fleur mâle.

corymbes axillaires, d'un blanc jaunâtre; baies rouges.

Bryone blanche (*Br. alba*), monoïque; baie noire.

La racine de la Bryone est amère, vireuse, nauséabonde; c'est un violent purgatif; on l'emploie contre les rhumatismes et la paralysie.

Genre CUCUMIS (*Concombre*): plantes rampantes, à vrilles simples, à fleurs monoïques: calice campanulé à lobes courts, subulés, corolle ondulée, plissée; fruit gros, charnu, à graines amincies sur les bords.

Concombre cultivé (*Cucumis sativus*), vulgairement *Concombre* (Pl. 25, fig. 149, *a b*); tiges sarmenteuses, couchées, hérissées, à feuilles cordiformes, à angles aigus; fruits oblongs, lisses ou tuberculeux, d'abord verts, puis jaunes en mûrissant. Récolté jeune et confit dans le vinaigre, il

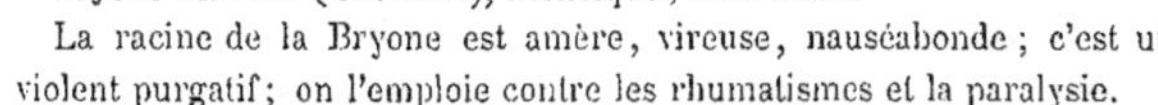

Fig. 338.
Fleur de Bryone.
Coupe verticale.

constitue le cornichon.

Concombre Melon (*Cucumis melo*), vulgairement *Melon;* feuilles à 5 lobes obtus; fruits ovoïdes ou globuleux, très gros, marqués de côtes ou réticulés, à pulpe succulente, sucrée, parfumée.

Le *Melon d'eau* ou *Pastèque*, à fruit lisse, se cultive dans le Midi.

Genre CUCURBITA (*Courge*): fleurs monoïques; corolle campanulée, étalée, à lobes plans ; anthères soudées en colonne ; fruit charnu, gros ; graines entourées d'un rebord renflé.

Courge Citrouille (*Cucurbita pepo*), vulgairement *Citrouille* ou *Giraumon* (Pl. 25, fig. 144) ; feuilles à lobes échancrés, lobulés ; fruit moyen, lisse, globuleux ou oblong, à chair aqueuse.

Courge Potiron : feuilles ridées, en cœur, à lobes arrondis ; à grandes fleurs jaunes campanulées ; à fruit très gros, globuleux, déprimé, charnu. Cultivé.

Ces plantes se modifient par la culture, en un grand nombre de variétés.

FAMILLE DES ONAGRARIÉES.

Plantes herbacées à feuilles simples, ordinairement opposées ; fleurs hermaphrodites, à calice monosépale, adhèrent à l'ovaire à 2-4 ou 5 lobes ; 2 à 5 pétales insérés à la gorge du tube ; 2 à 10 étamines ; ovaire infère, pluriloculaire, à placentas centraux, style filiforme, autant de stigmates que de carpelles ; fruit sec ou charnu.

Genre ISNARDIA : calice tubulé à 4 divisions ; corolle nulle ; 4 étamines, style filiforme à stigmate capité ; capsule polysperme à 4 loges et à 4 valves.

Fig. 340.
Circée. Coupe
verticale
de la Fleur.

Isnardie des Marais (*Isn. palustris*, fig. 339), plante aquatique à tiges grêles, tétragones, rampantes-radicantes ou flottantes ; à feuilles opposées, ovales aiguës rétrécies à la base en pétiole ; fleurs petites, verdâtres, axillaires, sessiles.

Fig. 339. — Isnardie des Marais.

Genre CIRCŒA (*Circée*) : fleurs hermaphrodites régulières ; calice à tube resserré au-dessus de l'ovaire, à 2 divisions, 2 pétales bilobés, insérés sur le tube du calice ; 2 étamines à anthères bilobées, introrses ; capsule ovale, en poire, à 2 valves et à 2 loges monospermes, hérissée de poils blancs crochus (fig. 340).

Circée parisienne (*Circœa lutetiana*), vulgairement *Herbe aux sorcières* (Pl. 24, fig. 141). Plante herbacée à souche rampante, à stolons souterrains ; tige dressée, pubescente ; à feuilles opposées, ovales aiguës, denticulées ; fleurs en grappes terminales, d'un blanc rosé, l'été, dans les bois frais et couverts. Cette plante doit ses divers noms à ce qu'elle était employée jadis dans les enchantements.

Genre ŒNOTHERA (*Onagre*) : tube du calice longuement prolongé au-dessus de l'ovaire, à 4 divisions ; 4 pétales échancrés ; 8 étamines ; capsule oblongue, anguleuse, à 4 valves et 4 loges polyspermes ; graines nues.

Onagre bisannuelle (*Œnoth. biennis*), vulgairement *Herbe aux ânes* (Pl. 24, fig. 140). Tige droite, rameuse, poilue, de 6 à 10 décim. ; à feuilles lancéolées, aiguës, denticulées ; fleurs grandes, jaunes, axillaires, solitaires ; l'été, le long des eaux.

Genre EPILOBIUM (*Épilobe*) : calice caduc, à 4 lobes ; 4 pétales, 8 étamines à stig-

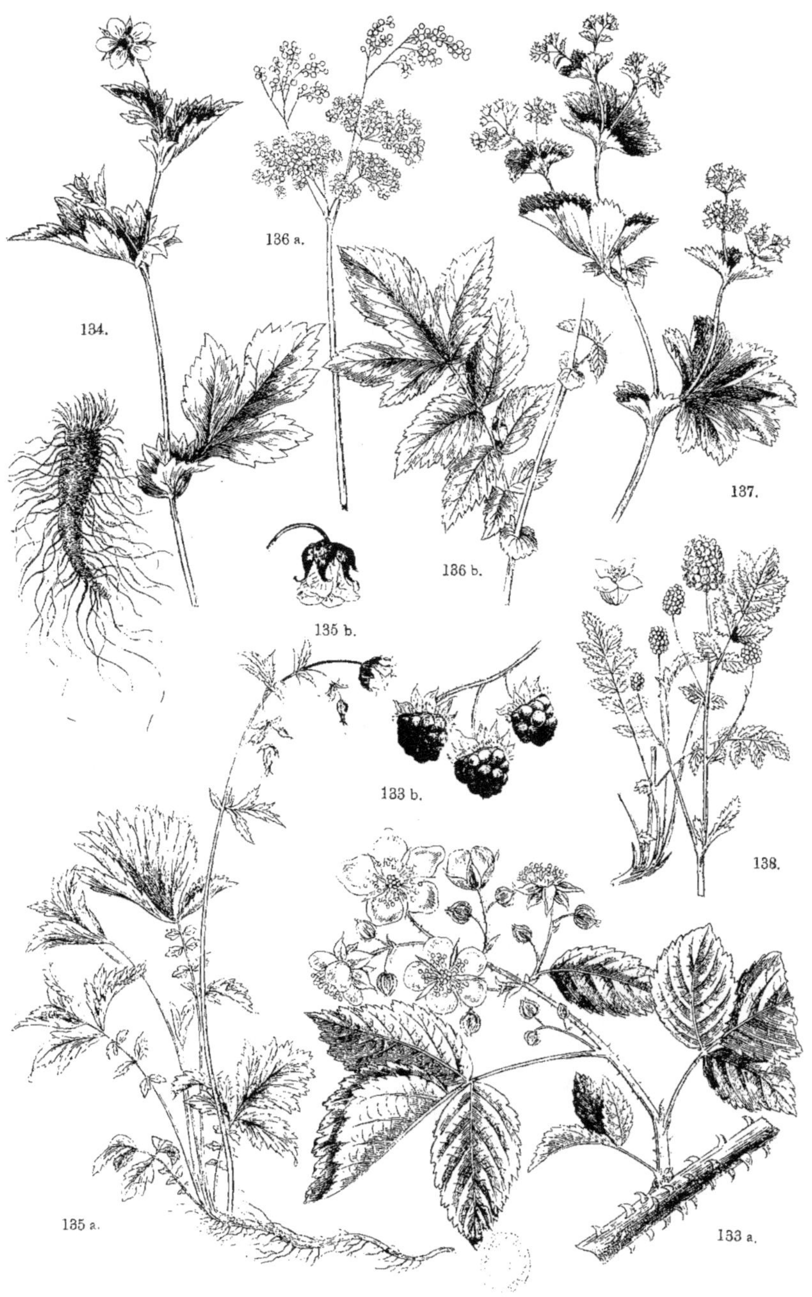

134.

136 a.

135 b.

186 b.

137.

133 b.

138.

135 a.

133 a.

mates étalés en croix ou rapprochés en massue ; capsule linéaire à 4 loges et à 4 valves polyspermes ; graines aigrettées (fig. 341).

Épilobe à épis (*Epil. spicatum*), vulgairement *Laurier de Saint-Antoine* (Pl. 24, fig. 139, *a b*) ; tiges glabres, rougeâtres, de 6 à 10 décim. ; à feuilles éparses, lancéolées allongées ; à fleurs purpurines, en grappes terminales, feuillées, bractéolées au sommet. L'été, dans les bois frais.

Épilobe rose (*Epil. roseum*, fig. 342), plante non stolonifère, à tige poilue, de 3 à 5 décim., un peu rampante à la base, puis redressée, à lignes saillantes ; feuilles, larges, denticulées ; fleurs petites, d'un rose pâle. Été, lieux humides.

C'est à la famille des Onagrariées qu'appartient le genre FUCHSIA, si répandu aujourd'hui dans les jardins. Nous figurons dans notre Atlas, Pl. 24, fig. 143, le *Fuchsia coccinea* du Mexique.

Fig. 341.
Épilobe. Diagramme
de la Fleur.

Fig. 342. — Épilobe rose.

FAMILLE DES HALORAGÉES.

Plantes aquatiques, à fleurs petites, souvent unisexuelles ; calice adhérent à l'ovaire, à limbe divisé ou presque nul ; 3 à 4 pétales insérés au sommet du tube du calice ou nuls ; 1 à 8 étamines ; ovaire à 1-4 loges, contenant chacune un ovule pendant ; 1-4 stigmates filiformes ; capsules formées de 1 à 4 carpelles plus ou moins soudés, dans le calice.

Genre MYRIOPHYLLUM : plantes aquatiques à inflorescence émergée et à fleurs monoïques, sessiles, verticillées ; calice à 4 lobes, 4 pétales très caducs ; 4-8 étamines ; 4 stigmates velus ; capsule à 4 loges arrondies, monospermes, se séparant à la maturité.

Myriophylle à Épi (*Myr. spicatum*), vulgairement *Volant d'eau* (fig. 343) ; tige rameuse, faible, submergée, à feuilles verticillées par 4, pennatiséquées à segments capillaires ; fleurs verticillées en épi interrompu toujours droit ; bractées supérieures entières et plus courtes que les fleurs. L'été, dans les eaux paisibles.

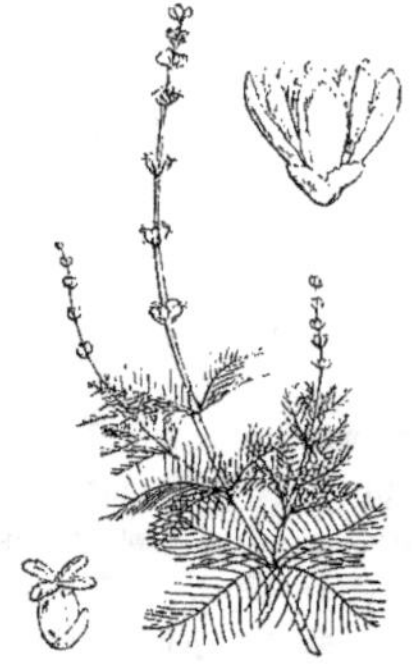

Fig. 313. — Myriophylle à Épi.

Myriophylle verticillé (*Myr. verticillatum*), à feuilles verticillées par 5 ; à rameaux florifères terminés par un faisceau de feuilles. Mares, étangs.

Genre TRAPA (*Mâcre*) : plantes aquatiques ; à feuilles, les unes nageantes, les autres submergées ; fleurs hermaphrodites : calice à 4 lobes, persistant ; 4 pétales, sur un disque charnu, 4 étamines ; ovaire à 2 loges, adhérant au calice par sa partie inférieure ; 1 style filiforme ; capsule dure, coriace monosperme, armée de 2 à 4 épines coniques (fig. 344).

Mâcre flottante (*Trapa natans*), vulgairement *Cornuelle, Châtaigne d'eau* (Pl. 24, fig. 142, *a b*). Tige simple, grêle, rampante sous l'eau ; feuilles submergées, capillaires, pectinées ; les supérieures triangulaires, souvent rougeâtres, disposées en rosettes qui flottent à la surface ; pétiole utriculeux renflé au milieu ; pédoncules courts, axillaires, fistuleux ; fruit à 4 épines. Été, dans les étangs, les mares.

Genre HIPPURIS (*Pesse*) : calice adhérent à l'ovaire, tubuleux, corolle nulle ; 1 étamine insérée au sommet du calice ; style filiforme ; fruit globuleux, monosperme indéhiscent, couronné par le limbe du calice.

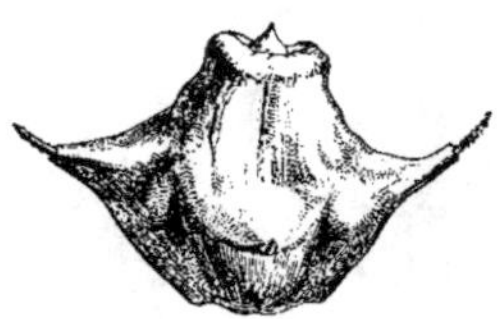

Fig. 344. — Trapa ; Fruit mûr.

Pesse commune (*Hippuris vulgaris*, Pl. 25, fig. 145, *a b*) souche rampante, tige dressée, fistuleuse, à feuilles verticillées, sessiles, linéaires ; à fleurs très petites, axillaires, d'un blanc rougeâtre. Été, bords des étangs.

Genre CALLITRICHE : fleurs unisexuelles ou hermaphrodites, munies à la base de 2 bractées pétaloïdes ; calice nul ou infère, de 2 sépales très petits ; corolle nulle ; 1-2 étamines ; ovaire à 4 loges uniovulées, 2 styles subulés à stigmate entier ; fruit sec se séparant en 4 carpelles monospermes, indéhiscents.

Callitriche printanière (*C. verna*), vulgairement *Étoile d'eau* (Pl. 25, fig. 145, *a b*) : plante herbacée aquatique croissant dans les mares et les ruisseaux ; à tige grêle ; à feuilles inférieures linéaires, étroites, les supérieures obovales, en rosette ; fleurs très petites, axillaires, solitaires ; angles du fruit à carène ailée.

FAMILLE DES CÉRATOPHYLLÉES.

Plantes aquatiques submergées, à feuilles verticillées ; fleurs sessiles, axillaires, solitaires, monoïques ; calice à 10-12 divisions égales, linéaires ; corolle nulle ; 12-20 étamines à anthères oblongues sessiles, biloculaires ; fleur femelle à ovaire uniloculaire comprimé ; style filiforme à stigmate simple ; fruit dur, ovale, monosperme : indéhiscent, terminé par le style persistant ; cotylédons divisés.

Genre CÉRATOPHYLLUM, *ut supra*.

Cornifle nageant (*Ceratophyllum demersum*, fig. 345) : Plante flottante d'un vert sombre, à tiges grêles, rameuses,

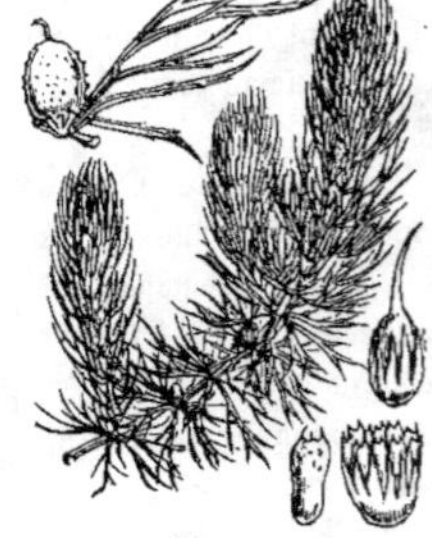

Fig. 345. — Cornifle nageant.

de 4 à 8 décim., à feuilles deux fois dichotomes, sétacées, denticulées ; fleurs petites, d'un vert rougeâtre ; fruit comprimé, corné, ovoïde, terminé en épine. Eaux stagnantes.

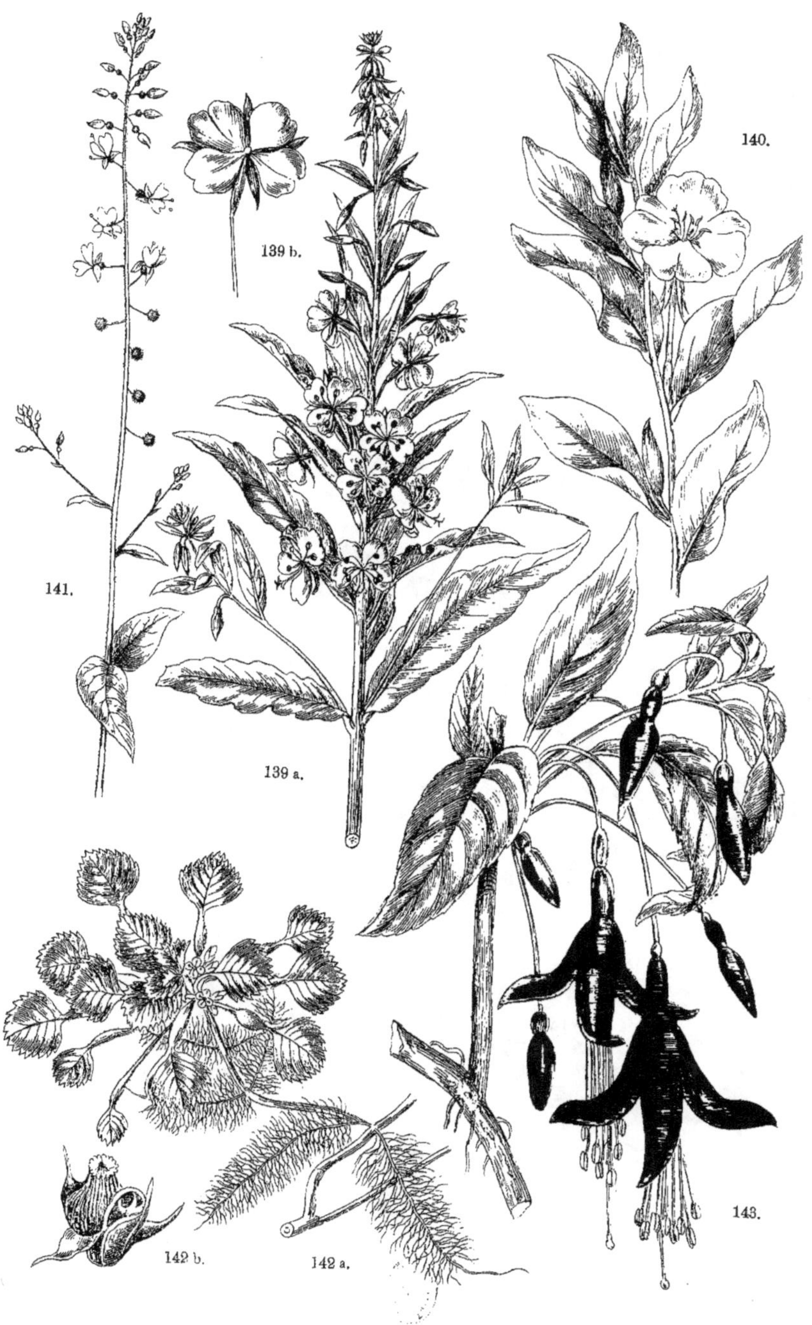

139 b.
140.
141.
139 a.
142 b.
142 a.
143.

FAMILLE DES LYTHRARIÉES.

Plantes herbacées à feuilles opposées ou alternes, sans stipules ; fleurs axillaires ou en épi, hermaphrodites régulières ; à calice persistant, à tube plus ou moins renflé, à 8-10 ou 12 dents sur 2 rangs ; 4 à 6 pétales insérés sur la gorge du calice ; 2 à 12 étamines insérées au-dessous des pétales ; 1 style à stigmate simple ; ovaire libre, à 2 ou plusieurs loges multiovulées ; capsule membraneuse à 2-4 loges polyspermes (fig. 346).

Genre LYTHRUM : tube du calice long, strié ; style filiforme ; fruit cylindrique.

Salicaire commune (*Lythrum salicaria*, Pl. 25, fig. 146). Plante de 6 à 10 décim., tétragone, à feuilles cordiformes, lancéolées, acuminées, presque sessiles, opposées ou ternées ; fleurs en glomérules de 4 à 10, rapprochés en épi terminant la tige et les rameaux ; fleurs rouges. Bords des eaux.

Genre PEPLIS : tube du calice court, en cloche ; style court ; fruit globuleux.

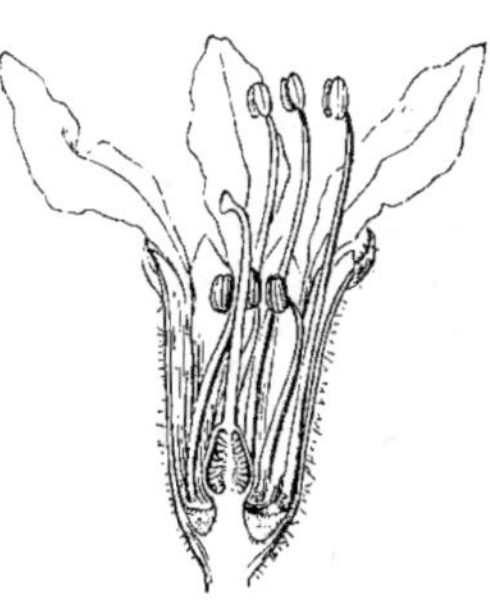

Fig. 346. — Fleur de Salicaire. Coupe verticale.

Péplide pourpier (*Peplis portula*), vulgairement *Pourpier* (Pl. 25, fig. 147, *a b*) ; tiges grêles, radicantes, glabres, quelquefois rougeâtres, de 1 à 2 décim., à feuilles opposées, obovales, rétrécies en pétiole ; fleurs rougeâtres, sessiles, axillaires ; l'été, au bord des eaux.

Fig. 347. — Tamaris français.

FAMILLE DES TAMARISCINÉES.

Arbrisseaux à rameaux grêles et très nombreux, sur lesquels sont imbriquées des feuilles très petites, alternes, persistantes ; fleurs en épis, à calice persistant, à 5 divisions soudées à la base ; 5 pétales soudés au calice ; 5-10 étamines à filets soudés à la base ; ovaire libre uniloculaire, multiovulé ; capsule uniloculaire s'ouvrant ordinairement en 3 valves ; graines nombreuses, dressées, chevelues au sommet.

Genre TAMARIX : 5 étamines, à filets à peine soudés ; 3 styles à stigmates tronqués, élargis.

Tamaris français (*T. gallica*, fig. 347), arbre de 5 à 10 mètres, à rameaux épars, grêles, dressés ; à feuilles amplexicaules, acuminées ; à fleurs petites ; à capsules pyramidales. Croît sur les côtes de la Méditerranée.

Genre MYRICARIA : détaché du genre *Tamarix* dont il se distingue par ses 10 étamines, dont les filets sont soudés en tube dans leur moitié inférieure ; leurs styles nuls et 3 stigmates sessiles.

20

Myricaire germanique (*Myr. germanica*, Pl. 25, fig. 148), arbrisseau de 6 à 10 décim., à rameaux grêles, dressés, souvent rougeâtres ; à feuilles linéaires, lancéolées, sessiles ; fleurs en épis droits, terminaux, blanchâtres ou rosées ; capsule pyramidale ; croît au bord des eaux.

FAMILLE DES PORTULACÉES.

Plantes annuelles, succulentes, à feuilles entières sans stipules ; fleurs hermaphrodites, presque régulières, ordinairement en cyme ; calice à 2-3 sépales, rarement 4-6 inégaux ; étamines 3-12 ou plus, insérées avec les pétales sur le calice, 1 ovaire uniloculaire, presque adhérent ; 1 style ; capsule uniloculaire ou à 3 valves (fig. 348).

Genre PORTULACA, *Pourpier :* 2 sépales, 4-6 pétales ; 8-15 étamines libres ou peu adhérentes ; capsule s'ouvrant en travers, graines nombreuses.

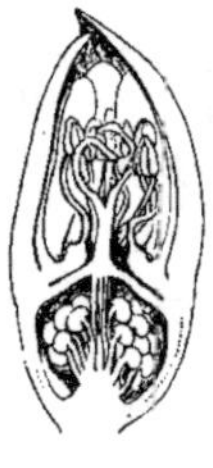

Pourpier potager (*Portulaca oleracea*), plante cultivée (Pl. 26, fig. 151) ; tiges couchées, souvent rougeâtres, de 2 à 3 décim., à feuilles sessiles, oblongues, les supérieures alternes ; fleurs jaunes, sessiles, axillaires. On mange ses jeunes pousses en salade.

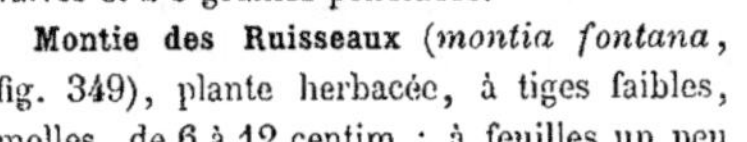

Genre MONTIA : 2-3 sépales ; 5 sépales, les deux inférieurs plus grands, soudés en tube à la base ; 3 étamines ; style trifide ; capsule à 3 valves et à 3 graines ponctuées.

Montie des Ruisseaux (*montia fontana*, fig. 349), plante herbacée, à tiges faibles, molles, de 6 à 12 centim. ; à feuilles un peu charnues, jaunes, opposées, sessiles ; fleurs blanches en cymes latérales. Ruisseaux, bords des eaux.

Fig. 348.
Fleur de Pourpier.
Coupe verticale.

Fig. 349. — Montie des Ruisseaux.

FAMILLE DES PARONYCHIÉES.

Plantes grêles, ordinairement couchées ; à fleurs hermaphrodites régulières ; calice à 5 divisions ; 5 pétales petits ou nuls, souvent semblables à des étamines transformées, insérés sur le calice ; 5 étamines, parfois 2 ou 3, périgynes ; 2 styles libres ou soudés ; capsule petite, monosperme, indéhiscente, ou polysperme et s'ouvrant en trois valves.

Genre PARONYCHIA : petites plantes herbacées, à feuilles opposées ; à stipules scarieuses ; à fleurs bractéolées en glomérules, qui croissent dans le Midi ; tels sont les *Paronychia cymosa, argentea, nivea*.

Genre HERNIARIA : plantes herbacées, à tiges étalées, rameuses ; à fleurs très petites, en glomérules latérales ; à sépales herbacés, à pétales filiformes ; 2 stigmates presque sessiles ; capsule indéhiscente, monosperme.

Herniaire glabre (*H. glabra*), vulgairement *Herniole, Turquette* (Pl. 26, fig. 152, *a b*),

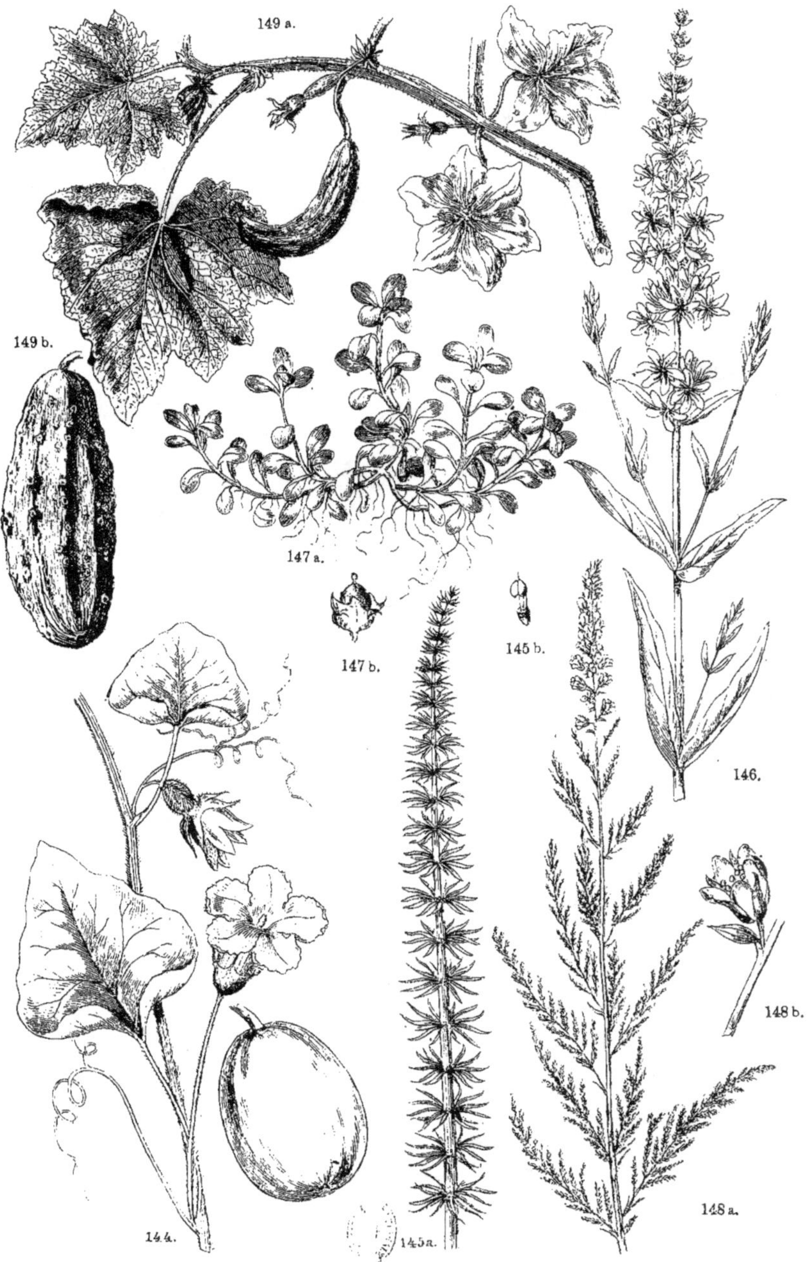

149 a.
149 b.
147 a.
147 b.
145 b.
146.
148 b.
148 a.
144.
145 a.

plante glabre, d'un vert gai ; à glomérules de fleurs alternes et opposées aux feuilles ; celles-ci oblongues ovales ; fleurs verdâtres. Été, lieux sablonneux.

Quelques espèces appartiennent au Midi : *H. hirsuta, incana, cinerea.*

Genre SCLERANTHUS (*Gnavelle*) : calice à 5 divisions, campanulé, 5 pétales filiformes ou nuls ; 2 styles ; capsule indéhiscente, monosperme, renfermée dans le tube du calice persistant.

Gnavelle annuelle (*Scl. annuus,* Pl. 26, fig. 154, *a b*), plante herbacée, à tiges très rameuses, couchées, de 1 à 2 décim., à feuilles opposées, linéaires, aiguës, sans stipules ; fleurs en fascicules, terminales et axillaires, formant une grappe allongée. Été, commune dans les champs.

Genre CORRIGIOLA : plantes herbacées, à feuilles alternes, à stipules scarieuses ; fleurs en bouquets terminaux ; calice à

Fig. 350. — Polycarpe à 4 Feuilles.

5 divisions, 5 pétales égaux au calice : 5 étamines, 3 stigmates sessiles ; capsule monosperme, indéhiscente, trigone.

Corrigiole des Rivages (*Corrigiola littoralis,* Pl. 26, fig. 153, *a b*), plante glauque, à tige grêle appliquée sur la terre ; à feuilles linéaires oblongues ; fleurs petites, blanches ou rosées, ramassées en bouquets au sommet des tiges. Été, lieux sablonneux, bords des rivières.

Genre POLYCARPON : plantes herbacées, à feuilles larges, opposées ou verticillées, munies de stipules ; calice à 5 divisions égales, concaves, carénées : 5 pétales plus courts que le calice ; 3 à 5 étamines ; 3 stigmates ; capsule polysperme, uniloculaire à 3 valves.

Polycarpe à 4 Feuilles (*Pol. tetraphyllon,* fig. 350), tiges grêles, à rameaux dichotomiques, couchées, de 8 à 10 centim. ; feuilles glabres, obovales, quaternées sur la tige ; fleurs verdâtres, nombreuses, en cyme dichotome, Été ; lieux sablonneux, collines.

FAMILLE DES CRASSULACÉES.

Plantes herbacées, succulentes, à feuilles charnues, simples, sans stipules ; à fleurs régulières ; calice à 5 sépales, ou de 3 à 20, plus ou moins soudés ; pétales en même nombre que les sépales ; étamines en nombre égal à celui des pétales ; ovaires libres, en nombre égal à celui des pétales, munis à la base d'une écaille

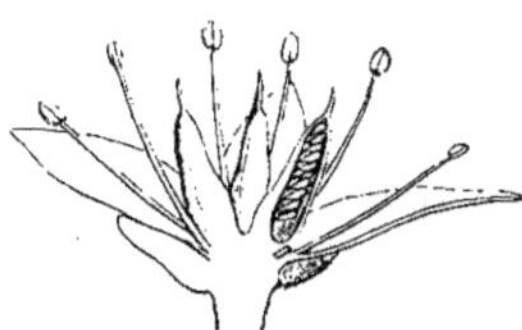

Fig. 351. — Fleur de Sedum.
Coupe verticale.

Fig. 352. — Tillée moussue.

nectarifère ; styles et stigmates simples ; follicules à graines sur 2 rangs, s'ouvrant longitudinalement d'un seul côté (fig. 351).

Genre TILLÆA : calice à 3 divisions ; 3 pétales aigus ; 3 étamines ; capsules uniloculaires à 2 graines séparées par un étranglement.

Tillée moussue (*Tillœa muscosa*), vulgairement *mousse grasse* (fig. 352); tiges grêles de 3 à 5 centim., rameuse, couchée, rougeâtre, à feuilles comme imbriquées. très petites ;

Fig. 353. — Sedum reprise.

Fig. 354. — Sedum blanc.

fleurs sessiles axillaires, d'un blanc jaunâtre. Été, sables.

Genre SEDUM : plantes herbacées à feuilles alternes, rarement opposées, charnues ; fleurs en cyme ; calice à 5 divisions (rarement de 4 à 7), pétales en nombre égal ; étamines en nombre double des pétales ; autant d'écailles hypogynes ovales et de carpelles capsulaires polyspermes.

Sedum à Odeur de Rose (*S. rhodiola*), vulgairement *Rodiole*, plante glauque, à racine tubéreuse odorante ; tiges très feuillées, à feuilles éparses, ovales, sessiles; fleurs jaunes ou purpurines, en corymbe serré ; 4 sépales, 4 pétales, 8 étamines ; sommet des Alpes et des Pyrénées.

Sedum reprise (*S. telephium*), vulgairement *Orpin, Herbe à la coupure* (fig. 353) ; racine à fibres charnues, tiges dressées de 4 à 7 décim., à feuilles éparses, larges, planes, arrondies à la base ; fleurs blanches ou purpurines, en corymbe irrégulier, de juillet à septembre, dans les lieux pierreux, les bois, les vignes.

Fig. 355. — Sedum à Feuilles opposées.

Sedum âcre (*S. acre*), vulgairement *vermiculaire brûlante*, (Pl. 26, fig. 155); tiges de 8 à 10 centim., rampantes à la base, à rameaux ascendants, formant des gazons touffus, à feuilles sessiles, ovoïdes, courtes ; fleurs d'un beau jaune, en cyme trifide. Juin, juillet ; lieux secs, murs et rochers.

Sedum blanc (*S. album*), vulgairement *Trique madame* (fig. 354); tiges redressées, de 2 à 3 décim., à rameaux dichotomes ; à feuilles éparses, sessiles, oblongues, cylindracées ; fleurs blanches, en cyme ; pétales 2 ou 3 fois plus longs que le calice.

Été ; vieux murs, rochers.

Sedum à Feuilles opposées (*S. oppositifolium*, fig. 355), plante alpine des hauts sommets; se distinguant à ses feuilles opposées.

Genre SEMPERVIVUM (*Joubarbe*) : plantes charnues ; feuilles planes, éparses sur les tiges fleuries, en rosette au sommet des rejets, sépales et pétales de 6 à 18; étamines en nombre double, carpelles uniloculaires polyspermes et écailles hypogynes en nombre égal.

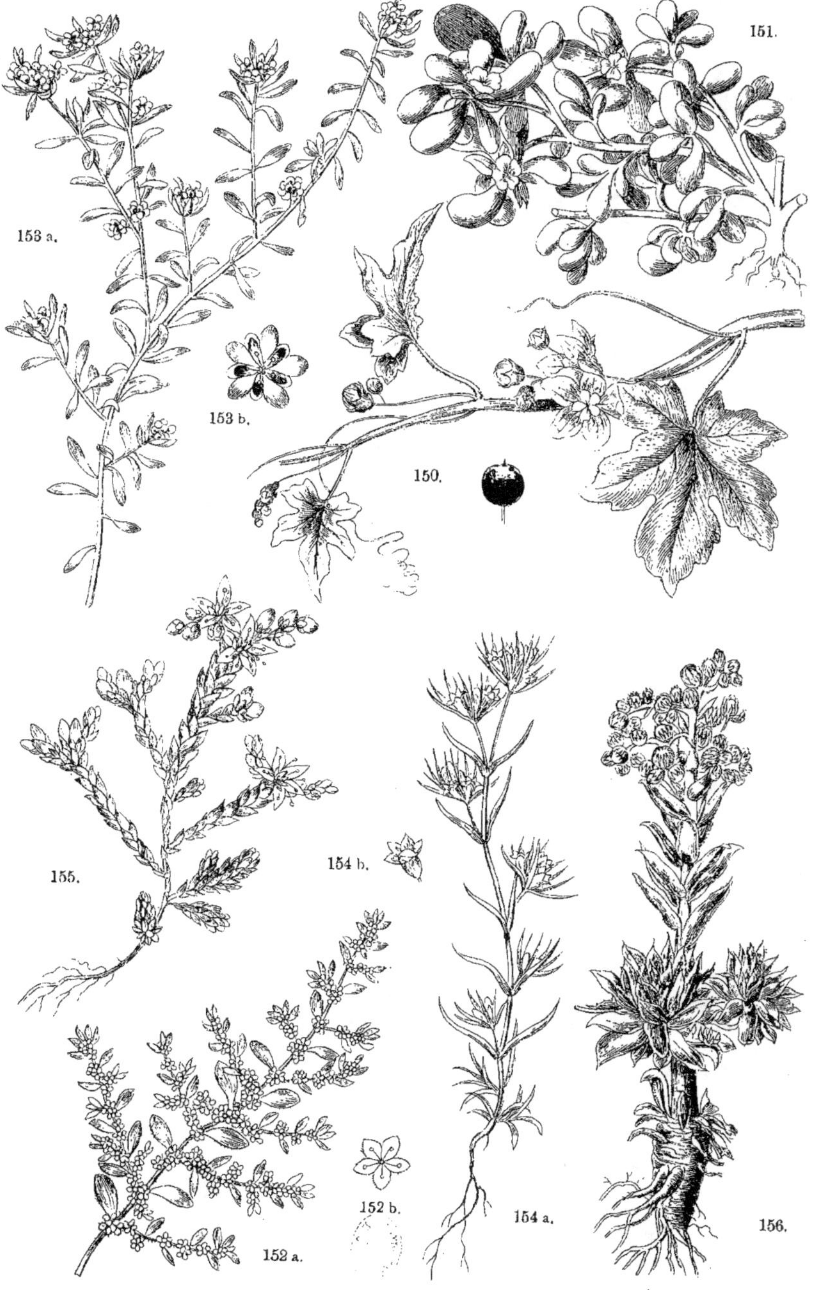
153 a.
151.
153 b.
150.
155.
154 b.
152 b.
154 a.
156.
152 a.

26

Joubarbe des Toits (*Sempervivum tectorum*), vulgairement *Artichaut sauvage*, (Pl. 26, fig. 156); tige velue, simple, de 3 à 6 décim.; rejets radicaux étalés, à feuilles en rosettes ouvertes, épaisses, sessiles, obovales, ciliées, les caulinaires éparses, lancéolées pubescentes; fleurs velues, rougeâtres, sessiles sur des rameaux étalés en corymbe. Toits de chaume, vieux murs.

On emploie ses feuilles à l'extérieur contre les brûlures et les hémorrhoïdes.

Genre UMBILICUS (*Umbilicine*), calice à 4-5 divisions, 4-5 pétales soudés en tube; 8 à 10 étamines insérées dans le tube de la corolle; 5 écailles hypogynes ovales; 5 carpelles uniloculaires polyspermes à styles subulés.

Ombilicine à Fleurs pendantes (*Umbilicus pendulinus*, fig. 356); feuilles radicales arrondies, concaves ombiliquées; fleurs verdâtres ou rougeâtres, à 4 divisions, disposées en une grappe qui occupe presque toute la tige. Murs, rochers.

Fig. 356. — Ombilicine à Fleurs pendantes.

FAMILLE DES SAXIFRAGÉES.

Plantes herbacées, à feuilles radicales ordinairement en rosette, les caulinaires alternes; fleurs en grappe ou en panicule, hermaphrodites régulières : calice à 4 ou 5 divisions; 4 à 5 pétales insérés sur le calice; 8 à 10 étamines libres à anthères biloculaires, introrses; ovaire libre ou soudé au calice, à 2 loges, 2 styles à stigmates dilatés; capsule polysperme, à 1 ou 2 loges, terminée par deux pointes et s'ouvrant par un trou placé entre les deux pointes.

Genre SAXIFRAGA, calice à 5 divisions; 5 pétales étalés entiers; 2 styles persistants; capsule polysperme à 2 loges et s'ouvrant par un pore entre les deux pointes ou styles.

Ce genre renferme un grand nombre d'espèces parmi lesquelles nous citerons :

Fig. 357. — Saxifrage étoilée.

Fig. 358.
Saxifrage des Murailles.

Saxifrage étoilée (*Sax. stellaris*, fig. 357), tige très courte, presque nulle; à feuilles en rosette, obovales et cunéiformes, dentelées, hampes de 1 à 2 décim.; fleurs blanches en corymbe. Montagnes.

Saxifrage à Feuilles opposées (*Sax. oppositifolia*, Pl. 27, fig. 160). Feuilles imbriquées, serrées, fleurs solitaires, purpurines; au printemps, dans les hautes montagnes.

Saxifrage granulée (*Sax. granulata*, Pl. 27, fig. 159, *a b*); racine fibreuse, chargée de petit tubercules charnus; tige droite, pubescente, presque nue; à feuilles radicales profondément crénelées; fleurs blanches assez grandes, en corymbe paniculé; mai, juin; prés secs.

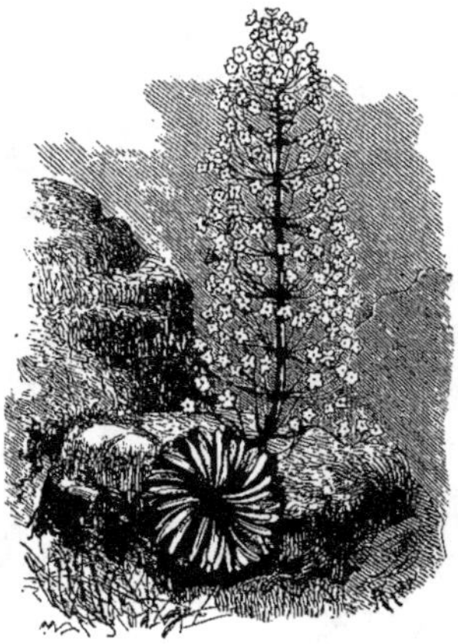

Saxifrage des Murailles (*Sax. tridactylites*, fig. 358), racine grêle, tige dressée de 1 décim., rameuse, pubescente; feuilles un peu charnues, entières ou trifides; fleurs blanches petites, axillaires et terminales, mars, mai; vieux murs.

Saxifrage à longues Feuilles (*Sax. longifolia*, fig. 359), tige de 3 à 6 décim., glanduleuse; feuilles linéaires, 8 ou 10 fois plus longues que larges; fleurs blanches, en panicule occupant presque toute la tige. Été; Pyrénées, Alpes.

Genre CHRYSOSPLENIUM : pétales nuls; calice à 4 sépales dont 2 plus petits, capsule uniloculaire, bivalve; graines nombreuses.

Dorine à Feuilles alternes (*Chrysosplenium alternifolium*), vulgairement *Saxifrage dorée* (Pl. 27, fig. 161); fleurs jaunâtres en cymes entourées de feuilles en rosette; feuilles presque orbiculaires, crénelées; tige dressée, triangulaire; lieux humides des montagnes, en mars.

Fig. 359. — Saxifrage à longues Feuilles.

FAMILLE DES GROSSULARIÉES.

Genre unique RIBES (*Groseillier*): arbrisseaux à feuilles simples, alternes, lobées; fleurs régulières, hermaphrodites ou unisexuelles par avortement : calice à 5 divisions, 5 pétales courts en forme d'écailles; 5 étamines insérées avec les pétales dans la gorge du calice; ovaire uniloculaire, adhérent, pluriovulé, style bifide; baie uniloculaire couronnée par le calice; graines horizontales, noyées dans une pulpe molle (fig. 360 et 361).

Groseillier épineux (*Ribes uva crispa*) vulgairement *Groseillier à maquereaux* (Pl. 27, fig. 157, *a b*); arbrisseau très rameux à épines ternées à la base des feuilles; celles-ci petites, pubescentes, incisées, lobées; fleurs réunies 2-3 sur des pédoncules courts, bractéolés; fruit globuleux ou ovoïde, verdâtre ou rougeâtre, à suc fermentescible donnant un vin agréable; haies, bois; cultivé.

Fig. 360 à 361.
Fleur et Fruit de Groseillier.

Groseillier rouge (*Ribes rubrum*), vulgairement *Groseillier à grappes* (Pl. 27, fig. 158, *a b*); tiges non épineuses; feuilles à 3-5 lobes; fleurs vertes en grappes pendantes; baies rouges ou blanches contenant un mucilage acide et sucré. Cultivé.

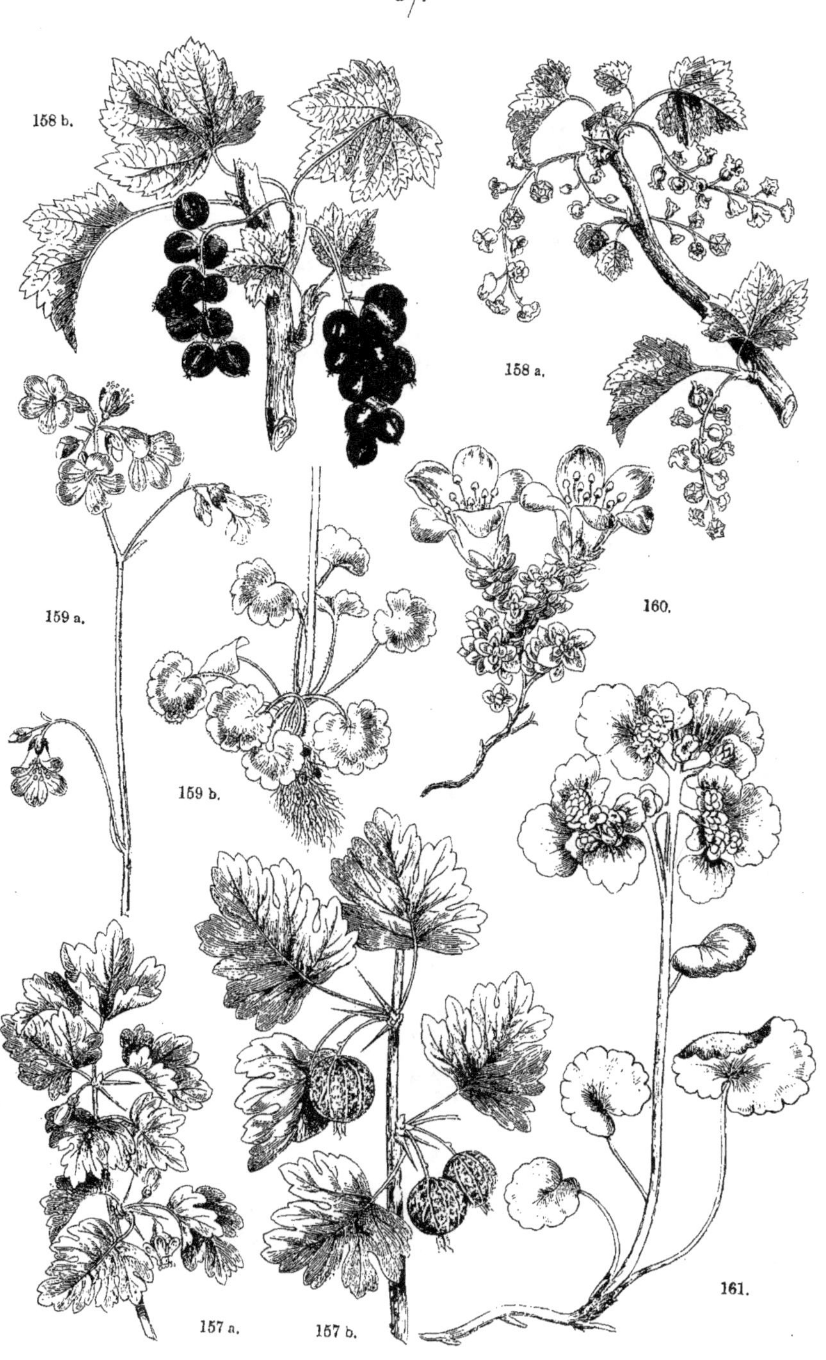
2/.
158 b.
158 a.
159 a.
159 b.
160.
161.
157 a.
157 b.

Groseillier noir (*Ribes nigrum*), vulgairement *Cassis* (fig. 362), tiges non épineuses, à feuilles 3-5 lobées, parsemées en dessous de points glanduleux; fleurs rougeâtres, baies noires. Cultivé.

Tout le monde connaît les confitures, sirops, liqueurs que l'on fait avec les fruits des groseilliers.

Fig. 362.
Groseillier noir (Cassis).

FAMILLE DES OMBELLIFÈRES.

Plantes herbacées, à tige ordinairement striée ou cannelée, fistuleuse ou remplie de moëlle, feuilles alternes, le plus souvent très divisées, à pétiole engainant, souvent élargi et renfermant les jeunes pousses florales comme dans une spathe; fleurs en ombelles, très rarement en tête, une collerette de folioles entoure souvent la base de l'ombelle et prend le nom d'*involucre;* celle qui accompagne l'ombellule reçoit celui d'*involucelle* (fig. 363). Fleurs hermaphrodites; à calice petit, tubuleux, à 5 dents; corolle de 5 pétales, souvent inégaux, insérés sur le bord du calice; 5 étamines insérées avec les pétales et alternant avec eux; 2 styles dilatés à la base en un disque occupant le sommet de l'ovaire; ovaire à 2 loges, contenant chacune un ovule pendant (fig. 364). Fruit formé de 2 *méricarpes*, c'est-à-dire de 2 carpelles soudés chacun avec une moitié de calice, adhérents par leur face interne (*commissure*) le long d'un axe central (*carpophore*), au sommet duquel ils sont attachés et dont ils se séparent de la base au sommet. La surface externe de chaque carpelle présente 5 côtes (*juga*) principales ou *primaires;* les intervalles de ces côtes nommés, *vallécules,* sont parfois occupés par des côtes dites secondaires (fig. 365).

Fig. 363.
Ombelle composée (Carotte).

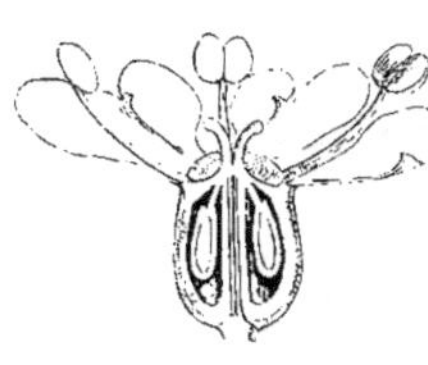

Fig. 364.
Œthusa. Coupe verticale de la Fleur.

Fig. 365.
Fruit d'Ombellifère
(Fenouil).

Dans cette famille nombreuse, les genres sont si peu tranchés, qu'ils se confondent aisément l'un avec l'autre; les plus récentes classifications reposant sur les caractères du fruit, les ombellifères doivent être observées à la maturité.

On divise d'abord les Ombellifères en deux sections :

Ombellifères parfaites à fleurs en ombelles régulières, composées.

Ombellifères imparfaites à fleurs sessiles, en capitules ou en verticilles solitaires ou superposés.

Ire Section. — Ombellifères parfaites.

I. DAUCINÉES — *Akènes à 9 côtes saillantes, la plupart découpées en épines.*

Genre DAUCUS (*Carotte*) : calice à 5 dents, pétales obovales, échancrés avec une pointe courbée; fruit comprimé par le dos : carpelles à 5 côtes principales, filiformes, hérissées de soies et à 4 côtes secondaires égales, ailées et portant un rang d'aiguillons soudés entre eux par la base (fig. 366).

Carotte commune (*Daucus carota*, Pl. 30, fig. 176, *a b*). Plante très variable, de 4 à 9 décim., quelquefois naine, à racine devenant par la culture épaisse, charnue, jaune ou rougeâtre; à tige sillonnée, rameuse, hérissée; à feuilles très découpées; ombelle plane à rayons nombreux; fleurs blanches avec une fleur centrale stérile et d'un pourpre foncé. Été; prés, pâturages.

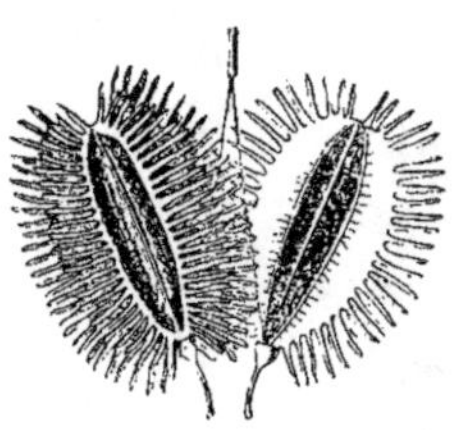

Fig. 366.
Fruit de carotte ouvert et très grossi.

Tout le monde connaît l'usage domestique de la carotte; elle fournit une excellente nourriture aux bestiaux, et son jus est employé en médecine contre l'ictère.

Genre CAUCALIS : calice à 5 dents lancéolées; côtes primaires filiformes, poilues ou tuberculeuses, les secondaires plus saillantes, à 1, 2, 3 rangs d'aiguillons crochus.

Caucalide fausse Carotte (*C. daucoïdes*) vulgairement *Gratteau* (fig. 367); tige dressée, striée, garnie de poils raides, haute de 2 à 4 décim., feuilles 2 ou 3 fois penniséquées, à segments très petits, linéaires aigus; fleurs d'un blanc rosé en ombelle longuement pédonculée; involucre à folioles inégales, linéaires, hérissées; aiguillons du fruit sur un seul rang, crochus au sommet. Été; moissons.

Fig. 367. — Caucalide fausse
Carotte.

Caucalide des Champs (*C. infesta*, fig. 368); tige striée, de 3 à 6 décim., hérissée de poils;

Fig. 368. — Caucalide des Champs.

feuilles bipennatiséquées; fleurs en ombelles à 3-8 rayons, celles de la circonférence longuement rayonnantes; fruit aiguillonné sur ses deux faces. Été; champs arides.

II. CORIANDRÉES : *akènes à 9 côtes, globuleux ou formant un fruit globuleux.*

Genre CORIANDRUM : calice à 5 dents persistantes; fruit globuleux, à côtes primaires filiformes, ondulées, à côtes secondaires droites, plus saillantes.

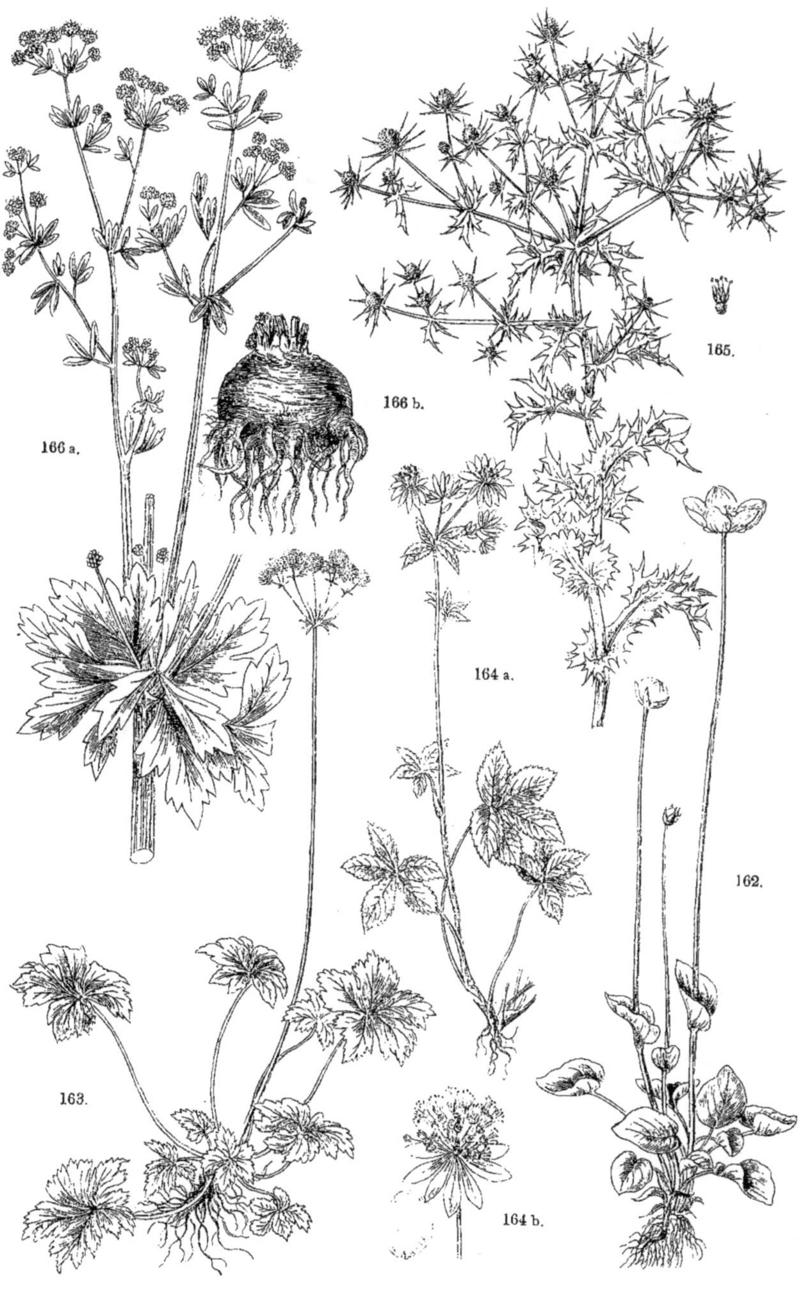
166 a.
166 b.
165.
164 a.
162.
163.
164 b.

28

Coriandre cultivée (*Coriandrum sativum*, Pl. 30, fig. 179); plante glabre, de 4 à 6 décim., à odeur fétide; à feuilles inférieures à segments larges, les supérieures à segments aigus presque filiformes; ombelles de 3 à 5 rayons, fleurs blanches; involucre nul. Été, lieux cultivés, moissons. Les fruits ont une odeur aromatique, une saveur chaude qui les fait employer en médecine comme cordiaux et stomachiques. Ils entrent dans la préparation de l'eau de mélisse.

Genre LASERPITIUM (*Laser*) : calice à 5 dents; côtes primaires filiformes, les secondaires membraneuses; involucre et involucelle multifoliolés.

Laser à Feuilles larges (*Laserpitium latifolium*, Pl. 31, fig. 180), tige de 8 à 9 décim., dressée, glauque, rameuse; feuilles grandes, à segments ovales, obtus, les inférieures pétiolées, les supérieures sessiles, à gaine dilatée; ombelle ample, à fleurs blanches ou rosées. Bois montagneux.

III. **ANGÉLICÉES** : *fruit comprimé par le dos; akènes à 5 côtes, les marginales développées en aile membraneuse.*

Genre LEVISTICUM (*Livèche*) : calice entier; pétales orbiculaires; akènes à 5 côtes aiguës, les marginales plus développées, d'où il résulte que le fruit est entouré de deux ailes saillantes; involucre et involucelles à plusieurs folioles.

Livèche officinale (*Levisticum officinale*), vulgairement *Ache de montagne* (Pl. 30, fig. 173). Plante lisse, luisante, s'élevant à 1ᵐ,50 et plus, à tige sillonnée, rameuse, à feuilles bi- ou tripinnées, à folioles larges, cunéiformes; ombelles terminales longuement pédonculées; fleurs jaunâtres en juillet et août.

Genre ANGELICA: calice sans dents, pétales entiers, lancéolés, acuminés; fruit comprimé par le dos et bordé de deux ailes saillantes; carpelles à 3 côtes dorsales filiformes saillantes.

Fig. 369. — Angélique sauvage

Angélique sauvage (*Ang. sylvestris*, fig. 369); plante dressée, haute de 6 à 9 décim., à tige grosse, sillonnée, fistuleuse; à feuilles bi- ou tripinnées, à pétiole largement dilaté à la base, à segments ovales acuminés; ombelles terminales de 20 à 30 rayons pubescents; fleurs blanches et rougeâtres de juillet à septembre.

L'**Angélique des Jardins** (*Archangelica officinalis*), vulgairement *Angélique* (Pl. 30, fig. 174), est cultivée dans quelques départements pour sa tige succulente, aromatique, employée par les confiseurs.

Genre ANETHUM : calice sans dents, pétales entiers, presque orbiculaires, roulés en dedans; fruit comprimé lenticulaire, entouré d'un bord élargi, aplati. Involucre et involucelle nuls.

Aneth fétide (*An. graveolens*, Pl. 30, fig. 175). Plante à odeur forte, à tige droite, cylindrique, striée, de 5 à 8 décim.; feuilles décomposées, glauques, à segments linéaires filiformes; fleurs jaunes en ombelle plane, large, en juillet et août. On l'emploie comme condiment en Orient.

Genre PEUCEDANUM : calice à 5 dents; pétales à pointe fléchie en dedans; fruit à dos aplati ou lenticulaire, entouré d'un rebord aplati plus ou moins dilaté; carpelles à 5 côtes équidistantes, filiformes; vallécules de 1 à 3 bandelettes.

Fig. 370. — Peucédane officinale.

Peucédane officinale (*P. officinale*), vulgairement *Queue de porc* (fig. 370), plante à racine épaisse, à tige droite, sillonnée, rameuse, à feuilles radicales longuement pétiolées, à segments linéaires, allongés; les supérieures à gaines courtes; ombelles terminales, dressées, de 12 à 20 rayons, à fleurs jaunâtres, de juillet à septembre, dans les bois, les prés humides.

Peucédane impératoire (*P. imperatoria*), vulgairement *Impératoire* (fig. 371). Plante à tige fistuleuse, striée; à feuilles assez fermes, à segments ovales, inégalement dentelés; ombelles de

Fig. 371.
Peucédane impératoire.

30 à 40 rayons, à fleurs blanches ou rougeâtres; fruit presque orbiculaire. Cette plante possède une saveur forte et une odeur pénétrante; on emploie sa racine comme cordiale et stomachique.

L'*Opoponax*, qui fournit en Orient une gomme résine employée en médecine comme antispasmodique, appartient à ce groupe; mais il forme un genre à part.

Il en est de même de l'*Asa fœtida*, gomme résine fétide que l'on obtient en incisant le collet de la racine de la *Ferula asa fœtida* qui croît en Orient.

Genre PASTINACA (*Panais*) : calice à dents nulles ou très petites; pétales arrondis, roulés en dedans; fruit ovale orbiculaire; entouré d'un bord élargi et aplati; involucre et involucelle nuls ou presque nuls.

Fig. 372. — Panais cultivé.

Panais cultivé (*Pastinaca sativa*), vulgairement *Panais* (fig. 372). Plante pubescente, de 5 à 9 décim., à tige droite, sillonnée, rameuse, à feuilles pennées de 3 à 11 folioles ovales oblongues, incisées dentées; fruit gros, ovale; fleurs jaunes en juillet et août, croît dans les lieux incultes. La variété cultivée comme légume est plus robuste, presque glabre et à racines charnues.

Genre HERACLEUM (*Berce*) : calice à 5 dents; pétales obovales, échancrés, les extérieurs rayonnants, bifides; fruit ovale ou orbiculaire, comprimé, entouré d'un rebord mince et élargi; carpelles à côtes peu apparentes; involucre caduc et involucelles multifoliolés.

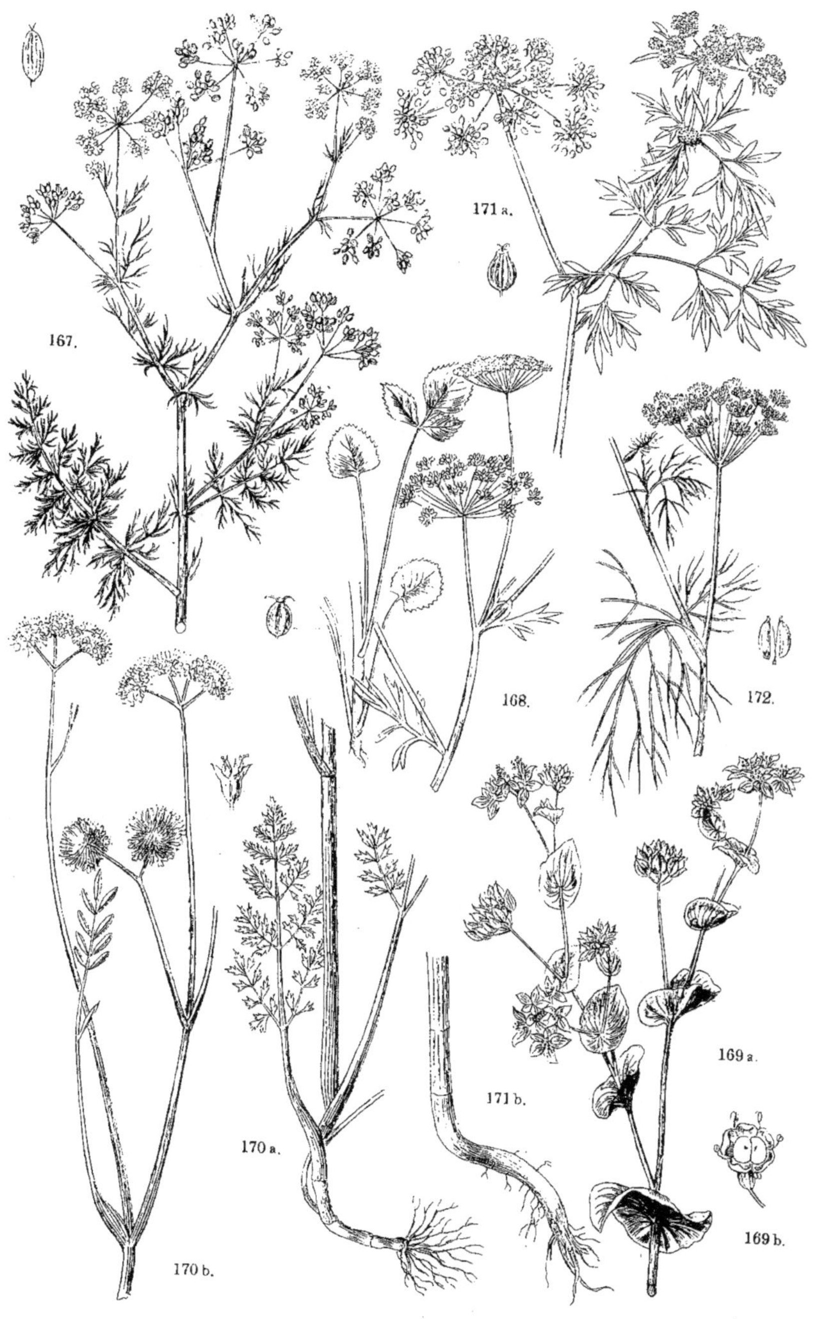
167.
171 a.
168.
172.
170 a.
170 b.
171 b.
169 a.
169 b.

29

Berce branc-ursine (*Heracleum sphondylium*), vulgairement *Pastenade* (fig. 373). Tige fistuleuse, droite, sillonnée, de 6 à 12 décim., à feuilles rudes, à 5 segments lobulés, le

terminal trifide; ombelles de 15 à 30 rayons, à fleurs blanches. La racine est âcre et amère; la tige, sucrée, donne une liqueur alcoolique que l'on utilise dans le Nord.

Genre CRITHMUM: calice entier; pétales presque orbiculaires, entiers, roulés en dedans; fruit ovoïde, à péricarpe spongieux; akènes à côtes saillantes, carénées, les latérales un peu plus larges.

Crithme maritime (*Cr. maritimum*), vulgairement: *Criste marine* (fig. 374). Plante charnue, à tige épaisse, de 1 à 3 décim.; feuilles charnues à segments linéaires; fleurs d'un blanc verdâtre,

Fig. 373. — Berce branc-ursine.

Fig. 374. — Crithme maritime.

involucre et involucelles à folioles réfléchies. Croît au milieu des rochers maritimes. Cette plante aromatique et d'une saveur salée est employée comme assaisonnement, confite dans le vinaigre.

Genre SILAUS: dents du calice nulles, pétales obovales oblongs, à pointe enroulée; fruit ovale: carpelles à 5 côtes saillantes à carène aiguë; vallécules concaves à 3 bandelettes.

Silaus des Prés (*S. pratensis*), vulgairement *Persil bâtard* (fig. 375). Plante d'un vert foncé, à racines fasciculées, à tige anguleuse, striée; de 5 à 8 décim.; feuilles 2 à 3 fois pinnées, découpées en lobes linéaires; involucre à 1 ou 2 folioles, involucelles à folioles linéaires; blanchâtres; fleurs d'un jaune pâle, de juin à septembre dans les prés et les bois humides.

Fig. 375. — Silaus des Prés.

Fig. 376. Séséli de Montagne.

Genre SESELI: calice à 5 dents courtes, épaisses; pétales obovales échancrés à pointe enroulée; fruit ovale oblong; carpelles à 5 côtes épaisses; vallécules à 1 ou 2 bandelettes. Ombelles hémisphériques à involucre et involucelles multifoliolées.

Séséli de Montagne (*S. Libanotis*, fig. 376); tige anguleuse de 6 à 10 décim., sillonnée, rameuse; à feuilles bi- ou tripinnées, à folioles ovales, incisées; ombelles terminales à rayons nombreux, pubescents; fleurs blanches, de juillet à octobre, sur les coteaux pierreux, les bois montagneux.

Genre ŒNANTHE: calice à 5 dents, pétales obovales, échancrés, à pointe enroulée; fleurs de la circonférence stériles, plus longuement pédonculées; akènes à côtes obtuses, vallécules à 1 bandelette; involucre variable.

Œnanthe fistuleuse (*Œn. fistulosa*, Pl. 29, fig. 170, *a b*). Plante vénéneuse à tige fistuleuse, striée, stolonifère à la base, dressée, rameuse; à feuilles radicales bi- ou tripinnées à lobes ovales cunéiformes trifides; les caulinaires portées par de longs pétioles fistuleux; ombelles pédonculées de 3 à 5 rayons; involucre nul ou à une seule foliole, involucelles multifoliolées; styles aussi longs que le fruit. Fleurs blanches en juin et juillet; croît dans les marais, les étangs.

Genre PHELLANDRIUM: diffère du g. *Œnanthe* en ce que toutes ses fleurs sont fertiles et également pédicellées.

Phellandre aquatique (*Ph. aquaticum*) vulgairement *Ciguë aquatique* (fig. 377). Plante vénéneuse qui croît dans les marais, les ruisseaux. Sa tige, rampante à la base, se redresse et se ramifie; elle est fistuleuse, haute de 8 à 15 décim:

Fig. 377. — Phellandre aquatique.

feuilles bi- ou tripinnées, à folioles petites, ovales, incisées; celles qui sont submergées multifides à segments capillaires; ombelles sans involucre; fleurs blanches en juillet et août, d'une odeur vireuse.

Genre ÆTHUSA: dents du calice nulles; pétales obovales à pointe enroulée; fruit ovale globuleux; carpelles à 5 côtes élevées, épaisses, les latérales un peu plus larges, entourées d'une carène aiguë, vallécules à 1 bandelette (fig. 378).

Ethuse ache des Chiens (*Æ. cynapium*), vulgairement *Petite ciguë* (Pl. 29, fig. 171, *a b*). Plante très vénéneuse et d'autant plus dangereuse qu'elle croît dans les potagers parmi le cerfeuil et le persil auxquels elle ressemble; mais ces dernières, froissées entre les doigts, ont une odeur aromatique, tandis que celle de l'Ethuse est vireuse.

On distingue en outre la petite ciguë à sa tige finement striée de lignes rougeâtres et à ses feuilles d'un vert sombre en dessus.

Genre FŒNICULUM (*Fenouil*): calice non denté, à bord épaissi; pétales entiers, obovales, roulés en dedans; akènes à côtes légèrement carénées, les marginales un peu plus larges; vallécules à 1 bandelette.

Fig. 378. — Fruit d'Éthuse.
a. Grand. nat. — b. très grossi.
c. Coupe transv.

Fenouil commun (*Fœn. officinale*), vulgairement *Fenouil* (Pl. 29, fig. 172). Tige de 1 à 2 mètres, grosse, striée, un peu glauque, à pétioles élargis en gaine membraneuse; portant des feuilles découpées en segments allongés, linéaires; ombelles larges, axillaires et terminales de fleurs jaunes, en juillet et août, dans les lieux secs et pierreux. Le Fenouil est aromatique, excitant.

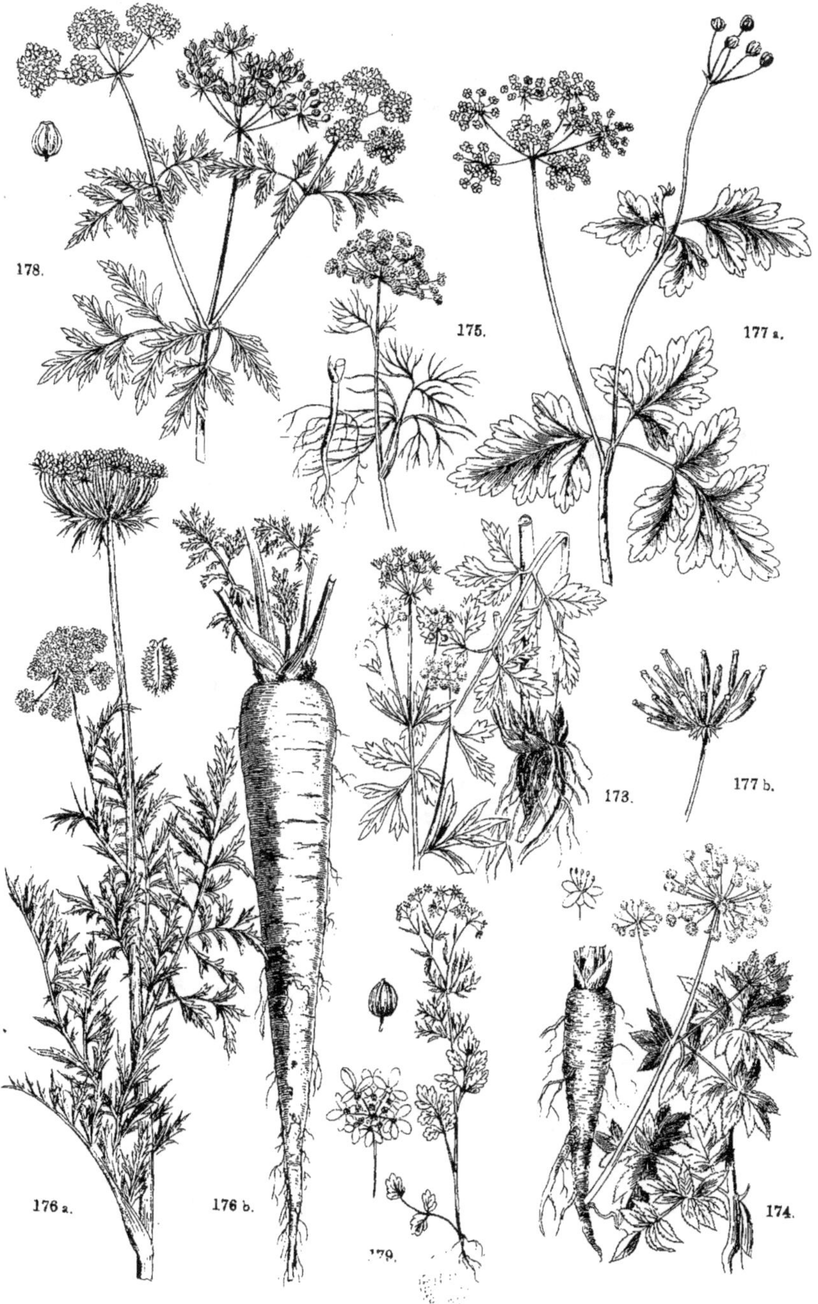
178.
175.
177 a.
177 b.
173.
176 a.
176 b.
179.
174.

30

IV. AMMINÉES: *fruit comprimé par le côté, à 5 côtes ; graine plane du côté de la commissure.*

Fig. 379. — Buplèvre en Faux.

Genre BUPLEVRUM: bord du calice entier; pétales presque orbiculaires, entiers, roulés en dedans; fruit ovale ou arrondi, comprimé sur les côtés, à 5 côtes égales, ailées ou filiformes; ombelles souvent irrégulières.

Buplèvre à Feuilles rondes (*B. rotundifolium*), vulgairement *Oreille de lièvre* (Pl. 29, fig. 169, *a b*). Tige droite, rameuse au sommet, de 3 à 6 décim., à feuilles largement ovales, perfoliées, dans la partie supérieure, les inférieures rétrécies à la base.

Fig. 380. — Berle à Feuilles larges.

Ombelles de 5 à 8 rayons, à fleurs jaunes; fruit noir, oblong, lisse. Champs et moissons.

Buplèvre en Faux (*B. falcatum*, fig. 379). Tige de 4 à 8 décim., dressée, à rameaux ascendants; feuilles inférieures ovales ou oblongues, rétrécies en pétiole, les supérieures sessiles, linéaires, courbées en faux. Ombelles petites de 3 à 9 rayons à fleurs jaunes; fruit ovoïde, brun, à côtes filiformes. Fleurit d'août en octobre, sur les coteaux.

On en connaît de nombreuses espèces du Midi.

Genre SIUM (*Berle*): calice à 5 dents; pétales obovales, échancrés, à pointe recourbée en dedans; fruit presque globuleux, comprimé sur les côtés, à 5 côtes filiformes, vallécules à 3 bandelettes; ombelles hémisphériques.

Berle à larges Feuilles (*Sium latifolium*, fig. 380). Racine fibreuse, stolonifère, tige anguleuse, sillonnée, fistuleuse, de 6 à 9 décim., à feuilles inférieures très grandes, de 7 à 11 segments lancéolés, dentés; grandes ombelles de fleurs blanches, involucre à 5 ou 6 folioles. Eaux dormantes, fossés.

On cultive dans quelques jardins le Chervi (*Sium sisarum*) pour ses tubercules allongés, qui sont comestibles.

Genre PIMPINELLA (*Boucage*): calice sans dents, pétales obovales, échancrés, à pointe tournée en dedans; fruit ovale couronné par le limbe du calice; carpelles à 5 côtes filiformes; vallécules à plusieurs bandelettes; involucre et involucelles nuls.

Fig. 381. — Pimpinelle élevée.

Pimpinelle élevée (*P. magna*), vulgairement *Pimpinelle blanche* (fig. 381). Tige droite, anguleuse, sillonnée, de 6 à 9 décim.; feuilles pennées, à folioles larges, luisantes, aiguës, dentées; ombelles terminales à fleurs blanches, l'été, dans les bois et les prés.

Pimpinelle saxifrage (*P. saxifraga*), vulgairement *Boucage*; *Pied de bouc* (Pl. 29, fig. 168). Tige droite, grêle, striée, de 3 à 5 décim., presque nue dans sa partie supérieure : feuilles inférieures à segments obtus, sessiles, les supérieures à lobes linéaires étroits, quelquefois réduites à un pétiole engainant; fleurs blanches; fruits glabres, ovales. Pelouses sèches, lieux incultes.

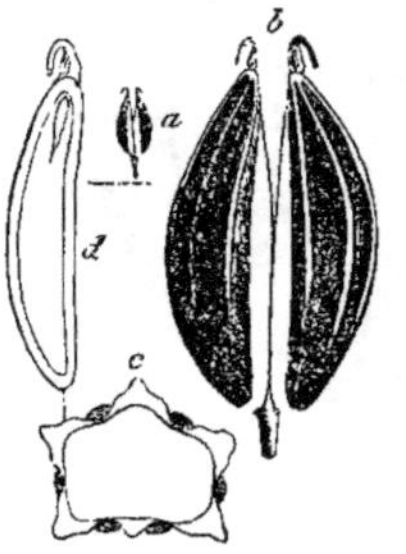

La **Pimpinelle Anis** (*P. anisum*), originaire d'Égypte, est cultivée dans les jardins pour sa graine employée par les liquoristes et les confiseurs.

Genre CARUM (*Carvi*) : calice sans dents; corolle à pétales égaux, obovales, échancrés, à pointe courbée en dedans; fruit ovoïde oblong, couronné par les styles réfléchis, carpelles à 5 côtes filiformes égales; vallécules à 1 bandelette (fig. 382).

Fig. 382. — Fruit de Carvi.
a. Grand. nat. — *b.* très grossi.
c. Coupe transv.— *d.* Coupe vertic.

Fig. 383.
Bunium Noix de Terre.

Carum carvi (Pl. 29, fig. 167). Plante aromatique à racine simple pivotante; tige de 4 à 5 décim., dressée, anguleuse, striée; à feuilles bipennées, à folioles disposées en X sur le pétiole commun et divisées en lanières linéaires; involucre et involucelles nuls; fleurs blanches, stériles dans le centre des ombellules. Prés et pelouses humides. Sa graine sert à aromatiser les fromages.

Genre BUNIUM, diffère du g. *carum* par ses fleurs toutes fertiles et sa racine tubéreuse.

Bunium Noix de Terre (*B. bulbo castanum*), vulgairement *Terre-noix* (fig. 383). Racine en tubercule arrondi garni de fibres; tige droite, cylindrique, striée, à feuilles bi- ou tripinnatifides, à lanières linéaires, aiguës, divariquées. Ombelles terminales de 12 à 20 rayons, à fleurs blanches; involucre et involucelles à folioles nombreuses. Été, champs cultivés. La racine bulbeuse du Terrenoix est recherchée par les porcs.

Genre SISON : calice à dents nulles; corolle à pétales ovales, profondément échancrés, à pointe roulée en dedans; fruit ovale, globuleux, à styles très courts; carpelles à 5 côtes filiformes égales; vallécules à une bandelette; involucre et involucelles à folioles peu nombreuses.

Fig. 384. — Sison amome.

Sison amome (*S. amomum*, fig. 384). Plante aromatique à tige droite, glabre, finement striée, de 6 à 8 décim., à feuilles de 5, 7 ou 9 folioles; les supérieures divisées en lanières étroites et courtes. Ombelles nombreuses à 3 ou 4 rayons grêles, le central plus court; involucre et involucelles de 1 à 3 folioles. Fleurs blanches de juillet à septembre.

Genre TRINIA : fleurs dioïques ou monoïques ; pétales des fleurs mâles lancéolés, roulés en dedans, ceux des fleurs femelles aigus ; fruit ovale comprimé ; carpelles à 5 côtes filiformes, égales ; vallécules à 1 ou sans bandelette.

Trinie commune (*T. vulgaris*, fig. 385). Plante glabre à racine pivotante, à tige anguleuse, striée, de 1 à 2 décim., à feuilles bipennées, à folioles découpées en lanières filiformes. Ombelles de 3 à 9 rayons, à fleurs blanches, en mai et juin, dans les bois secs, sur les coteaux pierreux.

Genre PETROSELINUM (*Persil*) : calice sans dents : pétales arrondis, légèrement echancrés, à pointe fléchie en dedans ; fruit divisé en deux lobes, à côtes filiformes égales ; vallécules à 1 bandelette ; involucre de 1 à 3 folioles.

Fig. 385. — Trinie commune.

Fig. 386. — Persil cultivé.

Persil cultivé (*P. sativum*), vulgairement *Persil* (fig. 386). Tige droite, striée, rameuse, de 6 à 8 décim., à feuilles luisantes, triangulaires dans leur contour, bi- ou tripennées, les supérieures à 3 segments linéaires. Ombelles à rayons presque égaux, étalés, à fleurs petites, verdâtres. Tout le monde connaît l'usage du persil dans l'art culinaire.

Genre APIUM (*Ache*) : dents du calice nulles ; pétales entiers, presque orbiculaires, obtus, à pointe enroulée ; fruit arrondi, à deux lobes, à 5 côtes filiformes égales ; vallécules à 1 bandelette, involucre et involucelles nuls.

Ache adorante (*Apium graveolens*), vulgairement *Céleri* (Pl. 28, fig. 166, *a b*). Tige droite, sillonnée, rameuse, de 6 à 9 décim. ; feuilles à 3-5 segments ; les supérieures sessiles, à gaine blanche sur les bords ; ombelles nombreuses, latérales sessiles ou courtement pédonculées, à fleurs petites, blanches. Croît dans les prés humides, les haies. La plante développée par la culture fournit le *céleri*.

Genre CICUTA (*Cicutaire*) : calice à 5 dents foliacées ; pétales obovales, échancrés, à pointe enroulée ; fruit presque globuleux, didyme, à côtes égales, presque planes ; vallécules à 1 large bandelette. Involucre nul ou à peu près, involucelles multifoliolées.

Fig. 387. — Ciguë vireuse.

Ciguë vireuse (*Cicuta virosa*), vulgairement *Ciguë aquatique* (fig. 387). Tige dressée, fistuleuse, sillonnée, de 6 à 8 décim., à feuilles grandes, bi- ou tripennées, à segments lancéolés, linéaires, dentés. Ombelles pédonculées, opposées aux feuilles, à fleurs blanches, de juillet à septembre, dans les étangs, les fossés. C'est une de nos plantes les plus vénéneuses.

V. SCANDICINÉES: *fruit comprimé par les côtés, à 5 côtes, linéaires, atténué au sommet ou terminé en bec.*

Genre SCANDIX: dents du calice presque nulles; pétales obovales, tronqués avec une pointe courbée; fruit comprimé latéralement, terminé par un bec très allongé, plus long que la partie qui contient la graine.

Scandix Peigne de Vénus (*Sc. pecten Veneris*, fig. 388). Tige de 3 à 5 décim., rameuse, étalée, pubescente; feuilles bi- ou tripennées à folioles multifides, à divisions linéaires. Ombelles de 2 ou 3 rayons courts, à fleurs blanches; fruit à bec comprimé par le dos, 3 ou 4 fois plus long que la partie granifère. Été, moissons.

Genre ANTHRISCUS : dents du calice nulles; pétales ovales, tronqués ou échancrés, avec une pointe courbée; fruit terminé par un bec à 5 côtes plus court que lui, involucre nul.

Fig. 388.
Scandix Peigne de Vénus.

Fig. 389. — Anthrisque commun.

Anthrisque commun (*Ant. vulgaris*, fig. 389). Tige faible, striée, de 2 à 4 décim., à feuilles molles, couvertes en dessous de poils grisâtres, 3 ou 4 fois pennées, à folioles petites incisées; ombelles courtement pédonculées, de 3 à 6 rayons, à fleurs blanches, fruit ovale, couvert d'aiguillons arqués. Croît dans les lieux incultes.

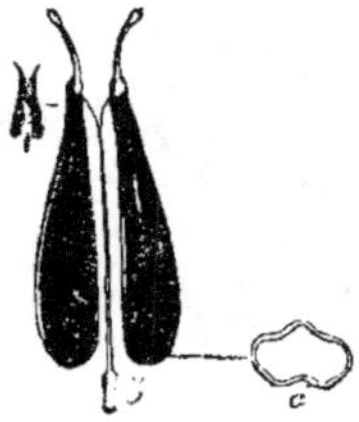

Genre CHŒROPHYLLUM (*Cerfeuil*) : dents du calice nulles, pétales obovales, échancrés, avec une pointe recourbée; fruit linéaire, un peu renflé, à côtes obtuses; vallécules à 1 bandelette.

Cerfeuil penché (*Chœrophyllum tœmulum*, Pl. 30, fig. 177, *a b*). Tige droite, sillonnée, renflée sous les nœuds, très rameuse, tachée de rouge et de brun; feuilles velues, d'un vert sombre, bipennées, à folioles ovales, incisées, lobées. Ombelles de 6 à 12 rayons, à fleurs blanches; fruits striés. Lieux incultes; haies. Plante suspecte.

Cerfeuil cultivé (*Chœr. sativum*), cultivé dans les potagers et employé comme assaisonnement, se reconnaît à son fruit dépourvu d'aiguillons (fig. 390), à ses feuilles aromatiques, à nervures poilues; à ses ombelles sessiles, opposées aux feuilles.

Fig. 390. — Fruit de Cerfeuil.
a. Grand. nat. — *b*. très grossi
c. Coupe transv.

Genre MYRRHIS: dents du calice nulles; pétales ovales, échancrés, avec une pointe courbée; fruit luisant, noirâtre, une fois plus long que la pédicelle, à péricarpe formé de deux couches, l'intérieure soudée avec la graine, l'extérieure à 5 côtes égales, carénées, creuses en dedans; vallécules sans bandelettes.

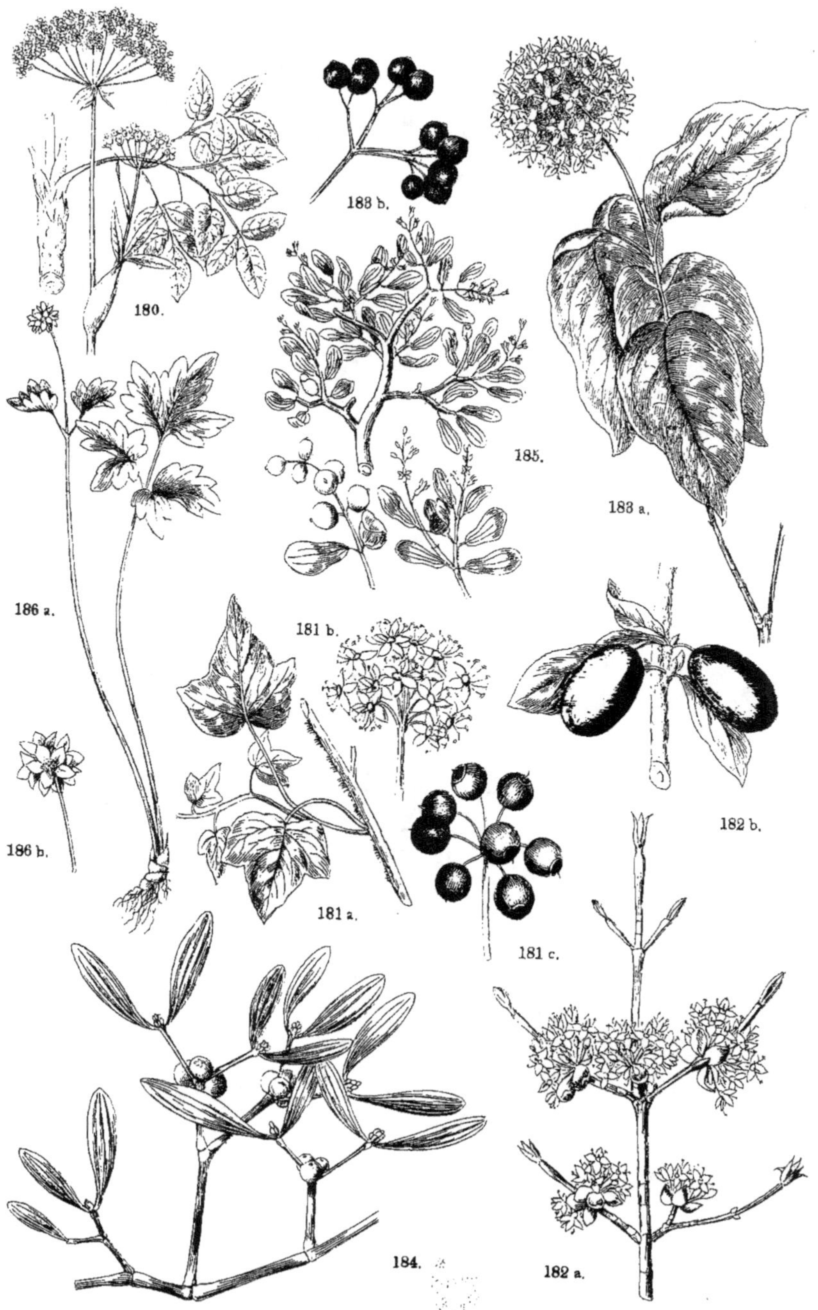

31

180.

183 b.

183 a.

185.

181 b.

186 a.

182 b.

186 b.

181 a.

181 c.

184.

182 a.

Myrrhis odorant (*M. odorata*, fig. 391). Tige droite, fistuleuse, sillonnée, rameuse; à feuilles molles, couvertes en dessous d'une pubescence grisâtre; les radicales tripennées, les supérieures bipennées; ombelles terminales, à rayons rapprochés et serrés; fruits gros, noirs, luisants, odorants. Cette plante, spontanée dans les hautes montagnes, est cultivée dans les jardins. Elle répand une odeur d'anis.

Genre CONIUM (*Ciguë*): calice à limbe presque nul; pétales en cœur; fruit ovoïde à côtes égales, saillantes, ondulées; bords des akènes entre-bâillés.

· **Ciguë tachée** (*Conium maculatum*), vulgairement *Grande ciguë* (Pl. 30, fig. 178). Plante de 1 à 2 mètres, d'un vert foncé, luisant, marquée de taches brunâtres; ombelles et ombellules involucrées; tige droite, fistuleuse; feuilles radicales très grandes, 3 ou 4 fois pennées, à folioles ovales, incisées dentées; les supérieures bipennées. Fleurs blanches, de juin à août. Cette plante, l'une des plus vénéneuses de notre flore, croît dans les lieux incultes et pierreux; son odeur est fétide. On l'utilise en médecine contre les affections du système nerveux.

Fig. 391. — Myrrhis odorant.

IIᵉ Section. — Ombellifères imparfaites.

Genre HYDROCOTYLE: calice entier; pétales ovales, aigus, dressés; fruit comprimé à 2 lobes; ombelles simples, très petites.

Hydrocotyle commune (*H. vulgaris*), vulgairement *Écuelle d'eau* (fig. 392). Tige rampante grêle, rameuse, de 1 à 3 décim., des nœuds de laquelle naissent des feuilles peltées orbiculaires, lisses, longuement pétiolées; ombelles presque radicales, de 5 à 8 fleurs blanchâtres ou rosées. Été, au bord des étangs, dans les prés humides.

Fig. 392.
Hydrocotyle commune.

Genre ASTRANTIA: calice tubuleux, à limbe 5 lobé, foliacé, pétales ovales, à pointe fléchie en dedans; carpelles presque soudées, à côtes enflées, saillantes, comme plissées, dentées, recouvrant des côtes fistuleuses plus petites.

Astrance majeure (*Ast. major*), vulgairement *Radiaire* (Pl. 28, fig. 164, *a b*). Racine noirâtre, aromatique; tige fistuleuse; feuilles radicales palmatiséquées, à segments ovales ou arrondis. Ombelles simples à fleurs blanches ou purpurines; involucre très grand, étalé. Croît dans les pâturages des montagnes.

Genre ERYNGIUM (*Panicaut*): calice à dents foliacées; pétales émarginés, infléchis; fruit ovale, oblong, dépourvu de côtes et hérissé de petites écailles dressées; fleurs disposées sur un réceptacle globuleux ou cylindrique pourvu d'écailles; capitules involucrés (fig. 393).

22

Panicaut champêtre (*Eryngium campestre*), vulgairement *Chardon Roland* (Pl. 28, fig. 165). Tige droite, de 4 à 6 décim., à rameaux nombreux étalés en sphère; feuilles dures, coriaces, épineuses, veinées en réseau; les radicales 2 ou 3 fois pennatifides, à lobes incisés; celles de la tige amplexicaules, à oreillettes larges; involucre à folioles linéaires, dépassant le capitule. Fleurs blanchâtres d'août à septembre. Croît dans les lieux stériles aux bords des chemins.

Fig. 393. — Capitule de Panicaut.

Panicaut maritime (*Er. maritimum*, fig. 394). Plante glauque à souche rampante, qui croît dans les sables des côtes maritimes. Feuilles blanchâtres, coriaces, les radicales longuement pétiolées, à limbe orbiculaire, palmatilobé, les supérieures sessiles, trifides; capitule ovoïde de fleurs bleues; folioles de l'involucre à 3 lobes épineux. Sa racine mucilagineuse et sucrée se mange en salade.

Genre SANICULA (*Sanicle*) : calice à 5 divisions aiguës, pétales échancrés au sommet; fleurs polygames sur un réceptacle pailleté, les hermaphrodites sessiles, les mâles pédicellées; fruit globuleux à épines crochues.

Sanicle d'Europe (*San. Europæa*, Pl. 28, fig. 163). Plante luisante d'un vert foncé, de 5 à 7 décim., feuilles généralement toutes radicales, longuement pétiolées, palmatipartites, à lobes larges, incisés dentés. Lieux humides, boisés. Cette plante, dont le nom vient du latin *sanare*, guérir, passait autrefois pour posséder de grandes vertus médicales; elle n'est plus guère usitée aujourd'hui.

Fig. 394. — Panicaut maritime.

FAMILLE DES HÉDÉRACÉES.

Cette famille ne comprend que le seul genre *Hedera*, qui lui donne son nom :

Genre HEDERA (*Lierre*) : fleurs hermaphrodites, régulières; calice à tube soudé avec l'ovaire, à limbe très petit à 5 dents; 5-10 pétales; 5-10 étamines insérées avec les pétales sur un disque épigyne; anthères à 2 loges; 5-10 styles libres ou soudés en colonne; stigmates simples; baie à 5-10 loges monospermes, couronnée par le calice; graines anguleuses (fig. 395).

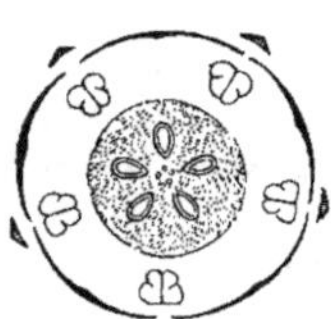

Fig. 395. — Fleur de Lierre (Diagramme).

Lierre grimpant (*Hedera helix*, Pl. 31, fig. 181, *a b*). Arbrisseau grimpant, sarmenteux, pourvu sur une face de la tige de fibrilles ou crampons au moyen desquels il se fixe aux corps contre lesquels il s'élève; ses feuilles sont lisses et coriaces, lobées, anguleuses, ses fleurs jaunâtres, en ombelle, son fruit noir. Les feuilles âpres et fermes du lierre sont employées pour entretenir l'écoulement des exutoires; son fruit est purgatif et vomitif. On l'utilise dans les jardins pour garnir les vieux murs.

FAMILLE DES CORNACÉES.

Fleurs hermaphrodites, régulières; calice à 4 dents très courtes; corolle à 4 lobes; 4 étamines insérées avec les pétales sur un disque épigyne; ovaire adhérent, styles soudés; fruit à noyau biloculaire, à loges monospermes.

Genre CORNUS (*Cornouiller*), *ut supra*.

Cornouiller mâle (*Cornus mas*), vulgairement *Cornouiller* (Pl. 31, fig. 182, *a b*). Arbrisseau à feuilles simples, opposées, sans stipules; fleurs naissant avant les feuilles, réunies en ombelle entourée d'un involucre à 4 folioles; fleurs jaunes; fruit rouge, oblong, acidule, comestible. Bois montueux.

Cornouiller sanguin (*Cornus sanguinea*, Pl. 31, fig. 183, *a b*). Arbrisseau à rameaux droits, rougeâtres, pubescents, à fleurs blanches paraissant après les feuilles, en corymbe dépourvu d'involucre; fruit noir, d'une saveur amère. Croît dans les bois.

FAMILLE DES LORANTHACÉES.

Arbrisseaux toujours verts, à rameaux dichotomes, vivant en parasites sur les arbres. Fleurs dioïques ou hermaphrodites; calice à tube adhérent à l'ovaire et à limbe presque entier, corolle à 4 divisions; 4 étamines souvent sessiles, portées par les pétales; ovaire uniloculaire, monosperme, un stigmate; baie.

Genre LORANTHUS : fleurs hermaphrodites munies de 1 à 3 bractées; calice à tube ovoïde, à limbe court, denté; 6 pétales épigynes, libres ou soudés en tube; style filiforme, stigmate simple, capité.

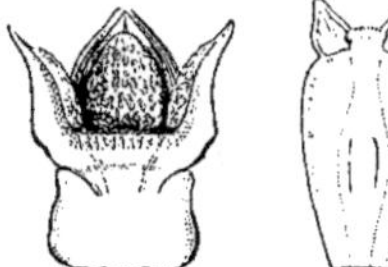

Fig. 396 et 397.
Fleur mâle et Fleur femelle
coupées verticalement.

Loranthe d'Europe (*Lor. Europæus*, Pl. 31, fig. 185). Plante glabre à rameaux cylindriques, à feuilles opposées, pétiolées, ovales oblongues; fleurs dioïques, verdâtres, à 6 pétales, en grappe terminale; baie ovoïde, blanche. Contrées du Midi.

Genre VISCUM (*Gui*) : fleurs unisexuelles, calice à bord entier à peine visible; corolle à 4 divisions, portant sur leur milieu les anthères sessiles; style presque nul à stigmates obtus; baie globuleuse, monosperme (fig. 396 et 397).

Gui blanc (*Viscum album*, Pl. 31, fig. 184). Tiges de 3 à 5 décim., renflées aux articulations, à rameaux divergents; à feuilles coriaces, allongées, rétrécies à la base; baies blanches, transparentes. Vit en parasite sur le poirier, le pommier, le peuplier, etc., rare sur le chêne où le recueillaient les druides; de son fruit et de son écorce on retire de la glu.

FAMILLE DES CAPRIFOLIACÉES.

Fleurs hermaphrodites plus ou moins régulières : calice adhérent à l'ovaire, à limbe 5-fide ; corolle monopétale en tube ou en entonnoir, à limbe 5-fide, étamines insérées sur le tube de la corolle, à anthères introrses; ovaire infère, à 2-5 loges tantôt à un seul ovule pendant, tantôt à plusieurs ovules bisériés; style tantôt très court, à 3-5 stigmates sessiles, tantôt filiforme, à stigmate en tête; baie plus ou moins charnue, souvent à une seule loge.

Genre LONICERA (*Chèvrefeuille*) : calice très petit, tubulé, à 5 dents, corolle tubuleuse, en limbe irrégulier à 5 lobes en deux lèvres; 5 étamines, 1 style filiforme à stigmate capité; baie à 2 ou 3 loges à plusieurs graines (fig. 398). Arbrisseaux à feuilles simples, opposées, sans stipules.

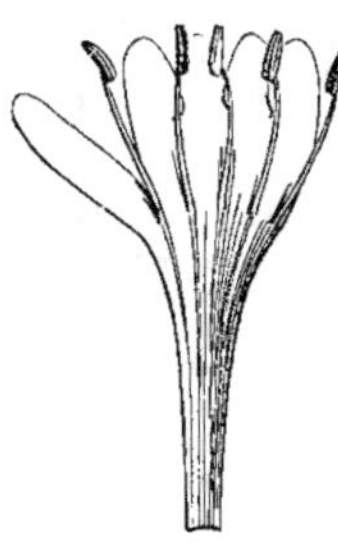

Fig. 398.
Corolle et Androcée étalée.
Chèvrefeuille.

Chèvrefeuille des Bois (*Lon. periclymenum*), vulgairement *Broute-Biquette* (Pl. 32, fig. 190, *a b*). Arbrisseau sarmenteux, à tige grimpante, à rameaux rougeâtres; feuilles lancéolées, aiguës, courtement pétiolées, les supérieures sessiles; fleurs réunies en capitules terminaux, pédonculés; d'un blanc jaunâtre, rougeâtres en dehors, odorantes; de juin à septembre, dans les haies, dans les bois.

Chèvrefeuille des Jardins (*Lon. caprifolium*, Pl. 32, fig. 191). Tige pubescente sur les jeunes rameaux; feuilles elliptiques, luisantes, les supérieures larges, soudées par paires; fleurs purpurines, odorantes, verticillées en tête terminale. Dans les bois; cultivé dans les jardins, comme plante d'ornement.

Genre ADOXA : calice à 2 ou 3 lobes étalés; corolle à 4-5 divisions profondes; 4-5 étamines insérées sur la corolle, à filets bipartis, représentant 8 à 10 étamines à anthère uniloculaire : 4-5 styles, baie à 4-5 loges, à 4-5 graines comprimées, à rebord membraneux.

Adoxe moschatelle (*Ad. moschatellina*), vulgairement *Petit musc* (Pl. 31, fig. 186, *a b*). Plante faible, délicate, à odeur de musc. Tige grêle de 1 à 2 décim., anguleuse, le plus souvent simple, partant d'une souche blanchâtre, écailleuse ; feuilles glabres, luisantes, les radicales longuement pétiolées, les caulinaires ternées à folioles trifides; fleurs verdâtres réunies en capitule au sommet de la tige; en mars et avril dans les lieux frais et ombragés.

Genre VIBURNUM (*Viorne*) : calice et corolle à 5 lobes; 5 étamines; 3 à 5 stigmates sessiles; baie uniloculaire monosperme.

Viorne obier (*Vib. opulus*) vulgairement *Obier* (Pl. 32, fig. 189, *a b*). Arbrisseau touffu, à rameaux fragiles; feuilles à 3 ou 5 lobes irrégulièrement dentés, à stipules sétacées; fleurs blanches en cyme serrée, celles de la circonférence plus grandes, stériles; baies d'un rouge vif. Mai, juin; bois humides.

Viorne tin (*Vib. tinus*), vulgairement *Laurier tin* du Midi. Cultivé.

Viorne cotonneuse (*Vib. lantana*) vulgairement *Mancienne* (fig. 399). Arbrisseau à rameaux grisâtres, pulvérulents, à feuilles ovales, dentées en scie, cotonneuses en dessous;

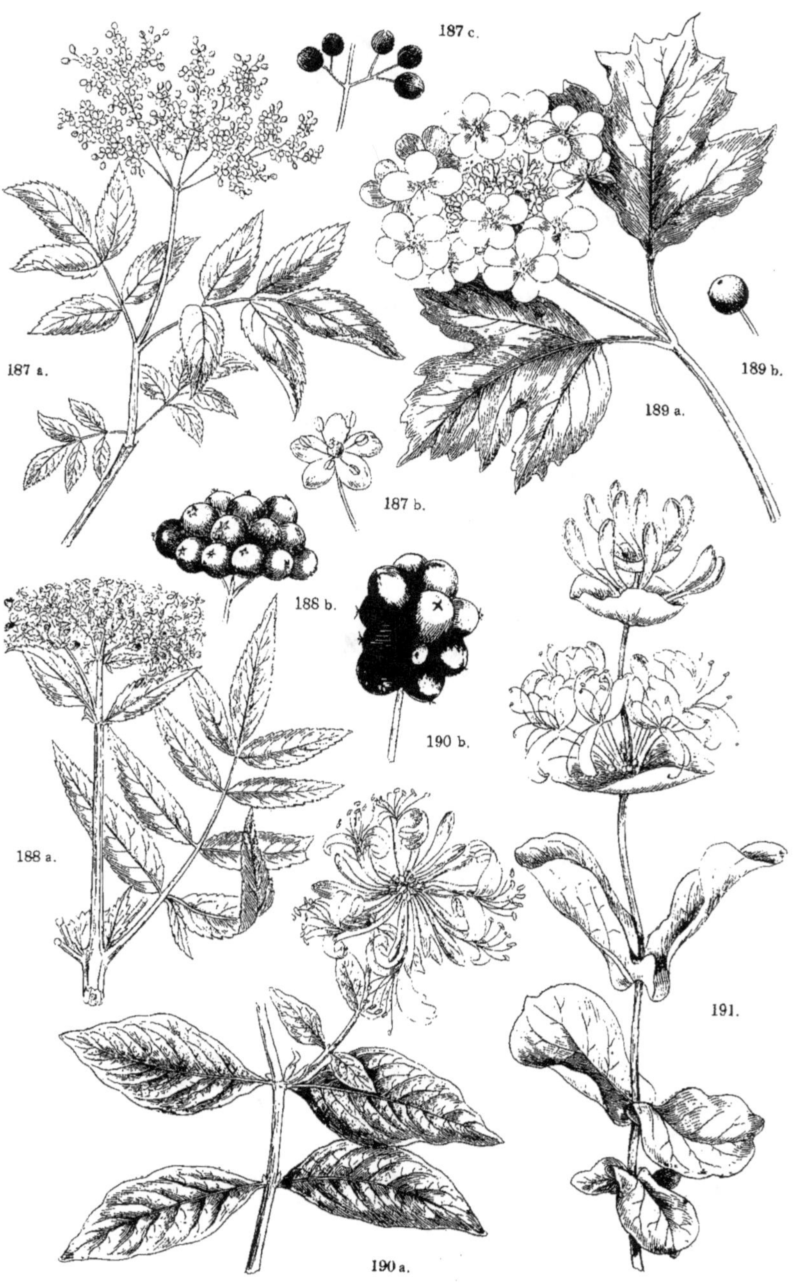
32.
187 c.
187 a.
189 b.
189 a.
187 b.
188 b.
190 b.
188 a.
191.
190 a.

fleurs blanches en cymes terminales; baies rouges passant au noir. Ses branches très souples servent à faire des liens; ses fruits se mangent dans quelques contrées du Nord.

Fig. 399. — Viorne cotonneuse.

Genre SAMBUCUS (*Sureau*) : calice à 5 lobes, corolle rotacée à 5 lobes courbés en dehors; 5 étamines, 3 stigmates sessiles; baies à 3 ou 5 graines; feuilles pennées; fleurs en cyme ou en panicule.

Sureau yèble (*Sambucus ebulus*), vulgairement Yèble (Pl. 32, fig. 188, *a b*). Tige droite, herbacée, de 10 à 15 décim., cannelée; feuilles de 5 à 11 folioles lancéolées, dentées en scie, à stipules foliacées. Fleurs blanches ou rougeâtres, en corymbe plane; fruit noir. Croît au bord des chemins, dans les champs. Ses fruits et son écorce sont purgatifs et employés comme tels, surtout dans les campagnes.

Sureau noir (*Samb. nigra*), vulgairement *Sureau* (Pl. 32, fig. 187, *a b c*). Arbrisseau à écorce grise; feuilles ovales, moins longues et moins étroites que dans l'yèble et à stipules presque nulles; fleurs en corymbe plan, d'un blanc jaunâtre, très odorantes, baies noires ou vertes. Dans les haies, les bois frais. Les fleurs du sureau sont employées en infusion comme sudorifiques; les baies et l'écorce sont purgatives; ses grosses branches servent à faire des cannettes.

On cultive dans les jardins le **Sureau à Grappes** (*Samb. racemosa*), à fleurs en panicule ovoïde et compacte.

FAMILLE DES RUBIACÉES.

Plantes herbacées à tiges tétragones, à feuilles verticillées, sans stipules. Fleurs régulières, hermaphrodites; calice à tube adhérent, à limbe varié; corolle monopétale rotacée ou en entonnoir à 4, 5 ou 6 divisions; étamines 4, 5 ou 6, sur la gorge de la corolle, à filets libres, à anthères introrses; ovaire à 1 ou 2 loges renfermant un ovule dressé; un style, souvent bifide, 2 stigmates; fruit sec ou plus rarement charnu, quelquefois surmonté par les dents du calice (fig. 400).

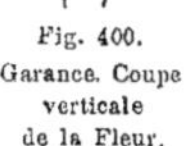

Fig. 400.
Garance. Coupe
verticale
de la Fleur.

Le *quinquina* (cinchona), qui produit l'écorce fébrifuge connue sous ce nom, et le *caféier* (coffea), dont le fruit donne le *café*, appartiennent à cette famille.

Genre RUBIA (*Garance*) : calice évasé, à limbe presque nul; corolle rotacée, à 4-5 divisions; 4-5 étamines, fruit formé de deux baies charnues arrondies, monospermes.

Garance des Teinturiers (*Rubia tinctorum*, Pl. 33, fig. 192). Tige dressée, rameuse, de 6 à 8 décim., à feuilles verticillées par 6, 5 ou 4, lancéolées aiguës, à bords denticulés, épineux; fleurs jaunes en grappes axillaires, en juin et juillet. Sa racine, très traçante, rougeâtre à l'intérieur, fournit à l'industrie la matière colorante connue sous le nom de garance.

Garance voyageuse (*R. peregrina*), voisine de la précédente, mais à rameaux tétragones et à feuilles persistantes : croît dans les bois secs.

Genre GALIUM (*Gaillet*) : calice à tube ovoïde, à limbe presque nul ; corolle en roue étoilée quadrifide, 4 étamines, 1 style à 2 stigmates, fruit sec, globuleux, à 2 lobes monospermes et indéhiscents.

Fig. 401 — Gaillet élevé.

Gaillet jaune (*G. verum*), vulgairement : *Caille-lait jaune* (Pl. 33, fig. 193). Tige dressée, à peine anguleuse, de 4 à 6 décim., feuilles verticillées par 6 à 12, linéaires, pubescentes en dessous ; fleurs jaunes, petites, en panicule terminale, très fournie, répandant une légère odeur de miel. Été ; bois, coteaux.

Fig. 402. — Gaillet croisette.

Gaillet élevé (*G. mollugo*), vulgairement *Caille - lait blanc* (fig. 401). Tige molle, allongée, de 10 à 15 décim., s'appuyant sur les corps voisins, quadrangulaire, à nœuds renflés ; à feuilles linéaires, mucronées, disposées en verticilles de 8 ; fleurs blanches en panicule très ample. Été, dans les haies et les bois.

Gaillet croisette (*G. cruciatum*), vulgairement *Croisette velue* (fig. 402). Plante d'un vert jaunâtre, velue, à tiges faibles, dressées, à feuilles ovales lancéolées, trinerviées, verticillées par 4 ; fleurs jaunes, en grappes axillaires, pédoncules à 2 bractées. Printemps ; haies, bois.

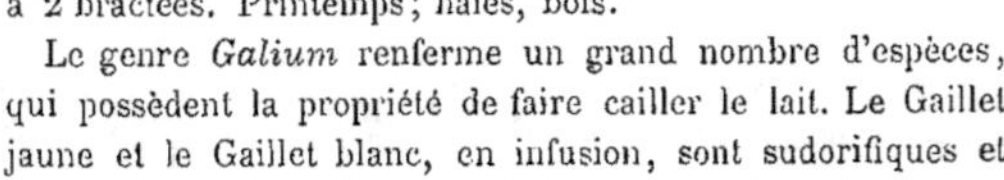

Fig. 403. — Shérarde des Champs.

Le genre *Galium* renferme un grand nombre d'espèces, qui possèdent la propriété de faire cailler le lait. Le Gaillet jaune et le Gaillet blanc, en infusion, sont sudorifiques et antipsoriques ; la Croisette est légèrement astringente.

Genre SHERARDIA : calice à 6 dents inégales, persistantes ; corolle en entonnoir, à 4 lobes ; 4 étamines ; fruit à 2 graines, couronné par les dents du calice.

Shérarde des Champs (*Sh. arvensis*, fig. 403). Tige grêle, très rameuse, couverte de poils raides ; à feuilles lancéolées hispides sur les bords, verticillées par 4, 6 ou 8 ; fleurs blanches ou violacées, sessiles, en faisceaux terminaux entourés par des feuilles étalées. Été, dans les moissons.

Genre ASPERULA : limbe du calice très court, à 4 dents ; corolle en entonnoir, à tube long, à 4 lobes étalés ; 4 étamines ; ovaire à 2 loges uniovulées ; style bifide à stigmates capités ; fruit sec à 2 coques indéhiscentes.

Aspérule odorante (*Asp. odorata*), vulgairement *Petit muguet* (Pl. 33, fig. 194). Souche rampante, tige dressée, de 2 à 3 décim., feuilles luisantes, ponctuées en dessus,

194.
193.
195 a.
195 b.
196.
192.

verticillées par 6-8; fleurs blanches, campanulées, en corymbe terminal; fruit hérissé d'aiguillons crochus; mai, juin, dans les bois. Plante odorante après la dessiccation; on en prépare des infusions sudorifiques.

La racine de *l'aspérule des champs* et celle de *l'aspérule des teinturiers* renferment une matière colorante que l'on emploie pour teindre la laine; on les appelle vulgairement *rougeole* ou *petite garance*.

FAMILLE DES VALÉRIANÉES.

Plantes herbacées à feuilles opposées, sans stipules. Fleurs le plus souvent hermaphrodites, plus ou moins irrégulières; calice adhérent à l'ovaire, à limbe roulé en dedans, ou denté et dressé; corolle tubuleuse insérée sur l'ovaire, à limbe de 3, 4 ou 5 lobes un peu inégaux, à tube gibbeux ou muni d'un éperon, 1 à 4 étamines insérées dans le tube de la corolle; un style à 1, 2 ou 3 stigmates; ovaire à 1, 2 ou 3 loges dont une seule fertile renfermant 1 ovule solitaire et pendant.

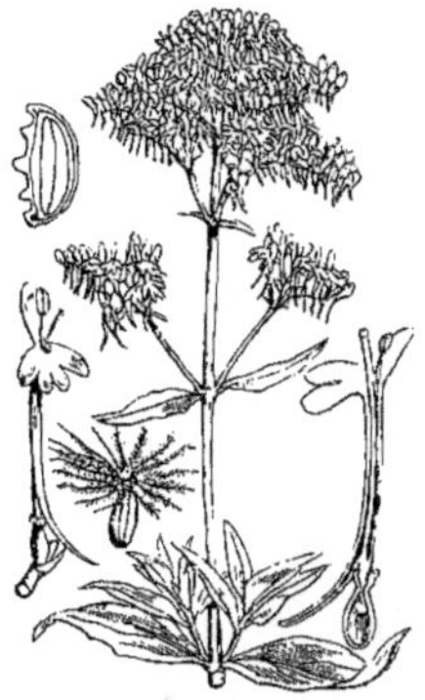

Genre CENTRANTHUS : calice à limbe enroulé dans le jeune âge, se déroulant ensuite en aigrette plumeuse pour couronner le fruit, corolle éperonnée à la base, à limbe 5-lobé; 1 étamine; capsule uniloculaire, monosperme. Fleurs en corymbe terminal.

Fig. 404. — Centranthe rouge.

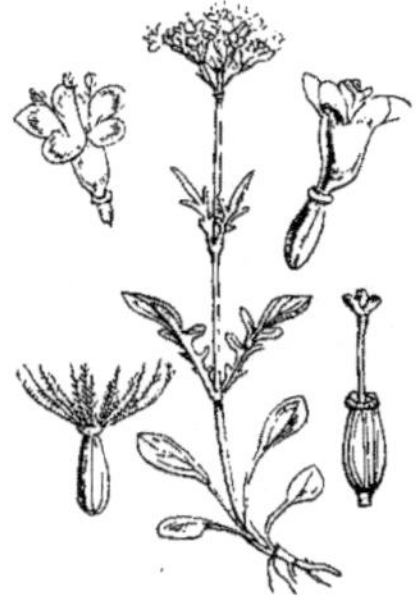

Fig. 405. — Valériane dioïque.

Centranthe rouge (*C. ruber*), vulgairement *Valériane* des jardiniers (fig. 404). Plante glabre et d'un vert glauque, à tiges dressées de 6 à 8 décim., à feuilles ovales, entières ou denticulées; fleurs rouges ou blanches, odorantes, de juin à septembre. Cultivée dans les jardins et devenue spontanée sur les vieux murs. Cette plante est vigoureuse et produit un bel effet dans les parterres.

Genre VALERIANA: fleurs hermaphrodites ou dioïques: limbe du calice replié en dedans, se déroulant plus tard en aigrette plumeuse pour couronner le fruit; corolle à 5 lobes, à tube régulier ou bossu à la base; 3 étamines, capsule uniloculaire.

Valériane officinale (*Val. officinalis*), vulgairement *Herbe aux chats* (Pl. 33, fig. 195, *a b*). Racine fasciculée, fétide; tige droite, sillonnée, pubescente, de 6 à 10 décim., à feuilles pennatiséquées à folioles nombreuses, lancéolées dentées; fleurs hermaphrodites, blanches ou rosées, en corymbe terminal, de juin à août dans les bois, les lieux humides. Sa racine est antispasmodique; son odeur attire les chats.

Valériane dioïque (*Val. dioica*, fig. 405). Racine grêle, rampante, tige de 3 à 4 décim., dressée, striée, glabre; feuilles radicales longuement pétiolées, ovales, les caulinaires ailées pinnatifides, à lobes inégaux, l'impaire plus grand; fleurs rougeâtres, en corymbes terminaux, les femelles plus petites; d'avril à juin, dans les bois humides, les prés marécageux. Ses propriétés sont celles de l'officinale, mais moins actives.

Genre VALERIANELLA (*Mâche*) : calice à bord denté, petit, non enroulé; corolle en entonnoir à 5 lobes, sans éperon; 3 étamines, 1 style, 3 stigmates; capsules à 3 loges dont 2 stériles, couronnée par les dents du calice, persistantes, mais non plumeuses.

Valérianelle potagère (*Val. olitoria*), vulgairement *Mâche, Doucette* (Pl. 33, fig. 196). Tige dichotome, rameuse, de 1 à 2 décim., à feuilles lancéolées, entières, les inférieures en rosette; fleurs blanches, en glomérules bractéolés au sommet des rameaux. Cultivée dans toute la France comme salade.

Les *Valerianella carinata, auricula, echinata, coronata*, etc., fournissent également, pendant tout l'hiver, leurs rosettes de feuilles radicales pour salade.

FAMILLE DES DIPSACÉES.

Fleurs hermaphrodites, plus ou moins irrégulières, agrégées en capitule (fig. 406), sessiles sur un réceptacle commun garni de soies ou de paillettes et entouré d'un involucre polyphylle : calice à tube plus ou moins soudé à l'ovaire, à limbe en godet, ou diversement denté ou découpé; corolle tubuleuse, insérée sur le calice, divisée en 4 ou 5 lobes inégaux; 4 à 5 étamines libres, insérées sur la corolle, à anthères bilobées; ovaire adhérent, à 1 ovule suspendu; fruit membraneux, indéhiscent couronné, par le limbe du calice.

Fig. 407. — Cardère poilue.

Genre DIPSACUS (*Cardère*) : calice en forme de coupe, tronqué, involucelle tétragone, à 8 sillons; corolle à 4 lobes, 4 étamines; réceptacle garni de paillettes épineuses; folioles de l'involucre allongées, plus longues que les paillettes. Plantes herbacées, à feuilles opposées, à tiges velues ou aiguillonnées.

Fig. 406. — Capitule (Scabieuse).

Cardère sauvage (*Dipsacus sylvestris*), vulgairement *Cabaret des oiseaux* (Pl. 34, fig. 197). Tige droite, raide, de 1 mètre et plus, cannelée, hérissée d'aiguillons courts; feuilles sessiles, aiguillonnées sur la nervure; celles de la tige soudées ensemble à la base en godet évasé. Capitules ovoïdes de fleurs lilas, en été, dans les champs incultes.

Cardère poilue (*Dip. pilosus*), vulgairement *Verge à pasteur* (fig. 407). Tige de 8 à 12 décim., droite, cannelée, chargée de petits aiguillons et de poils piquants; feuilles ovales, dentées, pétiolées, portant à leur base deux oreillettes foliacées. Fleurs blanches en capitule petit, presque globuleux; l'été, le long des ruisseaux, dans les bois frais.

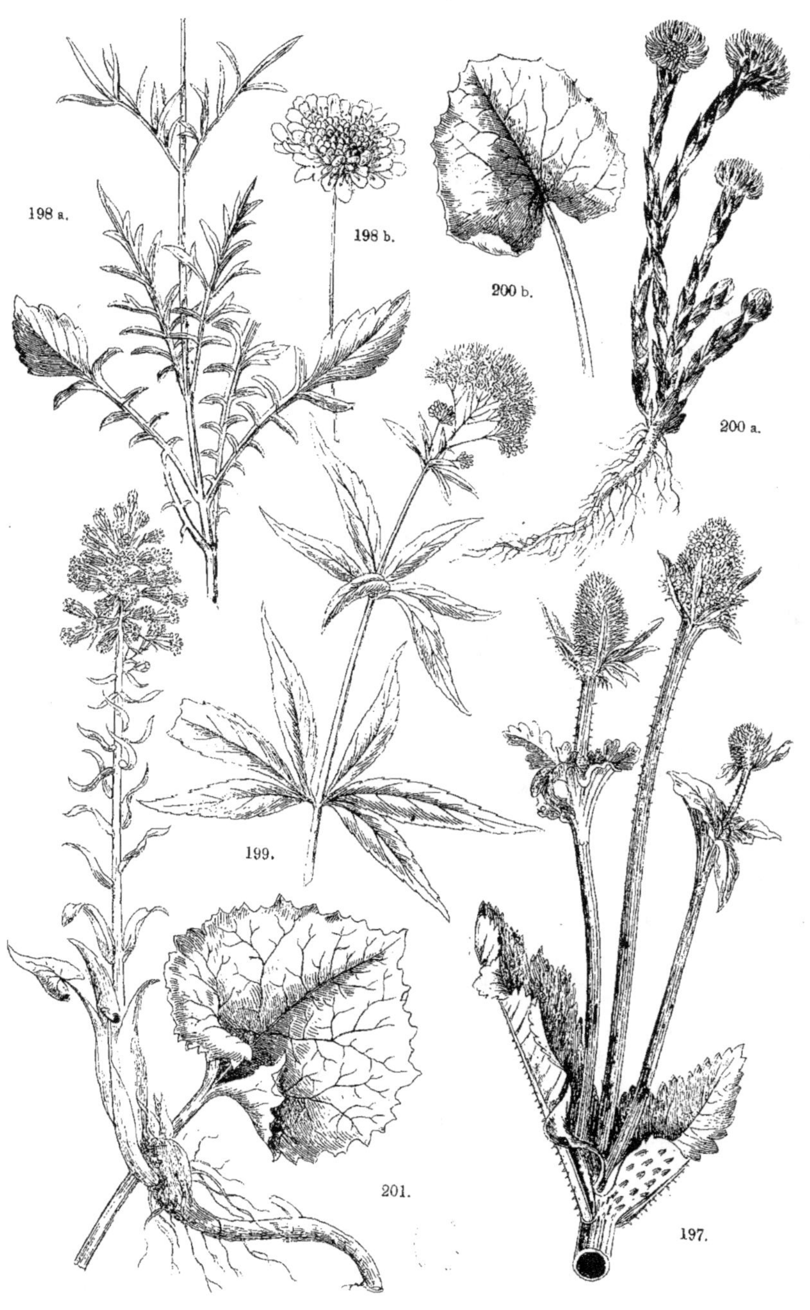

198 a.
198 b.
200 b.
200 a.
199.
201.
197.

34

Cardère à foulon (*Dip. fullonum*), vulgairement *Chardon à foulon*, plante très robuste, à tige de 1 à 2 mètres, cannelée, hérissée d'aiguillons ; paillettes robustes, raides, crochues. On se sert de ces têtes comme de cardes dans les manufactures de draps, et on le cultive en grand dans plusieurs départements.

Genre SCABIOSA : calice à limbe membraneux, souvent terminé par des arêtes ; involucre à folioles nombreuses ; involucelle à tube sillonné de fossettes ; corolle à 4 ou 5 lobes, 4 étamines ; fruit couronné par le limbe du calice.

Scabieuse des Champs (*Sc. arvensis*, fig. 408). Tige dressée, hérissée, de 2 à 5 décim. ; feuilles sessiles, velues, les radicales pennipartites, les supérieures linéaires lancéolées ; fleurs violacées, en capitule presque plane, celles de la circonférence très rayonnantes. L'été, dans les champs, au bord des chemins.

Scabieuse colombaire (*Sc. columbaria*, Pl. 34, fig. 198, *a b*). Souche gazonnante, tige pubescente, dressée, de 6 à 8

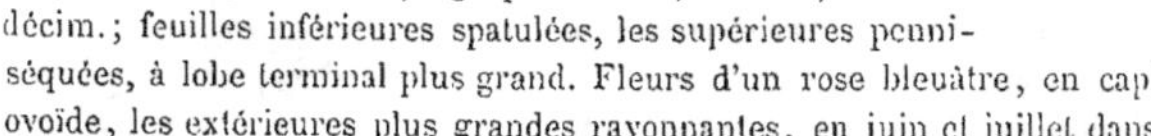

Fig. 408. — Scabieuse des Champs.

décim. ; feuilles inférieures spatulées, les supérieures penniséquées, à lobe terminal plus grand. Fleurs d'un rose bleuâtre, en capitule globuleux ou ovoïde, les extérieures plus grandes rayonnantes, en juin et juillet dans les bois, les prés secs.

Scabieuse odorante (*Sc. suaveolens*), très voisine de la Colombaire, est moins élevée, glabre, et ses fleurs bleues sont odorantes.

Scabieuse succise (*Sc. succisa*), vulgairement *Mors du diable*. Tige de 5 à 8 décim. droite, à feuilles ovales lancéolées, à capitule hémisphérique de fleurs violettes ou roses.

Les Scabieuses, de *scabies* (gale), parce qu'on leur attribuait des propriétés contre cette maladie, sont amères et détersives ; on cultive dans les jardins sous le nom de *Fleur de veuve*, la *Sc. atropurpurea*, à fleurs d'un pourpre foncé.

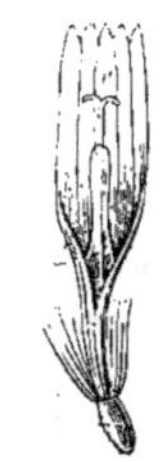

FAMILLE DES COMPOSÉES.

Fig. 409.
Fleuron tubuleux.

Fig. 410.
Demi Fleuron.

Plantes généralement herbacées, à feuilles alternes. Fleurs hermaphrodites, rarement unisexuelles par avortement, et réunies en capitule sur un réceptacle commun ; involucre à folioles libres ou rarement soudées entre elles ; réceptacle uni ou alvéolé, tantôt nu, tantôt garni de paillettes ou de poils : calice à tube adhérent à l'ovaire ; corolle tubulée, tantôt régulière avec un limbe à 4 ou 5 divisions (*fleuron*, fig. 409), tantôt irrégulière à limbe déjeté de côté en languette (*demi-fleuron* ou ligule, fig. 410) ; 5 étamines à anthères biloculaires, soudées en forme de tube, au centre duquel passe le style ; ovaire infère, à un ovule dressé ; style à 2 stigmates ; fruit sec, uniloculaire, monosperme, indéhiscent (akène), ordinairement couronné par le calice persistant sous forme d'aigrette. — Les capitules sont composés tantôt uniquement de fleurons, tantôt uniquement de demi-fleurons, tantôt enfin de fleurons entourés d'un cercle de demi-fleurons. De là la division ancienne en flosculeuses, semi-flosculeuses et radiées, et plus récemment en *Tubuliflores*, *Liguliflores* et *Corymbifères*.

1re DIVISION. — Tubuliflores (Flosculeuses).

Fleurs toutes tubuleuses, à 4 ou 5 divisions symétriques, celles de la circonférence quelquefois stériles et plus grandes; style renflé au sommet, articulé.

Sect. I. — **CARDUÉES**: *aigrette caduque, à poils soudés en anneau à la base; étamines à filets libres, fleurs toutes égales et ordinairement toutes fertiles* (fig. 411).

Genre ONOPORDON : involucre à folioles imbriquées, entières, atténuées en épine, réceptacle charnu, à alvéoles profondes, denticulées; fruit comprimé, tétragone, sillonné en travers, poils de l'aigrette ciliés.

Onoporde Acanthe (*On. acanthium*, Pl. 38, fig. 225). Tige droite, robuste, cotonneuse, de 8 à 12 décim.; feuilles décurrentes, larges, ovales, sinuées dentées, épineuses, cotonneuses en dessous; involucre presque globuleux, gros, cotonneux, à écailles terminées en épine raide. Fleurs purpurines de juillet à octobre, dans les lieux incultes, au bord des chemins.

Genre CARDUUS (*Chardon*): involucre à folioles entières, imbriquées, épineuses au sommet; réceptacle garni de paillettes soyeuses; fruit lisse, comprimé, soies de l'aigrette dentées, un peu rudes.

Fig. 411.
Fleuron de
Chardon.

Fig. 412. — Chardon acanthin.

Chardon à petites Fleurs (*Carduus tenuiflorus*) à tige largement ailée, épineuse, de 8 à 10 décim.; feuilles décurrentes, pinnatifides, pubescentes; capitules nombreux, sessiles, de fleurs rosées. Commun l'été, au bord des chemins.

Chardon penché (*C. nutans*, Pl. 38, fig. 224). Tige droite, ailée, épineuse, de 6 à 9 décim.; feuilles décurrentes, lancéolées, pinnatifides à lobes dentés épineux; capitules gros, arrondis, solitaires, penchés, à pédoncules velus, non épineux. Fleurs rouges odorantes; au bord des chemins.

Chardon acanthin (*C. acanthoïdes*, fig. 412). Tige droite, ailée épineuse, pubescente, de 6 à 10 décim.; à feuilles décurrentes, glabres, pinnatifides, profondément découpées en segments terminés par une épine allongée. Capitules gros, solitaires, à pédoncules courts, garnis d'une ou deux lignes épineuses; fleurs rouges, l'été, dans les lieux incultes.

Genre CIRSIUM : ne diffère du genre *Carduus* que par les soies plumeuses de l'aigrette. Les Cirsium ont l'aspect des chardons.

35.
202.
206.
205.
203 b.
208.
207.
203 a.
204.

Cirsium des Champs (*C. arvense*, Pl. 37, fig. 221). Souche traçante, tige droite, cannelée, de 5 à 8 décim.; feuilles sessiles, oblongues ondulées, pinnatifides, bordées de dents en épines piquantes; capitules ovoïdes de fleurs violacées ou rougeâtres en corymbes; l'été, au bord des chemins, dans les champs.

Cirsium lancéolé (*C. lanceolatum*, fig. 413). Tige droite, cannelée, velue; feuilles décurrentes, cotonneuses en dessous, vertes en dessus et parsemées de petites épines, pennipartites, à segments inégalement lobés et fortement épineux; capitules solitaires, au sommet des rameaux; fleurs rouges, l'été, dans les lieux incultes.

On connaît un assez grand nombre de *Cirsium* qui, tous, ont l'aspect des chardons et ne possèdent aucune propriété particulière.

Le genre CYNARA, comprend l'*Artichaut* et le *Cardon*, cultivés comme plantes alimentaires.

Fig. 413. — Cirsium lancéolé.

Sect. II. — **CENTAURÉES**: *aigrette nulle ou persistante, formée de paillettes ou de poils libres jusqu'à la base; étamines à filets libres.*

Genre CNICUS: involucre à folioles extérieures grandes, foliacées, épineuses; les intérieures à appendice épineux; fleurs toutes égales, celles de la circonférence stériles; fruit cylindrique, strié en long, aigrette caduque, à 8 ou 10 soies denticulées, alternant avec un même nombre de soies plus courtes.

Chardon bénit (*Cnicus benedictus*, Pl. 38, fig. 223). Tige dressée, laineuse, à rameaux divariqués; feuilles d'un vert pâle à nervures blanches, à lobes épineux, capitules solitaires, terminaux, de fleurs jaunes. Champs cultivés du Midi. Cette plante est parfois utilisée comme sudorifique et fébrifuge.

Genre CENTAUREA: folioles de l'involucre à appendice scarieux, mutique ou épineux; réceptacle à paillettes sétacées; fleurs de la circonférence plus grandes, ordinairement stériles; fruit comprimé latéralement, dépourvu de côtes; aigrette nulle ou formée par des paillettes denticulées, les internes plus courtes (fig. 414 à 416).

Centaurée Bleuet (*C. cyanus*), vulgairement *Bluet, Barbeau* (Pl. 38, fig. 227). Tige striée, droite, rameuse, de 5 à 6 décim.; feuilles cotonneuses en dessous, les supérieures linéaires, les inférieures pennatipartites. Tout le monde connaît cette charmante fleur qui croît pendant l'été parmi les moissons. On l'emploie en lotions contre les maux d'yeux.

Fig. 414 à 416. — Centaurée Bleuet.

Centaurée Chausse-trape (*C. calcitrapa*), vulgairement *Chausse-trape, Chardon étoilé* (fig. 417). Tige très rameuse, anguleuse, poilue, de 6 à 8 décim.; feuilles velues, les radicales pétiolées, lyrées, étalées en rosace, les caulinaires sessiles, pinnatifides, à lobes dentés ; capitules solitaires, involucre ovoïde à folioles épineuses, canaliculées, la médiane très forte et très longue. Fleurs rouges. Croît dans les lieux incultes. Cette plante, fortement amère, est employée comme fébrifuge.

Centaurée scabieuse (*C. scabiosa*, Pl. 39, fig. 228). Tige droite, anguleuse, sillonnée, de 6 à 8 décim.; feuilles d'un vert foncé, les supérieures plus ou moins lobées, les inférieures longuement pétiolées ; involucre gros, arrondi, à écailles ovales sans nervures, bordées de cils flexueux. Fleurs purpurines, l'été, dans les bois, les lieux stériles.

On en distingue de nombreuses espèces.

Genre CARTHAMUS : involucre à folioles imbriquées, les extérieures herbacées; réceptacle à paillettes sétacées; fleurs toutes égales et fertiles ; fruit tétragone, sans aigrette.

Carthame des Teinturiers (*C. tinctorius*, Pl. 37, fig. 222). Tige glabre, blanchâtre, de 3 à 5 décim. ; feuilles ovales, entières veinées; fleurs rouges ou d'un jaune orangé ; capitules terminaux en corymbe.

Fig. 417.
Centaurée Chausse-trape.

Cette plante, originaire d'Orient, est cultivée pour la couleur rouge que donnent ses fleurs.

Genre SERRATULA : involucre à folioles scarieuses, pointues, réceptacle pailleté; fleurs toutes égales ; fruits glabres, aigrette à poils denticulés, les externes plus courts.

Serratule des Teinturiers (*S. tinctoria*), vulgairement *Sarriette* (fig. 418). Tige dressée, sillonnée, glabre, de 5 à 8 décim., à rameaux dressés en corymbe; feuilles rudes en dessous, finement dentées, les inférieures pinnatifides, à lobe supérieur plus grand ; capitules de fleurs rouges en corymbe terminal. On retire de cette plante une teinture jaune.

Sect. III. **CARLINÉES** : *étamines à filets libres; anthères pourvues à la base d'appendices filiformes; fleurs ordinairement toutes égales, hermaphrodites et fertiles.*

Fig. 418.
Serratule des Teinturiers.

Fig. 419. — Saussurée déprimée.

Genre SAUSSUREA : folioles de l'involucre entières, inermes ; paillettes du réceptacle tantôt libres, tantôt soudées; fruits oblongs, striés ; aigrette à rangée de poils externes denticulés, les internes plumeux.

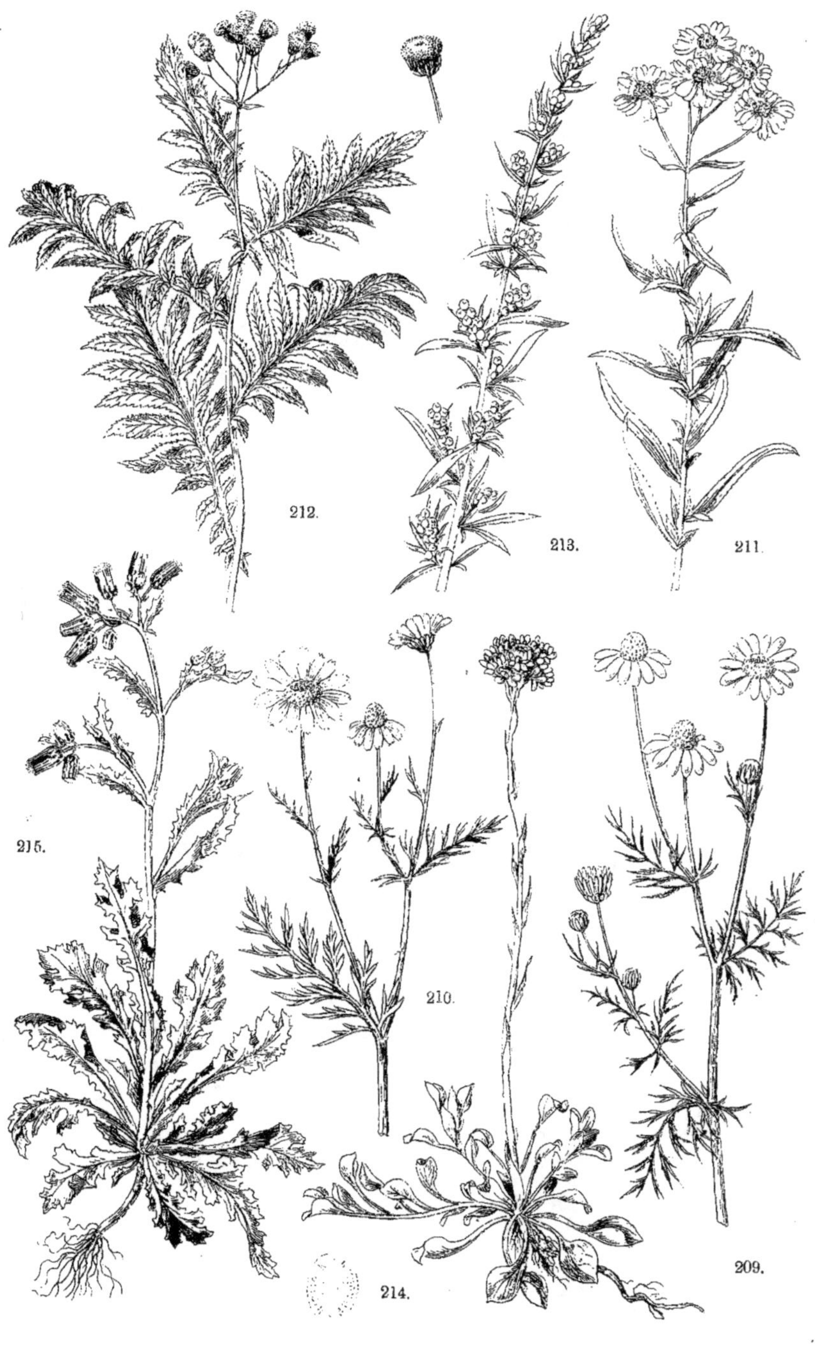

212. 213. 211. 215. 210. 214. 209.

Saussurée déprimée (*S. depressa*, fig. 419). Plante laineuse, à souche écailleuse, noire, rampante; tige courbée redressée, de 10 à 12 centim., couverte de feuilles linéaires lancéolées, tomenteuses en dessous, sinuées dentées; involucre à folioles ovales, appliquées, bordées de noir; fleurs rouges, très odorantes. Croît dans les Alpes.

Genre LAPPA (*Bardane*): involucre à folioles imbriquées, prolongées en une très longue pointe crochue au sommet; réceptacle à paillettes sétacées; fruits oblongs, comprimés latéralement, munis de côtes; aigrette à poils libres, denticulés, raides et courts, disposés sur plusieurs rangs.

Bardane commune (*Lappa major*), vulgairement *Glouteron*, *Bouillon noir* (Pl. 37, fig. 220). Tige robuste, sillonnée, pubescente, de 10 à 15 décim., à feuilles très grandes, ovales lancéolées, cotonneuses en dessous; capitules assez gros, à fleurs purpurines. Croît au bord des routes, lieux incultes.

Fig. 420. — Carline commune.

Cette plante, fortement amère et sudorifique, s'emploie en tisane contre les affections rhumatismales.

Genre CARLINA: involucre à folioles extérieures foliacées, dentées, épineuses, rayonnantes autour des fleurs, réceptacle à paillettes déchiquetées, soudées à la base; fruits oblongs, poilus; aigrette caduque à poils plumeux, soudés par bouquets de 3 à 5.

Carline commune (*C. vulgaris*, fig. 420). Tige droite, cotonneuse, de 5 à 8 décim., à rameaux dressés en corymbe; feuilles sessiles, amplexicaules, cotonneuses en dessous, sinuées dentées, à dents épineuses; capitules à folioles rayonnantes linéaires, d'un jaune pâle. Croît dans les lieux incultes.

Carline sans Tige (*C. acaulis*, Pl. 38, fig. 226), à tige nulle ou très courte; à fleur grande, solitaire, rayonnante, blanche. Croît dans les Alpes et les Pyrénées.

2e DIVISION. — Corymbifères (Radiées).

Fleurs centrales régulières, tubuleuses, celles de la circonférence ordinairement en languette. Cette division renferme un grand nombre de plantes exotiques cultivées dans les jardins, tels sont: les Chrysanthèmes, les Coreopsis, les Dahlias, les Tagètes ou Œillets d'Inde, les Zinnia, etc.

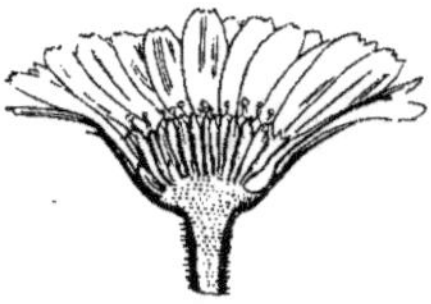

Sect. I. — *Anthères pourvues d'appendices filiformes à leur base.*

Fig. 421. — Fleur de Souci. Capitule coupé verticalement.

Genre CALENDULA (*Souci*): involucre à folioles égales sur deux rangs; réceptacle nu; capitules radiés; fleurons du centre hermaphrodites, mais stériles; demi-fleurons femelles et fertiles, à stigmate bifide; fruits inégaux, courbés en arc, à dos tuberculeux, épineux (fig. 421).

Souci officinal (*Calendula officinalis*), vulgairement *Souci des jardins* (Pl. 37, fig. 219, *a b*), espèce cultivée, que l'on trouve souvent autour des jardins ; elle se distingue à ses feuilles spatulées, à ses grandes fleurs, d'un jaune vif, et à ses fruits presque tous courbés en nacelle.

Souci des Champs (*Cal. arvensis*), vulgairement *Petit souci*, c'est une plante d'une odeur désagréable, à tige faible, à feuilles oblongues lancéolées, denticulées, les supérieures sessiles, presque embrassantes ; à pédoncules uniflores, axillaires et terminaux ; fleurs jaunes d'avril à octobre ; dans les champs, les lieux cultivés.

Genre INULA (*Aunée*) : involucre hémisphérique, à folioles imbriquées, réceptacle nu, fleurons du centre tubuleux hermaphrodites, entourés d'un rayon de demi-fleurons femelles de même couleur ; anthères pourvues de deux soies à la base ; fruits pourvus d'une aigrette de poils.

Fig. 422. — Inule aunée.

Inule aunée (*In. helenium*), vulgairement *Aunée* (fig. 422). Souche épaisse, aromatique ; tige de 1 à 2 mètres, robuste, velue ; feuilles très grandes, ovales lancéolées, dentées, presque embrassantes. Capitules volumineux, terminaux ; fleurs jaunes, l'été, dans les lieux frais, les prés humides. Sa racine est stomachique, vermifuge.

Inule conyze (*In. conyza*), plante d'un vert pâle, fétide, à tige simple, cotonneuse, de 6 à 8 décim. ; à feuilles molles, oblongues, les supérieures sessiles ; capitules en corymbe compact. Lieux -arides. Cette plante est amère et on l'administre comme excitante et carminative.

De ce genre on a détaché les *Inula pulicaria* et *dysenterica* pour en faire le genre *Pulicaria*.

Genre PULICARIA : aigrette double, l'intérieure à poils simples allongés, l'extérieure formée par une couronne très courte crénelée ou laciniée.

Pulicaire vulgaire (*Pul. vulgaris*) Inula pulicaria (fig. 423) ; plante pubescente de 2 à 5 décim. ; tige dressée, à rameaux ascendants formant un corymbe paniculé ; feuilles sessiles, amplexicaules, oblongues lancéolées, ondulées ; capitules globuleux, involucre à écailles linéaires ; rayons très petits, fleurs jaunes. L'été, au bord des chemins.

Fig. 423. — Pulicaire vulgaire.

Pulicaire dysentérique (*Pul. dysenterica*), vulgairement *Herbe de Saint-Roch* (Pl. 35, fig. 206). Plante pubescente d'un vert pâle, de 5 à 6 décim., à rameaux en corymbe, feuilles très onduleuses, amplexicaules, oblongues ; involucre à folioles linéaires sétacées ; rayons dépassant les fleurons ; fleurs jaunes ; croît dans les lieux humides. Vantée jadis contre la dysenterie.

Genre GNAPHALIUM (*Perlière*) : fleurs toutes tubuleuses, les extérieures ordinairement femelles sur un ou plusieurs rangs ; involucre à folioles imbriquées planes, scarieuses ; fruits cylindriques ; un seul rang de poils à l'aigrette.

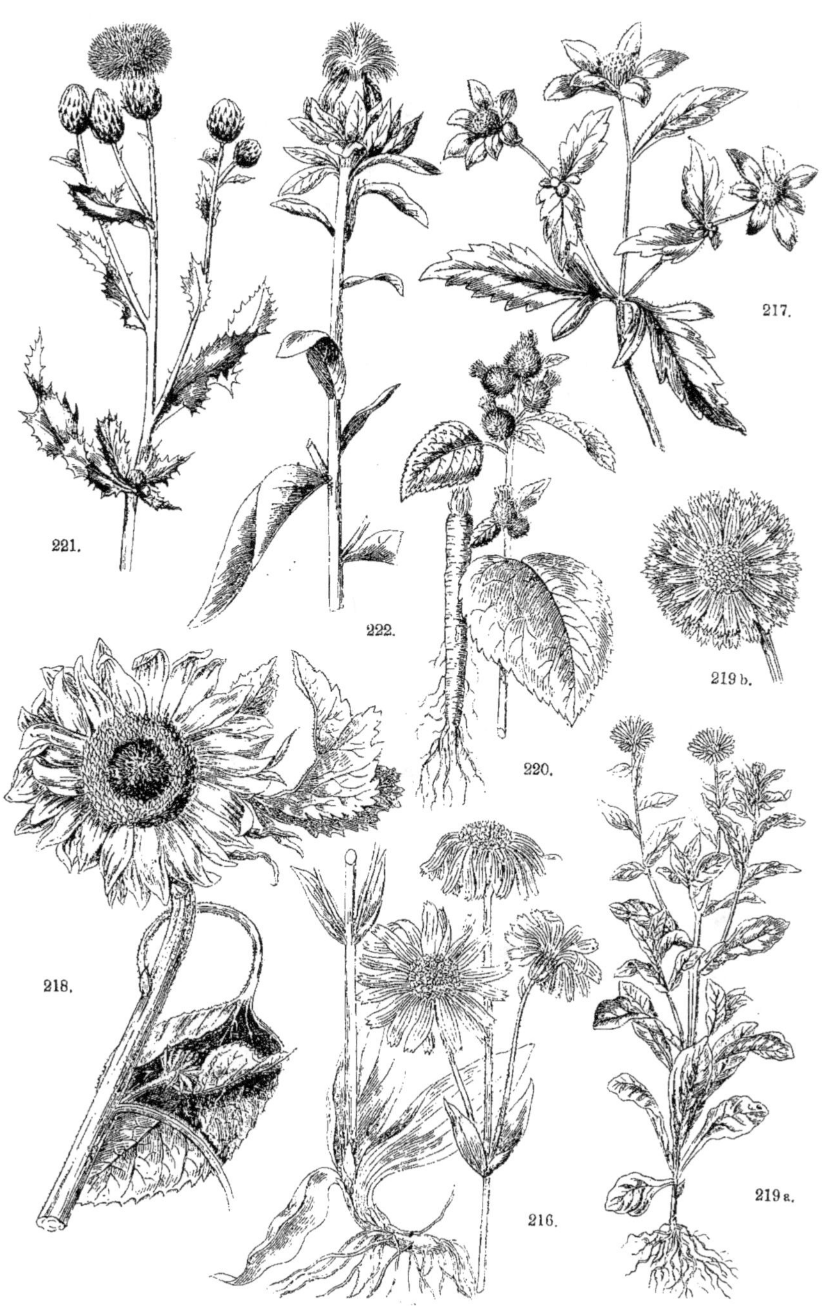

221.
217.
222.
219 b.
220.
218.
216.
219 a.

37

Gnaphale des Bois (*Gn. sylvaticum*, fig. 424), plante vivace, blanche, tomenteuse, à feuilles alternes, entières; tiges de 3 à 5 décim., croissant en touffes; capitules sessiles, axillaires, agglomérés comme en épi; fleurs jaunes. Croît dans les bois montueux.

Gnaphale dioïque (*Gn. dioïcum*), vulgairement *Pied de chat* (Pl. 36, fig. 214). Plante dioïque, à souche rameuse, brune, radicante, émettant des jets stériles; tige droite, simple, tomenteuse, de 2 à 3 décim.; feuilles linéaires, lancéolées, cotonneuses en dessous; capitules hémisphériques, disposés en corymbe terminal, serré, fleurs blanches ou roses, en mai et juin, sur les pelouses sèches, les bruyères.

Genre FILAGO (*Cotonnière*): capitules petits, coniques, à 5 angles plus ou moins prononcés; involucre à folioles concaves ou carénées, imbriquées; réceptacle pailleté au bord; fleurs femelles sur plusieurs rangs; fruits comprimés, aigrette poilue.

Cotonnière française (*Filago gallica*, fig. 425). Plante de 2 à 3 décim., grêle, couverte d'un duvet soyeux; tige à rameaux dichotomes, à feuilles linéaires aiguës; capitules coniques, en petits glomérules axillaires; fleurs d'un blanc jaunâtre; l'été, dans les champs sablonneux.

Fig. 424. — Gnaphale des Bois.

Genre BUPHTHALMUM (*Œil de bœuf*): fleurs de la circonférence ligulées; réceptacle à paillettes carénées; involucre à folioles imbriquées; fruits du rayon trigones, ceux du centre comprimés; aigrette courte, formée de paillettes laciniées, denticulées.

Buphthalme à Feuilles de Saule (*B. salicifolium*, Pl. 35, fig. 205). Tige dressée, de 4 à 6 décim.; feuilles lancéolées oblongues, rétrécies en pétiole; capitules jaunes, solitaires sur la tige et les rameaux.

Sect. II. — *Anthères dépourvues d'appendices filiformes à leur base.*

Genre BIDENS: involucre à folioles extérieures étalées, herbacées, les intérieures scarieuses; fleurs toutes tubuleuses ou 1 rang de fleurs femelles ligulées; fruits portant au sommet de 2 à 5 arêtes armées d'épines inclinées.

Bident trifide (*B. tripartita*), vulgairement *Chanvre d'eau* (Pl. 37, fig. 217). Tige dressée, rameuse, sillonnée de 3 à 6 décim.;

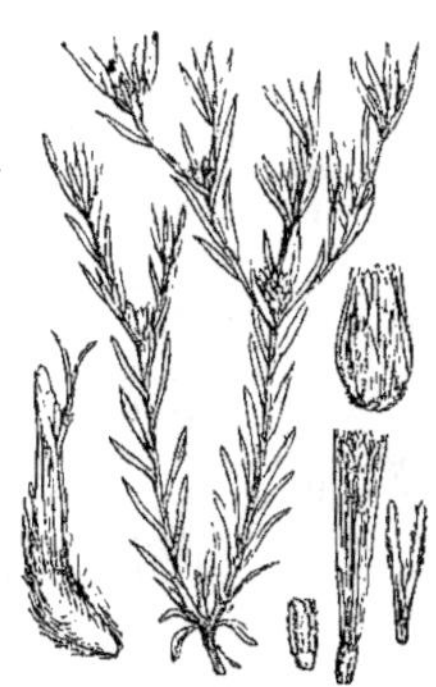

Fig. 425. — Cotonnière française.

Fig. 426.
Hélianthe. Fleuron hermaphrodite.

feuilles divisées en 3 folioles lancéolées dentées la supérieure plus grande; capitules environnés de bractées plus longues que les fleurs. Fleurs jaunes. Lieux humides.

Genre HELIANTHUS: involucre imbriqué, réceptacle plane garni de paillettes; fleurons tubuleux hermaphrodites entourés d'un rayon de demi-fleurons stériles (fig. 426); aigrette formée de deux ou plusieurs paillettes membraneuses, caduques.

Hélianthe annuel (*Hel. annuus*), vulgairement *Soleil* (Pl. 37, fig. 218). Racine fibreuse, tige de 1 à 2 mètres, à feuilles alternes, grandes, dentées; capitules très grands, penchés, d'un beau jaune. Été, cultivé; originaire du Pérou. On donne sa graine aux oiseaux, et l'on en retire une huile grasse.

Fig. 427. — Camomille romaine.

Le **Topinambour** (*Helianthus tuberosus*), originaire du Brésil, se cultive pour ses tubercules propres à faire de l'eau-de-vie et à nourrir les animaux domestiques; on les mange souvent cuits, et leur saveur rappelle celle de l'artichaut. Ses capitules sont petits et dressés.

Genre CHAMOMILLA (*Camomille*): Plantes amères et aromatiques, à feuilles pinnatifides, à fleurs ligulées; involucre concave, à folioles uni- ou bisériées, appliquées; corolle des fleurons à limbe 5 denté, à tube cylindrique élargi à la base et enveloppant la partie supérieure des ovaires; fruits en massue, un peu comprimés à 3 côtes.

Camomille romaine (*Ch. nobilis*), vulgairement *Camomille* (fig. 427). Tige faible, couchée, un peu redressée, rameuse dès sa base, de 2 à 3 décimètres; feuilles un peu velues, pinnées, à segments courts, linéaires, aiguës; fleurs blanches à disque jaune. L'été, sur les pelouses, parmi les moissons.

La *Camomille romaine* est un des médicaments les plus employés comme tonique, fébrifuge, stomachique.

Genre ANTHEMIS: involucre à folioles imbriquées; fleurs ligulées sur un seul rang, fleurons du centre à tube comprimé; fruits munis de côtes tout autour, tronqués au sommet.

Anthemis des Champs (*Anth. arvensis*), vulgairement *Fausse camomille* (fig. 428). Tige velue, d'un vert blanchâtre, rameuse, striée, de 3 à 6 décim.; feuilles pubescentes, bipennatifides, à segments linéaires lancéolés aigus, dentés; réceptacle conique à paillettes lancéolées, acuminées, presque aussi longues que les fleurs; fruits à 10 côtes. Fleurs blanches à disque jaune. Été, champs sablonneux.

Anthemis puante (*Anth. cotula*), vulgairement *Maroute, Camomille des chiens* (Pl. 36, fig. 210). Plante d'une odeur désagréable, à tige dressée, rameuse, de 3 à 5 décim.; feuilles bipennées, à segments allongés, écartés, mucronés; fruits à 10 côtes tuberculeuses. Fleurs blanches à disque jaune. L'été, dans les champs, les moissons. Cette espèce est considérée comme antispasmodique.

Fig. 428.
Anthemis des Champs.

Genre ACHILLEA: involucre à folioles imbriquées; fleurs ligulées sur un seul rang; fleurons du centre hermaphrodites, à tube comprimé et à 5 dents; capitules petits, en corymbe simple ou composé.

Achillée millefeuilles (*A. millefolium*), vulgairement *Herbe aux charpentiers*, parce

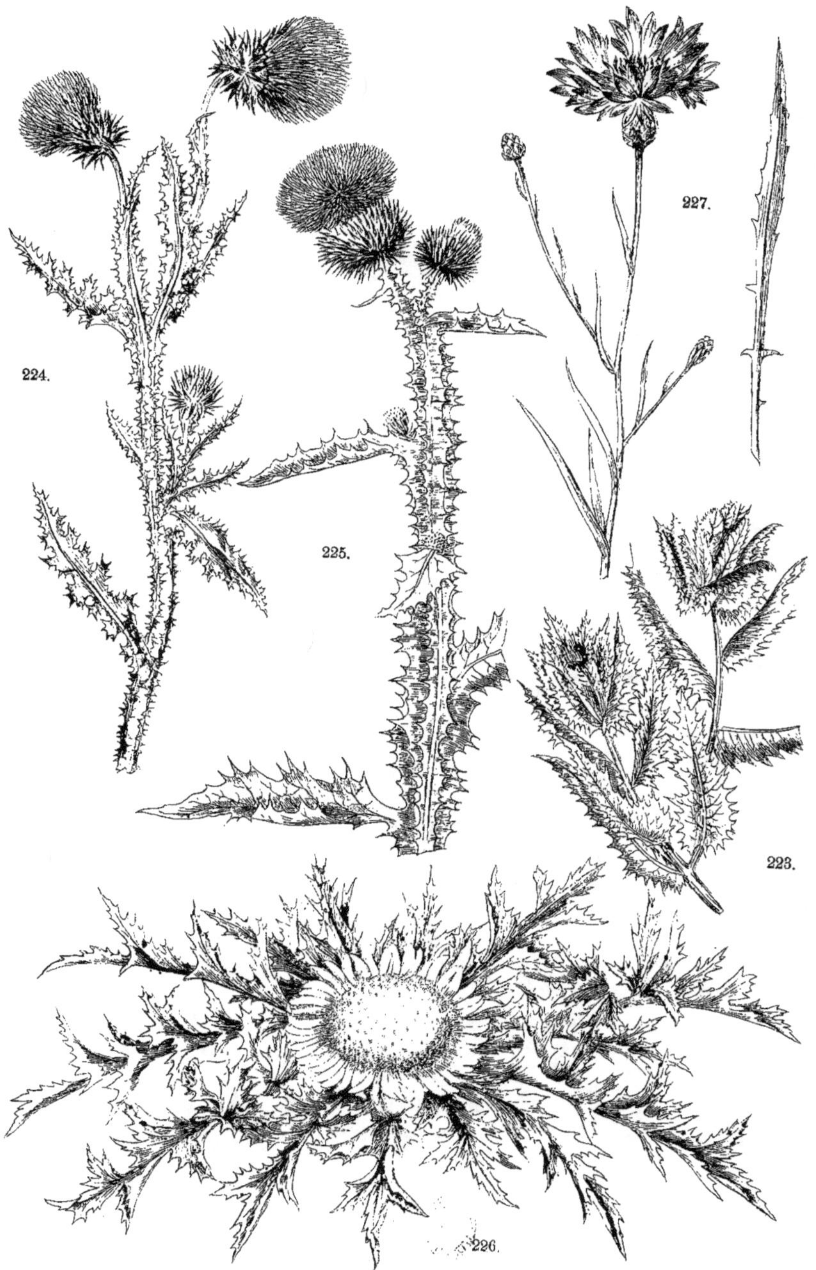

38.

224.

225.

226.

227.

223.

qu'elle passait autrefois pour guérir les blessures (fig. 429). Tige dressée, sillonnée, pubescente, de 3 à 6 décim. ; feuilles pubescentes, bipinnatifides, à lobes très découpés en seg-

Fig. 429. — Achillée millefeuilles.

ments linéaires mucronés ; fleurs blanches ou roses en corymbe terminal, dense. Tout l'été dans les champs, les lieux incultes.

Achillée sternutatoire (*A. ptarmica*), vulgair. *Herbe à éternuer* (Pl. 36, fig. 211). Racine rampante, stolonifère, tige dressée de 4 à 8 décim., anguleuse, glabre ; feuilles linéaires lancéolées aiguës, dentées en scie ; corymbe terminal lâche, de fleurs blanches assez grandes. Lieux humides. — On cultive dans les jardins une variété double de cette espèce sous le nom de *Bouton d'argent.*

Fig. 430.
Chrysanthème des Moissons.

Genre CHRYSANTHEMUM : involucre hémisphérique, imbriqué, à écailles scarieuses sur les bords ; réceptacle nu ; capitules radiés, à demi-fleurons femelles ; fruit nu ou surmonté d'une couronne courte et tronquée.

Chrysanthème des Moissons (*Chr. segetum*, fig. 430). Tige dressée, sillonnée, rameuse, de 4 à 6 décim. ; feuilles glauques, épaisses, incisées dentées, trifides au sommet, les supérieures amplexicaules ; fleurs grandes, à rayons et disque d'un beau jaune. Été, moissons.

Chrysanthème leucanthème (*Chr. leucanthemum*), vulgairement *Grande marguerite* (Pl. 35, fig. 208). Tige dressée, légèrement anguleuse ; feuilles inférieures spatulées, pétiolées ; les supérieures amplexicaules, incisées dentées ; pédoncule terminal uniflore. Fleurs blanches à disque jaune. Tout l'été dans les prés, les pâturages. — Cette plante possède des propriétés toniques et vulnéraires. Elle varie beaucoup et se cultive dans les jardins.

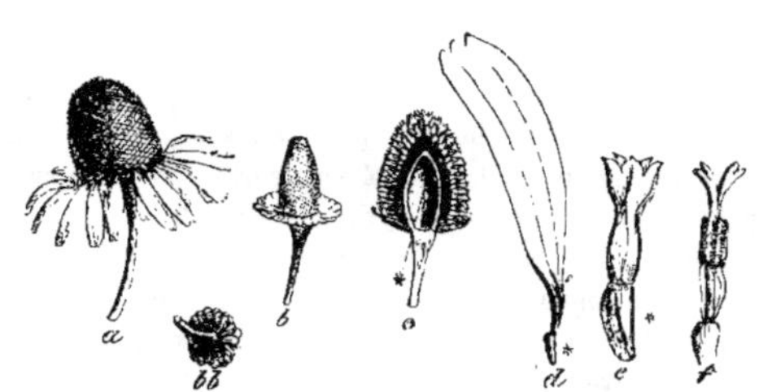

Fig. 431 à 437.
a. Fleur de Matricaire. — *bb.* Involucre vu en dessous. — *b. c.* Réceptacle.
d. Demi Fleuron. — *e. f.* Fleuron hermaphrodite.

Genre MATRICARIA : involucre à folioles imbriquées, réceptacle devenant conique ; capitules en corymbe ; fleurons du centre à tube cylindrique ; fruit à 3-5 côtes, à couronne membraneuse courte (fig. 431 à 437).

Matricaire Camomille (*M. chamomilla*, Pl. 36, fig. 209). Plante aromatique, verte,

24

glabre, à tige droite, de 3 à 6 décim.; feuilles 2 ou 3 fois pinnatifides; à lobes capillaires; corymbe terminal de fleurs blanches à disque jaune. Tout l'été dans les moissons. — Plante aromatique et amère employée en infusion comme excitante et vermifuge.

Matricaire odorante (*M. suaveolens*), ne diffère de la précédente que par ses fleurs plus petites.

Matricaire inodore (*M. inodora*), en diffère par ses feuilles canaliculées en dessous, et son odeur presque nulle.

Genre A R T E M I S I A (*Armoise*): involucre imbriqué, ovoïde; réceptacle nu; fleurons cylindriques, ceux du centre hermaphrodites à 5 dents, ceux de la circonférence sur un rang, filiformes; fruit obovale sans aigrette. Fleurs en grappes.

Fig. 438. — Absinthe.

Armoise Absinthe (*Art. absinthium*), vulgairement *Absinthe* (fig. 438). Plante aromatique, pubescente, blanchâtre, à tige droite, sillonnée, de 5 à 8 décim.; feuilles molles, blanchâtres, les radicales tripennées, les caulinaires 1 ou 2 fois pinnatifides, les florales entières; capitules petits, globuleux, en grappes unilatérales; fleurs jaunâtres. Juillet, août, dans les lieux incultes.

Armoise champêtre (*Art. campestris*), vulgairement *Aurone des champs* (Pl. 36, fig. 213). Plante presque inodore, à tiges couchées à la base, de 3 à 5 décim.; feuilles irrégulièrement découpées en lanières linéaires; capitules réunis en grappes; fleurs petites, ovoïdes. Automne, lieux sablonneux.

Armoise commune (*Art. vulgaris*), vulgairement *Armoise;* commune dans les lieux incultes, se distingue par ses feuilles entières ou tripartites, ses capitules en grappes, formant une panicule très irrégulière.

Les *armoises* sont des plantes aromatiques, amères; on emploie leurs sommités fleuries en infusion comme toniques et stomachiques. L'*absinthe* est apéritive et emménagogue, elle est surtout connue par la liqueur à laquelle elle donne son nom. On cultive dans les jardins, sous le nom d'*Aurone* ou *Citronnelle*, l'Art. abrotanum, arbrisseau odorant à feuilles petites et à fleurs jaunes. L'*Estragon* (Art. dracunculus), plante condimentaire originaire de Russie, appartient à ce genre.

Genre T A N A C E T U M (*Tanaisie*): involucre à folioles imbriquées, hémisphérique, réceptacle nu, convexe; fleurs de la circonférence femelle sur un rang; fleurons du centre hermaphrodites; fruits sessiles, munis de côtes, à couronne membraneuse.

Tanaisie commune (*Tanacetum vulgare*, Pl. 36, fig. 212). Plante d'une odeur forte, à racine traçante, à tige pressée, striée, de 8 à 12 décim.; feuilles bipinnatifides, à lobes dentés en scie; capitules de fleurs jaunes en corymbe terminal. Lieux incultes.

Cette plante, amère et aromatique, est employée comme tonique et vermifuge.

La *Tanaisie balsamite* se cultive sous le nom de *Menthe-coq*.

Genre S E N E C I O (*Séneçon*): involucre à folioles sur un seul rang, soudées à la base et entourées de bractéoles formant un calicule; réceptacle nu; fleurons du centre hermaphro-

231.

228.

233.

229.

232.

230 b.

230 a.

dites, tubuleux, à 5 dents ; demi-fleurons femelles en languette ; fruit sillonné, aigrette à plusieurs rangs de poils.

Séneçon commun (*Sen. vulgaris*), vulgairement *Séneçon* (Pl. 36, fig. 215). Tige redressée, molle, de 2 à 4 décim. ; feuilles supérieures auriculées, embrassantes, à lobes inégalement dentés ; capitules en corymbe serré ; involucre cylindrique, à folioles 4 fois plus longs que le calice ; 8 à 10 écailles au calicule, marquées d'une tache noire ; fleurs jaunes, ordinairement toutes tubuleuses ; fruits pubescents. Fleurit toute l'année dans les lieux cultivés.

Séneçon Jacobée (*Sen. jacobœa*), vulgairement *Jacobée* (fig. 439). Tige droite, striée, de 5 à 8 décim., à rameaux dressés ; feuilles molles, les inférieures à lobe terminal très grand, pétiolées, les supérieures sessiles, auriculées embrassantes ; capitules nombreux en corymbe serré ; fleurs jaunes ; fruits grisâtres, ceux du centre velus. Prés, bois ; l'été. Cette espèce est cultivée dans les jardins.

Fig. 439. — Séneçon Jacobée.

On cultive aussi le *Séneçon élégant* pour ses fleurs d'un rouge violet.

Genre CINERARIA : involucre à un seul rang de folioles égales, soudées à la base, dépourvu de calicule ; caractère par lequel il diffère du genre *Senecio*.

Cinéraire des Marais (*Cin. palustris*), vulgairement *Séneçon des marais*. Tige de 6 à 8 décim., très feuillée ; feuilles presque linéaires, ondulées, sessiles ; fleurs jaunes en corymbe terminal. Été, bords des eaux.

Genre ARNICA : involucre à folioles égales sur 2 rangs ; réceptacle nu ; capitules radiés, à rayons de même couleur que le disque ; fleurons du centre hermaphrodites, tubuleux à 5 dents, demi-fleurons femelles, munis de 5 filets stériles ; fruits pourvus d'une aigrette de poils rudes sur un seul rang.

Arnica de Montagne (*A. montana*, Pl. 37, fig. 216). Plante hérissée de poils courts, aromatique, à tige droite, le plus souvent simple et uniflore, de 2 à 3 décim. ; feuilles entières, fermes, pubescentes, sessiles ; les inférieures en rosette, les caulinaires petites, peu nombreuses, opposées par paires. Fleurs grandes, terminales, d'un beau jaune, en juin et juillet, dans les prés et les bois des montagnes.

L'*Arnica* est excitant et vulnéraire ; on l'emploie en infusion ou en teinture pour prévenir les suites des chutes, des contusions.

Genre DORONICUM : involucre à folioles égales, imbriquées sur 2 ou 3 rangs, réceptacle conique ; fleurs du disque hermaphrodites, les marginales femelles ; akènes oblongs ; ceux du centre couronnés par une aigrette.

Doronic Mort aux Panthères (*Dor. partalianches*, fig. 440). Plante velue, à souche ram-

Fig. 440.
Doronic Mort aux Panthères.

pante, tubéreuse, à tige droite, simple, de 5 à 8 décim.; feuilles inférieures pétiolées, presque orbiculaires, les supérieures obtuses et embrassantes; capitules de fleurs jaunes, l'été, dans les bois montagneux.

Genre SOLIDAGO : involucre ovoïde, plurisérié; réceptacle nu ; fleurs radiées, demi-fleurons peu nombreux (de 5 à 9) de même couleur que les fleurons ; fruits cylindriques munis de côtes ; poils de l'aigrette sur un seul rang.

Solidage Verge d'Or (*Sol. virga aurea*), vulgairement *Verge d'or* (Pl. 35, fig. 204). Plante pubescente de 6 à 10 décim., à tige dressée, roide, anguleuse; à feuilles ovales, lancéolées, plus ou moins dentées; fleurs courtement pédicellées le long des rameaux, en grappes dressées, jaunes; de juillet à octobre, dans les bois, les pâturages.

Cette plante est cultivée dans les jardins, ainsi que les *Solidago canadensis* (Gerbe d'or) et *Sol. bicolor,* d'Amérique. La *Verge d'or* fait partie des plantes vulnéraires suisses.

Genre ERIGERON : involucre à folioles imbriquées; réceptacle alvéolé ; fleurs radiées, fleurons hermaphrodites, entourés de plusieurs rangs de demi-fleurons femelles linéaires très étroits, les intérieurs filiformes ; poils de l'aigrette ciliés sur un seul rang.

Fig. 441. — Erigeron du Canada.

Erigeron âcre (*Er. acris*), vulgairement *Vergerette* (Pl. 35, fig. 203, *a b*). Tige de 2 à 3 décim., droite, rougeâtre, à rameaux alternes redressés en corymbe ; feuilles radicales en rosette, plus grandes que celles de la tige ; capitules assez gros d'un bleu violacé. Été, pelouses, prés secs.

Erigeron du Canada (*Er. canadensis,* fig. 441). Plante originaire d'Amérique et devenue commune en France. Tige droite, hérissée, de 5 à 9 décim.; feuilles presque linéaires, bordées de cils raides, les inférieures dentées ; capitules très petits à fleurs d'un blanc jaunâtre.

Genre ASTER : involucre à folioles imbriquées, réceptacle nu ou alvéolé; fleurs radiées, fleurons du centre tubuleux, hermaphrodites, jaunes, entourés à la circonférence d'un rang de demi-fleurons femelles d'une autre couleur, aigrette de poils sur plusieurs rangs.

Aster amelle (*A. amellus*, Pl. 35, fig. 202), à fleurs ligulées d'un beau bleu, longuement rayonnantes, en corymbe terminal; en août et septembre, dans les lieux secs et pierreux.

Aster tripolium (fig. 442). Tige glabre de 3 à 6 décim., à feuilles charnues, linéaires lancéolées; fleurs ligulées, violettes, réunies en grappe corymbiforme. Croît sur le littoral maritime.

Fig. 442. — Aster tripolium.

Aster des Alpes (*A. alpinus,* fig. 443). Plante velue, à souche ligneuse ; tige de 1 à 2 décim., à feuilles entières; capitule grand et solitaire. Croît sur les hautes montagnes.

On cultive dans tous les jardins l'*Aster chinensis,* sous le nom de *Reine marguerite* ;

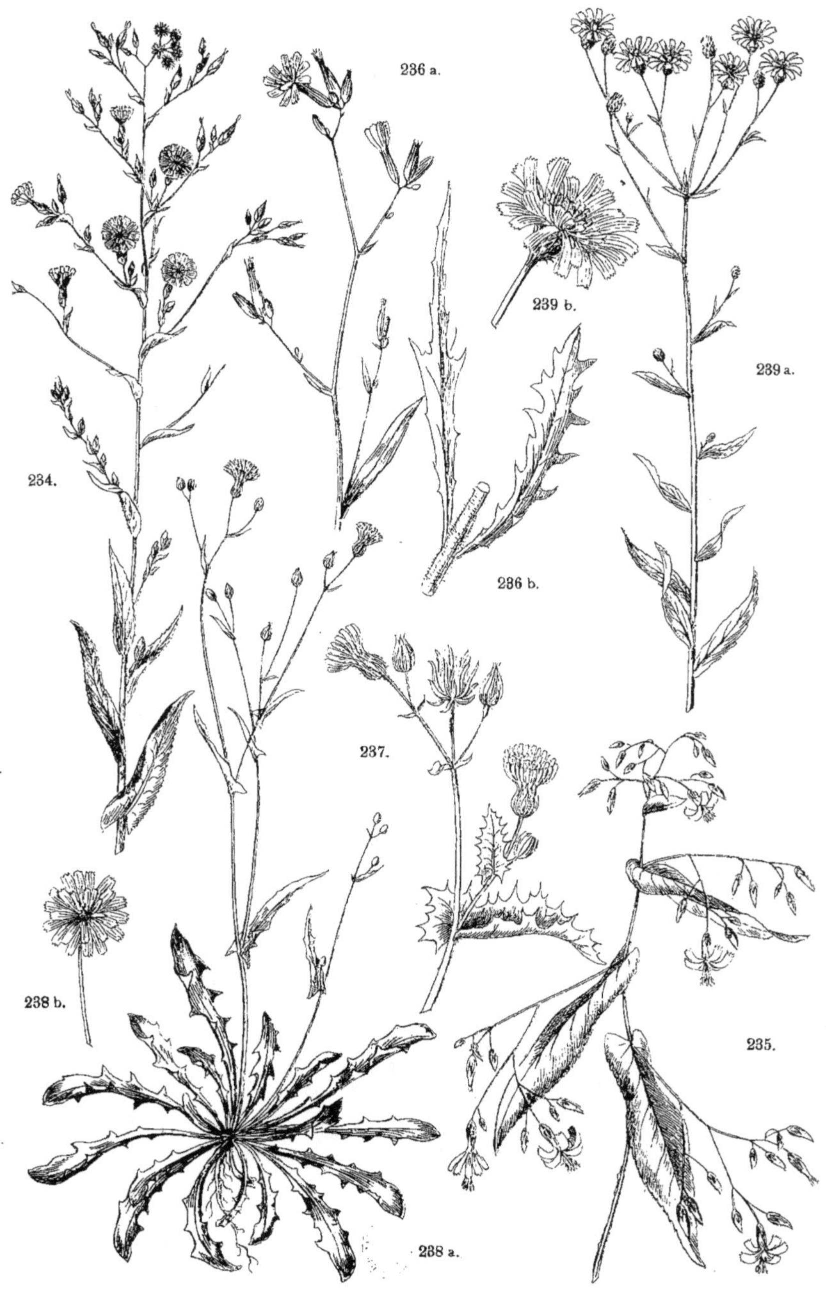

236 a.
239 b.
239 a.
234.
236 b.
237.
238 b.
235.
238 a.

elle donne un très grand nombre de variétés. Il en est de même des *Aster musqué* et *de la Nouvelle-Hollande*, d'Australie, des *A. brumalis* et *A. salignus*, d'Amérique.

Genre BELLIS (*Pâquerette*) : folioles de l'involucre sur 2 rangs, réceptacle conique; fleurs ligulées sur un seul rang; fruits (akènes) comprimés, légèrement velus, sans aigrette ni côtes.

Pâquerette vivace (*Bellis perennis*), vulgairement *Petite marguerite* (Pl. 35, fig. 207). Petite plante de 10 à 15 centim., à souche rampante, à hampe simple, terminée par un seul capitule; feuilles en rosette, spatulées crénelées; fleurs à fleurons jaunes, à rayons blancs, souvent rouges en dessous. Presque toute l'année dans les prés, les pelouses. On en obtient par la culture des variétés à fleurs doubles.

Genre TUSSILAGO : involucre cylindrique à écailles sur un ou deux rangs; fleurs radiées, celles du rayon femelles et fertiles, celles du centre stériles, réceptacle alvéolé; fruits cylindriques, à côtes, aigrette de poils simples et soyeux.

Tussilage Pas d'Ane (*T. farfara*), vulgairement *Pas d'âne* (Pl. 34, fig. 200, a b). Tiges de 1 à 2

Fig. 443. — Aster des Alpes.

décim., cotonneuses, terminées par un seul capitule de fleurs ligulées, jaunes; feuilles naissant après les fleurs, grandes, épaisses, cordiformes, cotonneuses en dessous. Au printemps, dans les lieux frais. Ses fleurs passent pour adoucissantes et pectorales.

Genre PETASITES : capitules presque dioïques, à fleurs entièrement flosculeuses; folioles de l'involucre imbriquées, sur plusieurs rangs; fleurs mâles régulières, nombreuses dans quelques capitules et entourées de fleurs femelles sur un seul rang; 3 ou 4 seulement dans d'autres et entourées de plusieurs rangs de fleurs femelles.

Pétasite commune (*P. vulgaris*), vulgairement *Herbe aux teigneux* (Pl. 34, fig. 201). Souche charnue, rampante, tiges de 3 à 5 décim. pubescentes, garnies d'écailles lâches, terminées par des capitules nombreux, réunis en thyrse ovale ou oblong, à fleurs rougeâtres; feuilles cordiformes oblongues; cotonneuses en dessous, devenant très grandes. Au printemps dans les lieux humides, au bord des eaux. C'est une plante amère et fétide; sa racine passe pour apéritive.

Fig. 444.
Eupatoire Capitule
pauciflore.

Genre EUPATORIUM : fleurs toutes tubuleuses et hermaphrodites, involucre imbriqué, cylindrique; style poilu à la base, fruits cylindriques, munis de côtes, sessiles, aigrette poilue (fig. 444).

Eupatoire à Feuilles de Chanvre (*Eup. cannabinum*), vulgairement *Chanvrine* (Pl. 34, fig. 199). Tige droite, rameuse, pubescente, de 7 à 10 décim. à feuilles opposées, de 3 à 5 lobes lancéolés, dentés; fleurs rougeâtres, odorantes, en corymbes terminaux serrés. De juillet à septembre au bord des eaux. L'*Eupatoire* est amère, àcre et légèrement purgative.

3ᵉ DIVISION. — **Liguliflores** (*Semi-flosculeuses*).

Section I. — *Fleurs toutes en languette; style ni renflé ni articulé.*

Genre SCOLYMUS : involucre à folioles épineuses, imbriquées, réceptacle à paillettes très amples, enveloppant plus ou moins les fruits (akènes), aigrette en couronne.

Scolyme d'Espagne (*Sc. Hispanicus*), vulgairement *Épine jaune*. Plante de 6 à 10 décim., à feuilles épineuses, décurrentes; tige ailée, épineuse; capitules axillaires, entourés de bractées épineuses; fleurs d'un beau jaune. Été, Midi.

Genre CICHORIUM (*Chicorée*) : involucre double, l'extérieur à 5 ou 6 folioles, l'intérieur à 8 folioles plus longues et soudées à la base; akènes anguleux, élargis et tronqués au sommet, couronnés par des écailles petites et nombreuses.

Chicorée sauvage (*C. intybus*, Pl. 41, fig. 240, *a b*). Tige dressée sillonnée, de 8 à 10 décim.; feuilles radicales roncinées, à nervures hérissées de poils, celles de la tige plus petites, amplexicaules, lancéolées; capitules réunis en faisceaux de 2 à 5; fleurs d'un beau bleu, rarement blanches ou rosées. Été, lieux incultes.

La **Chicorée endive** (*C. indivia*), cultivée, et l'**Escarole** (*C. latifolia*), qui n'en est qu'une variété, sont nos meilleures salades d'automne et d'hiver.

Les feuilles de *Chicorée sauvage* se mangent en salade et sont employées en tisane comme toniques; sa racine torréfiée se mélange au café.

Fig. 445. — Arnoséride fluette.

Genre ARNOSERIS : involucre à folioles nombreuses, sur un seul rang, conniventes à la maturité; akènes à côtes et à sillons également espacés, couronnés d'un rebord membraneux.

Arnoséride fluette (*A. pusilla*, fig. 445). Plante glabre, à hampes nombreuses, dressées, rougeâtres à la base, de 2 à 4 décim., à feuilles toutes radicales étalées en rosette, oblongues dentées; hampes portant 2 à 3 capitules de fleurs jaunes, tout l'été dans les champs sablonneux, arides.

Cette plante appartient au genre *Lapsana* de Linné.

Genre HYPOCHŒRIS (*Porcelle*) : involucre oblong, imbriqué; réceptacle garni de paillettes caduques; fruit atténué en bec allongé et portant une aigrette plumeuse.

Porcelle enracinée (*Hyp. radicata*, Pl. 39, fig. 233). Tige droite, rameuse, de 4 à 8 décim., à feuilles toutes radicales, en rosette, épaisses, d'un vert sombre, hérissées de poils blancs, fleurs jaunes, tout l'été, dans les prés et les bois.

Porcelle tachée (*Hip. maculata*, fig. 446). Tige droite, simple ou divisée en 2 ou 3 pédoncules uniflores; feuilles radicales grandes, étalées, oblongues, d'un vert sombre, souvent

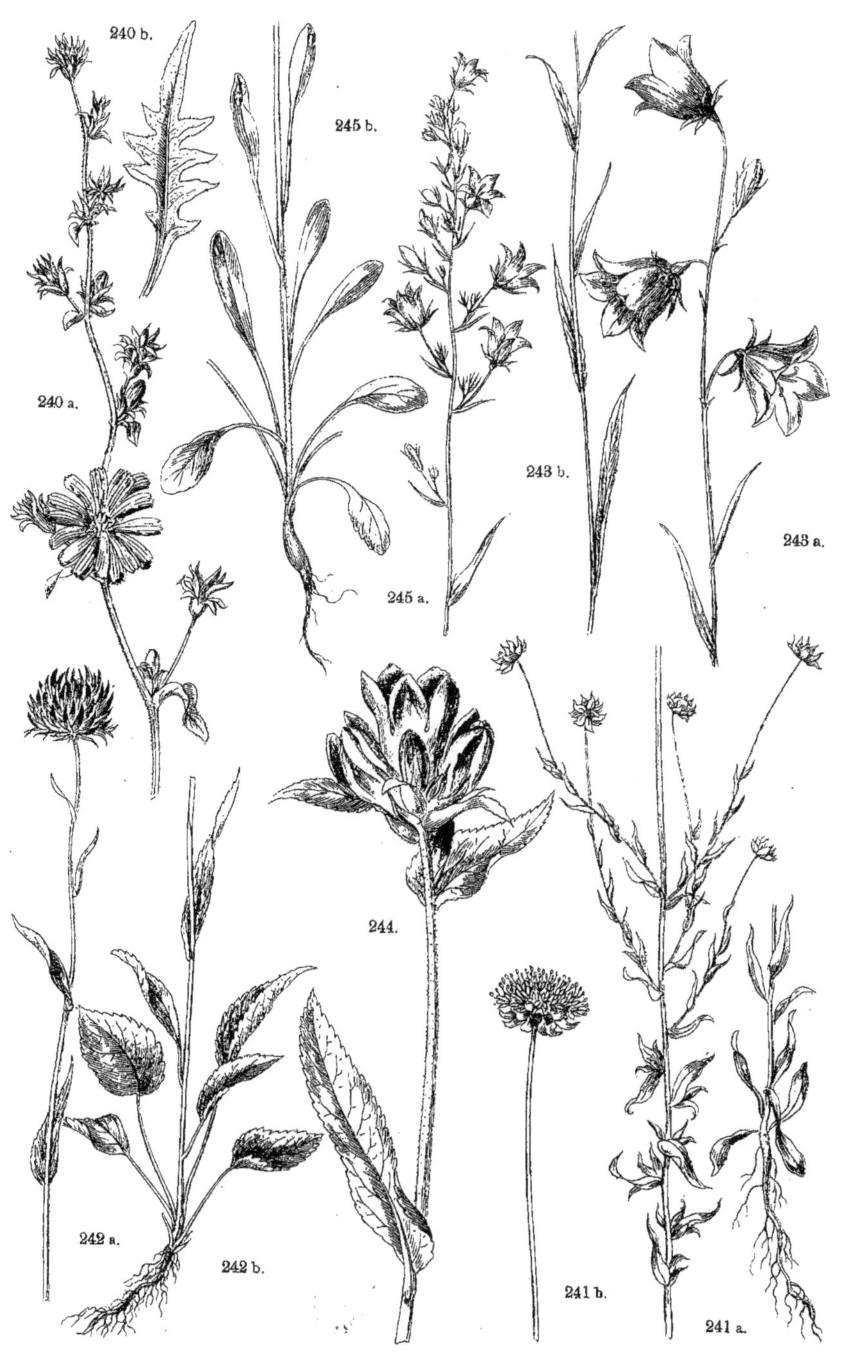

240 b.
240 a.
245 b.
245 a.
243 b.
243 a.
244.
242 a.
242 b.
241 b.
241 a.

maculées de brun; involucre noirâtre, hérissé; fleurs jaunes, grandes, l'été, dans les paturages, les bois.

Genre THRINCIA: involucre à folioles imbriquées, réceptacle nu, alvéolé; akènes atténués en un bec filiforme qui supporte une aigrette soyeuse, ceux de la circonférence couronnés par une membrane dentée.

Thrincie hérissée (*Th. hirta*, fig. 447). Souche courte, à fibres filiformes; feuilles radicales, oblongues, hérissées de poils, sinuées dentées; hampes uniflores, de 2 à 3 décim., capitules penchés avant la floraison; fleurs jaunes, verdâtres en dehors. Été, lieux incultes, bords des chemins.

Genre LEONTODON (*Dent de Lion*, *Liondent*) : involucre à folioles imbriquées; réceptacle nu; akènes atténués au sommet, à aigrette plumeuse, persistante; capitules solitaires au sommet de la tige ou des rameaux.

Fig. 446. — Porcelle tachée.

Liondent d'Automne (*L. autumnale*, fig. 448). Hampe ordinairement rameuse, de 3 à 7 décim., à feuilles lancéolées, pinnatifides, dentées, dilatées à la base; involucre pubescent ou comme farineux; fleurs jaunes. Été, lieux incultes, pâturages. Cette espèce varie beaucoup.

Liondent protéiforme (*L. hastile*), à feuilles toutes radicales, lancéolées dentées; hampes uniflores; capitule penché avant la floraison; fleurs jaunes; été, lieux incultes.

Fig. 447. — Thrincie hérissée.

Fig. 448. — Liondent d'Automne.

Cette plante varie beaucoup; elle est glabre ou hérissée de poils.

Genre PICRIS : involucre à folioles imbriquées, réceptacle alvéolé, sans paillettes; akènes striés en travers, tronqués au sommet; aigrette caduque à poils plumeux, soudés à leur base en anneau.

Picride épervière (*P. hieracioïdes*, Pl. 39, fig. 231). Tige droite, hérissée de poils, à rameaux divergents; feuilles lancéolées dentées, à base élargie, amplexicaule; capitules hispides terminaux, en corymbe; fleurs jaunes, l'été, dans les lieux incultes.

Fig. 449. — Picride vipérine.

Picride vipérine (*Picris échioïdes.* — Fig. 449), à feuilles épineuses.

Genre SCORZONERA : involucre imbriqué d'écailles membraneuses sur les bords, réceptacle nu; fruit sessile sur le réceptacle, atténué en bec et portant une aigrette plumeuse, à poils secondaires entrecroisés.

Scorzonère d'Espagne (*Sc. hispanica*), vulgairement *Scorzonère* (Pl. 39, fig. 230). — Racine longue, cylindrique, noirâtre, comestible; tige dressée, striée, rameuse, parsemée de flocons blancs laineux; feuilles oblongues lancéolées; fleurs jaunes, été. Cultivée pour ses racines alimentaires.

Scorzonère sauvage (*Sc. humilis*), à racine écailleuse à la base, non alimentaire, à feuilles petites, linéaires, peu nombreuses, à fleurs jaunes; croît dans les prairies.

Genre TRAGOPOGON (*Salsifis*) : involucre à folioles sur un seul rang, soudées à la base; réceptacle nu, alvéolé; akènes allongés en bec grêle, et portant une aigrette plumeuse à barbes entrecroisées.

Salsifis cultivé (*Tr. porrifolius*), vulgairement *Salsifis, Cercifix*. Tige robuste de 8 à 10 décim., glabre, à feuilles linéaires, acuminées, très larges à la base, embrassantes; involucre de 8 folioles plus longues que les fleurs, celles-ci d'un bleu pourpré. Plante cultivée pour sa racine alimentaire.

Salsifis des Prés (*Tr. pratensis*), vulgairement *Barbe de bouc* (Pl. 39, fig. 229). Tige de 5 à 8 décim., droite, souvent simple, à feuilles lancéolées linéaires, canaliculées à la base, embrassantes, souvent tortillées au sommet; capitules solitaires à fleurs jaunes. Été, prés, champs.

Fig. 450.
Fruit de Pissenlit.

Genre CHONDRILLA : involucre cylindrique, à folioles égales, entourées de très petites folioles en calicule; akènes tuberculeux, épineux au sommet; bec long naissant au centre de 5 dents spiniformes et supportant une aigrette blanche.

Chondrille effilée (*Ch. juncea*, Pl. 40, fig. 236, *a b*). Tige hérissée à la base, droite, rameuse, de 6 à 9 décim., à feuilles radicales étalées en rosette, pinnatifides, dentées, les caulinaires linéaires, allongées étroites; capitules de fleurs jaunes solitaires ou ternés le long des rameaux. Été, lieux secs et pierreux.

Genre TARAXACUM (*Pissenlit*) : involucre à folioles inégales sur plusieurs rangs, réceptacle alvéolé; akènes à côtes longitudinales, écailleux, tuberculeux, surmonté par un bec filiforme et portant une aigrette de soies (fig. 450).

Pissenlit officinal (*Tar. dens leonis*, Pl. 39, fig. 232). Plante de 2 à 4 décim.; à feuilles toutes radicales, oblongues lancéolées, roncinées; hampe dressée, fistuleuse, uniflore, fleurs jaunes, toute l'année et partout.

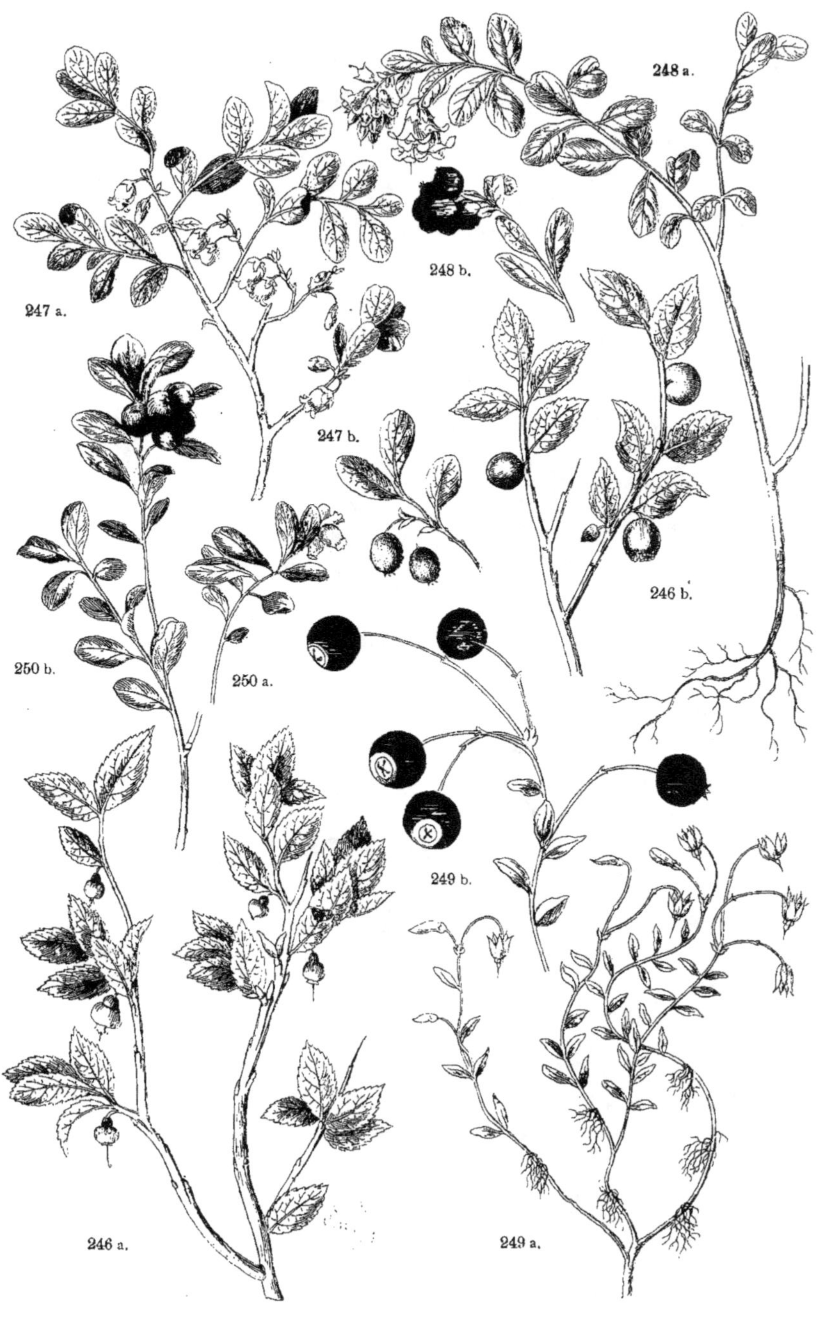
248 a.
248 b.
247 a.
247 b.
246 b.
250 b.
250 a.
249 b.
246 a.
249 a.

Genre Lactuca (*Laitue*) : involucre à folioles inégales, imbriquées, les extérieures plus petites ; réceptacle nu, akènes comprimés, pourvus de côtes, brusquement terminés par un bec capillaire, portant une aigrette à poils simples.

Laitue vireuse (*L. virosa*, Pl. 40, fig. 234). Plante robuste, s'élevant jusqu'à 1 ou 2 mètres, rameuse, souvent tachée de violet ; feuilles étalées, larges, entières ou sinuées, les supérieures amplexicaules, chargées sur les bords de petits aiguillons ; capitules en panicule allongée ; fleurs jaunâtres. Été, lieux incultes et pierreux.

Laitue cultivée (*L. sativa*), vulgairement *Laitue*. Tige rameuse de 6 à 8 décim., à feuilles cordiformes, amplexicaules, non aiguillonnées ; à fleurs jaunes. Cultivée, parfois spontanée autour des habitations.

Tout le monde connaît les variétés de laitue que l'on mange en salade sous les noms de *laitue pommée* et de *romaine*. La *Laitue vireuse* renferme un suc calmant et légèrement narcotique employé en pharmacie sous le nom de *thridace lactucarium*.

Fig. 451.
Prenanthe des Murailles.

Genre Prenanthes : involucre de 5 à 8 écailles imbriquées sur les bords, munies à la base de petites écailles accessoires en forme de calicule ; 5 fleurs sur un rang. Akènes tronqués au sommet, aigrette à poils simples.

Prenanthe des Murailles (*Pr. muralis*, fig. 451). Plante à racine fibreuse de 6 à 9 décim., à tige rougeâtre, rameuse au sommet ; feuilles pinnatifides, lyrées, à lobes anguleux et dentés, les caulinaires auriculées, embrassantes, capitules nombreux, en capitule lâche ; fleurs jaunes à involucre brun rougeâtre. Été, sur les vieux murs, les décombres.

Prenanthe pourpre (*Prenanthes purpurea*, Pl. 40, fig. 235). Tige grêle, de 8 à 12 décim. ; à feuilles embrassantes, crénelées ou dentées ; fleurs roses en large panicule, l'été. Croit sur les hautes montagnes, Alpes, Pyrénées.

Genre Sonchus (*Laitron*) : tige fistuleuse, contenant un suc blanc laiteux ; capitules de fleurs jaunes en corymbe irrégulier ; involucre urcéolé, à folioles imbriquées ; akènes comprimés, marqués de côtes longitudinales, tronqués au sommet ; aigrette à poils simples.

Fig. 452. — Laitron des Champs.

Laitron des Champs (*Sonchus arvensis*, fig. 452). Racine rampante, tige droite, mince, de 10 à 15 décim. ; feuilles roncinées ou pinnatifides, les supérieures embrassantes, auriculées ; pédoncules en corymbe, hérissés ainsi que les involucres de poils glanduleux. Fleurs jaunes, grandes, de juillet en septembre, dans les lieux cultivés.

Laitron des Cultures (*S. oleraceus*, Pl. 40, fig. 237). Plante très commune dans les lieux cultivés, à tige dressée, de 5 à 8 décim. ; à feuilles sinuées, roncinées ou pinnatifides, les supérieures embrassant la tige par des oreillettes acuminées ; pédoncules inégaux en corymbe ; involucres glabres, fleurs jaunes tout l'été.

Dans le Nord on mange les Laitrons en salade.

Genre CREPIS : capitules en corymbe irrégulier ; involucre à folioles imbriquées, muni à la base d'un rang d'écailles accessoires en forme de calicule ; akènes très allongés, striés longitudinalement ; aigrette à soies blanches.

Ce genre comprend un assez grand nombre d'espèces parmi lesquelles nous citerons :

Crépide verdâtre (*Cr. virens*, fig. 453). Tige droite, sillonnée, glabre, à feuilles radicales rétrécies en pétiole, les caulinaires sessiles, sagittées à la base ; pédoncules en corymbe étalé ; involucre glanduleux ; fleurs jaunes, l'été, dans les champs.

Crépide des Toits (*Cr. tectorum*, Pl. 40, fig. 238, *a b*). Tige droite, sillonnée, de 4 à 6 décim., à rameaux dressés en corymbe ; feuilles d'un vert grisâtre, les inférieures roncinées ou pinnatifides, les supérieures sessiles, sagittées ; pédoncules et involucres pubescents, blanchâtres ; fleurs jaunes, de juin à août, sur les vieux murs, les toits de chaume.

Fig. 453. — Crépide verdâtre.

Genre HIERACIUM (*Épervière*) : involucre à folioles imbriquées, réceptacle alvéolé ; akènes cylindracés, à 10 côtes, tronqués au sommet ; aigrette sessile, à poils simples, fragiles.

Épervière piloselle (*Hier. pilosella*), vulgairement *Oreille de rat* (fig. 454). Souche stolonifère, hampes droites, uniflores de 1 à 2 décim. ; feuilles radicales, en rosette, cotonneuses et blanchâtres en dessous, hérissées de poils soyeux ; fleur terminale jaune, un peu rouge extérieurement ; tout l'été, dans les prés et les bois.

Épervière en Ombelle (*Hier. umbellatum*, Pl. 40, fig. 239, *a b*). Tige droite, raide, de 6 à 10 décim., souvent rougeâtre, feuillée ; feuilles éparses, lancéolées ou linéaires, les inférieures rétrécies en pétiole, les supérieures sessiles ; capitules en corymbe

Fig. 455. — Épervière des Murs.

Fig. 451. — Épervière piloselle.

ombelliforme ; fleurs jaunes, l'été, dans les bois, les lieux secs.

Épervière des Murs (*Hier. murorum*, fig. 455). Plante assez variable, à tige dressée, simple ou peu rameuse, de 3 à 8 décim. ; feuilles molles, hérissées de poils mous, blanchâtres, les radicales pétiolées, ovales, dentées, celles de la tige sessiles, lancéolées ; fleurs terminales peu nombreuses, en corymbe lâche, à pédoncules hérissés de poils noirs. Fleurs jaunes, l'été, sur les murs, dans les bois secs.

On en connaît plusieurs espèces des Alpes et des Pyrénées : *Hier. Alpinum, rupicola, sabaudum, saxatile, lanatum*, etc.

Genre XANTHIUM (*Lampourde*) : Fleurs unisexuelles monoïques ; fleurs mâles réunies au sommet des rameaux en capitules globuleux sur un réceptacle garni de paillettes ; folioles de l'involucre libres sur un rang ; calice tubuleux à 5 dents, 5 étamines ; fleurs femelles placées au-dessous des mâles, géminées, renfermées dans un involucre capsulaire, à 2 loges et surmonté de 2 longues pointes ; 2 akènes.

Lampourde glouteron (*Xanthium strumarium*), vulgairement *Herbe aux écrouelles* (fig. 456). Tige droite anguleuse, rameuse, de 5 à 8 décim. ; à feuilles pétiolées, cordiformes, inégalement dentées, à 3 nervures principales. Fleurs ver-

Fig. 456. — Lampourde glouteron.

dâtres en août et septembre, dans les lieux incultes, au bord des eaux. Son nom vulgaire vient de ce qu'on lui attribue des propriétés antiscrofuleuses.

FAMILLE DES LOBÉLIACÉES.

Fleurs hermaphrodites irrégulières ; calice tubulé à 5 divisions ; corolle bilabiée à 5 lobes ; 5 étamines soudées en tube, insérées sur le calice, à anthères introrses ; ovaire adhérent au calice ; stigmate bilobé, cilié ; capsule à 2 ou 3 loges polyspermes, couronnée par le calice.

Genre LOBELIA : *ut supra*.

Lobélie brûlante (*Lob. urens*, fig. 457). Plante à suc laiteux acre ; tige dressée, anguleuse, de 3 à 6 décim. ; feuilles glabres, les inférieures ovales crénelées, les supérieures lancéolées, dentées en scie. Fleurs blanches en grappe terminale allongée, de juin à septembre, dans les bois, les prairies humides.

On cultive dans les jardins la *Lobélie cardinale*, de Virginie, à fleurs écarlates.

Fig. 457. — Lobélie brûlante.

FAMILLE DES CAMPANULACÉES.

Plantes herbacées à feuilles alternes. Fleurs hermaphrodites régulières, à calice tubulé persistant, à 5 divisions ; corolle monopétale à 5 divisions ; 5 étamines insérées sur l'ovaire et alternant avec les lobes de la corolle, à anthères bilobées, introrses ; 1 style filiforme, poilu, 2, 3, 5 stigmates; capsule couronnée par les lobes du calice, à 2-3 loges polyspermes s'ouvrant latéralement par des pores (fig. 458).

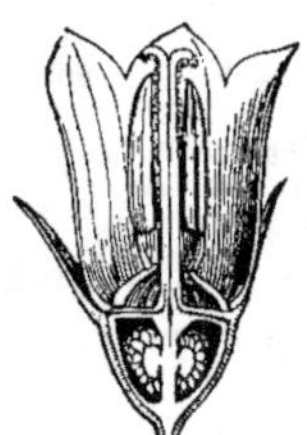

Fig. 458.
Campanule; Fleur coupée
verticalement. |

Genre JASIONE : corolle à tube court, à divisions linéaires profondes, anthères soudées à leur base; 2 stigmates courts soudés; capsule à 2 loges s'ouvrant au sommet par 2 valves.

Jasione de Montagne (*J. montana*, Pl. 41, fig. 241, *a b*). Tiges rameuses de 3 à 5 décim., à feuilles sessiles, linéaires lancéolées, ondulées; fleurs petites, bleues, rarement blanches, ramassées en capitule involucré, l'été, dans les terrains sablonneux.

Genre PHYTEUMA (*Raiponce*) : calice à 5 divisions; corolle à tube court, à 5 divisions linéaires allongées; 5 étamines à filets dilatés, anthères non soudées; 2-3 stigmates filiformes roulés en dehors; capsule à 2 ou 3 loges, s'ouvrant par des pores latéraux.

Raiponce en Épi (*Phyt. spicatum*), vulgairement *Raiponce sauvage* (fig. 459). Racine charnue, fusiforme; tige droite, simple, de 3 à 6 décim.; feuilles radicales pétiolées, cordiformes, celles de la tige sessiles, de plus en plus étroites. Fleurs d'un blanc jaunâtre, en épi terminal très allongé, de mai à juillet, dans les bois. — On en connaît une variété à fleurs bleues.

Les racines douces et succulentes de cette plante se mangent en salade.

Raiponce orbiculaire (*Ph. orbiculare*, Pl. 41, fig. 242, *a b*). Racine dure produisant plusieurs tiges de 5 à 8 décim.; feuilles inférieures pétiolées, ovales, dentées, les supérieures linéaires, sessiles. Fleurs en têtes arrondies, d'un beau bleu, l'été, dans les bois et les prés secs.

Genre SPECULARIA : Fleurs en panicule feuillée, calice étranglé au-dessus de la capsule; corolle en roue; étamines 5, à filets dilatés; 3 stigmates filiformes; capsule linéaire à 3 loges s'ouvrant par 3 pores latéraux.

Spéculaire Miroir (*Sp. speculum*), vulgairement *Miroir de Vénus*. Fleurs violettes, très ouvertes, l'été, parmi les moissons.

Spéculaire hybride (*Sp. hybrida*). Fleurs rougeâtres, calice à lanières dressées dépassant la corolle, l'été dans les terres cultivées.

Genre CAMPANULA : calice turbiné à 5 divisions, corolle en cloche, à 5 lobes; 5 étamines à filets dilatés à la base, à anthères libres; 3 à 5 stigmates filiformes; capsule en toupie à 3-5 loges s'ouvrant par des pores latéraux.

Campanule agglomérée (*C. glomerata*, Pl. 41, fig. 244). Tige dressée, anguleuse, de 3 à 6 décim.; feuilles inférieures pétiolées, lancéolées, les supérieures embrassantes; fleurs sessiles, agglomérées, d'un bleu violacé, l'été, dans les bois, les prés secs.

Fig. 459. — Raiponce en Épi.

Campanule Raiponce (*C. rapunculus*), vulgairement *Raiponce* (Pl. 41, fig. 245, *a b*). Fleurs bleues, nombreuses, en panicule étroite. On mange sa racine charnue et ses feuilles en salade.

48.

251.

252.

253.

254.

255.

256.

257.

Campanule fausse Raiponce (*C. rapunculoïdes*, fig. 460). Fleurs bleues, en grappe droite, terminale, unilatérale à fleurs penchées ; de juin à août dans les champs pierreux, les lieux cultivés.

Campanule à Feuilles de Pêcher (*C. persicæfolia*, Pl. 41, fig. 243, *a b*). A grandes fleurs bleues ou blanches, en grappe lâche terminale, l'été, dans les bois taillis.

Les Campanules carillon (*C. medium*), Gantelée (*C. trachelium*), Pyramidale (*Pyramidalis*), etc., se cultivent dans les jardins.

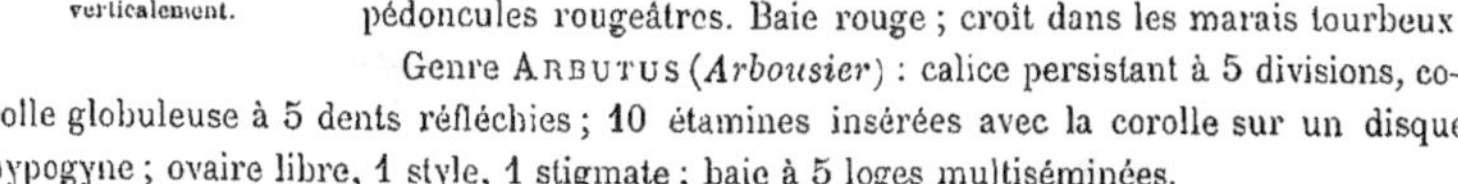

Fig. 460.
Campanule fausse Raiponce.

FAMILLE DES VACCINIÉES.

Sous-arbrisseaux à feuilles coriaces, alternes ou éparses ; à fleurs hermaphrodites régulières : calice tubulé à 4-5 dents, corolle insérée sur le tube du calice, à 4-5 divisions ; 8-10 étamines insérées avec la corolle au sommet du calice ; 1 style, 1 stigmate ; baie à 4-5 loges polyspermes (fig. 461).

Genre VACCINIUM (*Airelle*) : calice à 4-5 dents courtes, membraneuses, corolle urcéolée à 4-5 dents, courtes étalées ; 8 à 10 étamines épigynes.

Airelle rouge (*Vac. Vitis-idœa*, Pl. 42, fig. 248, *a b*). Tige rampante, à rameaux dressés ; feuilles alternes, persistantes, à bords roulés, ponctuées de noir en dessous ; fleurs rosées en grappes terminales ; baie rouge. Croît dans les bois montagneux.

Airelle Myrtille (*Vac. myrtillus*, Pl. 42, fig. 246, *a b*), vulgairement *Vaciet, abrétier*. Tige dressée, ligneuse. de 4 à 8 décim., à rameaux anguleux ; feuilles alternes, presque sessiles, ovales denticulées, non persistantes ; fleurs axillaires, solitaires, rosées ; baie violette. Croît dans les régions montueuses.

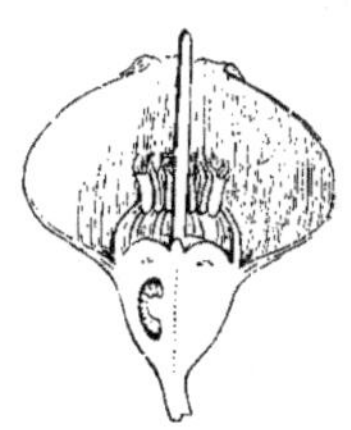

Fig. 461.
Vaccinium; Fleur coupée
verticalement.

Le fruit de la *myrtille* est acidule rafraîchissant ; on l'emploie en sirop comme astringent dans les diarrhées.

Airelle des Marais (*Vac. uliginosum*, Pl. 42, fig. 247, *a b*). Croît dans les marais tourbeux. Sa tige est couchée, très rameuse, à feuilles petites, entières, veinées ; ses fleurs agrégées, rosées.

Airelle canneberge (*Vac. oxycoccos*, Pl. 42, fig. 249, *a b*), dont on fait un genre à part sous le nom d'*Oxycoccos vulgaris*, n'a que 4 dents au calice et 4 divisions profondes à la corolle qui est rotacée. Les tiges grêles et radicantes ont des feuilles petites, ovales, persistantes ; les fleurs, d'un rose foncé, sont portées sur de longs pédoncules rougeâtres. Baie rouge ; croît dans les marais tourbeux.

Genre ARBUTUS (*Arbousier*) : calice persistant à 5 divisions, corolle globuleuse à 5 dents réfléchies ; 10 étamines insérées avec la corolle sur un disque hypogyne ; ovaire libre, 1 style, 1 stigmate ; baie à 5 loges multiséminées.

Arbousier unedo (*Arb. unedo*), vulgairement *Arbre aux fraises* (fig. 462 et 463). Arbuste dressé de 8 à 15 décim., à feuilles oblongues lancéolées, glabres, luisantes ; à fleurs rosées en grappes penchées. Fruit rouge, verruqùeux, comestible, mais très acide, d'où le nom de *unedo* (j'en mange un seul) donné par Linné. Croît dans les régions montagneuses du Midi.

Arbousier Raisin d'Ours (*Arb. uva ursi*), vulgairement *Busserolle* (Pl. 42, fig. 250, *a b*). Arbuste à tige couchée, à rameaux pubescents, à feuilles entières, coriaces, persistantes ; fleurs urcéolées, d'un blanc rosé, en petites grappes terminales ; fruit rouge. Croît sur les hautes montagnes. Son fruit est diurétique (fig. 462 et 463).

Fig. 462 et 463. — Arbousier.

FAMILLE DES AZALÉACÉES.

Arbrisseaux à feuilles éparses ou alternes, coriaces, à fleurs en corymbe ou en ombelle, hermaphrodites, souvent irrégulières ; calice persistant à 5 divisions, corolle à 5 divisions insérée à la base du calice, 5-10 étamines, anthères appendiculées ; ovaire libre, 1 style, 1 stigmate ; capsule à plusieurs loges, à plusieurs graines.

À cette famille appartiennent les Azalées, les Rhododendrons, les Andromèdes, etc., qui fournissent à nos jardins de belles plantes d'ornement.

Genre AZALEA : calice coloré, à 5 divisions ; corolle hypogyne, en entonnoir, irrégulière à 5 lobes ; 5 étamines, style allongé, sortant, ovaire à 5 loges ; capsule à 5 valves.

Azalée couchée (*Az. procumbens*, fig. 464). Tiges rampantes, ligneuses, rameuses de 2 à 3 décim. ; feuilles opposées, très petites, coriaces, luisantes ; fleurs rosées en bouquet. Croît dans les hautes montagnes.

Fig. 464. — Azalée couchée.

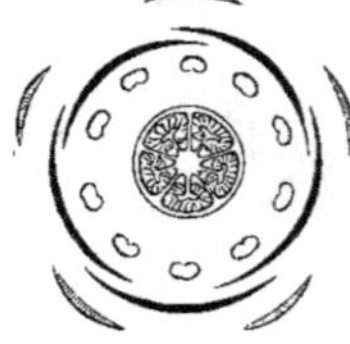

Fig. 465.
Fleur de Rhododendron
Diagramme.

La plupart des Azalées cultivées dans nos jardins nous viennent de l'Amérique du Nord.

Genre RHODODENDRON (*Rosage*) : calice à 5 parties, corolle en entonnoir plus ou moins irrégulière ; 10 étamines, stigmate en tête, capsule à 5 loges, à 5 valves (fig. 465).

Rhododendron ferrugineux (*Rh. ferrugineus*), vulgairement *Laurier-rose des Alpes*. Arbrisseau de 6 à 8 décim., à feuilles entières, coriaces, ovales elliptiques ; à fleurs roses en ombelles terminales. Croît sur les Alpes. On cultive dans les jardins plusieurs belles espèces de l'Inde.

Genre ANDROMEDA : calice à 5 divisions, corolle caduque, globuleuse ou ovoïde, à dents réfléchies ; 10 étamines, capsule dressée à 5 loges, à 5 valves ; graines nombreuses.

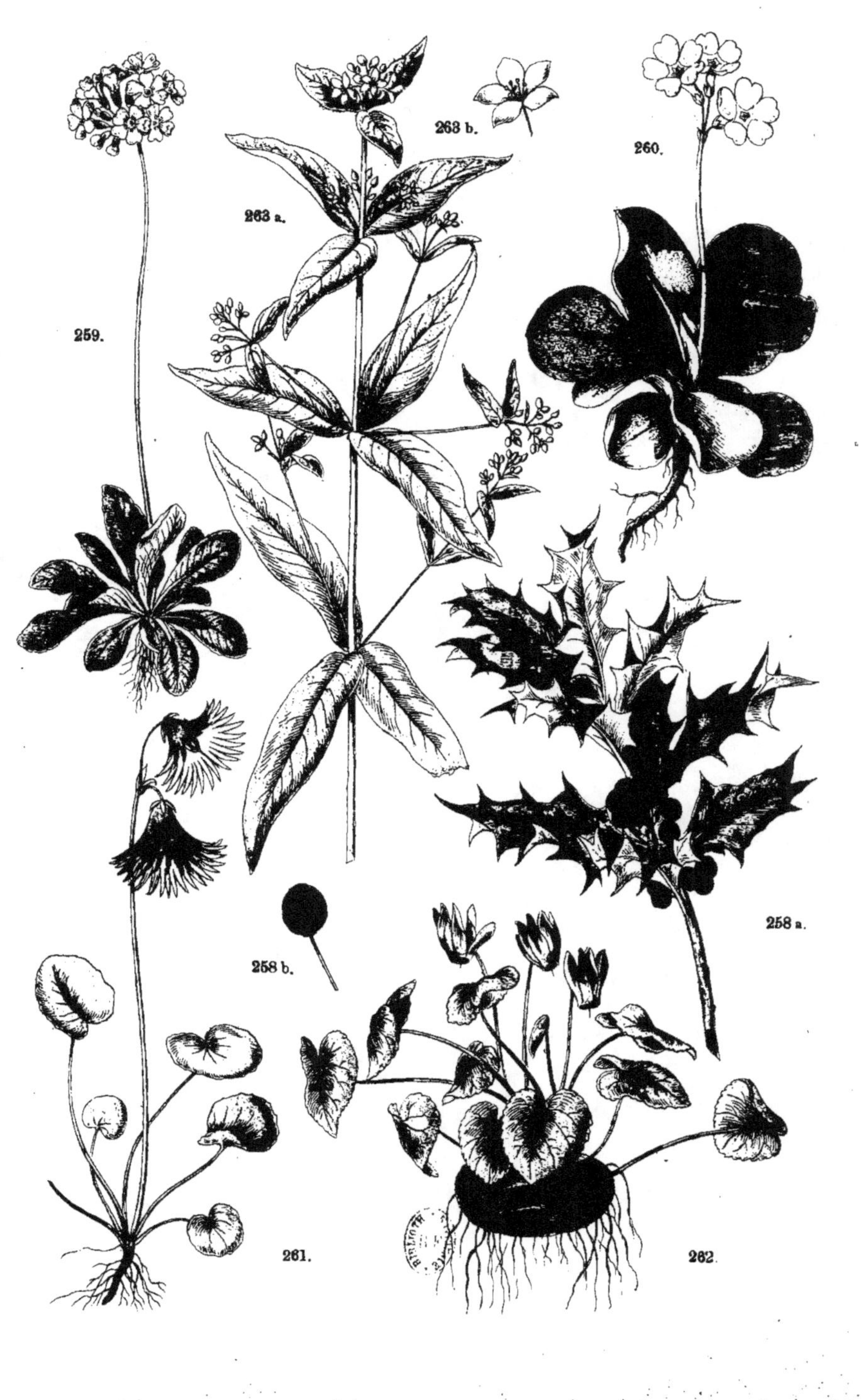
259.
263 a.
263 b.
260.
258 a.
258 b.
261.
262.

44

Andromède à Feuilles de Polium (*A. poliifolia*, Pl. 43, fig. 251). Tiges radicantes, ligneuses, de 2 à 3 décim.; feuilles elliptiques, coriaces, persistantes, blanchâtres et roulées en dessous; fleurs globuleuses, rosées, en ombelle au sommet des rameaux. Croît sur les Alpes. C'est une plante narcotico-âcre pernicieuse aux bestiaux.

Dans les Pyrénées croît une espèce à fleurs bleues : *A. cærulea*.

FAMILLE DES ÉRICINÉES.

Plantes ligneuses, à feuilles alternes ou verticillées, simples, coriaces; à fleurs hermaphrodites presque régulières; calice persistant à 4 divisions; corolle à 4 divisions, insérée à la base du calice; 8 étamines insérées avec la corolle sur un disque hypogyne, anthères bilobées; ovaire libre, 1 style, 1 stigmate; capsule à 4 loges, polysperme.

Genre CALLUNA : corolle persistante, plus courte que le calice; celui-ci pétaloïde, entouré à la base de petites bractées imbriquées.

Callune commune (*Cal. vulgaris*), vulgairement *Bruyère*, Pl. 43, fig. 252). Arbuste de 5 à 8 décim., à feuilles très petites, très rapprochées, sur 4 rangs; fleurs rosées, pendantes, en grappes spiciformes. Dans les bois. C'est la *Bruyère commune*.

Fig. 467. — Bruyère ciliée.

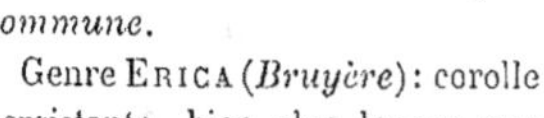
Fig. 466.
Bruyère à quatre Faces.

Genre ERICA (*Bruyère*): corolle persistante, bien plus longue que le calice; anthères échancrées au sommet et à 2 pointes à la base.

Bruyère cendrée (*Erica cinerea*), à feuilles verticillées par 3; fleurs en grappes terminales, roses ou blanches. Été, dans les bois.

Bruyère à quatre Faces (*Er. tetralix*, fig. 466). Tige dressée, de 5 à 8 décim., à rameaux rougeâtres et pubescents; feuilles verticillées par 4, linéaires, à bord roulé en dessous et munies de longs cils glanduleux; fleurs purpurines, pendantes, en bouquets terminaux. Été, bois et landes.

Bruyère ciliée (*Er. ciliaris*, fig. 467). Arbuste de 5 à 6 décim., à rameaux velus; feuilles verticillées par 3-4, blanchâtres, pubescentes, à bord roulé en dessous, à cils très longs; fleurs grandes, en grappe lâche. Été, landes.

Genre LEDUM : calice petit, 5 denté; corolle polypétale hypogyne, de 5 pétales; étamines 5-10 hypogynes; ovaire à 5 loges, style simple, stigmate à disque offrant 5 rayons.

Lédon des Marais (*L. palustre*), vulgairement *Romarin sauvage* (Pl. 43, fig. 253).

Arbrisseau toujours vert, à feuilles alternes coriaces, linéaires, cotonneuses en dessous ; 10 étamines plus longues que la corolle ; fleurs blanches, terminales, en corymbe ou en ombelle. Croît dans les lieux marécageux. Ses feuilles sont astringentes et narcotiques.

FAMILLE DES PYROLACÉES.

Genre PYROLA : plantes herbacées à souche produisant des rosettes de feuilles d'où part la tige florifère ; fleurs en grappe dressée, terminale : fleurs hermaphrodites régulières ; calice tubuleux, à 5 lobes, 5 pétales, 10 étamines ; 5 stigmates libres ou soudés ; ovaire à 5 loges multiovulées ; capsule à 5 valves.

Fig. 468. — Pyrole uniflore.

Pyrole uniflore (*Pyr. uniflora*, fig. 468). Tige feuillée à la base, à feuilles d'un vert pâle arrondies, dentelées, longuement pétiolées ; fleur grande, blanche, penchée, solitaire. Juin et juillet, dans les bois montueux du Midi.

Pyrole à Feuilles rondes (*Pyr. rotundifolia*, Pl. 43, fig. 254). Fleurs blanches ou rosées, odorantes, en grappe longue et lâche ; style arqué, plus long que la corolle ; feuilles radicales, rapprochées, arrondies, longuement pétiolées. Croît dans les bois montueux. Plante astringente et vulnéraire.

FAMILLE DES MONOTROPÉES.

Genre MONOTROPA : fleurs hermaphrodites ; calice persistant, coloré, à 4 sépales ; 4 pétales ; 8 étamines ; 1 style, 1 stigmate à 4 lobes ; capsule à 4-5 loges, 4-5 valves ; graines très petites.

Monotrope du Pin (*Mon. hypopitys*), vulgairement *Suce-pin* (Pl. 43, fig. 255). Herbe décolorée, livide, parasite sur les racines des arbres ; feuilles remplacées par des écailles éparses ; fleurs d'un blanc roux en grappe terminale. Bois du Midi.

IIIᵉ CLASSE. — COROLLIFLORES.

Calice formé de sépales plus ou moins soudés à la base. Corolle monopétale, portant les étamines et insérée sous l'ovaire ; ovaire libre, supère.

FAMILLE DES PINGUICULACÉES.

Plantes herbacées, à fleurs hermaphrodites irrégulières ; calice à 2-5 divisions, corolle bilabiée ou personnée à tube court, éperonné antérieurement à sa base ; 2 étamines, anthères à 1 loge, style court, épais, ovaire à 1 loge, multiovulé ; fruit capsulaire à 1 loge polysperme.

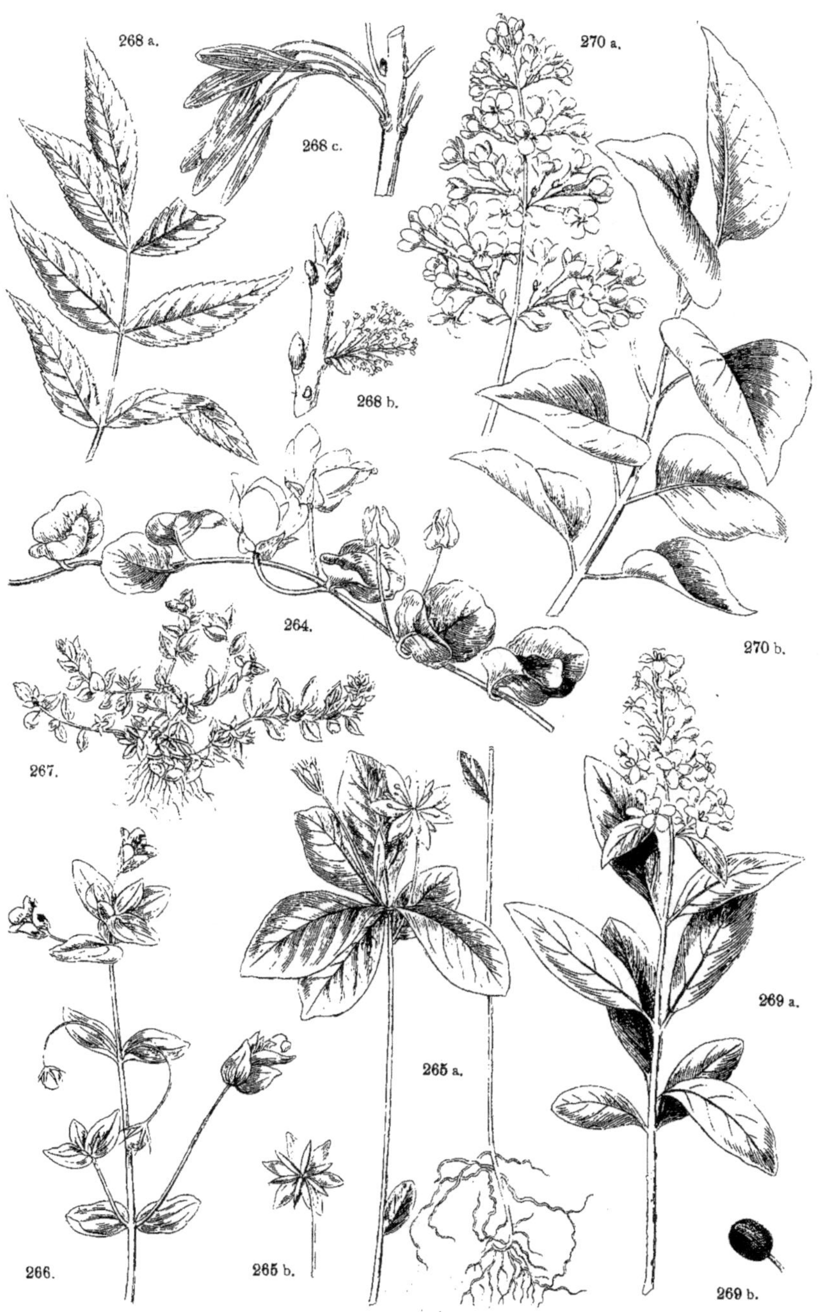

268 a.
268 c.
268 b.
270 a.
270 b.
264.
267.
265 a.
265 b.
266.
269 a.
269 b.

45

Genre Pinguicula (*Grassette*) : calice profondément bilabié, à 5 divisions ; corolle bilabiée, à lèvre supérieure à 2 lobes, l'inférieure à 3 (fig. 469).

Grassette commune (*Pinguicula vulgaris*), vulgairement *Herbe grasse, Langue d'oie* (Pl. 43, fig. 256). Plante de 6 à 10 centim., à feuilles toutes radicales, en rosette, ovales, grasses et comme mucilagineuses au toucher ; hampe droite, terminée par une fleur violette ou blanche. Croît dans les prés tourbeux, au bord des eaux. Ses feuilles grasses sont parfois employées pour la guérison des coupures et des brûlures.

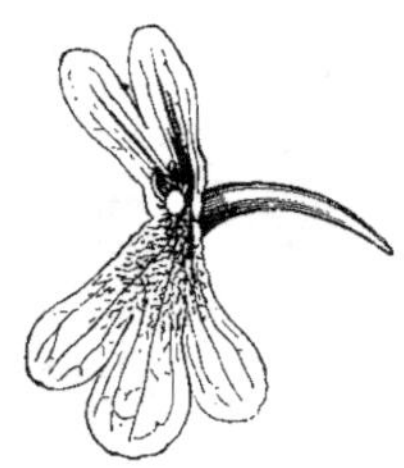

Fig. 469.
Pinguicula. Corolle et Étamines.

Genre Utricularia : plantes aquatiques flottantes, à feuilles immergées multifides, à divisions capillaires, à rameaux garnis de vésicules remplies d'air, au moyen desquelles la plante vient flotter à la surface lors de la floraison. Calice à 2 lèvres entières, profondes ; corolle personnée, à gorge close par un palais saillant ; capsule indéhiscente.

Utriculaire commune (*Utr. vulgaris*, Pl. 43, fig. 257). Plante de 3 à 5 décim. ; feuilles nageantes à segments capillaires finement denticulés ; hampe portant 3 à 8 fleurs alternes, en grappe, d'un beau jaune strié d'orange. Été, dans les eaux stagnantes.

Utriculaire naine (*Utr. minor*), de moitié plus petite, n'ayant que 2 à 4 fleurs d'un jaune pâle. Marais, étangs.

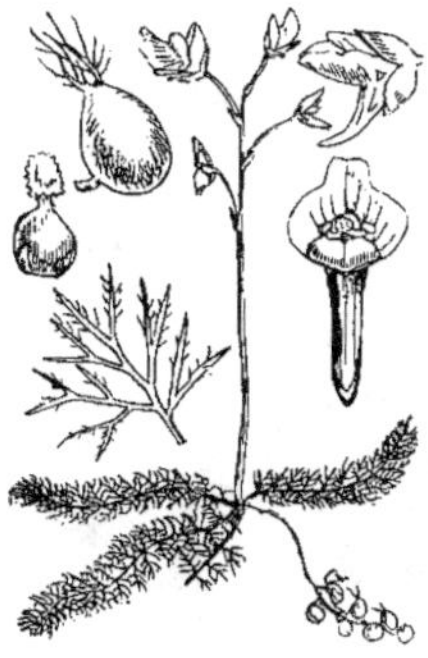

Utriculaire moyenne (*Utr. intermedia*, fig. 470). Racine bulbeuse ; hampe portant de 3 à 5 fleurs dont la lèvre supérieure est 2 fois plus longue que le palais, à corolle d'un jaune pâle strié de pourpre. Eaux dormantes.

FAMILLE DES ILICINÉES.

Genre Ilex (*Houx*) : fleurs hermaphrodites régulières, calice petit, persistant, à 4 dents, corolle rotacée à 4-5 lobes obtus, étamines 4-5, insérées sur la corolle et alternant avec ses divisions ; 4-5 stigmates presque sessiles ; baie rouge à 4 noyaux.

Fig. 470. — Utriculaire moyenne.

Houx commun (*Ilex aquifolium*, Pl. 44, fig. 258, *a b*). Arbrisseau rameux à feuilles toujours vertes, lisses, coriaces, épineuses ; fleurs blanches en bouquets axillaires auxquelles succèdent des fruits d'un beau rouge. Le bois tenace et dur du houx sert à faire des manches d'outil ; sa seconde écorce sert à préparer la glu ; ses baies sont purgatives.

FAMILLE DES PRIMULACÉES.

Plantes herbacées, à feuilles ordinairement opposées, non stipulées. Fleurs hermaphrodites régulières, calice persistant, ordinairement à 5 divisions, corolle à 5-7 divisions, 5-7 étamines ; ovaire libre, 1 style, 1 stigmate simple ; capsule à 1 loge polysperme.

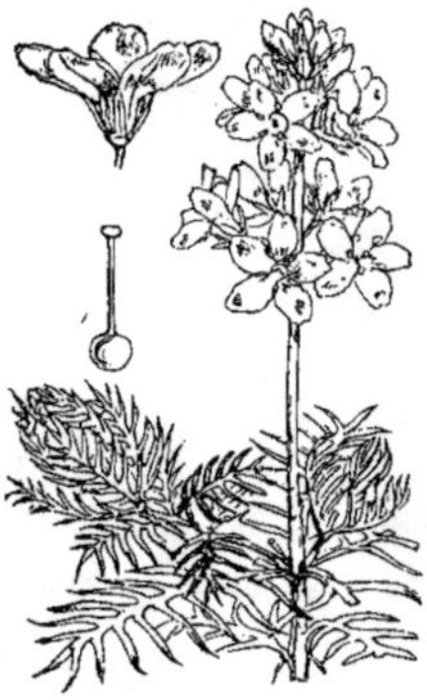

Genre HOTTONIA : calice à 5 divisions profondes, corolle en coupe, 5 étamines très courtes, insérées à la gorge de la corolle ; capsule globuleuse, indéhiscente.

Hottone des Marais (*Hot. palustris*, fig. 471). Herbe aquatique, immergée, de 5 à 8 décim. ; à feuilles verticillées, pinnatifides, finement découpées ; hampe nue, fistuleuse, s'élevant au-dessus de l'eau et terminée par 3 ou 4 verticilles de fleurs roses. En mai et juin, dans les eaux stagnantes.

Genre PRIMULA : calice tubuleux à 5 dents ; corolle en coupe ou en entonnoir ; 5 étamines incluses ; 1 style ; capsule s'ouvrant au sommet en 5 valves, souvent bifides.

Primevère officinale (*Pr. officinalis*, fig. 472), vulgairement *Coucou*, *Coqueluchon*. Feuilles toutes radicales, ovales obtuses, rugueuses, tomenteuses en dessous ; hampe de 2 à 3 décim., portant une ombelle terminale de fleurs jaunes odorantes. Au printemps dans les bois, les prés.

Primevère auricule (*Pr. auricula*), vulgairement *Oreille d'ours* (Pl. 44, fig. 260). Feuilles radicales, obovales, charnues, ciliées glanduleuses aux bords ; fleurs en bouquet terminal, d'un jaune pâle. Croît sur les hautes montagnes.

Primevère farineuse (*Pr. farinosa*, Pl. 44, fig. 259). Feuilles radicales, obovales, pulvérulentes en dessous ; hampe de 2 à 3 décim., portant en ombelle terminale des fleurs roses à gorge munie d'écailles jaunes. Croît sur les Alpes, les Pyrénées.

Genre CYCLAMEN : calice campanulé, 5 partit ; corolle à tube ovoïde, à divisions longues, réfléchies, à gorge saillante, 5 étamines, à anthères sessiles, pointues ; capsule globuleuse, polysperme, s'ouvrant en 5 valves. Rhizome tuberculeux, charnu.

Cyclamen d'Europe (*Cycl. Europæum*), vulgairement *Pain de pourceau* (Pl. 44, fig. 262). Feuilles radicales longuement pétiolées, ovales aiguës, échancrées à la base, d'un pourpre violet en dessous ; fleurs d'un rose violacé, à gorge purpurine, odorantes. Croît dans les bois montagneux du Midi. Son tubercule frais est âcre, purgatif, vermifuge.

On en cultive plusieurs espèces exotiques dans les jardins à cause de la singularité de leurs fleurs.

Fig. 472. — Primevère officinale.

Fig. 471. — Hottone des Marais.

Genre SOLDANELLA : calice 5 partit, corolle campanulée, à 5 lobes découpés en franges ; 5 étamines à filets très courts ; capsule oblongue cylindrique, striée en spirale, s'ouvrant au sommet.

Soldanelle des Alpes (*Sold. alpina*, Pl. 44, fig. 261). Feuilles radicales, orbiculaires, longuement pétiolées ; pédoncule de 10 à 15 centim., portant 2 à 4 fleurs penchées, bleues ou violacées, à corolle découpée en lanières. Croît sur les hautes montagnes.

Genre LYSIMACHIA : corolle en roue, plus longue que le calice, à tube court ; 5 étamines parfois accompagnées de 5 filets stériles, capsule globuleuse, à 5-10 valves.

Lysimaque commune (*Lys. vulgaris*, Pl. 44, fig. 263, *a b*). Tige droite, rameuse, de 8 à 10 décim. ; feuilles sessiles, lancéolées aiguës, pubescentes en dessous, opposées ou verticillées par 3 ; fleurs d'un jaune doré en grappes paniculées. Été, lieux frais, bords des eaux.

Fig. 473. — Lysimaque en Thyrse.

Lysimaque nummulaire (*Lys. nummularia*), vulgairement *Herbe aux écus* (Pl. 45, fig. 264). Tige grêle, rampante, couchée, de 2 à 5 décim. ; à feuilles opposées, courtement pétiolées, ovales, obtuses ou arrondies ; pédoncules axillaires uniflores ; fleurs jaunes de juin à août, dans les lieux humides.

Lysimaque en Thyrse (*Lys. thyrsiflora*, fig. 473). A souche rampante ; à feuilles opposées, lancéolées, longuement acuminées ; à fleurs jaunes en grappes axillaires. Lieux humides.

Genre TRIENTALIS : calice et corolle à 7 divisions, 7 étamines insérées à la base des divisions de la corolle ; capsule presque charnue, à 5 valves roulées en dehors.

Trientale d'Europe (*Tr. Europœa*, Pl. 45, fig. 265, *a b*). Tige grêle, glabre, de 2 à 3 décim., feuillée au sommet de 7 à 9 feuilles verticillées, sessiles, lancéolées ; pédoncules axillaires, uniflores ; fleurs blanches avec un anneau jaune. Croît dans les hautes montagnes.

Genre SAMOLUS : calice persistant ; corolle à tube court, à 5 lobes ouverts, 5 écailles filiformes (étamines stériles) alternant avec les divisions de la corolle, 5 étamines fertiles insérées au bas du tube ; ovaire demi-infère ; capsule s'ouvrant en 5 valves.

Fig. 474.
Samole de Valerandus.

Samole de Valerandus (*S. Valerandi*), vulgairement *Mouron d'eau* (fig. 474). Tige droite, glabre, de 2 à 4 décim. ; feuilles lisses, entières, les radicales pétiolées, les supérieures sessiles, alternes, obovales ; fleurs blanches, en grappes dressées, terminales. Été, lieux humides, fossés.

Genre CENTUNCULUS (*Centenille*) : calice à 4 divisions, corolle à tube court, renflé, à 4 lobes aigus ; 4 étamines saillantes, capsule globuleuse, s'ouvrant en travers ; graines nombreuses, petites.

Centenille naine (*C. minimus*, Pl. 45, fig. 267). Petite plante herbacée, de 3 à 6 centim.; tige très grêle, dressée, rameuse, à feuilles entières, ovales, à pétiole très court, la plupart alternes; fleurs très petites, solitaires, axillaires, sessiles, blanchâtres ou rosées. Été, marais, lieux humides.

Fig. 475. — Mouron délicat.

Genre ANAGALLIS (*Mouron*) : calice à 5 lobes, corolle en roue, à 5 lobes, à tube très court ou nul; 5 étamines velues, insérées à la base de la corolle; capsule globuleuse, s'ouvrant circulairement, graines nombreuses.

Mouron des Champs (*An. arvensis*, Pl. 45, fig. 266). Tige anguleuse, rameuse, de 1 à 2 décim.; feuilles sessiles, ovales, trinervées, opposées ou verticillées par trois; pédoncules axillaires, plus longs que les feuilles; fleurs rouges, l'été, dans les champs, les lieux cultivés.

Il en existe une variété à fleurs bleues, *Anag. Cærulea*.

Mouron délicat (*An. tenella*, fig. 475). Tige rampante, radicante, de 1 décim. environ; feuilles opposées, pétiolulées, presque rondes; fleurs roses, veinées, sur des pédoncules axillaires beaucoup plus longs que les feuilles. Été, terrains humides.

FAMILLE DES OLÉACÉES.

Arbres ou arbrisseaux à feuilles opposées, sans stipules; fleurs régulières en panicule, à calice libre, persistant, à 4 divisions; corolle à 4 divisions, quelquefois nulle; 2 étamines soudées au tube de la corolle; style simple, très court, stigmate bifide, ovaire à 2 loges; fruit sec ou charnu.

Fig. 476. — Orne. Fleur.

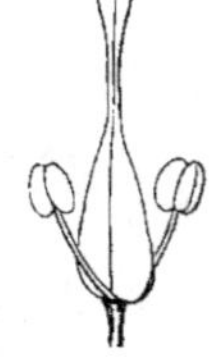

Fig. 477.
Frêne. Fleur.

Genre FRAXINUS (*Frêne*) : calice et corolle nuls, 2 étamines, 1 style à stigmate bifide, ovaire à 2 loges biovulées; capsule à 1 loge ovale oblongue, comprimée, ailée membraneuse, contenant 1 graine (fig. 476-477).

Frêne élevé (*Fr. excelsior*, Pl. 45, fig. 268, *a b c*). Arbre de haute taille à feuilles opposées imparipennées de 9 à 13 folioles ovales lancéolées, denticulées; fleurs rougeâtres peu apparentes, en grappes courtes, naissant avant les feuilles, en avril, dans les bois, les parcs. Son bois, très dur, s'emploie dans le charronnage.

Genre ORNUS : se distingue du précédent par ses fleurs munies d'un calice et d'une corolle.

Orne d'Europe (*O. Europæa*), vulgairement *Frêne à manne*. Arbre médiocre, à feuilles imparipennées de 7 à 9 folioles; à fleurs blanches très nombreuses, en grappes. Croît dans le Midi; c'est de son tronc que s'écoule le produit sucré, purgatif connu sous le nom de *manne*.

274 b.
274 a.
272.
278.
276.
275.
271.

46

Genre LILAC (*Lilas*) : corolle à tube allongé, à limbe en coupe ; 2 étamines incluses ; style filiforme, stigmate bifide ; capsule ovale, comprimée, à 2 loges et 2 graines.

Lilas commun (*Lilac vulgaris*, Pl. 45, fig. 270, *a b*). Arbrisseau à feuilles cordiformes, ovales acuminées, à longues grappes de fleurs lilas ou blanches d'une odeur suave. Cultivé dans tous les jardins.

On cultive, sous le nom de *Lilas de Perse*, une espèce d'Orient plus grêle dans toutes ses parties et à fleurs plus petites.

Genre LIGUSTRUM (*Troène*) : calice court à 4 dents ; corolle infundibuliforme, étamines saillantes ; baie à 2 loges contenant chacune 2 graines.

Troène commun (*Ligustrum vulgare*, Pl. 45, fig. 269, *a b*). Arbrisseau à rameaux flexibles ; à feuilles persistantes, ovales lancéolées ; à fleurs blanches odorantes, en panicule terminale. Été, dans les bois. On le cultive dans les jardins ; ses baies noires, de la grosseur d'un pois, servent à colorer le vin.

Genre OLEA (*Olivier*) : calice campanulé à 4 dents ; corolle à tube court, à limbe 4 lobé, étalé, étamines sortantes ; style court, stigmate bifide ; fruit (drupe) à chair huileuse, à noyau osseux.

Olivier d'Europe (*Olea Europæa*, Pl. 46, fig. 272). Arbrisseau à feuilles opposées, persistantes, coriaces, entières, blanchâtres en dessous ; fleurs blanches, en grappes axillaires. Fruit (olive) d'un vert jaunâtre ou bleuâtre, suivant les variétés. On retire des olives, que l'on mange aussi en nature, l'huile la plus estimée ; son bois, à grain fin et bien veiné, est employé dans l'ébénisterie.

FAMILLE DES APOCINÉES.

Arbrisseaux ou plantes herbacées vivaces, à feuilles opposées, entières ; à fleurs hermaphrodites régulières : calice monosépale à 5 divisions ; corolle monopétale hypogyne ; 5 étamines insérées sur le tube de la corolle, à anthères biloculaires ; 1 style, 1 stigmate en tête, 2 ovaires soudés ; fruit composé de 2 follicules (dont 1 avorte souvent), s'ouvrant longitudinalement d'un seul côté et portant sur les bords les graines pendantes, avec ou sans aigrette soyeuse.

Genre NERIUM : lobes de la corolle garnis à la gorge d'une écaille laciniée ; étamines incluses, surmontées d'un appendice barbu ; 2 follicules cylindriques, graines aigrettées.

Nérion Laurier-rose (*Nerium oleander*, Pl. 46, fig. 273). Arbrisseau à feuilles coriaces, lancéolées, opposées ou ternées ; fleurs inodores, roses ou blanches en corymbes terminaux.

Le *Laurier-rose* donne par la culture de belles variétés à fleurs doubles ; ses feuilles sont vénéneuses.

Genre VINCA (*pervenche*) : plantes vivaces, herbacées ou sous-frutescentes, à feuilles opposées, entières, persistantes ; fleurs axillaires, à corolle contournée en coupe, à 5 lobes, plissés à la gorge, 5 étamines incluses ; style terminé par un godet membraneux ; follicules allongés ; graines non aigrettées.

Petite Pervenche (*Vinca minor*, Pl. 46, fig. 271). Tige grêle, couchée, à feuilles fermes, lancéolées, courtement pétiolées ; à pédoncules axillaires plus longs que les feuilles ; à fleurs bleues dont les dents du calice sont plus courts que le tube de la corolle. Au printemps dans les bois.

Grande Pervenche (*V. major*), cultivée, se distingue de la précédente par ses fleurs plus grandes, où les dents du calice sont aussi longues que le tube de la corolle.

FAMILLE DES ASCLÉPIADÉES.

Herbes ou arbrisseaux à suc laiteux, à feuilles simples, opposées, sans stipules ; fleurs hermaphrodites régulières diversement disposées : calice et corolle 5 fides, 5 étamines alternes avec les lobes de la corolle ; filets courts, soudés autour du pistil et munis d'appendices ; anthères surmontées de membranes soudées et appliquées sur le stigmate ; stigmate recouvrant les 2 styles et formant une masse spongieuse pentagonale (fig. 478). Fruit composé de 2 carpelles capsulaires (follicules), à graines nombreuses aigrettées.

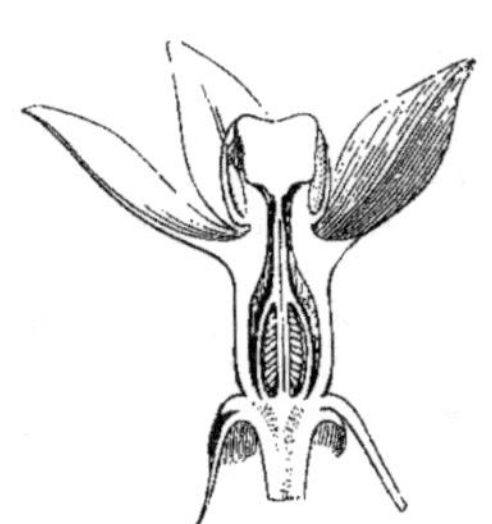

Fig. 478. — Vincetoxicum.
Coupe verticale de la Fleur.

Genre ASCLEPIAS : couronne staminale à 5 folioles en forme de cornet, émettant de leur intérieur un appendice subulé saillant ; follicules ventrus, hérissés d'épines molles.

Asclépiade de Syrie (*Ascl. syriaca*), vulgairement *Herbe à la ouate*. Plante originaire d'Amérique, naturalisée çà et là ; à tige droite, pubescente, de 8 à 12 décim. ; feuilles opposées, ovales, très grandes, pubescentes en dessous ; fleurs rosées, odorantes, en ombelles terminales et axillaires, l'été. On la cultive comme plante d'ornement.

Genre VINCETOXICUM (*Dompte-venin*) : couronne staminale charnue, émettant 5 lobes courts, obtus ; follicules lisses, renflés à la base.

Dompte-venin officinal (*V. officinale*, Pl. 46, fig. 275). Tige droite, peu rameuse, de 5 à 8 décim. ; à feuilles courtement pétiolées, ovales acuminées, cordiformes à la base ; fleurs blanchâtres, odorantes, en petits bouquets axillaires.

Son nom indique les propriétés que lui attribuaient les anciens ; mais elles n'ont pas été confirmées par l'expérience.

FAMILLE DES GENTIANÉES.

Herbes à suc amer, à feuilles sessiles, opposées, entières ; fleurs hermaphrodites régulières, à calice persistant, lobé ou divisé ; corolle monopétale, hypogyne, à 5 ou quelquefois 4-8 divisions ; étamines insérées sur la corolle, en nombre égal à ses divisions ; ovaire libre, 2 styles soudés, stigmate simple ou bilobé ; fruit (capsule) à une ou deux loges polyspermes.

Genre CHLORA : calice et corolle à 6, 7 ou 8 divisions, corolle en coupe, à tube court ; 6, 7, 8 étamines très courtes.

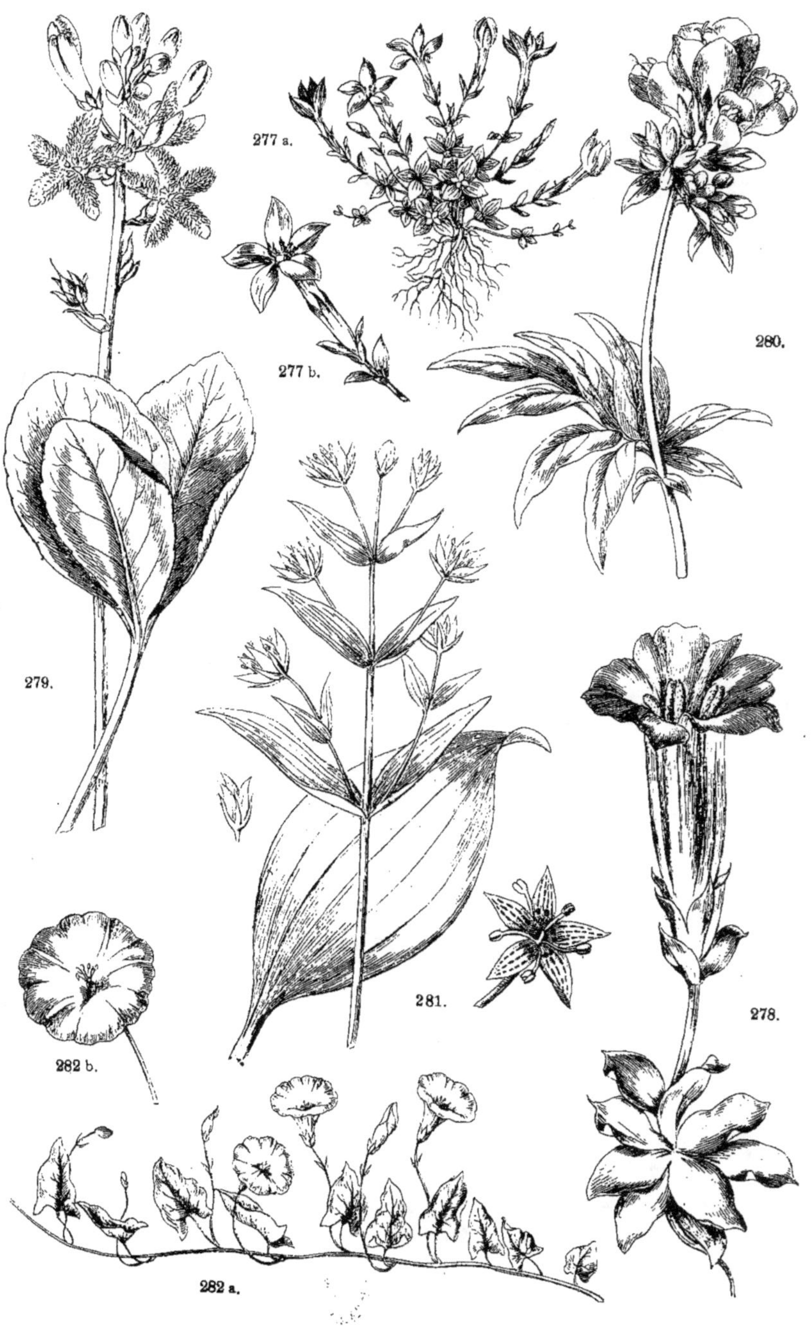

277 a.
277 b.
280.
279.
281.
278.
282 b.
282 a.

47

Chlore perfoliée (*Chl. perfoliata*, fig. 479). Tige simple, dressée, dichotome au sommet, de 4 à 8 décim.; feuilles radicales ovales, rétrécies à la base; celles de la tige opposées et soudées l'une à l'autre dans toute leur largeur; fleurs jaunes, en bouquets terminaux; l'été, dans les bois, les pâturages.

Genre ERYTHRŒA : calice et corolle à 5 divisions; 5 étamines; style filiforme; capsule linéaire, polysperme.

Érythrée Centaurée (*Er. centaurium*), vulgairement *Petite centaurée, Gentianelle* (Pl. 46, fig. 276). Tige droite, quadrangulaire de 3 à 6 décim.; feuilles inférieures en rosette, obovales, celles de la tige sessiles, linéaires aiguës; fleurs sessiles, réunies en corymbe au sommet des rameaux, roses ou blanches, l'été, dans les bois, les pâturages.

On emploie la *petite centaurée* comme fébrifuge.

Érythrée maritime, à fleurs jaunes, croît sur le littoral de l'Océan. Elle est amère et tonique.

Genre CICENDIA : calice campanulé à 4 dents; corolle à 4 lobes étalés; 4 étamines; style filiforme; capsule à 1 loge.

Cicendie filiforme (*C. filiformis*, fig. 480). Plante naine de 5 à 10 centim., à tige filiforme, dichotome; à feuilles radi-

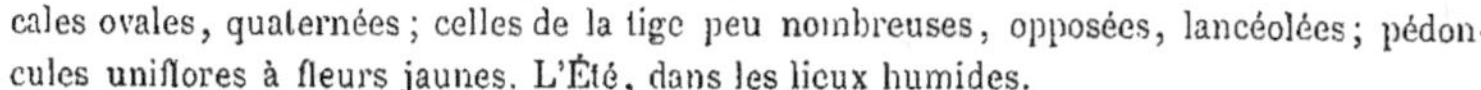

Fig. 479. — Chlore perfoliée.

cales ovales, quaternées; celles de la tige peu nombreuses, opposées, lancéolées; pédoncules uniflores à fleurs jaunes. L'Été, dans les lieux humides.

Genre GENTIANA : calice tubuleux à 4-10 divisions; corolle en cloche ou en entonnoir; à 4-5 lobes; 4-5 étamines; stigmate sessile, bifide; capsule oblongue, à 1 loge, à 2 valves.

Gentiane jaune (*G. lutea*, Pl. 46, fig. 274). Tige forte, dressée, fistuleuse, de 8 à 12 décim.; feuilles larges, elliptiques, les supérieures embrassantes, les radicales très grandes, rétrécies en pétiole; fleurs jaunes en verticelles axillaires. Été, bois et prés.

Gentiane sans Tige (*G. acaulis*, Pl. 47, fig. 278). Plante vivace, à feuilles radicales en rosette, ovales, coriaces, au milieu desquelles s'épanouit, en mai et juin, sur une hampe très courte, une grande fleur solitaire d'un beau bleu. Croît dans les Alpes et les Pyrénées.

Gentiane printanière (*G. verna*, Pl. 47, fig. 277). Souche gazonnante, à tiges dressées; feuilles ovales, plus ou moins aiguës, les inférieures en rosette; fleurs bleues à corolle en patère. Croît dans les régions montagneuses.

Genre SWERTIA : calice à 5 divisions, corolle en roue, à 5 divisions portant à leur base 2 nectaires ciliés, 5 étamines; stigmate sessile à 2 lobes; capsule à 1 loge.

Fig. 480. — Cicendie filiforme.

Swertie vivace (*Sw. perennis*, Pl. 47, fig. 281). Tige dressée, glabre, de 3 à 5 décim.; à feuilles entières, ovales oblongues, sessiles; fleurs bleues violacées, en panicule. Lieux humides des montagnes.

Genre MENYANTHES : calice à 5 divisions, corolle en entonnoir, à 5 lobes égaux étalés, barbus; 5 étamines; 1 style à stigmate capité, ovaire inséré sur un disque en forme d'anneau cilié, capsule à une loge, contenant plusieurs graines.

Ményanthe Trèfle d'Eau (*Men. trifoliata*, Pl. 47, fig. 279). Plante aquatique à souche rampante, épaisse, articulée; à feuilles pétiolées, composées de 3 folioles ovales elliptiques; hampes nues, de 2 à 4 décim., terminées par une grappe de fleurs blanches mêlées de rose; au printemps, dans les marais, les étangs.

Genre VILLARSIA: calice à 5 divisions; corolle à 5 divisions étalées, ciliées sur les bords, barbues à la gorge; 1 style, stigmate à 2 lobes crénelés; capsule à une loge, bivalve, à graines nombreuses, disposées sur 2 rangs au bord intérieur des valves.

Villarsie faux Nénuphar (*V. nymphoïdes*, fig. 481). Plante aquatique à tiges allongées, radicantes; feuilles nageantes, entières, orbiculaires, cordiformes à la base; fleurs grandes, jaunes, longuement pédonculées, fasciculées à l'aisselle des feuilles. Été, mares.

Fig. 481.
Villarsie faux Nénuphar.

FAMILLE DES POLÉMONIACÉES.

Genre POLEMONIUM: calice campanulé, à 5 divisions; corolle presque dressée, à tube court, à 5 divisions; 5 étamines exsertes, à filets élargis et poilus à la base; ovaire libre, 1 style, 1 stigmate trifide; capsule polysperme à 3 loges et 3 valves, graines ovoïdes.

Polémoine bleue (*Pol. cœruleum*, Pl. 47, fig. 280). Tige dressée de 3 à 4 décim., à feuilles pennées, composées de folioles nombreuses lancéolées; fleurs bleues ou violacées, en panicule. Croît dans le Midi.

FAMILLE DES CONVOLVULACÉES.

Plantes souvent volubiles; à feuilles alternes; fleurs hermaphrodites régulières à calice à 5 divisions profondes; corolle en cloche, à 5 lobes ou entière; 5 étamines alternes avec les lobes de la corolle, à anthères introrses, à 2 loges; ovaire libre, 2 styles souvent soudés, stigmates simples ou lobés; capsule à 2 loges, à 2 graines.

Genre CONVOLVULUS (*Liseron*): corolle campaniforme, à limbe entier, à 5 plis; étamines incluses; styles soudés, 2 stigmates simples; capsule indéhiscente.

Liseron des Haies (*C. sepium*), vulgairement *Grand liseron* (Pl. 48, fig. 283). Tige volubile anguleuse, de 1 à 2 mètres et plus; feuilles grandes, sagittées, à oreillettes tronquées; pédoncules axillaires, uniflores, à grande fleur d'un blanc pur, à calice enveloppé par 2 bractées larges et cordiformes. Été, dans les haies, les buissons.

Liseron des Champs (*C. arvensis*, Pl. 47, fig. 282, *a b*), vulgairement *Petit liseron, vrillée, clochette*. Tige faible, volubile, de 3 à 8 décim.; à feuilles sagittées à oreillettes aiguës; pédoncules axillaires portant de 1 à 3 fleurs blanches ou roses, rayées. Été; dans les champs, les moissons.

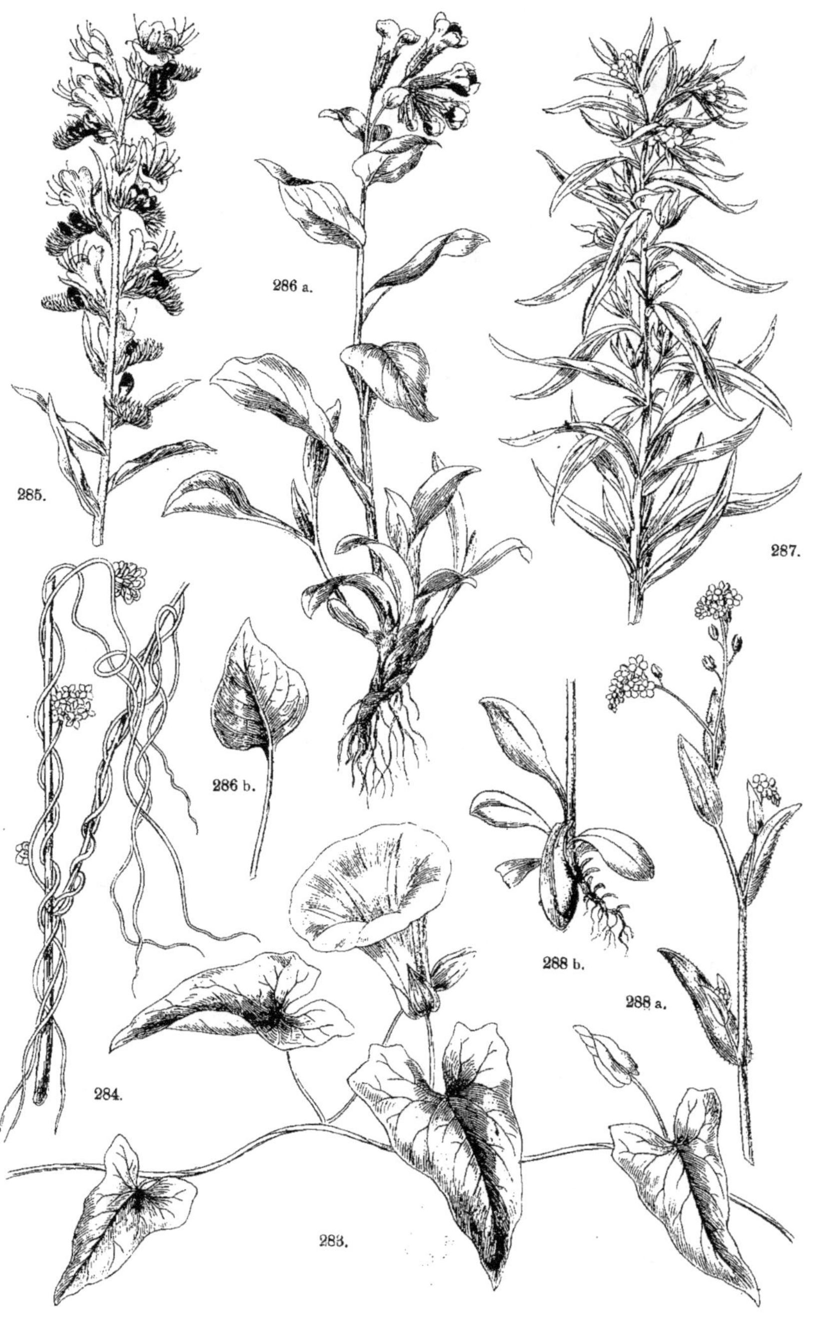

285.

286 a.

286 b.

287.

288 a.

288 b.

284.

283.

Les racines de quelques espèces exotiques, telles que le *Jalap*, la *Scammonée*, sont purgatives drastiques ; on cultive dans les jardins sous les noms d'*Ipomea*, de *Volubilis*, plusieurs convolvulacées annuelles, à tige volubile et
à grandes fleurs vivement colorées. Le *Convolvulus
tricolor*, du Midi, vulgairement *Belle de jour*, parce
que ses fleurs se ferment le soir, orne nos jardins
de ses fleurs bleues.

Genre Cuscuta : plantes parasites, à tige capillaire, non feuillée, s'attachant par des suçoirs aux
végétaux qui les nourrissent ; fleurs très petites,
en glomérules compactes espacés le long de la tige :
calice à 5, rarement à 4 divisions, corolle en godet
globuleux, à 5 ou 4 lobes, munis sous les étamines
de 1 ou 2 petites écailles ; 2 stigmates ; capsules à
2 loges contenant chacune 2 graines.

Cuscute à grandes Fleurs (*C. major*, Pl. 48, fig.
284). Tige filiforme, rameuse, jaunâtre, à fleurs
blanches ou rosées ; l'été sur l'ortie, le houblon, la
vesce.

Cuscute à petites Fleurs (*C. minor*), vulgairement
Teigne (fig. 482). Tiges rougeâtres, à fleurs rosées ;
parasite sur le thym, la luzerne, les bruyères et
diverses autres plantes des prairies.

Fig. 482. — Cuscute autour d'une Luzerne.

FAMILLE DES BORRAGINÉES.

Plantes le plus souvent herbacées, à feuilles alternes souvent hérissées de poils rudes ;
fleurs ordinairement disposées en grappes unilatérales et recourbées en crosse avant la floraison : fleurs hermaphrodites régulières, calice à 5 divisions, corolle
tubulée, à 5 divisions alternant avec celles du calice ; 5 étamines, à
anthères introrses, à 2 loges ; 1 style, 1 stigmate entier ou bilobé ;
4 carpelles uniloculaires monospermes (fig. 483).

Genre Cerinthe : corolle cylindrique à gorge nue ; 2 carpelles
plans à la base, à 2 loges.

Cérinthe des Alpes (*C. alpina*), vulgairement *Mélinet* (Pl. 49,
fig. 292). Souche ligneuse à jets terminés par un faisceau de feuilles ;
celles-ci d'un vert glauque, alternes, rapprochées le long de la tige
en cœur, embrassantes ; fleurs jaunes, tachées de pourpre, en
grappes terminales. Croît dans les Alpes, les Pyrénées.

Fig. 483.
Fleur de Bourrache.

Genre Borrago (*Bourrache*) : calice à 5 divisions profondes, corolle rotacée, à gorge
pourvue de 5 nectaires ; étamines exsertes, rapprochées, munies sous l'anthère d'un appendice dressé ; 4 carpelles uniloculaires, libres, insérées sur le réceptacle.

27

Bourrache officinale (*B. officinalis*, Pl. 50, fig. 295). Tige dressée, épaisse, hérissée, de 4 à 6 décim. ; feuilles radicales pétiolées, ovales, les supérieures sessiles ; fleurs bleues, roses ou blanches. Été ; lieux cultivés. On emploie les fleurs de la Bourrache en infusion, comme béchique et sudorifique.

Fig. 484.
Buglosse toujours verte.

Genre ANCHUSA (*Buglosse*) : calice à 5 divisions, corolle en entonnoir ou en coupe à tube droit, à gorge munie de 5 nectaires pubescents ou poilus ; étamines incluses ; carpelles à base concave entourée d'un rebord plissé, saillant.

Buglosse officinale (*A. officinalis*, Pl. 49, fig. 290), vulgairement *Langue de bœuf*. Tige droite, rameuse, hérissée de poils blancs ; de 6 à 10 décim. ; à feuilles ovales, ondulées, sessiles, couvertes de poils raides ; fleurs bleues, parfois violettes sur le même pied, en grappes terminales ; l'été, dans les terrains pierreux.

Buglosse toujours verte (*A. sempervirens*, fig. 484). Tige dressée, hérissée de 5 à 6 décim. ; à feuilles minces, d'un vert gai, peu velues, les radicales très amples, persistantes ; fleurs bleues en petites grappes axillaires, pédonculées, entourées de deux feuilles opposées. Au printemps dans les haies, les bois.

On emploie les fleurs des Buglosses comme celles de la Bourrache.

Genre SYMPHYTUM (*Consoude*) : calice à 5 divisions ; corolle campanulée, limbe à 5 découpures peu profondes et dressées, gorge fermée par 5 écailles conniventes ; étamines incluses ; carpelles concaves à la base et entourés d'un anneau strié.

Consoude officinale (*S. officinale*), vulgairement *Grande consoude* (Pl. 49, fig. 291). Racine épaisse, charnue, à épiderme noir ; tige droite, hérissée, de 8 à 9 décim. ; à feuilles rudes, décurrentes, ovales lancéolées ; fleurs violettes ou blanches en grappes lâches terminales ; en mai et juin, dans les prés humides, au bord des eaux. Sa racine est mucilagineuse et émolliente.

Consoude tubéreuse (*S. tuberosum*, fig. 485). Racine charnue, noueuse, à épiderme blanchâtre ; tige grêle, droite, striée, de 4 à 5 décim. ; feuilles ovales, elliptiques, semi-décurrentes ; fleurs jaunâtres, en grappes terminales très courtes. Printemps ; bois et prés.

Genre LITHOSPERMUM (*Gremil*) : calice à 5 divisions linéaires, corolle en entonnoir, à gorge ouverte, poilue ; étamines incluses ; carpelles à base plane.

Fig. 485. — Consoude tubéreuse.

Grémil officinal (*Lith. officinale*, Pl. 48, fig. 287), vulgairement *Herbe aux perles*. Tige dressée, très rameuse, velue, de 4 à 8 décim. ; feuilles sessiles, oblongues, lancéolées acuminées ; fleurs petites, d'un blanc verdâtre ; en grappes feuillues ; fruits lisses, brillants, très durs. Été, lieux incultes.

289.
291.
294.
292.
290.
293.

Grémil des Champs (*Lith. arvense*, fig. 486). Tige dressée de 2 à 4 décim., couverte de poils grisâtres; feuilles sessiles, lancéolées, les inférieures rétrécies en pétiole, fleurs petites, ordinairement blanches, quelque fois roses ou bleues. Tout l'été; champs, lieux cultivés.

Fig. 486. — Grémil des Champs.

Genre ECHIUM (*Vipérine*) : plantes rudes, hérissées de poils plus ou moins piquants, à fleurs en grappes; calice à 5 divisions, corolle à gorge nue et ouverte, à limbe irrégulier, bilabié; étamines inégales; carpelles tuberculeuses, à base plane.

Vipérine commune (*E. vulgare*), vulgairement *Herbe aux vipères*, parce qu'on le croyait autrefois efficace contre la morsure des vipères (Pl. 48, fig. 285). Tige dressée, hérissée de poils raides, de 3 à 6 décim.; feuilles sessiles, étroites, lancéolées; fleurs bleues ou roses, en longue grappe terminale. Été; lieux incultes, champs pierreux.

Fig. 487. — Vipérine violette.

Vipérine violette (*E. violaceum*, fig. 487), à longues grappes de fleurs violettes. Été, Midi, terrains incultes.

Genre PULMONARIA : calice campanulé à 5 angles et à 5 lobes; corolle en entonnoir, à 5 lobes, à gorge barbue; étamines incluses; carpelles lisses à base plane.

Pulmonaire officinale (*P. officinalis*, Pl. 48, fig. 286, *a b*). Plante couverte de poils raides, à tige dressée, un peu rameuse au sommet, de 2 à 3 décim.; feuilles ovales aiguës, souvent tachées de blanc, les inférieures pétiolées, les supérieures sessiles; fleurs en grappes courtes, terminales, rouges, tournant au violet, puis au bleu; au printemps, dans les bois. Plante émolliente et pectorale.

Genre MYOSOTIS : calice campanulé à 5 divisions, corolle en coupe, à tube court, à gorge fermée par 5 nectaires obtus; étamines égales, incluses; carpelles ovoïdes à base plane.

Myosotis des Marais (*M. palustris*), vulgairement *Ne m'oubliez pas* (Pl. 49, fig. 289). Souche un peu rampante; tiges faibles, anguleuses, parsemées de poils étalés; feuilles oblongues lancéolées, peu velues; fleurs bleues, jaunes au centre. Été; prés humides, bord des eaux.

Fig. 488. — Myosotis des Bois.

Myosotis des Bois (*M. sylvatica*, fig. 488). Racine fibreuse; tiges dressées rameuses, hérissées de poils étalés; feuilles radicales spatulées, celles de la tige sessiles, oblongues; fleurs d'un bleu d'azur, un peu odorantes. Été, bois humides.

Myosotis des Champs (*M. arvensis*, Pl. 48, fig. 288, *a b*). Tige droite, anguleuse, hérissée de poils rameux ; feuilles oblongues, lancéolées, molles, velues ; fleurs d'un bleu clair à gorge jaune. Été, champs, lieux cultivés.

Genre CYNOGLOSSUM (*Cynoglosse*) : calice à 5 divisions, corolle en entonnoir à tube allongé, à gorge fermée par 5 nectaires obtus ; étamines incluses ; carpelles déprimées, hérissées d'aiguillons à pointes crochues.

Fig. 489.
Cynoglosse de Montagne.

Fig. 490. — Omphalode printanière.

Cynoglosse officinale (*Cyn. officinale*), vulgairement *Langue de chien* (Pl. 49, fig. 294). Tige droite, à rameaux redressés, de 5 à 8 décim. ; feuilles molles, couvertes d'un duvet grisâtre ; grappes terminales de fleurs d'un rouge brun, de mai à juillet, dans les lieux pierreux et incultes.

La racine de cette plante entre dans la composition de pilules calmantes.

Cynoglosse de Montagne (*Cyn. montanum*, fig. 489). Tige droite, à rameaux ascendants, un peu hérissée, de 5 à 9 décim. ; feuilles minces, luisantes, glabres en dessus, les supérieures embrassantes ; fleurs violettes, en grappes terminales grêles. En juin et juillet, dans les bois montagneux.

Genre OMPHALODES : calice à 5 divisions, corolle en roue, à tube court, à gorge fermée par 5 nectaires obtus ; étamines incluses ; carpelles déprimés, en forme de corbeille, et bordés d'une membrane fléchie en dedans.

Omphalode printanière (*O. verna*), vulgairement *Petite bourrache* (fig. 490). Petite plante de 1 à 2 décim., croissant en touffes ; à racine rampante, à tige grêle, rameuse ; feuilles aiguës, légèrement pubescentes, les inférieures longuement pétiolées ; grappes géminées, pauciflores, à fleurs d'un bleu d'azur, au printemps ; Midi.

Genre ASPERUGO (*Rapette*) : calice à 5 divisions inégales, sinuées, dentées, corolle en entonnoir, à tube court, à gorge fermée par 5 nectaires obtus ; étamines incluses ; carpelles comprimés latéralement renfermés dans le calice.

Fig. 491. — Rapette couchée.

Rapette couchée (*Asp. procumbens*, fig. 491). Tige couchée, rameuse, hispide, de 4 à 5 décim., à feuilles ovales oblongues, les inférieures alternes et pétiolées, les supérieures opposées et sessiles ; fleurs petites, d'un bleu violet, axillaires et sessiles. Été, lieux incultes et pierreux. Cette plante est béchique, sudorifique et peut remplacer la bourrache.

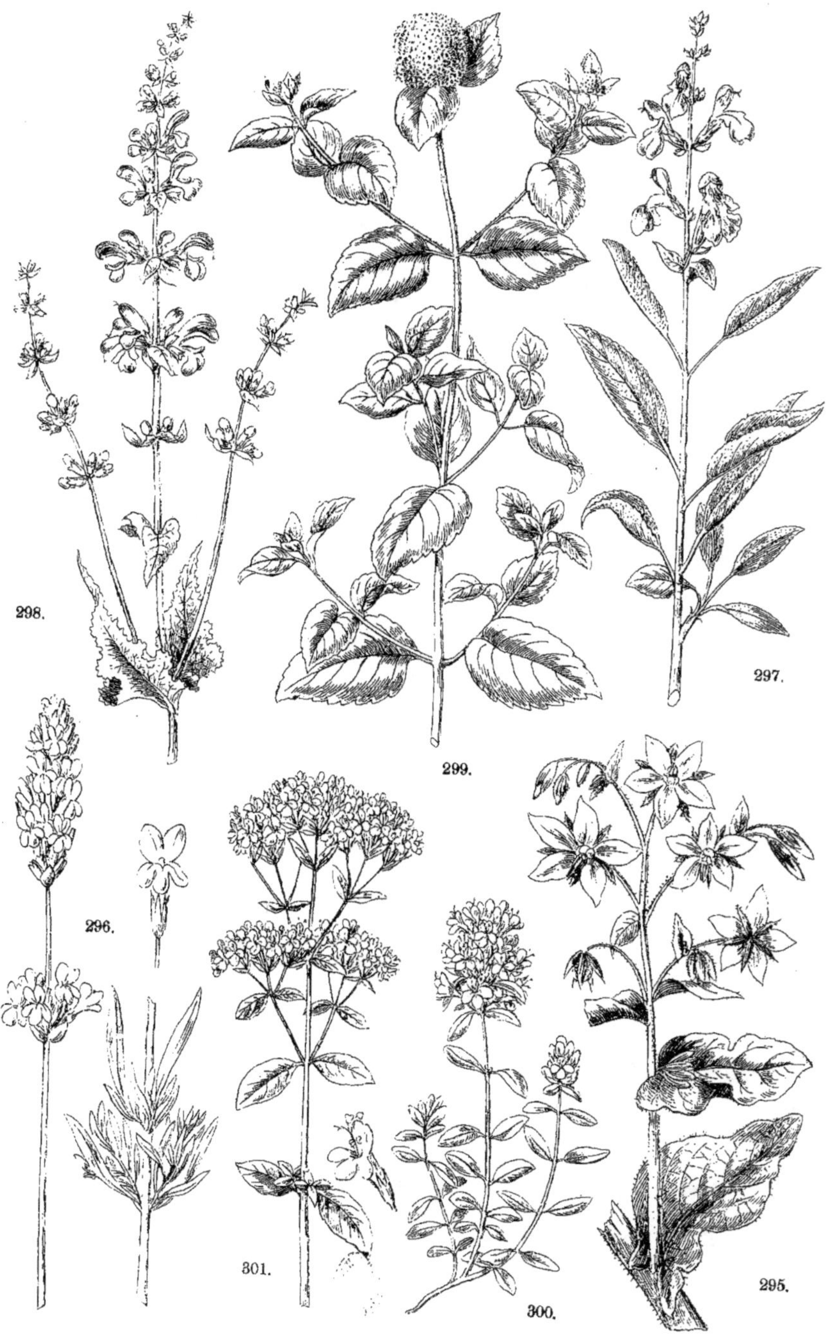

298.

299.

297.

296.

301.

300.

295.

Genre HELIOTROPIUM (*Héliotrope*) : corolle en coupe, à gorge nue, à 5 lobes séparés par autant de petites dents; étamines incluses; carpelles soudés ensemble avant la maturité du fruit.

Héliotrope d'Europe (*Hel. europæum*, Pl. 49, fig. 293). Plante couverte d'une pubescence courte et serrée; tige herbacée, dressée, rameuse, de 2 à 4 décim.; feuilles ovales, entières, longuement pétiolées; fleurs petites, blanches ou violacées, en épis terminaux. Fleurit l'été, dans les terres cultivées.

On cultive dans les jardins l'Héliotrope du Pérou pour l'odeur suave de ses fleurs.

FAMILLE DES LABIÉES.

Herbes ou arbustes à tiges quadrangulaires, à rameaux opposés ; feuilles simples, oppo-sées, à fleurs ordinairement agglomérées à l'aisselle des feuilles supérieures. Fleurs hermaphrodites irrégulières, à calice per-sistant tubuleux; à corolle tubuleuse, le plus souvent à 2 lèvres; 4 étamines, dont 2 plus courtes insérées sur le tube, anthères à 2 lobes ; ovaire libre inséré sur un disque hypogyne et divisé en 4 lobes, style simple, stigmate bifide; fruit composé de 4 carpelles placés au fond du calice, et simulant 4 graines nues. — Les Labiées contiennent une huile essentielle qui leur donne une odeur aromatique et des propriétés médicales.

Fig. 492 et 493.
Menthe poivrée.

Genre MENTHA : calice tubuleux à 5 dents planes, pointues ; corolle en entonnoir, à 4 lobes presque égaux ; 4 étamines droites, divergentes ; akènes ovoïdes, arrondis, lisses.

Menthe pouillot (*M. pulegium*). Plante aromatique, à tige rampante de 2 à 4 décim. ; à rameaux redressés ; à fleurs petites, ovales, glabres, obscurément dentées, brièvement pétiolées ; fleurs d'un rouge violet, à lobe supérieur de la corolle entier, en verticilles globuleux axillaires. Été, lieux humides. Cette espèce amère et aromatique a été employée contre l'asthme.

Menthe aquatique (*M. aquatica*), vulgairement *Menthe rouge* (Pl. 50, fig. 299). Tige ascendante, rameuse, plus ou moins velue, à feuilles pétiolées, ovales aiguës, dentées ; fleurs d'un beau rose, en tête globuleuse. Été, bord des eaux.

Menthe poivrée (*M. piperita*, fig. 492 et 493). Plante glabre, à odeur pénétrante, à souche stolonifère, à tige dressée, rameuse, de 3 à 6 décim. ; à feuilles lancéolées aiguës, dentées en scie, brièvement pétiolées ; fleurs rougeâtres, en épis cylindriques, à odeur forte et péné-trante. Cultivée dans les jardins. Elle sert comme la suivante à aromatiser des liqueurs et des bonbons.

Menthe cultivée (*M. sativa*), racine rampante, tige redressée de 3 à 6 décim. ; feuilles pétiolées, ovales dentées ; fleurs rougeâtres, en verticilles axillaires, globuleux. Été; lieux frais.

Genre LYCOPUS : calice campanulé, à 5 dents ; corolle à tube court, à 4 lobes presque égaux, le supérieur échancré ; 4 étamines, dont 2 stériles ; akènes trigones, tronqués au sommet.

Lycope d'Europe (*L. europœus*), vulgairement *Chanvre d'eau* (fig. 494). Racine rampante, tige dressée, rameuse de 4 à 6 décim. ; feuilles ovales, lancéolées dentées ; les inférieures pinnatifides ; fleurs petites, blanches ponctuées de rouge, en verticilles axillaires. Été, bord des eaux.

Fig. 494. — Lycope d'Europe.

Genre LAVANDULA (*Lavande*) : calice ovoïde, strié, à 5 dents, dont la supérieure prolongée en appendice ; corolle à lèvre supérieure bifide, l'inférieure à 3 lobes ; style et étamines inclus dans la corolle, anthères à 1 loge ; akènes lisses, arrondis au sommet.

Lavande spic (*Lav. spica*), vulgairement *Lavande vraie, Aspic* (Pl. 50, fig. 296). Tige ligneuse inférieurement, de 4 à 6 décim. ; feuilles sessiles, oblongues linéaires ; fleurs bleues, en épi grêle ; l'été, dans le Midi. On cultive la Lavande comme plante d'ornement et comme plante médicinale ; on l'emploie comme stomachique et cordiale.

La *Lavande stœchas* (fig. 495), croît aux îles d'Hyères. On la distingue à son épi de fleurs d'un pourpre foncé.

On cultive dans les jardins, pour son odeur suave, le **Basilic** (*Ocymum basilicum*), que nous figurons Pl. 53, fig. 319.

Genre THYMUS (*Thym*) : calice ovoïde strié, à 2 lèvres, la supérieure à 3 dents, l'inférieure à 2 dents ; corolle à lèvre supérieure droite, échancrée, l'inférieure à 3 lobes presque égaux.

Thym commun (*Th. vulgaris*), dans le Midi *Farigoule*, plante aromatique à peine haute de 10 à 15 centim., se cultive dans les jardins en bordures ; on en tire une huile essentielle qui entre dans la préparation de plusieurs cosmétiques. On la reconnaît à ses feuilles grisâtres, à bords roulés en dessous.

Thym Serpolet (*Th. serpyllum*, Pl. 50, fig. 300). Plante couchée, radicante, à feuilles obovales, en coin, ponctuées, glanduleuses en dessous ; fleurs purpurines à odeur citronnée, en verticilles rapprochés en tête. Été, bois, pelouses sèches.

Fig. 495.
Lavande stœchas.

Le Serpolet est employé en infusion comme apéritif et diurétique.

Genre ORIGANUM : calice campanulé, strié, barbu à la gorge, à 5 dents presque égales ; corolle à tube cylindrique à lèvre supérieure émarginée, l'inférieure à 3 lobes égaux ; akènes ovoïdes, globuleux.

Origan commun (*Or. vulgare*), vulgairement *Marjolaine sauvage* (Pl. 50, fig. 301). Tige dressée, velue, de 3 à 5 décim. ; à feuilles ovales lancéolées ; fleurs purpurines, 2 fois plus longues que le calice, agrégées au sommet de la tige et des rameaux. Été.

Cette plante, à odeur et saveur fortes, employée dans le Nord comme condiment, est apéritive et stomachique.

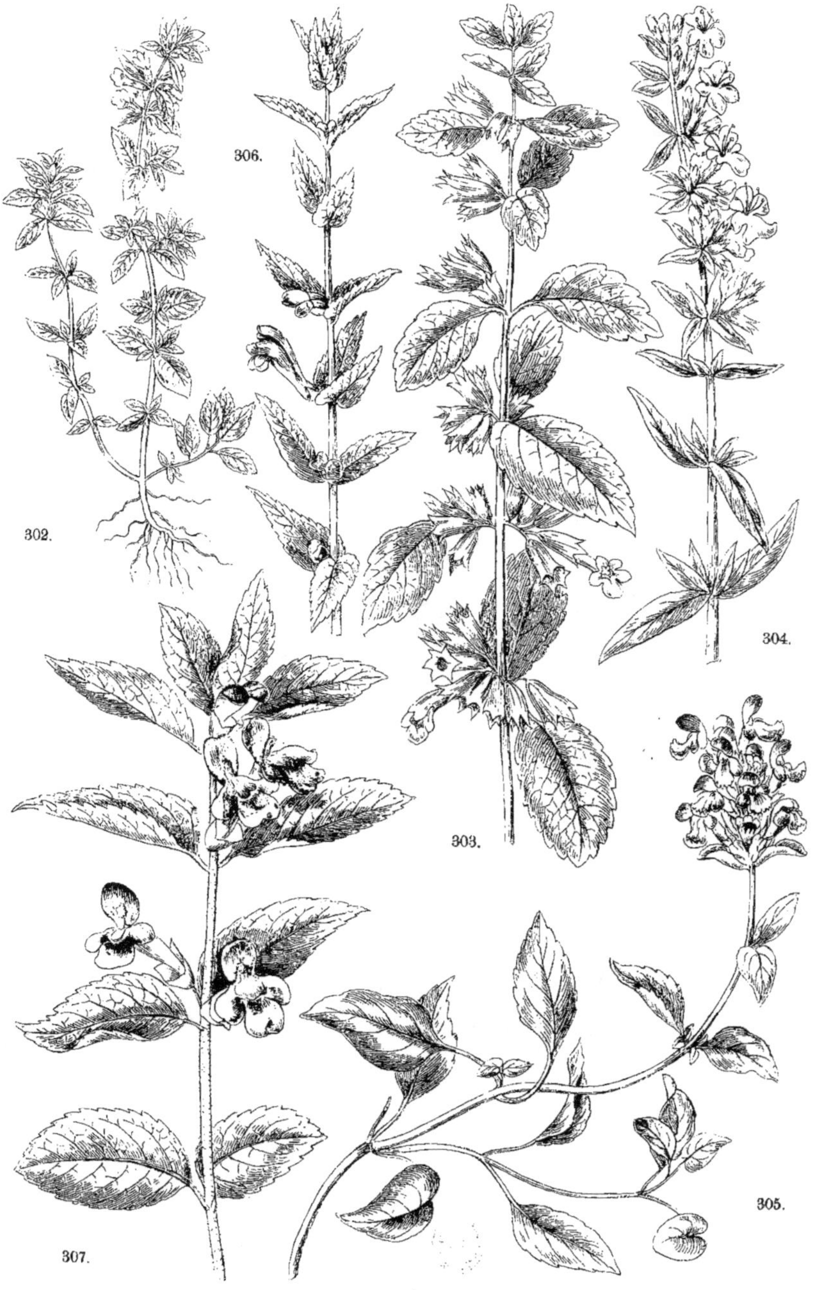

51

On cultive dans les jardins, comme plante d'ornement, la *Marjolaine*, dont les fleurs purpurines répandent une odeur suave.

Genre HYSSOPUS (*Hysope*) : calice tubuleux à 15 stries, à gorge nue, à 5 dents presque égales; corolle à lèvre supérieure plane, échancrée, l'inférieure trilobée, à lobe intermédiaire plus grand; akènes ovoïdes, trigones.

Hysope officinale (*H. officinalis*, Pl. **51**, fig. 304). Plante ligneuse, de 3 à 5 décim., croissant en touffes à rameaux dressés; à feuilles linéaires, elliptiques. Fleurs bleues, rarement blanches, verticillées, rapprochées en épis terminaux. Été, lieux secs et pierreux. C'est une plante à odeur forte, mais agréable, que l'on cultive en bordures dans les jardins.

Genre CALAMINTHA (*Calament*) : calice bilabié, sillonné, à gorge barbue, corolle à lèvre supérieure dressée, échancrée, l'inférieure à 3 lobes; 4 étamines convergentes au sommet; akènes ovoïdes, lisses.

Calament des Champs (*Cal. acinos*, Pl. **51**, fig. 302). Tige de 2 à 3 décim., rameuse dès la base, à rameaux ascendants, velus; feuilles petites, ovales, pétiolées, pubescentes; fleurs d'un bleu rougeâtre en verticilles de 6. Été, lieux secs, coteaux.

Fig. 496. — Calament clinopode.

Calament clinopode (*Cal. clinopodium*), vulgairement *Grand Basilic sauvage* (fig. 496). Plante plus ou moins velue, de 3 à 6 décim., à tige dressée, rameuse, à feuilles brièvement pétiolées, ovales, denticulées; fleurs très nombreuses, rouges ou blanches, peu odorantes, en glomérules axillaires entourés de bractées sétacées. Été, dans les bois, les haies.

Calament officinal (*Cal. officinalis*), vulgairement *Baume sauvage;* à tige dressée, velue; à feuilles légèrement dentées; à fleurs d'un rose pourpré, à glomérules presque sessiles. Été, bois, pâturages.

Genre MELISSA : calice campanulé, à 13 stries, bilabié; corolle courte, à lèvre supérieure concave, l'inférieure à 3 lobes presque égaux; anthères à loges divergentes (fig. 497 à 500).

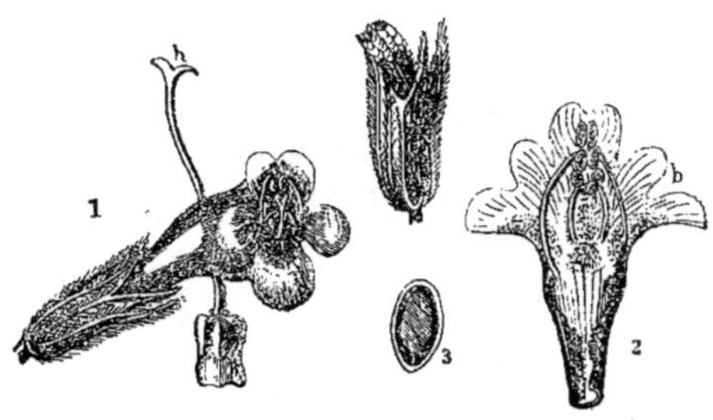

Fig. 497 à 500. — 1. Fleur et Pistil de Mélisse. — 2. Coupe de la Fleur. 3. Graine très grossie. — 4. Calice.

Mélisse officinale (*M. officinalis*), vulgairement *Citronnelle* (Pl. **51**, fig. 303). Plante de 6 à 10 décim., un peu velue, à tige droite, rameuse; feuilles pétiolées, ovales, crénelées; fleurs blanches, d'une odeur suave, en glomérules rapprochés. Été, dans les bois.

La *Mélisse* entre dans beaucoup de préparations pharmaceutiques, notamment dans l'*Eau des Carmes*.

Genre SATUREIA (*Sarriette*) : calice campanulé à 10 stries et à 5 dents égales; corolle à lèvre supérieure plane, l'inférieure à 3 lobes obtus, presque égaux; étamines écartées, conniventes sous la lèvre supérieure de la corolle.

Sarriette des Jardins (*Sat. hortensis*, Pl. 53, fig. 318, *a b*). Tige herbacée de 2 à 3 décim., droite, très rameuse, pubescente; à feuilles molles, linéaires, ponctuées, aromatiques; fleurs petites, axillaires, bleuâtres ou rougeâtres. Croît dans le Midi; cultivée dans les jardins comme condiment.

Genre SALVIA (*Sauge*) : calice à 2 lèvres, la supérieure entière ou tridentée, l'inférieure bifide; corolle à 2 lèvres, la supérieure comprimée latéralement, voûtée, l'inférieure à 3 lobes; 2 étamines fertiles, portant au sommet un connectif arqué à 2 branches inégales, terminées chacune par une des loges de l'anthère (fig. 501).

Sauge officinale (*Salvia officinalis*, Pl. 50, fig. 297). Souche ligneuse, émettant des rameaux droits, velus, de 3 à 6 décim.; à feuilles oblongues, réticulées; à fleurs grandes, violettes, très odorantes; verticilles de 6 à 12 fleurs en épis terminaux. Été, cultivée.

Fig. 501.
Fleur de Sauge.

Sauge des Prés (*S. pratensis*, Pl. 50, fig. 298). Plante de 5 à 8 décim., pubescente, à tige ascendante, peu rameuse, à feuilles oblongues, rugueuses, pubescentes en dessous; les inférieures pétiolées, les supérieures sessiles; fleurs bleues, quelquefois blanches ou roses en épis terminaux, à bractées ovales, plus courtes que le calice. Été, prés secs, coteaux.

La **Sauge sclarée**, vulgairement *Orvale*, *Toute bonne*, se distingue par ses glomérules de 2 à 3 fleurs d'un bleu lilas.

Les Sauges sont aromatiques et stimulantes; on les donne en infusion, surtout l'*Officinale*, comme sudorifique et tonique.

Genre ROSMARINUS (*Romarin*) : calice ovoïde, campanulé, à 2 lèvres; corolle à lèvre supérieure bifide, à lèvre inférieure étalée, à 3 lobes, le médian très rétréci à la base, pendant; filets des étamines garnis d'une dent à leur base.

Romarin cultivé (*R. officinalis*, Pl. 53, fig. 320). Arbrisseau de 10 à 15 décim., à feuilles coriaces, linéaires, blanchâtres et roulées en dessous; à fleurs bleuâtres, ponctuées, géminées. Midi.

On obtient par la distillation des fleurs du Romarin l'*eau de la Reine de Hongrie*, et l'on en fait des infusions toniques.

Genre GLECHOMA : calice tubuleux à 5 dents, dont 2 plus petites; corolle à lèvre supérieure plane, dressée, bifide, l'inférieure à lobe médian échancré en cœur; anthères rapprochées par paires; akènes lisses, ovoïdes.

Gléchome Lierre terrestre (*Gl. hederacea*, Pl. 53, fig. 317). Tiges couchées, radicantes, de 3 à 5 décim.; feuilles pétiolées, réniformes, crénelées; fleurs d'un violet clair, en glomérules axillaires; au printemps, dans les prés, les bois. Employé en décoction et en infusion comme tonique et pectoral.

Genre NEPETA : calice tubuleux, sillonné de nervures, à 5 dents aiguës; lèvre supérieure de la corolle plane, dressée, échancrée, l'inférieure étalée, à 3 lobes, l'intermédiaire plus grand, arrondi, très concave.

Népéta chataire (*Nep. cataria*), vulgairement *Herbe aux chats* (Pl. 53, fig. 316, *a b*).

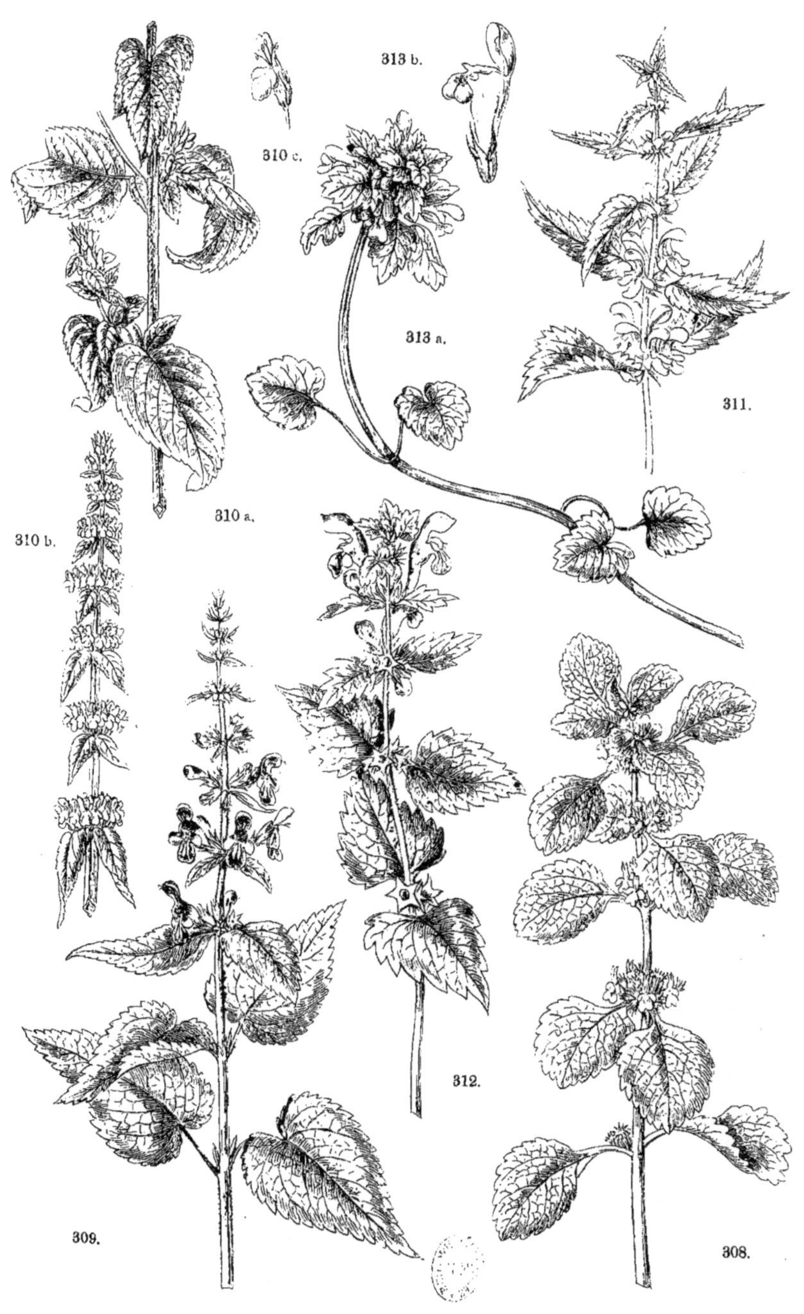

52

310 c.

313 b.

313 a.

310 a.

310 b.

311.

312.

309.

308.

Plante de 8 à 10 décim., couverte d'une pubescence grisâtre, d'une odeur forte et pénétrante ; tige droite, rameuse, à feuilles pétiolées, cordiformes, dentées en scie, blanchâtres en dessous ; fleurs en petits faisceaux pédonculés, rapprochés en épis terminaux, blanches ou rosées piquetées de rouge. Été, aux bords des chemins. Cette plante aromatique et amère est employée comme antiscorbutique et pectorale. Son odeur attire les chats qui vont se rouler sur elle.

Genre MARRUBIUM : calice tubuleux, à 5 ou 10 dents, poilu à la gorge ; corolle à lèvre supérieure bilobée, l'inférieure à 3 lobes et renfermant le style et les étamines ; carpelles trigones tronqués au sommet.

Marrube commune (*M. vulgare*, Pl. 52, fig. 308). Plante de 4 à 6 décim., d'une odeur forte, cotonneuse blanchâtre, à tige dressée, à rameaux simples, ascendants ; feuilles ovales, crénelées, ridées en réseau et cotonneuses en dessous ; fleurs blanches en verticilles, entremêlées de bractées linéaires. Été, lieux incultes.

Le Marrube est âcre et amer ; on l'emploie comme stomachique.

Genre BALLOTA : calice campanulé à 10 nervures, à 5 dents pliées en long ; lèvre supérieure de la corolle voûtée, crénelée, l'inférieure à 3 lobes, à lobe moyen échancré ; akènes trigones, arrondis au sommet.

Ballote fétide (*B. fœtida*, fig. 502). Plante herbacée de 4 à 6 décim., d'un vert sombre, pubescente, fétide, à tige droite, rameuse ; à feuilles pétiolées, molles, velues, ovales crénelées ; fleurs rouges, rarement blanches, en petits corymbes latéraux. Été, bords des chemins, haies. On l'employait autrefois contre la teigne.

Genre STACHYS (*Épiaire*) : calice ovale anguleux, campanulé, à 5 dents épineuses ; corolle à lèvre supérieure concave, l'inférieure à 3 lobes, à tube garni d'un anneau de poils ; akènes oblongs, glabres, arrondis au sommet.

Fig. 502. — Ballote fétide.

Épiaire d'Allemagne (*Stachys Germanica*, Pl. 52, fig. 310, *a b c*). Plante cotonneuse, blanchâtre, à tige droite, de 4 à 8 décim., à feuilles épaisses, un peu rugueuses, crénelées, cotonneuses ; les inférieures pétiolées, les supérieures sessiles ; fleurs rosées en verticilles serrés en épi allongé. Été, lieux incultes.

Épiaire des Bois (*St. Sylvatica*), vulgairement *Ortie puante* (Pl. 52, fig. 309). Tige grêle, dressée, velue, de 5 à 8 décim. ; à feuilles pétiolées, ovales aiguës, dentées en scie, les florales sessiles ; verticilles de 6 à 8 fleurs d'un rouge brun rayé, disposés en épis terminaux. Été, bois humides.

Épiaire droite (*St. recta*), vulgairement *Crapaudine*, se distingue par ses fleurs en épis, d'un jaune pâle ponctué de rouge.

Genre BETONICA (*Bétoine*) : calice tubuleux à 5 dents mucronées presque égales ; corolle à tube recourbé, à lèvre supérieure concave, l'inférieure à 3 lobes ; akènes oblongs, arrondis au sommet.

Bétoine officinale (*B. officinalis*, fig. 503). Plante velue, de 3 à 6 décim. ; à tige dressée, simple ; à feuilles pétiolées, lancéolées oblongues, crénelées, les supérieures plus étroites ; fleurs rouges en épi oblong interrompu à la base ; bractées ciliées. Été, bois. La racine de Bétoine est amère et s'emploie comme tonique.

Fig. 503. — Bétoine officinale.

Fig. 504. — Galéope ladanum.

Genre GALEOPSIS : calice tubuleux, à 5 dents très aiguës, presque épineuses ; lèvre supérieure de la corolle voûtée, entière, l'inférieure à 3 lobes et munie à la base du lobe médian, de chaque côté, d'une petite dent ; akènes ovoïdes, arrondis au sommet.

Galéope ladanum, vulgairement *Ortie rouge* (fig. 504). Tige plus ou moins rameuse, pyramidale, de 2 à 4 décim., pubescente ; feuilles oblongues lancéolées, légèrement dentées ; fleurs rouges à lèvre inférieure tigrée de jaune. Été, lieux pierreux.

Galéope jaunâtre (*G. ochroleuca*), à fleurs d'un jaune pâle, croît dans les bois taillis.

Genre LEONURUS (*Agripaume*) : calice campanulé à 5 dents presque égales, épineuses ; corolle à tube contracté au-dessus de la base, et garni en dedans d'un anneau de poils, à lèvre supérieure convexe, l'inférieure à 3 lobes ; akènes triangulaires, tronqués et velus au sommet.

Fig. 505. — Agripaume cardiaque.

Fig. 506. — Lamier blanc.

Agripaume cardiaque (*Leonurus cardiaca*, fig. 505). Plante de 8 à 12 décim., d'un vert sombre et d'une odeur désagréable ; tige droite, rameuse, pyramidale, à feuilles pétiolées, ridées, pubescentes en dessous ; les inférieures palmées, digitées, les supérieures trilobées ; fleurs d'un rose pâle, ponctuées, en glomérules sessiles, formant de longs épis interrompus et feuillés. Été, haies, buissons. On l'emploie contre l'asthme.

Genre LAMIUM (*Lamier*) : calice tubuleux, à 5 dents non épineuses ; lèvre supérieure de la corolle voûtée en casque ; étamines rapprochées parallèlement sous la lèvre supérieure ; anthères poilues en dehors.

Lamier blanc (*L. album*), vulgairement *Ortie blanche* (fig. 506). Tiges inclinées et radicantes à la base, redressées, de 4 à 6 décim., à feuilles pointues, fortement dentées en scie ;

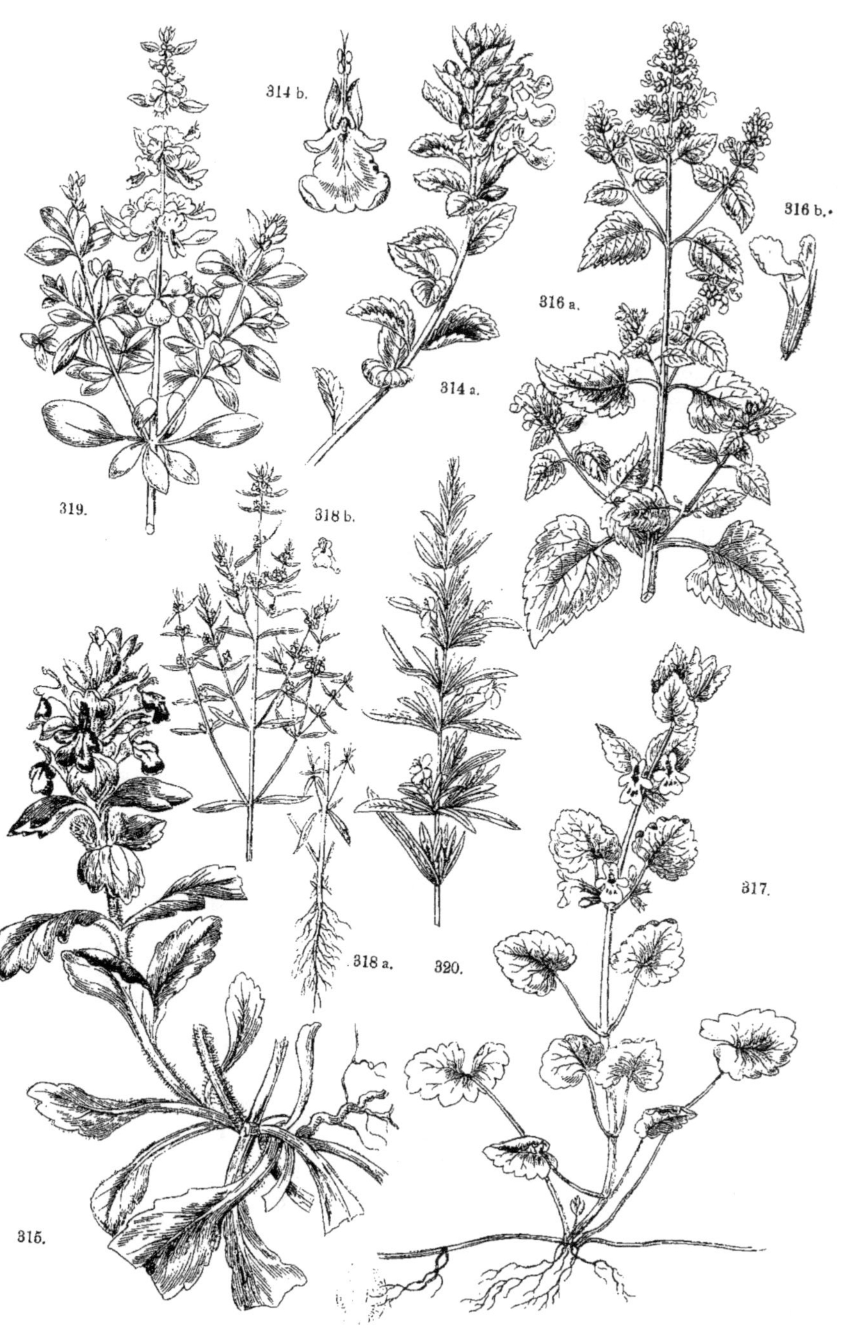

314 b.
316 b.
316 a.
314 a.
319.
318 b.
317.
318 a.
320.
315.

fleurs blanches, velues, par glomérules de 4 à 10 fleurs en grappe interrompue. Tout l'été, aux bords des chemins et des murs.

Lamier taché (*L. maculatum*, Pl. 52, fig. 312); à feuilles tachées de blanc; à fleurs purpurines ponctuées de rouge, par glomérules de 3 à 5 fleurs. Tout l'été, dans les lieux frais.

Lamier pourpre (*L. purpureum*, Pl. 52, fig. 313, *a b*). Plante de 2 à 3 décim., rougeâtre, peu feuillée, glabre; feuilles toutes pétiolées, crénelées; fleurs petites, purpurines. Été, champs.

Lamier galeobdolon, vulgairement *Ortic jaune* (Pl. 52, fig. 311). Tige dressée de 3 à 4 décim.; feuilles pétiolées, ovales lancéolées, dentées en scie; fleurs jaunes, assez grandes, à lèvre supérieure de la corolle courbée en faux. Au printemps, haies, buissons.

Genre MELITTIS : calice campanulé, large, à 5 dents; lèvre supérieure de la corolle presque plane, entière, l'inférieure à 3 lobes inégaux, le médian orbiculaire, anthères à loges divergentes; akènes ovoïdes, arrondis au sommet.

Mélitte des Bois (*M. melissophyllum*, Pl. 51, fig. 307). Tige dressée, simple, velue, de 3 à 5 décim.; à feuilles grandes, longuement pétiolées, ovales dentées, velues; verticilles axillaires de 2 à 4 grandes fleurs blanches, panachées de pourpre. Été, bois. — Cette plante aromatique est réputée diurétique et apéritive.

Genre SCUTELLARIA : calice très court, à deux lèvres entières, la supérieure portant à sa base une écaille saillante; corolle à lèvre supérieure concave, trifide, à lèvre inférieure entière, étamines rapprochées parallèles; akènes oblongs.

Fig. 507. — Scutellaire des Alpes.

Scutellaire toque (*Sc. galericulata*, Pl. 51, fig. 306). Tige dressée de 2 à 4 décim., à feuilles lancéolées, brièvement pétiolées, dentées; fleurs bleues ou violacées, axillaires géminées, tournées d'un seul côté. Été, bords des eaux.

Scutellaire des Alpes (*Sc. alpina*, fig. 507). Tiges gazonnantes, ligneuses à la base, à feuilles petites, ovales, crénelées; fleurs d'un bleu violet, en épis tétragones, imbriqués de bractées ovales aiguës. Été, montagnes calcaires.

Genre BRUNELLA : calice tubuleux, à lèvre supérieure à 3 dents courtes, l'inférieure bifide; corolle à tube pourvu d'un anneau de poils, lèvre supérieure en casque, entière, l'inférieure trilobée; akènes oblongs, lisses.

Brunelle commune (*Br. vulgaris*), vulgairement *Brunette* (Pl. 51, fig. 305). Tige de 2 à 3 décim., plus ou moins couchée à la base, ascendante, peu rameuse, poilue; feuilles pétiolées, ovales oblongues, entières; fleurs violettes en épi, offrant à sa base 2 feuilles opposées, sessiles. Été, bois, prés.

Genre Ajuga (*Bugle*) : calice campanulé, à 5 dents presque égales ; corolle à tube muni d'un anneau de poils, à lèvre supérieure presque nulle, l'inférieure trifide ; akènes ridés, glabres.

Bugle pyramidale (*Aj. pyramidalis*, Pl. 53, fig. 315). Plante velue, à tige simple, de 8 à 15 centim. ; à feuilles radicales très grandes, sinuées dentées, à feuilles florales plus longues que les fleurs ; celles-ci en glomérules de 3 à 6 fleurs en grappe courte. L'été, dans les Alpes.

Bugle de Genève (*Aj. Genevensis*, fig. 508). Plante très velue, de 15 à 25 centim., à feuilles d'un vert blanchâtre, les radicales disparaissant avant la floraison, celles de la tige obovales crénelées ; fleurs d'un bleu clair, quelquefois roses, rapprochées en épi, à bractées trilobées. Été, coteaux secs.

Fig. 509. — Bugle rampante.

Fig 508. — Bugle de Genève.

Bugle rampante (*Aj. reptans*, fig. 509). Tiges de 15 à 25 centim., velues sur deux faces opposées, à rejets stolonifères ; feuilles ovales oblongues, peu velues ; les radicales persistantes ; verticilles de fleurs bleues disposés en épi, à bractées larges ; au printemps, dans les prairies humides.

Genre Teucrium (*Germandrée*) : calice campanulé à 5 lobes presque égaux ; corolle à tube très court, nu, à limbe unilabié à 5 lobes ; étamines rapprochées, saillantes ; akènes réticulés.

Germandrée des Bois (*T. scorodonia*, fig. 510). Tige de 4 à 6 décim., dressée, velue, rameuse au sommet ; feuilles ovales cordiformes, assez longuement pétiolées ; fleurs jaunes, solitaires axillaires en grappe allongée, unilatérale. Été, bois sablonneux.

Germandrée petit Chêne (*T. chamædrys*, Pl. 53, fig. 314, a b). Tiges de 1 à 2 décim., couchées à la base, à rameaux dressés ; velus ; à feuilles ovales obtuses, fortement crénelées, d'un vert pâle en dessous ; fleurs roses en glomérules axillaires ; rapprochées en grappe au sommet des rameaux. Été, lieux arides.

Fig. 510.
Germandrée des Bois.

La *Germandrée petit chêne* jouit de propriétés fébrifuges. Les autres espèces du genre sont amères et aromatiques ; tels sont les *Teucrium scordium* (Germandrée aquatique), *Teucrium montanum*, *T. Bothrys*.

323 a.
323 b.
321 b.
322 b.
322 a.
321 a.
325.
324.

54

FAMILLE DES VERBÉNACÉES.

Herbes ou arbrisseaux à feuilles opposées, sans stipules. Fleurs hermaphrodites irrégulières ; calice libre à 4-5 divisions, tubuleux, persistant ; co-
rolle monopétale, hypogyne, tubuleuse, à 4-5 divisions ; 4 étamines didynames, incluses, 1 style, 1 stigmate, ovaire libre à
4 lobes ; fruit sec à 4 loges monospermes.

Genre VERBENA (*Verveine*, fig. 511 et 512).

Verveine officinale (*V. officinalis*, Pl. 54, fig. 321, *a b*).
Plante herbacée à tige droite, rameuse, tétragone, à feuilles
ovales oblongues, rudes, les supérieures entières ou crénelées, les inférieures profondément divisées en lobes inégaux ;
fleurs petites, bleuâtres, en épis très grêles effilés. L'été, au
bord des chemins, dans les lieux incultes.

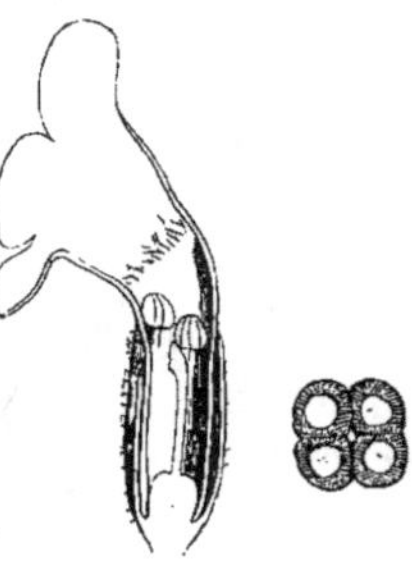

Fig. 511 et 512.
Coupe verticale de la Fleur. Coupe
transversale de l'Ovaire.

La Verveine est amère et astringente ;
on l'emploie en infusion comme résolutive
et antiscorbutique. Sous le nom d'*herbe
sacrée*, elle jouait un rôle dans les céré-
monies des druides, qui s'en couronnaient le front.

FAMILLE DES GLOBULARIÉES.

Plantes herbacées ou sous-frutescentes, à feuilles alternes. Fleurs
hermaphrodites irrégulières, agrégées en capitule globuleux, sessiles
sur un réceptacle commun garni de paillettes et entouré d'un involucre
polyphylle ; calice persistant à 5 divisions, corolle tubuleuse à 5 lobes
inégaux formant comme 2 lèvres ; 4 étamines insérées au sommet du
tube, à anthères uniloculaires ; 1 style simple à stigmate bifide ; fruit
sec, indéhiscent à une graine pendante, recouvert par le calice.

Genre GLOBULARIA (*Globulaire*, fig. 513).

Globulaire commune (*Gl. vulgaris*, Pl. 54, fig. 322). Tige dressée,
striée, de 1 à 2 décim., à feuilles radicales en rosette, les supérieures
petites, sessiles, lancéolées ; fleurs bleues, en capitule globuleux solitaire. Au printemps sur les coteaux, les pelouses sèches.

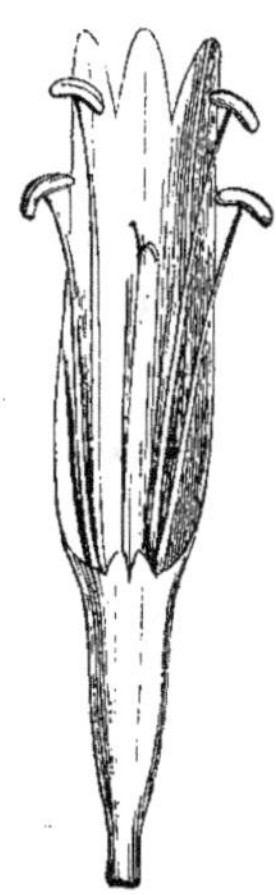

Fig. 513.
Fleur de Globulaire
sans son Calice.

FAMILLE DES SOLANÉES.

Plantes herbacées ou frutescentes, à feuilles alternes, les supérieures souvent géminées ;
fleurs axillaires ou en cime partant de l'aisselle des feuilles. Fleurs hermaphrodites régulières, à calice campanulé à 5 divisions, à corolle monopétale hypogyne, à 5 lobes ; 5 éta-

mines insérées au tube de la corolle et alternes avec ses lobes ; ovaire libre, ordinairement biloculaire, à loges pluriovulées, style à stigmate simple ou bifide ; fruit à 2 loges, baie ou capsule, à graines nombreuses, albuminées.

Genre PHYSALIS (*Coqueret*) : calice à 5 dents, persistant, corolle rotacée à 5 lobes, 5 étamines incluses, à anthères conniventes ; baie globuleuse renfermée dans le calice renflé et très dilaté à la maturité.

Physalis alkekenge (*Ph. alkekengi*, Pl. 55, fig. 329, *a b*), vulgairement *Coqueret, Herbe à cloques*. Tige herbacée, de 4 à 6 décim. ; à feuilles ovales pointues, géminées, pubescentes ; fleurs d'un blanc jaunâtre, solitaires, axillaires ; baie rouge, de la grosseur d'une cerise, renfermée dans un calice vésiculeux, très renflé et d'un rouge écarlate à la maturité. Été, terrains incultes.

Genre SOLANUM (*Morelle*) : calice persistant, non vésiculeux, à 5 divisions, corolle rotacée ; anthères conniventes, s'ouvrant au sommet par 2 pores (fig. 514) ; baie arrondie, ordinairement à 2 loges.

Morelle tubéreuse (*Sol. tuberosum*), vulgairement *Pomme de terre, Patate*. Tige herbacée de 4 à 5 décim., à rameaux souterrains tuberculeux ; feuilles pennées avec impaire, à folioles ovales, pubescentes en dessous, entremêlées de segments plus petits. Fleurs blanches ou violettes, en cime terminale ; baie jaunâtre ou violacée. Cette plante précieuse est suffisamment connue. Son tubercule est un aliment féculent de premier ordre.

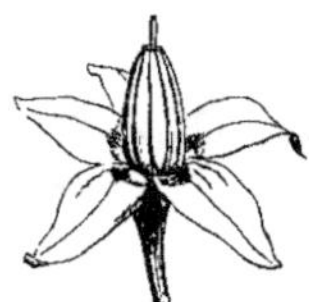

Fig. 514.
Fleur de Douce-amère.

Morelle douce-amère (*Sol. dulcamara*, Pl. 55, fig. 327, *a b*), vulgairement *Douce-amère, Vigne de Judée*. Tige ligneuse inférieurement, s'élevant souvent à 1^m,5 et 2 mètres, grêle, sarmenteuse, grimpante ; à feuilles entières, cordiformes, ovales aiguës ou portant 2 lobes accessoires à la base. Été, haies, buissons. La *Douce-amère* est dépurative et calmante ; ses fruits sont vénéneux et font vomir.

Morelle noire (*Sol. nigrum*), vulgairement *Mourette, Crève-chien* (Pl. 55, fig. 328, *a b*). Tige herbacée, rameuse, de 3 à 5 décim., poilue, feuilles ovales, sinuées dentées, d'un vert sombre ; fleurs petites, blanches en corymbe pauciflore ; baies noires. Été, lieux cultivés.

Cette espèce est vireuse et narcotique ; on emploie son suc à l'extérieur pour faire disparaître les dartres rebelles.

L'*Aubergine* ou *Mélongène* (*Sol. melongena*) et la *Tomate* (*Sol. lycopersicum*) sont des plantes exotiques cultivées pour leurs fruits bien connus dans l'art culinaire.

Genre LYCIUM : calice court, tubuleux, campanulé, à 2 lèvres à 5 dents, corolle en entonnoir, à tube court, à 5 lobes ; 5 étamines à filets velus à la base, baie arrondie, à 2 loges.

Lyciet commun (*L. barbarum*). Arbrisseau épineux, très ramifié, à rameaux grêles et allongés ; feuilles entières, lancéolées aiguës, brièvement pétiolées ; à fleurs axillaires, petites, d'un violet clair ; baies rouges. Été ; haies et buissons.

Genre ATROPA (*Belladone*) : calice persistant, étalé autour du fruit mûr ; corolle campanulée, à 5 lobes courts ; 5 étamines inégales, incluses ; baie globuleuse, noire, luisante, à 2 loges.

55

326.

329 b.

329 a.

328 b.

327 b.

327 a.

328 a.

Belladone officinale (*Atropa belladona*, Pl. 56, fig. 330, *a b*). Tiges dressées, ramifiées, pubescentes, de 8 à 10 décim.; feuilles brièvement pétiolées, entières, ovales aiguës; fleurs axillaires, à pédoncule court, d'un brun violet

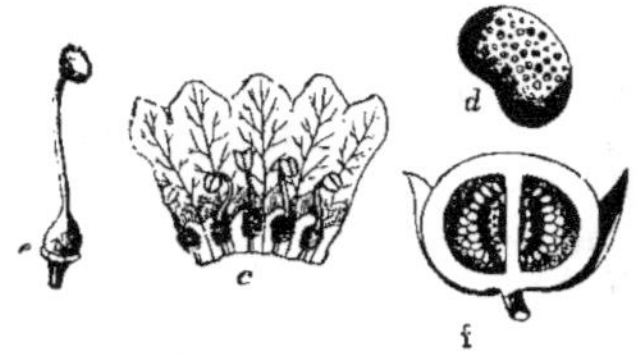

Fig. 515 à 518. — Belladone officinale.
c. Corolle étalée. — *d* Graine grossie. — *e*. Étamine.
f. Baie, Coupe transversale.

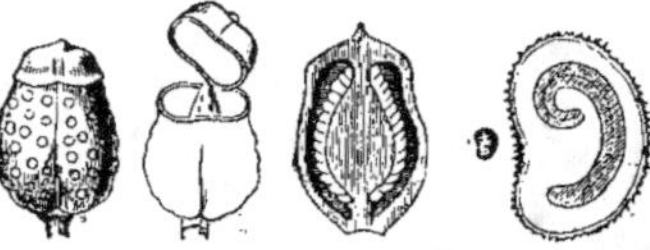

Fig. 519 à 522. — Jusquiame noire. Fruit et Graine.

livide; baies noires, luisantes, de la grosseur d'une cerise (fig. 515 à 518). Été; lieux frais, bois couverts.

Plante à odeur vireuse et à saveur âcre; ses feuilles et ses souches servent à l'extraction de l'*atropine*, employée en médecine. Ses fruits, à cause de leur ressemblance avec certaines cerises et de leur goût douceâtre, ont souvent causé des empoisonnements mortels.

Genre HYOSCYAMUS (*Jusquiame*): calice campanulé, à 5 divisions, persistant et enveloppant le fruit; corolle en entonnoir à 5 lobes obtus, inégaux; capsule ovale comprimée à 2 loges, s'ouvrant en boîte à savonnette (pyxide, fig. 519 à 522).

Jusquiame noire (*H. niger*), vulgairement *Hannebanne*, *Mort aux poules* (Pl. 55, fig. 326). Plante de 5 à 8 décim., d'un vert pâle, couverte de longs poils blancs; feuilles demi-embrassantes, anguleuses, lobées, molles, pubescentes; fleurs sessiles, axillaires, d'un jaune livide, veinées de pourpre foncé. De mai à juillet; lieux incultes. C'est une plante à suc visqueux et fétide, d'une odeur vireuse; elle passe pour narcotique et calmante.

On en connaît une variété à corolle complètement jaune.

Genre DATURA: calice grand, tubuleux, renflé, à base persistante; corolle très longue en entonnoir, à limbe plissé, 5 denté, 5 étamines; capsule ovoïde, épineuse, à 4 loges, s'ouvrant en 4 valves (fig. 523 à 528).

Fig. 523 à 528. — Datura Stramoine.
a. Fleur et Fruit. — *b*. Pistil. — *d. e.* Coupes de l'Ovaire.
f. Graine.

Datura Stramoine (*D. stramonium*, Pl. 54, fig. 323, *a b*), vulgairement *Pomme épi-*

neuse. Plante originaire de l'Amérique boréale, naturalisée. Tige droite, rameuse, de 5 à 10 décim.; feuilles très amples, ovales aiguës, sinuées anguleuses ; à grandes fleurs blanches. Été; villages, chemins. Cette plante est vénéneuse ; on l'emploie en médecine comme sédative et calmante; de ses feuilles séchées et coupées on fait des cigarettes très utiles contre l'asthme.

Fig. 529. — Fleur de Tabac.

Genre NICOTIANA (*Tabac*) : calice campanulé, persistant, à 5 divisions; corolle tubuleuse, à limbe plissé, à 5 lobes, 5 étamines incluses ; capsule à 2 valves s'ouvrant au sommet; graines nombreuses et très petites (fig. 529).

Tabac rustique (*Nic. rustica*, Pl. 54, fig. 324). Cultivé. Tige droite, rameuse, pubescente, de 5 à 10 décim.; à feuilles pétiolées, ovales obtuses ; fleurs jaunes, à divisions obtuses, en panicule terminale. Originaire d'Orient, cultivé dans les jardins et les champs.

Tabac ordinaire (*Nic. tabacum*, Pl. 54, fig. 325). Cultivé. A tige plus haute, à feuilles beaucoup plus longues; à fleurs roses, à 5 lobes aigus. Cette espèce est plus généralement cultivée en France; elle est originaire de l'Amérique du Sud.

Le Tabac renferme un principe très vénéneux, la *nicotine.* En décoction, il sert à détruire les insectes parasites ; en fumigation, il tue les pucerons et autres insectes nuisibles aux plantes.

FAMILLE DES VERBASCÉES.

Fleurs hermaphrodites, un peu irrégulières, à calice monosépale à 5 divisions, persistant; corolle rotacée, à tube très court, à limbe divisé en 5 lobes inégaux ; 5 étamines inégales, ovaire à 2 loges, style simple, stigmate bilobé ; capsule à 2 loges, à graines nombreuses, très petites.

Genre VERBASCUM (*Molène*) : *ut supra.*

Molène commune (*Verb. thapsus*, Pl. 56, fig. 341), vulgairement *Bouillon blanc.* Plante d'un vert jaunâtre, cotonneuse. Tige droite, simple, robuste, haute de 1 à 2 mètres; feuilles très amples, décurrentes dans toute la longueur de l'entre-nœud ; fleurs jaunes, en épi dense, terminal. Été; lieux incultes.

Molène blattaire (*Verb. blattaria*, fig. 530), vulgairement *Herbe aux mites.* Plante glabre à tige grêle, de 5 à 9 décim.,

Fig. 530. — Molène blattaire.

à feuilles sessiles mais non décurrentes; fleurs jaunes à gorge violette, en longue grappe lâche. Été, lieux incultes.

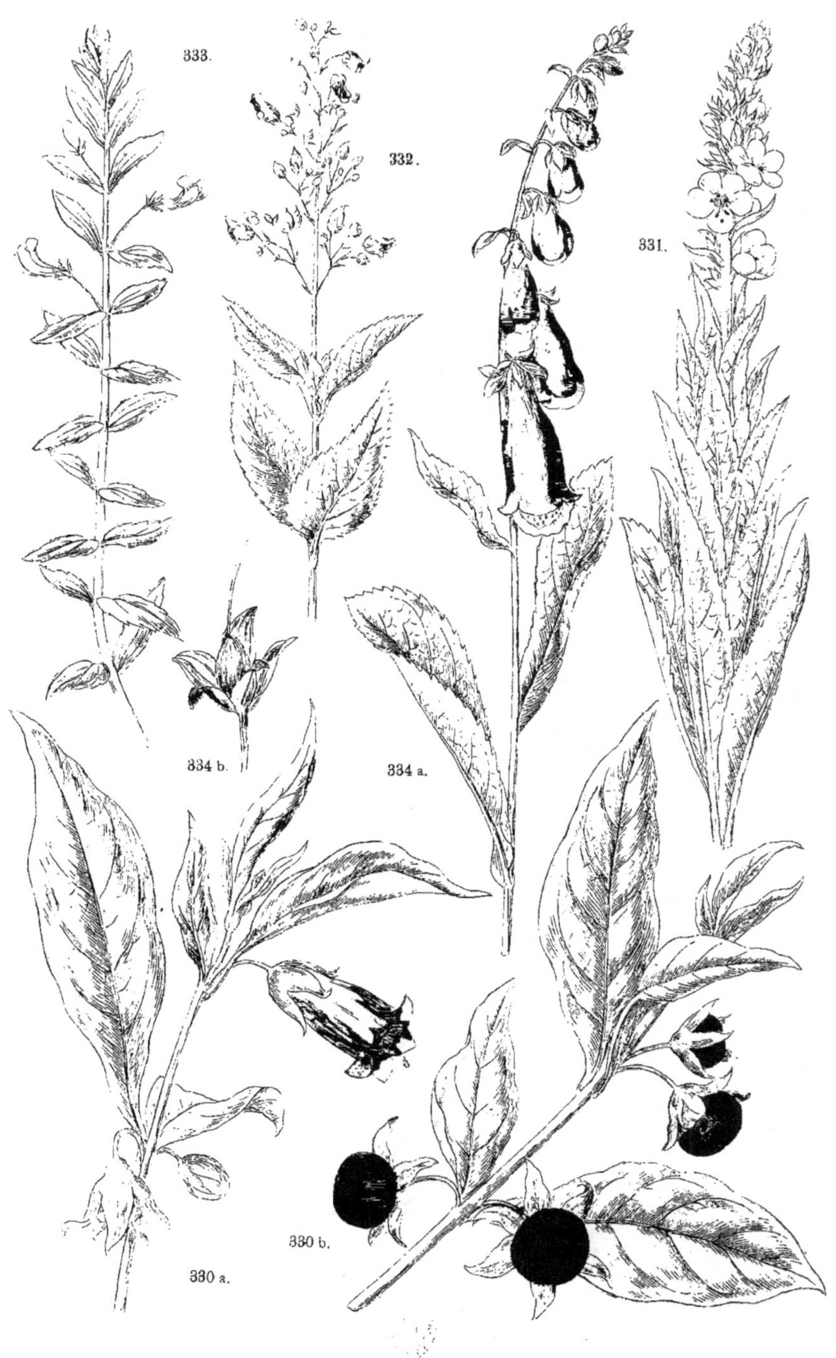
333.
332.
331.
334 b.
334 a.
330 b.
330 a.

56

FAMILLE DES SCROFULARIÉES.

Fleurs hermaphrodites irrégulières ; calice libre, à 4-5 divisions ; corolle monopétale à 4-5 divisions ; étamines 4, rarement 2, insérées sur le tube de la corolle ; ovaire libre, 1 style ; capsule à 1 ou à 2 loges, graines nombreuses.

Genre ANTIRRHINUM (*Muflier*): calice campanulé, tubuleux, 5 partite ; corolle en forme de gueule, à lèvre inférieure trilobée, présentant un palais saillant qui forme la gorge ; 4 étamines incluses ; capsule ovoïde, à 2 loges, s'ouvrant au sommet par trois trous.

Fig. 531. — Linaire couchée.

Muflier à grandes Fleurs (*Ant. majus*, Pl. 57, fig. 336), vulgairement *Mufle de veau*, *Gueule de lion*. Tige dressée, de 5 à 9 décim. ; feuilles glabres, lancéolées ; fleurs en grappes terminales, rouges ou blanches, à palais jaune. Été, vieux murs. Cultivé dans les jardins.

Muflier rubicond (*Ant. orontium*), de moitié moins grand, à feuilles plus étroites et plus allongées ; fleurs presque sessiles, axillaires, d'un rouge clair. Été, lieux cultivés.

Genre LINARIA (*Linaire*) : calice tubuleux, à 5 divisions ; corolle munie d'un éperon à la base, à lèvre supérieure bifide, l'inférieure à 3 lobes, munie d'un palais saillant fermant la gorge ; 4 étamines didynames, incluses. Capsule à 2 loges polyspermes.

Linaire commune (*L. vulgaris*, Pl. 57, fig. 337, *a b*). Tige dressée, de 3 à 5 décim., à feuilles linéaires, aiguës, trinervées, alternes ; fleurs en grappes terminales, jaunes, à palais

Fig. 532. — Linaire des Alpes.

orangé, barbu. Été, bois, champs.

Linaire couchée (*L. supina*, fig. 531). Tige de 1 à 3 décim., étalée, à rameaux redressés, pubescents, à feuilles linéaires étroites, éparses, glauques ; fleurs jaunes, en grappes courtes terminales. Été, lieux secs et sablonneux.

Linaire des Alpes (*L. alpina*, fig. 532), à feuilles linéaires glauques, verticillées par 4 ; fleurs bleues ou violacées.

Linaire cymbalaire (*L. cymbalaria*, fig. 533). Plante glabre, à tiges radicantes, de 2 à 5 décim., très rameuses, diffuses ; à feuilles alternes, longuement pétiolées, palminervées ; pé-

Fig. 533. — Linaire cymbalaire.

doncules uniflores, axillaires, à fleurs d'un bleu violet à palais jaune. Été, rochers, vieux murs.

Linaire à Feuilles d'Origan (*L. origanifolia*, fig. 534), à fleurs bleues.

Genre SCROFULARIA : calice campanulé à 5 divisions ; corolle à tube court, renflé ventru, à limbe nettement bilabié ; 4 étamines, accompagnées d'une écaille représentant une 5ᵉ étamine avortée. Capsule à 2 loges polyspermes. Plantes fétides, à feuilles opposées.

Scrofulaire noueuse (*Sc. nodosa*, Pl. 56, fig. 332), vulgairement *Grande scrofulaire*. Racine noueuse renflée au sommet ; tige de 5 à 9 décim., droite, tétragone, à feuilles pétiolées, glabres, ovales aiguës, dentées en scie ; fleurs brun rouge, en grappes terminales paniculées. Été, lieux frais et ombragés.

Scrofulaire printanière (*Sc. vernalis*, fig. 535), se reconnaît facilement à ses tiges velues et à ses fleurs jaunes. Été, lieux humides, buissons.

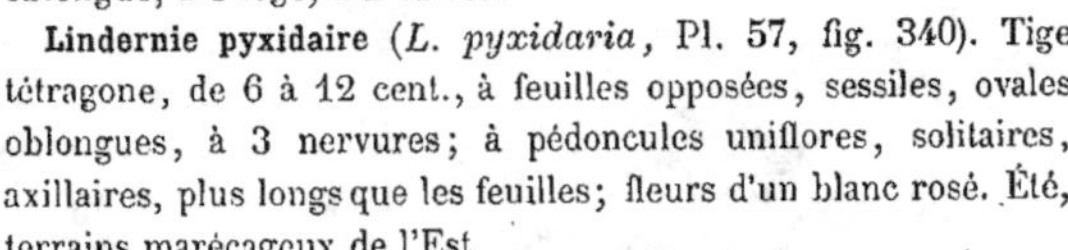

Fig. 534. — Linaire à Feuilles d'Origan.

Scrofulaire aquatique (*Sc. aquatica*), qui croît au bord des eaux, a sa tige carrée, à angles membraneux, ses feuilles glabres rugueuses ; ses fleurs d'un rouge brun, en panicule terminale.

Genre LINDERNIA : calice à 5 divisions ; corolle à tube renflé, à 2 lèvres, la supérieure courte, échancrée, l'inférieure à 3 lobes ; 4 étamines didynames à filets courts ; capsule oblongue, à 1 loge, à 2 valves.

Lindernie pyxidaire (*L. pyxidaria*, Pl. 57, fig. 340). Tige tétragone, de 6 à 12 cent., à feuilles opposées, sessiles, ovales oblongues, à 3 nervures ; à pédoncules uniflores, solitaires, axillaires, plus longs que les feuilles ; fleurs d'un blanc rosé. Été, terrains marécageux de l'Est.

Genre GRATIOLA : calice à 5 divisions ; corolle à tube tétragone, à limbe à 4 lobes inégaux ; 4 étamines dont 2 stériles ; capsule biloculaire à loges polyspermes.

Gratiole officinale (*Gr. officinalis*, Pl. 56, fig. 333), vulgairement *Herbe au pauvre homme*. Tige glabre, carrée, de 2 à 5 décim., à feuilles sessiles, opposées, lancéolées, trinervées ; à fleurs d'un blanc rose, axillaires, solitaires, longuement pédonculées. Été, lieux humides. — Cette plante est fortement purgative.

Fig. 535.
Scrofulaire printanière.

Fig. 536. — Limoselle aquatique.

Genre LIMOSELLA : calice à 5 dents ; corolle très petite, à limbe divisé en 5 lobes presque égaux ; 4 étamines dont 2 avortent quelquefois ; capsule à 1 loge, à 2 valves.

Limoselle aquatique (*L. aquatica*, fig. 536). Plante acaule, à fleurs très petites dépas-

340.

338.

335 b.

337 b.

339.

335 a.

36.

337 a.

sées par les feuilles; celles-ci sont radicales, en rosette, spatulées, longuement pétiolées, fleurs à calice violacé à corolle blanchâtre. Été, lieux humides.

Genre DIGITALIS : calice à 5 divisions; corolle à tube ventru, évasé; limbe à 4 lobes inégaux, le supérieur échancré; 4 étamines didynames, insérées au fond de la corolle; capsule à 2 loges polyspermes.

Digitale pourprée (*D. purpurea*, Pl. 56, fig. 334, *a b*), vulgairement *Gants de Notre-Dame*. Tige droite, anguleuse, pubescente, de 5 à 9 décim.; à feuilles ovales oblongues ou lancéolées, crénelées, cotonneuses en dessous; fleurs en longue grappe terminale, à corolle très grande, d'un beau pourpre extérieurement, parsemée de poils en dedans et piquetée de points rouges bordés de blanc. Été, lieux secs, bois montueux.

Digitale jaune (*D. lutea*, Pl. 57, fig. 335, *a b*). Plante glabre, de 5 à 8 décim., à feuilles lancéolées, finement dentées, sessiles; fleurs petites, d'un jaune pâle, en grappe allongée. Été.

Les Digitales ornent nos jardins de leurs belles fleurs; on emploie les feuilles de la *D. pourprée* en alcoolat contre les palpitations.

Fig. 537. — Mélampyre à Crête.

Genre MELAMPYRUM : plantes annuelles, à feuilles opposées, à fleurs en épis terminaux feuillés; calice campanulé, bilabié, à 4 dents inégales; corolle à lèvre supérieure en casque comprimé latéralement, à lèvre inférieure plane, trifide, munie de 2 bosses; 4 étamines incluses, didynames; capsule oblongue, acuminée, à 2 loges, à 1 ou 2 graines lisses.

Mélampyre des Champs (*Mel. arvense*, Pl. 58, fig. 342), vulgairement *Blé de vache*. Tige droite, pubescente, de 3 à 5 décim.; feuilles opposées, sessiles, lancéolées, linéaires; fleurs rouges tachées de jaune; en épi cylindrique, à bractées rouges pinnatifides. Été, moissons.

Mélampyre à Crête (*Mel. cristatum*, fig. 537), de 2 à 3 décim., à épi quadrangulaire de fleurs jaunâtres, à bractées verdâtres, dentées ciliées. Été, coteaux arides.

Genre PEDICULARIS : calice ventru de 2 à 5 lobes; corolle tubuleuse à 2 lèvres, la supérieure en casque comprimé, l'inférieure plane, à 3 lobes. Capsule ovoïde, comprimée, à 2 loges polyspermes.

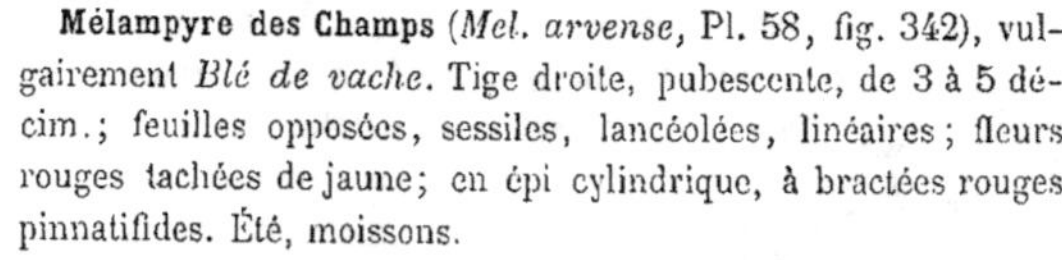

Fig. 538.
Pédiculaire des Marais.

Pédiculaire des Marais (*Ped. palustris*, fig. 538). Tige dressée, très rameuse, de 3 à 6 décim.; feuilles très découpées, pennatifides; fleurs roses, rarement blanches, brièvement pétiolées. Été, prés humides.

Pédiculaire des Bois (*Ped. sylvatica*), à tiges nombreuses de 1 à 2 décim.; à rameaux couchés, étalés; fleurs rouges axillaires. Printemps, bois humides.

Genre RHINANTHUS : plantes parasites, à feuilles simples, opposées, à fleurs en grappes terminales feuillées : calice ventru à 4 dents, lèvre supérieure de la corolle comprimée, en casque, l'inférieure à 3 lobes; anthères velues, capsule presque orbiculaire, comprimée, à 2 loges polyspermes.

Rhinanthe velu (*Rh. hirsuta*). Plante velue, droite, rameuse, de 4 à 6 décim.; à feuilles oblongues, lancéolées, dentées en scie; à fleurs jaunes en épi terminal, entremêlées de bractées jaunâtres pubescentes. Printemps, moissons.

Rhinanthe glabre (*Rh. glabra*, fig. 539); plante glabre à feuilles lancéolées, profondément dentées; fleurs jaunes en épi terminal, à bractées glabres, triangulaires, dentées. Printemps, prairies humides.

Linné confondait ces deux espèces sous le nom de *Rh. crista galli*.

Genre EUPHRASIA : calice tubuleux à 4 divisions, corolle bilabiée à lèvre supérieure en casque à 2 lobes réfléchis en dehors; à lèvre inférieure plane, trifide, sans bosses; 4 étamines, capsule ovale, comprimée obtuse, à 2 loges polyspermes.

Euphraise officinale (*E. officinalis*, fig. 540). Tige de 10 à 15 cent., dressée, pubescente; à feuilles ovales, dentées, sessiles; fleurs blanches à gorge jaune, striées de violet, en épi terminal. Été, prés, bois.

Fig. 539. — Rhinanthe glabre.

Euphraise jaune (*E. lutea*, Pl. 58, fig. 341). Plante de 1 à 4 décim., rougeâtre; à feuilles linéaires lancéolées; à fleurs d'un beau jaune, en épis terminaux. Été, coteaux arides.

Genre VERONICA : calice persistant à 4 ou plus rarement à 5 divisions; corolle caduque, en roue, à 4 lobes, le supérieur plus large; 2 étamines, capsule comprimée ovale ou obcordée, à 2 loges.

Véronique officinale (*V. officinalis*, Pl. 57, fig. 338), vulgairement *Thé d'Europe*. Plante pubescente, à tige rampante, radicante, à rameaux ascendants; feuilles opposées, ovales oblongues, dentées en scie; fleurs d'un bleu pâle ou rosées, en grappes axillaires allongées, très lâches. Été, bois, pâturages.

Fig. 540. — Euphraise officinale.

Fig. 541.
Véronique Beccabunga.

Véronique Beccabunga (*V. beccabunga*, fig. 541). Tige succulente, fistuleuse, de 2 à 5 décim.; à feuilles glabres, opposées, très brièvement pétiolées, ovales oblongues, crénelées dentées; fleurs d'un beau bleu à grappes lâches axillaires. Été, au bord des eaux.

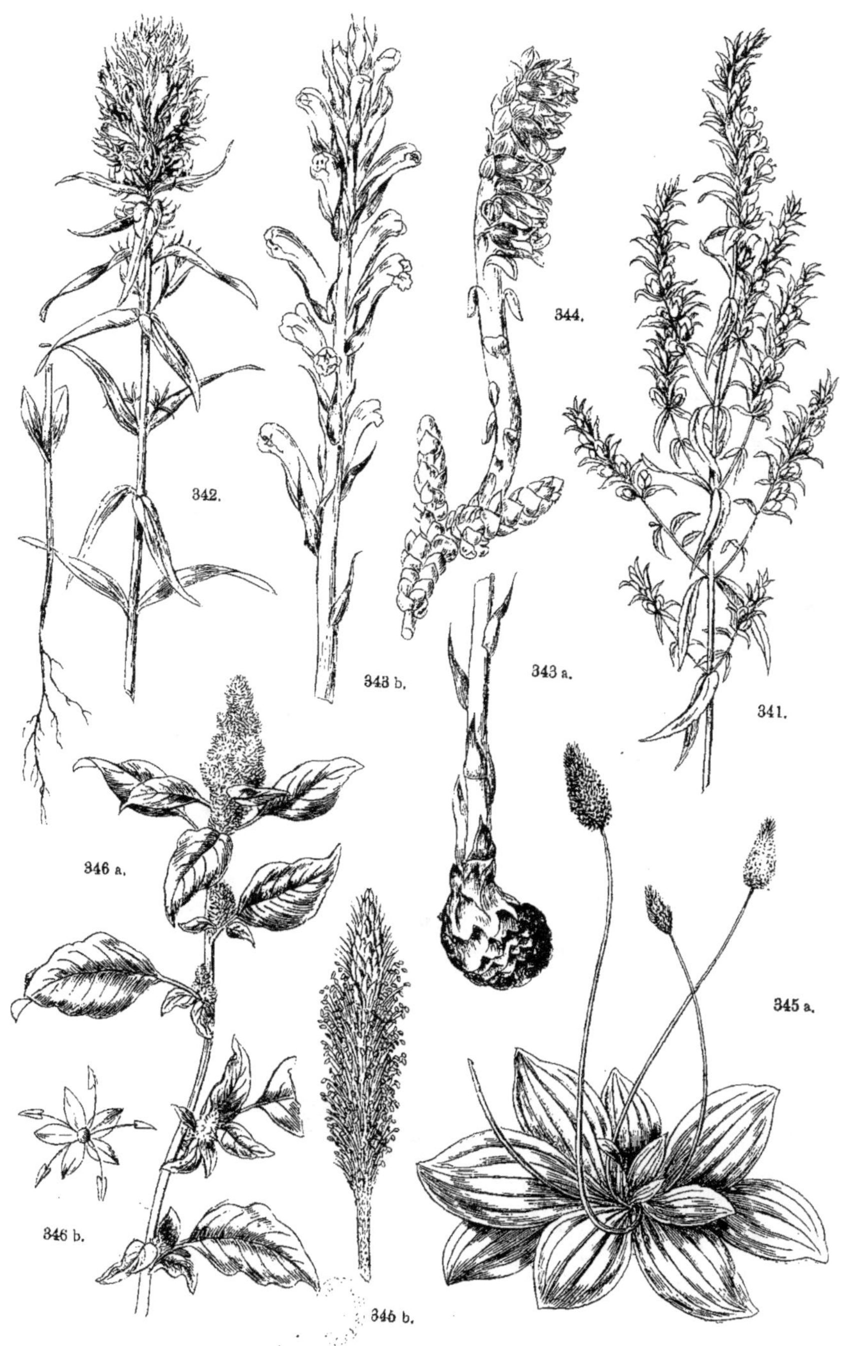

342.
343 b.
343 a.
344.
341.
346 a.
346 b.
345 b.
345 a.

Véronique à Épi (*V. spicata*, fig. 542). Tige de 2 à 5 décim., ascendante, pubescente ; à feuilles opposées, pubescentes, ovales oblongues, crénelées dentées ; fleurs bleues, rapprochées en épi serré, allongé, terminal. Été, bois secs, pelouses.

Véronique des Champs (*V. arvensis*, Pl. 57, fig. 339). Tige de 1 à 2 décim., rougeâtre, pubescente, couchée à la base ; à feuilles opposées, très courtement pétiolées, crénelées dentées ; fleurs d'un bleu clair, en grappes lâches. Printemps, cultures.

Les feuilles des Véroniques et principalement celles de la *V. officinale* sont toniques et excitantes.

Fig. 542. — Véronique à Épi.

FAMILLE DES OROBANCHÉES.

Fleurs hermaphrodites irrégulières, à calice libre, persistant, à 4-5 sépales soudés à la base ; corolle tubuleuse, campanulée, à limbe bilabié, la lèvre supérieure entière ou bifide, l'inférieure à 3 divisions ; 4 étamines didynames, sur le tube de la corolle, anthères bilobées ; ovaire libre, 1 style, stigmate bilobé ; capsule uniloculaire à 2 valves, contenant des graines nombreuses, très petites (fig. 543 et 544).

Plantes herbacées, jamais vertes ; parasites sur les racines de diverses plantes, à tige épaisse, à feuilles réduites à des écailles colorées, à fleurs disposées en épi terminal.

Genre PHELIPŒA : calice à 4-5 divisions ; fleurs pourvues de 3 bractées.

Orobanche bleue (*Ph. cœrulea*, fig. 545). Tige de 2 à 3 décim., légère-

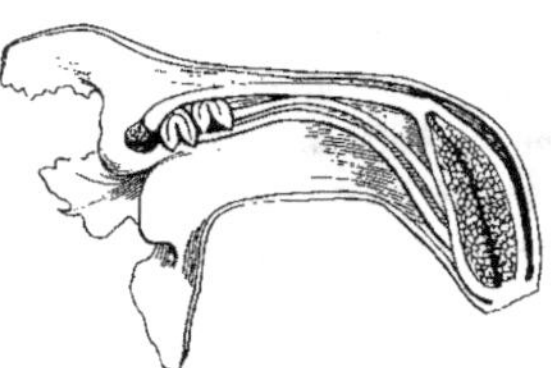

Fig. 543.
Fleur d'Orobanche.

Fig. 544.
Orobanche. Fleur coupée verticalement.

Fig. 545. — Orobanche bleue.

ment pubescente ; corolle à lobes aigus, assez grande, d'un bleu d'acier. Croît sur l'*achillœa millefolium*.

Orobanche rameuse (*Ph. ramosa*), à fleurs jaunes. Croît sur le chanvre et le tabac.

Genre LATHRŒA : calice campanulé à 4 divisions ; fleurs pourvues d'une seule bractée.

Lathrée écailleuse (*L. squamaria*, Pl. 58, fig. 344). Tige de 1 à 2 décim., à souche écailleuse ; à fleurs blanchâtres lavées de pourpre. Croît sur les racines de la vigne.

Genre OROBANCHE : calice à 2 divisions profondes, fleurs pourvues d'une seule bractée.

Orobanche du Panicaut (*Or. Eryngii*, Pl. 58, fig. 343 *a b*). Tige de 2 à 3 décim., violacée; à corolle d'un blanc jaunâtre ou violacé. Croît sur le Panicaut.

Orobanche majeure (*Or. major*, fig. 546). Tige de 2 à 3 décim., rougeâtre, pulvérulente; corolle jaune pâle ou violette. Croît sur la *Centaurea scabiosa*.

Le thym, le genêt, le sainfoin, la sauge, la fève, l'absinthe et une foule d'autres plantes sont sujets au parasitisme des Orobanches.

Fig. 546. — Orobanche majeure.

FAMILLE DES PLOMBAGINÉES.

Plantes vivaces, herbacées ou ligneuses, à fleurs régulières, hermaphrodites, pentamères : calice tubuleux à 5 plis et à 5 dents; corolle régulière découpée en 5 lobes ou en 5 pétales presque libres; 5 étamines opposées aux pétales, hypogynes; 5 styles ou 5 stigmates; fruit capsulaire, enveloppé par le calice, indéhiscent ou s'ouvrant au sommet.

Genre STATICE : corolle infondibuliforme, à 5 divisions ou pétales soudés à la base et portant 5 étamines; fleurs réunies en glomérules compacts portés sur une hampe nue et entourés de folioles membraneuses imbriquées, se prolongeant inférieurement sur la hampe en forme de gaine.

Statice maritime (*St. maritima*, fig. 547), vulgairement *Gazon d'Olympe*. Hampes courtes et pubescentes, de 5 à 15 cent.; à feuilles très étroites, linéaires, molles, fleurs lilas, en capitules hémisphériques. Rochers maritimes de l'Ouest; se cultive en bordure dans les jardins.

Statice limonium (fig. 548). Souche feuillée, émettant un ou plusieurs pédoncules bractéolés; feuilles molles, oblongues, spatulées, atténuées en long pétiole et terminées par une longue pointe subulée; fleurs lilas, en gros épillets formant une panicule corymbiforme.

Fig. 547. — Statice maritime.

Fig. 548. — Statice limonium.

59.

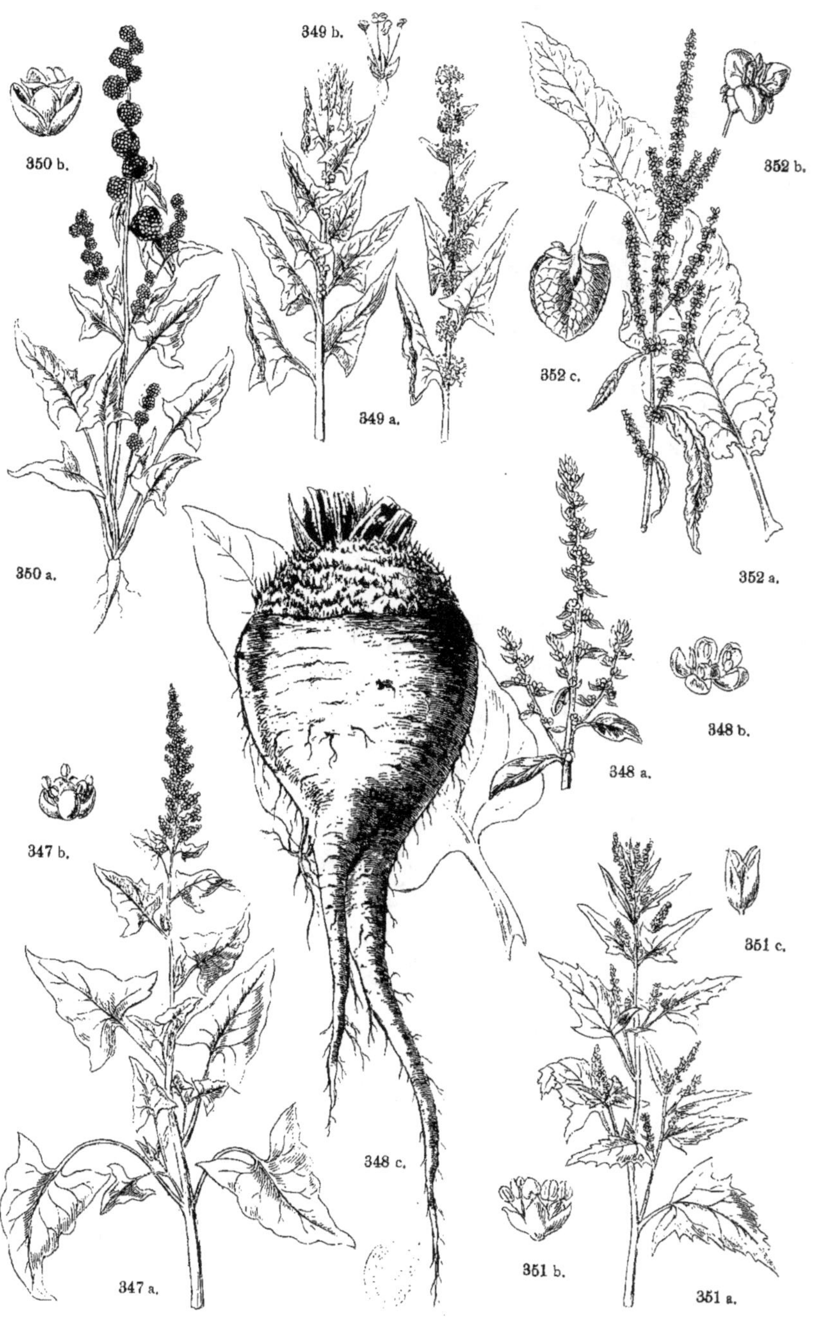

350 b.

349 b.

352 b.

350 a.

349 a.

352 c.

352 a.

348 b.

347 b.

348 a.

351 c.

348 c.

351 b.

347 a.

351 a.

FAMILLE DES PLANTAGINÉES.

Plantes herbacées, à fleurs ordinairement hermaphrodites, régulières ; calice à 3 ou 4 sépales persistants ; corolle monopétale, scarieuse, à 4 divisions ; 4 étamines insérées sur le tube de la corolle, hypogynes ; anthères biloculaires ; ovaire supère, style filiforme ; fruit capsulaire ou mo-nosperme, indéhiscent, entouré par le calice (fig. 549).

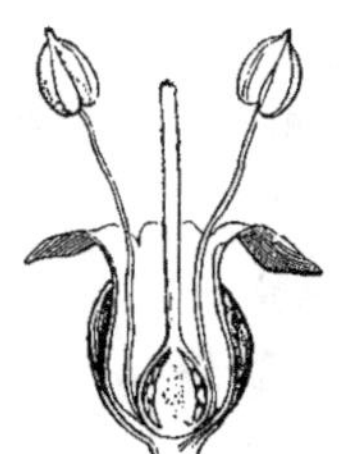

Fig. 549.
Plantain. Fleur coupée
verticalement.

Genre PLANTAGO (*Plantain*) : plantes terrestres à fleurs herma-phrodites, tétramères ; fruit capsulaire déhiscent, s'ouvrant par une fente transversale ; fleurs très petites, en épis très denses.

Plantain à grandes Feuilles (*Pl. major*, fig. 550), vulgairement *Grand plantain*. Plante à racine fibreuse, à feuilles toutes radicales, en rosette, épaisses, coriaces, ovales ; hampe dressée, de 1 à 3 décim., portant un épi grêle, cylindrique, à fleurs nombreuses ser-rées, imbriquées ; fleurs blanchâtres. Été, bords des chemins.

Plantain minime (*Pl. minima*), haut seulement de quelques centi-mètres, à feuilles trinervées et à épi pauciflore, ovoïde. Été, bord des eaux, mares dessé-chées.

Plantain moyen (*Pl. media*, Pl. 58, fig. 345, *a b*). Plante de 2 à 3 décim., à feuilles radi-cales, en rosette, ovales oblon-gues, blanchâtres, pubescentes, à 5-7 nervures ; fleurs blanches, en épi obtus, assez court. Été, prés secs, bords des chemins.

Genre LITTORELLA : plante aquatique, à feuilles toutes radi-cales ; à fleurs monoïques ; les mâles solitaires à l'extrémité de pédoncules axillaires, les femelles sessiles, à la base du pédoncule floral mâle. Fleur mâle, à 4 divi-sions ; 4 étamines à filets très longs ; fleur femelle tripartite, à style très long ; fruit crustacé, in-déhiscent à 1 seule graine.

Fig. 550.
Plantain à grandes Feuilles.

Fig. 551. — Littorelle des Étangs.

Littorelle des Étangs (*Litt. lacustris*, fig. 551), petite plante à rhizome vivace, à feuilles raides, linéaires, demi-cylindriques, hampe grêle, de 4 à 10 cent. ; fleurs blanchâtres. Été, bords des étangs.

VIᵉ CLASSE. — MONOCHLAMYDÉES.

Une seule enveloppe florale, herbacée ou pétaloïde, parfois réduite à une écaille.

FAMILLE DES AMARANTHACÉES.

Plantes herbacées, à feuilles alternes, simples, sans stipules ; à fleurs régulières ou à peu près, rarement hermaphrodites, le plus souvent monoïques ou dioïques ; calice à 5 ou à 3 divisions, corolle nulle ; 5, rarement 3 étamines hypogynes ; ovaire libre, uniloculaire, uniovulé ou plus rarement pluriovulé ; fruit membraneux (fig. 552 et 553).

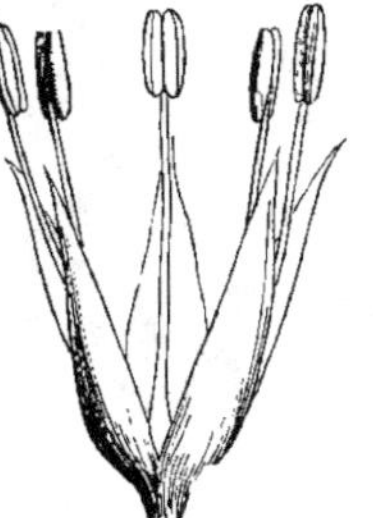

Genre AMARANTHUS : fleurs polygames et monoïques ; calice à 3 ou 5 lobes, 3 à 5 étamines opposées aux divisions du calice ; 3 styles, capsule monosperme, fleurs très petites, verdâtres, en glomérules.

Fig. 552.
Amarante. Fleur mâle.

Fig. 553.
Amarante. Fleur femelle.

I. — Calice à 3 lobes, 3 étamines.

Amarante blette (*Am. blitum*, Pl. 58, fig. 346, *a b*). Tige de 3 à 6 décim., anguleuse, glabre ; à feuilles pétiolées, rhomboïdales, ovales entières, un peu ondulées ; fleurs verdâtres en glomérules axillaires. Été, lieux cultivés.

Amarante blanche (*Am. albus*), d'un vert très pâle.

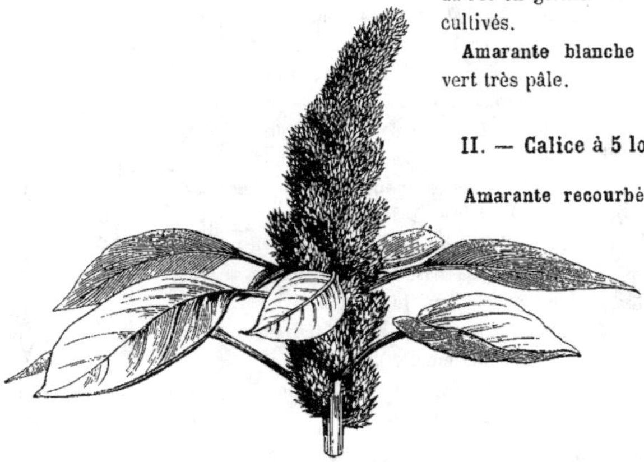

II. — Calice à 5 lobes, 5 étamines.

Amarante recourbée (*Am. retroflexus*, fig. 554). Tige de 3 à 7 décim., robuste, flexueuse, sillonnée, pubescente ; à feuilles ovales acuminées, ondulées, d'un vert pâle ; à fleurs d'un vert blanchâtre, à glomérules en grappe, formant une panicule serrée. Été, lieux cultivés. On cultive dans les jardins plusieurs espèces exotiques, pour la beauté de leurs fleurs, d'un rouge plus ou moins vif. Telles sont l'*Am. tricolore*, l'*Am. caudatus* et l'*Am. cristatus*.

Fig. 554. — Amarante recourbée.

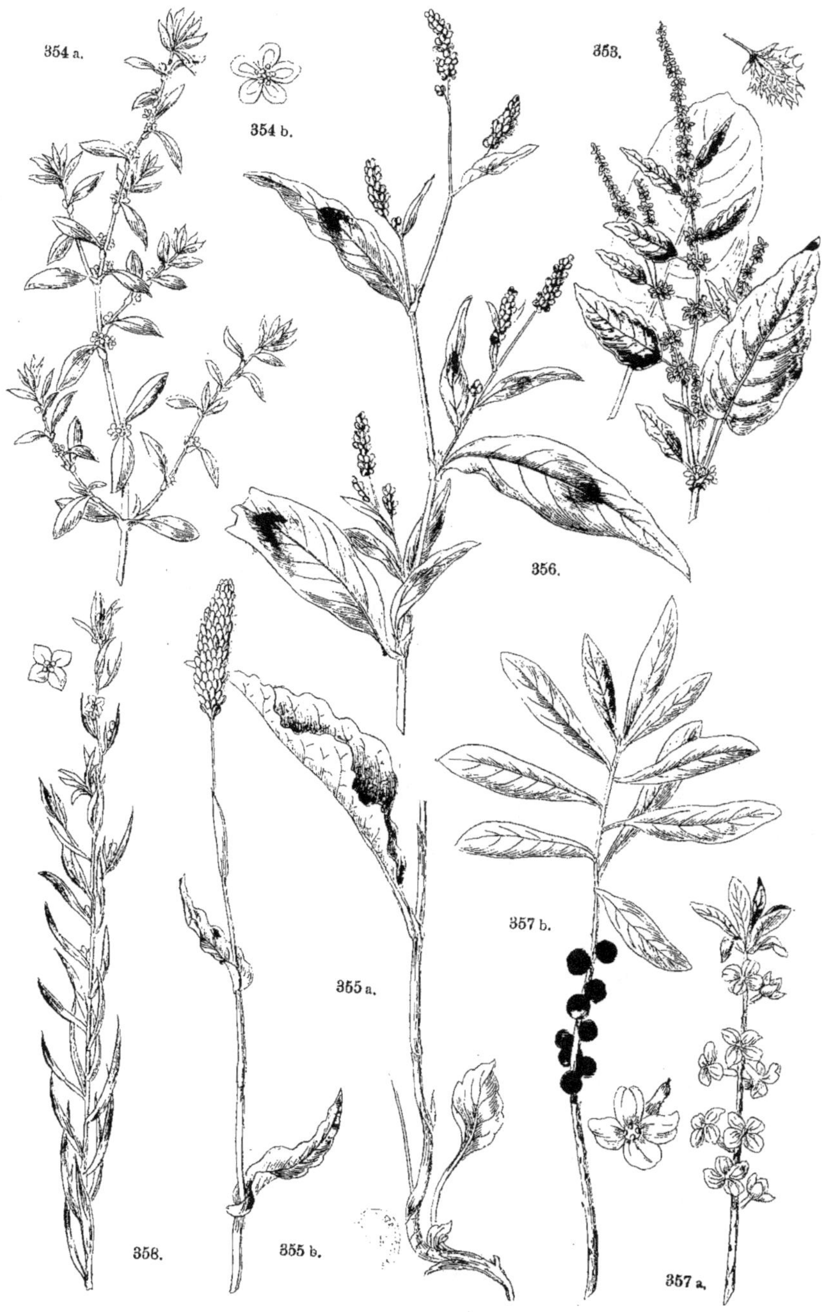

354 a.
354 b.
353.
356.
357 b.
355 a.
358.
355 b.
357 a.

60

FAMILLE DES CHÉNOPODÉES.

Herbes à fleurs peu apparentes; le plus souvent hermaphrodites; périanthe simple à 5 divisions, rarement moins; étamines en nombre égal et opposées aux lobes du calice, insérées sur un disque à la base de l'ovaire; anthères introrses, bilobées; ovaire uniloculaire, 2-3 styles (fig. 555); fruit indéhiscent, uniloculaire, monosperme, enveloppé par le calice qui devient charnu. Feuilles alternes, sans stipules.

Genre ATRIPLEX (*Arroche*): fleurs mâles ou hermaphrodites à 3-5 sépales soudés à la base; 3-5 étamines; fleurs femelles à 2 sépales dressés, très développés à la maturité; 2 styles; graine verticale.

Fig. 555.
Chénopodium. Fleur.

Arroche des Jardins (*Atr. hortensis*, fig. 556), cultivée sous les noms de *Bonne Dame, Follette*, a sa tige droite, élevée, de 10 à 15 décim.; ses feuilles triangulaires, dentées, ses lobes calicinaux arrondis et très entiers. Cette espèce varie beaucoup, une de ses variétés est rouge dans toutes ses parties. On la cultive comme plante potagère; elle peut remplacer l'épinard.

Arroche étalée (*Atr. patula*, Pl. 59, fig. 351, *a b c*). Tige anguleuse, de 5 à 9 décim., à rameaux étalés; feuilles épaisses, dilatées à la base, les inférieures hastées ou oblongues lancéolées, les supérieures linéaires aiguës; fruits en épis axillaires et terminaux; fleurs vertes, de juillet à octobre, dans les champs, au pied des murs.

Genre SPINACIA (*Épinard*): fleurs dioïques, les mâles en grappe, à calice en 4-5 parties; 4-5 étamines insérées au fond du calice; les femelles agglomérées, à périanthe ventru, tubulaire, à 4-6 divisions, dont les 2 internes opposées se soudant pour envelopper le fruit; les externes appliquées ou se transformant en épines; 4 styles; graine verticale.

Épinard cultivé (*Sp. oleracea*, Pl. 59, fig. 349, *a b*). Plante potagère, à tige dressée, presque simple; à feuilles pétiolées, triangulaires ou ovales. Périgone fructifère portant 2 à 4 épines fortes, divergentes.

Épinard inerme (*Sp. inermis*), vulgairement *Épinard de Hollande*, se distingue par son fruit dépourvu d'épines.

Genre CHENOPODIUM (*Ansérine*): fleurs hermaphrodites à calice persistant, herbacé, à 5 divisions; 5 étamines insérées à la base; 2-3 styles libres ou soudés à la base; fruit globuleux, déprimé, entouré par le périgone non adhérent.

Fig. 556. — Arroche des Jardins.

Ansérine bon Henri (*Ch. Bonus Henricus*, Pl. 59, fig. 347, *a b*). Tige droite, épaisse, pulvérulente, de 6 à 8 décim. de hauteur; fleurs triangulaires ou hastées, ondulées sur les bords; fleurs vertes, agglomérées en épis axillaires et terminaux, de mai à septembre, au bord des chemins, près des villages.

30

On en connaît de nombreuses espèces ; l'une des plus répandues est l'

Ansérine des Murs (*Ch. murale*, fig. 557). Tige dressée, rameuse, de 4 à 8 décim., à

feuilles d'un vert luisant, ovales triangulaires, à dents inégales aiguës ; fleurs vertes en panicule lâche, étalée ; graines finement rugueuses, à bord tranchant. Été, le long des murs, des chemins.

Genre BLITUM : herbes pulvérulentes ou pubescentes, à fleurs hermaphrodites, calice de 3 à 5 divisions planes ; 1 et quelquefois 5 étamines insérées au fond du calice, 2 styles divergents ; graines réniformes, verticales, enveloppées par le calice qui devient rouge et succulent.

Blite en Tête (*Bl. capitatum*, Pl. 59, fig. 350, *a b*), vulgairement *Blette*, *Arroche-fraise*. Tige droite, rameuse, de 3 à 6 décim. ; à feuilles pétiolées, triangulaires, hastées, peu dentées ; fleurs d'abord vertes puis rouges, en glomérules arrondis. Juillet, août, près des habitations.

Fig. 557. — Ansérine des Murs.

Genre BETA (*Bette*) : fleurs hermaphrodites ; périgone ou calice à 5 divisions infléchies au sommet ; 5 étamines insérées sur un anneau charnu entourant la base de l'ovaire ; style court, 2 stigmates ; graine horizontale, fruit déprimé adhérant au périgone devenu charnu.

Bette commune (*Beta vulgaris*, Pl. 59, fig. 348, *a b c*). Tige droite robuste, très anguleuse, de 8 à 15 décim. ; à feuilles inférieures grandes, pétiolées, presque cordiformes, ondulées ; les supérieures petites, arrondies ; fleurs en glomérules axillaires disposés en épis feuillés le long des rameaux, blanchâtres ou rougeâtres ; de juillet en septembre.

On en distingue deux variétés principales : la *Beta cycla*, vulgairement *Poirée*, plante potagère à racine dure, non renflée, à côtes, des feuilles fortement charnues et comestibles, et la *Bette rave* (*Betta rapa*) à racine très grosse, charnue, blanche, rose ou rouge, cultivée de nos jours en grand pour la nourriture des bestiaux et l'extraction du sucre.

Genre SALICORNIA : fleurs hermaphrodites cachées dans des excavations du rachis ; calice ventru à bord denticulé, tétragone ; 1-2 étamines hypogynes, 2 styles ; fruit enveloppé par le périgone fermé, charnu ; graine verticale.

Salicorne herbacée (*Sal. herbacea*, fig. 558), vulgairement *Passe-pierre*. Plante glabre, rameuse, ordinairement rougeâtre, à articles allongés cylindriques ; épis cylindriques, épaissis au sommet. Plante condimentaire, confite dans le vinaigre. Elle croît au bord de la mer, dans les marais salants.

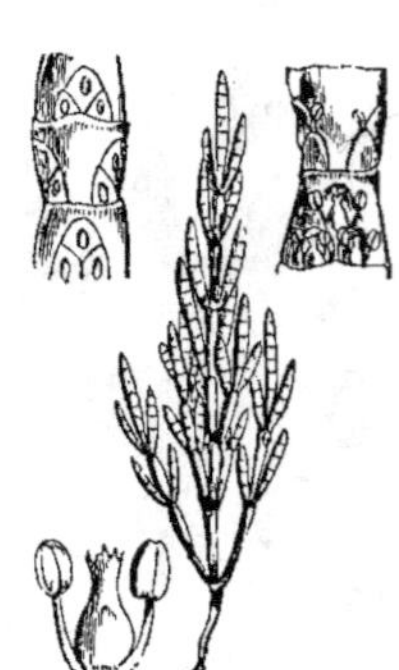

Fig. 558.
Salicorne herbacée.

Genre SUŒDA : fleurs hermaphrodites munies de 2 bractées ; calice en godet à 5 divisions égales, charnues ; 5 étamines ; 3-5 stigmates sessiles, fruit comprimé, enveloppé par le périgone ; graine verticale.

Suéda ligneux (*S. fruticosa*, fig. 559). Tige ligneuse, dressée, de 4 à 12 décim.; feuilles demi-cylindriques, très rapprochées, très courtes; fleurs sessiles, solitaires ou ternées; graine horizontale. Croît aux bords de la mer.

Genre SALSOLA (*Soude*): fleurs hermaphrodites, munies de 2 bractées; calice persistant à 5 divisions, portant chacune transversalement un appendice scarieux; 5 étamines à anthères coniques; un style à 2 ou 3 stigmates divergents; fruit déprimé, enveloppé par le calice dilaté en 5 ailes rayonnantes.

Soude Kali (*Salsola Kali*, fig. 560). Tige couchée ou penchée, à

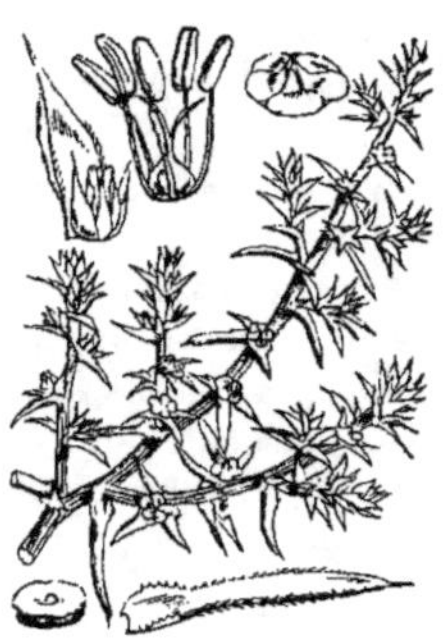

Fig. 559. — Suéda ligneux.

Fig. 560. — Soude Kali.

rameaux redressés; feuilles alternes demi-embrassantes, demi-cylindriques, linéaires, terminées par une pointe; bractées plus courtes que la feuille florale, scarieuses sur les bords; fleurs axillaires, sessiles. Croît aux bords de la mer.

FAMILLE DES POLYGONÉES.

Plantes herbacées à feuilles alternes simples, munies de stipules en gaine; fleurs petites, hermaphrodites, rarement diclines; en fascicules axillaires et formant des épis ou des grappes: calice persistant, de 3 à 6 divisions, souvent coloré; 4 à 10 étamines insérées à la base du calice; ovaire libre; fruit sec, indéhiscent, uniloculaire, monosperme, recouvert par le calice.

Genre RUMEX: calice divisé en 6 lobes sur deux rangs, les 3 intérieurs plus grands, connivents, souvent colorés, les 3 extérieurs petits, herbacés; 6 étamines; 3 styles filiformes, stigmates en pinceau; fruit trigone, indéhiscent, monosperme, enveloppé par les lobes intérieurs du calice.

Fig. 561.
Rumex petite Oseille.

Fig. 562. — Rumex Oseille.

Rumex Oseille (*R. acetosa*, fig. 562), vulgairement *Oseille*, *Surelle*. Tige droite, sillonnée, rameuse au sommet; de 6 à 9 décim.; à feuilles inférieures pétiolées, sagittées, à oreillettes écartées, les supérieures cordiformes, embrassantes ; stipules en forme de gaine, jaune, dentée. Fleurs dioïques rougeâtres, en grappes paniculées ; été, automne ; dans les prés, les bois humides.

Tout le monde connaît l'oseille dont les feuilles sont employées comme assaisonnantes et alimentaires ; elles renferment beaucoup d'acide oxalique ; ses racines sont parfois employées en décoction comme dépuratives.

Rumex petite Oseille (*R. acetosela*, fig. 561), vulgairement *Oseille de brebis*. Tiges grêles, redressées, de 1 à 3 décim. ; à feuilles hastées, à oreillettes aiguës, divergentes ; les supérieures lancéolées ou linéaires ; gaine d'un blanc nacré ; fleurs dioïques, en grappes lâches, rougeâtres, d'avril à octobre. Pâturages secs, bords des chemins.

Rumex à Feuilles obtuses (*R. obtusifolius*), vulgairement *Patience sauvage* (Pl. 60, fig. 353). Tige droite, anguleuse, de 6 à 10 décim., striée, pubescente ; à feuilles radicales pétiolées, presque obtuses, en cœur à la base, les caulinaires elliptiques aiguës. Fleurs verdâtres ou rougeâtres, pendantes en verticilles nombreux disposés en grappes lâches non feuillées. Été, bords des chemins.

Rumex crépu (*R. crispus*), vulgairement *Patience crépue* (Pl. 59, fig. 352, *a b c*). Tige de 5 à 10 décim., droite, cannelée, à rameaux dressés, serrés et courts ; feuilles oblongues, lancéolées aiguës, ondulées ; fleurs verdâtres, en verticilles rapprochés en grappes non feuillées. Juillet, août, prés, chemins.

Rumex Patience (*R. patientia*), vulgairement *Patience, Parelle*. Tige de 1 mètre et plus, sillonnée, rougeâtre, à feuilles grandes, ovales lancéolées, planes ; à pétiole canaliculé, dilaté à la base ; verticilles multiflores rapprochés en grappes nues, paniculées. Plante cultivée comme potagère et fourragère.

Fig. 563. — Renouée amphibie.

Genre POLYGONUM (*Renouée*) : plantes herbacées ou ligneuses à feuilles alternes accompagnées d'une gaine scarieuse entourant la tige. Fleurs hermaphrodites, rarement polygames ; périgone à 4-5 divisions à peu près égales ; 5 à 9 étamines, plus souvent 8 disposées sur deux rangs. Ovaire comprimé ou trigone, 2 ou 3 styles plus ou moins soudés à la base ; fruit ovoïde, comprimé ou trigone, enveloppé par le calice persistant.

Renouée bistorte (*Pol. bistorta*, Pl. 60, fig. 355, *a b*), vulgairement *Bistorte*. Racine charnue, repliée sur elle-même ; tige droite, simple, de 6 à 8 décim., à feuilles ovales oblongues, tronquées et décurrentes ; les inférieures pétiolées, les supérieures sessiles ; fleurs roses en épi solitaire, compacte. Été, prés humides. — La racine de la Bistorte est amère et employée comme tonique et astringente.

Renouée amphibie (*Pol. amphibium*, fig. 563). Souche cylindrique rampante, à tige le plus souvent submergée, à feuilles pétiolées, non décurrentes, d'un vert blanchâtre en dessous, gaine longue et tronquée ; fleurs roses en épis solitaires s'élevant au-dessus de l'eau. Été, fossés, étangs, rivières.

Renouée persicaire (*Pol. persicaria*, Pl. 60, fig. 356). Tige dressée, rameuse, de 4 à 9 décim. ; à feuilles oblongues lancéolées, brièvement pétiolées, souvent tachées de rouge,

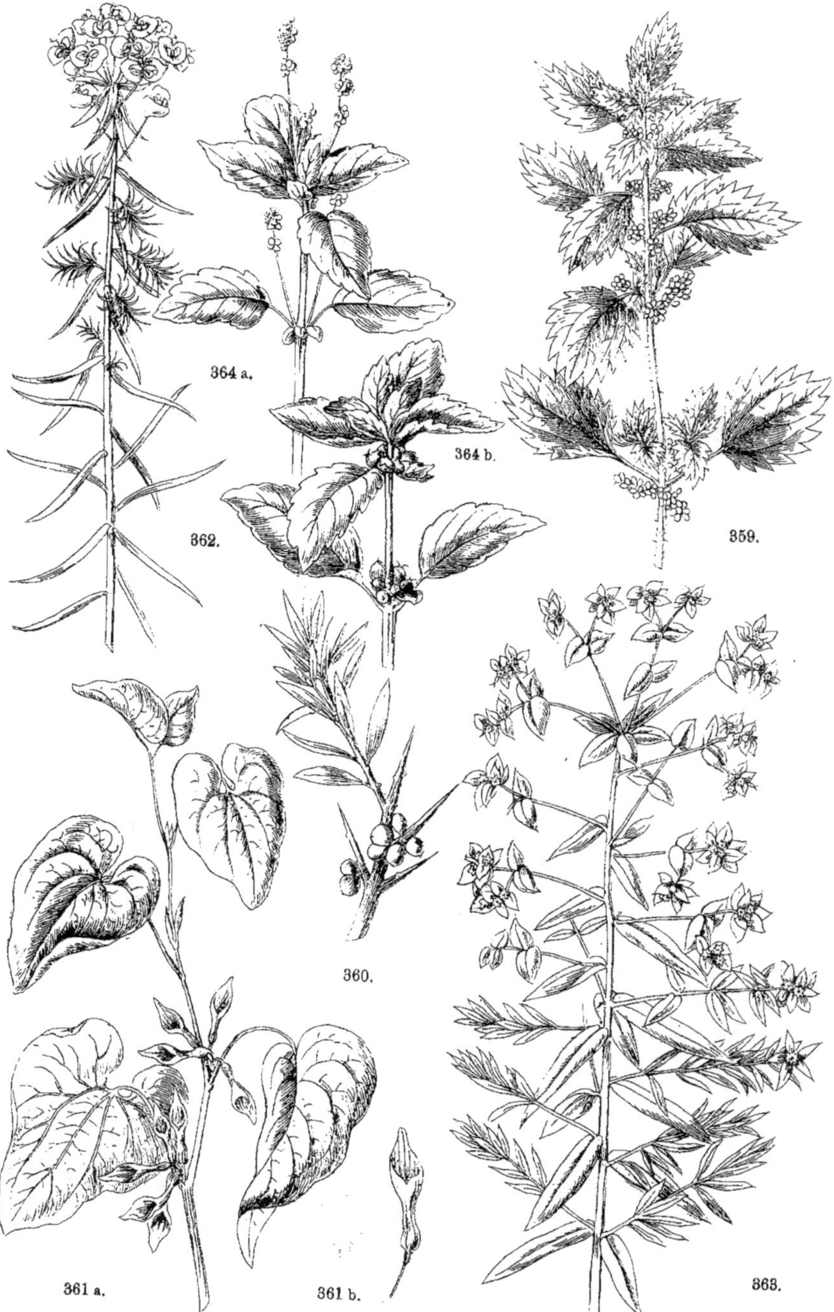

61

364 a.

364 b.

362.

359.

360.

361 a.

361 b.

363.

à gaines garnies de longs cils ; fleurs roses ou blanches en épis cylindriques. Été, lieux frais.

Renouée poivre d'Eau (*Pol. hydropiper*), vulgairement *Poivre d'eau, Curage*. Plante à saveur âcre et brûlante, à tige redressée, rameuse, de 3 à 8 décim. ; à feuilles oblongues, lancéolées, brièvement pétiolées ; à fleurs roses ou d'un blanc verdâtre en épis allongés. Été, lieux humides.

Renouée des Oiseaux (*Pol. aviculare*, Pl. 60, fig. 354, *a b*), vulgairement *Trainasse, Achée*. Tige de 2 à 5 décim., ordinairement étalée, à feuilles lancéolées, glabres, rudes sur les bords ; 2 à 4 fleurs blanchâtres ou rougeâtres, sessiles à l'aisselle de presque toutes les feuilles. Été, lieux vagues, bords des chemins.

Renouée Sarrasin (*Pol. fagopyrum*, fig. 564), vulgairement *Sarrasin, Blé noir*. Plante cultivée, alimentaire, originaire d'Asie. Tige dressée, rameuse, de 3 à 6 décim., à feuilles longuement pétiolées, sagittées ; fleurs blanches ou rosées en grappes axillaires, les terminales en corymbe ; fruits assez gros, trigones, à angles aigus. Été, terrains maigres.

Fig. 564. — Renouée Sarrasin.

FAMILLE DES DAPHNÉACÉES.

Arbrisseaux à feuilles simples, entières, sans stipules, fleurs hermaphrodites, à périgone en tube, coloré, persistant, à 4 divisions ; 8 étamines incluses ; ovaire libre uniloculaire, 1 style très court à stigmate en tête ; baie ou capsule uniloculaire, à une graine.

Genre DAPHNE : caractères de la famille ; fruit charnu.

Daphné lauréole (*D. laureola*, fig. 565). Tige cylindrique flexible, de 6 à 10 décim., rameuse au sommet ; à feuilles coriaces, luisantes, persistantes, lancéolées aiguës, d'un vert foncé ; fleurs d'un jaune verdâtre, odorantes, ordinairement réunies par 5 en petites grappes axillaires, munies de bractées ; baie noire. Au premier printemps, dans les bois.

Daphné mézéreon (*D. mezereum*, Pl. 60, fig. 367, *a b*), vulgairement *Bois gentil*. Tige de 5 à 9 décim., à feuilles lancéolées, minces, d'un vert pâle, non persistantes et naissant après les fleurs ; celles-ci rosées ou blanches, odorantes, ternées, à périgone velu ; baie rouge. Dans les bois couverts et montagneux, à la fin de l'hiver.

Fig. 565. — Daphné lauréole.

Les Daphnés sont des plantes d'ornement, et l'on emploie leur écorce âcre et vésicante pour établir des exutoires.

FAMILLE DES LAURINÉES ou LAURACÉES.

Genre LAURUS (*Laurier*) : fleurs hermaphrodites ou unisexuelles par avortement ; périgone régulier, pétaloïde, à 4 divisions ; étamines périgynes, en nombre double ou multiple de celui des lobes du périgone, pourvues sur leur longueur de 2 nectaires ; anthères s'ouvrant par des valvules ; ovaire libre, uniloculaire, monosperme ; style court et gros à stigmate en tête ; fruit bacciforme, à une graine (fig. 566 et 567).

Laurier d'Apollon (*Laurus nobilis*), vulgairement *Laurier commun, Laurier sauce.* Arbre de 3 à 6 mètres, à rameaux dressés, à feuilles coriaces, lancéolées, d'un vert foncé, persistantes, aromatiques ; fleurs d'un blanc jaunâtre, en petits bouquets axillaires ; baie noirâtre.

Cette plante, cultivée dans nos jardins, est spontanée dans le Midi. Ses feuilles sont employées comme condiment, ses fruits macérés dans l'huile ou la graisse sont considérés comme un précieux antirhumatismal.

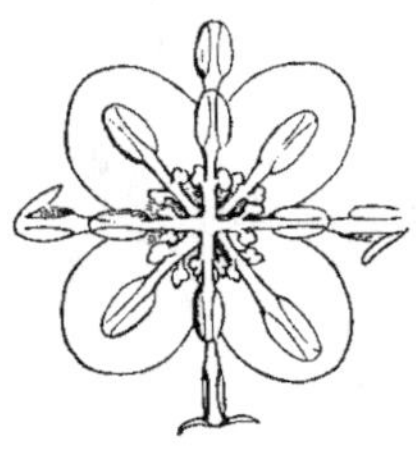

Fig. 566.
Laurier d'Apollon. Fleur mâle.

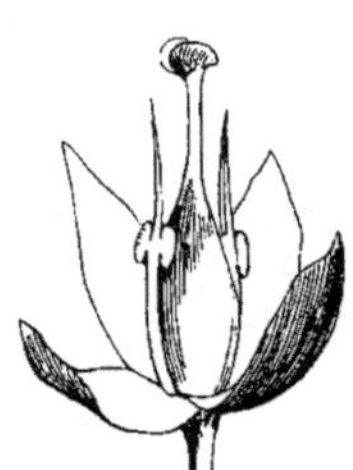

Fig. 567.
Laurier d'Apollon.
Fleur femelle.

C'est à ce genre qu'appartiennent le *Laurus camphora* qui produit le camphre, le *Laurus cinnamomum*, dont l'écorce est si connue sous le nom de *cannelle,* le *Laurus sassafras*, employé comme sudorifique.

FAMILLE DES SANTALACÉES.

Plantes herbacées ou ligneuses, à feuilles alternes, simples, entières, sans stipules ; fleurs hermaphrodites, périgone à 3-5 divisions, persistant ; 3-5 étamines opposées aux divisions du périgone ; ovaire uniloculaire, adhérant au tube du périgone, 2 à 4 ovules suspendus à un placenta central, 1 style à stigmate souvent lobé ; fruit monosperme sec ou drupacé et couronné par le périgone.

Genre THESIUM : feuilles linéaires ; fleurs entourées de trois bractées inégales.

Thésion des Alpes (*Th. Alpinum*, Pl. 60, fig. 358). Tiges de 1 à 3 décim., souvent nombreuses, terminées par une grappe feuillée ; feuilles épaisses, linéaires, dressées, à une nervure ; fleurs blanches, en grappe unilatérale ; munies de 3 bractées dont une plus longue. Été, montagnes.

Thésion couché (*Th. humifusum*), à tiges étalées ou tombantes, à feuilles linéaires d'un vert pâle ; à fleurs blanchâtres, en grappes. Été, pelouses sèches.

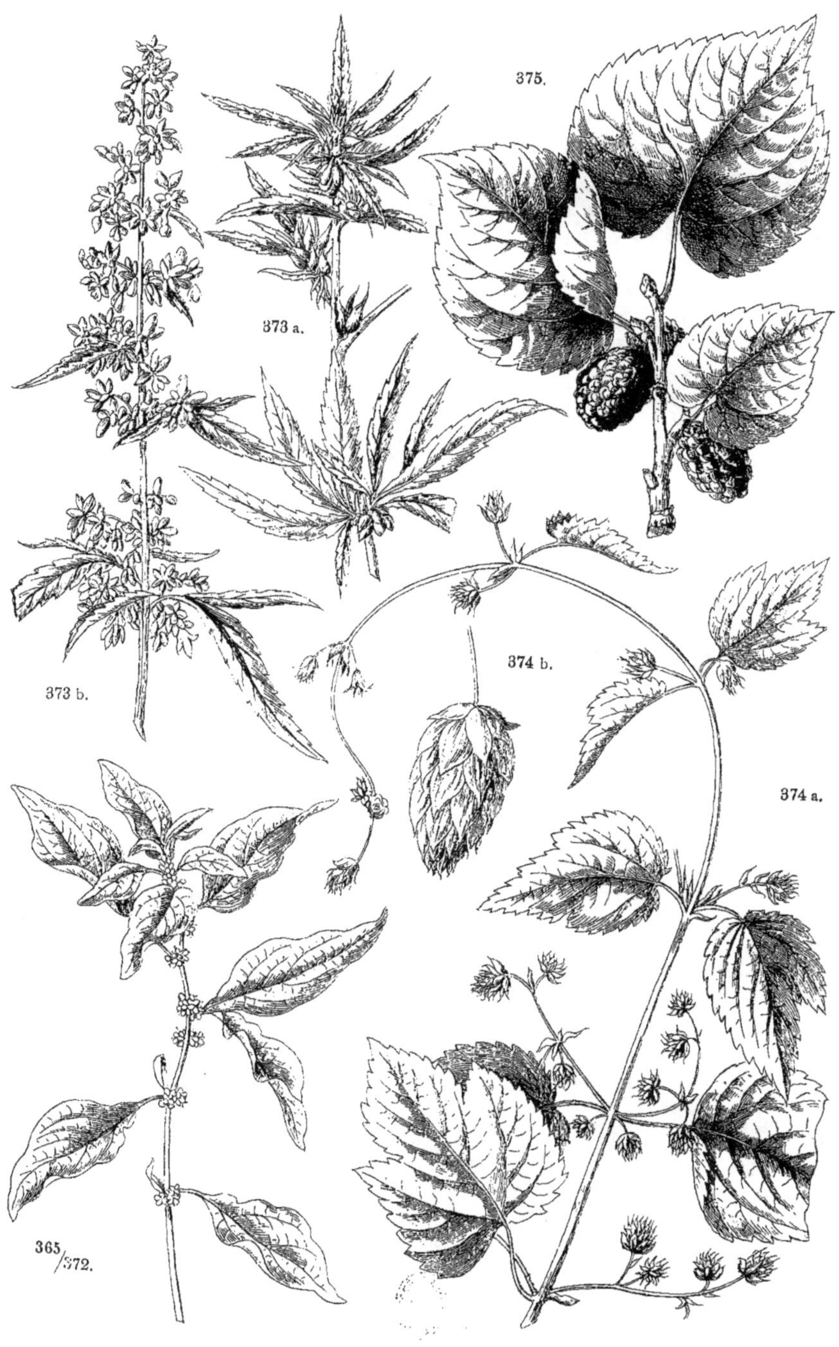

375.
373 a.
373 b.
374 b.
374 a.
365/372.

62

FAMILLE DES ÉLÉAGNÉES.

Genre HIPPOPHAE (*Argousier*) : plante dioïque, ligneuse ; fleurs mâles en chatons courts, à périgone bifide, 4 étamines insérées au fond du périgone ; fleurs femelles axillaires, à périgone tubulé, bilobé. Akène couvert par le tube épaissi du périgone.

Hippophaë faux Nerprun (*H. rhamnoïdes*, Pl. 61, fig. 360), vulgairement *Argousier*. Arbrisseau épineux, de 1 à 3 mètres ; à feuilles linéaires lancéolées, d'un blanc argenté en dessous ; fleurs petites, jaunâtres, devançant les feuilles ; fruit rougeâtre, à suc acide et astringent. Printemps, dans le Midi ; lieux sablonneux.

FAMILLE DES ARISTOLOCHIÉES.

Plantes ligneuses ou herbacées, à feuilles alternes souvent munies de stipules ; fleurs hermaphrodites, à périgone tubuleux, adhérant à l'ovaire par sa partie inférieure, et pétaloïde supérieurement, divisé en 3 lobes ou étendu en languette ; 6 à 12 étamines insérées sur un disque épigyne, à filets courts ou nuls, à anthères biloculaires extrorses ; ovaire à 3-6 loges ; style court et épais, à 6 stigmates en étoile ; fruit capsulaire à 3-6 loges à plusieurs graines horizontales adhérant à l'angle interne des loges.

Genre ASARUM (*Cabaret*) : périgone ou cloche à 3 divisions ; 12 étamines, à filets courts ; 6 styles soudés entre eux ; capsule surmontée par le périgone.

Asaret d'Europe (*Asarum Europæum*, fig. 568), vulgairement *Cabaret*. Souche rameuse, rampante, aromatique, émettant plusieurs tiges très courtes, terminées par deux feuilles réniformes, coriaces, d'un vert luisant, longuement pétiolées ; fleurs solitaires d'un pourpre noir, brièvement pédonculées à la base des feuilles. Au printemps, dans les bois montueux. Sa racine est purgative et vomitive.

Fig. 568. — Asaret d'Europe.

Genre ARISTOLOCHIA : calice tubuleux, ventru à la base et se terminant en languette unilatérale ; 6 anthères attachées au pistil ; 6 stigmates ; capsule à 6 loges polyspermes.

Aristoloche Clématite (*A. clematitis*, Pl. 61, fig. 361, *a b*), vulgairement *Sarazine*. Souche souterraine à stolons traçants, tige simple, dressée, anguleuse, sillonnée ; feuilles grandes, longuement pétiolées, coriaces, cordiformes ; fleurs jaunâtres, axillaires, en faisceaux de 3 à 6. Printemps ; bois, haies.

L'*Aristoloche siphon*, originaire de l'Amérique boréale, a de longs rameaux sarmenteux et de grandes feuilles cordiformes qui la font rechercher pour garnir les treillages.

FAMILLE DES EUPHORBIACÉES.

Fleurs régulières, monoïques ou dioïques ; calice infère, quelquefois nul ; étamines insérées au centre de la fleur ou sous le rudiment du pistil ; ovaire libre à 3 loges, rarement plus ou moins, loges disposées en cercle autour d'un placenta central, à 1 ou 2 ovules pendants ; styles autant que de loges ; capsule à 2 ou 3 coques s'ouvrant avec élasticité (fig. 569 à 571).

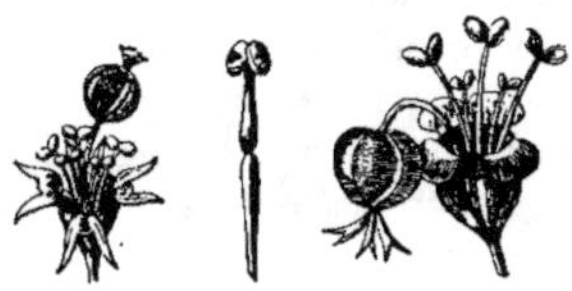

Fig. 569 à 571. — Fleur d'Euphorbia.

Genre EUPHORBIA : Plantes herbacées, souvent dichotomes, à suc blanc laiteux, à feuilles opposées ou alternes ; à fleurs ordinairement en ombelle. Celles-ci monoïques, les mâles et les femelles réunies dans une même inflorescence simulant une fleur unique périanthée, protégée par un involucre commun caliciforme ; fleurs mâles nombreuses entourant une fleur femelle unique, réduite à un ovaire pédicellé, à 3 styles, à 3 coques monospermes. Ombelles munies à la base de bractées opposées ou verticillées.

Euphorbe Réveille-matin (*E. helioscopia*, fig. 572), vulgairement *Réveille-matin*. Tige droite, de 2 à 3 décim., à feuilles éparses, obovales en coin, dentelées au sommet, sans stipules ; ombelle ordinairement à 5 rayons trifides à divisions dichotomes ; glandes de l'involucre arrondies ; capsule lisse, à 3 coques, graines rougeâtres et ridées. Été, lieux cultivés.

Fig. 572.
Euphorbe Réveille-matin.

Euphorbe petit Cyprès (*E. cyparissias*, Pl. 61, fig. 362), vulgairement *Tithymale*. Racine rampante, tiges nombreuses de 2 à 3 décim. ; feuilles éparses, sessiles, linéaires ; ombelle à rayons nombreux dichotomes, bractées des rayons cordiformes, plus larges que longues, d'un jaune verdâtre ;

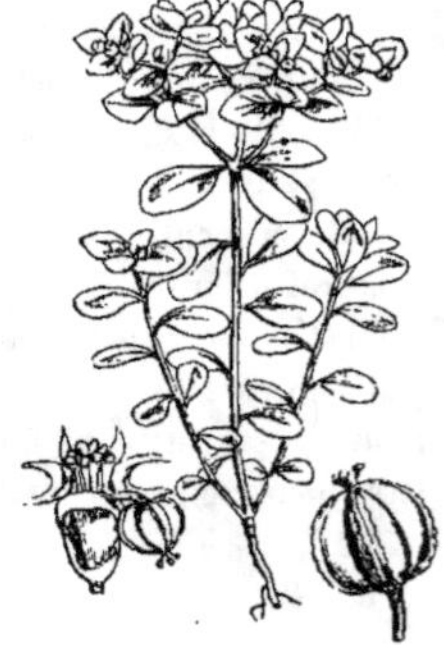

Fig. 573. — Euphorbe péplus.

glandes de l'involucre échancrées à cornes courtes ; coques verruqueuses, graines lisses. Lieux stériles.

Euphorbe ésule (*E. esula*, Pl. 61, fig. 363). Racine rampante émettant des tiges nombreuses de 4 à 8 décim. ; feuilles oblongues lancéolées, un peu glauques, sessiles ; bractées des rayons cordées ; ombelles de 8 à 10 rayons ; glandes en croissant, à 2 cornes courtes ; capsule glabre chargée de très petits points glanduleux. Été, automne, prés, bords des chemins.

Euphorbe péplus (*E. peplus*, fig. 573). Tige de 2 à 4 décim., droite, cylindrique, rameuse

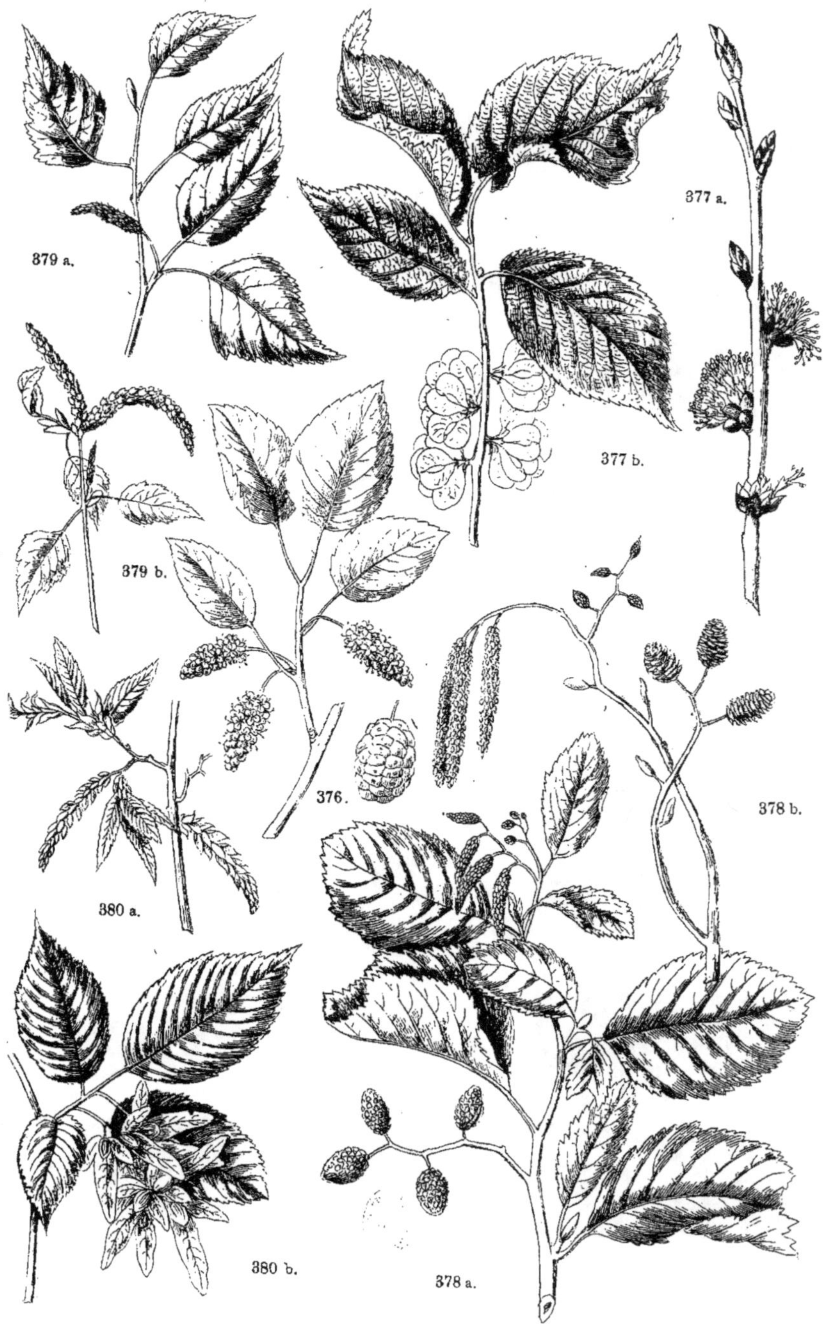

379 a.
377 a.
379 b.
377 b.
376.
380 a.
378 b.
380 b.
378 a.

au sommet; feuilles pétiolées, obovales, minces; ombelles à 3 rayons dichotomes; bractées sessiles, entières; glandes à cornes allongées; coques pourvues de 2 ailes dorsales rapprochées. Commune dans les lieux cultivés, l'été.

On connaît un grand nombre d'espèces de ce genre.

Les Euphorbes contiennent un suc laiteux âcre et irritant; celui de l'*Euphorbe officinale,* plante exotique, est employé en pharmacie comme vésicant.

Genre MERCURIALIS : fleurs dioïques ou plus rarement monoïques; périgone à 3 divisions; fleurs mâles en glomérules, disposés en épi sur de longs pédoncules, 8-12 étamines; fleurs femelles solitaires ou en paquets sessiles, 2-3 styles; capsule à 2-3 coques monospermes. Plantes à suc non laiteux, feuilles opposées à stipules petites.

Mercuriale vivace (*M. perennis*, fig. 574), vulgairement *Mercuriale des bois.* Souche rampante; tige de 2 à 4 décim., simple, grêle, quadrangulaire; à feuilles ovales lancéolées, brièvement pétiolées, dentées, velues; fleurs mâles en épis grêles; fleurs femelles longuement pédonculées.

Fig. 574. — Mercuriale vivace.

C'est une plante vireuse, narcotique, qu'on tient pour suspecte.

Mercuriale annuelle (*M. annua*, Pl. 61, fig. 364, *a b*), vulgairement *Foirolle*, à cause de ses propriétés purgatives. Racine fibreuse, tige dressée, de 2 à 3 décim., anguleuse, très rameuse; feuilles lancéolées, dentées, ciliées; fleurs mâles en épis grêles, les femelles axillaires, presque sessiles, vertes. Été, lieux cultivés.

Genre BUXUS (*Buis*) : fleurs monoïques agglomérées; périgone à 4 divisions inégales, dont 2 internes; fleurs mâles à 4 étamines libres, insérées sous le rudiment de l'ovaire; fleurs femelles à 3 styles, 3 stigmates; capsule à 3 pointes et à 3 loges dispermes.

Buis toujours vert (*B. sempervirens*, fig. 575). Arbuste tortueux, de 1 à 3 mètres, à bois très dur, jaunâtre, à écorce cendrée; feuilles ovales, petites, coriaces, luisantes, brièvement pétiolées; fleurs jaunâtres, en glomérules axillaires compacts, avec une fleur femelle au centre. Printemps, bois, coteaux pierreux.

Fig. 575. — Buis toujours vert.

FAMILLE DES URTICÉES.

Plantes herbacées à feuilles simples, stipulées; à fleurs petites, monoïques, dioïques ou polygames; fleurs mâles et hermaphrodites à périgone en 4 parties concaves : 4 étamines au centre de la fleur, au-dessous du pistil, anthères bilobées, introrses; fleurs femelles à périgone persistant, à 4 divisions libres, ou tubuleux à 4 dents; ovaire libre, à une loge contenant un ovule dressé, stigmate en pinceau ; fruit sec indéhiscent uniloculaire (fig. 576 et 577).

Genre PARIETARIA : plantes herbacées à feuilles alternes, non piquantes ; à fleurs polygames, sessiles, axillaires, toujours entourées d'un involucre commun ; périgone à 4 divisions presque égales, celui des fleurs femelles tubulé et enveloppant le fruit.

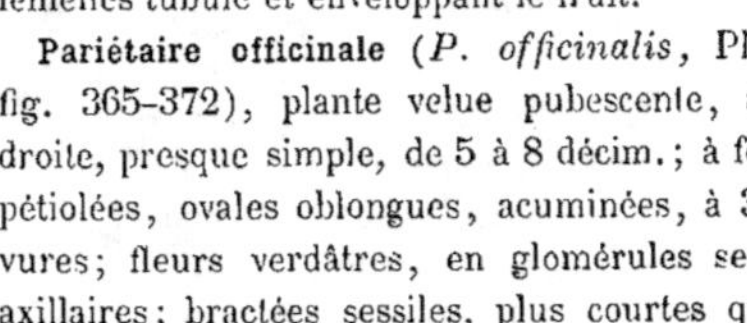

Fig. 576.
Urtica. Fleur mâle.

Fig. 577.
Urtica. Fleur femelle.

Pariétaire officinale (*P. officinalis*, Pl. 62, fig. 365-372), plante velue pubescente, à tige droite, presque simple, de 5 à 8 décim. ; à feuilles pétiolées, ovales oblongues, acuminées, à 3 nervures ; fleurs verdâtres, en glomérules sessiles, axillaires ; bractées sessiles, plus courtes que les fleurs. Été, murs et fossés.

Genre URTICA (*Ortie*) : feuilles opposées, pétiolées, hérissées de poils glanduleux sécrétant une humeur caustique ; fleurs monoïques ou dioïques ; fleurs mâles à 4 divisions presque égales (fig. 576) ; fleurs femelles à 4 sépales, les 2 externes très petits ou nuls, stigmate sessile en pinceau (fig. 577).

Ortie brûlante (*Urtica urens*, Pl. 61, fig. 359), vulgairement *Ortie grièche, Petite ortie*. Tige redressée, rameuse, de 2 à 5 décim. ; feuilles ovales aiguës, incisées dentées ; fleurs mâles et femelles réunies sur la même grappe. Poils très brûlants. Lieux cultivés, décombres.

Fig. 578. — Ortie dioïque.

Ortie dioïque (*Urt. dioica*, fig. 578), vulgairement *Grande ortie*. Tige droite, rameuse, de 6 à 10 décim. ; à feuilles ovales lancéolées, largement dentées en scie ; fleurs vertes ou rougeâtres en grappes allongées. Été, lieux incultes, bords des chemins.

Les orties sont parsemées de glandes surmontées de poils fistuleux et piquants ; ces glandes sécrètent une liqueur corrosive, brûlante, que les poils versent dans la plaie et qui produit une vive douleur et souvent des phlyctènes.

FAMILLE DES CANNABINÉES.

Tige herbacée, annuelle ou vivace, à feuilles stipulées ; à fleurs petites, dioïques ; fleurs mâles à 5 sépales libres, 5 étamines opposées aux sépales, anthères bilobées, plus longues que les filets ; fleurs femelles à périgone monophylle embrassant l'ovaire ; ovaire libre à 1 loge, 1 ovule suspendu ; style court ou nul, 2 stigmates filiformes ; fruit sec, monosperme, renfermé dans le périgone.

Genre CANNABIS (*Chanvre*) : tige droite, non grimpante ; fleurs mâles à étamines pendantes ; fleurs femelles en glomérules sessiles.

Chanvre cultivé (*Can. sativa*, Pl. 62, fig. 373, *a b*). Tige de 1 à 2 mètres, droite, rude,

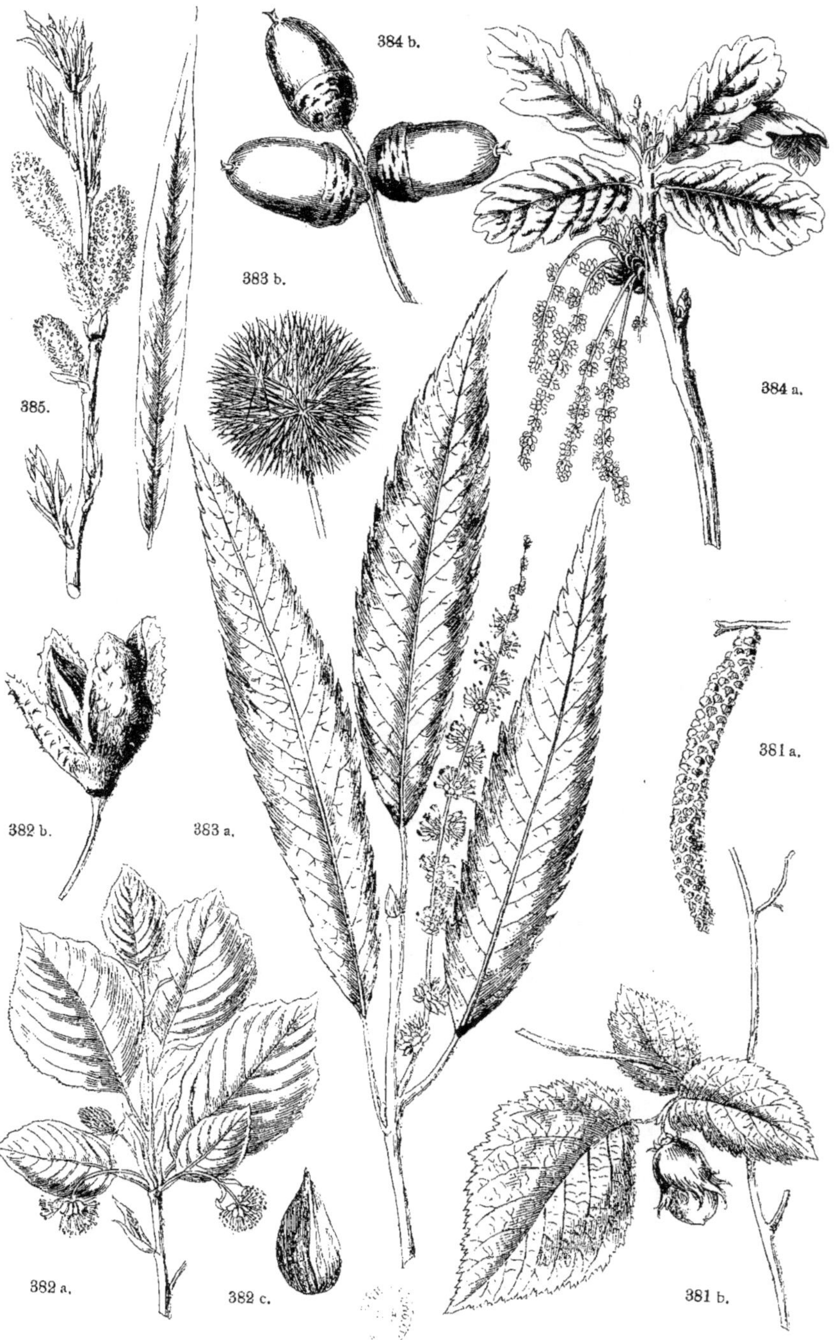

64.
384 b.
383 b.
385.
384 a.
381 a.
382 b.
383 a.
382 a.
382 c.
381 b.

à feuilles opposées, pétiolées, digitées, à 3-5 folioles fortement dentées ; fleurs verdâtres, les mâles comme verticillées en grappes, les femelles axillaires. Été, cultivé en grand pour ses fibres textiles. Sa graine, connue sous le nom de *chènevis*, est riche en huile grasse et recherchée par les volatiles. C'est d'une espèce du Levant, *Can. indica*, qu'on obtient le *hachisch*.

Genre HUMULUS (*Houblon*) : Tige grimpante ; feuilles opposées, palmilobées ; fleurs mâles à étamines dressées, en grappes rameuses ; fleurs femelles disposées par paires à l'aisselle de grandes bractées foliacées, en chatons devenant coniques à la maturité (fig. 579).

Houblon grimpant (*H. lupulus*, Pl. 62, fig. 374, *a b*). Tige grêle, volubile, s'élevant parfois jusqu'à 8 et 10 mètres, émettant des pousses nombreuses, rougeâtres, munies à chaque articulation de 2 stipules membraneuses. Le Houblon est tonique et stomachique ; on le cultive en grand dans le Nord pour ses cônes qui servent à la préparation de la bière.

Fig. 579. — Cônes de Houblon.

FAMILLE DES MORÉES.

Arbres ou arbrisseaux à feuilles alternes, palminervées, à stipules libres caduques. Fleurs très petites, monoïques ; soit en épis, soit réunies dans un réceptacle commun.

Genre MORUS (*Mûrier*) : plantes ligneuses à feuilles inégalement lobées, à fleurs monoïques en chatons unisexuels ; périgone à 4 divisions ; fleurs mâles à 4 étamines ; fleurs femelles à ovaire libre, biloculaire, à 2 styles ; fruits uniloculaires monospermes, entourés par le périgone devenu charnu, succulent, et réunis en grand nombre autour d'un réceptacle grêle (fig. 580 et 581).

Fig. 580 et 581.

Fruit du Mûrier.

Mûrier noir (*Morus nigra*, Pl. 62, fig. 375). Arbre de 6 à 10 mètres, à feuilles cordées, lobulées ou sinuées dentées, rudes au toucher ; chatons femelles assez gros, très brièvement pédicellés ; fruit noir, à suc pourpré sucré, acidulé. Cultivé pour son fruit.

Mûrier blanc (*Morus alba*, Pl. 63, fig. 376). Arbre de 6 à 10 mètres, à feuilles largement ovales, dentées en scie ou lobées, douces au toucher ; chatons femelles pédicellés ; fruit blanc ou rosé à suc incolore, douceâtre.

Le Mûrier blanc, acclimaté dans le Midi, est cultivé en grand pour ses feuilles, qui servent de nourriture aux vers à soie. On fait avec les fruits un sirop de mûres employé contre les maux de gorge.

Genre FICUS (*Figuier*) : arbres à suc laiteux, à feuilles palmatilobées ; à fleurs très petites, renfermées en grand nombre dans un réceptacle pyriforme charnu, pulpeux, les supérieures mâles, les inférieures femelles.

Figuier commun (*Ficus carica*, fig. 582). Arbre ou arbrisseau de 2 à 4 mètres, à feuilles cordées, à 3 ou 5 lobes palmés, sinués dentés, pubescentes en dessous ; fruit pyriforme, glabre, d'abord vert, puis brunâtre, très savoureux quand il est mûr.

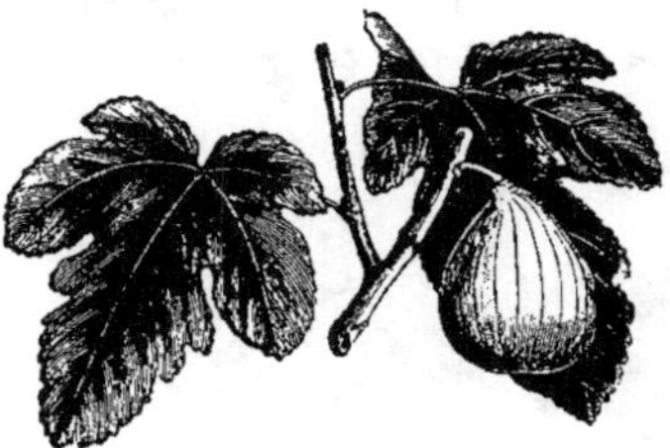

Fig. 582. — Figuier.

FAMILLE DES ULMACÉES.

Renferme le seul genre *Ulmus*.

Genre ULMUS (*Orme*) : arbres élevés, à feuilles alternes, pétiolées, dentées ; fleurs hermaphrodites, en fascicules axillaires paraissant avant les feuilles ; périgone tubuleux à 5, rarement 4-8 divisions ; étamines en même nombre que les divisions du périgone ; 2 styles divergents ; fruit (Samare) indéhiscent, largement ailé, membraneux dans toute sa circonférence, échancré au sommet (fig. 583 *a*).

Fig. 583. *b*. — Orme blanc.

Orme champêtre (*Ulmus campestris*, Pl. 63, fig. 377, *a b*). Arbre à bois dur, brun intérieurement, à écorce souvent subéreuse ; feuilles alternes, ovales acuminées, dentées, pétiolées ; fleurs rougeâtres, en glomérules denses, presque sessiles, au printemps. Planté sur le bord des routes.

Fig. 583. *a.*
Fruit de l'Orme.

Orme blanc (*Ulmus effusa* 583 *b*), à bois intérieurement blanc, à écorce grisâtre. Dans les forêts.

FAMILLE DES CUPULIFÈRES ou QUERCINÉES.

Fig. 584. — Fruit du Chêne.

Arbres ou arbrisseaux à feuilles alternes, à fleurs monoïques ; fleurs mâles en chatons cylindriques, garnis de petites bractées ; périgone à 4-6 divisions ou nul et remplacé par une écaille ; 4 à 20 étamines. Fleurs femelles solitaires ou réunies dans un involucre ; involucres solitaires ou groupés, périgone caliciforme à tube soudé avec l'ovaire, à limbe court, denté, disparaissant à la maturité ; ovaire de 2 à 6 loges, à 1 ou 2 ovules pendants ; fruit protégé par l'involucre accru (*cupule*, fig. 584).

Genre QUERCUS (*Chêne*) : grands arbres, généralement remarquables par la dureté et la beauté de leurs bois. Fleurs mâles en chatons filiformes, lâches, dépourvus d'écailles bractéales; périgone à 6 divisions ciliées; 6 à 10 étamines. Fleurs femelles solitaires ou fasciculées par 2 ou 3, à involucre formé de bractées écailleuses imbriquées, soudées (cupule); style court, 3 stigmates; fruit (gland) ovoïde, entouré à sa base par la cupule indurée.

Chêne pédonculé (*Quercus robur*, *Q. pedunculata*), vulgairement *Chêne commun* (Pl. 64, fig. 384, *a b*). Arbre très élevé, à feuilles glabres, subsessiles, ovales oblongues sinuées ou à lobes inégaux; fleurs jaunâtres; gland porté sur un long pédoncule, écailles de la cupule apprimées. Bois et forêts.

Chêne à Fruits sessiles (*Q. sessiliflora*), vulgairement *Rouvre*. A bois plus pâle et moins dense, à feuilles pétiolées, à glands agglomérés et presque sessiles. Bois montueux.

La plupart des chênes sont susceptibles d'atteindre de grandes dimensions. Leur écorce,

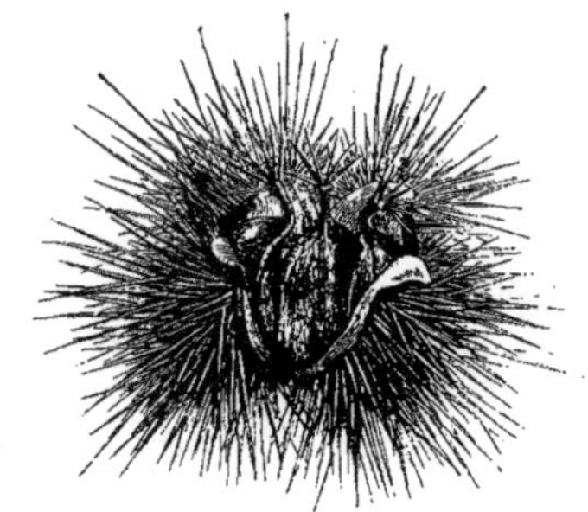

Fig. 585. — Fruit du Châtaignier.

riche en tannin, est employée au tannage des cuirs; leur fruit (gland) sert à la nourriture des animaux, principalement du porc. L'écorce épaisse et élastique du *Q. suber* produit le liège. C'est sur les feuilles du *Q. coccifera* que vit le kermès ou fausse cochenille.

Genre CASTANEA (*Châtaignier*) : chatons mâles longs, grêles; périgone à 5-6 divisions; 5-20 étamines exsertes; fleurs femelles par 2, 3, 4 à la base des chatons mâles, entourées d'un involucre hérissé d'épines; fruit ordinairement à une loge, à 1 graine (châtaigne), enveloppé par l'involucre accru, coriace et hérissé d'épines rayonnantes (fig. 585).

Châtaignier commun (*C. vulgaris*, Pl. 64, fig. 383, *a b*). Arbre de 10 à 25 mètres, à écorce grisâtre, à rameaux étalés; feuilles lancéolées, allongées, pétiolées, fortement dentées, à dents mucronées, glabres, luisantes. Fleurs jaunâtres; fruit assez gros, d'un brun luisant, à base large et blanchâtre, alimentaire. Son bois est très estimé; son fruit, très riche en fécule, occupe une place importante dans l'alimentation des populations de plusieurs départements.

Genre FAGUS (*Hêtre*) : chatons mâles globuleux, pendants; périgone à 5-6 divisions membraneuses, poilues, 8 à 12 étamines exsertes; 1, 2 ou 3 fleurs femelles dans un involucre urcéolé, 4 lobé,

Fig. 586.
Fruit du Hêtre.

portant à l'extérieur de nombreuses bractées linéaires, adhérent et couronnant l'ovaire; celui-ci trigone, à 3 loges, 3 stigmates; fruits (*faines*) triangulaires, uniloculaires, à 1 graine oléagineuse, renfermés dans l'involucre quadrivalve chargé d'épines molles non vulnérantes (fig. 586).

Hêtre commun (*Fagus sylvatica*, Pl. 64, fig. 382, *a b c*), vulgairement *Fayard*, *Fouteau*. Arbre de 25 à 40 mètres, à écorce lisse, grisâtre, à cime régulière, à feuilles ovales, lisses, d'un beau vert, velues en dessous, et sur les pétioles, obscurément dentées ou ondulées. Fleurs jaunâtres; bois montagneux, forêts. Son bois est très employé dans l'ébénisterie; son fruit (faîne) fournit une huile grasse d'un goût agréable. Beaucoup d'animaux mangent ce fruit, qui est doux.

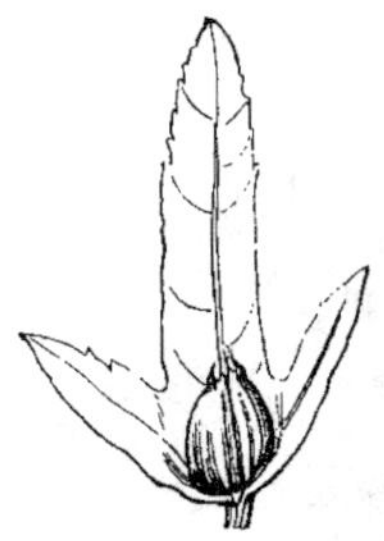

Fig. 587. — Fruit du Charme.

Genre CORYLUS (*Coudrier*): fleurs mâles en chatons cylindriques pendants; périgone en forme d'écaille triangulaire portant 6 à 8 étamines à filets très courts; fleurs femelles renfermées dans des bourgeons écailleux; 2 styles rouges saillants; fruit osseux, ovale, lisse, monosperme, renfermé dans une cupule foliacée.

Coudrier aveline (*Cor. avellana*), vulgairement *Noisetier* (Pl. 64, fig. 381, *a b*). Arbrisseau de 2 à 4 mètres, à rameaux droits, flexibles; feuilles en cœur, acuminées, doublement dentées, pétiolées; cupules du fruit campanulées, ouvertes au sommet et lacérées dentées; fruit ovoïde, lisse, à large ombilic. Cet arbrisseau varie beaucoup par la culture; il fleurit en février et mars et donne son fruit en août et septembre.

Genre CARPINUS (*Charme*): chatons mâles cylindriques, à périgone sous forme d'écaille ovale, ciliée, portant 6 à 20 étamines, à anthères barbues au sommet. Fleurs femelles en grappes, à périgone tubulé à l'aisselle de larges bractées; ovaire à 2 loges, 2 styles filiformes; fruit osseux, comprimé, nervé, enveloppé par la cupule foliacée (fig. 587).

Charme commun (*C. Betulus*, Pl. 63, fig. 380, *a b*). Arbre de 8 à 12 mètres, à rameaux étalés, à feuilles ovales, acuminées, doublement dentées, d'un vert clair; chatons mâles naissant souvent avant les feuilles; fleurs verdâtres ou rougeâtres, au printemps, bois, haies.

Son bois est très dur et très résistant et fort employé dans le charronnage. Le charme se taille avec la plus grande facilité, ce qui le rend précieux pour faire des berceaux, des allées couvertes ou *charmilles*.

FAMILLE DES SALICINÉES.

Arbres ou arbrisseaux à feuilles simples, alternes, à stipules écailleuses ou foliacées. Dioïques; à fleurs en chaton allongé, paraissant avant ou avec les feuilles, et munies chacune d'une écaille; périgone très petit, en forme de glande à la base des étamines ou du pistil. Capsule ovoïde, conique, polysperme: graines aigrettées soyeuses.

Fig 588. — Saule blanc.

Genre SALIX (*Saule*): arbres ou arbrisseaux à feuilles entières ou légèrement dentées; écailles entières, périgone réduit à une ou deux glandes; 1-2, rarement 3-5 étamines; 1 ovaire, 1 style, 2 stigmates.

Saule blanc (*Salix alba*, fig. 588). Arbre de 10 à 20 mètres, à rameaux blanchâtres, à feuilles lancéolées acuminées, argentées, soyeuses en dessous, finement dentées; stipules

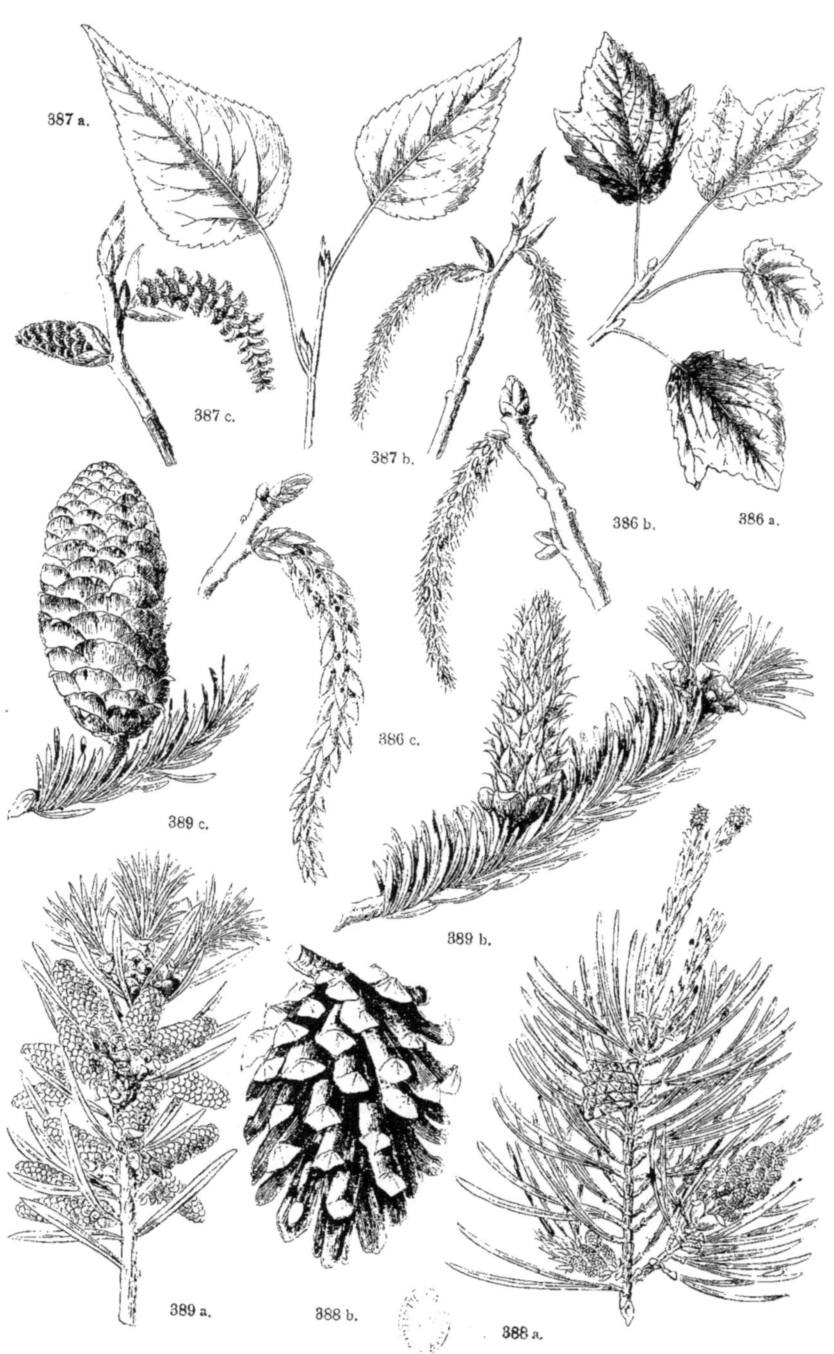
387 a.
387 c.
387 b.
386 b.
386 a.
386 c.
389 c.
389 b.
389 a.
388 b.
388 a.

lancéolées, caduques ; chaton à écailles oblongues, jaune rouille ; style très court. Printemps, bords des eaux.

Saule à 5 Étamines (*S. pentandra,* fig. 589), vulgairement *Saule laurier.* Arbre de 1 à 3 mètres, à rameaux d'un brun luisant, à feuilles glabres, ovales, elliptiques, acuminées, bordées de dents fines, d'un beau vert luisant en dessus, pâles en dessous, à pétiole muni de glandes visqueuses. Chatons portés sur un pédoncule feuillé, fleurs à 5 étamines, jaunâtres. Été, bords des eaux.

Saule des Vanniers (*S. viminalis,* Pl. 64, fig. 385), vulgairement *Osier blanc.* Arbrisseau de 3 à 6 mètres, à rameaux droits, effilés, souples, à écorce verdâtre ; à feuilles très allongées et très étroites, d'un vert foncé en dessus, soyeuses argentées en dessous ; chatons ovoïdes, compacts, presque sessiles, odorants ; 2 étamines à filets très longs, styles très longs. Au printemps, bords des rivières.

Saule Marceau (*S. capræa,* fig. 590), vulgairement *Marceau.* Tige de 5 à 10 mètres, à écorce grisâtre,

Fig. 589. — Saule à 5 Étamines.

glabre ; feuilles ovales, crénelées dentées, rugueuses et luisantes en dessus, tomenteuses en dessous ; chatons gros, ovales, compacts, précoces, sessiles ; les femelles un peu pédonculés, à écailles brunes laineuses. Printemps, bois humides.

On connaît un très grand nombre de saules. Ils contiennent tous dans leur écorce un principe amer, tonique, fébrifuge ; leur bois est blanc et léger, leurs jeunes branches très souples sont souvent utilisées pour faire des liens et des corbeilles. On cultive souvent dans les parcs le Saule pleureur (*S. Babylonica*), originaire d'Orient, dont les longs rameaux pendent jusqu'à terre.

Genre POPULUS (*Peuplier*) : arbres élevés, à feuilles alternes ; écailles des chatons laciniées ou dentées, périgone en cupule ; 8 à 12 étamines. Bourgeons à feuilles enroulées, recouverts par plusieurs écailles résineuses, odorantes.

Peuplier blanc (*Pop. alba,* Pl. 65, fig. 386, *a b c*), vulgairement *Ypréau, Peuplier blanc de Hollande.* Arbre très élevé, à écorce crevassée, à rameaux étalés, les plus jeunes blancs tomenteux ; feuilles ovales larges, à 3 ou 5 lobes, longuement pétiolées, d'un vert sombre en dessus, blanches et cotonneuses en dessous. Chatons femelles bien plus grêles que les mâles ; 4 à 8 étamines, style très court, stigmates bipartits en croix. Terrains humides.

Fig. 590. — Saule Marceau.

Peuplier noir (*Pop. nigra,* Pl. 65, fig. 387, *a b c*), vulgairement *Peuplier franc, Léard, Bouillard.* Arbre élevé, à rameaux jaunâtres, étalés horizontalement ; feuilles ovales triangulaires, acuminées, denticulées ; jeunes pousses et bourgeons glabres, visqueux et résineux, odorants ; chatons naissant avant les feuilles ; 12

étamines à anthères purpurines ; stigmates jaunes. Bords des eaux. On emploie ses bourgeons en médecine pour préparer l'*onguent populeum*.

Fig. 591. — Peuplier Tremble.

Peuplier Tremble (*Pop. tremula*, fig. 591), vulgairement *Tremble*. Arbre de 6 à 15 mètres, à écorce lisse, grisâtre, à feuilles presque orbiculaires, dentées anguleuses, d'un vert clair, très mobiles. Chatons femelles aussi épais que les mâles, à bractées lacérées, ciliées ; 4-8 étamines ; fleurs verdâtres ou brunâtres. Bois humides.

FAMILLE DES PLATANÉES.

Genre PLATANUS : arbres de haute taille, à écorce blanchâtre se détachant par plaques, à feuilles alternes, simples, pétiolées, palmatilobées ; à fleurs monoïques en chatons globuleux, chaque sexe sur un rameau différent. Fleurs mâles à étamines indéfinies entremêlées d'écailles ; fleurs femelles à ovaires nombreux, serrés, uniloculaires, uniovulés ; à écailles spatulées ; fruits coriaces, indéhiscents, poilus à la base, très rapprochés formant une tête globuleuse.

Platane oriental (*Pl. orientalis*). Bel arbre au port majestueux cultivé dans les parcs et sur les promenades publiques. Feuilles échancrées à la base, à 3-5 lobes profonds, sinuées dentées. Originaire d'Orient.

Platane occidental (*Pl. occidentalis*), originaire d'Amérique ; feuilles rétrécies, cunéiformes à la base, à lobes moins prononcés ; pubescentes en dessous.

FAMILLE DES BÉTULINÉES.

Arbres à feuilles alternes simples, à stipules caduques. Chatons paraissant à l'automne et se développant au printemps suivant avant les feuilles. Fleurs monoïques, rangées par 2-3 à la base de bractées écailleuses ; les mâles à écailles peltées, quelquefois munies de bractéoles à la base, périgone simple ou à 4 divisions, 4 étamines, fleurs femelles à écailles entières ou trilobées, à périgone nul, ovaire à 2 loges, 2 stigmates filiformes, fruit sec, indéhiscent, uniloculaire.

Genre BETULA (*Bouleau*) : fleurs femelles en chatons cylindriques, solitaires, pendants, à écailles fructifères membraneuses, caduques à la maturité (fig. 592).

Fig. 592. — Bouleau blanc.
Chaton mâle et Chaton femelle.

Bouleau blanc (*Betula alba*, Pl. 63, fig. 379, *a b*). Arbre droit, de 15 à 18 mètres, à épiderme d'un blanc satiné se détachant par lames ; feuilles pétiolées, triangulaires, acuminées, doublement dentées en scie, glabres, luisantes. Chatons mâles terminaux pendants, jaunâtres, les femelles axillaires ; fruit (Samare) à ailes deux

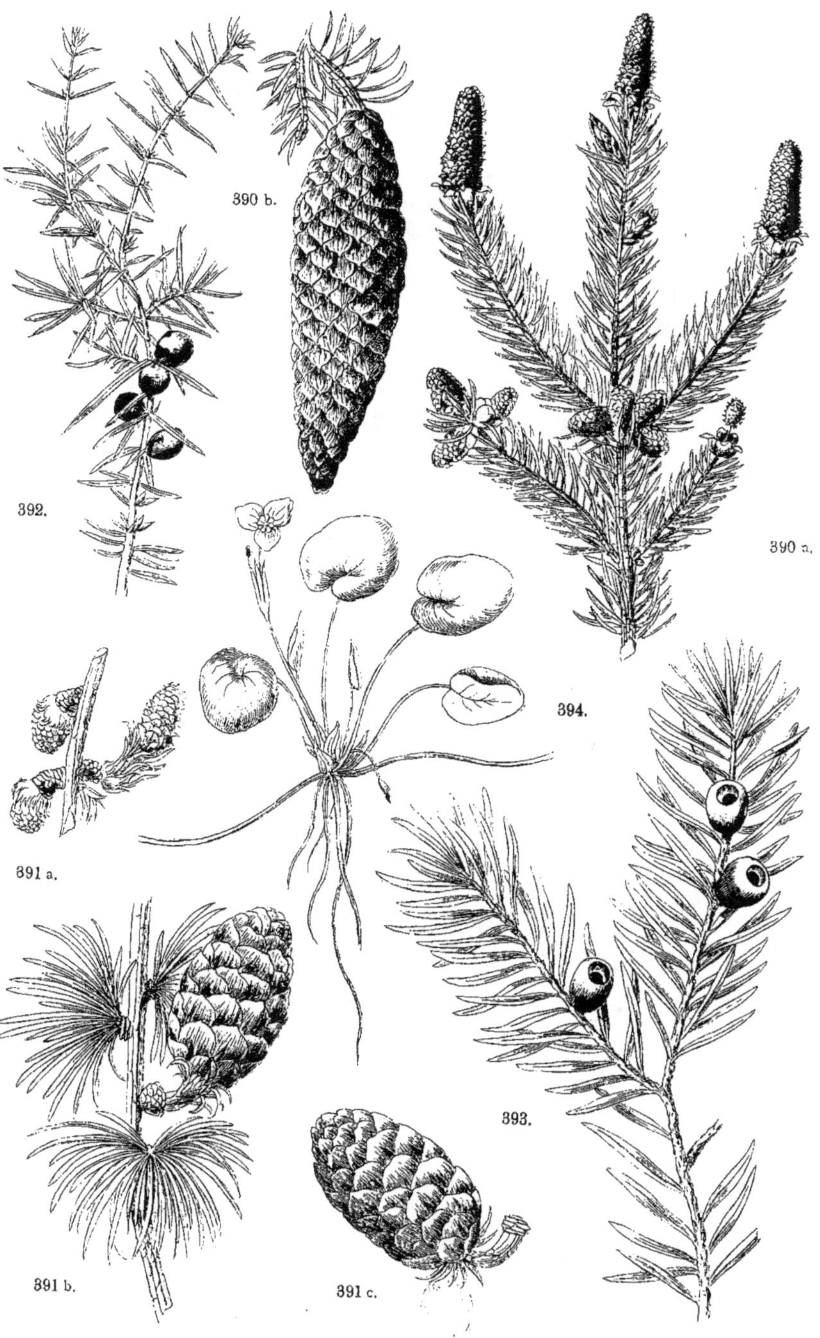

66.
390 b.
390 a.
392.
391 a.
394.
391 b.
391 c.
393.

fois plus larges que la graine, Bois sablonneux. C'est à l'essence obtenue par la distillation de l'écorce du Bouleau que le cuir de Russie doit son odeur spéciale.

Genre ALNUS (*Aulne*) : fleurs femelles en chatons ovoïdes ou globuleux, réunis en grappes rameuses, à écailles fructifères ligneuses, persistantes ; fruit dur, comprimé, biloculaire.

Aulne glutineux (*Alnus glutinosa*, Pl. 63, fig. 378, *a b*), vulgairement *Vergne*. Arbre de 10 à 15 mètres, quelquefois plus, à écorce gris foncé, à jeunes pousses glutineuses ; feuilles pétiolées, presque orbiculaires, cunéiformes ou tronquées à la base, échancrées au sommet, doublement dentées en scie, d'un vert sombre en dessus, poilues en dessous sur les nervures. Chatons à pédoncules rameux, les mâles naissant avant les feuilles. Lieux humides, bords des eaux.

FAMILLE DES MYRICÉES.

Fig. 593. — Myrica galé.

Genre MYRICA : arbrisseaux résineux, odorants, à feuilles simples, alternes, parsemées de points résineux, sans stipules ; chatons formant des épis terminaux ordinairement développés avant les feuilles ; fleurs dioïques. Chatons mâles grêles, à écailles canaliculées, portant chacune 4 étamines ; chatons femelles ovoïdes, à écailles principales accompagnées chacune de 2 bractées latérales ; ovaire uniloculaire, sessile, uniovulé ; 2 styles ; fruit sec, indéhiscent, accompagné des 2 bractées latérales accrues ; graine dressée.

Myrica galé, vulgairement *Piment royal* (fig. 593). Sous-arbrisseau de 6 à 10 décim., très ramifié, à feuilles oblongues elliptiques, rétrécies en pétiole, parsemées de glandes résinifères ; chatons petits, dressés, à fleurs rougeâtres. Marais sablonneux et bruyères humides. Plante aromatique ; astringente ; s'employait autrefois contre la diarrhée.

FAMILLE DES CONIFÈRES.

Arbres ou arbrisseaux généralement résineux, à feuilles sans stipules, ordinairement très étroites et persistantes ; fleurs monoïques ou dioïques disposées en chatons ; les mâles composés d'écailles portant de 2 à 8 lobes d'anthères ; les femelles formés d'écailles plus ou moins nombreuses, imbriquées, munies ou non de bractées, et portant des ovules ; fruit (cône) composé, dont les écailles sont tantôt charnues et simulent une baie (*Juniperus*), tantôt sèches et ligneuses (*Pinus*).

I. **ABIÉTINÉES** : *arbres verts à feuilles en aiguille persistant pendant l'hiver.* Fleurs monoïques, rarement dioïques ; chatons mâles formés d'écailles portant chacune 2 lobes d'anthère ; chatons femelles en cône plus ou moins allongé, formé d'écailles ligneuses indépendantes, munies extérieurement d'une bractée membraneuse et portant intérieurement 2 ovules devenant des fruits ailés.

Genre Pinus (*Pin*) : feuilles aciculaires, réunies par 2, 3 ou 5 dans une petite gaine écailleusê ; cône à écailles ligneuses, terminées en massue à sommet rhomboïdal ; chatons mâles ovoïdes, oblongs, en épi à la base des jeunes pousses de l'année.

Pin sylvestre (*P. sylvestris*, Pl. 65, fig. 388, *a b*), vulgairement *Pin commun, Pinasse*. Arbre droit, haut de 25 mètres et plus, à cime pyramidale ; à cônes pédonculés, penchés, réunis par 2-3, de la longueur des feuilles. Forêts montueuses.

Pin cembra (*P. cembra*, fig. 594). Arbre de 4 à 10 mètres, de forme pyramidale, à feuilles aciculaires, longues de 6 à 8 cent., réunies par 5 ; cônes ovoïdes, rougeâtres, plus longs que les feuilles. Croît sur les Alpes ; sa graine est comestible.

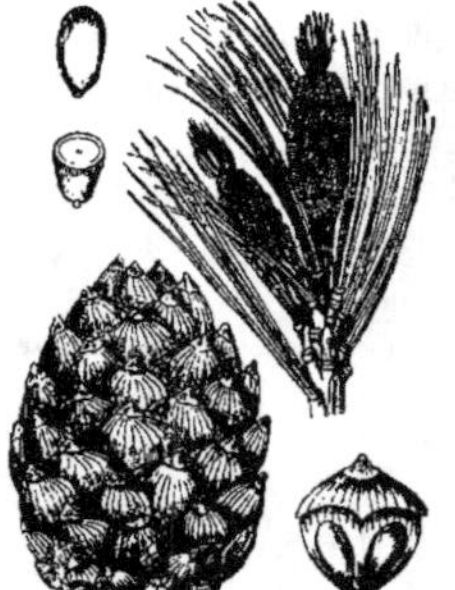

Fig. 594. — Pin cembra.

Pin pignon (*P. pinea*), vulgairement *Pin pinier, Pin doux*. Arbre élevé, en cime arrondie ; à feuilles aciculaires, longues de 8 à 10 cent., réunies par deux, d'un vert blanchâtre. Cônes longs de 12 à 18 cent., à écailles en massue à peine pointue. Graines oléagineuses alimentaires. Région méditerranéenne, cultivé dans les parcs.

Genre Abies (*Sapin*) : arbres à feuilles solitaires, éparses, persistantes ; chatons femelles terminaux, habituellement solitaires ; cône à écailles minces, non épaissies au sommet.

Sapin commun (*Ab. excelsa*, Pl. 66, fig. 390, *a b*), vulgairement *Epicea, Pesse*. Arbre élevé, pyramidal, à branches verticillées, étalées ; feuilles courtes, comprimées, aiguës ; cônes ovoïdes, cylindracés, bruns, pendants à l'extrémité des rameaux. Hautes montagnes, bois, parcs.

Sapin pectiné (*Ab. pectinata*, Pl. 65, fig. 389, *a b c*), vulgairement *Sapin blanc, Avet*. Arbre très élevé, à branches verticillées, horizontales ; feuilles disposées sur deux rangs de chaque côté des rameaux, obtuses au sommet, marquées en dessous de 2 stries blanches longitudinales ; cônes cylindriques, allongés, dressés. Montagnes, cultivé dans les parcs.

Les pièces de bois de pin et de sapin sont précieuses surtout à cause de leurs grandes dimensions ; les arbres fournissent la résine, la colophane, la térébenthine, leurs bourgeons sont employés dans les affections de la poitrine.

Fig. 595. — Rameau et Cône de Mélèze.

Genre Larix (*Mélèze*) : se distingue des genres précédents par ses feuilles molles, presque planes, caduques, et par ses cônes à écailles minces, non épaissies au sommet, portant chacune deux graines persistantes (fig. 595).

Mélèze d'Europe (*Larix Europœa*, Pl. 66, fig. 391, *a b c*). Arbre de 15 à 30 mètres, pyramidal, à branches flexibles, horizontales; à feuilles d'un vert gai; à cônes ovoïdes, petits, dressés, d'un rouge pourpre, précédés d'écailles brunâtres. Hautes montagnes; cultivé dans les parcs.

II. CUPRESSINÉES: *arbres ou arbrisseaux toujours verts.* Fleurs dioïques ou monoïques; chatons mâles très petits, formés d'écailles peltées portant 3 à 8 lobes d'anthères; chatons femelles formés d'un petit nombre d'écailles imbriquées, dépourvues de bractées et portant à leur base interne un ou plusieurs ovules; cônes courts, subglobuleux, ligneux ou charnus.

Genre JUNIPERUS (*Genévrier*): caractères de la tribu; 3 fleurs femelles formant un fruit charnu à 3 graines.

Genévrier commun (*Jun. communis*, Pl. 66, fig. 392). Arbrisseau dioïque, très ramifié dès la base; à feuilles éparses, linéaires subulées, piquantes, carénées en dessous. Fruit en forme de baie sphérique, d'un noir bleuâtre, persistant pendant l'hiver. Dans les bois secs.

Les baies du Genévrier sont toniques, stomachiques et vermifuges; on en fait la liqueur connue sous le nom de *genièvre*. Le *Juniperus oxycedrus* fournit l'huile de cade, employée en médecine, et le *Juniperus sabina* (Sabine) est un puissant abortif. Tous deux croissent dans le Midi.

Genre TAXUS (*If*): fleurs femelles solitaires, fruit à une seule graine; feuilles distiques; chatons mâles ovoïdes, petits, entourés inférieurement de bractées imbriquées, et formés de 6 à 10 écailles lobées portant 3 à 8 lobes d'anthères.

If commun (*Taxus baccata*, Pl. 66, fig. 393). Arbre peu élevé, très rameux, à feuilles planes, linéaires, distiques, d'un vert foncé en dessus. Fruit écarlate, charnu, à suc mucilagineux. Bois très dur, incorruptible. L'If se laisse tailler de toute façon et sert à l'ornement des jardins.

Le CYPRÈS (*Cupressus sempervirens*) et le THUIA (*T. orientalis*), originaires d'Orient, appartiennent à cette division.

II° EMBRANCHEMENT. — MONOCOTYLÉDONÉES

Embryons pourvus d'un seul cotylédon. Feuilles à nervures principales presque toujours simples et parallèles. Fleurs ordinairement trimères, à périanthe formé de 3 ou 6 divisions sur un ou deux rangs, quelquefois nulles ou remplacées par des écailles ou des soies.

FAMILLE DES ALISMACÉES.

Plantes aquatiques à feuilles ordinairement radicales; à fleurs régulières, hermaphrodites ou monoïques; périanthe à 6 divisions, les 3 extérieures plus petites, persistantes, les 3 intérieures pétaloïdes; étamines hypogynes, à anthères biloculaires; ovaire supère libre, à 1 ou 2 graines.

Genre ALISMA: fleurs hermaphrodites; 6-12 étamines, rarement plus, anthères fixées par le dos; carpelles nombreux, striés, monospermes, libres, en rayon ou en tête.

Alisma Plantain (*A. plantago*, fig. 596), vulgairement *Plantain d'eau, Fluteau*. Hampes de 4 à 10 décim., dressées ; feuilles ovales oblongues ou légèrement échancrées à la base, à 5-7 nervures ; rameaux verticillés en panicule. Fleurs rosées, verticillées ; carpelles nombreux, comprimés, disposés en cercle. Fossés, rivières.

Alisma nageant (*A. natans*). Tiges filiformes, rampantes, flottantes, de 2 à 5 décim. ; feuilles immergées linéaires, sessiles, les caulinaires flottantes, elliptiques, pétiolées ; fleurs blanches, axillaires ; carpelles striés, disposés en cercle simple. Été, mares, étangs.

Fig. 596. — Alisma Plantain.

Alisma damasonie (*Al. damasonium*, fig. 597). Hampe de 10 à 15 cent., à feuilles radicales, oblongues, longuement pétiolées ; fleurs blanches en un ou plusieurs verticilles ; 6 étamines ; carpelles uniloculaires à 2 graines. Bords des étangs.

Genre SAGITTARIA : fleurs monoïques ; étamines en nombre indéfini, carpelles nombreux, indépendants, en tête ; feuilles sagittées.

Sagittaire Flèche d'Eau (*S. sagittæfolia*, Pl. 57, fig. 396), vulgairement *Fléchière*. Tige de 4 à 10 décim. ; feuilles toutes

Fig. 597. — Alisma damasonie.

radicales, les unes en long ruban flottant, les autres en flèche ; fleurs blanches, les mâles supérieures. Été, fossés, bords des eaux.

FAMILLE DES BUTOMÉES.

Genre BUTOMUS : herbes palustres, à feuilles radicales, engainantes à la base ; fleurs en ombelle, hermaphrodites ; périanthe à 6 divisions sur deux rangs, les extérieures herbacées, les intérieures pétaloïdes ; 9 étamines à anthères bilobées ; ovaire à 6 loges multiovulées.

Butome en Ombelle (*B. umbellatus*, Pl. 67, fig. 375, *a b*), vulgairement *Jonc fleuri*. Rhizome charnu, horizontal ; hampe de 6 à 8 décim. ; feuilles radicales, linéaires, très longues, à 3 angles tranchants. Fleurs assez grandes, rosées, en ombelle terminale, involucre à folioles membraneuses linéaires. Bord des eaux.

FAMILLE DES HYDROCHARIDÉES.

Plantes aquatiques submergées, vivaces, à souche stolonifère ; à feuilles nageantes ou submergées ; à fleurs régulières, dioïques, renfermées avant l'épanouissement dans des

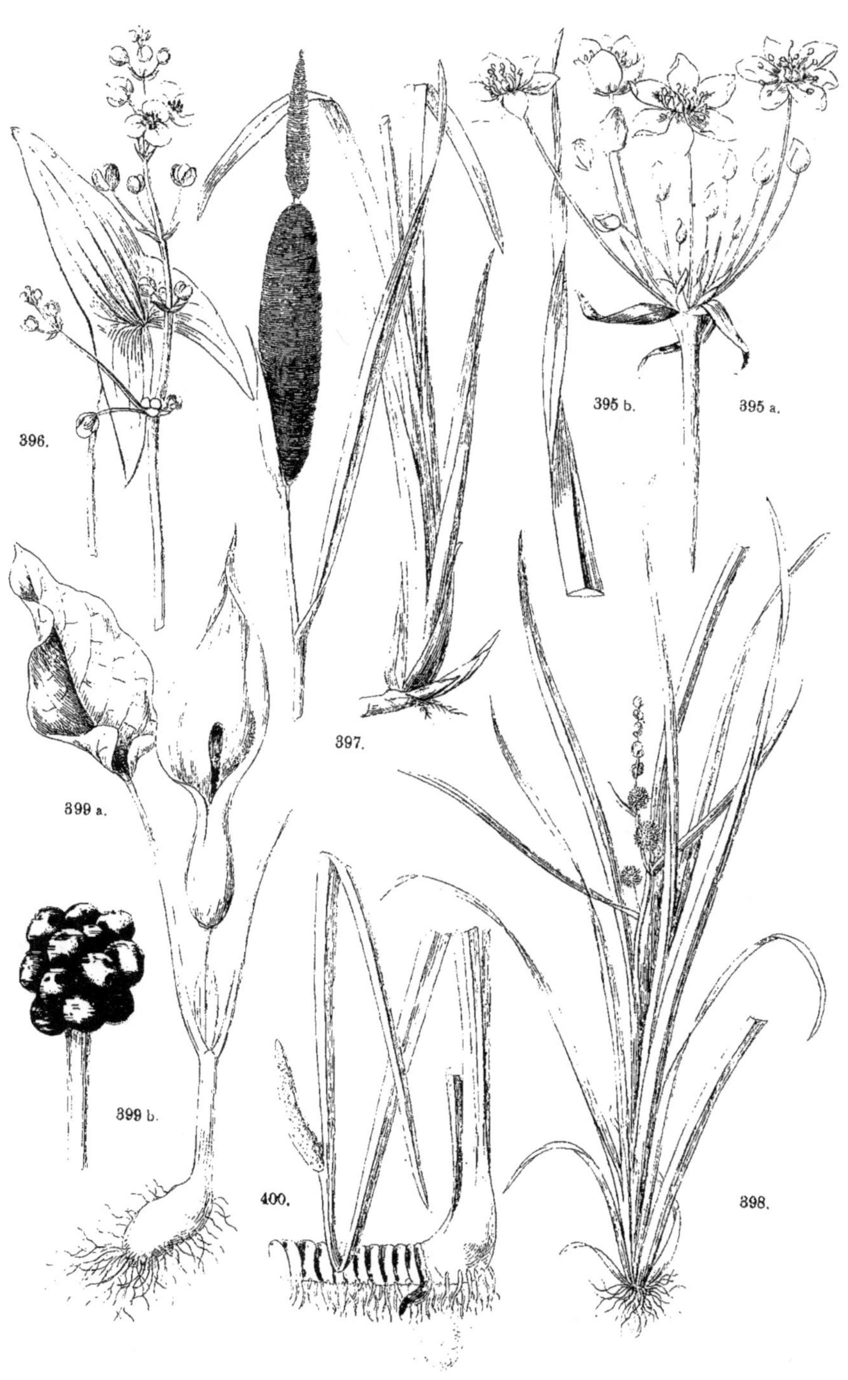

396.

395 b. 395 a.

399 a.

397.

399 b.

400.

398.

bractées en forme de spathe : périanthe à 6 divisions sur 2 rangs ; les 3 internes pétaloïdes, les 3 externes calicinales ; 3-12 étamines dans les fleurs mâles ; fleurs femelles à ovaire infère, à 1 ou 6 loges ; 3-6 stigmates bifides ; fruit charnu polysperme.

Genre HYDROCHARIS (*Morrène*) : fleurs mâles réunies par 3 dans une spathe bivalve, 12 étamines à filets soudés ; fleurs femelles solitaires, à spathe univalve, ovaire à 6 loges, 6 stigmates.

Morrène aquatique (*Hyd. morsusranœ*, Pl. 66, fig. 394). Tige submergée, à feuilles flottantes, réniformes, presque orbiculaires, échancrées à la base sur de longs pétioles grêles. Fleurs blanches. Été, eaux stagnantes.

Genre STRATIOTES : fleurs dioïques, les mâles à spathe bivalve multiflore, les femelles à spathe uniflore. Étamines très nombreuses, les extérieures stériles ; ovaire à 6 loges.

Stratiote Aloës (*Str. aloïdes*, fig. 598). Cette plante, assez rare, a le port d'un petit aloës ; ses feuilles lancéolées linéaires sont raides, épineuses, pointues, disposées en rosette ; ses fleurs blanches portées sur de longs pédoncules. Eaux stagnantes.

Fig. 598. — Stratiote Aloës.

Genre VALLISNERIA : périanthe à 3 divisions, 3 étamines ; ovaire uniloculaire, 3 stigmates. Fleurs mâles très petites, brièvement pédicellées, disposées sur un spadice entouré d'un involucre à 3 ou 4 valves ; fleurs femelles solitaires, à spathe tubuleuse bifide, portées sur un pédoncule filiforme très long, roulé en spirale.

Vallisnérie spirale (*Val. spiralis*, fig. 599). Plante aquatique submergée, à feuilles radicales, sessiles, en rosette, linéaires rubanées, à bords denticulés. Fleurs mâles se détachant du spadice pour flotter à la surface de l'eau, où s'opère la fécondation ; pédoncule de fleurs femelles s'allongeant au moment de la floraison, et se raccourcissant quand la fleur est fécondée pour ramener l'ovaire au fond de l'eau, où il mûrit.

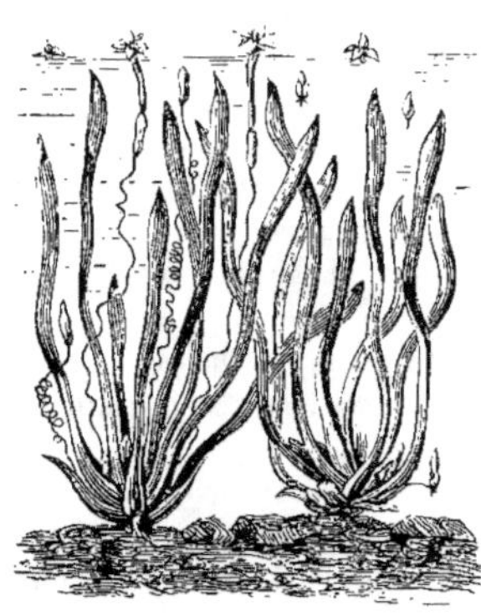

Fig. 599. — Vallisnéríe spirale.
Pied femelle — Pied mâle.

Fig. 600.
Triglochin des Marais.

FAMILLE DES JONCAGINÉES.

Genre TRIGLOCHIN : fleurs régulières hermaphrodites ; périanthe à 6 divisions herbacées, 6 étamines à anthères bilobées ; ovaire supère à 3-6 carpelles indépendants ou unis seulement par la base, 1-2 ovules, stigmates barbus, sessiles ; fruit sec, composé de 3-6 follicules.

Triglochin des Marais (*Tr. palustre*, fig. 600). Petite plante des marais à souche cespiteuse, à tige grêle de 2 à 4 décim., non ramifiée ; à feuilles toutes radicales, linéaires, semi-cylindriques ; fleurs petites, verdâtres, en épi allongé, terminal. Bord des marais.

Fig. 601. — Rubanier rameux.

FAMILLE DES TYPHACÉES.

Plantes aquatiques, à feuilles linéaires plus ou moins engainantes à leur base ; fleurs monoïques, sans périanthe, les mâles et les femelles réunies sur des épis compacts cylindriques ou globuleux, les mâles au-dessus des femelles. Fleurs mâles constituées uniquement par l'étamine à anthère biloculaire, souvent plusieurs étamines connées ; fleurs femelles réduites à un ovaire uniloculaire, uniovulé, style persistant, 1 ou 2 stigmates.

Genre TYPHA (*Massette*) : épis cylindriques, le groupe des fleurs mâles plus ou moins séparé du groupe des fleurs femelles, celui-ci inférieur.

Massette à larges Feuilles (*T. latifolia*, Pl. 67, fig. 397), vulgairement *Masse d'eau*, *Roseau des étangs*. Tige de 1 à 2 mètres, sans nœuds, à feuilles très longues, planes, de 2 à 3 cent. de largeur ; groupes des fleurs mâles et des fleurs femelles contigus ou presque contigus. Étangs, marais.

Massette à Feuilles étroites (*T. angustifolia*). Tige de 6 à 15 décim., à feuilles radicales, dépassant la tige, très étroites, à peine larges de 1 cent. ; groupe des fleurs mâles écarté de celui des fleurs femelles de 2 à 4 cent. Eaux stagnantes.

Genre SPARGANIUM (*Rubanier*) : fleurs disposées en têtes globuleuses unisexuées, disposées le long de l'axe de la tige ou des rameaux. Têtes supérieures mâles formées d'étamines nombreuses entremêlées d'écailles ; têtes inférieures femelles à fruits sessiles, munis à leur base de 3 écailles.

Rubanier rameux (*Sp. ramosum*, fig. 601), vulgairement *Ruban d'eau*. Tige et feuilles plus ou moins émergées, dressées ; feuilles radicales, à 3 faces ; têtes disposées en épis constituant une panicule. Marais, étangs.

Rubanier simple (*Sp. simplex*, Pl. 67, fig. 398). Très voisin du précédent, mais à têtes disposées en épi simple, terminal.

68.
406.
405.
402.
401 b.
404 b.
404 a.
401 a.
403 b.
403 a.

FAMILLE DES AROIDÉES.

Plantes herbacées à rhizome; à tige simple, à feuilles alternes, engainantes; fleurs monoïques, sans périanthe, sessiles, sur un spadice enveloppé par une spathe d'une seule pièce. Les fleurs mâles, supérieures, constituées par une anthère sessile, biloculaire ; les fleurs femelles au-dessous, réduites à un ovaire uniloculaire, pluriovulé; fruit charnu, succulent, à une ou plusieurs graines.

Genre ARUM (*Gouet*) : spadice dépourvu d'organes reproducteurs au sommet ; spathe colorée en cornet, fendue jusqu'à la base.

Gouet commun (*Arum maculatum*, Pl. 67, fig. 399, *a b*). Racine tuberculeuse, charnue ; feuilles toutes radicales, hastées, souvent tachées de noir ; spathe en cornet, d'un jaune verdâtre ; spadice terminé en massue violacée, lisse, caduque, portant les fleurs mâles (étamines) à sa partie moyenne, et les fleurs femelles (ovaires) à sa partie inférieure ; baies rouges en automne, ses feuilles se développent au printemps. Bois, haies. Plante très âcre.

Genre CALLA : spadice couvert d'organes reproducteurs jusqu'au sommet, spathe aplatie persistante. Fleurs mâles et femelles entremêlées.

Calla des Marais (*C. palustris*, fig. 602). Plante aquatique, à souche horizontale, épaisse; tige rampante, nageante ; feuilles toutes radicales, engainantes, ovales cordiformes ; spathe verdâtre en dehors, blanche en dedans ; baies rouges en épi compact. Fossés, étangs.

Genre ACORUS : spathe allongée, comprimée, de même forme que les feuilles, spadice latéral sessile portant des fleurs hermaphrodites, à périanthe de 6 divisions scarieuses, 6 étamines à filets linéaires aplatis, à anthères biloculaires ; ovaire à 2-3 loges multiovulées ; baie accompagnée du périanthe persistant.

Fig. 602. — Calla des Marais.

Acore odorant (*A. calamus*, Pl. 67, fig. 400). Souche rampante, hampe de 10 à 12 décim., à feuilles longues, tranchantes, engainantes à la base ; spadice brunâtre, cylindrique, placé sur le côté d'un pédoncule triangulaire qui se prolonge en feuille. Cette plante, dont le rhizome est amer et aromatique, croît dans les prairies humides, au bord des eaux tranquilles.

FAMILLE DES LEMNACÉES.

Genre LEMNA (*Lenticule*) : plantes aquatiques, nageantes, constituées par des feuilles lenticulaires émettant des radicules qui pendent dans l'eau. Fleurs monoïques très réduites, naissant des parties latérales des feuilles ; 2 fleurs mâles réduites à une étamine, et 1 fleur femelle réduite à un ovaire libre, uniloculaire, réunies dans une spathe commune.

Lenticule exiguë (*Lemna minor*), vulgairement *Lentille d'eau*. Feuilles obovales, épaisses, très petites, donnant naissance à une fibre radicale. Très commune dans les mares.

Lenticule bossue (*L. gibba*, Pl. 68, fig. 401, *a b*). Feuilles obovales, vertes, épaisses, très convexes en dessous, émettant une seule fibre radicale, souvent très longue. Mares, étangs.

Lenticule à plusieurs Racines (*L. polyrhiza*, fig. 603). Feuilles grandes, rougeâtres en dessous, émettant plusieurs fibres radicales. Eaux stagnantes.

Fig. 603.
Lenticule à plusieurs Racines.

FAMILLE DES NAIADÉES.

Plantes submergées, à tiges ramifiées, à feuilles étroites, opposées ou verticillées, engainantes; fleurs monoïques ou dioïques, à périanthe nul ou remplacé par une spathe monophylle; 1 étamine (fleurs mâles), 1 ovaire libre, à 1 loge à 1 ovule (fleurs femelles).

Genre ZANNICHELLIA : fleurs monoïques, solitaires ou réunies, une mâle et une femelle, dans une spathe formée de deux stipules membraneuses; fleur mâle formée d'une seule étamine à filet grêle, à anthère de 2-4 loges; fleur femelle formée d'une spathe monophylle entourant la base de l'ovaire.

Zannichellie des Marais (*Z. palustris*, fig. 604). Tiges grêles, rameuses, flottantes, articulées, à feuilles filiformes, ternées. Eaux stagnantes douces ou saumâtres.

Genre NAYAS: fleurs dioïques, solitaires à l'aisselle des feuilles; mâle formée d'une étamine à anthère tétragone, entourée d'une spathe à 2-3 divisions; fleur femelle formée d'un ovaire sessile, uniloculaire, à 3 styles persistants et entouré d'une spathe.

Naïade majeure (*N. major*), vulgairement *Nayade*. Tige dressée, dichotome, à rameaux nombreux; feuilles opposées ou verticillées, linéaires, sinuées dentées, à dents épineuses; gaines courtes, entières. Rivière et marais.

Genre ZOSTERA: plante marine, à tige rampante, radicante, à feuilles linéaires, étroites, très

Fig. 605. — Zostère marine.

Fig. 604.
Zannichellie des Marais.

allongées, engainantes à la base. Fleurs monoïques, mâles et femelles alternes sur 2 rangs en spadice, occupant une des faces d'un axe membraneux qui sort de la face inférieure d'une feuille; 1 étamine à filet très court, à anthère uniloculaire, 1 ovaire, 1 style, 2 stigmates capillaires.

Zostère marine (*Z. marina*, fig. 605). Cette plante, très abondante sur nos côtes, végète dans les mers ; sa souche grêle, rampante, émet à chaque articulation des radicules et de longues feuilles en ruban, que l'on emploie sèches pour faire des matelas et pour emballer les objets fragiles.

FAMILLE DES POTAMÉES.

Genre POTAMOGETON : plantes aquatiques, à feuilles opposées ou alternes à la base et opposées au sommet, à stipules soudées entre elles en forme de spathe ; fleurs en épis se développant hors de l'eau : hermaphrodites régulières ; périanthe à 4 divisions, herbacé ; 4 étamines à anthères bilobées ; 4 ovaires libres, sessiles, uniloculaires, uniovulés ; style terminal très court, stigmate pelté.

Fig. 606. — Potamot crépu.

Fig. 607. — Potamot pectiné.

Potamot nageant (*P. natans*, Pl. 68, fig. 402). Tige cylindrique, plus ou moins longue, selon la profondeur de l'eau, à feuilles d'un vert foncé, longuement pétiolées, les inférieures submergées, étroites, lancéolées, les supérieures flottantes, ovales ; fleurs d'un blanc verdâtre, en épis cylindriques serrés. Été, eaux stagnantes.

Potamot crépu (*P. crispus*, fig. 606). Tige comprimée, dichotome, à feuilles sessiles, linéaires oblongues, fortement ondulées et finement denticulées ; stipules lacérées au sommet ; épi pauciflore, ovoïde. Été, fossés, étangs.

Potamot pectiné (*P. pectinatus*, fig. 607). Tige filiforme, rameuse, à feuilles linéaires, sétacées, toutes submergées, engainantes à la base ; épi longuement pédonculé, allongé, interrompu. Été, rivières, étangs.

FAMILLE DES ORCHIDÉES.

Plantes herbacées à racines tubéreuses ou fibreuses, souvent pourvues de tubercules. Tige simple, à feuilles alternes, généralement ramassées au bas de la tige, le plus souvent engainantes à la base. Fleurs en épi terminal, munies chacune d'une bractée : périanthe à 6 pétales ; les 3 extérieurs semblables entre eux, un des 3 intérieurs, l'inférieur (*labelle*), plus grand que les 2 autres et souvent prolongé en éperon ; 3 étamines à filets soudés avec le style en une colonne courte (*gynostèmes*), les 2 latérales ordinairement stériles, réduites à un petit mamelon charnu (*staminode*), la moyenne fertile, distincte ou confondue avec le gynostème ; anthères à 2 loges, dont chacune renferme une masse de pollen (*pollinie*), atténuée ordinairement à sa base en un pédicelle (*caudicule*) terminé par une glande visqueuse (*rétinacle*) libre ou soudée avec le rétinacle voisin; rétinacles nus ou se logeant dans un repli du stigmate (*bursicule*); ovaire infère, uniloculaire, multiovulé; stigmate formant au sommet du gynostème une surface oblique glanduleuse sur laquelle les rétinacles fixent le pollen. Fruit : capsule uniloculaire, polysperme; graines très petites, sans albumen (fig. 608).

Genre CYPRIPEDIUM : labelle très grand, vésiculeux, en forme de sabot; gynostème trifide à division latérale portant les anthères; anthère centrale stérile, pétaloïde; pollen granuleux.

Cypripède Sabot (*Cyp. calceolus*, Pl. 68, fig. 405), vulgairement *Sabot de Vénus*. Souche fibreuse, traçante; tige de 3 à 4 décim., garnie de 3 à 5 feuilles engaînantes; fleur unique, grande à 4 divisions périgonales linéaires, brunes, étalées en croix et dépassant le labelle qui est jaune et creusé en sabot; étamine supérieure pétaloïde, jaune, marquée de quelques points roux. Été, prairies des montagnes.

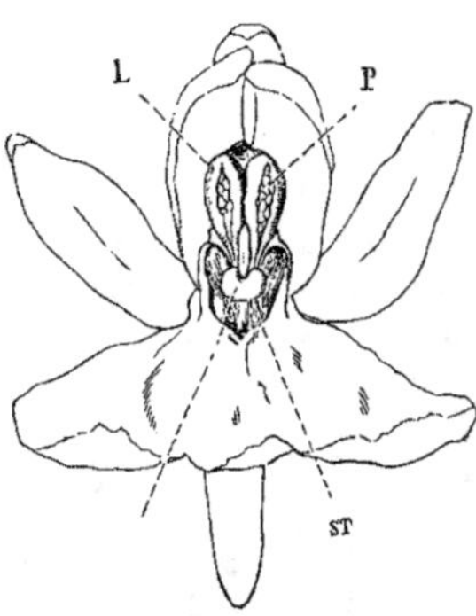

Fig. 608. — Fleur d'Orchis.
ST. Stigmate. — *R*. Rétinacle. — *L*. Loge anthérique. — *P*. Masse pollinique.

Genre EPIPACTIS : souche fibreuse; tige feuillée dans toute sa longueur; divisions du périanthe à peu près égales, étalées; labelle étalé, à partie terminale plus grande, offrant à son rétrécissement 2 saillies obtuses; gynostème court, en pointe.

Épipactis à larges Feuilles (*Ep. latifolia*, fig. 609). Tige de 3 à 7 décim., à feuilles inférieures ovales oblongues, les supérieures lancéolées, très aiguës; fleurs verdâtres, rosées, en épi lâche; ovaire pubescent. Bois, coteaux.

Genre LISTERA : racine à fibres fasciculées; tige herbacée, portant 2 larges feuilles opposées; labelle pendant, bifide; gynostème très court; anthère sessile, libre.

Listère ovale (*L. ovata*, fig. 610). Tige de 4 à 5 décim., pubescente, à feuilles très amples; fleurs vertes, en long épi grêle, à labelle d'un jaune verdâtre. Été, bois, pâturages.

Fig. 610. — Listère ovale.

Fig. 609.
Épipactis à larges Feuilles.

Genre NEOTTIA : labelle sans éperon, pendant, profondément bifide; gynostème court, anthère sessile, ovaire non tordu en spirale. Racine composée d'un paquet de fibres entrelacées; tige blanchâtre, sans feuilles.

Néottie Nid d'Oiseau (*N. nidus avis*, fig. 611). Tige de 3 à 4 décim., d'un brun clair, garnie, au lieu de feuilles, d'écailles membraneuses engainantes, ce qui lui donne l'apparence d'une orobanche ; fleurs d'un blanc roussâtre en épi serré oblong. Son nom vient de l'entrelacement des fibres de la racine qu'on a comparées à un nid d'oiseau. Bois.

Genre CEPHALANTHERA : souche fibreuse, tige feuillée dans toute sa longueur ; fleurs assez grandes ; labelle concave à la base, non éperonné, présentant à son rétrécissement 3 crêtes longitudinales saillantes ; anthère à filet distinct, ovaire tordu en spirale.

Cephalanthère rose (*C. rubra*, fig. 612). Tige de 3 à 5 décim., à feuilles linéaires, lancéolées ; à fleurs roses, en épi lâche ; ovaire tordu, pubescent. Forêts, bois montueux.

Fig. 611.
Néottie Nid d'Oiseau.

Fig. 612.
Cephalanthère rose.

Genre LIPARIS : souche bulbiforme, à bulbes rapprochés, assez gros ; tige anguleuse, à feuilles radicales ; fleurs à labelle regardant en haut, plus grand que les autres divisions du périanthe, qui sont étroites et étalées, gynostème allongé ; ovaire non tordu.

Liparis de Lœsel (*L. lœselii*, fig. 613). Tige de 1 à 2 décim., presque ailée, à 2 feuilles radicales engaînantes, d'un vert jaunâtre, oblongues, pliées ; fleurs d'un jaune verdâtre en épi assez lâche. Marais, tourbières.

Genre MALAXIS : souche bulbeuse ; tige anguleuse ; feuilles radicales ; fleurs en épi grêle, à labelle plus court que les autres divisions du périanthe, concave, embrassant le gynostème ; celui-ci très court.

Malaxis des Marais (*M. paludosa*, fig. 614). Tige grêle, de 5 à 15 cent., garnie dans le bas de 2 à 4 feuilles ovales spatulées, d'un vert jaunâtre ; fleurs très petites, d'un jaune verdâtre, en épi grêle, allongé. Marais tourbeux.

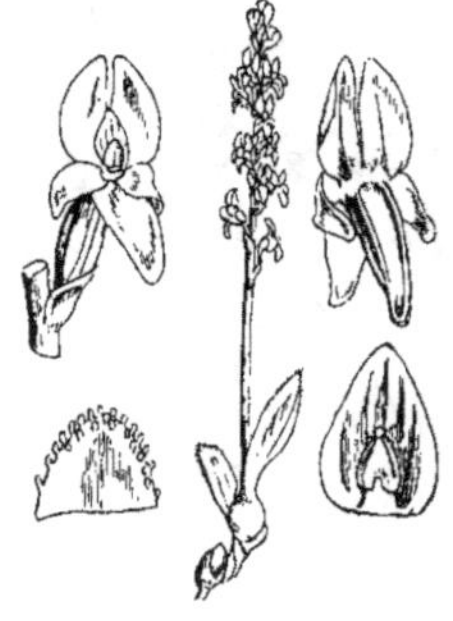

Fig. 614. — Malaxis des Marais.

Fig. 613. — Liparis de Lœsel.

Genre ORCHIS : souche tuberculeuse entière ou palmée ; périanthe à divisions presque égales, dirigées d'un seul côté ; labelle éperonné, ordinairement à 3 lobes ; ovaire contourné.

Orchis à deux Feuilles (*O. bifolia*). Souche à 2 tubercules entiers ; tige de 3 à 5 décim.,

portant 2 feuilles radicales grandes, ovales lancéolées; fleurs blanches, odorantes, en épi lâche, à labelle entier, presque linéaire, se prolongeant en éperon très grêle, plus long que l'ovaire. Bois, pâturages.

Fig. 615. — Orchis bouffon.

Orchis bouffon (*O. morio*, fig. 615). Tubercule entier; tige de 1 à 3 décim., feuilles lancéolées, les radicales plus larges; fleurs en épi court, ovoïde, purpurines ou violettes, veinées de vert, labelle à taches blanches ponctuées de lilas, éperon un peu plus court que l'ovaire. Prés, clairières des bois.

Orchis tacheté (*O. maculata*). Tubercule palmé; feuilles oblongues, ordinairement tachées de pourpre noirâtre; fleurs en épi conique, d'un rose lilas ou blanches tachées de pourpre, à labelle plus large que long. Bois, prés.

Fig. 616. — Aceras pendu.

Genre ACERAS : périanthe relevé en casque, labelle sans éperon, pendant, allongé, à lobes linéaires, le moyen bifide; ovaire tordu; bulbes entiers.

Aceras pendu (*Ac. anthropophora*, fig. 616), vulgairement *Orchis pendu*. Tige de 2 à 4 décim., nue sous l'épi; feuilles oblongues, lancéolées; fleurs d'un vert jaunâtre, bordées de brun, en épi allongé. Prés secs, bois montueux.

Fig. 617.
Anacamptis pyramidal.

Genre ANACAMPTIS : souche à 2 tubercules entiers; labelle éperonné, à 3 lobes, muni de 2 petites cornes à sa base; rétinacles soudés en un seul, renfermé dans une bursicule; ovaire tordu (617).

Anacamptis pyramidal (*An. pyramidalis*, Pl. 68, fig. 403, *a b*). Tige de 3 à 5 décim., à feuilles lancéolées; fleurs d'un rose vif, en épi compact ovoïde. Prés et coteaux.

Fig. 618. — Ophrys Abeille.

Genre OPHRYS : périanthe à folioles extérieures étalées, les intérieures latérales, plus petites, dressées; labelle sans éperon; rétinacles libres, renfermés dans 2 bursicules distinctes; ovaire non contourné; bulbes entiers.

Ophrys Abeille (*O. apifera*, fig. 618). Tige de 2 à 3 décim., à feuilles oblongues; labelle

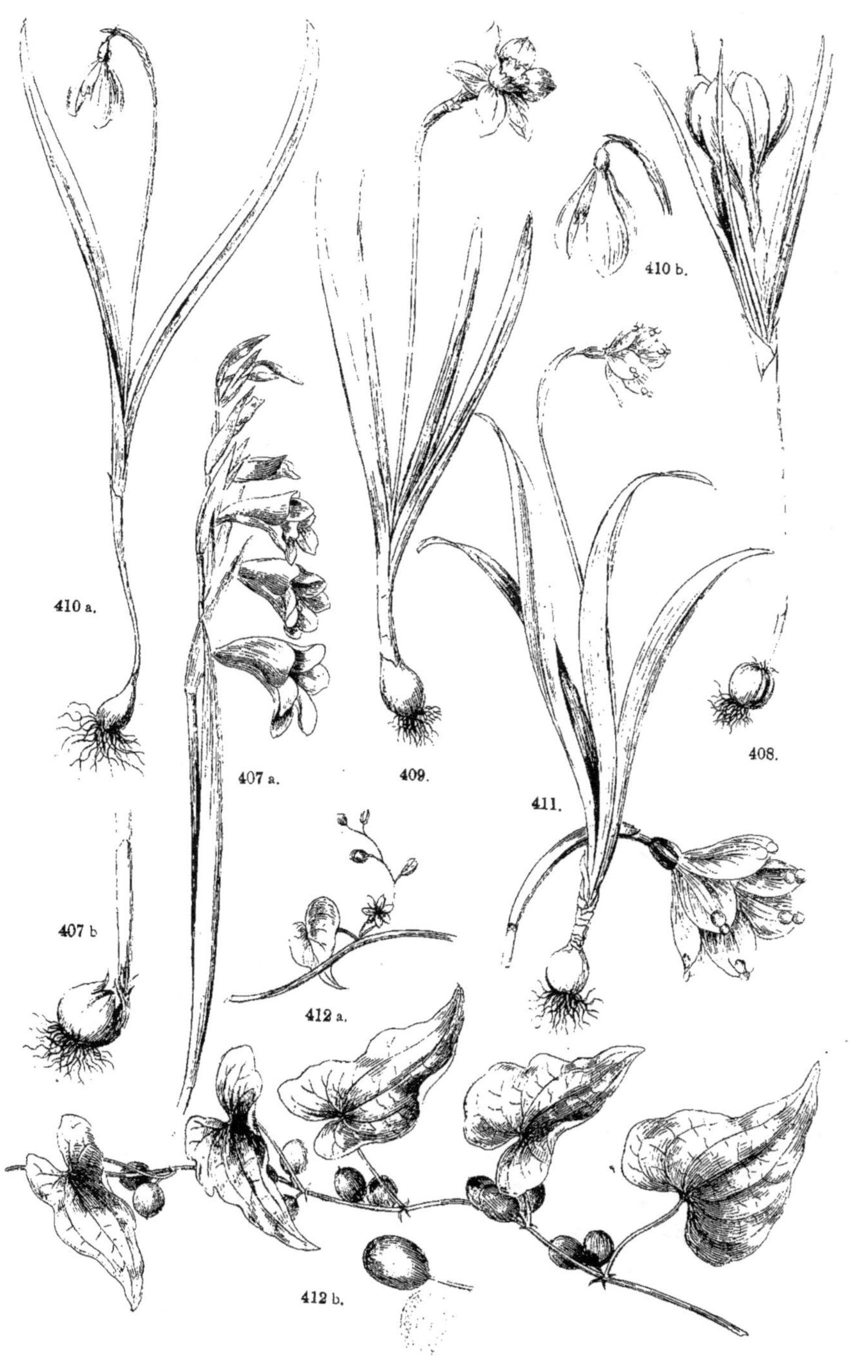
410 a.
407 a.
409.
410 b.
408.
411.
407 b.
412 a.
412 b.

velouté, brun pourpre, marqué d'une tache glabre verdâtre, périanthe rose ; gynostème à bec long flexueux. Bois, coteaux.

Ophrys Mouche (*O. muscifera*). Tige grêle, de 2 à 4 décim., feuilles lancéolées ; fleurs peu nombreuses, en épi grêle, à divisions intérieures du périanthe filiformes, pourpre foncé, labelle velouté, d'un brun roussâtre, marqué d'une large tache quadrangulaire, bleuâtre. Bois, coteaux.

Ophrys Araignée (*O. aranifera*, Pl. 68, fig. 404). Tige de 1 à 2 décim. ; feuilles inférieures ovales lancéolées, fleurs en épi lâche, pauciflore, à labelle velouté, brun jaunâtre, marqué de 2 à 4 lignes blanchâtres ou verdâtres, parallèles. Coteaux secs.

Fig. 619.
Fleur d'Iris. Diagramme.

FAMILLE DES IRIDÉES.

Plantes herbacées à souche tubéreuse ou bulbeuse ; à feuilles en glaive, alternes, à base engainante, ou radicales très allongées. Fleurs hermaphrodites, régulières, à périanthe tubuleux à la base, soudé à l'ovaire, à 6 divisions pétaloïdes sur 2 rangs ; 3 étamines insérées sur le tube du périanthe, anthères à 2 loges, extrorses ; ovaire infère à 3 loges plurio-vulées ; 3 stigmates souvent pétaloïdes (fig. 619).

Fig. 620. — Iris faux Acore.

Genre GLADIOLUS (*Glayeul*) : périanthe irrégulier, tubuleux, à 6 divisions disposées en 2 lèvres, étamines insérées sur le tube du périanthe ; ovaire trigone, style filiforme, 3 stigmates étalés.

Glayeul commun (*Gl. communis*, Pl. 69, fig. 407, *a b*). Plante bulbeuse ; tige de 5 à 9 décim., portant de 6 à 10 fleurs grandes, unilatérales, d'un rose carmin ; feuilles linéaires, aiguës. Mai, juin, dans les prés.

Glayeul des Marais (*Gl. palustris*), qui croît dans les prairies marécageuses, est moins élevé que le précédent, et porte de 4 à 6 fleurs rouges.

Genre IRIS : plantes à souche horizontale, charnue, rameuse ; à fleurs solitaires ou en épi, muni de spathe à la base ; périanthe à 6 divisions ; les 3 extérieures plus grandes, étalées, les 3 intérieures dressées ; 3 étamines ; 1 style très court, terminé par 3 lobes élargis, pétaloïdes, portant les stigmates.

Iris germanique (*I. germanica*), vulgairement *Flambe*, *Iris d'Allemagne* (Pl. 68, fig. 406). Rhizome épais, horizontal ; tige droite, de 6 à 8 décim., à feuilles larges de 2 à 3 cent., moins longues que la tige ; fleurs très grandes, d'un beau violet, à barbes orangées. Printemps, sur les vieux murs, les chaumes, et cultivé dans les jardins.

Iris faux Acore (*J. pseudo-acorus*), vulgairement *Iris jaune*, *Iris des marais* (fig. 620).

Tige de 6 à 10 décim., à feuilles très longues, larges de 12 à 15 millim.; fleurs grandes, jaunes, à divisions extérieures non barbues. Étangs, marais.

Les Iris sont cultivés dans les jardins comme plantes d'ornement. On emploie la racine de l'*Iris de Florence* pour parfumer le linge et pour faire des pois à cautères. La racine de l'Iris des marais est parfois employée dans les campagnes contre les diarrhées.

Genre Ixia : périanthe régulier, en entonnoir, à 6 divisions, étalées; étamines insérées sur la gorge du périanthe; 1 style filiforme, 3 stigmates bilobés; capsule ovoïde, à 3 loges.

Ixie bulbocode (*Ixia bulbocodium*, fig. 621). Plante bulbeuse, à tige grêle, de 5 à 10 cent., à feuilles linéaires, glabres, en gouttière; fleur solitaire bleue ou violette, à gorge jaune. Midi, pelouses maritimes.

Genre Crocus : périanthe en entonnoir, à tube allongé, à limbe à 6 divisions, les 3 intérieures plus petites; étamines insérées à la gorge du périanthe, à anthères sagittées; ovaire trigone; style très long, à 3 stigmates dressés, en coupe, graines presque globuleuses.

Fig. 621. — Ixie bulbocode.

Safran médicinal (*Crocus sativus*), vulgairement *Safran d'automne* (fig. 622). Plante vivace à bulbes entourés d'enveloppes fibrilleuses; feuilles rudes, étroites, naissant avec les fleurs; celles-ci violettes, à gorge barbue, à stigmates orangés, odorants, très allongés. Automne, cultivé. Les stigmates de cette plante sont employés comme narcotiques et antispasmodiques.

Safran printanier (*Cr. vernus*, Pl. 69, fig. 408). Tige de 1 à 2 décim., feuilles précédant les fleurs; périanthe d'un bleu violacé, à gorge pubescente; stigmates courts. Printemps, montagnes.

Fig. 622. — Safran médicinal.

FAMILLE DES DIOSCORÉES.

Genre Tamus (*Tamier*) : fleurs dioïques, à périanthe campanulé à 6 lobes étalés dans les fleurs mâles, adhérent à l'ovaire dans les fleurs femelles; ovaire infère à 3 loges, 3 styles plus ou moins soudés; baie à une ou plusieurs loges polyspermes.

Tamier commun (*Tamus communis*), vulgairement *Sceau de Notre-Dame* (Pl. 69, fig. 412, *a b*). Plante faible, grimpante, de 1 à 3 mètres; feuilles ovales acuminées, cordiformes à la base, longuement pétiolées, à nervures anastomosées; fleurs petites, d'un blanc jaunâtre ou verdâtre, en grappes axillaires; baies rouges. Été, bois.

FAMILLE DES AMARYLLIDÉES.

Plantes herbacées à souche généralement bulbeuse ; à feuilles radicales, linéaires, allongées ; à fleurs régulières renfermées avant la floraison dans une bractée en forme de spathe. Périanthe à tube soudé avec l'ovaire, à 6 divisions pétaloïdes ; 6 étamines sur le périanthe, anthères bilobées ; ovaire infère à 3 loges ; style simple à stigmate simple ou trilobé ; capsule à 3 loges polyspermes (fig. 623).

Genre AMARYLLIS : périanthe en entonnoir, à 6 divisions égales, à gorge munie de 6 petites écailles ; stigmate trifide, souche bulbeuse ; hampe à feuilles toutes radicales.

Fig. 623. — Nivéole (Fleur coupée verticalement).

Amaryllis jaune (*A. lutea*). Fleur grande, jaune, solitaire ; feuilles linéaires lancéolées, engainées à la base. Midi, automne.

Genre LEUCOJUM (*Nivéole*) : périanthe à divisions égales, ovales, très profondes ; étamines insérées sur un disque épigyne ; stigmate conique. Souche bulbeuse, hampe anguleuse portant 1 ou 2 fleurs penchées.

Nivéole printanière (*L. vernum*, Pl. 69, fig. 411). Hampe de 2 à 3 décim., munie dans le bas de trois feuilles linéaires lancéolées ; fleur solitaire, blanche, à pétales marqués au sommet d'une tache jaune verdâtre. Fleurit dès février, dans les prés.

Genre GALANTHUS : périanthe à 6 divisions, les extérieures étalées, les intérieures plus courtes, dressées, échancrées ; anthères prolongées en soie ; stigmate aigu.

Galanthe perce Neige (*G. nivalis*, Pl. 69, fig. 410, *a b*). Hampe nue, fistuleuse de 15 à 25 centim., portant à la base 2 feuilles opposées et au sommet une fleur solitaire, blanche, penchée, à divisions intérieures tachées de vert. Fleurit en février dans les prés et les bois.

Genre NARCISSUS : périanthe régulier, tubulé à divisions étalées, à gorge garnie d'une couronne ou d'un godet pétaloïde ; étamines cachées dans le tube ou entourées par la couronne ; capsule presque globuleuse, trigone.

Fig. 624. — Narcisse des Poètes.

Narcisse des Poètes (*N. poeticus*, fig. 624), vulgairement *Herbe à la Vierge, Jeannette*. Hampe nue, portant une fleur solitaire, grande, blanche, odorante, à couronne jaune bordée de rouge. Prairies, au printemps. Cultivé dans les jardins.

Narcisse faux Narcisse (*N. pseudo-narcissus*), vulgairement *Narcisse des bois, Chaudron, Godet* (Pl. 69, fig. 409). Hampe comprimée, striée, portant une grande fleur jaune, inodore, à godet aussi long que les divisions du périgone ; feuilles planes, assez larges. Printemps, bois. Double par la culture dans les jardins.

FAMILLE DES ASPARAGINÉES.

Plantes herbacées, à fleurs régulières, quelquefois unisexuelles ; à périanthe pétaloïde à 4-6 ou 8 divisions ; étamines en nombre égal à celui des divisions du périanthe ; ovaire libre ; fruit bacciforme ordinairement à 3 loges polyspermes, quelquefois uniloculaire et monosperme par avortement (fig. 625 et 626).

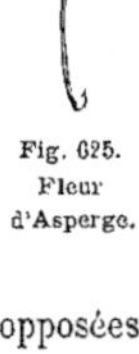

Fig. 625.
Fleur
d'Asperge.

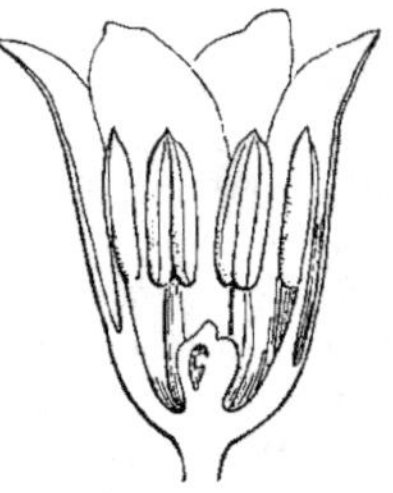

Fig. 626.
Fleur d'Asperge coupée
verticalement.

Genre PARIS (*Parisette*) : fleurs hermaphrodites ; périanthe à 8 divisions, les 4 internes très étroites ; 8 étamines à filets dilatés portant les anthères sur leur milieu ; 4 styles à stigmates simples ; baie noire, polysperme.

Parisette à quatre Feuilles (*P. quadrifolia*), vulgairement *Raisin de renard* (Pl. 70, fig. 413, *a b*). Souche longuement rampante ; tige droite, glabre, de 2 à 3 décim., garnie au sommet de 4 feuilles ovales, opposées en croix, du centre desquelles s'élève la fleur ; celle-ci verdâtre à anthères jaunes ; baie d'un noir violet. Printemps, bois et lieux couverts. Ses feuilles et sa racine sont purgatives.

Genre CONVALLARIA (*Muguet*) : périanthe en cloche à 6 dents rejetées en dehors ; 6 étamines insérées à la base du périanthe ; ovaire à 3 loges biovulées ; style court, épais, stigmate à 3 angles.

Muguet de Mai (*C. majalis*), vulgairement *Muguet, Lis des vallées* (Pl. 70, fig. 415, *a b c*). Souche longuement rampante, 2 feuilles radicales ovales lancéolées ; hampe simple à fleurs en grappe, blanches, en grelot, penchées d'un seul côté, odoriférantes ; baie rouge. Au printemps, dans les bois.

Fig. 627. — Muguet multiflore.

Genre POLYGONATUM, détaché du genre *Convallaria*, dont il diffère par son périanthe tubuleux à 6 dents dressées.

Muguet multiflore (*Pol. multiflorum*, fig. 627), vulgairement *Muguet de serpent, Grand sceau de Salomon*. Souche rampante ; tige dressée, cylindrique de 5 à 9 décim., à feuilles alternes, embrassantes, ovales oblongues ; pédoncules axillaires portant de 3 à 5 fleurs blanches, en entonnoir, évasées à l'orifice ; baie rouge ou violacée. Au printemps, bois.

Genre MAIANTHEMUM : périanthe à 4 divisions profondes, étalées ; 4 étamines à filets libres insérées à la base du périanthe, ovaire à 2-3 loges, stigmate bilobé ou trilobé ; baie rouge.

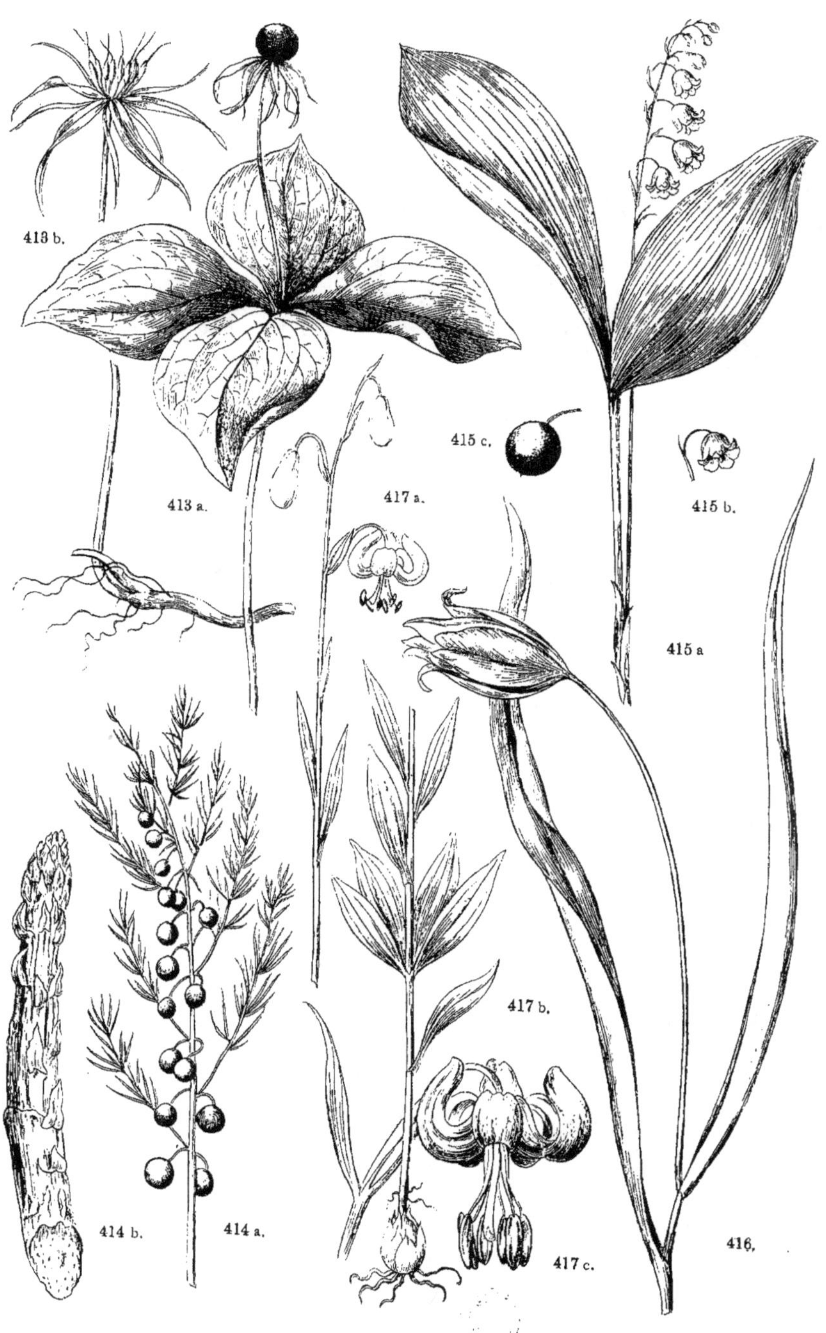

70.
413 b.
413 a.
415 c.
415 b.
415 a.
417 a.
414 b.
414 a.
417 b.
417 c.
416.

Maïanthème à deux Feuilles (*M. bifolium*), vulgairement *Muguet des bois* (fig. 628). Souche traçante émettant des tiges droites, anguleuses, de 1 à 2 décim., portant de 1 à 3 feuilles pétiolées, alternes, cordiformes et une grappe terminale de petites fleurs blanches; baies rouges. Au printemps dans les bois.

Genre ASPARAGUS (*Asperge*) : fleur souvent dioïque par avortement; périanthe campanulé à 6 divisions; 6 étamines insérées à la base des divisions; ovaire à 3 loges biovulées, stigmate trilobé.

Asperge officinale (*Asp. officinalis*, Pl. 70, fig. 414, *a b c*). Souche horizontale émettant au printemps de jeunes pousses cylindriques, blanches, terminées par un bourgeon verdâtre ou rougeâtre; c'est la partie qui se mange; elles se développent en juin en tiges très rameuses, de 6 à 10 décim.; les feuilles filiformes sont lisses fasciculées par 3-8. Ses baies sont d'un beau rouge. Cultivée.

Fig. 628.
Maïanthème à deux Feuilles.

FAMILLE DES LILIACÉES.

Plantes herbacées vivaces, à souche ordinairement bulbeuse; à feuilles le plus souvent toutes radicales et lancéolées linéaires. Fleurs hermaphrodites régulières, ordinairement munies de bractées scarieuses ou de spathes; périanthe pétaloïdes, à 6 divisions; 6 étamines hypogynes; 1 style, 3 stigmates plus ou moins soudés; capsule à 3 loges (fig. 629).

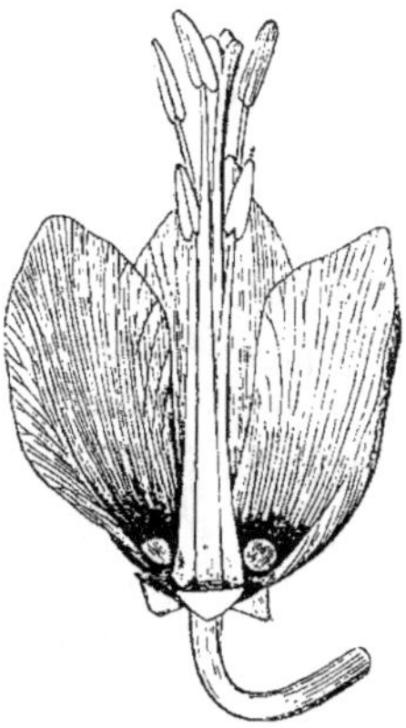

Genre TULIPA : périanthe à 6 folioles libres, presque égales, réunies en cloche; étamines hypogynes, stigmates sessiles à 3 lobes; capsule trigone, graines planes.

Tulipe sauvage (*T. sylvestris*, Pl. 70, fig. 416). Bulbe ovoïde, entouré d'une membrane brune; tige dressée, cylindrique, uniflore, de 4 à 6 décim.; feuilles linéaires, lancéolées allongées; fleur terminale jaune à odeur miellée. Au printemps dans les bois, les prairies.

C'est de la *Tulipe de Gessner*, plante de l'Asie Mineure, que viennent les nombreuses variétés cultivées dans les jardins.

Genre FRITILLARIA (*Fritillaire*) : périanthe campanulé à 6 divisions colorées, pourvues à la base d'une fossette nectarifère; 6 étamines; 1 style, 3 stigmates; capsule trigone.

Fig. 629. — Fleur de Fritillaria,
coupée verticalement.

Fritillaire Pintade (*Fr. meleagris*, Pl. 71, fig. 422, *a b*), vulgairement *Damier*. Bulbe petit, arrondi, souvent double; tige dressée, de 2 à 4 décim., ordinairement uniflore; feuilles alternes, linéaires, canaliculées; fleur ovoïde, penchée, d'un pourpre roussâtre, marquetée de petits losanges bleus ou violacés formant une sorte de Damier. Au printemps, prés, bois.

Fig. 630. — Scille d'Automne.

On cultive dans les jardins la *Fritillaire impériale*, originaire d'Orient, dont les belles fleurs jaunes sont réunies en couronne.

Genre LILIUM (*Lis*): périanthe campanulé à 6 divisions droites ou roulées en dehors, pourvues à la base d'un sillon nectarifère; style filiforme, stigmate trilobé; fruit capsulaire; bulbe écailleux.

Lis blanc (*L. candidum*), vulgairement *Lis commun*. Tige de 8 à 10 décim., feuilles éparses, lancéolées; fleurs grandes, blanches, dressées en grappe pauciflore. Cultivé.

Lis martagon (*L. martagon*), vulgairement *Turban* (Pl. 70, fig. 417, *a b c*). Tige droite, ponctuée de noir, haute de 6 à 9 décim.; feuilles verticillées, ovales lancéolées; fleurs en grappe terminale de 3 ou 4, penchées, d'un rose violacé, ponctuées de pourpre en dedans, à lobes roulés en dehors.

Genre SCILLA : périanthe à 6 divisions libres, étalées; 6 étamines insérées à la base des lobes du périanthe; 1 style à stigmate simple, obtus; capsule ovale ou arrondie à 3 loges. Racine bulbeuse.

Scille à deux Feuilles (*Sc. bifolia*, Pl. 71, fig. 418, *a b*). Tige de 2 à 3 décim., 2 ou 3 feuilles radicales, linéaires lancéolées, presque aussi longues que la tige; fleurs bleues en grappe peu fournie. Printemps, bois et prés.

Scille d'Automne (*Sc. autumnalis*, fig. 630). Tige de 1 à 2 décim.; feuilles linéaires, étroites, courtes; fleurs petites, d'un bleu lilas, paraissant avant les feuilles. Été, pelouses sèches.

Genre ALLIUM (*Ail*): plantes bulbeuses, à odeur forte, à fleurs en ombelle sphéroïde, renfermée avant l'épanouissement dans une spathe: périanthe à 6 divisions campanulées ou étalées; 6 étamines, les 3 intérieures dilatées et souvent munies de chaque côté d'un appendice; style filiforme, stigmate simple; capsule trigone, à 3 loges uni ou biovulées.

Ail cultivé (*A. sativum*, fig. 631), vulgairement *Ail*. Bulbe composé de plusieurs bulbilles contenues dans une même enveloppe; tige dressée cylindrique de 6 à 10 décim.; feuilles planes, lisses, carénées; ombelle enveloppée dans une spate univalve terminée par une longue pointe; fleurs blanchâtres ou rougeâtres. Plante condimentaire bien connue de tout le monde.

Fig. 631. — Ail cultivé.

Ail potager (*A. oleaceum*, Pl. 71, fig. 419, *a b*). Bulbe simple, fétide, tige droite, feuillée, de 4 à 6 décim.; feuilles fistuleuses, demi-cylindriques canaliculées; spathe à 2 valves, étamines toutes simples; fleurs d'un blanc rosé. Été, champs, vignes.

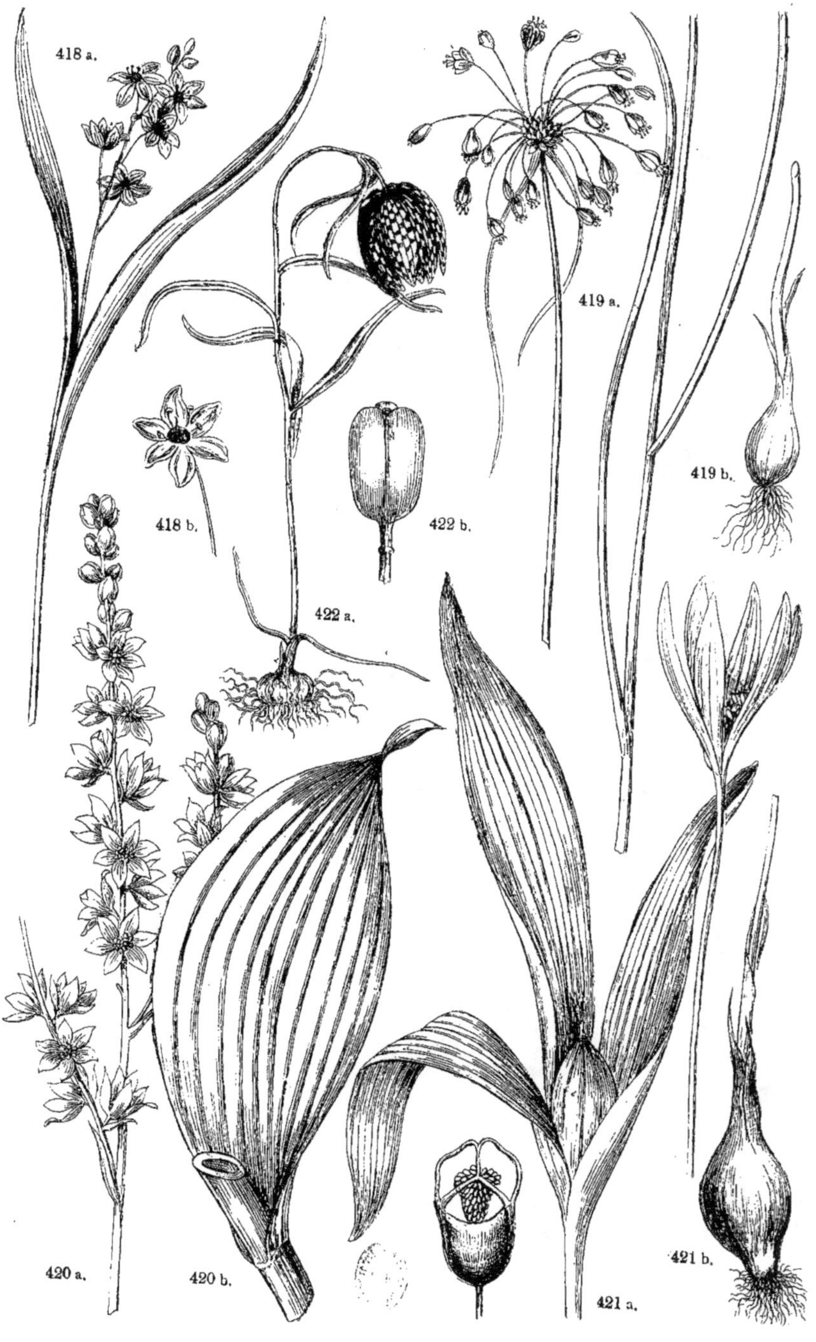

418 a.
419 a.
419 b.
418 b.
422 b.
422 a.
420 a.
420 b.
421 a.
421 b.

71

Ail civette (*A. schœnoprasum*, fig. 632), vulgairement *Civette*, *ciboule*. Bulbes ovoïdes, fasciculés; tige de 15 à 25 centim., feuilles fistuleuses, cylindriques, égalant presque la hampe; spathe colorée, à 2 valves; fleurs d'un rouge pâle. Plante condimentaire. Elle croît sur les hautes montagnes.

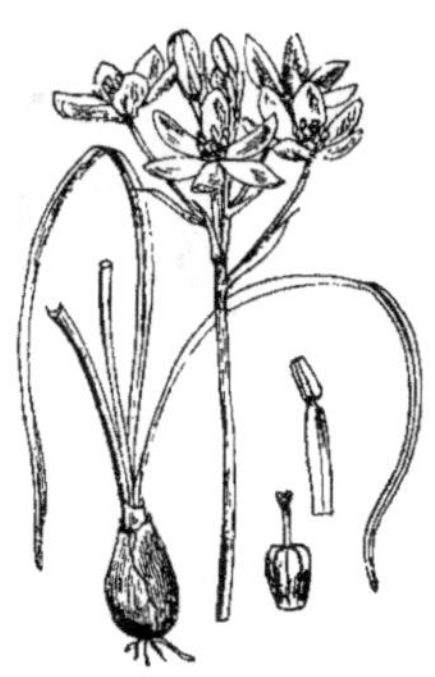

Fig. 633.
Ornithogale en Ombelle.

On cultive aussi comme plantes condimentaires: l'Ognon (*A. cepa*), le Poireau (*A. porrum*), l'Échalotte (*A. ascalonicum*), la Rocambole (*A. scorodoprasum*), etc.

Genre ORNITHOGALUM: plantes bulbeuses à fleurs en grappe ou en corymbe, à feuilles radicales: périanthe à 6 divisions étalées, 6 étamines hypogynes à filets aplatis; style droit, épais; stigmate trigone; capsule obtusément trigone.

Fig. 632. — Ail civette.

Ornithogale penchée (*O. nutans*, Pl. 72, fig. 423). Feuilles toutes radicales, linéaires, allongées; hampe droite, de 4 à 6 décim., terminée par une grappe de fleurs blanches tachées de vert, penchées. Printemps, champs et bois.

Ornithogale en Ombelle (*O. umbellatum*, fig. 633), vulgairement *Dame d'onze heures*. Feuilles radicales, linéaires, très étroites, plus longues que la tige; celle-ci de 1 à 3 décim., terminée par un corymbe lâche de fleurs blanches verdâtres en dehors. Au printemps, dans les champs, les vignes.

L'**Ornithogale jaune** (*O. luteum*, fig. 634), qui fait aujourd'hui partie du genre *Gagea*, a ses fleurs jaunes en corymbe.

Genre HYACINTHUS: périanthe tubuleux, en cloche, à 6 divisions étalées; étamines incluses, insérées sur le périanthe; style court, stigmate obtus; capsule trigone.

Fig. 635. — Hyacinthe d'Orient.

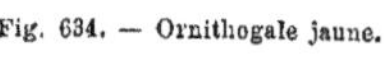

Fig. 634. — Ornithogale jaune.

Hyacinthe d'Orient (*H. orientalis*, fig. 635), vulgairement *Jacinthe*. Plante bulbeuse, à feuilles larges, obtuses, plus courtes que la tige; celle-ci porte une grappe lâche de 6 à 10 fleurs, bleues, blanches ou rougeâtres, d'odeur suave. Culture d'ornement.

Genre AGRAPHIS : périanthe à segments connivents en cloche, recourbés au sommet ;
6 étamines, dont 3 plus courtes à filet libre, 1 style, stigmate trigone ; capsule trigone s'ouvrant au sommet.

Fig. 636. — Hyacinthe à Grappe.

Hyacinthe penchée (*Agr. nutans — Hyacinthus non scriptus* de Linné), vulgairement *Jacinthe des bois*. A fleurs bleues ou blanches penchées, en grappe, odorantes. Printemps, bois.

Genre MUSCARI (*Hyacinthus*, Linné) : périanthe urcéolé ou cylindrique ; à 6 dents ; 6 étamines insérées sur le tube ; stigmate simple ; capsule à 3 angles aigus.

Hyacinthe à Grappe (*M. racemosum*, fig. 636). Feuilles radicales, linéaires étroites, souvent plus longues que la hampe ; celle-ci droite, de 1 à 2 décim., terminée par une grappe courte, ovale, serrée, de fleurs d'un bleu foncé à dents blanchâtres, penchées, odorantes. Printemps, champs, vignes.

Hyacinthe chevelu (*M. comosum*, Pl. 72, fig. 424), vulgairement *Vaciet, Ail à Toupet*. Feuilles longues, largement linéaires, ciliées sur les bords ; hampe droite, de 2 à 4 décim., portant une grappe terminale très allongée, lâche ; d'un brun clair, celles du sommet stériles, réunies en bouquet d'un beau bleu violet. Printemps, champs, vignes.

Ici vient se placer le genre ALOÈS, dont nous figurons dans notre Atlas (Pl. 72, fig. 425) l'espèce la plus répandue dans nos serres et nos jardins, *Aloë vulgaris*, originaire de l'Afrique australe.

FAMILLE DES COLCHICACÉES.

Plantes bulbeuses (*Colchicées*) ou non bulbeuses (*Vératrées*), à fleurs hermaphrodites ; périanthe coloré, à 6 divisions libres ou soudées en tube ; 6 étamines insérées sur le périanthe, à anthères biloculaires ; ovaire à 3 loges pluriovulées ; 3 styles libres ou soudés, 3 stigmates ; capsule à 3 valves, renfermant de nombreuses graines insérées à l'angle interne des loges.

Genre COLCHICUS : bulbe souterrain donnant naissance à des fleurs précédant les feuilles ; périanthe en entonnoir à tube très long, grêle, à 6 divisions longuement onguiculées ; 3 styles libres très longs ; capsule renflée (fig. 637).

Fig. 637.
Colchique d'Automne.

Colchique d'Automne (*C. autumnale*, Pl. 71, fig. 421, *a b*), vulgairement *Tue-chien*. 1 à 3 fleurs violettes, grandes, naissant en automne sur un bourgeon qui s'allonge au printemps en une tige simple, avec feuilles et capsules. Feuilles oblongues, larges, luisantes. Pâturages. Son bulbe, très âcre, est purgatif et diurétique ; ses feuilles sont nuisibles aux bestiaux (Fig. 637.)

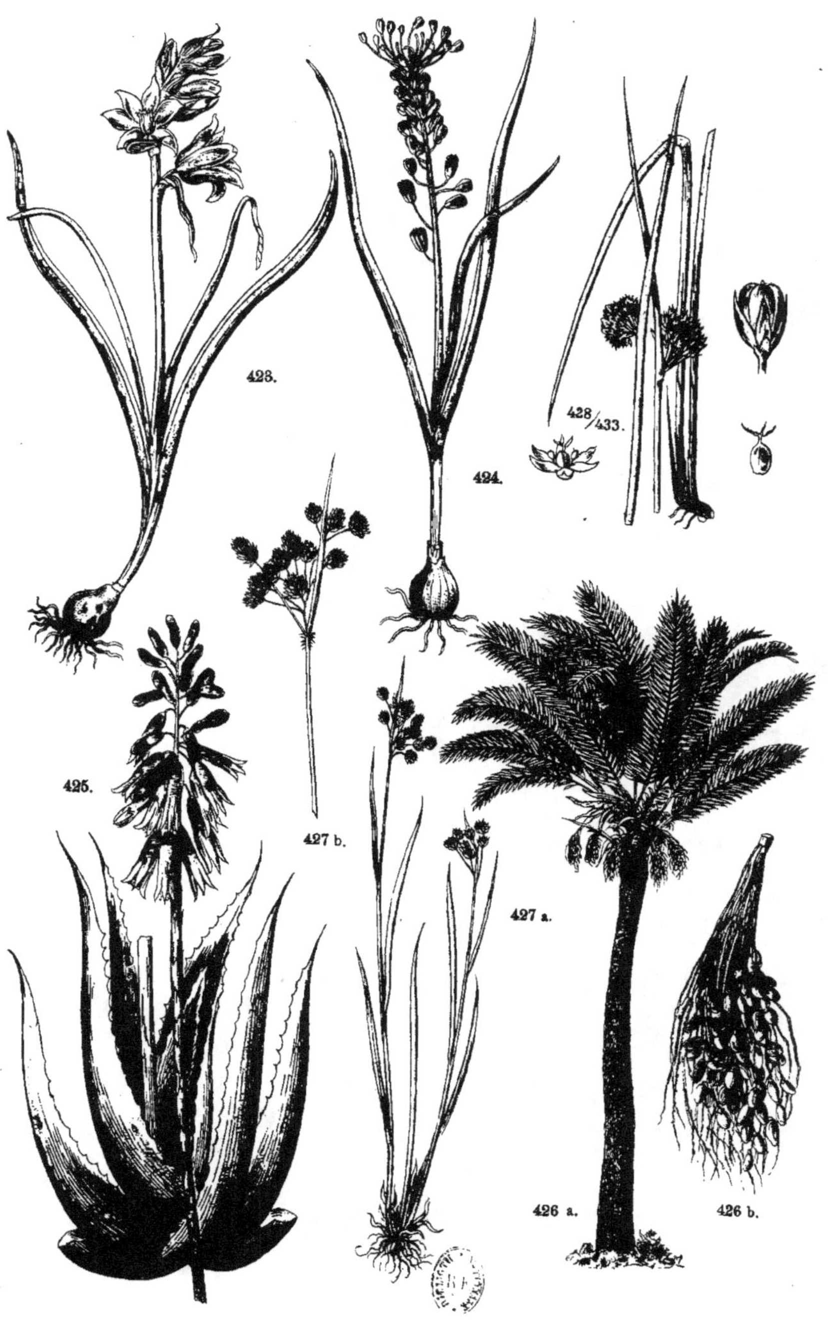

72.
423.
424.
423/433.
425.
427 b.
427 a.
426 a.
426 b.

Genre VERATRUM : racine rampante, fibreuse ; tige feuillée, fleurs en grappe ; périanthe à 6 divisions étalées ; 3 styles courts, divergents ; capsule à 3 loges ; graines comprimées, ailées.

Vératre blanc (*Ver. album*, Pl. 71, fig. 420, *a b*), vulgairement *Hellébore blanc*. Tige droite, de 10 à 15 décim. ; à feuilles grandes, sessiles, ovales, plissées ; fleurs en panicule terminale, blanchâtres en dedans, verdâtres en dehors. Été, bois et pâturages des montagnes.

FAMILLE DES JONCÉES.

Plantes herbacées à racine fibreuse, quelquefois traçante ; à tige feuillée ou non feuillée ; les feuilles linéaires, à base engainante ; fleurs petites, ordinairement brunâtres, solitaires ou en glomérules, munies à la base de 2 bractéoles. Fleurs hermaphrodites, régulières ; périanthe à 6 divisions écailleuses dont 3 externes ; 3 ou 6 étamines ; 1 style, 3 stigmates filiformes ; capsule à 1 ou 3 loges renfermant plusieurs graines.

Fig. 638. — Jonc aigu.

Genre JUNCUS (*Jonc*) : capsule à 3 loges et à graines nombreuses attachées aux cloisons ; feuilles glabres, cylindriques ou canaliculées, ou réduites à des écailles engainantes.

Ce genre renferme un grand nombre d'espèces parmi lesquelles nous citerons :

Jonc aigu (*J. acutus*, fig. 638), vulgairement *Jonc pointu*. A tige robuste, à feuilles raides, piquantes ; à fleurs en panicule compacte, luisante, panachée de brun ; périante moitié moins long que la capsule. Sables maritimes.

Jonc glauque (*J. glaucus*, Pl. 72, fig. 428), vulgairement *Jonc des jardiniers*. Plante glaucescente, à tige de 5 à 6 décim. ; striée, nue, garnie à sa base de gaines d'un brun noir luisant ; panicule lâche, latérale. Lieux humides. Espèce employée par les jardiniers pour lier les plantes.

Jonc raide (*J. squarrosus*, fig. 639). Tige de 3 à 8 décim., dressée, raide, nue ; à feuilles radicales raides, dures, canaliculées engainantes ; panicule terminale étroite, brunâtre, à fleurs en petits bouquets. Lieux humides, terrains tourbeux.

Fig. 639. — Jonc raide.

Fig. 640. — Luzule poilue.

Les joncs à tiges longues et tenaces, *J. acutus, J. glaucus*, sont employés pour faire des liens, des nattes, des corbeilles ; les racines traçantes des *J. effusus, glaucus, conglome-raus* s'emploient comme diurétiques.

Genre LUZULA : capsule à 1 seule loge et à 3 graines dressées ; feuilles planes, ordinairement poilues.

Luzule poilue (*L. pilosa*, fig. 640, *L. vernalis*, D. C.). Tige grêle, de 2 à 4 décim., à feuilles radicales, lancéolées linéaires, très velues ; fleurs en corymbe ombelliforme, à pédicelles inégaux uniflores ; fleurs brunes. Au printemps, dans les bois.

Luzule champêtre (*L. campestris*, Pl. 72, fig. 427). Tige grêle de 1 à 2 décim., à souche traçante ; feuilles étroites, linéaires, poilues, surtout à la base ; corymbe terminal simple, formé d'épis courts, ovoïdes ; anthères jaunes, beaucoup plus longues que leurs filets. Printemps, pelouses, bruyères.

Ici se place la famille des PALMIERS, dont aucune espèce n'appartient en propre à l'Europe, si ce n'est peut-être le *Chamærops humilis* ou *Palmier nain*, que l'on trouve en Espagne et jusqu'à Nice. Il est très abondant en Algérie. Nous figurons dans notre Atlas (Pl. 72, fig. 426) le DATTIER (*Phœnix dactylifera*) que l'on cultive en Algérie et même dans le midi de la France.

Fig. 641. — Souchet brun.

FAMILLE DES CYPÉRACÉES.

Plantes herbacées à tige ordinairement simple, souvent triangulaire, pleine, non renflée en nœuds aux points d'insertion des feuilles. Feuilles embrassant une grande étendue de la tige par une gaine non fendue, à limbe entier, ordinairement linéaires, quelquefois réduites à la partie engainante. Fleurs hermaphrodites ou monoïques, très rarement dioïques, naissant chacune à l'aisselle d'une écaille et groupées en épillets multiflores ou pauciflores ; périanthe nul ou remplacé tantôt par 2 bractées soudées en une enveloppe ouverte au sommet (*Carex*), tantôt par des soies souvent au nombre de 6. Étamines hypogynes au nombre de 3 ou rarement 2 ; un style, 2-3 stigmates ; fruit sec indéhiscent (akène), trigone ou comprimé, graine dressée.

Genre CYPERUS (*Souchet*) : fleurs hermaphrodites, épillets comprimés et dont les fleurs disposées sur deux rangs opposés ont l'apparence d'une natte ; écailles pliées, carénées ; bractées foliacées, en collerette à la base des pédoncules de l'inflorescence ; tige feuillée.

Souchet brun (*Cyperus fuscus*, fig. 641). Racine fibreuse, tige de 1 à 3 décim., croissant en touffes ; feuilles presque toutes radicales, linéaires étroites, raides ; épillets noirâtres, sessiles, formant une ombelle irrégulière munie de 3 bractées foliacées. Été, lieux humides.

Souchet jaunâtre (*Cyp. flavescens*, Pl. 73, fig. 434). Racine fibreuse ; tige trigone, de 5 à 15 centim., croissant en touffe ; feuilles presque toutes radicales, linéaires, étroites, carénées ; épillets linéaires, jaunâtres, inégalement pédonculés, en corymbe plus ou moins compact ; 2 ou 3 feuilles involucrales. Été, lieux humides.

Souchet long (*Cyp. longus*), vulgairement *Souchet odorant*, dont la souche épaisse, traçante, aromatique, s'emploie comme tonique et diurétique. Sa tige est haute de 6 à 10 décim., et ses folioles involucrales dépassent longuement les fleurs.

On cultive dans le midi de la France le **Souchet comestible** (*Cyp. esculentus*), dont les tubercules féculents sont d'un goût très agréable.

Genre SCHŒNUS (*Choin*) : épillets pauciflores, en capitule à l'aisselle de 2 bractées membraneuses à la base ; écailles florales carénées, les inférieures plus petites, stériles ; style filiforme, 3 stigmates, fruit trigone.

Choin noirâtre (*Sch. nigricans*, fig. 642). Racine fibreuse ; tiges de 3 à 5 décim., dressées, cylindriques, garnies à la base de gaines noires, luisantes ; feuilles toutes radicales, raides étroites, triangulaires ; épillets nombreux en tête ovoïde ; une des bractées se termine en pointe verte qui dépasse les fleurs. Prairies herbeuses, marécages.

Genre RHYNCHOSPORA : épillets pauciflores ; écailles inférieures plus petites, stériles, les 2 ou 3 supérieures seules fertiles ; 2 stigmates ; base du style renflée persistante au sommet du fruit ; 6 à 12 soies hypogynes.

Fig. 642. — Choin noirâtre.

Rhynchospore blanc (*Rh. alba*, fig. 643). Racine fibreuse ; tige grêle, trigone, de 2 à 5 décim. ; feuilles linéaires, étroites, carénées ; épillets blanchâtres, en groupes légèrement pédonculés, formant un petit capitule à peine dépassé par une bractée foliacée. Marais tourbeux.

Genre HELEOCHARIS : un seul épillet terminal dressé ; une ou deux écailles inférieures stériles, plus grandes ; 2-3 stigmates, style à base renflée, persistant sur l'akène ; ordinairement 5-6 soies hypogynes incluses.

Héléocharis des Marais (*H. palustris*, fig. 644). Racine rampante, stolonifère ; tiges épaisses, fasciculées, dépourvues de feuilles, garnies à la base d'une gaine brunâtre ; épi terminal solitaire, oblong ; écailles brunes, vertes au centre, aiguës ; fruit obovale, comprimé. Bords des eaux, marais.

Fig. 644.
Héléocharis des Marais.

Fig. 643. — Rhynchospore blanc.

Genre SCIRPUS : épillets à écailles inférieures plus grandes que les supérieures ; les 2 inférieures stériles ; style filiforme, 2-3 stigmates ; soies hypogynes incluses ; akène comprimé ou trigone.

Scirpe des Étangs (*Sc. lacustris*, fig. 645), vulgairement *Jonquine, Jonc des chaisiers*. Souche épaisse, traçante; tige de 1 à 2 mètres, s'amincissant de la base au sommet; non feuillée, munie à la base de quelques gaines dont la supérieure se

Fig. 645. — Scirpe des Étangs.

prolonge en feuille courte. Épillets ovoïdes, en glomérules, inégalement pédonculés, formant une ombelle. Étangs, marais. Ses tiges servent à faire des nattes grossières, et sa moelle est employée comme mèche à lampe.

On en connaît un grand nombre d'espèces qui n'offrent pas grand intérêt.

Genre ERIOPHORUM (*Linaigrette*) : épillets multiflores, à écailles inférieures stériles; style caduc; 3 stigmates, quelquefois 2; soies hypogynes nombreuses, laineuses, longuement exsertes après la floraison.

Fig. 646. — Linaigrette engainée.

Linaigrette engainée (*Er. vaginatum*, fig. 646). Racine fibreuse, tiges nombreuses, gazonnantes, de 2 à 5 décim., glabres, trigones; feuilles radicales raides; épillets terminaux solitaires, ovoïdes, grisâtres. Marais tourbeux.

À leur maturité les Linaigrettes sont facilement reconnaissables en ce que leurs épillets ressemblent alors à de belles houppes soyeuses.

Genre CAREX (*Laiche*) : fleurs monoïques, très rarement dioïques; fleurs en épis à écailles imbriquées sur plusieurs rangs; fleurs mâles à 3 étamines, rarement 2; fleurs femelles à ovaire surmonté d'un style à 2-3 stigmates filiformes passant à travers l'ouverture de l'utricule qui renferme l'akène.

Fig. 647. — Laiche des Sables.

Ce genre renferme un nombre considérable d'espèces, qui ne présentent qu'un faible intérêt. Nous citerons comme type le *Carex des sables*, qui, par l'entrecroisement de ses longues souches souterraines, sert à consolider les sables mouvants, et dont la racine est employée en médecine sous le nom de *Salsepareille d'Allemagne*.

Laiche des Sables (*Carex arenaria*, fig. 647), vulgairement *Salsepareille d'Allemagne*.

73.
440.
439.
436.
437.
438.
435 a.
435 b.
434.

Souche horizontale longuement traçante ; tiges de 3 à 5 décim. ; feuilles linéaires acuminées, rudes au bord. Épillets nombreux, ovoïdes, les supérieurs mâles, les inférieurs
femelles, les intermédiaires mâles au sommet ; utricules large-
ment ailés et dentés en scie au sommet. Lieux sablonneux.

Laiche dioïque (*C. dioïca*, fig. 648). Racine rampante, tiges
grêles ; feuilles lisses, étroites ; épi mâle simple, droit, cylindrique ; épi femelle ovoïde, plus court, porté sur un pied
distinct ; utricules ovoïdes, gibbeux, étalés à la maturité.
Marais tourbeux.

FAMILLE DES GRAMINÉES.

Plantes généralement herbacées, annuelles ou vivaces, à
rhizome raccourci, ou allongé et rampant, à tige (*chaume*)
cylindrique, creuse, marquée de distance en distance de nœuds
annulaires et pleins, d'où naissent les feuilles. Celles-ci sont
alternes, distiques, à pétiole en gaine fendue embrassant la
tige, à limbe linéaire, à nervures parallèles, à bord entier ;

Fig. 648. — Laiche dioïque.

stipule intrafoliacée, nommée *ligule*, placée à la limite du pétiole et du limbe. Fleurs le
plus souvent hermaphrodites, disposées le long d'un axe nommé *rachis*, en petits épis (*épillets*), à l'extrémité des rameaux ; les épillets sont tantôt sessiles sur un axe commun (*épi*),
tantôt portés sur des pédoncules rameux (*panicule*), involucrés par 2 bractées écailleuses
(*glumes*). Chaque fleur est, en outre, accompagnée de 2 bractées (*paillettes, bâles* ou *glumelles*) dont une inférieure   extérieure plus grande, carénée, souvent munie d'une arête
dorsale, emboîtant l'autre bractée intérieure et supérieure, laquelle est munie de 2 nervures latérales. Périanthe (corolle) souvent nul ou
constitué par un verticille de 3 écailles courtes, charnues, hypogynes (*glumellules*) ; étamines hypogynes,
ordinairement 3, quelquefois 2, rarement 6, à filet
grêle, à anthère insérée par le dos,
biloculaire ; ovaire libre à 1 loge,
renfermant 1 ovule, à 2 styles et 2
stigmates plumeux, divergents. Fruit
sec, monosperme, indéhiscent (*caryopse*), nu ou renfermé dans les
glumelles, péricarpe soudé à la
graine (fig. 649 et 650).

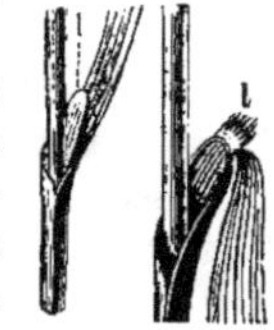

Fig. 650.
Ligules de Graminée.

Fig. 649. — Épillet ou Fleur de Graminée.

Les plantes de la famille des Graminées sont répandues sur tout le
globe, surtout dans les régions tempérées de l'hémisphère boréal ; leur tige renferme du
sucre, parfois en grande quantité (canne à sucre, sorgho), et leur grain renferme de la
fécule qui, dans les céréales, est unie à une forte proportion de principe azoté. Elles

fournissent aux mammifères herbivores leur principale nourriture et à l'homme les *Céréales*.

On divise les Graminées en plusieurs sections :

I. ZÉACÉES : *plantes monoïques; épi mâle en panicules terminales, fleurs femelles en épis axillaires.*

Genre ZÉA (*Maïs*) : épillets mâles à 2 fleurs, 3 étamines; épillets femelles uniflores; glumes et glumelles membraneuses; stigmates plumeux, longs de 15 à 20 centim., grains arrondis, luisants, disposés en séries longitudinales et insérés sur l'axe épais de l'épi (fig. 651).

Maïs cultivé (*Zea maïs*), vulgairement *Blé de Turquie* (Pl. 73, fig. 435, *a b*), bien qu'il soit originaire de l'Amérique méridionale. Tige robuste de 1 à 2 mètres, à feuilles larges, lancéolées linéaires, rudes sur les bords. Épis femelles gros, fleurs verdâtres de juin à août; grains d'un beau jaune. On en connaît de nombreuses variétés.

On cultive le maïs pour ses feuilles qui fournissent un bon fourrage et pour son grain dont la farine est très riche en principes azotés; on en fait surtout des bouillies et des galettes (fig. 651).

II. PHALARIDÉES : *épillets comprimés latéralement, à 1 seule fleur fertile; styles longs; stigmates sortant au sommet des glumelles ou au-dessous.*

Genre ORIZA (*Riz*); épillets uniflores; 2 glumes concaves très petites; 2 glumelles grandes, comprimées en carène, l'inférieure plus large, portant à son sommet une arête droite; 6 étamines.

Fig. 651. — Maïs cultivé — Maïs à Feuilles panachées.

Riz cultivé (*Oriza sativa*, Pl. 74, fig. 443, *a b*). Tiges droites, fortes, de 10 à 12 décim., à feuilles larges, planes, striées; panicule resserrée, dressée, à fleurs blanchâtres. Originaire de l'Inde, cultivé dans les pays chauds et humides. On sait quel rôle important il joue dans l'alimentation de l'homme.

Genre PHALARIS : épillets à 3 fleurs dont une seule fertile, les 2 autres incomplètes; 2 glumes presque égales, bien plus longues que la fleur, à carène ailée; 2 glumelles mutiques, l'inférieure plus grande; 3 étamines, 2 styles, stigmates plumeux.

Les Phalaris sont cultivés pour leurs graines et leurs fanes; ces plantes sont propres au Midi; mais quelques-unes sont cultivées comme fourrage d'été dans les départements du Nord.

Phalaris des Canaries (*Ph. Canariensis*), vulgairement *Alpiste* (fig. 652), se cultive dans

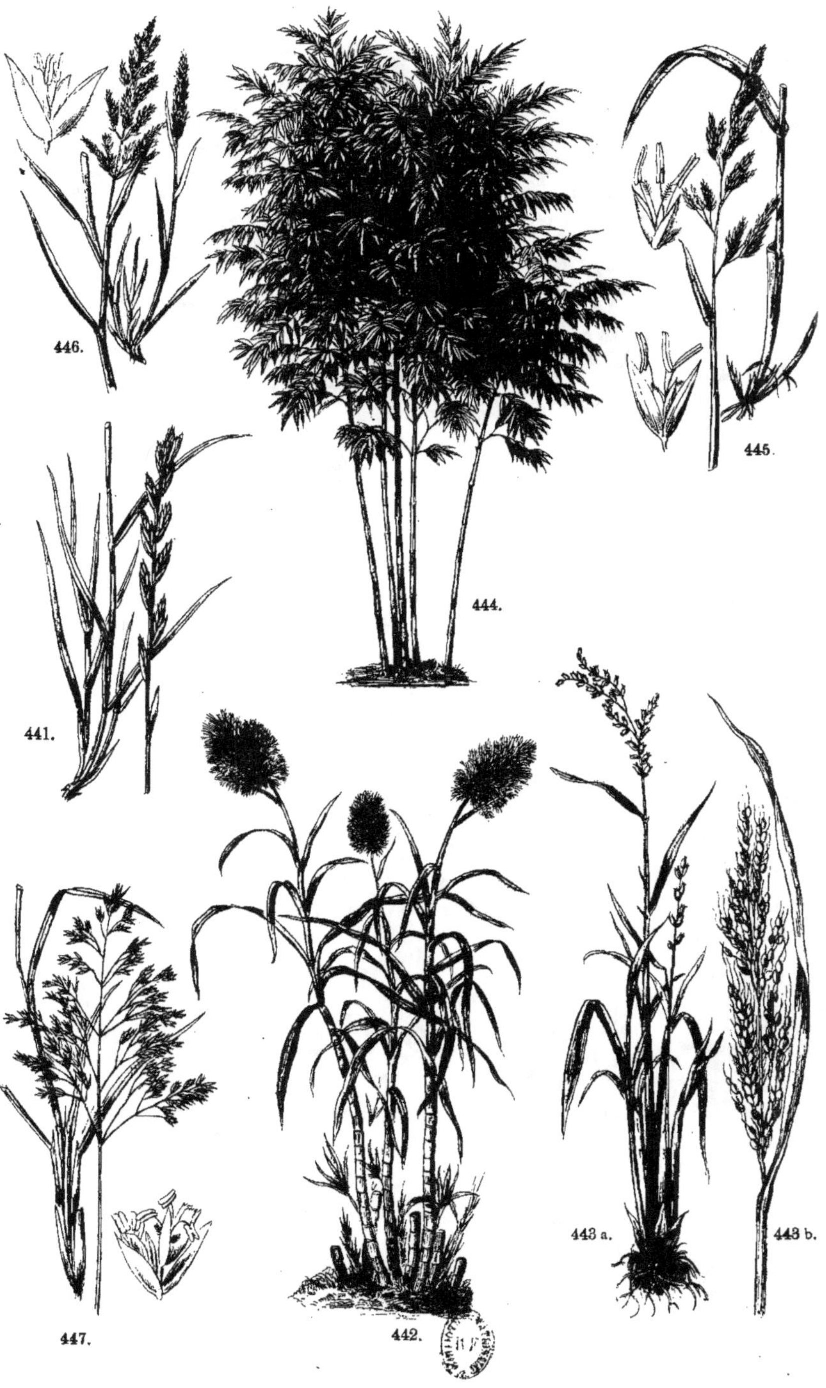

74.

446.

445.

444.

441.

442.

447.

443 a.

443 b.

le midi de la France. Tige de 4 à 5 décim., à thyrse gros, ovoïde, panaché; aile de la carène large. Sa graine se donne aux oiseaux en cage.

Phalaris Roseau (*Ph. arundinacea*), vulgairement *Chiendent ruban* (Pl. 74, fig. 445). Tige de 6 à 10 décim., légèrement striée; racine traçante; épillets agglomérés, à stries rougeâtres, panicules à divisions dressées, espacées, multiflores. Au bord des eaux.

Une variété panachée, *Ph. picta*, se cultive dans les jardins.

Genre LEERSIA : épillets uniflores; glumes nulles; 2 glumelles comprimées en carène, l'inférieure plus large, mutique, la supérieure lancéolée, 3 étamines, 2 styles, stigmates à poils rameux; caryopse comprimé couvert de paillettes.

Fig. 653.
Leersia à Feuilles de Riz.

Fig. 652. — Phalaris des Canaries.

Leersia à Feuilles de Riz (*L. oryzoïdes*), vulgairement *faux riz* (fig. 653). Tige de 6 à 8 décim., coudée, à nœuds velus; feuilles planes, rudes; panicule lâche, engaînée dans la jeunesse; épillets ovales. Croît au bord des eaux.

Genre ANTHOXANTHUM (*Flouve*) : épillets à 1 seule fleur fertile et à 2 fleurs inférieures stériles réduites à 1 glumelle longue, canaliculée, à arête dorsale genouillée; glumelle de la fleur fertile, petite, sans arête; 2 étamines, 2 styles, 2 stigmates à plumes distiques.

Flouve odorante (*Anth. odoratum*) vulgairement *Flouve* (Pl. 75, fig. 449). Plante odorante, à souche gazonnante; tige de 2 à 3 décim., dressée, feuilles poilues à gaine striée; panicule oblongue, d'un vert jaunâtre. Bois, prairies.

Genre PHLEUM (*Phléole*) : épillets à une fleur hermaphrodite; glume à 2 valves tronquées, carénées, plus longues que la fleur, terminées chacune par une arête courte; 2 glumelles, la supérieure bicarénée; 3 étamines, 2 styles.

Phléole des Prés (*Phleum pratense*). C'est le *Timothy grass* des Anglais (fig. 654), qui fournit un excellent fourrage. Souche gazonnante, chaume de 4 à 8 décim., renflé à la base; feuilles planes, aiguës, à gaine cylindrique; épillets blanchâtres rayés de vert.

Fig. 654. — Phléole des Prés.

Phléole des Alpes (*Phleum alpinum*) : à épillets purpurins; nœuds de la tige rougeâtre; se trouve dans les pâturages élevés des Alpes, où elle fournit un fourrage fin, mais peu abondant.

Genre ALOPECURUS (*Vulpin*) : épillets uniflores; 2 glumes ordinairement soudées à la base, mutiques, plus longues que la fleur; glumelle unique, à arête dorsale genouillée; 3 étamines, 2 styles soudés à la base; 2 stigmates pubescents plumeux.

Vulpin des Prés (*Al. pratensis*), vulgairement *Queue de renard* (Pl. 75, fig. 448). Racine épaisse, stolonifère; tige de 4 à 8 décim., à feuilles planes, linéaires lancéolées, la supérieure à gaine renflée dans son milieu; thyrse cylindrique; balles ciliées sans barbes. Commune dans les pâturages frais, où elle fournit un fourrage de bonne qualité.

Vulpin agreste (*Al. agrestis*, fig. 655). Racine fibreuse; chaume de 4 à 6 décim.; panicule rétrécie aux deux bouts; glumes soudées jusqu'à leur milieu. Cette espèce croît dans les champs cultivés et fournit un fourrage de bonne qualité.

Fig. 655. — Vulpin agreste.

Fig. 656. — Chiendent commun.

Le **Vulpin genouillé** (*Al. geniculatus*), qui croît dans les lieux aquatiques, est très recherché par les bestiaux. Il se reconnaît à sa tige couchée et coudée aux articulations.

Genre CYNODON (*Chiendent*) : épillets uniflores, avec le rudiment d'une 2e fleur, solitaires, unilatéraux sur 2 rangs; 2 glumes presque égales, glumelles mutiques, la supérieure bidentée.

Chiendent commun (*Cynodon dactylon*), vulgairement *Gros chiendent* (fig. 656). Racines longuement rampantes, stolonifères; tiges de 2 à 4 décim., rameuses, ascendantes, à feuilles courtes, raides, aiguës; épis digités, ouverts, glumes rougeâtres. Croît dans les lieux humides, les alluvions. Ses racines sont employées en tisanes diurétiques. Ses fanes fournissent un assez bon fourrage.

III. **PANICÉES** : *épillets comprimés par le dos, à 1 seule fleur fertile; styles longs, stigmates sortant au sommet des glumelles.*

Genre PANICUM : épillets solitaires, nus à la base, à 2 fleurs, l'inférieure mâle ou neutre, la supérieure hermaphrodite; 2 glumes inégales; 2 glumes concaves. Fleurs en panicule lâche ou spiciforme.

Fig. 657. — Panic Pied de Coq.

Panic Millet (*Pan. miliaceum*), vulgairement *Mil. millet* (Pl. 73, fig. 436). Plante poilue, à tige grosse, dressée, de 6 à 10 décim., à feuilles lancéolées; panicule oblongue, recourbée au sommet. Originaire de l'Inde, le millet fournit un grain très recherché par les oiseaux; ses fanes conviennent à tous les bestiaux.

451.
450.
449.
448.
455
454.
453.
452.

75

Panic Pied de Coq (*Pan. crus galli*), vulgairement *Pied de coq* (fig. 657), chaume coudé, ascendant, de 4 à 8 décim. ; à feuilles rudes, à bord ondulé ; plusieurs épis unilatéraux disposés en panicule dressée ; épillets alternes, aristés. Cette espèce croît dans les lieux sablonneux humides ; ses feuilles fraîches ou desséchées forment un bon fourrage, la graine est employée à nourrir les oiseaux de basse-cour.

Panic d'Italie (*Setaria Italica*), vulgairement *Millet d'Italie*, se cultive dans le Midi pour ses graines et ses fanes.

Genre ANDROPOGON (*Barbon*) : épillets géminés ; l'un hermaphrodite, sessile, aristé, l'autre mâle, pédicellé, mutique ; 2 glumes égales ou presque égales, 2 glumelles transparentes. Plusieurs épis comme digités, ou simulant une panicule.

Barbon Pied de Poule (*Andropogon Ischœmum*), vulgairement *Chiendent à balais* (fig. 658). 5 à 12 épis presque sessiles, épillets à arête fine, genouillée ; 4 fois plus longue que la glumelle. Tige de 3 à 5 décim., à racine traçante, feuilles en gouttière. Les racines de cette plante sont employées à faire des brosses et des balais.

Les genres SORGHO et CANNE A SUCRE (*Saccharum*) des pays chauds appartiennent à ce groupe. Le *Sorgho sucré* se cultive en Algérie ; le suc de sa tige fournit du sucre et par la fermentation un excellent alcool.

IV. **ARUNDINACÉES** : *épillets épars, 2 à 5 fleurs hermaphrodites poilues ; stigmates sortant au-dessous du sommet des glumelles.*

Genre ARUNDO (*Roseau*) : épillets pédicellés ; 2 à 7 fleurs hermaphrodites poilues à la base, 2 glumes égales, aussi longues que les fleurs ; glumelle supérieure plus courte que l'inférieure.

Roseau à Quenouille (*Ar. donax*), vulgairement *canne de Provence*. Tige dure, ligneuse, dressée, garnie jusqu'au sommet de feuilles très amples, un peu rudes ; panicule ample,

Fig. 658. — Barbon Pied de Poule.

violacée, très poilue ; glumelle inférieure tridentée. On emploie les tiges du *grand roseau* ou *canne de Provence* à faire des lignes et des quenouilles. On le cultive aussi comme plante d'ornement.

Genre PHRAGMITES : épillets pédicellés, de 3 à 7 fleurs ; l'inférieure mâle, nue à la base, les supérieures hermaphrodites, longuement poilues, souvent avortées ; glumelle inférieure entière, acuminée, plus longue que la supérieure ; 2 glumes inégales, plus courtes que les fleurs.

Roseau à Balais (*Phragmites communis*), vulgairement *Roseau* (Pl. 76, fig. 458). Souche traçante, tige dressée, robuste, de 1 à 2 mètres et plus ; feuilles glabres, dentelées, piquantes, panicule ample, violette ; épillets à 4-5 fleurs ; pédoncules verticillés, au bord des eaux, dans les marais.

V. **AGROSTIDÉES** : *épillets à une seule fleur fertile, rarement 2 (melica) ; stigmates sessiles sortant vers la base des glumelles.*

Genre AGROSTIS : épillets uniflores, pédicellés ; 2 glumes carénées, aiguës, dépassant la fleur; glumelle supérieure très petite ou même nulle, l'inférieure glabre, tronquée, dentée, souvent aristée sur le dos; pédoncules verticillés.

Fig. 659.
Agrostide Jouet du Vent.

Fig. 660.
Calamagrostis commun.

Agrostide Jouet du Vent (*Agr. spica venti*, fig. 659). Tige de 6 à 8 décim., à 3 ou 4 nœuds, à feuilles rudes, linéaires; panicule ample, pyramidale, à épillets très petits. Cette graminée croît dans les prairies sèches; elle fournit un fourrage de bonne qualité.

Agrostide stolonifère (*Agr. stolonifera*), vulgairement *trainasse*, *fiorin*. Tige couchée, rameuse, poussant des racines de ses nœuds inférieurs. Commune dans les bois ombragés, les champs humides, elle fournit un bon pâturage.

Agrostide maritime (*Agr. maritima*, Pl. 74, fig. 446). Tige dressée, grêle, raide; panicule blanchâtre. Croît dans les sables maritimes.

Genre CALAMAGROSTIS : épillets uniflores, pédicellés; 2 glumes carénées, aiguës, bien plus longues que la fleur; 2 glumelles, l'inférieure tronquée et dentelée, barbue à la base, à arête dorsale. Souche rampante.

Fig. 661. — Polypogon littoral.

Fig. 662. — Lagurier ovale.

Calamagrostis commun (*C. epigeios*, fig. 660). Tige de 8 à 10 décim., à feuilles larges, rudes; panicule resserrée, lancéolée, panachée de vert et de violet. Croît dans les bois frais.

Genre POLYPOGON : épillets uniflores; 2 glumes beaucoup plus longues que la fleur, carénées, ciliées; glumelle inférieure aristée au sommet; thyrse allongé, ovoïde.

Polypogon littoral (*Pol. littorale*, fig. 661), plante vivace, à souche rampante; thyrse ovoïde, allongé. Croît dans les sables maritimes de l'Ouest.

Genre LAGURUS : épillets à 2 fleurs; l'inférieure incomplète, la supérieure poilue à la base; 2 glumes pourvues de longs poils soyeux; glumelle portant 3 arêtes, deux à son sommet et une sur le dos, longue, genouillée.

Lagurier ovale (*Lagurus ovatus*, fig. 662), tige grêle de 1 à 2 décim., à rameaux courts, à feuilles pubescentes ; thyrse ovoïde, blanchâtre, très soyeux. Plante commune dans les champs des contrées méridionales.

Genre H o l c u s (*Houque*) : épillets à deux fleurs dont l'une hermaphrodite et l'autre mâle, aristée ; 2 glumes presque égales, la supérieure plus large ; glumelle inférieure obtuse, la supérieure tronquée, dentée.

Houque laineuse (*Holcus lanatus*, Pl. 75, fig. 455). Fleurs velues, gaines des feuilles cotonneuses ; panicule blanche panachée de rose ou de violacé.

Houque molle (*H. mollis*, fig. 663), souche rampante ; nœuds des tiges velus ; fleurs glabres ; panicule d'un blanc roussâtre. Ces deux graminées croissent dans les prés et les bois, et fournissent un fourrage assez recherché des bestiaux.

Genre M é l i c a (*Mélique*) : épillets de 3 à 5 fleurs, dont 1 ou 2 fertiles et les autres stériles ; 2 glumes égales, convexes ; glumelle inférieure concave, la supérieure plus petite, bidentée, à deux carènes.

Fig. 663. — Houque molle.

Mélique penchée (*M. nutans*, Pl. 76, fig. 456) : épillets à 2 fleurs fertiles, pédoncules courts ; glumes violacées ou rougeâtres, panicule penchée. Tige grêle, dressée, de 3 à 5 décim., feuilles planes. Dans les prés et les bois.

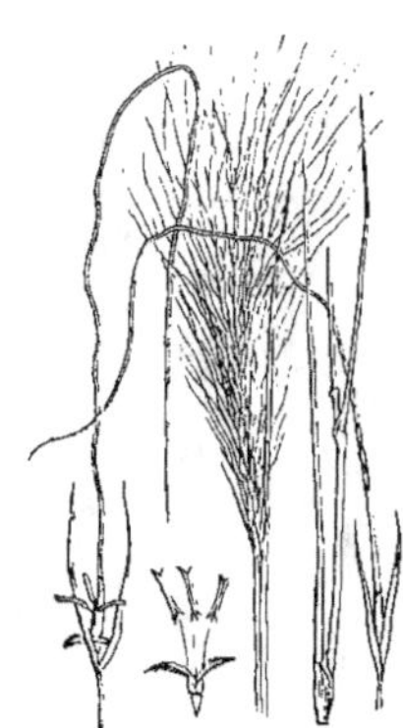

Fig. 664. — Stipe capillée.

Mélique ciliée (*M. ciliata*). Tige raide, de 6 à 8 décim., feuilles étroites, pubescentes, enroulées ; panicule resserrée en épi allongé, blanchâtre, luisant ; valve extérieure de chaque fleur fertile garnie de poils soyeux. Croît dans les lieux secs du Midi.

Les Méliques sont communes, mais sans importance.

Genre S t i p a : épillet à une fleur pédicellée ; 2 glumes acérées carénées, plus grandes que la fleur ; 2 glumelles coriaces, enroulées, l'inférieure velue à la base, portant au sommet une arête articulée à sa base, longue de 5 à 30 centim.

Stipe empennée (*St. pennata*) : arête plumeuse, arquée, de 25 à 30 centim. Croît dans les lieux secs et montueux.

Stipe capillée (*St. capillata*, fig. 664), arête de 12 à 15 centim., tordue à la base, entièrement nue. Croît dans les lieux arides du Midi. Les Stipes sont sans importance ; les arêtes plumeuses de la stipe empennée sont quelquefois employées comme ornement.

Genre M i l i u m (*Millet*) : épillets uniflores ; 2 glumes convexes, mutiques, égalant ou dépassant la fleur ; 2 glumelles égales, non aristées, l'inférieure articulée à la base.

Millet étalé (*M. effusum*, Pl. 76, fig. 457). Cette espèce, qu'il ne faut pas confondre avec le millet des oiseaux (*Panicum miliaceum*), croît dans les bois et les lieux secs. Cette plante est aromatique, sa tige de 7 à 10 décim. est grêle à feuilles larges et dures ; les épillets ovales en panicule ample, très lâche, à rameaux verticillés.

VI. AVÉNACÉES: *épillets pédonculés, à 2 ou plusieurs fleurs fertiles, glumes très grandes, embrassant presque l'épillet.*

Genre AIRA (*Canche*): épillets à 2 ou 3 fleurs, hermaphrodites; 2 glumes carénées, presque égales; 2 glumelles dont l'inférieure irrégulièrement dentée au sommet, munie d'une arête droite ou genouillée partant près de la base.

Canche gazonnante (*Aira cœspitosa*, Pl. 74, fig. 447). Plante à tiges rudes, de 6 à 10 décim., à feuilles planes, assez larges, roides, sillonnées en dessus; fleurs luisantes, panachées de blanc et de violet en panicule pyramidale. Croît dans les bois et les prés un peu humides; les bestiaux la mangent au printemps, mais la délaissent en automne.

Canche flexueuse (*Aira flexuosa*, fig. 665). Souche gazonnante, tige de 4 à 8 décim., feuilles presque capillaires, enroulées, à ligule courte, tronquée; épillets petits, luisants violacés, en panicule diffuse. Bois montueux.

Fig. 665. — Canche flexueuse.

Genre AVENA (*Avoine*): épillets de 2 à 6 fleurs; 2 glumes presque égales, mutiques; glumelle inférieure bifide ou terminée par 2 soies, à arête dorsale coudée, partant du milieu du dos; la supérieure bifide, à 2 carènes (fig. 666).

Les avoines sont de toutes les graminées celles qui fournissent en grain et en paille la nourriture la meilleure et la plus économique pour les animaux domestiques. On en connaît un grand nombre d'espèces parmi lesquelles nous citerons :

Avoine cultivée (*Avena sativa*), vulgairement *Avoine*, (Pl. 73, fig. 437). Tige de 6 à 10 décim., feuilles planes, larges, rudes; à ligule courte; panicule grande, à rameaux étalés en tous sens; épillets biflores, à arête plus longue que la fleur; mais manquant dans quelques variétés. Le grain d'avoine est noir ou blanc suivant les variétés; il est presque exclusivement employé à nourrir les animaux domestiques; cependant, dans quelques contrées, on le fait servir à la nourriture de l'homme.

Fig. 666. — Panicule d'Avoine.

Fig. 667. — Avoine follette.

Ce grain dépouillé de son écorce constitue le gruau.

Avoine follette (*Avena fatua*), vulgairement *Folle-avoine*. (Fig. 667), épillets à 3 fleurs, à axe très poilu; à glumes dépassant les fleurs, la supérieure à 9 nervures; glumelle inférieure bidentée à base poilue, et munie d'une arête dorsale assez robuste.

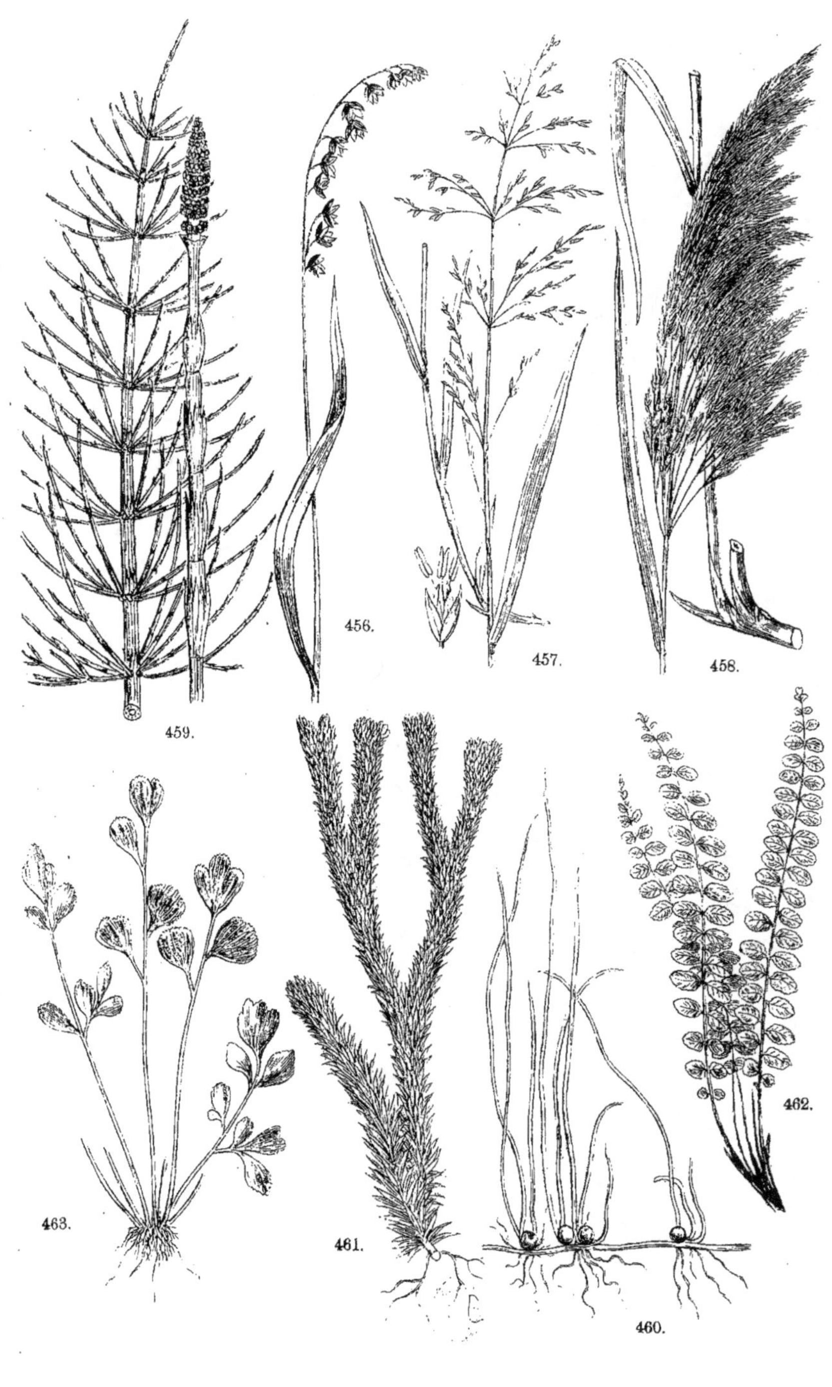

76

459.

456.

457.

458.

463.

461.

460.

462.

Cette plante nuit aux récoltes, dans lesquelles elle se trouve en grande quantité; les animaux la mangent assez volontiers en vert, mais ils refusent son grain qui est dur et garni de poils.

L'avoine des prés (*Av. pratensis*), la jaunâtre (*Av. flavescens*) et la pubescente (*Av. pubescens*), espèces vivaces, entrent dans la composition des prairies.

VII. FESTUCACÉES: *épillets pédonculés à 2 ou plusieurs fleurs fertiles; glumes bien plus courtes que l'épillet; stigmates sortant à la base des fleurs.*

Genre CYNOSURUS: épillets fertiles de 2 à 5 fleurs, entremélés d'épillets stériles à paillettes mucronées ou aristées; glumes des épillets fertiles et glumelle inférieure mucronée ou aristée.

Cynosure à Crête (*C. cristatus*), vulgairement *Crételle* (Pl. 75, fig. 451). Souche gazonnante, tige de 3 à 5 décim., grêle; feuilles linéaires, étroites, planes; panicule en forme d'épi allongé; fleurs d'un vert jaunâtre. Pâturages. Cette plante fournit un bon fourrage.

Genre KŒLERIA: épillets de 2 à 7 fleurs, 2 glumes inégales, 2 glumelles, l'inférieure aiguë et mutique ou bidentée, stigmates courts; épillets en thyrse.

Kœlérie à Crête (*K. cristata*, fig. 668). Tige de 3 à 6 décim., à feuilles planes, ciliées, poilues; glumes plus courtes que les fleurs; thyrse grêle, interrompu. Croît dans les terrains sablonneux, les prairies.

Genre GLYCERIA: épillets de 3 à 15 fleurs obtuses mutiques; 2 glumes dont l'inférieure plus courte; 2 glumelles presque égales, l'inférieure non carénée, obtuse et mutique, la supérieure bidentée, à carènes ciliées.

Glycérie aquatique (*Gl. aquatica*), vulgairement *Paturin aquatique* (Pl. 75, fig. 453). Tige de 1 à 2 mètres; feuilles larges, marquées d'une tache brune à l'origine de leur gaine; épillets nombreux de 4 à 10 fleurs, très petits; panicule ample. On la trouve au milieu des eaux.

Glycérie flottante (*Gl. fluitans*, fig. 669). Tige de 4 à 10 décim., couchée, radicante, à feuilles planes, à ligule tronquée; épillets linéaires, cylindriques, de 8 à 15 fleurs, panicule longue, presque unilatérale. Elle croît dans les fossés, les ruisseaux et donne un bon fourrage.

Genre POA (*Paturin*): épillets comprimés, pédicellés, de 2 à 10 fleurs distiques, imbriquées, hermaphrodites; 2 glumes égales, mutiques; glumelles mutiques, l'inférieure carénée ou concave, la supérieure bicarénée, stigmates terminaux.

Paturin des Prés (*Poa pratensis*, fig. 670). Souche traçante; tige de 4 à 6 décim., gaines lisses, la supérieure plus longue que la feuille; feuilles radicales étroites, souvent enroulées; épillets de 3 à 5 fleurs; panicule grande, étalée. Prés, lieux sablonneux.

Les Poas sont nombreux; ce sont des plantes douces que les animaux mangent avec plaisir. Le **Paturin commun** (*Poa trivialis*), qui croît abondamment dans les prairies, fournit un très bon fourrage; il en est de même du **Paturin annuel** (*Poa annua*).

Genre BRIZA : épillets très mobiles de 5 à 15 fleurs distiques; 2 glumes concaves, ventrues, en dehors; 2 glumelles mutiques, l'inférieure arrondie au sommet, ventrue, la supérieure plus petite, tronquée :

Brize commune (*Br. media*), vulgairement *Amourette* (Pl. 75, fig. 454). Souche gazonnante; tige de 2 à 3 décim., rougeâtre; feuilles courtes; épillets en forme de cœur, violacés, de 5 à 7 fleurs, panicule étalée. Cette plante, qui croît dans les prés secs, les pelouses, constitue un fourrage médiocre.

Brize petite (*Br. minor*, fig. 671) voisine de la précédente dont elle diffère par ses feuilles plus larges; ses fleurs panachées de vert et de pourpre.

Genre DACTYLIS : épillets comprimés, de 3 à 7 fleurs; 2 glumes carénées, inégales; 2 glumelles mutiques ou très brièvement aristées; l'inférieure carénée; 3 étamines, 2 stigmates plumeux, styles courts.

Fig. 670. — Paturin des Prés.

Dactyle aggloméré (*D. glomerata*, Pl. 75, fig. 452). Souche gazonnante; tige dressée, de 4 à 8 décim., à feuilles planes carénées, à ligule pointue; épillets comprimés, ramassés en pelotons et tournés du même côté. Cette plante, une des plus communes de la famille, pousse partout; mais le foin qu'elle fournit est dur et peu goûté des bestiaux.

Genre MOLINIA : épillets de 2 fleurs fertiles accompagnées d'une fleur supérieure stérile; 2 glumes presque égales, convexes, mutiques; 2 glumelles, dont l'inférieure mutique, à dos arrondi, la supérieure obtuse; styles un peu allongés, stigmates plumeux.

Molinie bleue (*Mol. cœrulea*, fig. 672). Racine à fibres épaisses et longues; tige de 4 à 8 décim., à 1 seul nœud près de la racine, à feuilles planes, raides; panicule resserrée interrompue, panachée de vert et de violet. Croît dans les bois.

Fig. 672. — Molinie bleue.

Fig. 671. — Brize petite.

Genre FESTUCA (*Fétuque*) : épillets de 2 à 15 fleurs; 2 glumes carénées, inégales, 2 glumelles, l'inférieure à dos arrondi, non carénée, aiguë, le plus souvent aristée, la supérieure bicarénée.

Fétuque ovine (*F. ovina*), vulgairement *Poil de chien*. Tige grêle, anguleuse, de 2 à 4 décim.; panicule oblongue, étalée; pédoncules solitaires, portant de 5 à 10 épillets rap-

prochés, d'un brun violacé. Cette plante croît dans les pâturages élevés et découverts ; c'est celle que les moutons aiment le plus.

Fétuque géante (*F. gigantea*, fig. 673), s'élève à 10 et 15 décim.; ses feuilles sont larges et rudes; sa panicule très lâche, penchée; pédoncules géminés, longs, écartés, portant des épillets de 3 à 4 fleurs. Bois humides.

Fétuque élevée (*F. elatior*, fig. 674). Tige de 8 à 10 décim., à feuilles rudes, larges, acuminées; panicule lâche, pédoncules géminés, écartés inégaux, garnis d'épillets de 6 à 10 fleurs. Croît dans les prés humides; fournit un excellent fourrage.

Fig. 673. — Fétuque géante.

Fig. 674. — Fétuque élevée.

La *Fétuque roseau*, produit beaucoup dans les lieux humides, mais elle demande à être fauchée jeune. La *Fétuque des prés*, fournit un assez bon fourrage.

Genre BROMUS : épillets de 3 à 20 fleurs, distiques; glumes inégales, mutiques; glumelle inférieure bifide au sommet, à arête partant du milieu de l'échancrure, la supérieure obtuse ou bidentée; stigmates insérés sur les côtés de l'ovaire.

Brôme Mollet (*Br. mollis*, Pl. 75, fig. 450). Tige de 3 à 5 décim., poilue, ainsi que les feuilles et les gaines; panicule à rameaux assez courts, droite, à épillets ovoïdes, veloutés. Dans les prés et les champs; il forme un assez bon fourrage.

Brôme des Champs (*Br. arvensis*, fig. 675). Tige de 4 à 9 décim., à feuilles et gaines velues; panicule grande, lâche, pyramidale; panachée de vert et de violet, à épillets longuement pédicellés. Cette espèce, connue dans les prés, donne un fourrage assez estimé.

Le *Brôme seigle* ou *Seiglin* (Br. secalinus) forme un assez bon fourrage. Le *Brôme inerme* et le *Brôme des prés* sont durs; on les fait consommer en vert.

Fig. 675. — Brôme des Champs.

Le BAMBOU (*Bambusa arundinacea*), que nous figurons dans notre Atlas (Pl. 74, fig. 444), est originaire de l'Inde; on le cultive en Algérie, où il prospère. Cette superbe graminée s'élève souvent à plus de 20 mètres de hauteur et forme, dans son pays natal, des forêts que le vent agite comme des champs de blé. Son bois est employé dans les constructions, et l'on en fait des meubles, des tuyaux et une foule d'ustensiles de ménage.

VII. TRITICÉES : *épillets sessiles, en épi simple ; stigmates sessiles sortant vers la base des glumelles.*

Genre TRITICUM (*Froment*) : épillets solitaires, de 3 à 15 fleurs, enchâssés dans l'axe par une de leurs faces ; glumes mutiques égales ou presque égales ; glumelle inférieure mutique ou à une seule arête, la supérieure entière, bicarénée ; 2 stigmates sessiles, plumeux.

Froment commun (*Triticum vulgare*), vulgairement *Blé*, (Pl. 73, fig. 438). Tige dressée, fistuleuse dans toute sa longueur, de 5 à 10 décim. ; glumes courtes, ventrues ; glumelle inférieure courte, mutique ou aristée ; grain court, ovoïde, libre dans les glumelles.

Cette plante, cultivée dans presque tous les pays et la première de nos céréales, offre un grand nombre de variétés fondées sur la présence ou l'absence des barbes, sur la couleur des graines et sur la forme de l'épi.

Froment épeautre (*Tr. spelta*) vulgairement *Épeautre* (fig. 676), épi long à épillets espacés ; fleurs 4, aristées ou mutiques, glumes dures, tronquées ; grain étroit renfermé entre les glumelles. On en distingue plusieurs variétés basées sur la présence ou l'absence des barbes et sur la couleur de l'épi. L'Épeautre est cultivé surtout dans l'est ; il fournit une farine peu abondante mais d'excellent goût.

Fig. 676.
Froment épeautre.

Froment renflé (*Tr. turgidum*), vulgairement *gros blé, blé barbu, pétanielle*, à épillets renflés, ventrus, à grains très gros. On en cultive une variété à épi droit, volumineux, rameux inférieurement, sous le nom de *Blé de miracle*.

On cultive encore le *Froment de Pologne* à gros épillets à barbes très longues, le *Froment locular*, à valves tridentées renfermant 3 fleurs dont une seule fertile, etc.

Le **Froment rampant** (*Tr. repens*), vulgairement *Chiendent*, à souche rampante, longuement traçante est employé pour faire des boissons rafraîchissantes et diurétiques.

Genre LOLIUM (*Ivraie*) : épillets solitaires, alternes, pluriflores, disposés en épi simple, glume à 2 valves, l'intérieur petite et souvent avortée ; glumelle inférieure mutique ou aristée, la supérieure bidentée.

Ivraie vivace (*Lolium perenne*), vulgairement *Ray grass* (Pl. 74, fig. 441). Tige de 2 à 4 décim., lisse, accompagnée à la base de faisceaux de feuilles étroites, pliées en long dans leur jeunesse, épillets oblongs, verdâtres ou violacés, toujours appliqués contre l'axe ; 6 à 12 fleurs mutiques dépassant la glume. Pâturages. On en fait de beaux gazons, c'est le *Ray grass* des Anglais. Elle convient également pour faire d'excellentes prairies.

Fig. 677. — Ivraie enivrante.

Ivraie enivrante (*Lolium temulentum*), vulgairement *Zizanie* (fig. 677). Tiges peu nombreuses, dressées, robustes, de 5 à 8 décim. ; épi robuste ; épillets larges, aplatis, de 5 à 10 fleurs aristées. Cette plante est nuisible dans les récoltes ; parce qu'elle épuise le sol et qu'elle fournit un grain d'un usage dangereux pour l'homme et les animaux. Lorsqu'elles se trouvent mêlées aux céréales, et par suite à leur farine ; elles peuvent déterminer des empoisonnements, des vertiges, etc.

Genre SECALE (*Seigle*) : épillets solitaires appliqués contre l'axe par une de leurs faces ; contenant 2 fleurs fertiles et une stérile, rudimentaire ; glumes carénées, subulées, plus courtes que la fleur ; glumelle inférieure aristée.

Seigle cultivé (*Secale cereale*, Pl. 73, fig. 439), épillets accompagnés de deux paillettes sétacées, calicinales ; glumes à valves ciliées ; tiges fermes, de 8 à 12 décim. ; feuilles linéaires, planes minces. Le seigle est une de nos céréales les plus précieuses ; il est rustique et donne des produits abondants, là où le blé viendrait difficilement. Son grain sert à la nourriture de l'homme et des animaux ; sa paille, généralement dure, sert à faire des liens, des paillassons, des toits de chaume.

Genre HORDEUM (*Orge*) : épillets uniflores groupés par trois sur chaque dent de l'axe, les 2 latéraux souvent mâles ou neutres par avortement ; 2 glumes linéaires aristées ; glumelle inférieure lancéolée, aristée ; stigmates sessiles.

ORGE COMMUNE (*Hordeum vulgare*, Pl. 74, 442). Tige lisse, de 6 à 9 décim. à feuilles longues, dressées, linéaires, aiguës ; épi allongé, carré, à épillets disposés en 6 séries longitudinales, dont 2 moins proéminentes. L'orge commune ou *Escourgeon* est originaire de Russie ; son

Fig. 678. — Orge faux Seigle.

Fig. 679. — Nard roide.

grain qui entre dans l'alimentation des classes pauvres du Nord, sert à la nourriture des chevaux dans le Midi et à la fabrication de la bière dans les contrées septentrionales.

Orge à deux Rangs (*H. distichum*), vulgairement *Paumelle* (Pl. 73, fig. 440). Épi robuste, comprimé latéralement ; arêtes dressées ; dans les 3 fleurs accolées ensemble, celle du milieu est hermaphrodite et barbue, les deux latérales mâles et sans barbes.

Orge faux Seigle (*H. secalinum*, fig. 678), commune dans les prés et les bois, se reconnaît à son épi grêle, étroit, à ses glumes divisées en paillettes fines, accrochantes et glabres. Cette espèce donne un assez bon fourrage lorsqu'elle est coupée avant la floraison ; mais plus tard elle devient trop dure. — Les *orges d'hiver* et celle *à 6 rangs* (H. hexastichum) sont cultivées comme plantes fourragères et données en vert aux bestiaux.

Genre ELYMUS : épillets à 2 ou plusieurs fleurs hermaphrodites, réunies sur chaque dent de l'axe ; glumes presque égales, mutiques ou aristées, entourant la réunion des épillets ; glumelle inférieure arrondie sur le dos, la supérieure bidentée ; stigmates sessiles.

Elyme des Sables (*Elymus arenarius*), croît sur les côtes maritimes où il sert à fixer les dunes par ses racines traçantes.

Genre N a r d u s : épillets sessiles, uniflores, unilatéraux, sans glumes, en épi droit ; glumelle inférieure à 3 nervures, carénée, aristée, la supérieure plus courte ; un stigmate très long.

Nard roide (*Nardus stricta*, fig. 679). Souche horizontale, courte, émettant des fascicules de feuilles rapprochées en touffe serrée ; tige de 15 à 20 centim., roide, à feuilles enroulées, capillaires ; épillets violacés. Cette plante qui croît surtout sur les montagnes est très propre à former des gazons dans les lieux secs.

III⁰ EMBRANCHEMENT. — CRYPTOGAMES ou ACOTYLÉDONÉES

Plantes dépourvues de fleurs véritables. Embryons sans cotylédon. Ces végétaux se reproduisent ordinairement au moyen de deux appareils diversement disposés suivant les familles, mais généralement composés : d'un appareil mâle (*anthéridie*), sac celluleux dans lequel naissent des corpuscules (*anthérozoïdes*), doués de mouvements actifs, et d'un appareil femelle appelé *archégone* dans lequel se forment les séminules dites *spores* ou *sporules*. Les organes végétatifs sont beaucoup plus rudimentaires que dans les Phanérogames.

Les Cryptogames se divisent en deux groupes principaux ou classes, suivant qu'elles sont pourvues ou manquent de chlorophylle ; en voici le tableau :

Iʳᵉ CLASSE **CRYPTOGAMES** **A CHLOROPHYLLE.**	*Sous-classes :* 2 sortes de spores. *Hétérosporées.* — SÉLAGINELLÉES. RHIZOCARPÉES. ISOÉTÉES.		
	une seule sorte de spores. *Isosporées.*	Végétaux vasculaires : un prothalle séxué.	LYCOPODIACÉES. FOUGÈRES. ÉQUISÉTACÉES.
		Végétaux cellulaires : un prothalle végétatif.	MOUSSES. HÉPATIQUES.
		Pas de prothalle.	CHARACÉES, ALGUES.
IIᵉ CLASSE **CRYPTOGAMES** **SANS CHLOROPHYLLE.**	Organes végétatifs cellulaires . . . . LICHENS, CHAMPIGNONS.		
	Organe végétatif plasmatique. . . . . MYXOMYCÈTES.		

Iʳᵉ CLASSE. — CRYPTOGAMES A CHLOROPHYLLE

Iʳᵉ SOUS-CLASSE. — HÉTÉROSPORÉES

Deux sortes de spores. Végétaux vasculaires, pourvus de chlorophylle, présentant des racines, des tiges et des feuilles.

FAMILLE DES SÉLAGINELLÉES.

Plantes vertes, à feuilles disposées sur 3 ou 4 rangs et de grandeur inégale. Organes reproducteurs de deux sortes : capsules ou sporanges à granules fins et nombreux (*micro-*

spores), produisant un prothalle mâle, et capsules ou sporanges renfermant 4 gros globules (*macrospores*), produisant un prothalle femelle (fig. 680 et 681).

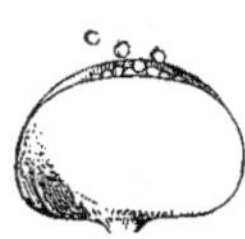

Fig. 680.
Capsule mâle de
Sélaginelle.

Sélaginelle helvétique (*S. helvetica*, fig. 682). Tige de 4 à 10 centim., grêle, radicante, dichotome;. à feuilles denticulées au sommet : les plus grandes ovales, perpendiculaires à la tige, les plus petites lancéolées, appliquées ; épis géminés. Croît sur les rochers des hautes montagnes.

Sélaginelle denticulée (*S. denticulata*, fig. 683). Tige de 5 à 20 centim., radicante, très rameuse, dichotome ; feuilles brièvement dentelées ciliées; les plus grandes ovales, sèches, un peu roulées en dessous, non perpendiculaires à la tige, les plus petites lancéolées, appliquées, épis géminés. Lieux humides et

Fig. 681.
Capsule femelle de
Sélaginelle.

Fig. 682. — Sélaginelle helvétique.

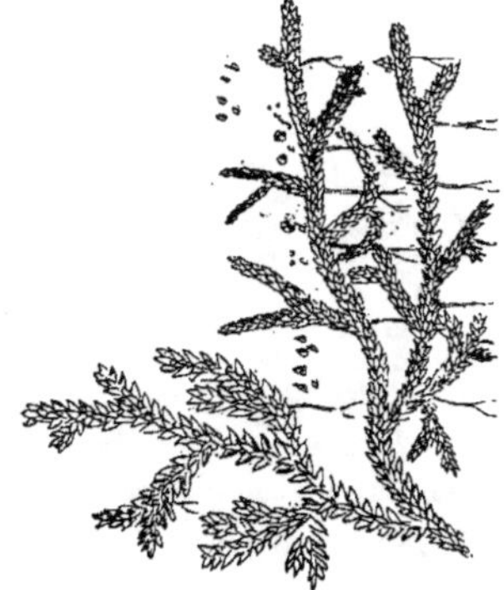

Fig. 683. — Sélaginelle denticulée.

ombragés. Cette espèce est employée à l'ornement des serres, pour tapisser les murs humides.

FAMILLE DES RHIZOCARPÉES.

Plantes à racines, tiges et feuilles bien développées et munies de vaisseaux fibro-vasculaires, vivant dans l'eau ou dans les tourbières. Racine et tige toujours ramifiées dichotomiquement ; feuilles avec ou sans limbe ; organes reproducteurs constitués par des feuilles transformées en sacs (*sporocarpes*) contenant les sporanges. Les sporanges sont de deux sortes, les uns plus grands (*macrosporanges*) produisant des spores volumineuses, d'où sortent des prothalles femelles, et les autres plus petits (*microsporanges*) produisant des spores de moindre taille d'où sortent les prothalles mâles.

Genre PILULARIA : feuilles réduites au rachis, roulées en crosse dans la jeunesse ; capsules globuleuses, solitaires, sessiles sur le rhizome, à 4 loges et à cloisons longitudinales; spores fixées aux parois de la capsule.

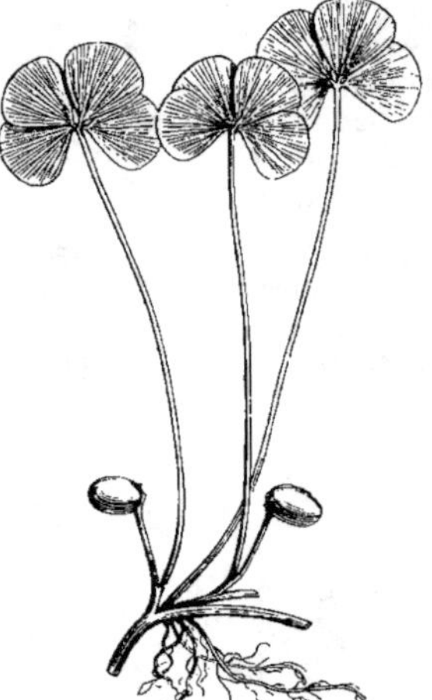

Pilulaire à Globules (*Pil. globulifera*, Pl. 76, fig. 460). Plante aquatique, vivant au bord des mares, des étangs, dans les tourbières; rhizome filiforme, rampant; feuilles cylindriques, filiformes, naissant par 2 et 3 ensemble à chaque nœud du rhizome.

Genre MARSILEA: feuilles à 4 folioles disposées en croix; rhizome rampant; capsules globuleuses, placées à la base des pétioles, à 2 loges et à cloison transversale.

Marsilée à 4 Feuilles (*M. quadrifolia*, fig. 684). Souche rampante, feuilles longuement pétiolées, à folioles en coin, entières, glabres, flottantes. Rivières et marais.

Fig. 684. — Marsilée à 4 Feuilles.

FAMILLE DES ISOÉTÉES.

Plantes aquatiques submergées ou terrestres, à rhizome très court, sillonné, émettant des racines dichotomes et des frondes subulées cespiteuses, dressées, élargies et membraneuses à la base. Un seul genre.

Genre ISOÈTES: feuilles radicales à la base desquelles se trouvent des fossettes qui logent les organes reproducteurs; ce sont des sporanges de deux sortes: les uns, fixés aux feuilles de la circonférence, contiennent des *macrospores* produisant un prothalle femelle, les autres, fixés aux feuilles du centre, renferment des *microspores* en poussière très fine et en nombre considérable qui donnent un prothalle mâle.

Isoète des Lacs (*Is. lacustris*, fig. 685). Plante aquatique à tige presque nulle, en disque charnu, d'où émanent des racines fibreuses et des feuilles épaisses, linéaires, très aiguës. Croît dans les lacs et les étangs.

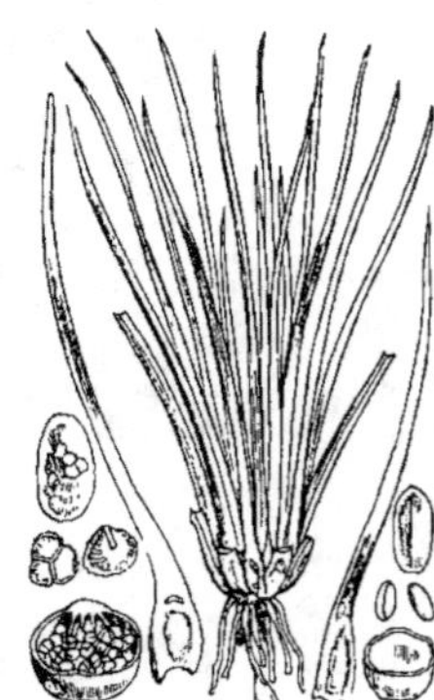

Fig. 685. — Isoète des Lacs.

IIe SOUS-CLASSE. — ISOSPORÉES

Végétaux pourvus de chlorophylle et d'une seule sorte de spores; vasculaires ou cellulaires, avec ou sans prothalle.

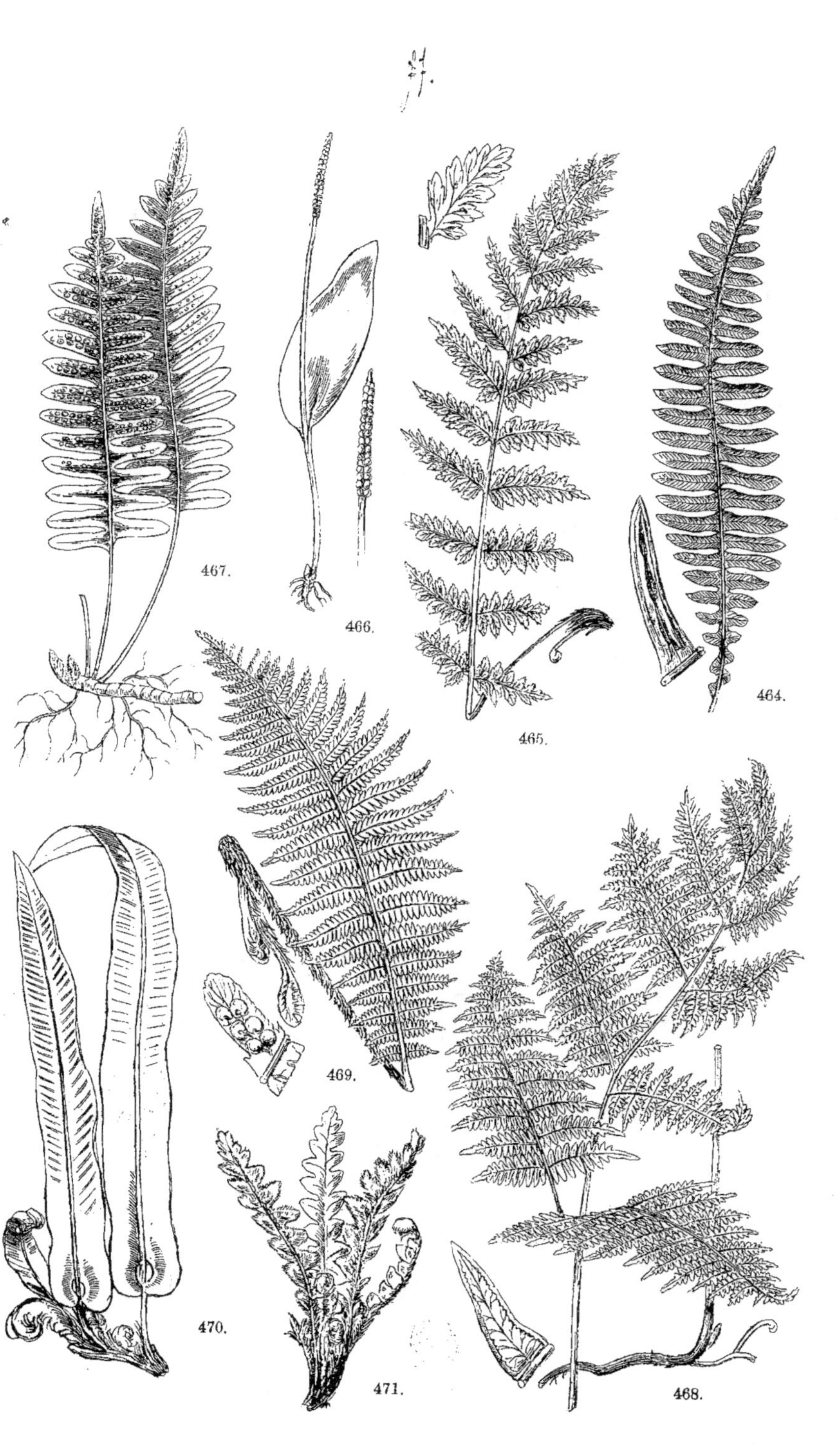

467.

466.

465.

464.

469.

470.

471.

468.

A. — Végétaux vasculaires.

FAMILLE DES LYCOPODIACÉES.

Plantes à racines, tiges et feuilles bien développées; tiges et racines toujours ramifiées dichotomiquement; feuilles simples, petites, insérées en spirale sur plusieurs rangs. Organes reproducteurs asexués, développés à l'aisselle des feuilles et constitués par un sporange dans lequel se développent des spores d'une seule sorte. Prothalle très rudimentaire, se développant dans la cavité de la spore.

Genre LYCOPODIUM : caractères de la famille.

Lycopode à Massue (*L. clavatum*), vulgairement *Soufre végétal* (fig. 686). Tige rampante de 4 à 10 décim., entièrement cachée par les feuilles; celles-ci terminées par une longue soie. Épis jaune pâle, en massue, ordinairement géminés, quelquefois réunis par 3 ou 4. Lieux ombragés.

Les granules pulvérulents, connus sous le nom de *poudre de lycopode* ou *soufre végétal*, sont très inflammables et sont employés sur les théâtres pour produire des flammes subites; on s'en sert aussi pour cicatriser les excoriations survenues aux plis des cuisses chez les petits enfants.

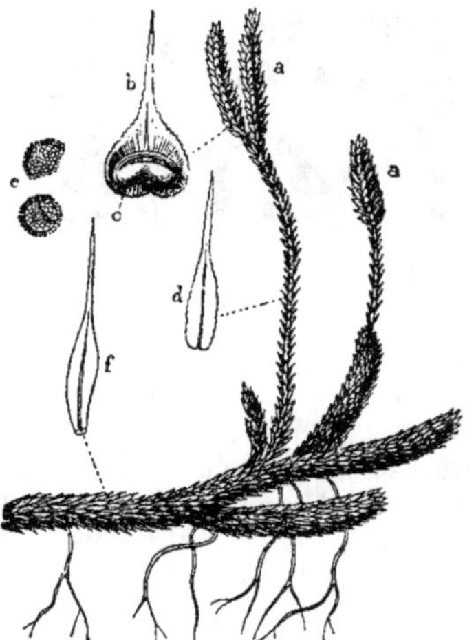

Fig. 686. — Lycopode à Massue.
a. Rameau fructifère. — *b*. Feuille sporangiale.
c. Sporange. — *d*. Feuille caulinaire. — Spore.

Fig. 687. — Lycopode épineux.

Lycopode sélagine (*L. Selago*, Pl. 76, fig. 461). Tiges redressées, dichotomes, à feuilles lancéolées, raides, d'un vert foncé, imbriquées; sporanges axillaires sur presque toute la longueur des rameaux. Croît sur les montagnes.

Lycopode épineux (*L. spinulosum*, fig. 687). Tige rampante à rameaux ascendants, de 5 à 15 centim.; feuilles éparses, étalées, spinescentes; épi terminal solitaire. Bois montagneux.

FAMILLE DES FOUGÈRES.

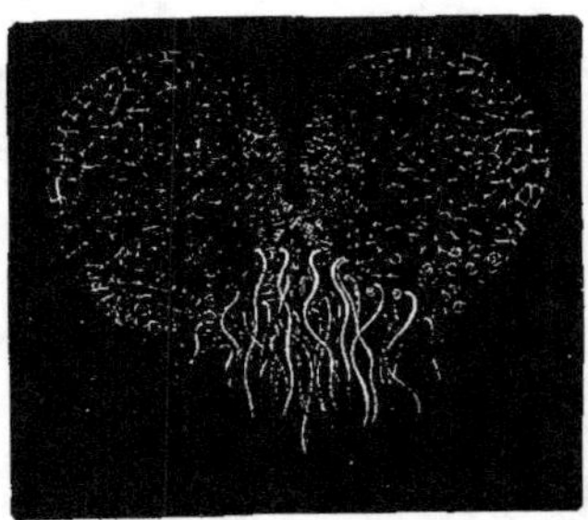

Fig. 688. — Prothalle de Fougère.

Plantes vivaces, à tiges, racines et feuilles bien développées. La tige, très apparente ou même ligneuse dans quelques fougères équatoriales, est réduite, dans nos espèces indigènes, à une souche souterraine, traçante, qui porte des racines adventives et des feuilles (*frondes*); celles-ci sont ordinairement très grandes, roulées en crosse dans leur jeunesse, et portant à leur face inférieure les organes de la fructification. Dans quelques fougères toutes les feuilles sont fertiles, dans d'autres les feuilles fertiles diffèrent complètement des feuilles ordinaires ou sont réduites à de simples nervures.

Les sporanges sont tantôt rapprochés en groupes (*sores*) nus, ou recouverts par une membrane (*indusie*); tantôt disposés en lignes. La plante feuillée ne produit jamais directement les organes reproducteurs sexués; les spores détachées de la plante mère ne sont pas fécondées; mais, placées dans un lieu convenable, elles donnent naissance à une lame celluleuse (*prothalle*) sur laquelle se développent les organes mâles ou *anthéridies* et les organes femelles ou *archégones* (fig. 688).

On divise la famille des Fougères en trois tribus d'après la disposition des sporanges.

I. **OPHIOGLOSSÉES**: *feuilles non enroulées en crosse dans le jeune âge, au nombre de deux seulement; l'une stérile, l'autre fructifère réduite au rachis. Sporanges disposés sur 2 rangs de chaque côté du rachis, sessiles, sans anneau, s'ouvrant en 2 valves.*

Genre OPHIOGLOSSUM: feuilles entières; la fertile réduite au rachis, la stérile ovale lancéolée; sporanges formant un épi distique.

Ophioglosse commune (*Oph. vulgatum*, Pl. 77, fig. 466), vulgairement *Langue de serpent*. Petite plante à souche grêle, à feuilles hautes de 10 à 15 centim. Dans les bois et les prairies tourbeuses.

Genre BOTRYCHIUM: fronde stérile pennatiséquée, à lobes cunéiformes; la fertile réduite aux rachis principal et secondaires portant les sporanges.

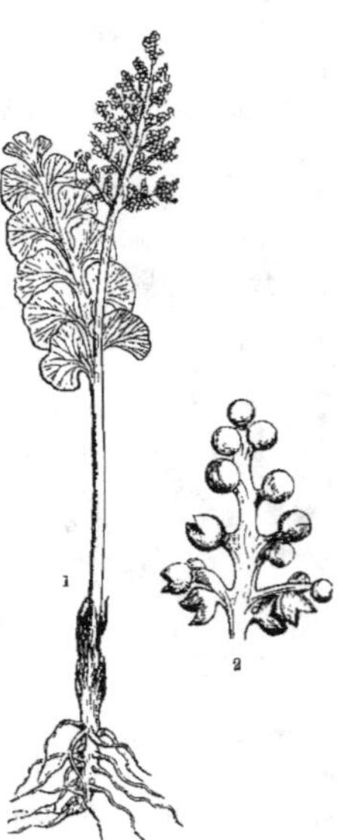

Fig. 689 et 690. — Botryche lunaire.

Botryche lunaire (*B. lunaria*, fig. 689 et 690). Petite plante à souche courte, à feuilles longues de 10 à 15 centim.; la stérile à segments semilunaires. Prés élevés, pâturages montueux.

Fig. 691. — Osmonde royale.

II. **OSMONDÉES** : *feuilles enroulées en crosse dans la jeunesse, sporanges pédicellés, sans anneau, bivalves, en panicule à la partie supérieure de la fronde.*

Genre OSMUNDA : caractères ci-dessus.

Osmonde royale (*Osm. regalis*), vulgairement *Fougère fleurie* (fig. 691). Belle plante à souche cespiteuse, épaisse, émettant des feuilles de 6 à 10 décim., très amples, bipennatiséquées, à folioles oblongues, sessiles, à segments supérieurs seuls fructifères. Bois, lieux humides.

III. **POLYPODIÉES** : *feuilles enroulées en crosse dans la jeunesse ; sporanges se développant sur la face inférieure de lobes foliaires peu ou pas modifiés, recouverts ou non par le bord replié de la feuille ou par une membrane* (indusie),

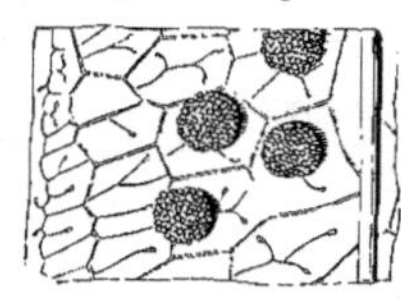
Fig. 692.
Polypodiées (Portion de Fronde).

pédicellés et pourvus d'un anneau vertical incomplet (fig. 692).

Genre HYMENOPHYLLUM : sporanges réunis autour d'une nervure prolongée au delà du limbe, en réceptacle claviforme ; indusie en cupule bivalve.

Hyménophylle de Tunbridge (*Hym. Tunbridgense*, fig. 693). Souche grêle, traçante ; frondes transparentes, à lobes dentés épineux. Lieux humides ; bords de la mer.

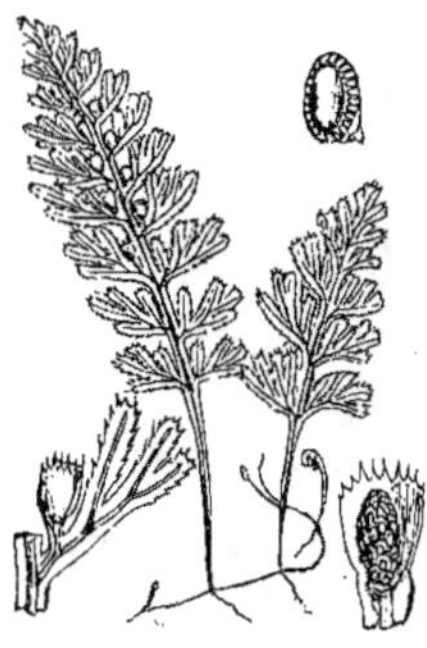
Fig. 693.
Hyménophylle de Tunbridge.

Genre ASPIDIUM : feuilles bipennatiséquées ; sores arrondis, épars, couverts d'une indusie peltée, fixée par le centre et libre à la circonférence.

Aspidie à Aiguillons (*Asp. aculeatum*, fig. 694). Plante à souche cespiteuse, épaisse, à feuilles en touffes, hautes de 4 à 8 décim., lobes des segments très prolongés à la base en 2 auricules. Dans les bois humides.

Genre CYSTOPTERIS : sores arrondis, insérés sur les nervures secondaires des feuilles ou sur leur

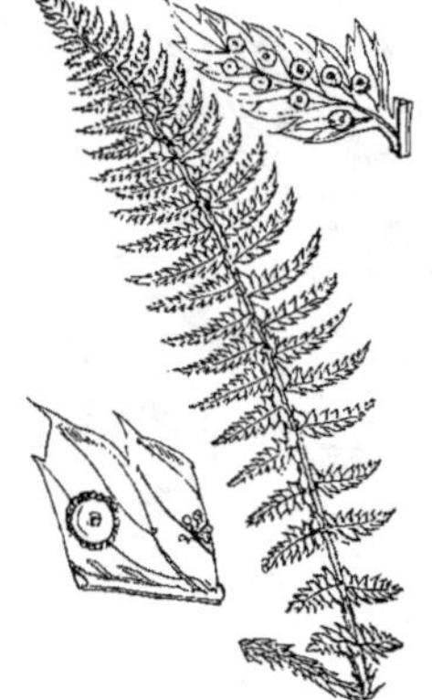
Fig. 694. — Aspidie à Aiguillons

ramification interne, épars ou en séries régulières, couverts d'une indusie très mince, disparaissant à la maturité.

Cystopteris fragile (*C. fragilis*, Pl. 77, fig. 465). Plante à souche épaisse émettant un petit nombre de feuilles hautes de 2 à 4 décim., à lobules dentés. Sur les rochers humides, les vieux murs.

Genre BLECHNUM : sores insérés sur 2 rangées, de chaque côté de la nervure médiane, recouverts par une indusie linéaire, libre du côté de la nervure; folioles fructifères plus étroites que les stériles.

Blechne spicant (*Bl. spicant*, Pl. 77, fig. 464). Souche cespiteuse, à feuilles en touffes, raides, hautes de 3 à 6 décim., à segments oblongs entiers. Lieux humides.

Genre SCOLOPENDRIUM : sores en larges lignes parallèles entre elles, obliques à la nervure centrale, situées entre deux nervures secondaires; indusie s'ouvrant en long par le milieu.

Scolopendre officinale (*Sc. officinale*), vulgairement *Langue de cerf* (Pl. 77, fig. 470). Souche cespiteuse, émettant un bouquet de feuilles simples, longuement pétiolées, oblongues, ondulées, auriculées à la base, d'un beau vert luisant, hautes de 3 à 6 décim. Croît dans les lieux ombragés, sur les roches humides.

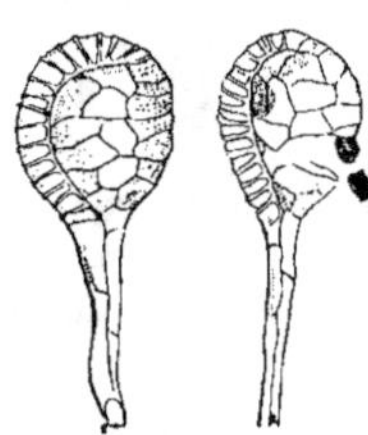

Fig. 695.
Sporanges de Nephrodium.

Genre NEPHRODIUM : sores arrondis, insérés sur les nervures secondaires ou sur leurs ramifications, épars ou en séries régulières, couverts d'une indusie réniforme, fixée par le centre et libre à la circonférence (fig. 695).

Néphrodie Fougère mâle (*N. filix mas*, Pl. 77, fig. 469). Souche volumineuse, cespiteuse traçante; feuilles brièvement pétiolées, en touffes hautes de 5 à 10 décim.; à pétiole et rachis écailleux; pennatiséquées, à segments pennatifides, dentés. Elle croît en abondance dans les bois ombragés.

La racine de la Fougère mâle est employée en poudre comme vermifuge, principalement contre le tænia.

Genre ASPLENIUM : sores linéaires ou oblongs, unilatéraux, insérés sur les nervures secondaires, recouverts d'une indusie linéaire ou oblongue insérée par son bord externe sur la nervure secondaire qui porte le sore.

Asplénie Fougère femelle (*A. filix fœmina*, fig. 696). Feuilles bipennatiséquées, assez minces, de 5 à 6 décim., à segments sessiles, lancéolées aigus. Bois et lieux humides.

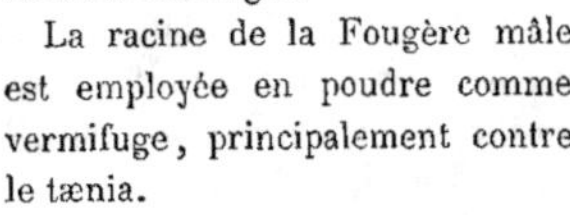

Fig. 696.
Asplénie Fougère femelle.

Fig. 697. — Asplénie lancéolée.

Asplénie trichomane, vulgairement *Capillaire* (Pl. 76, fig. 462). Feuilles de 1 à 2 décim., à rachis brun noir; à folioles nombreuses courtes, ovales, obtuses. Murs, lieux ombragés.

Asplénie lancéolée (*Aspl. lanceolatum*, fig. 697). Racine fibreuse; feuilles bipennatiséquées, à segments ovales, presque sessiles, lobés dentés; sores arrondis et assez gros, indusie oblongue. Croît sur les roches humides.

Asplénie Rue des Murailles (*Aspl. ruta muraria*, Pl. 76, fig. 463). Petite plante de 6 à 10 centim. au plus, à racine fibreuse, à rachis vert; feuilles 1 ou 2 fois ailées, à segments cunéiformes, entiers ou à 3 lobes crénelés.

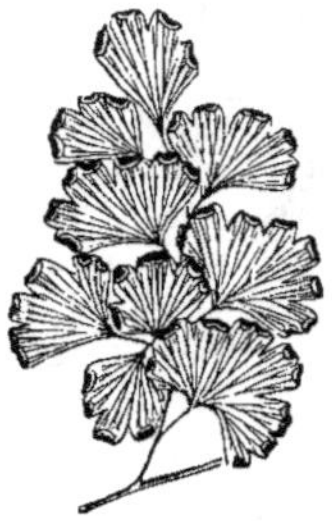

Genre ADIANTHUM : sores en lignes au sommet des lobules; indusie formée par le bord replié des frondes.

Adianthe capillaire (*Ad. capillus Veneris*, fig. 698). Plante faible, à racine fibreuse; feuilles de 15 à 20 centim., à pétiole capillaire, nu, noirâtre et luisant, à folioles minces, cunéiformes, laciniées. Murs humides, rochers. L'Adianthe capillaire, ou *Capillaire de Montpellier*, est légèrement amère et astringente; on l'emploie en infusion et en sirop comme béchique.

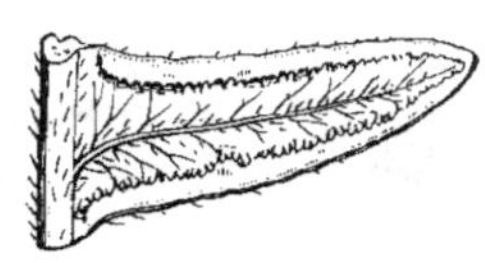

Fig. 698.
Adianthe capillaire.

Fig. 699.
Pteris Aigle (Portion de Fronde).

Genre PTERIS : sores disposés en lignes continues autour des lobes foliaires, recouverts par les bords repliés de ces lobes (fig. 699).

Pteris Aigle impérial (*Pt. aquilina*, Pl. 77, fig. 468). Plante à rhizome allongé, traçant, à feuilles très grandes, dépassant souvent 1 mètre, 3 fois ailées, à segments lancéolés, pennatifides. Très abondant dans les bois. Cette fougère doit son nom à ce que la section oblique de la base du pétiole présente la figure de l'aigle à 2 têtes (fig. 701). Sa racine est considérée comme vermifuge; on fait avec ses feuilles des matelas pour les enfants.

Genre CETERACH : sores oblongs linéaires, insérés sur les ramifications des nervures secondaires des feuilles; sporanges entremêlés de poils squamiformes; pas d'indusie.

Ceterach officinal (*C. officinarum*, Pl. 77, fig. 471), vulgairement *Herbe dorée, Daurade*. Souche cespiteuse, émettant une grosse touffe de feuilles longues de 6 à 12 centim., pennatipartites, à segments alternes, épais, verts et glabres en dessus, couverts en dessous d'écailles roussâtres. Rochers, vieux murs. On emploie son rhizome en infusion ou en poudre comme béchique.

Genre POLYPODIUM : sores arrondis, gros, épars sur les nervures ou dans les angles; pas d'indusie, ni de poils squamiformes; nervures pennées, les secondaires anastomosées (fig. 700).

Fig. 700.
Fronde de Polypode.

Fig. 701.
Tige de
Pteris aquilina
(Coupe oblique).

Fig. 702. — Polypode dryopteris.

Polypode commun (*Pol. vulgare*, Pl. 77, fig. 467). Feuilles pennatiséquées, à contour lancéolé, à lobes alternes ; sores insérés sur l'extrémité épaissie des ramifications internes des nervures secondaires. Rochers, tronc des vieux arbres.

Le rhizome du Polypode vulgaire a une saveur sucrée qui l'a fait employer contre les maladies des bronches.

Polypode dryopteris (fig. 702). Souche rampante, grêle ; feuilles longuement pétiolées triangulaires, de 3 à 4 décim., tripennatiséquées ; sores insérés sur le trajet des nervures, secondaires. Rochers, vieux murs.

FAMILLE DES ÉQUISÉTACÉES.

Plantes vivaces, à tiges et racines bien développées et pourvues de faisceaux fibro-vasculaires disposés en cercle régulier ; tiges fistuleuses, striées, articulées, sans feuilles ; celles-ci sont remplacées, au niveau de chaque nœud, par une gaine dentée, laciniée. Sporanges disposés en épi à l'extrémité de certains rameaux et insérés sur la face inférieure d'écailles épaisses, peltées ; ces sporanges s'ouvrent longitudinalement et disséminent des spores microscopiques, munies d'appendices filiformes (*élatères*) qui, d'abord enroulés autour de la spore, se détendent avec élasticité et servent à sa dispersion (fig. 703 et 704). Les spores germent et produisent un prothalle qui porte les organes reproducteurs : anthéridies et archégones.

Genre ÉQUISETUM (*Prêle*) : caractères de la famille.

Prêle des Champs (*Eq. arvense*), vulgairement *Queue de rat* (Pl. 76, fig. 459). Tiges les unes stériles, les autres fertiles ; ces dernières simples, paraissant avant les stériles, de 1 à 2 décim., fauves ; gaines lâches, évasées, blanches à la base, brunes supérieurement, de 8 à 12 dents ; épi oblong. Tiges stériles grêles, très rameuses, de 2 à 5 décim., vertes, à gaines plus petites. Champs humides, bords des rivières.

Prêle des Bois (*Eq. sylvaticum*, fig. 705). Tiges fertiles et tiges stériles contemporaines,

Fig. 703.
Prêle des Bois.

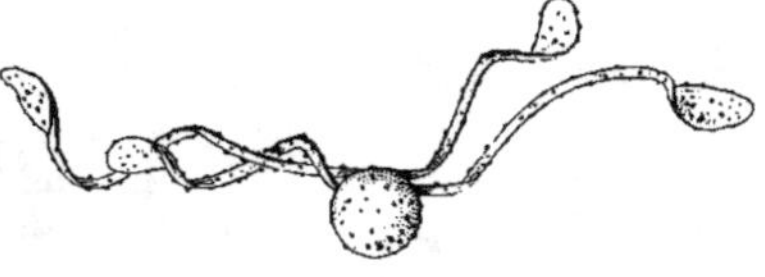

Fig. 704. — Equisetum (épi fructifère).

Fig. 705. — Prêle des Bois.

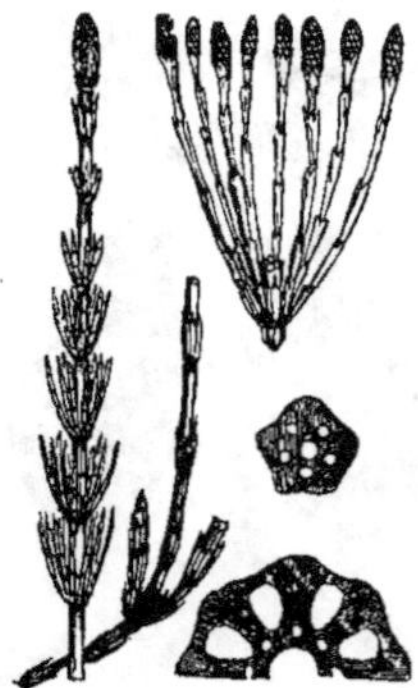

Fig. 706. — Prêle des Marais.

d'un vert gai ; tiges fertiles grêles, de 1 à 2 décim., parfois munies vers le sommet de quelques rameaux avortés ; graines lâches, brunes, à 3 ou 4 divisions. Tiges stériles très rameuses, de 3 à 7 décim. Forêts humides.

Prêle des Marais (*Eq. palustre*), vulgairement *Queue de cheval* (fig. 706). Tiges toutes semblables et fertiles, de 3 à 6 décim., vertes, lisses, très ramifiées ; gaines lâches à 6-8 dents brunes ; épi cylindrique. Marais, lieux humides.

Les prêles sont revêtues d'un épiderme rude et siliceux qui les rend propres à polir le bois et les métaux.

B. — **Végétaux cellulaires.**

FAMILLE DES MOUSSES ou MUSCINÉES.

Les mousses sont ordinairement d'humbles plantes, pourvues d'axes grêles, dressés et de feuilles délicates de formes très diverses. La base de la plante est une espèce de rhizome fixé par de fausses racines grêles au sol, aux arbres, aux murailles ; quelques-unes (*Sphagnum*) habitent spécialement les lieux marécageux. Les organes reproducteurs des mousses, tantôt réunis sur un même pied, tantôt portés par des pieds différents, sont toujours disposés au sommet de la tige ou des rameaux dans les Mousses acrocarpes ou cladocarpes, ou accolées le long de la tige dans les Mousses pleurocarpes. Les plantes femelles produisent des *archégones*, les pieds mâles des *anthéridies*. Les anthéridies sont des sacs

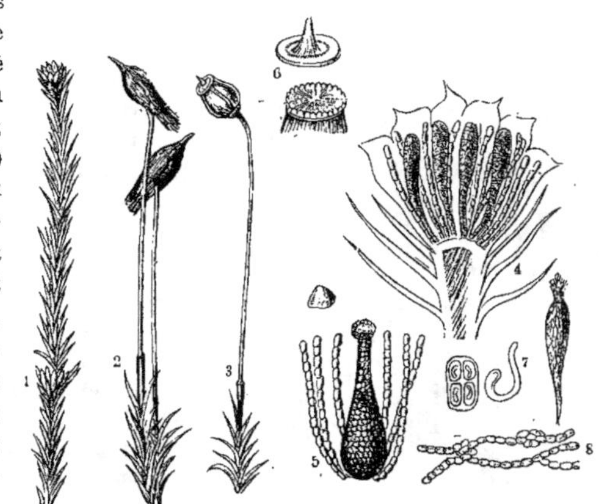

Fig. 707 à 713. — Polytric.
1. Tige. — 2. Urne, Coiffe et Soie. — 3. Urne dépourvue de Coiffe.
4. Anthéridies. — 5. Archégone. — 6. Couvercle de l'Urne. — 7. Protonema.

à pied rétréci, qui se développent au milieu d'un groupe de feuilles rapprochées en une sorte d'involucre ; à la maturité ces sacs s'ouvrent au sommet et laissent échapper les *anthérozoïdes* qui pénètrent dans l'archégone pour y féconder l'*oosphère*. Les archégones ou organes femelles sont des sacs supportés par un pied et terminés par un long col ; au fond de ce sac se développe l'oosphère qui, fécondée, devient l'*oospore*. De celui-ci sort un sac désigné sous le nom d'*urne* ou de *capsule*, qui s'allonge au bout d'une soie souvent très longue, et qui était d'abord renfermée dans un étui clos dont la portion supérieure se soulève et constitue ce qu'on nomme la *coiffe*. Celle-ci enlevée met à nu le couvercle de l'urne ou *opercule*, et à l'intérieur se trouve logé le sporange contenant les spores qui s'échappent, et produisent en germant un protonema, corps filamenteux, sur lequel s'élèvent des bourgeons destinés à produire de nouveaux individus (fig. 706 à 713).

On divise la famille des Mousses en cinq tribus, suivant la forme de la capsule et la manière dont elle s'ouvre.

I. **BRYACÉES** : mousses proprement dites à fructification terminant la tige (*acrocarpes*) ou les rameaux (*cladocarpes*); à capsule toujours pourvue d'un opercule, et s'ouvrant ordinairement par la chute de l'opercule. Tiges habituellement dressées ou inclinées, simples ou ramifiées. Ce groupe est très nombreux et comprend les genres Dicranum, Fissidens, Barbula, Splachnum, Funaria, Bryum, Mnium, Polytrichum, etc.

Nous figurons dans notre Atlas : la

Funaire hygrométrique (*Funaria hygrometrica*, Pl. 78, fig. 474). Sa capsule est striée, son pédicelle flexueux et courbé. Ce pédicelle, tordu pendant la dessiccation, se déroule à la moindre humidité, d'où son nom spécifique. Commune sur les murs et dans les endroits où l'on a fait du charbon.

Fissident adiantoïde (*Fissidens adianthoïdes*, Pl. 78, fig. 475-477). Mousse de 2 à 6 centim., en touffes lâches d'un vert foncé.

Bry capillaire (*Bryum capillare*, fig. 714). Plante dioïque en gazons hauts de 5 à 20 millimètres.; à feuilles oblongues, obovées ou subspatulées; fleurs mâles capituliformes; capsule brune, oblongue obovée à long col.

Fig. 714. — Bry capillaire.

Fig. 715. — Hypne du Peuplier.

Polytric commun (*Pol. commune*, fig. 707). Tiges dressées, de 2 à 4 décim., en touffes lâches très étendues; feuilles allongées, à nervure médiane très saillante; capsule quadrangulaire, à coiffe couverte de poils longs, retombants.

II. **HYPNACÉES** ou *Pleurocarpes* : à fructification latérale, c'est-à-dire se développant sur le côté de la tige ou des rameaux. Ce groupe comprend les genres *Fontinalis*, *Cryphœa*, *Neckera*, *Hypnum*, etc.

Les *Hypnes*, très nombreuses en espèces et les plus répandues, forment souvent d'épais tapis de verdure. Elles se distinguent par leur port plus ramifié et par leur capsule longuement pédicellée, le plus souvent asymétrique. Ce sont les plus utiles; on s'en sert pour

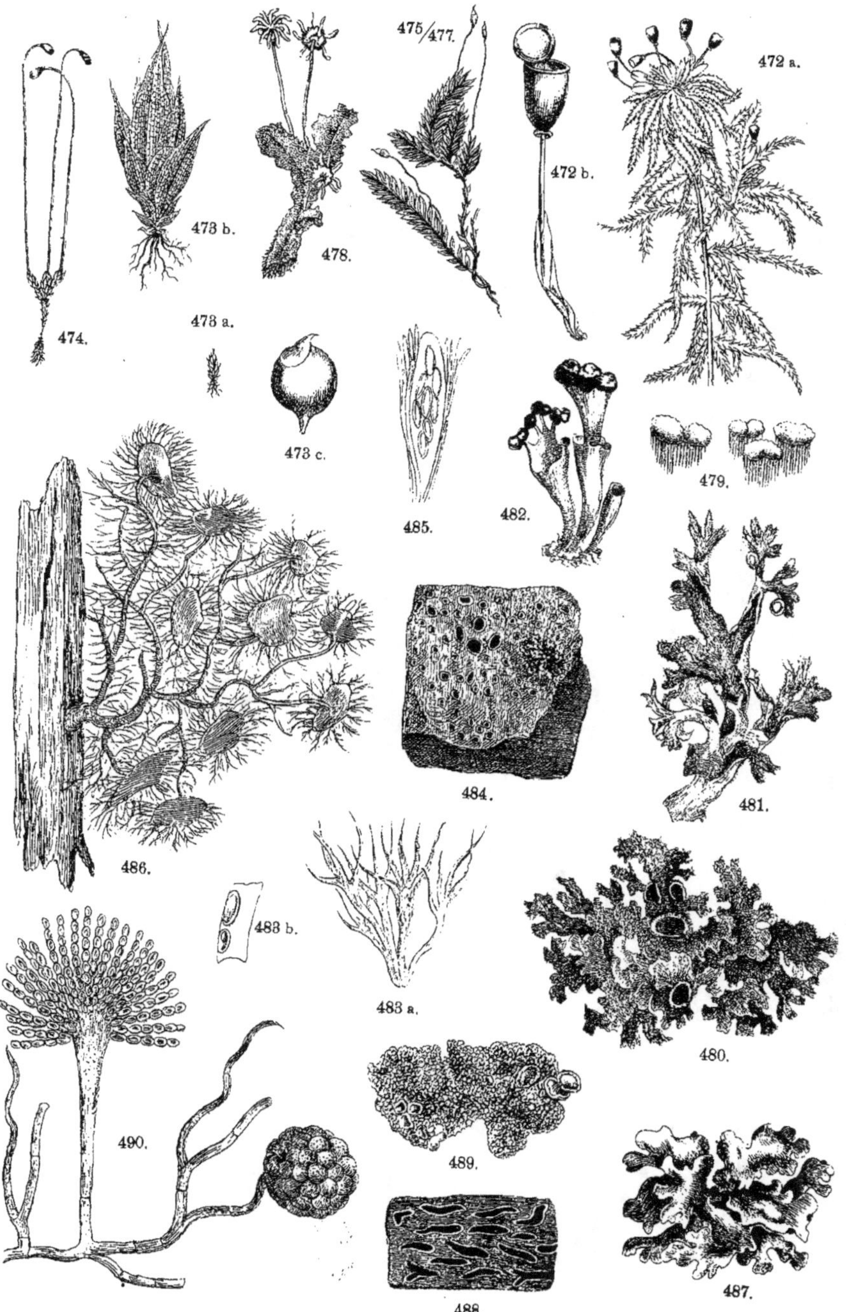

78.
474.
473 b.
473 a.
478.
475/477.
472 b.
472 a.
473 c.
485.
482.
479.
486.
484.
481.
488 b.
483 a.
480.
490.
489.
488.
487.

calfeutrer les huttes et les bateaux, pour emballer les plantes, les fruits et les objets fragiles.

Nous figurons ici l'*Hypnum populeum*, agrandi (fig. 715).

Les *Fontinales*, à capsule sessile, presque cachée dans un bouquet de feuilles, flottent dans les eaux courantes et leurs tiges prennent parfois un allongement assez considérable.

III. **PHASCACÉES** ou *Cleistocarpes* : à capsule sans opercule, s'ouvrant par la déchirure de ses parois. Petites plantes ne dépassant guère 5 à 10 millim., croissant sur la terre humide. Genres *Phascum, Archidium, Ephemerum*.

Phasque pointu (*Ph. cuspidatum*, Pl. 79, fig. 473, *a b c*). Tige de 1 à 2 millim. en gazons étendus, serrés, d'un vert terne.

IV. **SPHAGNACÉES** : mousses des marais et des tourbières, où, par leur accumulation, elles contribuent largement à la formation de la tourbe. Leur capsule s'ouvre par une fente circulaire qui détache d'une pièce toutes les parois de la capsule.

Les **Sphaignes** (*Sphagnum*) sont remarquables par leur couleur glauque, leur consistance molle et spongieuse ; elles sont très avides d'eau.

Nous figurons dans notre Atlas (Pl. 78, fig. 472, *a b*) : la **Sphaigne à Feuilles squarreuses** (*Sph. squarrosum*).

V. **ANDRÉACÉES** ou *Schistocarpes* : mousses vivant dans les montagnes sur la paroi des rochers ; à feuilles noirâtres, à capsule s'ouvrant à la maturité par l'écartement de 4 à 6 valves retenues à la base ou au sommet.

Fig. 716 à 720.

1. Marchantia polymorpha femelle. — 2. Marchantia polymorpha mâle. — 3. Metzgeria furcata. — 4. Plagiochila asplenioïde. — 5. Anthoceros lævis.

FAMILLE DES HÉPATIQUES.

Les Hépatiques ne se distinguent des mousses que par une réduction plus grande des organes végétatifs. Ce sont de petites plantes herbacées qui, par leur port, ressemblent les unes aux lichens, les autres aux mousses. Les premières sont formées de frondes vertes étalées en lames foliacées, lobées, émettant des radicelles par leur face inférieure (*Marchantia*, fig. 716 à 720). Les dernières sont pourvues d'un axe simple ou rameux chargé de petites feuilles (*Jungermannia*). — Organes reproducteurs mâles et femelles réunis sur le même pied (monoïques) ou portés sur des pieds distincts (dioïques). L'organe mâle (*anthéridie*) est un sac membraneux dans lequel se développent des anthérozoïdes mobiles ; l'organe femelle est constitué par un sac (*archégone*) contenant une oospore qui, après la fécondation, se développe sur place en un sporange dans lequel se forment des spores asexuées. Celles-ci donnent, par leur germination, un proembryon rudimentaire sur lequel se développe la plante sexuée.

Genre RICCIA : plantes sans feuilles, à fronde membraneuse nerviée ; capsules globuleuses, enfoncées dans le tissu de la fronde ; coiffe soudée avec la capsule.

Riccie nageante (*R. natans*, Pl. 78, fig. 479). Fronde dentée, flottante, obcordée, large de 6 à 10 millim., verte en dessus, violacée en dessous. Étangs, mares.

Genre MARCHANTIA : plantes sans feuilles, à frondes sinueuses ; capsules agrégées sur un réceptacle situé à l'extrémité d'un long pédicelle porté par la nervure de la fronde.

Marchantie polymorphe (*M. polymorpha*, Pl. 78, fig. 478).

Genre JUNGERMANNIA : plantes feuillées, ayant souvent l'aspect des mousses ; fructification terminant la tige ou un rameau latéral distinct ; capsule déhiscente par quatre valves régulières ; involucre formé de feuilles plus grandes et plus dentées que les feuilles caulinaires.

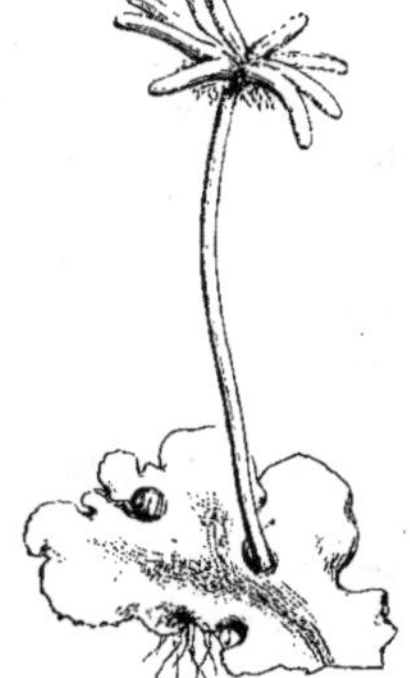

Fig. 722.
Marchantie polymorphe
femelle, grossie.

Ce genre renferme un grand nombre d'espèces dont les unes ressemblent aux *marchantia*, les autres aux mousses. Voici quelques-unes de ces formes (fig. 721 et 722).

Fig. 721. — Marchantie polymorphe (mâle).

C. — **Pas de prothalle.**

FAMILLE DES CHARACÉES.

Plantes aquatiques, submergées, se fixant dans la vase. Rhizome simple, articulé, à articles renflés émettant des radicelles filiformes, très fines. Tiges cylindriques dépourvues de feuilles, rameuses, articulées, en tubes ; à rameaux verticillés, portant les organes de la reproduction. Organes reproducteurs de deux sortes (sporanges et anthéridies). Sporanges ovoïdes, à 5 dents, renfermant une spore, qui est entourée de 5 lanières roulées en spirale et provenant de la tunique interne du sporange. Anthéridies globuleuses, rouges, paraissant avant les sporanges, contenant des anthérozoïdes doués de mouvements très rapides.

Genre CHARA : Tige opaque, à articles composés d'un tube central entouré d'un rang de tubes semblables plus étroits ; sporanges solitaires au centre d'un involucre formé de 4 à 6 bractées inégales.

Charagne commune (*Chara fœtida*, fig. 723). Tige grêle, grisâtre, souvent incrustée, à verticilles accompagnés d'un involucre de 4 bractées dont les 2 intérieures plus longues dépassant les sporanges. Répand une odeur désagréable.

Fig. 723. — Charagne commune.

Genre NITELLA : Tige plus ou moins diaphane, à articles formés d'un tube unique ; pas de bractées involucrales au-dessous des verticilles ; anthéridies placées au-dessus des sporanges.

Nitelle translucide (*Nit. translucens*). Tige raide, de 3 à 8 décim. ; ramuscules foliaires terminés par 3 petites pointes aciculées ; sporanges réunis par 3 au-dessous des verticilles terminaux.

FAMILLE DES ALGUES.

Plantes cryptogames cellulaires, pourvues de chlorophylle, mais diversement colorées ; à organes végétatifs non différenciés en tiges, feuilles et racines. Leur appareil de nutrition, appelé *fronde* ou *thalle*, est composé de cellules nues ou entourées d'une production mucilagineuse, et disposées en membranes, tantôt simples, tantôt rameuses, ou en masses informes, ou en filaments, ou en corps très diversifiés. Les organes reproducteurs sont tantôt disséminés dans l'ensemble du tissu végétatif, tantôt localisés dans certaines régions. Quelques Algues ne paraissent pas avoir d'organes sexuels, d'autres se multiplient par conjugaison ; les plus élevées ont des organes mâles et des organes femelles.

Les Algues végètent dans la mer, dans l'eau douce, ou à la surface des corps humides ; leur forme, leur consistance et leurs couleurs sont très variées ; leurs dimensions ne le sont pas moins, surtout chez les Algues marines ; car on en trouve qui mesurent à peine un millième de millimètre ; tel est le *Trichodesmium Ehrenbergii* qui, par son accumulation extraordinaire, produit la coloration à laquelle la mer Rouge doit son nom, tandis qu'il en est qui atteignent jusqu'à 500 mètres de longueur (*Macrocystis*).

D'après leur couleur, qui répond à des différences dans leur organisation et leur reproduction, on divise les Algues en 4 grands groupes ou tribus :

1º Les Algues d'un vert bleu ou CYANOPHYCÉES ;

2º Les Algues vert d'herbe ou CHLOROPHYCÉES ;

3º Les Algues brunes ou MÉLANOPHYCÉES ;

4º Les Algues rouges ou RHODOPHYCÉES, qu'on nomme aussi FLORIDÉES.

I. — Cyanophycées.

Algues unicellulaires ou composées de cellules réunies bout à bout en filaments ou juxtaposées en massifs globuleux ou tabulaires. Elles se multiplient par division de leurs cellules, par des filaments mobiles ou par des spores asexuées.

A ce groupe appartiennent les **Bactéries** colorées qui se développent sur une foule de substances et rendent le pain rouge (*Micrococcus prodigiosa*), le lait bleu (*Bacterium syncyanum*), la mer Rouge (*Trichodesmium Ehrenbergii*).

Les **Oscillaires** qui tapissent la base des murs humides, croissent en masses considérables dans les eaux minérales chaudes et forment la base des bains de boue. Elles apparaissent en quelques heures en quantité innombrable dans les eaux douces des étangs et des rivières qu'elles rendent impropres à l'alimentation.

Les **Nostocs :** algues gélatineuses d'un vert bleuâtre, noirâtre ou rougeâtre vivant dans l'eau ou sur la terre. Ils sont formés d'une gelée transparente dans laquelle serpentent des filaments flexueux composés de cellules arrangées bout à bout comme les grains d'un chapelet (fig. 724).

Le **Nostoc commun** (*N. commune*, se rencontre fréquemment dans les terrains sablonneux, les allées de jardins. Après les pluies, il forme des lames gélatineuses verdâtres qui disparaissent par la dessiccation.

Les **Rivulaires**, composées de filaments terminés en poil, qui rayonnent autour d'un point central.

La **Rivulaire bulleuse** (*Rivularia bullata*), qui forme des poches d'un beau vert émeraude, se rencontre sur les rochers du bord de la mer en été et en automne.

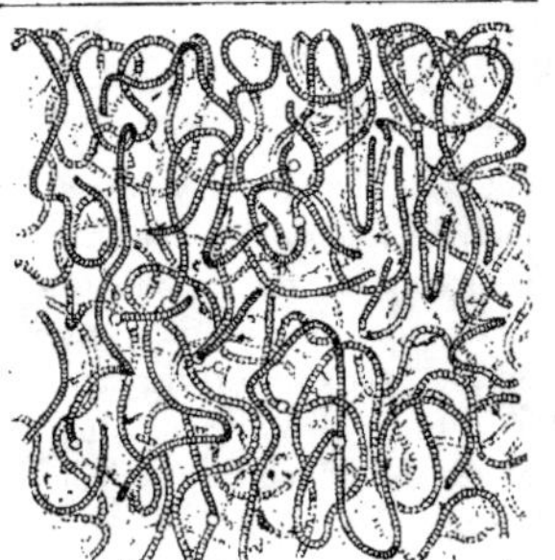

Fig. 724. — Nostoc vesicarium.

II. — Chlorophycées.

D'après leur aspect extérieur, les *Chlorophycées* ou Algues vertes, se présentent sous la forme de cellules isolées, de filaments ou de membranes. Les filaments sont souvent composés de cellules placées bout à bout (*Conferves*); parfois ils sont constitués par une seule cellule prodigieusement étendue et ramifiée de manière très variées (*Vaucheria*).

Examinées au point de vue de leur mode de reproduction, elles se divisent en Conjuguées et en Zoosporées.

1. **Conjuguées** : algues d'eau douce consistant en cellules cylindriques ou en tubes cloisonnés, renfermant de la matière verte. A l'époque de la reproduction, les tubes cloisonnés se rapprochent deux à deux, une communication s'établit entre eux au point de contact et le contenu de l'un des segments de tube passe dans l'autre, se fond avec son contenu, et de la fusion résulte une spore ; celle-ci germe et forme une nouvelle algue filamenteuse (fig. 725). Les Desmidiées appartiennent à ce groupe.

2. **Zoosporées**, dont les organes reproducteurs résultant de la concentration de la matière verte deviennent des spores mobiles munies de cils vibratiles (Confervées, Ulvacées), ou chez lesquels l'œuf (oogone) est fécondé par des anthérozoïdes (Vauchériées, Œdogoniées).

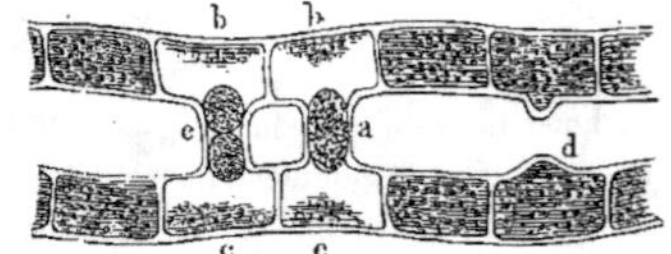

Fig. 725. — Algue conjuguée.

Les **Conferves** (*Conferva*) se développent rapidement dans nos bassins, et sur tous les corps où se trouvent une humidité suffisante et une température convenable ; tantôt elles flottent à la surface des eaux, tantôt elles sont fixées au sol ou à quelque corps solide, pierre, bois ou coquille ; quelques-unes mêmes vivent en parasites sur le corps des poissons et des batraciens. Ces plantes contribuent pour une large part à la formation de la tourbe. Nous figurons dans notre Atlas (Pl. 81, fig. 506) le *Conferva fugacissima*.

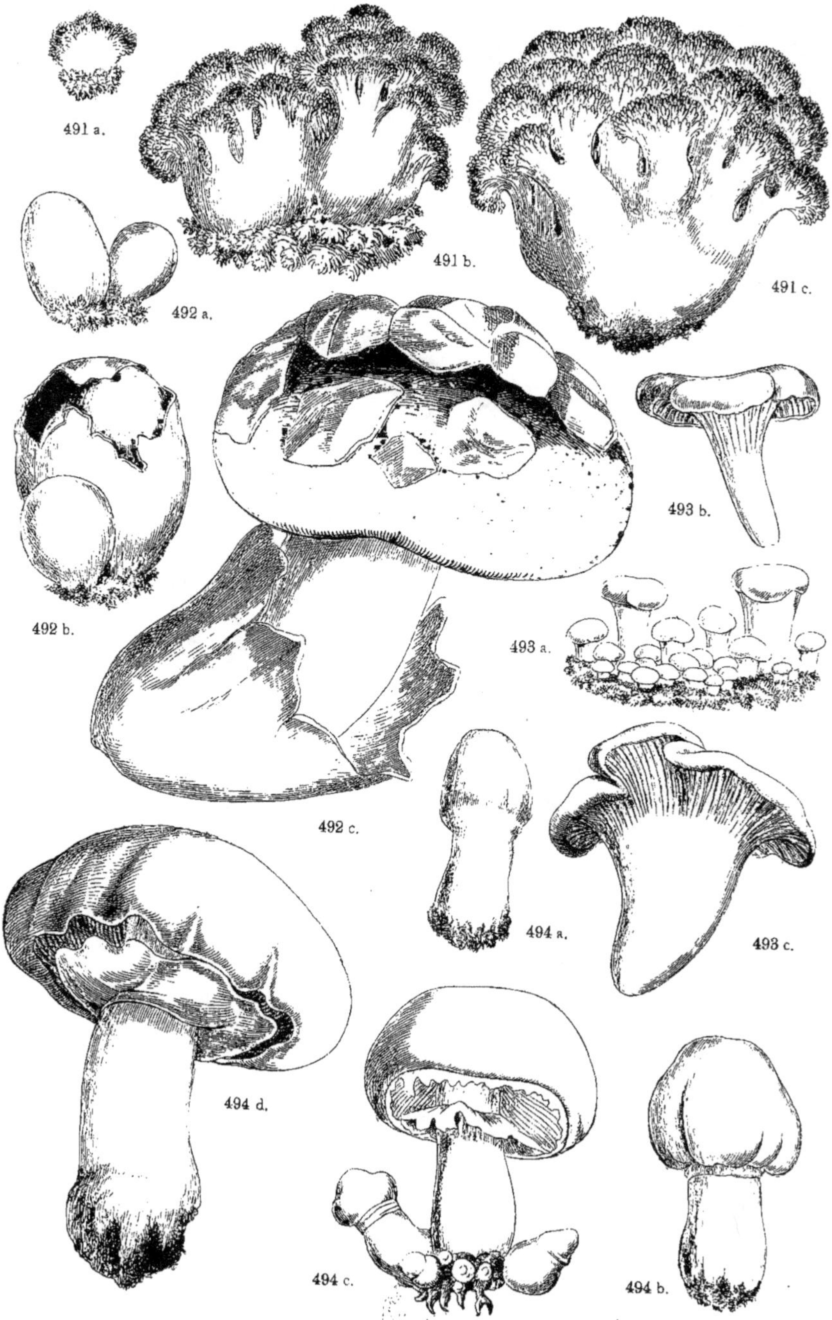

fig.
491 a.
491 b.
491 c.
492 a.
492 b.
492 c.
493 a.
493 b.
493 c.
494 a.
494 b.
494 c.
494 d.

Les **Ulves** (*Ulva*) sont des Algues marines, membraneuses, parfois très développées, formées d'un seul plan de cellules, tantôt étalées (*Ulva*), tantôt enroulées et affectant la forme de cornets ou de tubes (*Enteromorpha*). On trouve communément sur les pierres et les rochers des côtes de la Manche et de l'Océan plusieurs espèces d'Ulves :

Ulve Laitue (*Ulva Lactuca*, Pl. 82, fig. 511), qui rappelle l'aspect de la laitue frisée. On la mange quelquefois en salade.

L'**Ulve très large** (*U. latissima*) sert également à l'alimentation des pauvres pêcheurs des côtes de l'Écosse.

Au groupe des Chlorophycées appartiennent aussi les Volvox, Palmelles, Protococcus, petites algues microscopiques. Nous figurons ici (fig. 726), très grossi, le

Protococcus de la Neige (*Pr. nivalis*), qui colore parfois en rouge la neige des glaciers (Fig. 726).

Fig. 726.
Protococcus de la Neige.

Protococcus des Salines (*Pr. salinus*), vient dans le fond des marais salants, dont il fait paraître l'eau violette ou rougeâtre.

III. — Mélanophycées.

Ce groupe comprend des Algues colorées par un pigment brun et dont les cellules ne renferment pas d'amidon, comme les algues vertes.

C'est dans cette tribu que se rangent les **Diatomées**, petites algues microscopiques qui se distinguent de toutes les autres par leur forme géométrique et la nature de leur membrane imprégnée de silice ; elles sont par conséquent très dures et constituent le tripoli dont on se sert pour polir les métaux. Ces infiniment petits sont répandus en quantités innombrables dans les eaux douces et salées ; ils forment par leur accumulation depuis des milliers de siècles des terrains d'une étendue parfois considérable.

Les algues **Phéosporées** se multiplient par zoospores ; parmi les plus remarquables de cette division, nous citerons les genres Chorda, Laminaria, Padina, etc.

Genre CHORDA : fronde simple, cylindrique, filiforme, creusée intérieurement d'une cavité interrompue de distance en distance par des cloisons. Toute la fronde est couverte de poils courts, en velours, à la base desquels sont fixées les spores.

Corde Fil (*Chorda Filum*). Cette algue consiste en une longue tige cylindrique, d'un vert olivâtre, grosse comme une plume de cygne dans son milieu et s'amoindrissant en pointe vers ses extrémités. Sa longueur varie de 4 à 5 décim. jusqu'à 5 à 6 mètres ; on la prendrait pour une vraie corde et les pêcheurs lui donnent le nom de *filin*.

Genre LAMINARIA : fronde d'un vert foncé ou roussâtre, en lames planes, indivises ou divisées en éventail, présentant à la base un rétrécissement en forme de stipe solide ou fistuleux. Ces algues se reproduisent par des *zoospores*, spores mobiles asexuées, capables de reproduire directement la plante, et qui se forment dans les cellules terminales de certains poils, à la surface du thalle.

Laminaire digitée (*Lam. digitata*, Pl. 82, fig. 510). Cette espèce, assez commune sur nos côtes, est fixée aux rochers par de forts crampons, d'où s'élève une tige cylindrique plus ou moins allongée. A son extrémité supérieure la tige s'aplatit en une fronde formée de lames larges, plus ou moins nombreuses (de 2 à 6), et affectant des formes variables. Elle mesure parfois jusqu'à 2 mètres de hauteur.

Laminaire sucrée (*Lam. saccharina*), longue d'un mètre et plus, est formée d'une tige cylindrique et épaisse, qui, vers le tiers de sa longueur, s'aplatit en une lame large de 5 à 10 centim., gaufrée sur le bord de chaque côté de la ligne médiane. Cette phycée, lorsqu'elle est sèche, se recouvre d'efflorescences sucrées.

Laminaire comestible (*Lam. esculenta*), à pied cylindrique, muni de crampons, et terminé par une lame unique, longue souvent de plusieurs mètres, parcourue par une nervure saillante.

Ces laminaires se mangent dans certains pays, surtout la dernière, bouillies dans du lait. Elles servent, comme les fucus, à l'extraction de la soude, et les habitants pauvres des côtes de la Bretagne font usage de leurs tiges desséchées comme combustible.

Genre PADINA : fronde stipitée, plane, zonée, sans nervures, dont les divisions membraneuses s'étalent en éventail, spores éparses à la surface inférieure de la fronde.

Padina pavonia : Atlas, Pl. 81, fig. 505.

Les *Fucacées* sont des algues marines brunes ou olivâtres, ordinairement sous forme de frondes coriaces, membraneuses ou filamenteuses, munies ou dépourvues de nervures, et souvent de vésicules remplies d'air qui leur servent à flotter. Les organes reproducteurs sexués sont renfermés dans des cavités ou conceptacles qui s'ouvrent à l'extérieur par un pore garni de poils. Tantôt les organes reproducteurs mâles et femelles sont portés sur des pieds différents ; tantôt ils sont réunis dans le même conceptacle ; ces organes reproducteurs sont portés à l'extrémité des rameaux qui est fortement renflée (fig. 727). Les organes femelles sont des *oogones*, cellules sphériques qui renferment

Fig. 727. — Fucus vésiculeux.

les *oosphères ;* les organes mâles sont des *anthéridies*, petits sacs ovoïdes portés sur des poils rameux et qui contiennent des *anthérozoïdes*. Ceux-ci nagent à l'aide de cils vibratiles et vont féconder les oosphères, qui prennent alors le nom d'*oospores*. Chaque oospore s'allonge, se ramifie en bas en petits crampons par lesquels elle se fixe, tandis qu'elle se segmente en haut pour produire une plante semblable à celle qui lui a donné naissance.

Genre FUCUS : thalle adhérant aux roches par un empatement discoïde muni de crampons, duquel s'élève une tige qui se ramifie soit en branches, soit en lames aplaties et nervées. On leur donne communément le nom de *Varechs*.

Fucus vésiculeux (*F. vesiculosus*, Pl. 82, fig. 508 et fig. 728). Cette algue, très répandue sur nos côtes, s'élève à 2 ou 3 décim. Sa tige arrondie se ramifie en branches aplaties, ramifiées dichotomiquement, et munies en divers points de vésicules remplies d'air ; chaque branche offre une nervure saillante, et les supérieures sont renflées et portent les organes reproducteurs.

Fucus denté (*F. serratus*, fig. 729), se distingue du précédent par l'absence des vésicules aériennes, et par ses frondes dentées sur leurs bords comme une lame de scie.

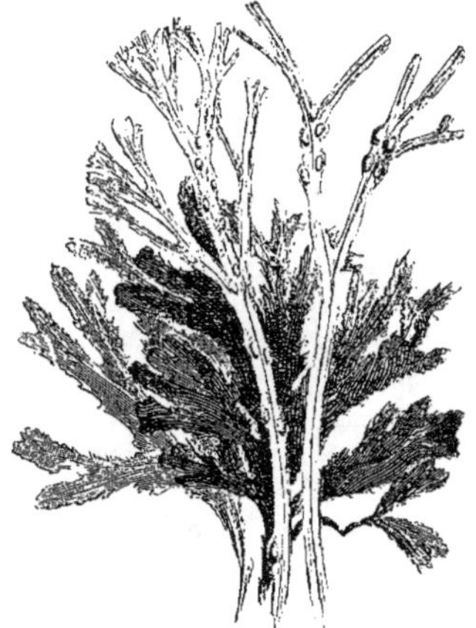

Fig. 728 et 729.
a. Fucus vésiculeux. — *b.* Fucus denté.

L'extrémité des frondes offre à la maturité un amas de petits tubercules placés à l'intérieur et renfermant les spores.

Fucus noueux (*F. nodosus*, fig. 730). Algue robuste, de couleur foncée, à ramifications épaisses, renflées de distance en distance par des vessies remplies d'air. Elle atteint parfois un mètre et plus.

Ces espèces, très communes sur nos côtes, sont recueillies sous le nom de varech et de goémon, et servent d'engrais, ou bien on les brûle pour en retirer l'iode et la soude.

IV. — Rhodophycées ou Floridées.

Ces algues marines se présentent sous forme de filaments simples ou rameux, de membranes, de tubes, de réseaux en dentelle de la plus grande élégance. Elles se reproduisent par des spores asexuées qui se développent généralement par 4 dans des sporanges superficiels ou enfoncés dans le tissu du thalle, ou par des spores résultant d'une fécondation. Celles-ci sont produites en grand nombre par une cellule prolongée en un poil au sommet duquel viennent se souder des spermaties produites par les fleurs mâles ou anthéridies. — Ces algues, autant par l'élégance de leurs formes que par l'éclat de leurs couleurs, font le plus bel ornement de nos herbiers. Leurs dimensions ne deviennent jamais considérables comme celles de certaines fucacées, et ne dépassent guère 4 à 5 décim. C'est surtout au delà de la limite des marées, à quelques mètres sous l'eau, qu'habitent le plus grand nombre des floridées. Cette tribu est très nombreuse et très riche; parmi les genres les plus répandus sur nos côtes, nous citerons :

Genre CERAMIUM : algues filiformes, marquées de bandes transversales, dont les extrémités sont recourbées en pince. Leurs tétraspores sont enfermés dans les cellules de l'écorce.

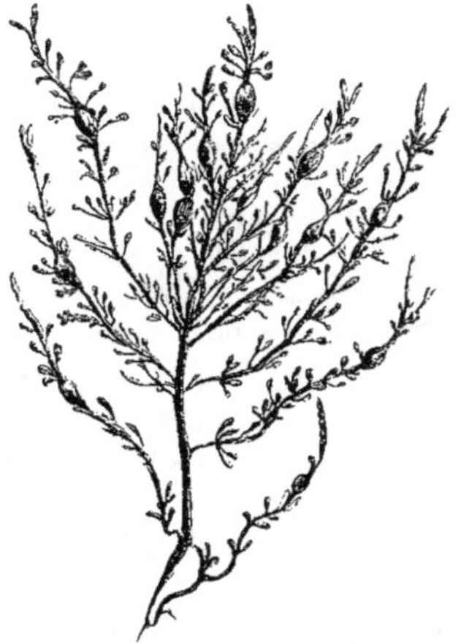

Fig. 730. — Fucus noueux.

Céramie diaphane (*C. diaphanum*, Pl. 81, fig. 504). Ses tiges, d'une extrême finesse, sont articulées, rameuses, à articulations composées de cellules cylindriques alternativement blanches et roses, et renflées de loin en loin en nœuds d'où partent les rameaux.

Céramie élégante (*C. elegans*), une des plus jolies du genre, conserve son port gracieux et ses belles couleurs lorsqu'elle est bien étalée sur le papier.

Céramie plumeuse (*C. plumosum*), appartient au genre *Ptilota*. Ses tiges, hautes de 2 décim. environ, sont garnies de rameaux disposés régulièrement des 2 côtés, comme les barbes d'une plume, et chacun de ces rameaux est à son tour garni de ramuscules délicats et d'un beau rouge.

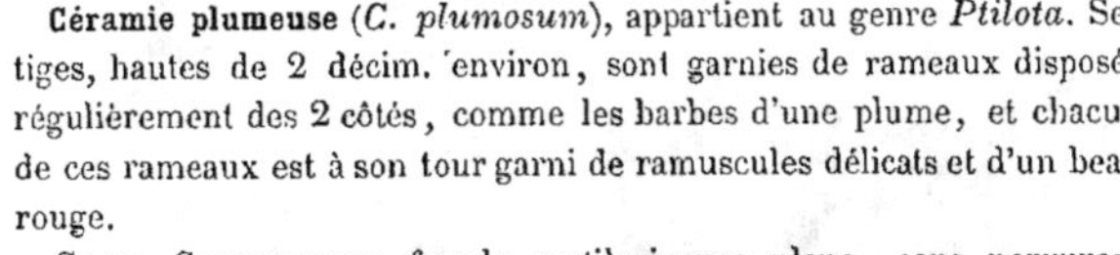

Fig. 731.

Plocamie rouge.

Genre CHONDRUS : fronde cartilagineuse plane, sans nervures, dichotome, à segments linéaires ou cunéiformes ; conceptacles hémisphériques, sessiles sur une des faces de la fronde, ou immergés plus ou moins profondément.

Chondrus crispus, vulgairement *Chicorée de mer, Carrageen* (Pl. 82, fig. 509) ; à fronde ramifiée et aplatie, fixée sur les rochers par un pied presque cylindrique, d'où partent des rameaux colorés en rouge brun ou pourpre foncé, aplatis soit en baguettes étroites, soit en lames larges, souvent découpées en segments frisés à l'extrémité.

Cette algue est employée comme émollient à cause de ses membranes qui se gélifient. En Angleterre, et surtout en Irlande, on en fait des gelées alimentaires.

Genre FURCELLARIA : fronde cartilagineuse, filiforme, dichotome, dont l'extrémité renflée contient les spores. Ce sont des algues noirâtres, de petite taille, qui croissent au-dessous de la ligne des marées. On trouve assez communément sur nos côtes le *Furcellaria fastigiata* et le *F. lumbricalis*.

Genre PLOCAMIUM : le thalle est étroit, très divisé, les divisions naissant alternativement par quatre de chaque côté des branches. Les tétraspores naissent dans de petits ramuscules palmés. Les conceptacles sont gros et globuleux.

Fig. 732. — Hydrolopathum sanguineum.

Plocamie rouge (*Pl. coccineum*). Petite floridée qui dépasse rarement 6 à 8 centim. Elle est très ramifiée et chaque petit rameau est garni, d'un seul côté, de ramilles régulièrement rangées comme les dents d'un peigne (fig. 731).

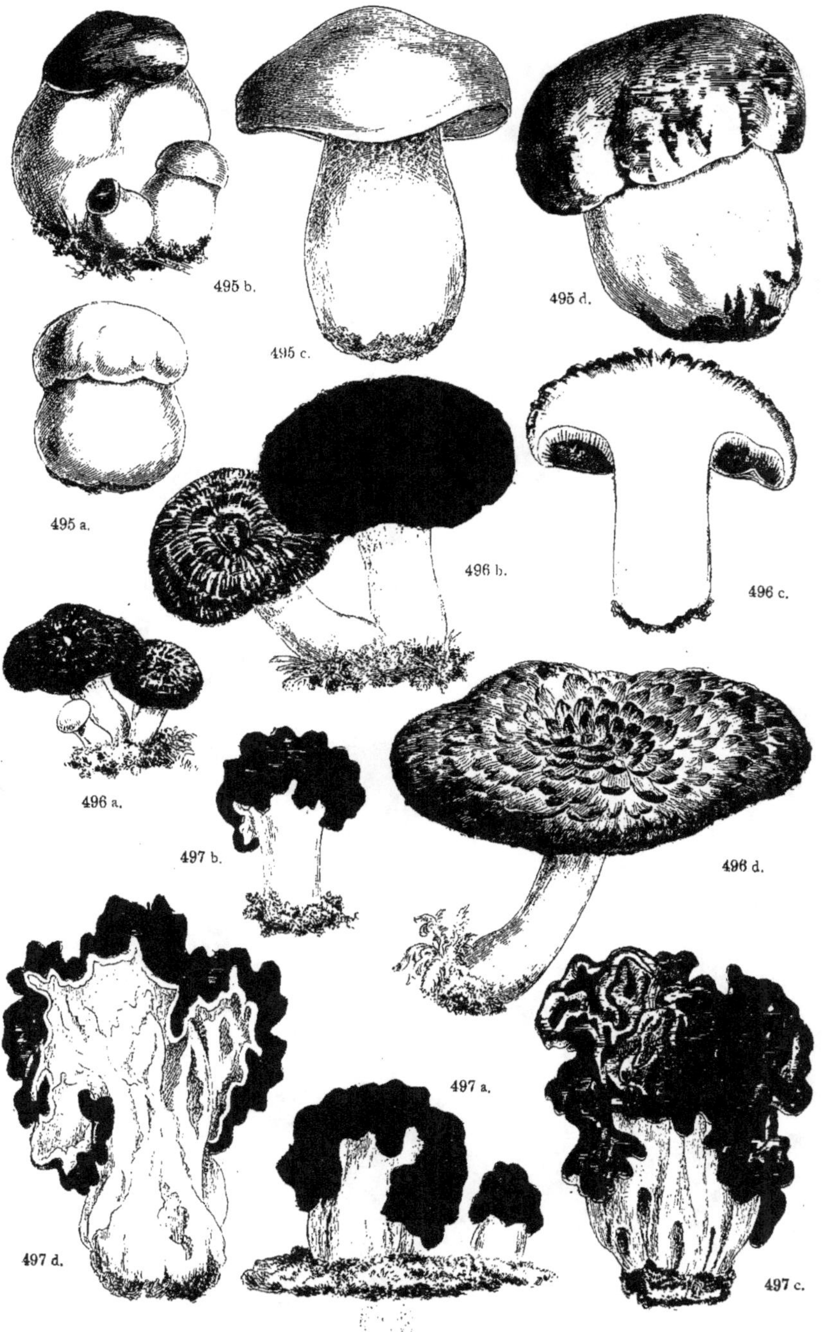

495 b.
495 c.
495 d.
495 a.
496 b.
496 c.
496 a.
497 b.
496 d.
497 a.
497 d.
497 c.

Genre HYDROLAPATHUM: tétraspores portés par de petites folioles que produit la nervure de la fronde après que le limbe a disparu.

L'**Hydrolapathum sanguineum**, qu'on nommait autrefois (*Delesserie sanguine*), porte
un bouquet de feuilles cramoisies dont la forme rappelle celle des plantes terrestres. Elle
brille de tout son éclat de mars en mai, puis jaunit et se déchiquette (fig. 732).

Genre CORALLINA: thalle articulé, irrégulier, à rameaux cylindriques; ayant la propriété de fixer dans son tissu une grande quantité de carbonate de chaux. Conceptacles le
plus souvent terminaux.

Coralline officinale (*C. officinalis*, fig. 733). Haute de 4 à 8 centim.,
rouge à l'état frais, coloré en blanc à l'état sec par le carbonate de
chaux; forme de petites touffes serrées. On lui attribue des propriétés
vermifuges.

Genre POLYSIPHONIA: thalle articulé, filiforme, composé d'assises
de cellules de même longueur, nues ou revêtues de cellules plus petites;
tétraspores dans les ramules terminaux; spores dans des conceptacles
en grelot, anthéridies en forme de chatons.

Polysiphonie urcéolée (*P. urceolata*), à tiges ramifiées portant des
ramules, eux-mêmes garnis de ramuscules. Le fruit, en forme de petite
urne (*urceola*), se développe sur les petits ramules latéraux.

A la section des *Rhodomélées* appartient le genre ALSIDIUM, à thalle
cylindrique, qui a la même fructification que les *Polysiphonia*, mais qui
en diffère par la structure parenchymaique de son thalle.

L'Alsidium helminthocorton, vulgairement *Mousse de Corse*, si connu
comme vermifuge, a une fronde grêle, cylindrique, à 3 ou 4 rameaux
dressés, croissant par touffes serrées d'un gris rougeâtre ou violacé.

Fig. 733.
Coralline officinale.

IIe CLASSE. — CRYPTOGAMES SANS CHLOROPHYLLE

A. — Organes végétatifs cellulaires.

FAMILLE DES LICHENS.

Les lichens sont des plantes cellulaires terrestres, dépourvues de racine, de tige et de
feuilles, végétant sur les pierres, l'écorce, les feuilles des autres plantes. Un lichen complet
se compose d'un appareil végétatif ou *thalle*, et d'organes de fructification ou *apothécies*.
Le thalle varie beaucoup de forme, de texture et de couleur; sa consistance est le plus souvent sèche, coriace, quelquefois gélatineuse; il se fixe à son support par de petits crampons. Le thalle est uniquement celluleux. Son tissu cortical est plus dense, et son tissu intérieur, lâche, filamenteux, se nomme *hypha*. Il est entremêlé de globules ordinairement
nombreux, souvent verts, qu'on nommait *gonidies*. Ces gonidies ne sont autre chose que
des algues unicellulaires associées au lichen. Les organes de fructification ou *apothécies*
sont comparables à ceux des champignons ascomycètes. Ce sont des coupes souvent éva-

sées, dont la concavité est tapissée d'un hyménium qui supporte des *asques* (cellules dans lesquelles se forment des spores). Aux asques sont interposés des filaments stériles ou *paraphyses*, et les spores sorties de leurs asques germent et donnent un jeune prothalle (fig. 734).

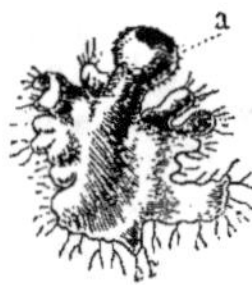

Fig. 734.
Portion de Thalle
portant une Apothécie.

Les lichens se trouvent sous tous les climats et dans tous les lieux, jusque dans les régions polaires, là ou nulle autre plante ne peut végéter. On en connaît aujourd'hui plus de 2000 espèces que l'on a réparties en trois tribus, suivant la manière d'être du thalle : *Byssacés, Collémacés* et *Lichénacés.*

I. **BYSSACÉS** : thalle byssoïde, c'est-à-dire formé de filaments très fins plus ou moins ramifiés. Genres *Ephebe, Gonionema.*

II. **COLLÉMACÉS** : thalle de forme très variable, constitué par une substance gélatineuse dans laquelle sont dispersées des gonidies réunies en chapelet ou éparses. Genres *Collema, Leptogium.*

III. **LICHÉNACÉS** : thalle de forme et de coloration très variables, foliacé, squameux, crustacé, pulvérulent ; apothécies stipitées, peltées ou patelliforme.

Cette tribu, la plus nombreuse et la plus importante pour l'intérêt qu'offrent plusieurs de ses espèces, comprend un très grand nombre de genres, parmi lesquels nous citerons :

Genre CLADONIA : à thalle tubuleux, parfois lacinié, ordinairement couvert de squamules à la base ; apothécies brunes ou rouges.

Cladonie crénelée (*Cl. crenulata*, Pl. 78, fig. 482).

C'est à ce genre qu'appartient le Lichen des Rennes (*cladonia rangiferina*, fig. 735), qui sert de pâture dans les régions boréales aux troupeaux de rennes et à d'autres animaux.

Genre ROCCELLA : en touffes ramifiées, dressées, portées par une petite souche commune; rameaux cylindriques, durs, plus ou moins charnus et couverts d'une poussière grisâtre qui contient les principes colorants.

Orseille des Canaries (*Roccella tinctoria*, Pl. 78, fig. 483, *a b*), porte dans le commerce le nom d'*orseille de mer*. Ce lichen fournit une matière colorante d'un rouge violet, très employée dans l'industrie.

Les *Roccella fuciformis* et *Rocc. montagnei* sont également employés à la fabrication de l'orseille. Ces mêmes espèces traitées différemment donnent la teinture bleue du tournesol (en pains) dont on prépare les papiers usités comme réactifs des acides.

Genre CETRARIA : thalle rigide, dressé, lacinié, d'un brun pâle en dessus ; apothécies noirâtres ou brun brillant.

Fig. 735. — Lichen des Rennes.

Lichen d'Islande (*Cetraria Islandica*, Pl. 78, fig. 481). Les peuples des contrées septentrionales le mangent, soit en bouillie dans du lait, soit en poudre, mêlé à la farine pour faire du pain. On l'emploie en médecine en pâte, en sirop, en tisane, contre la bronchite.

Genre PARMELIA : thalle étalé, lacinié, à moelle cotonneuse ; apothécies éparses ; paraphyses non distinctes.

Parmélie des Roches (*P. saxatilis*, Pl. 78, fig. 480). Thalle orbiculaire, lacinié, cendré ou verdâtre en dessus, noirâtre en dessous ; apothécies d'un brun roux. C'est l'une des espèces qui, avec diverses *Lecanora*, fournit l'*orseille de terre* ou *parelle*.

Genre USNEA : thalle filiforme, de couleur glauque, pendant et très ramifié, qui croît en longues masses filamenteuses sur les arbres et sur les rochers.

Usnée barbue (*U. barbata*, Pl. 78, fig. 486).

Genre STICTINA : thalle membraneux, lobé, couvert de cupules urcéolées ; gonidies d'un vert bleu foncé ; apothécies à paraphyses distinctes.

Stictine des Bois (*St. sylvatica*, Pl. 78, fig. 487).

Genre LECANORA : thalle crustacé, granuleux ; apothécies pourvues d'un rebord formé par le thalle ; paraphyses distinctes.

Lécanore cendrée (*L. subfusca*, Pl. 78, fig. 484 et 485). Les *Lecanora parella* et *L. tartarea* fournissent la *parelle* ou *orseille d'Auvergne*. Nous figurons cette dernière espèce dans notre Atlas (Pl. 78, fig. 489).

Genre GRAPHIS : thalle mince, situé au-dessus ou audessous de l'écorce des arbres ; apothécies linéaires, noires, innées ou immergées seulement par la base ; paraphyses distinctes, grêles.

Graphis écrite (*Gr. scripta*, Pl. 78, fig. 488).

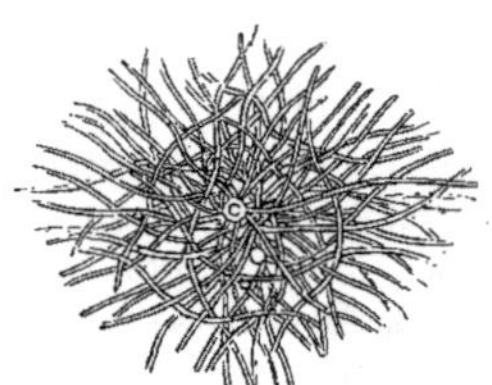

Fig. 736.
Mycélium de Champignon.

FAMILLE DES CHAMPIGNONS.

Les Champignons sont des végétaux exclusivement celluleux, dépourvus de chlorophylle, sans racines, ni tiges, ni feuilles, et qui se reproduisent par des spores. L'appareil de la végétation est connu sous le nom de *mycelium ;* c'est un ensemble de filaments très ténus, simples ou ramifiés, tubuleux, avec une cavité continue ou cloisonnée (fig. 736). Ce mycélium s'insinue dans le sol pour se nourrir, ou dans la substance des plantes ou même des animaux, sur lesquels plusieurs champignons vivent en parasites. C'est ce que dans le commerce on vend sous le nom de *blanc de champignon* pour la reproduction sur couche de l'Agaric champêtre. Sur ce mycélium se développe un organe qui constitue ce que tout le monde connaît sous le nom de champignon ; c'est le réceptacle sur lequel se forment les organes reproducteurs. Ce réceptacle se présente d'abord sous forme de petit mamelon ovoïde, qui grandit rapidement et bientôt présente un *pied* cylindrique surmonté d'une tête à peu près arrondie qui est le *chapeau.* Dans leur jeune âge, certains champignons sont enveloppés dans une membrane à laquelle on donne le nom de *volva* lorsqu'elle le recouvre complètement, et celui de *voile*, quand elle adhère seulement au bord du chapeau ; le pied s'allongeant en même temps que le chapeau se développe, cette membrane se rompt et tombe autour du pied où elle forme une *collerette* ou *anneau.*

Lorsque le champignon a atteint à peu près sa forme définitive, il se creuse au-dessous du chapeau un canal circulaire, dont la paroi supérieure porte tantôt des lames verticales et rayonnantes (Agaric), tantôt des tubes (Bolet) ou des rameaux (Clavaire); c'est sur ces lames ou tubes, qui constituent l'organe fructifère ou *hymenium*, que se produisent les cel-

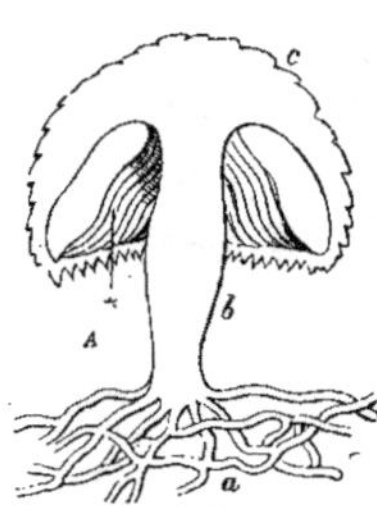

Fig. 737.
Coupe de Champignon.
a. Mycélium. — *b.* Pied. — *c.* Chapeau. — * Lamelles ou Feuillets.

lules reproductrices (fig. 737). Celles-ci portent le nom de *thèques* ou *asques*, et il s'y forme une plus ou moins grande quantité de spores microscopiques, qui s'en échappent au moment voulu sous forme de poussière. Beaucoup de ces cellules s'allongent en filaments (de 1 à 4) terminés chacun par une spore; ces cellules ainsi modifiées et fertiles portent le nom de *basides ;* celles qui restent stériles et ne portent pas de spore sont nommées *paraphyses*. Les spores, mises dans des conditions favorables, germent et donnent un mycélium.

Les principales divisions admises dans l'immense groupe des Champignons correspondent d'ailleurs à des modes de reproduction souvent très différents. Ce sont les *Basidiomycètes, Oomycètes, Ascomycètes, Schizomycètes* et *Myxomycètes*.

I. **BASIDIOMYCÈTES** ou *Basidiosporés :* mycélium vivace, filandreux, croissant sur le sol ou le bois mort, et formé de filaments . divisés par des cloisons transversales; réceptacle fructifère de formes très variables, croissant sur le mycélium et portant des cellules reproductrices (*spores*), qui se développent sur des cellules renflées désignées sous le nom de *basides* (fig. 738). Ce sont les champignons les plus connus, ceux qui fournissent à l'homme dans quelques espèces un aliment sain et agréable; mais dans d'autres un poison des plus dangereux. Malheureusement il n'existe pas, dans l'état actuel de la science, un réactif précis pour distinguer les champignons toxiques des champignons comestibles, et, à moins d'être absolument sûr des espèces que l'on emploie, il est toujours prudent de les faire macérer pendant 2 heures dans de l'eau acidulée au moyen de 2 ou 3 cuillerées de vinaigre; puis, après les avoir bien lavés, de les faire bouillir pendant un bon quart d'heure. Par ce procédé on rend inoffensifs même les champignons les plus dangereux.

En résumé les champignons, soit comestibles, soit vénéneux, sont compris dans les genres suivants :

AGARICUS : Face inférieure du chapeau couverte de lames rayonnantes. On le divise en plusieurs sections, suivant l'absence ou la présence du volva, les lames égales ou inégales en longueur, la présence ou l'absence d'un suc laiteux.

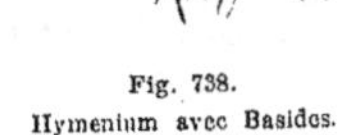

Fig. 738.
Hymenium avec Basides.

Agaric champêtre (*Ag. campestris*, Pl. 79, fig. 494, *a b c d*), vulgairement *Champignon de couche, Pâturon ;* abondant sur le bord des prairies et des bois, et cultivé sur couche dans un grand nombre de points de l'Europe. Il se reconnaît facilement à son chapeau d'un blanc grisâtre et à ses lames rosées.

Agaric mousseron (*Ag. albellus*); remarquable par sa blancheur et son odeur musquée; au printemps, sur les pelouses.

Agaric couleuvré (*Ag. colubrinus*), vulgairement *Coulemelle, Parasol ;* s'élève parfois à

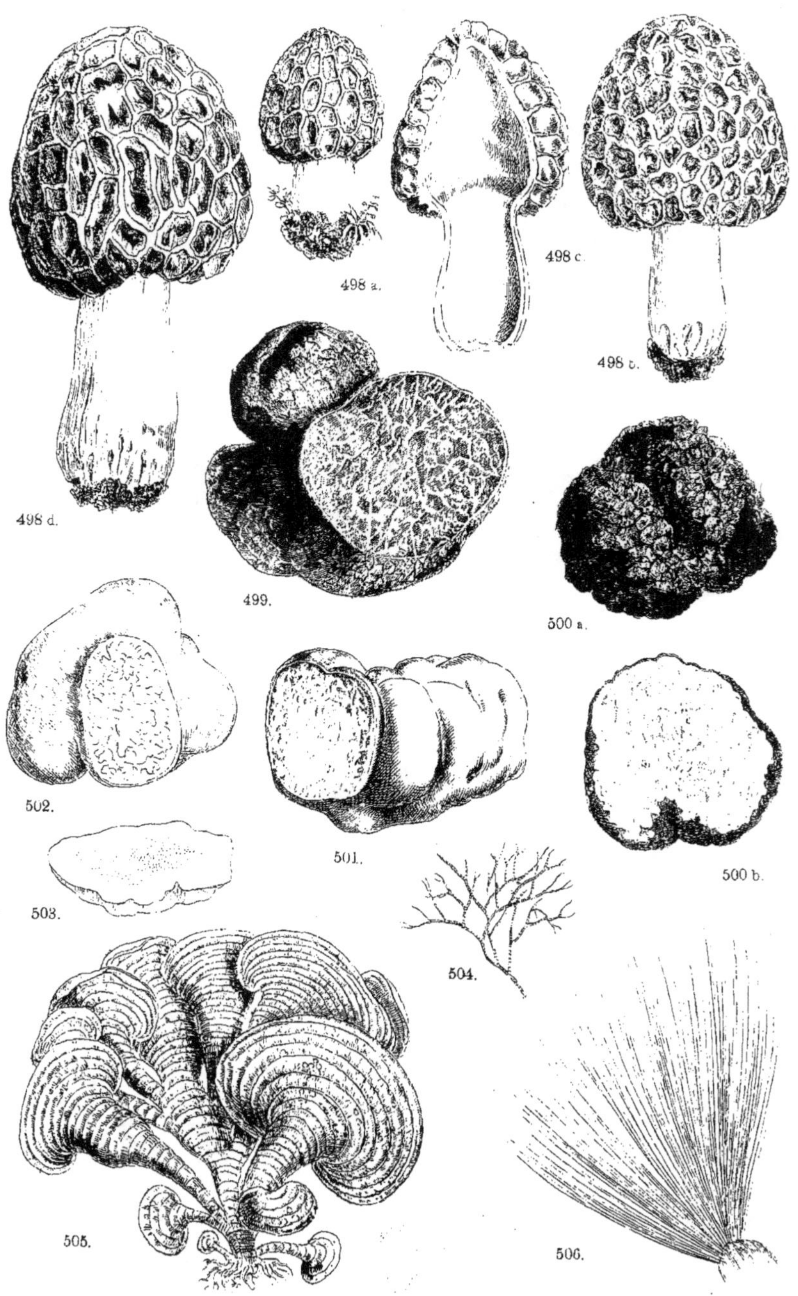
513.
498 a.
498 c.
498 e.
498 d.
499.
500 a.
502.
501.
500 b.
503.
504.
505.
506.

3 et 4 décim., à chapeau large de 2 à 3 décim., de couleur bistre, recouvert d'écailles imbriquées ; automne, lieux découverts. Comestible.

Agaric faux Mousseron (*Ag. tortilis*), vulgairement *Mousseron d'automne ;* à pilier se tordant par la dessiccation. Comestible.

Agaric de l'Orme (*Ag. ulmarius*), vulgairement *Oreille d'orme :* pied de 8 à 12 centim., chapeau de 10 à 30 ; de couleur chamois, parfois maculé de brun. Automne, au pied des arbres. Comestible.

Agaric délicieux (*Ag. deliciosus*) ; pied de 4 à 5 centim., chapeau large de 8 à 10 centim., orangé pâle, un peu creusé en entonnoir, lames orangées ; ce champignon, très délicat, laisse écouler un suc jaune, à saveur agréable. Automne, bois de pins.

L'**Agaric odorant** (*Ag. odorus*), le **Palomet** (*Ag. palometus*), l'**Agaric du houx**, etc. sont comestibles.

Parmi les espèces nuisibles, nous citerons :

Agaric Bouclier (*Ag. clypeolarius*), vulgairement *Coulemelle d'eau*, à pied long, grêle, blanc ; à chapeau blanchâtre parsemé de taches roussâtres, à lames blanches ; ressemble un peu à l'Ag. couleuvré, mais il est plus petit et répand une odeur désagréable. Croît solitaire dans les bois humides. Vénéneux.

Agaric annulaire (*Ag. annularius*), vulgairement *Tête de Méduse*, à pied long, muni d'une large collerette, chapeau de 5 à 10 centim., roussâtre, rembruni au centre. Croît en groupes nombreux au pied des vieux arbres. Vénéneux.

Agaric soufré (*Ag. sulfureus*), se reconnaît facilement à son chapeau couleur de soufre et à l'odeur fétide qu'il répand. Il vient dans les bois en automne. Vénéneux.

Agaric styptique (*Ag. stypticus*), pied dilaté et aplati au sommet, chair molle ; chapeau roux, réniforme, large de 3 à 4 centim. En automne, dans les bois. Vénéneux.

Agaric meurtrier (*Ag. necator*), vulgairement *Rougeole à suc âcre*, champignon jaunâtre, souvent marqué de zones concentriques brunes, large de 10 à 15 centim. ; lames roussâtres ; suc laiteux blanc. Solitaire dans les bois en automne.

Genre Amanita : se distingue des Agarics en ce qu'il est enveloppé dans sa jeunesse d'un volva qui, en se déchirant, laisse des débris à la base du pied, et souvent sur le chapeau.

Amanite Oronge (*Am. cæsarea*, Pl. 79, fig. 492), vulgairement *Oronge, Jaune d'œuf.* Pied de 8 à 12 centim., jaune ainsi que les lames, chapeau d'un beau jaune orangé sans écailles ou mouchetures blanches ; mais il porte parfois de larges lambeaux blancs du volva. Dans les bois, en automne. Sain et exquis. Il faut bien se garder de confondre avec cette espèce :

Amanite fausse Oronge (*Am. muscaria*), qui est un champignon des plus vénéneux. Il diffère de l'*Oronge vraie* en ce que son pied et ses lames sont blancs et que son chapeau, d'un rouge écarlate, est couvert d'écailles ou mouchetures blanches. Commune en automne dans les bois.

Amanite ovoïde (*Am. ovoidea*), vulgairement *Oronge blanche, Coquemelle*, doit son nom à ce que, dans le jeune âge, renfermée dans son volva, elle a la forme et la couleur d'un œuf de poule. Plus tard, elle est d'un beau blanc d'ivoire ; son pied cylindrique, plein, s'élève à 15 et 18 centim. ; son chapeau lisse atteint 15 à 20 centim. de largeur. Dans les bois de chênes, en automne. Très sain et délicat.

Amanite bulbeuse (*Am. bulbosa*), vulgairement *Oronge ciguë*, se distingue de la précédente, dont elle a la taille et le port, par son pied renflé en bulbe à la base, et toujours entouré d'une large collerette membraneuse. Le chapeau, tantôt blanc, tantôt jaunâtre ou verdâtre, est souvent moucheté d'écailles blanches. Son odeur est vireuse. Commune dans les bois humides et ombragés, en automne, cette espèce est des plus dangereuses.

Genre CANTHARELLUS : chapeau en entonnoir, irrégulier, onduleux sur les bords, garni en dessous de plis étroits, rameux ; pied court ou nul se confondant avec le chapeau.

Chanterelle ordinaire (*C. cibarius*, Pl. 79, fig. 493, *a b c*), vulgairement *Chevrotte, Jaunet, Gyrole*. Champignon d'un jaune chamois, à pied plein, charnu, se dilatant progressivement en un chapeau irrégulier, sinueux, à bords découpés. Le dessous du chapeau est marqué de nervures saillantes ramifiées. Excellent champignon qui croît dans les bois en automne.

Fig. 789. — Polypore amadouvier.

Chanterelle à Pied noir (*C. aurantiacus*), assez rare, ressemble à la précédente, mais son pied est plus mince, plus long et noir. Son chapeau est d'un jaune sale ou orangé foncé. Suspect.

Genre BOLETUS : réceptacle fructifère de formes très variables, garni en dessous de tubes rapprochés en couche continue et dans lesquels les spores se développent.

Bolet comestible (*Boletus edulis*, Pl. 80, fig. 495, *a b c d*), vulgairement *Cèpe, Potiron*. Chapeau large, épais, d'un brun plus ou moins foncé, jaunâtre ou rougeâtre, à tubes blancs, tournant au jaunâtre ou au verdâtre en vieillissant, porté sur un pied central gros et court, blanchâtre ou fauve. Dans les bois au printemps et à l'automne. Chair ferme et exquise.

Bolet bronzé (*B. œreus*), vulgairement *Cèpe noir*. Chapeau très épais, orbiculaire, d'un noir bronzé ; pied cylindrique, long de 5 à 7 centim., jaune ainsi que les tubes. Dans les bois, en été. Comestible, mais moins estimé que le précédent.

Bolet blême (*B. luridus*), reconnaissable à ses tubes d'un rouge cinabre et à son pied de 10 à 12 centim., ponctué ou taché de rouge dans le bas. Sa chair jaune devient bleuâtre quand on la casse. Automne, sur la terre. Vénéneux.

Bolet pernicieux (*B. perniciosus*), à pied long marqué de lignes rouges à sa partie supérieure ; chapeau d'un brun olivâtre, atteignant 15 et 20 centim. de diamètre. Sa chair est jaunâtre et devient bleue quand on la casse. Suspect.

Genre FISTULINA : chapeau dépourvu de pied, attaché à son support par le côté, tubes inégaux, libres, non soudés entre eux.

Fistuline Foie (*F. hepatica*), vulgairement *Foie de bœuf, Langue de bœuf*. Très charnu, en forme de langue, brun rouge gluant supérieurement, à tubes blanchâtres ou jaunâtres. Croît sur les chênes et les châtaigniers, près de terre. Comestible étant jeune.

Genre POLYPORUS : chapeau sessile ou très brièvement pédiculé, en forme de croûte ou de coquille, à tubes formés de parois distinctes et adhérant au chapeau.

Bolet Amadouvier (*Pol. igniarius* fig. 739), vulgairement *Agaric du chêne, Ag. des chirurgiens*. Chapeau épais, en forme de sabot de cheval ou de rein, devenant coriace et ligneux et pouvant atteindre jusqu'à 50 ou 60 centim. de largeur. Il est grisâtre ou ferrugineux en dessus, marqué de sillons concentriques, les tubes de couleur tannée. Il croît sur le tronc de divers arbres, notamment du hêtre. C'est cette espèce, dont on fait l'amadou, qui sert dans les briquets, et qui est également employée par les chirurgiens comme hémostatique.

Genre HYDNUM : réceptacle en forme de croûte ou de parasol ; quelquefois divisé en lanières longues et pendantes ; face inférieure du chapeau hérissée de pointes qui portent les spores.

Hydne imbriqué (*H. imbricatum*, Pl. 80, fig. 496, *a b c d*), vulgairement *Barbe de bouc*. Chapeau charnu, d'abord convexe, puis plan, parfois déformé, large de 8 à 10 centim., couleur de terre d'ombre parsemé de squames épaisses, floconneuses, aiguillons d'un blanc cendré ; pied court, lisse. Dans les bois de pins en automne. Comestible.

Hydne sinué (*H. repandum*), vulgairement *Barbe de vache, Chevrotine, Ursin*. Chapeau charnu, irrégulier, sinué, jaune fauve, à aiguillons inégaux, tubulés ; pied plein, gros, court, presque toujours excentrique. A terre, en touffes dans les bois. Comestible.

Hydne Hérisson (*H. erinaceum*), vulgairement *Houppe des bois*. Pied court cylindrique et recourbé à son sommet, sans chapeau, mais émettant une multitude de filaments ou lanières pendantes. Croît dans les cicatrices des vieux chênes ou des hêtres. Très bon à manger.

Genre CLAVARIA : réceptacle claviforme simple ou ramifié, imitant souvent un petit buisson touffu ; pas de chapeau distinct.

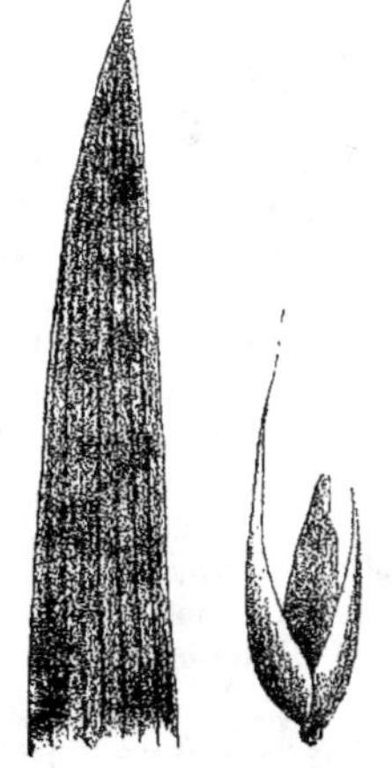

Fig. 740 et 741. — Rouille du Blé.

Clavaire en Grappe (*Cl. botrytis*), vulgairement *Tripette, Mainotte* (Pl. 79, fig. 491, *a b c*). Champignon sans chapeau, à rameaux blanchâtres, à ramuscules rougeâtres à l'extrémité. Il a l'aspect d'un chou-fleur. Dans les bois en automne. Comestible.

Clavaire Corail (*Cl. coralloïdes*), vulgairement *Corail, Barbe de capucin*. Souche épaisse, creuse en dedans, blanche ou grisâtre, à rameaux inégaux, élargis vers le haut et portant de nombreux ramuscules pointus. Bois humides. Comestible.

Aucune Clavaire n'est malfaisante ; mais quelques-unes sont visqueuses.

Les **Urédinées**, qui vivent en parasites sur les végétaux et y produisent des taches blanches, noirâtres ou brunes, comme la *Rouille du blé* (fig. 740 et 741), appartiennent à cette tribu. Ces champignons microscopiques ont aussi des spores exogènes et supportées par des basides.

II. ASCOMYCÈTES : champignons formés d'un mycélium filamenteux pourvu de cloisons transversales, et d'un réceptacle fructifère très variable, à spores *endogènes*, c'est-à-dire se développant dans l'intérieur de cellules claviformes nommées *Asques*.

Genre HELVELLA : réceptacle formé d'un pied cylindrique et d'un chapeau membraneux, irrégulier, ondulé, souvent plissé.

Helvelle comestible (*H. esculenta*), vulgairement *Mouricande* (Pl. 80, fig. 497, *a b c d*). Pied fistuleux, blanchâtre ou roussâtre ; chapeau lisse, diversement lobé et plissé, d'un brun rougeâtre, large de 6 à 8 centim. Assez rare. Croît en touffes au printemps et à l'automne dans les pays élevés.

Genre MORCHELLA (*Morille*) : chapeau pédonculé, ovoïde ou conique, creusé sur toute sa surface d'alvéoles qui contiennent les asques sporifères.

Morille comestible (*M. esculenta*, Pl. 81, fig. 498, *a b c d*), vulgairement *Mourillon*. Pied cylindrique, blanc, uni, long de 3 à 5 centim., chapeau ovoïde, adhérent avec le pied, creusé de nombreuses cavités polygonales ; la couleur est assez variable : il en est de blanches, de grisâtres, de jaunes et de brunes. Ce champignon, le plus estimé de tous, vient au mois d'avril dans les clairières des bois.

Fig. 742.
Maïs attaqué par le Charbon.

Fig. 743. — Fructification de l'Ergot produit sur le Seigle par le *Claviceps purpurea*.

Genre TUBER (*Truffe*) : champignons souterrains, charnus, arrondis, dont la chair est marbrée de veines dirigées en tous sens, et dans lesquelles se développent les asques qui renferment les spores ; celles-ci sont mises en liberté par la rupture du réceptacle.

On sait de quelle réputation jouit, parmi les gourmets, la truffe, que Brillat-Savarin appelle le *diamant de la cuisine*. On en connaît plusieurs espèces ; la plus estimée est la

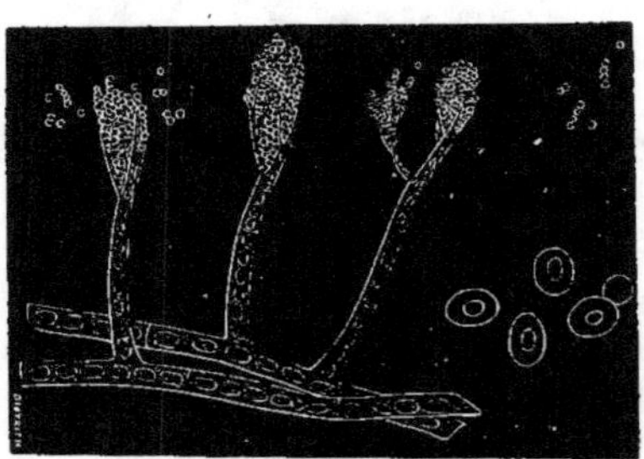

Fig. 744. — Penicillium glaucum et Spores.

Truffe noire (*Tuber melanosporum*), vulgairement *Truffe violette* ou *du Périgord* (Pl. 81, fig. 499). Tubercule d'un noir roussâtre, couvert d'aspérités ; la chair mûre est d'un violacé noir parcourue par des veines blanches, marquées des deux côtés d'une ligne translucide ou rougeâtre. Dans les bois de chênes et de châtaigniers à la profondeur de 8 à 10 centim. Midi de la France, surtout dans le Périgord.

Truffe d'été (*T. æstivum*), vulgairement *Truffe de la Saint-Jean* (Pl. 81, fig. 500, *a b*). De la grosseur d'une noix, d'un noir brun, marquée de grosses verrues polygonales ; chair blanchâtre d'abord, tournant au jaune brun et parcourue de veines blanchâtres très nombreuses. En été et en automne dans les forêts du Centre et du Sud. Moins délicate que la précédente.

Truffe magnate (*T. magnatum*), vulgairement *Truffe blanche* des Piémontais (Pl. 81, fig. 501). Gros tubercule charnu de forme irrégulière, diversement lobé, à surface lisse ou

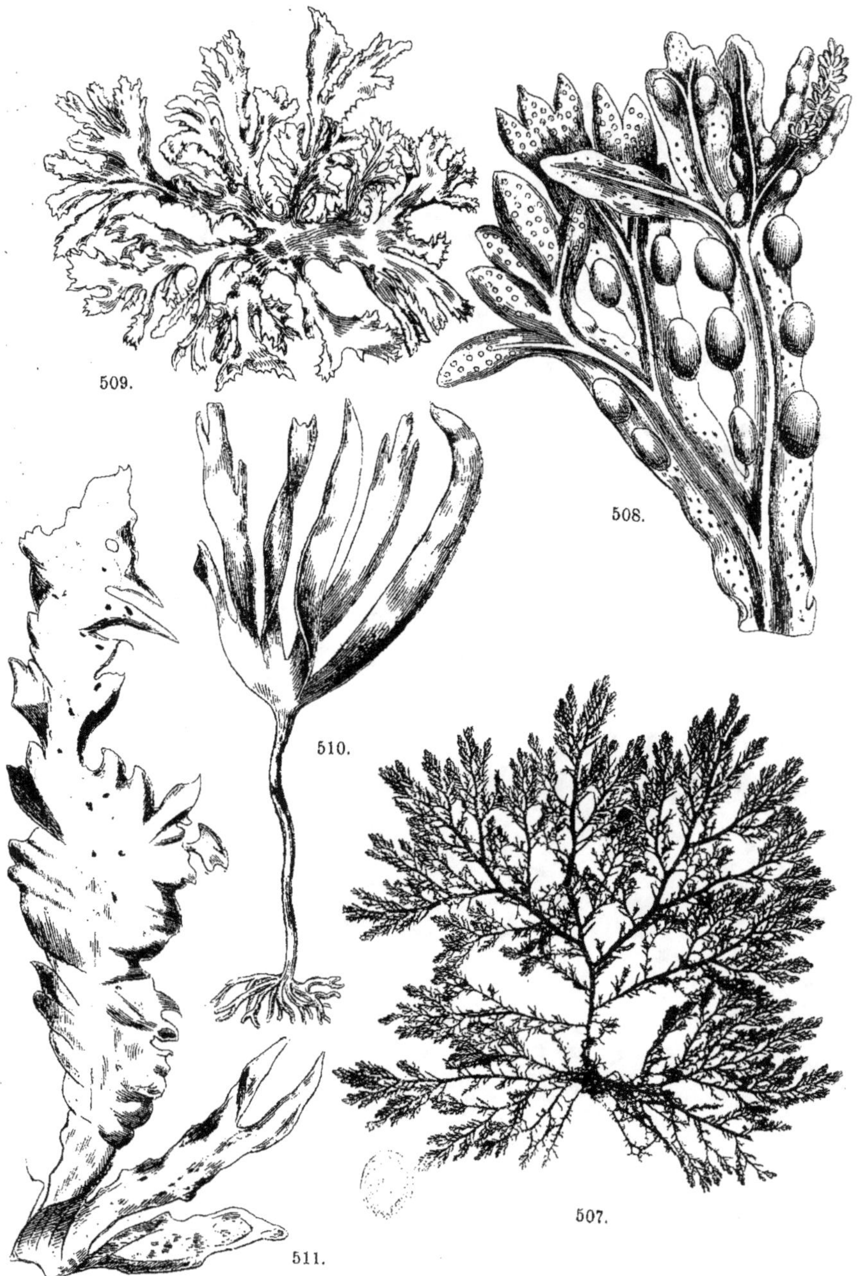

82.

509.

508.

510.

511.

507.

faiblement papilleuse, de couleur jaune sale ou gris terreux; à chair compacte, tendre, d'un blanc jaunâtre ou roussâtre, parcourue dans tous les sens de veines blanches très déliées. Cette truffe, rare en France, plus commune en Italie, est délicate.

Truffe à Méandres (*Choiromyces mœandriformis*), *Truffe blanche* de Bulliard (Pl. 81, fig. 502). Très rare en France, cette espèce est répandue en Italie et en Algérie.

C'est à ce groupe qu'appartiennent un grand nombre de champignons microscopiques (*Torula, Oïdium, Penicillium*, fig. 744, *Aspergillus*, fig. 745, etc.), qui vivent sur différentes matières en putréfaction. Nous figurons dans notre Atlas (Pl. 78, fig. 490) l'*Aspergillus glaucus*, qui se trouve fréquemment sur les fruits conservés et dans les herbiers.

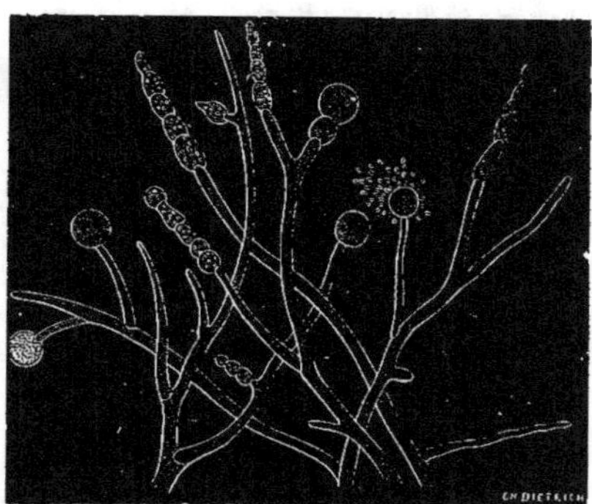

Fig. 745. — Aspergillus polymorphus, Pouchet.

III. **OOMYCÈTES** : mycélium tubuleux, non cloisonné. Ces champignons se distinguent de tous les autres parce qu'ils forment des œufs par conjugaison. Ils sont la plupart microscopiques, et se montrent sur les surfaces humides de beaucoup de substances organiques. On les confond généralement sous le nom de *moisissures*.

IV. **SCHIZOMYCÈTES** : ce sont les plus simples et les plus petits des Champignons, les *Bactéries* et les *Vibrions*, souvent aussi nommés *Ferments figurés*. Les Schizomycètes (c'est-à-dire Champignons se reproduisant par segmentation) se développent par milliards dans les liquides contenant des matières organiques en putréfaction ; ils se multiplient également en quantité prodigieuse dans le sang de l'homme ou des animaux atteints de certaines maladies graves. Ce sont des cellules sphériques ou des tubes isolés ou réunis bout à bout en chapelet. Ces éléments, d'abord uniques, s'allongent rapidement, s'étranglent dans leur milieu et se partagent en deux êtres semblables à l'être primitif, et chaque moitié continue de se diviser ainsi à l'infini. Quelques espèces se reproduisent par des spores qui se forment à l'intérieur (*endogènes*), et sont mises en liberté par la destruction de la membrane.

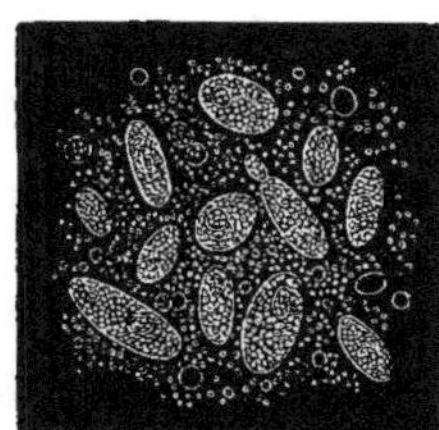

Fig. 746.
Spores de Levûre du Cidre.

Genre MICROCOCCUS : cellules sphériques ou ellipsoïdes, d'un millième de millimètre, réunies en familles mucilagineuses.

Micrococcus de la Vaccine (*M. vaccinæ*), dans la lymphe des boutons de petite vérole des hommes et des vaches.

Micrococcus septique (*M. septicus*), dans le pus des plaies.

Micrococcus du Bombyx, cause la flacherie des vers à soie.

40

Genre BACTERIUM : cellules en forme de courts bâtonnets, mobiles.

Bactérie termo, est le ferment de la putréfaction.

Bactérie du Vinaigre (*B. aceti*), est le ferment du vinaigre.

Genre BACILLUS : filaments très minces, indistinctement articulés.

Bacille charbonneux (*B. anthracis*), dans le sang des animaux atteints du charbon.

Genre SACCHAROMYCES : cellules elliptiques se reproduisant par bourgeonnement.

Levûre de Bière (*Sacch. cerevisiæ*), sous l'influence de laquelle les liquides sucrés fermentent, se transorment en alcool et en acide carbonique (fig. 746, Spores de Levûre du Cidre).

A ce groupe appartient l'*oïdium* qui attaque la vigne (fig. 747).

Fig. 747. — Oïdium de la Vigne.

B. — Organes végétatifs cellulaires.

FAMILLE DES MYXOMYCÈTES.

V. **MYXOMYCÈTES** : champignons muqueux, formés d'une sorte de mycélium visqueux et mobile, vivant sur des végétaux en décomposition. Ce n'est autre chose qu'un protoplasma locomobile qui se déforme sans cesse en engluant les corps qui se trouvent à sa portée. A l'époque de la reproduction, cette masse muqueuse se condense en un réceptacle fructifère composé de nombreux sporanges, dans lesquels se développent des spores. Les *Fleurs de tan* (*Æthalium*), qui se produisent sur la tannée, les *Spumaria* d'un blanc de lait, les *Lycogala* d'un rouge écarlate, sur le bois pourri, appartiennent à ce groupe.

LA FLORE
AU POINT DE VUE
AGRICOLE   EN FRANCE

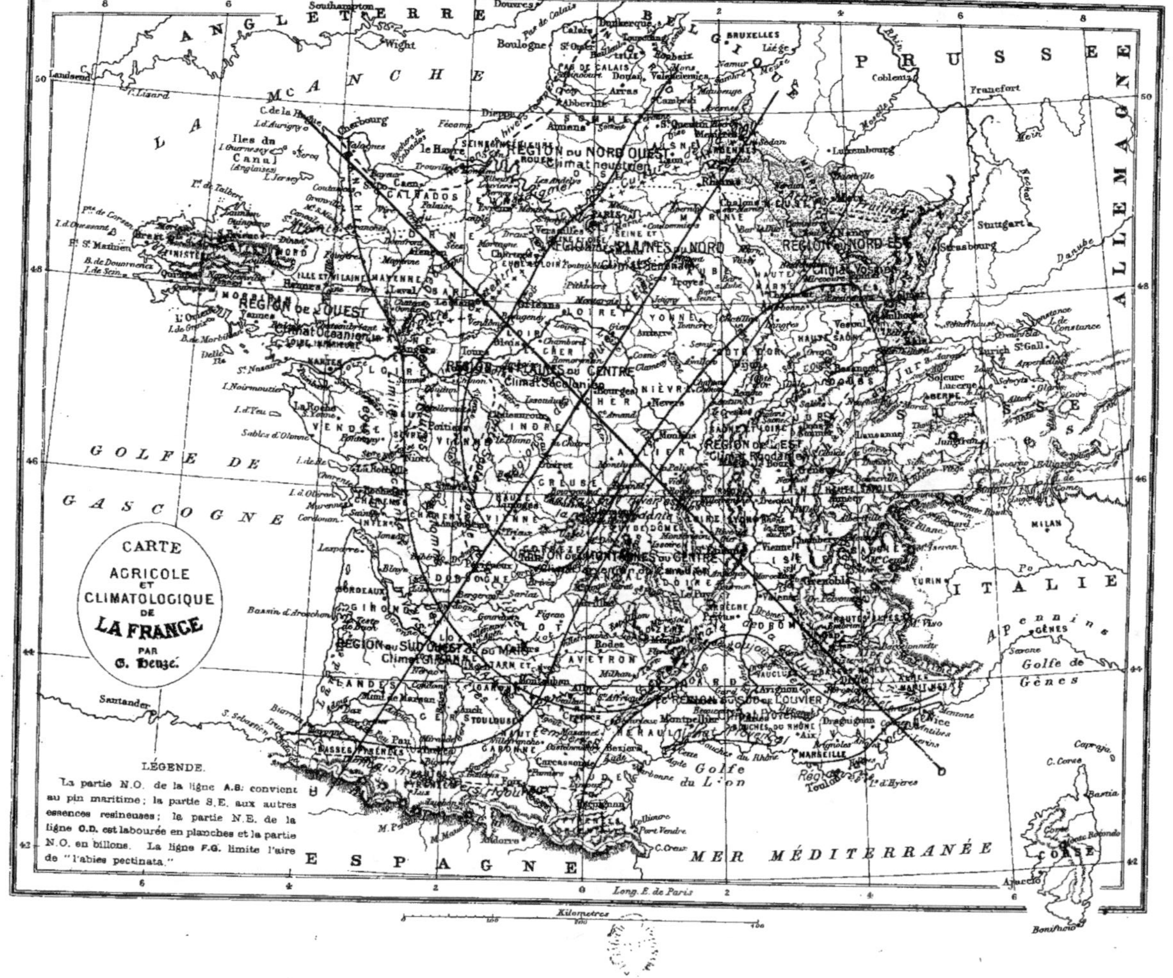

CARTE AGRICOLE ET CLIMATOLOGIQUE DE LA FRANCE PAR G. Heuzé.
LÉGENDE.
La partie N.O. de la ligne A.B. convient au pin maritime; la partie S.E. aux autres essences resineuses; la partie N.E. de la ligne C.D. est labourée en planches et la partie N.O. en billons. La ligne F.G. limite l'aire de "l'abies pectinata."
ANGLETERRE
BELGIQUE
PRUSSE
ALLEMAGNE
SUISSE
ITALIE
ESPAGNE
LA MANCHE
GOLFE DE GASCOGNE
MER MÉDITERRANÉE
CORSE
RÉGION du NORD OUEST
Climat neutrien
PLAINES du NORD
RÉGION du NORD EST
RÉGION de l'OUEST
Climat Océanien
PLAINES du CENTRE
Climat Section
RÉGION de l'EST
RÉGION DES MONTAGNES DU CENTRE
RÉGION du SUD OUEST ou du MAIS
RÉGION du SUD de L'OLIVIER
Long. E. de Paris
Kilomètres

LA FLORE

AU POINT DE VUE AGRICOLE EN FRANCE

u point de vue agricole, la France comprend un
très grand nombre de végétaux herbacés ou ligneux
utiles ou nuisibles; mais pour bien se rendre compte
de leur distribution ou de l'influence que le climat
exerce sur leur existence, il est indispensable de
diviser sa surface en neuf régions :

1. — Région de l'Olivier ou du Sud.

La région la plus méridionale, appelée depuis longtemps *région de l'olivier*,
région méditerranéenne, si remarquable par sa douce température et la pureté
de son ciel, s'étend, d'une part, depuis les Pyrenées jusqu'à l'Italie, et de l'autre
depuis le golfe de Lyon jusqu'au sommet des Cévennes et des Basses-Alpes.
Cette grande et belle région où la nature est toujours vivante, où le soleil est
presque sans cesse étincelant, comprend le comté de Nice, la Basse-Provence,
le Comtat, le Bas-Languedoc, le Vivarais et le Roussillon. Elle présente un sol

accidenté et varié, des sites ravissants et sauvages. On y trouve réunies les plantes du nord à celles du sud de l'Europe, productions variées qui forment l'admirable tableau qu'on ne cesse d'admirer. Ici, l'agriculteur vit au milieu de *citronniers* (fig. 752), d'*orangers*, de *néfliers du Japon*, d'*eucalyptus*, de *dattiers*, etc., végétaux qui croissent facilement en pleine terre dans la zone maritime abritée des vents du nord. Là, les *chênes lièges* et les *chênes verts* (fig. 756), aux formes les plus variées, se mêlent à l'éclatante verdure des *caroubiers*, des

Fig. 752. — Citronnier.

jujubiers* ou des *oliviers*. Plus loin, des collines entières sont couvertes de *thym*, de *lavande*, de *romarin*, arbustes aromatiques qui sont très souvent dominés par le *pin d'Alep* ou par les *cistes*, le *chêne kermès*, le *lentisque* et le *paliure épineux*. Ailleurs, la fraîcheur des ombrages, l'éternelle verdure des oliviers, des chênes verts, du *genêt d'Espagne*, des *lauriers-roses*, de l'*agavé*, du *tamarix gallica*, rendent très agréable le séjour dans les plaines et les vallées.

La région de l'olivier présente six zones agricoles et botaniques très bien caractérisées par les plantes qu'on y observe.

La première, la *zone de l'oranger* (fig. 755), est décorée par l'oranger, le *mandarinier*, la *cassie* ou *mimosa* de farnèse, le *palmier* (fig. 754), l'*acacia longifolia*, le *jasmin d'Espagne*, l'eucalyptus (fig. 753), le *faux poivrier* ou *poivrier d'Amérique*, si remarquable par l'élégance de son feuillage et ses jolies grappes rappelant le corail rose.

La seconde zone, la *région du pin d'Alep*, est caractérisée par le pin d'Alep (fig. 757), l'olivier, le *grenadier*, le laurier rose, le *pistachier*, le *jujubier*, l'*azerolier*, le *caroubier*, le lentisque, l'*arbousier*, le chêne liège, le *chêne yeuse*, le *myrte* et le *génévrier de Phénicie*. Cette zone dépasse rarement 500 mètres d'altitude.

La troisième zone, la *zone du mûrier*, commence à 500 ou 600 mètres d'altitude et s'élève jusqu'à 1000 mètres d'altitude. On y rencontre le *mûrier*, la vigne, le *chêne rouvre*, le *châtaignier*, le *pin sylvestre*, le *hêtre*, le *sapin*, puis le buis, le *genêt cendré*, le *cytise à feuilles sessiles*, le *fustet* et les coronilles.

La quatrième zone, la *zone subalpine*, atteint jusqu'à 1800 mètres ; elle est à la fois pastorale et forestière. On y voit croître le *hêtre*, le *sapin*, l'*épicéa*, le *pin*

Fig. 753. — Eucalyptus globulus.

à crochets, puis la *gentiane jaune*, l'*arnica des montagnes*, le *lis martagon*, l'*aconit*, etc. On y cultive encore le seigle, la pomme de terre et le lin.

La cinquième zone, la *zone alpine*, s'élève jusqu'à 2500 mètres. On y remarque en abondance le pin à crochets, l'épicea, le *mélèze*, le *pin cembro*, l'*aune vert*, puis les pâturages dans lesquels on observe très peu de plantes annuelles. La zone alpine est la région pastorale par excellence.

La sixième zone, la *zone des neiges perpétuelles*, commence à 2500 mètres.

Fig. 754. — Phœnix dactilifera.

Les vallées que l'on rencontre dans la région de l'olivier sont remarquables par le coup d'œil qu'elles présentent. Ici elles sont décorées par une foule de plantes qui se distinguent par la beauté et l'élégance de leur feuillage et le riche coloris et le suave parfum de leurs fleurs. Plus loin elles s'élargissent et de-

Fig. 755. — Orangers de la Villa Bermond.

viennent de véritables plaines dans lesquelles on cultive la *cardère* (Tarascon et Saint-Remy), la *garance* (fig. 760 à 762), (Sorgues, Orange), le *safran* (Carpentras), la *maurelle* ou *tournesol* (Grand-Gallargues). Le *pois chiche*, la *gesse cultivée* et l'*avoine d'hiver* occupent aussi d'importantes surfaces dans la région.

C'est principalement dans les plaines et les vallées abritées des vents du Nord qu'on cultive la vigne, l'olivier, le jujubier, le pistachier, l'amandier, le figuier, le pêcher, etc. Les bords des ruisseaux sont souvent décorés par le *rosier sempervirens*, le *myrte*, le *laurier-rose* et le *redoul*. Les haies sont formées avec le *grenadier*, le *jasmin jaune*, le *paliure*, le *gattilier*, l'*agave*, etc. Enfin, les *garrigues* ou terres incultes caillouteuses sont ombragées par le *chêne kermès*, le *lentisque*, l'*alaterne*, la *bruyère en arbre*, le romarin, la lavande, le *térébinthe*, le *genêt épineux*, le paliure, le *buis* et l'*ajonc de Provence*.

On voit croître dans les jardins de Nice, de Cannes etc., le *phytolacca dioica*, *tasconia mollissima*, *olea fragrans*, *datura suaveolens*, *sparmanna africana*, *lavatera arborea*, *verbena trifida*, *mimosa dealbata*, *medicago arborea*, *aralia papyrifera* (fig. 763), *cactus opuntia*, *lagerstrœmia indica*, *wigandia macrophylla*, *genista canariensis*, etc.

Fig. 756. — Chêne vert.

En somme rien ne surpasse la beauté, la magnificence des jardins de Nice, de Cannes, de Perpignan, etc., de novembre à mars, quand les fruits de l'oranger se montrent avec leur couleur d'or sur un beau feuillage d'une verdure intense. Comme à Hyères, la fraîcheur et le suave parfum des bosquets odorants y rehaussent sur tous les points la richesse du paysage.

Saint-Mandrier est la localité la plus tempérée du littoral. On y voit croître en pleine terre le *chamœrops* (fig. 764), les *dracœnas*, divers *abutilons*, le *latania borbonica* (fig. 765), *tecoma capensis*, etc.

La flore de la forêt de Montrieux, près de Méounes (772 mètres), est d'une richesse infinie.

Lorsqu'on s'éloigne des jardins abrités de Menton, de Nice, d'Hyères, de Perpignan ou de Port-Vendres, si bien décorés par les orangers, le *jasmin d'Espagne*, la *violette de Parme*, la *rose*, la *tubéreuse*, plantes qui ont rendu célèbres Grasse et Cannes; des marais de Fréjus et de Cogolin, où l'on cultive le *roseau canne* (Arundo); de Bandol et de Saint-Nazaire, si richement décorés au mois de juin par *l'immortelle d'Orient;* des environs de Toulon et de Bargema où le *noisetier*

Fig. 757. — Pin d'Alep [1].

produit d'excellentes avelines; de la plaine de Cuges et des coteaux de Roquevaire où l'on cultive le *caprier;* de Brignolles où l'on prépare les *pruneaux fleuris* et les *pistoles* avec les fruits du *prunier perdrigon violet*, pour se diriger vers la région de l'Est, on ne peut oublier la *Crau*, cette immense plaine caillouteuse sans arbres, dans laquelle vivent pendant l'hiver 400,000 bêtes à laine, les riches *marais d'Arles*, les intéressantes *cultures horticoles* de Saint-Remy, de

---

[1] Nous devons cette figure et diverses autres qui ont paru dans les *primes d'honneur*, à l'obligeance de M. le Ministre de l'agriculture.

Perpignan, de Cavaillon, la *Camargue*, véritable marenne remarquable par son horizontalité, ses pampas, ses chevaux et ses bœufs sauvages, ses marais et ses forêts de *pin pignon* (fig. 766), le Roussillon et ses cultures de *micocoulier*, les fruits que fournissent le *châtaignier* dans les monts Maures et les Cévennes, les riches cultures de la vallée du Rhône, si bien abritées contre le *mistral*, vent qui est d'une extrême violence, par des haies de *cyprès pyramidal* ou d'*arundo donax*.

La zone dans laquelle l'oranger croît en pleine terre occupe le littoral de la Méditerranée, depuis Menton jusqu'à Cannes, une partie du territoire d'Hyères, de Toulon

Fig. 758. — L'Olivier du Comté de Nice.

et d'Ollioules, et la partie maritime du Roussillon, depuis Perpignan jusqu'à Port-Vendres. Les *rosiers thés* et de *l'île Bourbon* ainsi que le *rosier du Bengale* y fleurissent pendant l'hiver, le lilas en mars, l'aubépine et l'olivier à la mi-avril, les orangers en mai et le narcisse odorant en novembre. On y récolte des *petits pois* en mars, des *cerises* en mai et des *abricots* en juin. Le platane y réussit à merveille.

La zone dans laquelle végète l'olivier est limitée par les ramifications inférieures des montagnes alpines, des Cévennes et des Pyrénées. Comme dans la

Fig. 759. — Oliviers plantés sur des Terrasses.

zone de l'oranger, la *cigale* est répandue pendant la belle saison dans toutes les plaines et les vallées.

Ces deux zones ont chacune un climat spécial. Le climat de la zone de l'oranger est le plus tempéré. La douceur des hivers, la rareté des pluies d'été ont rendu nécessaires les *cultures fruitières* ou les *cultures arbustives*. Ce n'est que très accidentellement que les froids, pendant l'hiver, sont assez intenses pour faire périr les orangers et les oliviers dans la Provence et le Comté de Nice (fig. 758 et 759).

Le climat de la zone de l'olivier est moins tempéré. Alors que la température moyenne de l'année oscille entre + 15°,6 et + 16°,7 dans la zone de l'oranger, elle varie de + 14°,4 à + 15°,5 dans celle-ci.

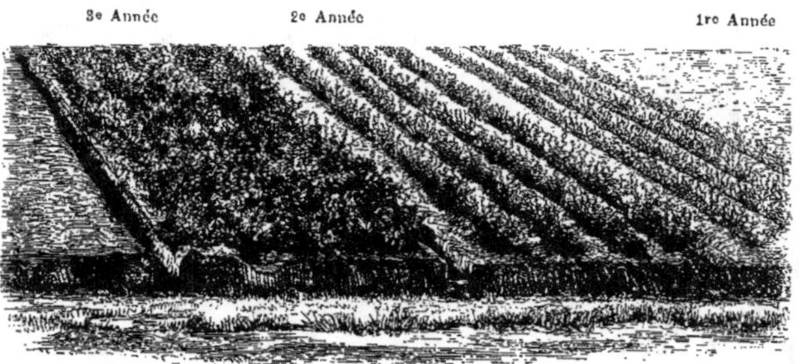

Fig. 760. — Culture de la Garance.

La moisson a eu lieu pendant le mois de juin dans la région de l'olivier. La plupart des céréales y sont envahies par la *folle avoine*, le *glaieul*, l'*ail des vignes*, le *lathyrus ochrus*, etc. La *cuscute* cause souvent de grands dommages aux luzernières.

2. — Région de l'Est ou de l'Épicéa.

La région de l'Est comprend le Dauphiné, la Savoie, le Gapençois, le Bugey, la Franche-Comté, la Bresse, les Dombes, le Charollais et la Bourgogne.

Cette région est très accidentée et pittoresque, mais il faut pénétrer dans les vallées profondes du Haut-Dauphiné, de la Savoie, du Bugey et de la Franche-Comté pour bien se rendre compte de sa configuration ; il faut gravir les pentes escarpées couvertes d'essences résineuses, parcourir les pelouses qui décorent ses parties supérieures pour avoir une idée des beautés alpestres qu'on y admire. Ces vallées offrent des merveilles sans nombre, des gorges sauvages, des cîmes escarpées, de magnifiques forêts de *sapins*, de *hêtres*, d'*épicéas*, de *mélèzes* et de *pins à crochets*.

Il est difficile, en effet, de contempler un plus beau panorama, une nature qui soit à la fois plus gracieuse et plus sévère, plus pittoresque et plus majestueuse.

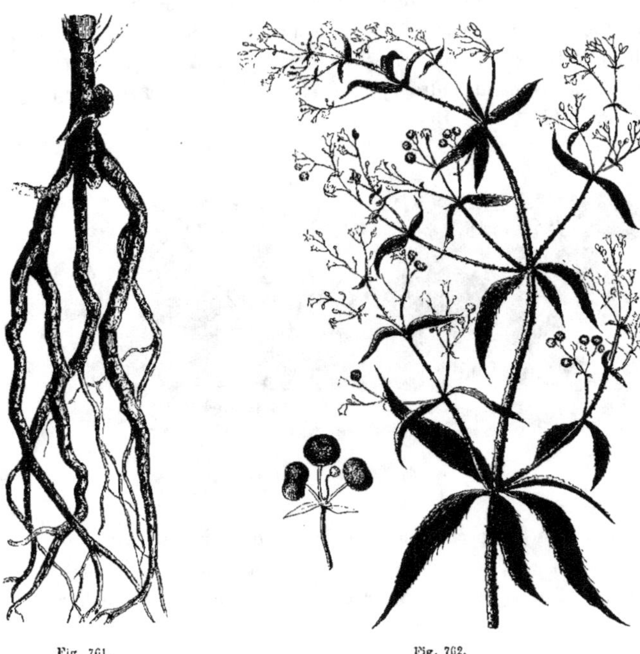

Fig. 761.
Garance; Racine fraîche.

Fig. 762.
Garance; Tige et Graines.

Les glaciers, les neiges éternelles, la surface onduleuse des monts, les roches nues et décharnées, le mugissement du vent, les magnifiques pelouses verdoyantes émaillées par les fleurs des plantes alpines et qui servent au parcours des bêtes bovines et des bêtes à laine, présentent des tableaux qu'on admire en hiver comme en été. Du haut des grandes élévations, on reconnaît bien que le sol s'incline, se relève, s'abaisse encore pour se diriger ensuite vers le ciel.

Les vallées plus ou moins resserrées sont presque toutes arrosées par des ruisseaux ou des torrents impétueux. Elles sont dominées par de majestueuses collines, décorées par des prairies fraîches, verdoyantes et fécondes, par de belles cultures ; mais le matin, il y règne souvent des brouillards et le soir la fraîcheur y apparaît de bonne heure par suite des ombres qu'y projettent les montagnes gigantesques qui les dominent.

Les cultures s'élèvent très haut dans les vallées delphinales et savoisiennes, mais les champs de seigle qu'on y rencontre n'offrent pendant l'été que de pâles moissons.

Les sommets des grandes élévations offrent souvent aussi une nature riante. Chaque montagne, chaque groupe gazonné ou boisé a ses richesses végétales ou sa parure alpestre. L'inimitable verdure des sols herbeux, les magnifiques pâturages situés sur les pentes, les fleurs aux nuances les plus variées, le chant des oiseaux, le bourdonnement des insectes, constituent de riants tableaux qu'on chercherait en vain ailleurs. Ces riches tapis de verdure, souvent semés d'éboulis et toujours situés au-dessus des forêts et

Fig. 763. — Aralia papyrifera.

de la région des rhododendrons (fig. 769), servent pendant la belle saison à la compascuité d'un nombreux bétail. Le bruit des clochettes que portent les animaux, les scènes pastorales, les chalets solitaires dans lesquels les voyageurs trouvent une hospitalité empressée, rendent ces montagnes très agréables à parcourir.

La région de l'est comprend quatre zones bien caractérisées :

La première s'arrête à 800 ou 900 mètres d'altitude ; on y cultive le *froment*, le *seigle*, l'*orge*, l'*avoine*, la *pomme de terre*. On y rencontre le *noyer*, le *châ-taignier* et le *chêne*. La *vigne* n'y existe que dans les plaines, sur les coteaux ou sur les premiers plateaux.

La *deuxième zone* parvient jusqu'à 1600 mètres. On y voit croître le sapin, l'épicéa, le pin, le mélèze et le hêtre. Le dernier champ de seigle est situé à 1300 mètres d'altitude.

Fig. 764. — Chamærops humilis.

La *troisième zone* comprend les prairies et les pelouses alpestres. Elle s'élève jusqu'à 2000 mètres, où l'on rencontre le bouleau, l'aune, le génévrier.

La *quatrième zone*, la plus élevée, est la région des glaciers. L'été y dure 30 à 50 jours. Ces glaciers y sont remarquables pour leur étendue.

Cette région est très agricole. A côté de la *vigne*, qui fournit dans la Bourgogne, le Maconnais et le Beaujolais des vins très renommés, et dans la Franche-

Fig. 765. — Latania borbonica.

Comté les vins pétillants d'Arbois, se range le *mérisier*, qui produit d'excellent
kirsch dans la vallée de Fougerolles, les *noyers*, dont les fruits donnent lieu dans
le Dauphiné à un commerce important, le *cassissier* (fig. 767) dont les fruits
servent à fabriquer l'excellent cassis de Dijon, et le *châtaignier* qui fournit les
marrons de Lyon.

42

La région possède de magnifiques prairies sur les bords de la Saône, du Doubs, de l'Oignon et de l'Isère. Les verts pâturages, qui décorent les élévations à 800 et 1000 mètres d'altitude, servent à l'alpage pendant la belle saison. Les prairies du col du Lautaret sont remarquables par leur magnifique nuance émeraude. Elles sont riches en plantes alpines.

Les plantes cultivées sont nombreuses. Outre le *seigle*, le *froment*, l'*orge* et l'*avoine*, on cultive le *maïs* dans la Bourgogne, la Bresse et la Franche-Comté,

Fig. 766. — Pin pignon.

le *colza* dans la vallée de la Saône, le *chanvre* dans les départements de Saône-et-Loire et de l'Isère, le *houblon* dans ceux de la Côte-d'Or et de la Haute-Saône, l'*épeautre* et le *seigle de mars* dans les parties élevées de la Savoie et du Dauphiné. Le *cassis* occupe une surface importante dans le département de la Cote-d'or.

La Franche-Comté offre à l'observateur six zones climatériques ou culturales bien distinctes :

1. La *plaine* dont l'altitude moyenne ne dépasse 230 à 250 mètres. La température moyenne y atteint + 12°.

2. La *zone des vignobles* a une altitude de 350 à 450 mètres. On y cultive aussi les céréales et les arbres fruitiers. La vigne y réussit très bien sur les rampes des premiers étages jurassiques.

3. La *zone des céréales* a une altitude moyenne de 560 mètres. Les céréales y sont encore productives. Les arbres fruitiers y sont nombreux.

4. La *zone du chéne* s'élève en moyenne à 700 mètres. On y cultive surtout le *seigle*, l'*orge* et l'*avoine*. Le froment n'y réussit qu'accidentellement. Les prairies y sont belles. On y récolte en abondance des *fraises*, des *framboises* et des *myrtilles*.

5. La *zone des sapins* est à la fois pastorale et forestière. Son altitude moyenne est de 900 mètres. Les forêts y sont fort belles. Le ciel souvent brumeux et les rosées qui y sont très abondantes favorisent la végétation des plantes composant les prairies et les pâturages. On cultive encore près des villages ou des chalets : l'*avoine*, l'*orge*, la *pomme de terre*, les *choux* et les *navets*.

6. La *zone alpestre ou des fromageries* commence à 1100 ou 1200 mètres. On n'y cultive plus de céréales, mais on y rencontre des pâturages et de nombreuses fromageries. La température moyenne ne dépasse pas + 8°. On y rencontre l'*érable sycomore*, le *cytise des Alpes* (fig. 768), le *sorbier*, le *saule à grande feuille*, le *genévrier nain* et le *rhododendron*. La neige y couvre les hauts sommets pendant cinq à six mois.

La région de l'Est ou climat rhodanien comprend aussi deux zones bien distinctes. La première occupe toute la partie comprise entre Dijon et Vienne, dans laquelle la vigne a une grande importance. La température moyenne annuelle y varie de + 10°,9 à + 11°,3. La seconde comprend les parties accidentées qui appartiennent aux monts du Jura et aux monts alpins. La température y oscille entre + 8°,4 et + 10°,8.

La partie Est de la région est très froide pendant l'hiver, surtout dans les hautes montagnes de la Savoie et du Dauphiné ; par contre, les étés y sont chauds et

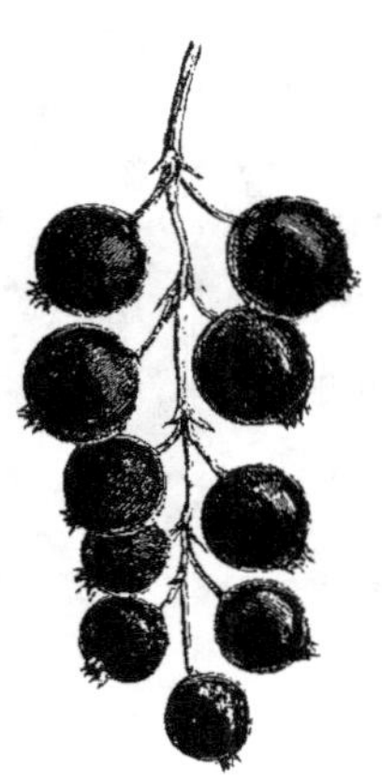

Fig. 767. — Cassis.

secs. Les vallées renferment généralement un grand nombre d'arbres fruitiers et quelques vignobles importants. Les noyers et les pruniers sont assez répandus dans la zone moyenne. Les merisiers sont communs dans la Franche-Comté. On cultive l'*absinthe* (fig. 770) très en grand aux environs de Pontarlier.

On rencontre dans le Bas-Dauphiné l'*aphyllanthes monspeliensis*, le *rhus cotinus*, le *coriaria myrtifolia*, etc. Le *lavandula spica* cesse de croître au-dessous de Lyon.

Au-dessus de la région alpine et au-dessous de la région des neiges dans la Tarentaise, on voit croître le *salix alpina*, le *betula nana*, l'*alnus viridis*, le *draba nivalis*, le *carex sempervirens*, le *gentiana*

Fig. 768. — Cytise des Alpes ou faux Ébenier.

nivalis, le *poa alpina*, le *salix herbacea*, la *ranunculus glacialis*, etc. Toutes ces plantes sont vivaces ; la neige les protège chaque année contre les grands froids.

Le climat est souvent brumeux dans les vallées de la Saône, du Rhône et de l'Isère. Dans les hautes montagnes du Jura, de la Savoie, du Dauphiné, les hivers sont toujours longs et rigoureux. La neige qui y persiste pendant quatre à cinq mois a l'avantage de fertiliser les pâturages et de permettre à l'alpage d'y être fructueux. Les plantes qui décorent ces hautes prairies sont nombreuses et remarquables par leur riche coloris.

Fig. 769.

Rosage des Alpes (Rhododendron ferrugineum).

3. — Région du Nord-Est ou du Houblon.

La région du Nord-Est comprend les Vosges, la Lorraine, les Ardennes et l'Alsace.

Cette région est aussi mouvementée et riche en beautés de toutes espèces. Les bords riants de la Meuse, de la Moselle et du Rhin rivalisent avec les rives du Rhône et de la Loire. Les Vosges, avec leurs vertes montagnes, leurs fraîches vallées, leurs forêts séculaires et leurs beaux lacs, peuvent être comparées aux plus séduisants paysages des contrées alpines. La vallée du Rhin présente une scène continuelle de richesse infinie. Les Ardennes comprennent trois zones distinctes : la zone schisteuse qui est hérissée de montagnes boisées ou décharnées et de gorges très profondes; la zone centrale qui est la région des beaux sites; la zone calcaire ou du Sud-Ouest qui présente de vastes plateaux ondulés où l'on observe çà et là des massifs de *pins sylvestres* et de *bouleaux*.

Les *ballons* dans la partie vosgienne présentent de beaux pâturages. Les *bois noirs* qu'ils dominent se composent de *sapins* ou d'*épicéas*. Ces imposantes et majestueuses forêts sont plus sombres que les bois qui ornent les plaines de la Lorraine

Fig. 770. — Rameau d'Absinthe.

ou les plateaux des Ardennes et qui se composent de *chéne*, de *hêtre* ou de *coudrier*.

La nature grandiose de la chaîne des Vosges est rehaussée avec éclat par la beauté des vallées auxquelles les forêts résineuses et les prairies donnent une physionomie très pittoresque. Toutes ces vallées sont belles à voir pendant toutes les saisons. Lorsque la nature se réveille après un long sommeil, on éprouve dans ces vallées de délicieuses sensations en contemplant les lacs aux eaux tranquilles et limpides, les rampes rocheuses et cultivées des montagnes, les gorges ombragées par de noirs sapins, les vastes et fertiles prairies situées sur les bords des ruisseaux. L'été est incontestablement la plus belle saison pour le montagnard vosgien. C'est, en effet, vers le 15 mai que les bois apparaissent moins sombres, que les ruisseaux coulent sous de frais ombrages, que les fleurs commencent à s'épanouir dans les prairies et les champs, que les insectes voltigent et bourdonnent et que les oiseaux chantent sous la verdure naissante des *hêtres*, des *bouleaux* et des *aliziers*. A ce moment de

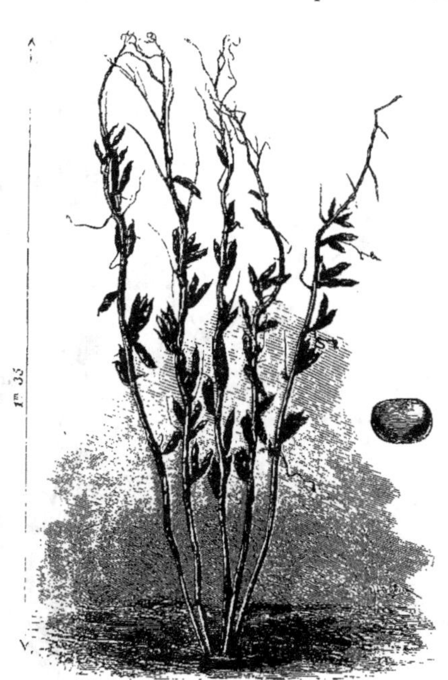

Fig. 771 et 772. — Féverole à Maturité.

l'année, comme pendant les mois de juin et juillet, on se repose avec délices à l'ombre des forêts pour contempler les prairies et les moissons qui décorent les parties inférieures des collines et des montagnes.

Les *chaumes* occupent les sommets qui séparent les Vosges de l'Alsace. Ces pâturages renferment un grand nombre de plantes subalpines. Les plus intéressantes sont les suivantes : *Festuca alpestris, galium boreale, gentiana acaulis, anemone narcissiflora, myrrhis odorata, thlaspi alpestre, anemone alpina, centaurea montana,* etc.

On jouit sur les chaumes, sur les pelouses solitaires, sur ces véritables belvé-

Fig. 773 — Colza d'Hiver.

dères, d'un splendide panorama quand le soleil a dissipé les brumes épaisses qui

les enveloppent souvent le matin en vagues éblouissantes, et lorsque nul brouil-
lard ne couvre les vallées. Alors la vue s'étend sur la poétique vallée de l'Alsace,
sur le Rhin et son ruban d'azur, et elle contemple dans le lointain bleuâtre la
Forêt-Noire, le duché de Bade, etc.

La Lorraine présente comme la Champagne des plaines étendues plus ou
moins humides et plus ou moins fertiles. On y observe des coteaux occupés par
la vigne ou des arbres fruitiers. Les *triots* ou *savarts* sont des terres crayeuses
incultes qui offrent aux bêtes à laine un gazon où croissent le *pastel*, le *serpolet*
et diverses *fétuques*. La grève crayeuse ne peut
être utilisée que par les essences résineuses.

Les terres labourables dans les Vosges, la
Lorraine et les Ardennes sont assez productives.
On y cultive le *blé*, l'*orge*, l'*avoine*, la *fève*,
le *tabac*, le *chanvre*, le *colza*, la *pomme de terre*
et la *betterave*. Les environs de Rambervillers
et de Lunéville présentent de belles *houblon-
nières* (fig. 775). La profonde vallée du val d'Ajol
est charmante quand les merisiers sont en fleurs
et qu'ils forment des guirlandes d'une blancheur
éclatante sur les coteaux ornés d'un vert gazon.

Les Ardennes cultivent trois espèces d'osier :
salix rubra, viminalis et *pentandra*.

Le climat de la région de l'Est est froid ; on
l'appelle *climat vosgien*. On n'y connaît pour
ainsi dire que deux saisons : l'hiver qui est

Fig. 774. — Betterave à Sucre.

long et rigoureux surtout dans les Ardennes et les Vosges ; l'été, pendant
lequel règnent des chaleurs élevées qui assurent la maturité du maïs que l'on
cultive dans la plaine de la Lorraine et de l'Alsace et celle de la vigne. La
température moyenne annuelle varie de + 9°,5 à + 11°,2.

4. — Région du Nord-Ouest ou des Herbages.

La région du Nord-Ouest renferme la Flandre, l'Artois, la Picardie et la
Normandie.

Lorsque le voyageur s'éloigne des sites si riches et si pittoresques des Vosges
et des Ardennes et qu'il se dirige vers les rives de la Manche, il ne constate plus
ni les mêmes lieux, ni la même température, ni la même végétation. Ici, tout

est changé; néanmoins la végétation, avec une vigueur remarquable, couvre le

Fig. 775. — Houblonnière. — Récolte du Houblon.

sol d'une belle verdure dans les plaines de la Flandre, de l'Artois, de la Picardie et de la Normandie. Ici la plaine apparaît ornée de belles cultures de *betterave à sucre* (fig. 774), de *colza* (fig. 773), de *lin*, de *pavot-œillette*, de *tabac*, de *cameline*, de *blé*, de *fèverole* (fig. 771 et 772), de *chicorée à café*, d'*avoine* et d'*escourgeon*. Plus loin, plus au Nord-Ouest, les haies vives divisent et subdivisent la terre couverte de riches *pâtures grasses*, de verdoyants herbages. La région cultive aussi le *pois à purée*, le *haricot de Soissons* dans les terres du Laonnais et du Soissonnais, l'*artichaut* à Laon et à Chauny, l'*asperge* à Dunkerque et à Laon, le *cresson* à Senlis, le *houblon* à Hazebrouck, l'*osier* à Hirson et à La Capelle, le *chanvre* dans les vallées de la Somme et de l'Aisne. La *luzerne*, le

Fig. 776. — Récolte des Pommes à Cidre.

sainfoin, le *trèfle*, la *vesce* alimentent partout un riche bétail. Enfin, le sol argileux des grandes et des petites Moëres produit de belles récoltes de *blé*, de *fèves*, de *colza*, etc. C'est non loin des Moëres et des Wateringues, terres conquises sur la mer, que sont situés les importants massifs de *pins maritimes* à l'aide desquels on est parvenu à fixer et à utiliser les dunes que la mer du Nord ne cesse de former chaque fois qu'elle déferle sur le rivage. Sur divers points, ces sables ont été fixés à l'aide de l'*arundo arenaria*, plante vivace à racines traçantes.

La Normandie jouit des avantages que présentent le Boulonnais, le Vimeux, etc. Les vallées y sont toutes remarquables par les beaux herbages qu'on y admire. Comme dans la Picardie, le *pommier* et le *poirier* (fig. 776 et 777) y fournissent des fruits avec lesquels on fabrique d'excellent cidre ou poiré. Les plaines présentent aussi d'agréables tableaux. A côté du *lin*, du *colza*, de la *cardère* et souvent aussi de la *gaude*, on observe de riches champs de *trèfle*, de *sainfoin*, de *lupuline* ou *minette* et de *farouch* ou *trèfle incarnat* dont la production est consommée sur place par des chevaux ou des vaches fixés à des piquets.

Le Cotentin est la partie la plus pittoresque de la Normandie. Peu de contrées offrent pendant le printemps des sites aussi variés : la senteur des pommiers fleuris, les perles diamantées formées par la rosée sur l'herbe particulièrement

Fig. 777. — Route bordée d'Arbres fruitiers à Cidre.

inébriante des herbages (fig. 778), les fleurs d'or du *genêt à balais* autorisent à dire que le Cotentin est bien un pays enchanteur. Pendant l'été la campagne est non moins belle. A cette époque, les moissons dorées, les pelouses vertes des herbages, la blancheur éclatante des champs de *sarrasin* ou *blé noir*, les coteaux décorés par les fleurs roses de la *bruyère*, etc., font aimer encore la Normandie.

Le climat de la région (climat neustrien) est à la fois tempéré et brumeux, sans être humide. Les fortes chaleurs et les froids excessifs y sont rares par suite de l'influence que la mer y exerce. La température moyenne annuelle y varie de $+ 9°,4$ à $+ 11°,2$. La douceur du climat de la zone comprise entre Avranches et Calais a pour cause l'influence que le *Gulf-Stream* exerce sur la température de l'atmosphère qui enveloppe le littoral de la Manche. C'est ce grand courant

Fig. 778. — Herbage de la Campagne de Caen.

océanien qui permet d'y cultiver en pleine terre le *magnolia*, le *laurier-tin*, l'*araucaria*, le *tamarix des Gaules*, l'*aralia japonica*, etc.

5. — Région de l'Ouest ou du Sarrasin.

La région de l'Ouest comprend la Bretagne, l'Anjou, le Maine, la Vendée et le Poitou.

Cette contrée est plus moúvementée, mais moins productive que la Normandie. Sur divers points de la Bretagne le sol est parsemé de roches granitiques ou schisteuses, de tertres arides qui n'offrent qu'une terre noire brûlée

Fig. 779. — Récolte du Sarrasin.

par le soleil pendant l'été et saturée d'eau durant l'hiver et le printemps. Mais dans les lieux abrités des vents d'ouest, qui sont ordinairement très violents, la nature présente un aspect enchanteur que l'art ne saurait imiter. Ici le voyageur est comme enseveli dans des chemins creux ombragés par de belles haies vives formées par le *chêne,* l'*orme,* le *châtaignier,* le *houx,* le *coudrier* et le *troëne.* Là, le chant monotone du laboureur conduisant deux bœufs attelés au joug se mêle aux chants des oiseaux qui égayent aussi ses travaux et ses rêveries. Ailleurs, dans des vallons paisibles ou sur les flancs des coteaux, l'air pendant le printemps est embaumé par le parfum que versent à grands flots l'*aubépine,* l'*églantine* et le *chèvrefeuille.*

La Bretagne a des productions spéciales ; elle cultive l'*avoine d'hiver*, le *lin d'hiver*, le *panais*, l'*ajonc marin*, le *sarrasin* ou *blé noir* (fig. 779) et le *millet*. L'Anjou, la Mayenne et la Vendée cultivent les mêmes plantes à côté des *choux du Poitou* (fig. 780), du *chou moellier* (fig. 783), du *chou cavalier* (fig. 784), du *rutabaga* (fig. 782), de la *citrouille de Touraine* (fig. 781) et du *navet*, plantes fourragères qui jouent un rôle important dans l'engraissement des bêtes à cornes. Les marais de Dol produisent du *tabac*, les marais du Poitou du *blé* et des *fèves* et la vallée de la Loire des *chanvres* qui fournissent les blondes filasses de l'Anjou.

Fig. 780. — Chou branchu du Poitou.

La zone maritime appelée *ceinture dorée* est productive parce que le sol y est fertilisé par la tangue (fig. 786), les goëmons (fig. 785), le merl, que fournit la mer.

Le Poitou comprend trois parties : la plaine, le bocage et le marais.

On trouve sur les terres schisteuses ou granitiques du bocage le *dianthus caryophyllus*, le *diplotaxis tenuifolia*, le *doronicum plantagineum*, le *digitalis lutea*. Les plantes les plus communes dans la plaine sont le *muscari comosum*, le *sambucus edulis*, le *lathyrus sylvestris*, le *vicia cracca*, le *cichorium intybus*.

L'Anjou est un très beau pays. Les vins blancs y sont à juste titre très estimés. Il en est de même des fruits qu'on y récolte en très grande quantité. Tous les jardins qu'on y admire sont décorés par de magnifiques *camellias* en pleine terre.

Parmi les plantes indigènes qui y croissent, on distingue l'*hemerocallis fulva*, l'*arenaria montana*, le *cystus alyssoïdes*.

Il importe, si l'on veut avoir une idée exacte de la région de l'Ouest, de distinguer le climat du littoral du climat de l'intérieur des terres. Dans la zone maritime on voit croître en pleine terre, non sans quelque étonnement, le *chêne vert*, le *magnolia*, l'*araucaria* (fig. 787), le *camellia* (fig. 788), le *laurier tin*, le *grenadier*, le *laurier rose*, le *myrte*, le *thé* et de vigoureux *figuiers* ; et parmi les plantes indigènes on distingue la *phalangère bicolore*, l'*amaryllis jaune* qu'on rencontre à Montpellier et à Turin, et l'*amarante couchée* qui est spéciale à l'Italie.

Fig. 781. — Citrouille.   Fig. 782. — Rutabaga.

C'est encore à l'influence du *Gulf-Stream* que la Basse-Bretagne doit de pouvoir cultiver en grand et avec succès à Roscoff, l'*artichaut*, le *chou-fleur*, l'*oignon*, l'*ail*, etc., légumes qui sont expédiés à Paris et en Angleterre. Les cultures fruitières ont aussi une grande importance dans les environs d'Angers et de Niort. Les *cerises*, les *pêches*, les *poires* et les fruits qu'on y récolte s'expédient jusqu'en Angleterre. Les environs de Niort cultivent l'*angélique*.

Le climat océanien est à la fois tempéré et humide. L'hiver y est pluvieux, le printemps doux, l'été sec et l'automne généralement beau. La température annuelle moyenne y oscille entre + 10°,1 et + 12°,4. Nonobstant la température pendant les mois de septembre n'est pas assez élevée dans la Bretagne pour que la *vigne* puisse y mûrir facilement ses raisins. Il faut se rapprocher des

rives de la Loire, si l'on veut pouvoir apprécier la qualité des *vins d'Anjou*.
Dans la Bretagne comme dans la Normandie, ce sont les *pommiers à cidre*
qui fournissent la principale boisson. Les fruits des *châtaigniers* d'Orvault vantés
par Mme de Sévigné sont toujours recherchés pour leur bonne qualité.

6. — Région du Sud-Ouest ou du Maïs.

La région du sud-ouest comprend la zone qui longe l'Océan depuis le Poitou

Fig. 783. — Chou Mœllier.

jusqu'aux Pyrénées. Cette région s'étend des rives de la mer jusqu'aux parties
accidentées du Périgord, du Quercy et de l'Albigeois ; elle subit, comme la région
de l'Ouest dans toute la partie occidentale, l'influence bienfaisante des tièdes
vapeurs océaniennes qui rendent son climat très tempéré en été comme en hiver.

Cette grande zone comprend la Saintonge, l'Aunis, l'Angoumois, le Bordelais, la Guienne, l'Armagnac, la Chalosse, le Béarn, les Pyrénées et le Comté de
Foix. Partout le *maïs* y accomplit aisément toutes ses phases d'existence.

La Saintonge, l'Angoumois sont bien connus par les eaux-de-vie de Cognac
qu'on extrait des vins que fournit la partie de leur territoire que l'on nomme
champagne. Le Bordelais est la contrée de France qui produit les *grands vins*. Ces

vins sont remarquables par leur couleur brillante, leur finesse extrême, leur agréable bouquet et leur saveur joyeuse (fig. 789). Toutefois, le Bordelais n'est pas partout cultivé. Entre les vignobles qui bordent la Garonne et la Gironde et la côte océanienne, s'étendent les landes, véritables plaines sablonneuses, remarquables par leur étendue et leur aspect triste et sauvage, et où les regards ne distinguent souvent que la bruyère et le ciel. Dans les parties moins incultes, on voit avec plaisir les *pignadas* ou forêts toujours vertes et odorantes formées de *pins maritimes*, dans lesquels on rencontre çà et là le *chêne liège* et l'*arbousier*.

Fig. 784. — Chou Cavalier.

Les parties cultivées depuis Bordeaux jusqu'à Bayonne produisent du *seigle*, du *millet*, du *maïs* et des *pommes de terre*. L'Armagnac confine les premières ramifications pyrénéennes. Elle produit des eaux-de-vie très renommées.

La vallée de la Garonne est d'une richesse incomparable. Son sol alluvial fournit du *blé*, du *tabac* (fig. 790), du *chanvre*, du *sorgho à balais*, du *colza*, de l'*osier*. On y admire aussi de beaux *peupliers* et de magnifiques *ormes à larges feuilles*. Les coteaux sont couverts d'*abricotiers* et de *figuiers* (fig. 795). Les *pruniers* y fournissent les prunes qu'on transforme en *pruneaux d'Agen* ou *prunes de Bordeaux* (fig. 791 à 793). C'est aussi sur les collines qu'on cultive le *chasselas de Montauban*.

La plaine de Tarbes et la vaste plaine de Toulouse sont de belles contrées agricoles. A côté de la vigne, on y cultive le *blé bladette*, le *blé du Roussillon*, le *maïs*, la *luzerne*, le *farouch* ou *trèfle incarnat*, etc. Les terres arables y sont souvent fertilisées par le *lupin blanc*.

Les montagnes des Pyrénées renferment des vallées délicieuses et fécondes, des vallons agrestes et rocailleux, des montagnes abruptes, décorées par la draperie noire des *sapins*. On y voit aussi des routes tracées sur les flancs des coteaux et ombragées par des *noyers*, des *tilleuls*, des *hêtres*, chemins qui conduisent à des pâturages étendus et très verdoyants pendant la belle saison. Ces pelouses, comme les magnifiques prairies qu'on admire dans les vallées, forment un admirable contraste avec les cimes élevées dont les dentelures disparaissent une partie de l'année sous une étincelante nappe de neige.

Les parties supérieures des Pyrénées renferment des vallées solitaires, des gorges glaciales, des vallons sans culture, des ravins profonds, mais on y admire de belles forêts et de verdoyants pâturages. Au-dessous de ces contrées où règne une profonde solitude, les vallées offrent de riants paysages et ces tableaux sont d'autant plus ravissants que les collines disparaissent sous les tiges parfumées de la lavande. Les prairies étincelantes de verdure et de fraîcheur qui tapissent le fond des vallées, les torrents qui grondent

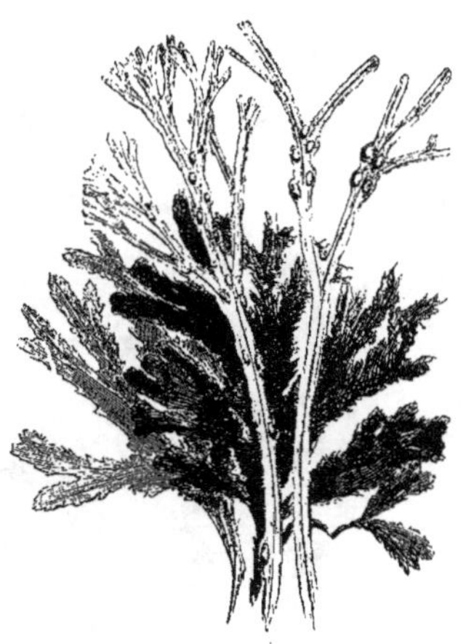

Fig. 785. — Varechs ou Goëmons.

dans les gorges, les haies fleuries qui ombragent les eaux courantes, la sombre poésie des forêts, etc., joints à la splendeur du ciel, constituent des tableaux d'une beauté grandiose.

La flore du Béarn, du pays des Basques et de l'Armagnac, est très variée. On peut signaler comme intéressantes les espèces suivantes : *cystus argenteus, cystus laurifolius, anemone fulgens, erica vagans, lupinus reticulatus, tulipa oculus solis, malva nicœensis, salix pyrenaïca, anemone hepatica, lilium martagon, lonicera pyrenaïca*. Le *pinus uncinata* est commun dans les parties élevées. Le *chêne pyramidal* est assez répandu dans les vallées des ramifications les plus inférieures. Les collines basses sont ombragées par de beaux châtaigniers.

L'Albigeois est très intéressant à plus d'un titre. Après la Montagne-Noire et les agrestes montagnes de Lacaune qui renferment le *Sidobre*, grand plateau granitique parsemé de blocs gigantesques qui affectent les formes les plus singulières, se rangent les plaines dans lesquelles on cultive le *pastel*, (fig. 796) l'*anis*, la *coriandre* et l'*absinthe* et diverses plantes alimentaires.

Le Quercy comprend des terres d'une grande fertilité dans la vallée du Lot, mais les terrains situés sur les plateaux calcaires ne produisent souvent, comme dans le Périgord, que des *chénes* et des *truffes* (fig. 799 et 800). C'est aussi sur ces plateaux appelés *causses* que croissent les *morilles* et les *bolets comestibles*.

Fig. 786. — Récolte de la Tangue.

C'est au printemps qu'on récolte l'*oronge* et c'est à la fin de l'été qu'on ramasse le *mousseron*. Le *Périgord noir* ou *Sarladais* est un pays triste. Il en est de même de la *Double*, bien qu'on y ait exécuté d'importants travaux d'assainissement.

La culture légumière est très prospère dans la région du Sud-Ouest. On cite pour leur bonne qualité les *melons* de Lautrec, les *petits pois* d'Arfons, les *navets* de Lacaune, les *oignons* de Lescure et d'Agen, les *fraises* de Bordeaux, l'*ail* de Beaumont de Lomagne. Les environs de Toulouse renferment d'importantes cultures de *violette*.

Les *landes rases* où règne le silence du désert, où nulle voix humaine ne se fait entendre, impressionnent vivement, mais elles ne manquent pas pour cela de grandeur, surtout lorsqu'on distingue l'ombre fantastique des pâtres attardés qui errent sur leurs échasses (fig. 801) au crépuscule du soir. Ces landes en été sont arides et brûlantes; pendant l'hiver on y remarque des flaques d'eau produites par les pluies et l'imperméabilité du sous-sol.

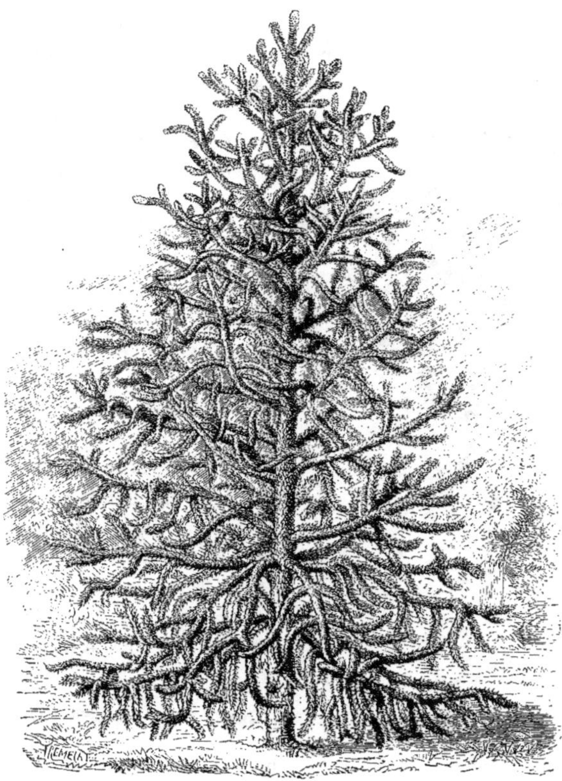

Fig. 787. — Araucaria imbricata.

Les forêts de pins maritimes ou *pignades* (fig. 802) séparent les landes des dunes. Tout est grave dans les *forêts landaises*. On n'y rencontre que les résiniers et on y entend que le chant des cigales et le bruit que font les écureuils en mangeant des graines de pin. L'*arbousier* y est commun. Près de la côte on rencontre le *genista candicans* et l'*hibiscus roseus*.

Les dunes présentent une multitude de petites collines parallèles les unes aux autres. On a commencé à les fixer à l'aide de l'*arundo arenaria*.

Le *climat girondin* est suffisamment tempéré pour permettre au *maïs* (fig. 794), à la *vigne* et au *chêne-liège* de végéter facilement, mais la température moyenne n'est pas assez élevée pour que l'olivier y produise des fruits. La température moyenne varie de + 12°,6 à 13°,9.

Fig 788. — Camellia.

Le climat dans les parties accidentées du Périgord, du Quercy, de l'Albigeois et dans les Montagnes des Pyrénées est bien moins tempéré que dans les plaines de la Guienne, du Languedoc et du Béarn. Les riantes vallées des Pyrénées jouissent cependant, durant la belle saison, d'une douce température. Malheureusement, les orages sont fréquents dans l'Agenois, l'Armagnac et la plaine de Toulouse.

En résumé la région du Sud-Ouest a sur la région du Sud l'avantage d'avoir un climat plus régulier et de ne pas éprouver ces chaleurs brûlantes et ces vents violents qui nuisent si souvent aux cultures dans la vallée du Rhône et dans le Bas-Languedoc.

7. — Région des Montagnes du Centre ou des Pâturages.

La région des montagnes du centre embrasse tout le plateau central. Elle s'étend, d'une part, du Languedoc au Berry, et, de l'autre, du Forez au Périgord. Elle comprend le Rouergue, le Gévaudan, l'Auvergne, le Velay, le Limousin et les Marches.

Cette région est très mouvementée. On y observe tantôt de vastes plateaux calcaires où le *buis* est très commun, tantôt des terrains granitiques ombragés par de beaux *châtaigniers* ou des terrains volcaniques que décorent de verdoyants pâturages où croissent la *gentiane jaune*, le *genêt des teinturiers* et le *meum*, plante ombellifère bien connue par le parfum qu'elle répand et qui plaît à tous les animaux domestiques. Le *plateau du Larzac* est calcaire caillouteux ; non-

Fig. 789. — Les Vendanges dans le *Médoc* (Gironde).

obstant les bêtes à laine qui y vivent, fournissent le lait qui sert à fabriquer le fromage de Roquefort. Ce plateau, comme les causses du Gévaudan, est favorable au sainfoin, et malgré l'air vif et froid qui y règne, on le regarde comme étant plus agricole que les *ségalas* des Cévennes où on ne cultive pour ainsi dire que le seigle. Le châtaignier, le véritable *arbre à pain des Cévenols*, est très commun dans les Cévennes et le Limousin. Le Velay est très pittoresque ; du sommet du mont Mezenc la vue s'étend sur les riants pâturages qui couronnent les monts d'Aubrac, sur des collines ornées de forêts d'*épicéas* ou de *pins sylvestres* ou de hêtres, sur des plateaux volcaniques où les céréales se marient à la *lentille du Puy*, ou sur des collines occupées par la *vigne*.

Fig. 790. — Tabac en Fleur.

L'Auvergne est à la fois sévère et riante. Sur un grand nombre de points on admire de noirs rochers, produits de volcans éteints, des rampes escarpées, de sombres défilés, des pics inaccessibles, d'importantes surfaces teintées de rose par les corolles des *bruyères*. Dans les parties très mouvementées, on est heureux de voir les hautes *sapinières* et les troncs blancs des magnifiques *hêtres* qui composent les grandes forêts de l'Arvernie. Le *plateau de la Planèze* est toujours le *grenier* de la Haute-Auvergne. Mais quiconque n'a pas visité la vallée de la Cère, la reine des vallées cantaliennes et la vallée de la Jordane, si intéressante par les canaux d'arrosage, se rend difficilement compte de l'aspect que présentent les paysages au moment du coucher ou du lever du soleil. Ici les parties mouvementées, les ravines rocheuses et les parcs à troupeaux sont éclairés par des tons vermeils des plus curieux, ailleurs les vapeurs grisâtres couvrent le fond des vallées et ensevelissent les villages, la verdure et les fleurs des prairies, les fruits des vergers et des jardins.

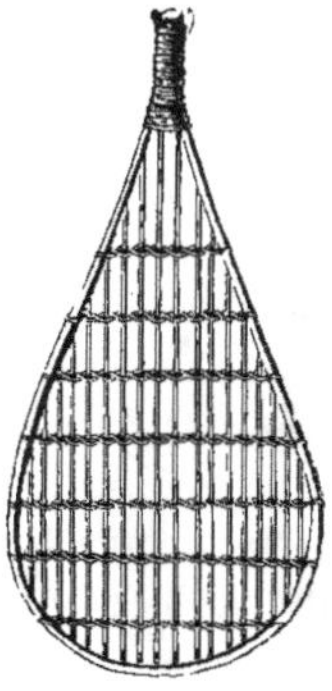

Fig. 792. — Prune d'Agen.

Fig. 791.
Raquette pour faire sécher les Prunes.

La fin du printemps est, comme dans les Alpes et les Pyrénées, la plus belle saison pour le montagnard et le botaniste. A cette époque la neige a disparu, l'air est embaumé par les émanations du *narcisse des poëtes* et par l'odeur balsamique que développent les forêts résineuses; les pelouses des montagnes charment par la beauté de leur vert émeraude, par les ombelles blanches du *meum*, les fleurs dorées de l'*arnica*, les fleurs roses du *trèfle des Alpes*, les grosses fleurs jaunes et globuleuses du *trollius*, les jolies fleurs bleues de l'*aconit*. Le ciel alors

Fig. 793. — Prunier d'Agen.

est d'une pureté incomparable, et la nature déploie son luxe partout, même dans les lieux sauvages et les sombres ravins où murmurent de petits ruisseaux. Enfin,

les *sapins* toujours verts qui tapissent les flancs des montagnes, les gorges hérissées d'aiguilles de trachyte, les cascatelles des torrents et les fruits rouges de
l'*alisier* et du *sorbier* qui bordent
les routes, ajoutent beaucoup à
la fin de l'été aux beautés que
présente le paysage.

Fig. 794. — Maïs non éclusé.

Les hautes cimes sont ornées
de beaux pâturages, de vastes
plateaux de bruyères, de grands
rochers couverts de mousses et
de lichens. Au Mont Pilat, à
Pierre-sur-Haute, au Mezenc,
les jasseries (fromageries) sont
situées au milieu de prairies
odorantes. Sur ces grandes élé-
vations le botaniste voit croître les plantes suivantes : *viola sudetica, viola lutea,
senecio argentea, astrantia major, potentilla aurea, aquilegia alpina, cacalia
alpina, azalea procumbens, trifolium alpinum, antirrhinum alpinum, chœrophyllum aureum, scilla bifolia,* etc.

Les montagnes du centre ne renferment pas de glaciers, mais elles sont
exposées aux *écirs* ou rafales terribles qui rendent inhabitables, durant l'hiver,
les principales hauteurs cantaliennes.
Ordinairement le Mont Dore est encore
couvert de neige quand le *prunier noir*
épanouit, au printemps, ses belles fleurs
blanches dans les vallées.

L'Auvergne n'est pas seulement intéressante par la beauté de ses sites, par
les verdoyants pâturages qui couvrent
ses élévations volcaniques ; elle se distingue aussi par la belle vallée de Li-
magne qu'elle renferme. Cette magnifique vallée présente chaque année de riches

Fig. 795. — Figue violette.

cultures de *blé,* de *chanvre,* de *trèfle,* de *betterave à sucre ;* on y admire aussi de
nombreux *pommiers, noyers, cerisiers* et *abricotiers* dont les fruits alimentent
Paris et Lyon ou les confiseries de Clermont-Ferrand.

Les Marches ont beaucoup de rapport avec le Limousin ; leur sol est accidenté, de nombreux châtaigniers ombragent les terres de fertilité secondaire et

sur lesquelles croissent aisément la *fougère*, le *gênet à balais* et les *bruyères*. Tous les champs et toutes les prairies sont entourés de haies vives formées par l'*aubépine*, le *houx*, le *cornouiller* et le *buis*. C'est dans ces champs clos qu'on cultive le *seigle*, le *froment*, la *rave du Limousin* et le *lupin jaune* que l'on enfouit comme engrais vert lorsque ses fleurs sont épanouies et avant l'apparition des premières gelées automnales. Les prairies naturelles sont sur un grand nombre de points arrosées avec des eaux de sources qu'on recueille dans des réservoirs appelés *pêcheries* et situés sur le point le plus élevé possible du gazon qu'on veut irriguer.

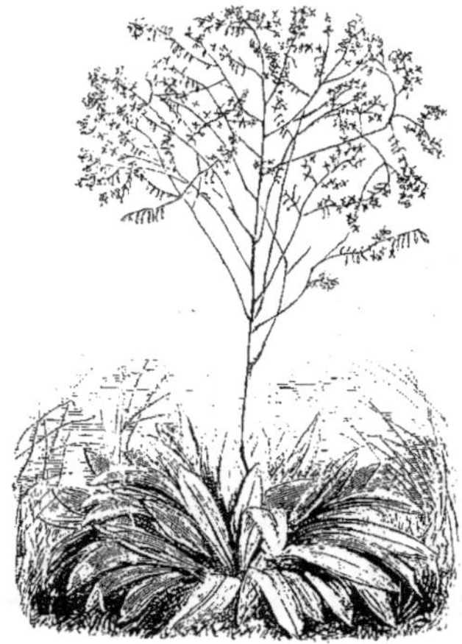

Fig. 796. — Pastel.

Fig. 797. — Anis.

Dans cette région les clôtures vives rendent plus riantes les parties bocagères par les fruits rouges de l'*aubépine*, les fruits rouge-corail du *houx*, les fruits violets du *prunellier*, les fleurs neigeuses de l'*épine blanche*, les fleurs odorantes du *chèvrefeuille* et du *troène*.

Durant l'automne, le pays est encore très pittoresque. Alors la terre est décorée par la teinte rouge doré des feuilles du *châtaignier* (fig. 804), par le vert feuillage du *chêne* et du *houx*. La nuance rougeâtre que présente la *fougère*, le vert émeraude des prairies, le rose verdâtre des landes, le jaune d'or des fleurs de l'*ajonc nain* ajoutent beaucoup à la beauté du paysage.

La fougère est très commune sous les magnifiques châtaigniers qui ombragent les terres siliceuses ou granitiques. Les vallées sont presque toujours décorées par des *saules* ou des *peupliers* ayant une grande vigueur. Les montagnes abruptes sont tristes et désolées.

Le *climat cantalien* ou *climat arvénien* est froid, mais la partie méridionale de la région est plus tempérée que la zone septentrionale. On y voit croître la *vigne*, l'*amandier*, le *figuier*, le *mûrier* et on y rencontre le *jasminum fruticans* et le *satureia montana* qui appartiennent à la région du Sud. L'hiver dans les parties centrales et très accidentées est rigoureux et dure 5 à 6 mois, mais le climat des vallées est moins froid. On y voit généralement de nombreux arbres fruitiers.

Fig. 798. — Coriandre.

8. — Région des Plaines du Centre ou des Bruyères.

La région des plaines du centre comprend la Touraine, le Blaisois, la Sologne, le Gatinais, le Berry, le Maine, le Nivernais, le Morvan et le Bourbonnais.

Cette région n'est mouvementée que sur les limites occidentales et Nord-Ouest; ailleurs, elle a l'aspect d'une immense plaine entrecoupée par des vallons et quelques collines ou mamelons qui la rendent moins monotone. Elle est traversée par la vallée de la Loire.

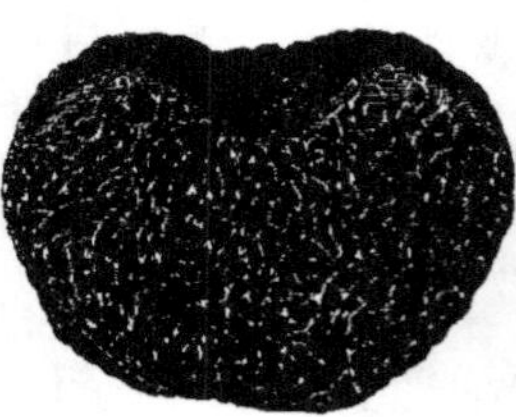

Fig. 799. — Truffe.

Fig. 800. — Truffe.

Le Berry occupe le centre de cette région. On y rencontre des terres productives, des sols couverts de *brandes* où la *bruyère à balais* se mêle à la *bruyère cendrée* et à la *bruyère vulgaire*, des marécages, des contrées bocagères et des collines tapissées par les pampres de la vigne. Le Nivernais renferme d'agréables vallons, de plantureux herbages. On y rencontre comme dans le Morvan, pays remarquable par sa teinte mélancolique, de magnifiques forêts. Les alluvions sablonneuses ou *chambonnages* de l'Allier produisent du *blé*, du *seigle*, des *pommes de terre*, des *topinambours* (fig. 806).

Fig. 801. — Pâtres dans les Landes.

Mais ces terrains sont bien moins fertiles que les *varennes* de la Loire qui occu-

Fig. 802. — Landes, Piguadas, Troupeau et Berger landais.

pent une partie importante de la Touraine. Les terres du canton de Bourgueil produisent particulièrement de l'*anis* (fig. 797), de la *coriandre* (fig. 798), du *fenu-grec* et de la *réglisse*. Les *pruniers* qui y sont nombreux, fournissent les fruits qu'on transforme en *pruneaux de Tours*.

La Touraine est le jardin de la France centrale. On y remarque les beaux vignobles vantés par Rabelais, de belles cultures de *chanvre* dans la plaine de Bréhémont, de grandes *oseraies* et de magnifiques peupliers dans les vallées de

Fig. 803. — La Vallée du Mont Dore et les Burons.

la Loire et de l'Indre. Les végétaux qu'on rencontre dans la zone des arbres à feuilles persistantes remontent la Loire jusqu'à Tours.

Les vignes situées sur les sols calcaires sont souvent envahies par le *souci*, l'*aristoloche*, l'*ansérine*, l'ail des vignes, etc. Les arbres fruitiers y sont nombreux; les fruits de plusieurs poiriers servent à faire des *poires tapées*.

La Sologne est la contrée la plus agreste de la région; mais les *pins maritimes* et les *pins sylvestres* qu'on y remarque et qui occupent des terrains de bruyères jadis voués à une éternelle stérilité, lui donnent un aspect moins triste et moins pauvre. Le Gatinais et l'Orléanais sont peu mouvementés, quoique leur sol soit parfois très sablonneux. Les contrées à terrain argilo-calcaire produisent du *blé*, de l'*avoine*, du *sainfoin* et du *safran*.

Le Perche et le Maine limitent la région à l'Ouest. Ces contrées sont assez accidentées. Les haies vives élevées qui circonscrivent les champs et les prairies lui donnent un aspect bocager ou boisé. Il est vrai qu'on y rencontre des coteaux couverts de bruyères ou de *pins maritimes*, mais la verdure des haies, les fleurs dorées du *génet*, les *pommiers* qui ornent les terres labourables et les mille accidents du sol en font un agréable séjour.

L'hiver dans le Morvan a ses charmes et ses tristesses. Pendant cette saison, la nature est silencieuse et glaciale, le ciel est gris, les bois dans lesquels on s'égare aisément sont défeuillés et les coteaux sont assombris ; la bise est âpre et sifflante ; les brumes noient l'horizon ; le givre avec ses cristaux diamantés et étincelants, décore les chênes séculaires et les gigantesques sapins.

Cette teinte mélancolique persiste jusqu'au moment où les feuilles apparaissent sur les bouleaux, où la neige des cerisiers décore les coteaux voisins des villages, où les énormes blocs de granit sont ornés d'une mousse de velours. Rien de plus frais alors que le tableau qu'on a devant soi. L'or des genêts se mêle agréablement à la verdure des bois sous laquelle fleurit le muguet et chante le bouvreuil.

Fig. 804. — Châtaignier du Limousin.

L'été est sans contredit la plus belle saison pour les Morvandiaux. A cette époque les paysages se présentent sous les aspects les plus riants et les plus variés. Quel riche tableau, en effet, par un soir d'été ! Quel délicieux panorama au lever du soleil ! Ici on admire les nuances très diverses et les frais ombrages que présentent les chênes et les hêtres. Ailleurs les regards se reposent avec plaisir sur l'azur des *bluets* qui ornent les moissons, sur le carmin des *bruyères,* l'émeraude des prairies, sur les tiges empourprées du sarrasin. Enfin, plus loin, on se plaît à admirer les horizons vaporeux, à écouter l'écho qui retentit dans les

Fig. 805. — Brande ou Lande du Berry.

vallons dominés par les grands bois, à suivre les sentiers tapissés de mousse verte sous des ombrages offrant la plus heureuse des solitudes.

La région des plaines du centre, surtout la partie sillonnée par la Loire depuis le Nivernais jusqu'à l'Anjou, est favorisée quant au climat. Elle est exempte des extrêmes d'humidité qui sont si favorables à la Normandie et si nuisibles à la Bretagne, des extrêmes de chaleur que redoute la région du Sud et des extrêmes de froid si pernicieux à la région de l'Est et si utiles à la

Fig. 806. — Topinambours.

région du Nord. Nonobstant et malgré les semis considérables d'essences résineuses qu'on fait chaque année, la *bruyère*, la sombre couleur des landes (fig. 805), le vert foncé des *ajoncs* donnent à la région des teintes qui s'effaceront lentement de sa surface, malgré l'intelligence et le dévouement des agriculteurs qui se sont imposé la noble mission de la rendre productive et riche.

En résumé, le climat de la région des plaines du centre est plus froid durant l'hiver et plus chaud et plus sec que le climat de la région de l'Ouest. La température moyenne y oscille entre + 11° et + 12°. Le Blaisois et la Touraine ont

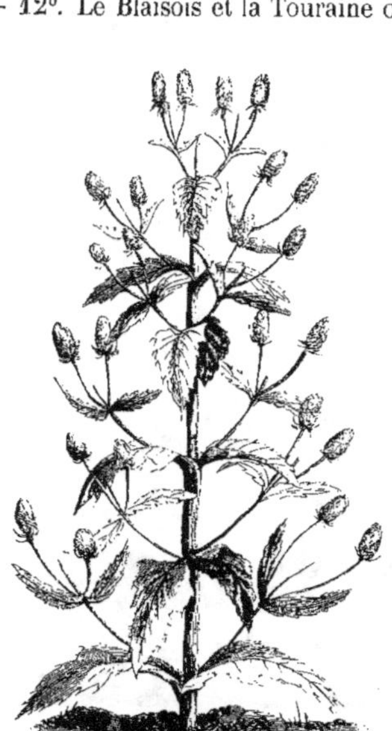

Fig. 807. — Pied de Cardère.

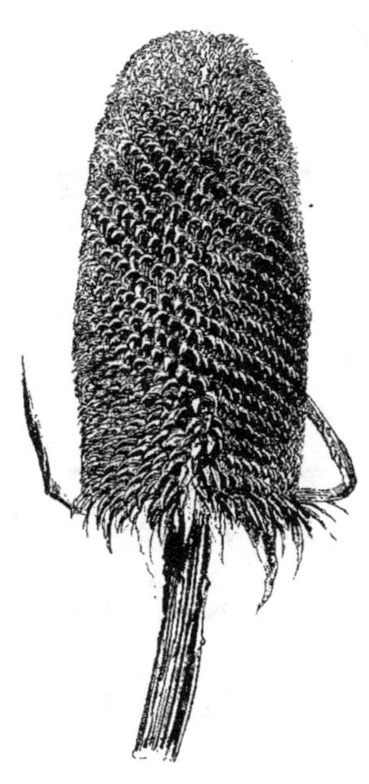

Fig. 808.
Carde ou Tête de Cardère.

un beau climat; c'est pourquoi on a appelé cette partie de la région *le jardin de la France septentrionale*.

9. — Région des Plaines du Nord ou du Mérinos.

La région des plaines du Nord a aussi l'aspect d'un immense plateau sillonné par la vallée de la Seine et la vallée de la Marne. Elle comprend la Beauce, l'Auxerrois, la Brie, l'Ile-de-France, le Vexin français et la haute Champagne.

La Beauce est une plaine bien monotone; elle est privée de sources et ne

possède aucun buisson à l'ombre duquel on puisse se reposer. Vers la fin de l'été
et pendant l'automne et l'hiver alors que la nature y est inactive, le voyageur n'a
devant lui que des champs labourés; mais ce triste aspect change pendant la
belle saison. Ainsi, au mois de juin, la vue se repose avec plaisir sur de vastes
tapis de verdure émaillés ça et là par les fleurs roses du *sainfoin*, les fleurs bleu
violacé de la *luzerne*, les fleurs dorées de la *lupuline* ou *minette* ou les jolies fleurs
rouge ponceau du *trèfle incarnat*, et c'est avec la plus vive satisfaction que l'on

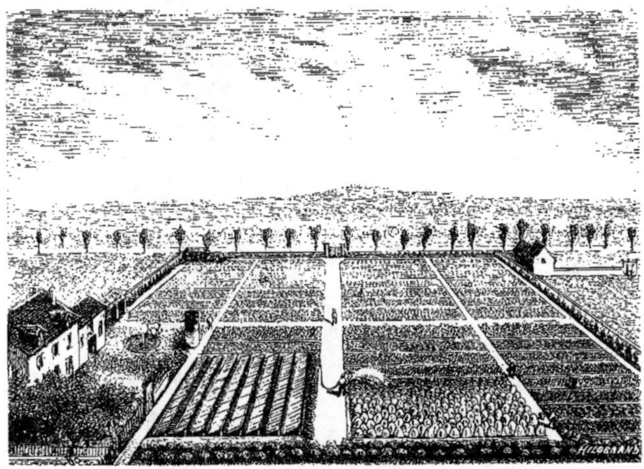

Fig. 809. — Culture maraîchère aux Environs de Paris.

admire des *blés*, encore des *blés*, et toujours des *blés!* Le spectacle qu'offre la plaine
pendant l'été est d'une richesse plus grande encore. Lorsque la chaleur solaire
fait jaunir les céréales, les moissons, sur toute l'immensité de la plaine, ondulent
comme les vagues sous le vent, et forment alors à la surface du sol, sous un ciel
d'azur, un véritable tapis d'or.

L'Auxerrois est plus mouvementé. Il en est de même de la Puisaye. Sur une
multitude de points dans l'Auxerrois et le Tonnerrois, la vigne, associée aux arbres
fruitiers, étend ses pampres sur les côteaux et fournit des vins qui sont très estimés, mais qui n'ont pas la renommée des vins qui ont rendu célèbre la Champagne dans toutes les parties du monde. Mais la Champagne n'est pas connue
seulement par les vins mousseux qu'on y fabrique; elle se distingue aussi par

l'immense surface crayeuse qu'on y observe. Toutefois, le *pin d'Écosse* ou *pin sylvestre* et le *pin noir* d'Autriche,

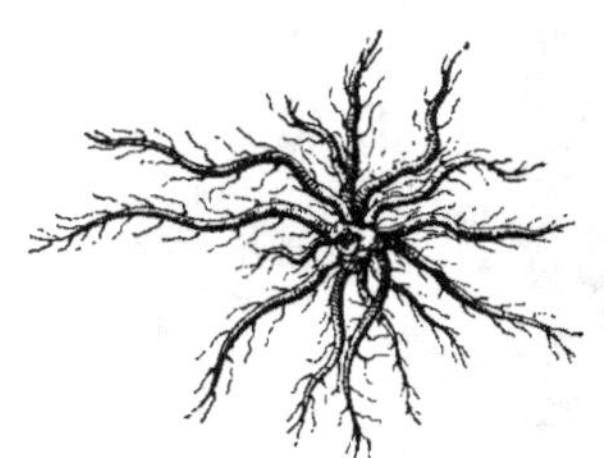

Fig. 810. — Griffe d'Asperge. 2 ans.

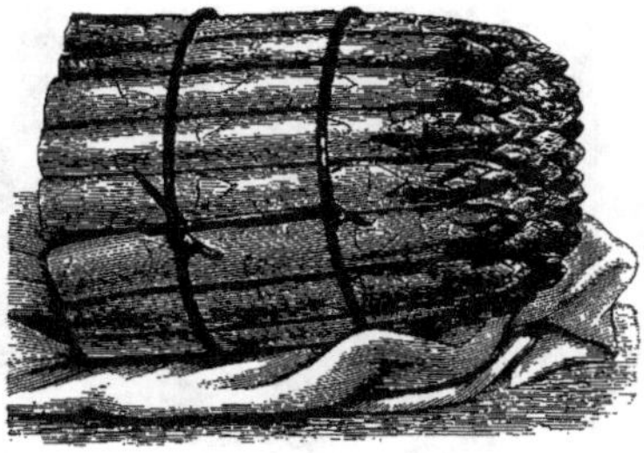

Fig. 811. — Asperges.

qu'on ne cesse d'y planter dans les pâturages appelés *savarts*, constituent déjà d'importants massifs formant un agréable contraste par leur couleur sombre avec l'aridité et la couleur blanchâtre des terres incultes. Ces essences ont parfois pour complément l'*épine vinette*, le *saule marceau*, le *cytise des Alpes*, arbrisseaux qui végètent bien sur

Fig. 812. — Artichaut gros vert de Laon.

Fig. 813. — Tige de Pois fleuris. Pois d'Auvergne.

des terres contenant jusqu'à 80 et même 90 °/₀ de carbonate de chaux.

L'Ile de France, le Vexin français et la Brie présentent aussi des plaines étendues et fertiles dans lesquelles on ne distingue souvent, en été, que la verdure des prairies artificielles et des *betteraves*, l'azur du ciel et les vagues d'or

Fig. 814. — Culture des Champignons dans les Carrières de Paris.

Fig 815. — Cerisier de Montmorency.

du *blé bleu* ou *blé de Noé*, du *blé rouge d'Écosse*, du *blé chiddam*, de l'avoine de

Brie et de l'*orge Chevalier*. Les vignes y produisent des vins un peu aigrelets, mais celles de Thomery et de Conflans-Sainte-Honorine fournissent de très beaux raisins appelés *chasselas de Fontainebleau*. La *cardère* (fig. 807 et 808) est très cultivée aux environs de Mantes.

La petite culture des environs de Paris est très prospère ; elle fournit des asperges (fig. 810 et 811), des *artichauts* (fig. 812), des *petits pois* (fig. 813), des *haricots verts* qui sont moins précoces, mais qui ont plus de fraîcheur sur les marchés que les mêmes produits expédiés d'Amiens, de Roscoff, d'Angers, de Bordeaux et de Perpignan. Les *fraises* récoltées à Clamart, à Fontenay-aux-Roses ont certainement plus de parfum que celles qui sont envoyées de Bordeaux ou de la plaine d'Hyères. La culture du *cresson de fontaine* occupe d'importantes surfaces sur les confins de la Picardie.

La culture du *champignon* (fig. 814 et 817) se fait en grand dans les anciennes carrières de Montrouge, de Chaville, de Bougival, etc., et la vallée de Montmorency et la vallée de la Seine

Fig. 817. — Champignons.

Fig. 818.
Cerise de Montmorency.

Fig. 816.
Groseillier à gros Fruit.

produisent annuellement beaucoup de *cerises* (815 et 818), de *groseilles* (fig. 816), de *prunes de Reine-Claude*. Les figuiers sont assez nombreux à Argenteuil. Enfin la culture des fleurs a, comme la culture maraîchère (fig. 809), une grande importance dans les départements de la Seine et de Seine-et-Oise.

Le climat séquanien est assez tempéré, mais l'air y est sec et vif dans les plaines. La température moyenne annuelle y varie de + 10°,1 à + 11°. Nonobstant, la chaleur pendant l'été y est assez élevée pour que la vigne mûrisse bien ses raisins dans la Champagne, l'Ile-de-France et l'Auxerrois.

ᴇ complèterai cette esquisse rapide de la France agricole en caractérisant la zone qui comprend les végétaux à feuilles persistantes, en rappelant les limites altitudinales des plantes cultivées et en indiquant les végétaux indigènes qui caractérisent la nature et la fertilité des terres labourables :

A. — ZONE DES ARBRES ET ARBUSTES A FEUILLAGE TOUJOURS VERT.

Cette zone est spéciale ; elle est comprise entre la côte océanienne et une ligne qui part à l'ouest de Cherbourg, passe au nord d'Angers, de Niort, de Montauban, et se réunit près de Lodève (Hérault) à la ligne qui limite au Nord la région dans laquelle on cultive l'olivier. Cette zone est caractérisée par les plantes suivantes qui y végètent très bien en pleine terre, sans le concours d'aucun abri, grâce à la douceur des hivers :

Araucaria, camellia, myrte, grenadier, magnolia, laurier-tin, chêne vert, thé, laurier-rose, aralia du Japon, fusain d'Amérique, phormium tenax, arbousier, lantana, pittosporum de la Chine, etc.

Dans cette zone le lilas fleurit à Bordeaux le 5 avril, l'aubépine le 10 avril et les cerises y sont mûres le 20 mai.

B. — LIMITES ALTITUDINALES ET LONGITUDINALES DES VÉGÉTAUX AGRICOLES.

L'altitude a une grande influence sur la vie des plantes qui intéressent le cultivateur. Cela est si vrai que lorsqu'on s'élève dans les montagnes on ne rencontre plus à chaque étage la même température, ni les mêmes plantes, ni les mêmes cultures.

Au point de vue botanique, on distingue trois régions distinctes :

1° **Région des labiées et des caryophyllées.** — *Température moyenne : hiver + 4°; été + 22°.*

On y remarque principalement l'olivier, la vigne, le lentisque, le pin d'Alep, le chêne vert, le jujubier, le pistachier, le romarin, la lavande, etc.

2° **Région des crucifères et des ombellifères.** — *Température moyenne: hiver — 2°,5; été +14°.*

On y voit croître en abondance le tilleul, le châtaignier, l'orme, l'érable, le pin sylvestre, le sapin, le bouleau, etc.

3° **Région des saxifrages et des mousses.** — *Température moyenne : hiver — 6°,5; été + 2°,5.*

On y rencontre particulièrement des pâturages, les gentianes, les saxifrages, le rhododendron, le bouleau nain, l'aulne vert, etc.

Au point de vue agricole, on observe quatre régions bien distinctes :

1° La **zone provençale**, *avec une altitude maxima de 650 mètres.*

Pin d'Alep, chêne yeuse, chêne kermès, olivier, vigne, ciste, genêt d'Espagne, froment, maïs, pois chiche, etc.

2° La **zone moyenne**, *avec une altitude maxima de 1000 mètres.*

Châtaignier, chêne rouvre, hêtre, pin sylvestre, sapin, buis, lavande, thym, genêt cendré, froment, etc.

3° La **zone subalpine**, *avec une altitude maxima de 1800 mètres.*

Hêtre, sapin épicéa, pin à crochet, gentiane jaune, arnica, lis martagon, ancolie, seigle, pomme de terre, pâturages.

4° La **zone alpine**, *avec une altitude maxima 2500 mètres.*

Pin cembro, mélèze, aune vert, pâturages, etc.

Voici d'une manière générale les limites altitudinales auxquelles cessent de croître les plantes qui intéressent l'agriculteur et le forestier :

Caroubier, figuier	300 mètres
Pin d'Alep, lentisque, chêne pédonculé . . .	550 »
Olivier, chêne kermès, chêne vert.	550 »
Vigne, châtaignier	600 »
Houx, lavande, mûrier, froment, tilleul . . .	800 »
Noyer, ajonc marin, pin maritime	1000 »
Cerisier prunier, poirier, orge	1200 »
Hêtre, pin sylvestre, pommier	1400 »
Érable, sorbier, pin Laricio	1500 »
Sapin argenté, avoine.	1600 »
Épicéa, seigle, pomme de terre	1900 »
Mélèze, pin cembro, genévrier	2000 »

Ces diverses altitudes ont leur raison d'être. A Ribiers (Hautes-Alpes), à 600 mètres au-dessus de la mer, on moissonne le seigle, alors que cette graminée céréale est encore en pleine fleur au col du mont de Genèvre, à 1860 mètres d'altitude.

Quoiqu'il en soit, la nature du sol et la latitude modifient parfois très sensiblement les données générales qui précèdent.

On peut conclure des faits que je viens de rapporter :

1° Que les végétaux ligneux sont plus nombreux et les espèces plus variées dans la zone méridionale que dans la région septentrionale ;

2° Que les plantes annuelles ou bisannuelles existent en plus grand nombre dans la zone du Nord que dans la région du Midi ;

3° Que l'agriculture septentrionale cultive moins d'espèces dicotylédonées que la culture méridionale ;

4° Que les espèces appartenant aux familles des cypéracées, des joncées, des graminées, des amentacées et des crucifères vont en augmentant du Midi au Nord ;

5° Enfin, que les espèces appartenant aux labiées, aux rubiacées, aux ombellifères, aux composées, aux malvacées et aux légumineuses vont en augmentant du Nord au Midi.

Ainsi, il a été constaté que les plantes des familles désignées ci-après vont en augmentant du Midi au Nord : *joncées, cypéracées, graminées, amentacées, éricinées, crucifères.*

Par contre, les plantes des familles suivantes vont en augmentant du Nord au Midi : *euphorbiacées, rubiacées, légumineuses, malvacées, labiées, ombellifères et composées.*

On sait, en effet, que le colza, la navette, la cameline, les navets, les choux qui appartiennent à la famille des crucifères sont cultivés avec succès en France entre le 52° et le 46° degrés de latitude, et que leur culture est regardée comme difficile, sinon impossible en deçà de cette dernière limite géographique. Mais si l'avoine de la famille des *graminées,* le lin, la spergule de la famille des *caryophyllées,* les pommiers de la famille des *rosacées,* ont plus d'aptitude dans la zone septentrionale, il faut reconnaître que la luzerne, le sapin, les vesces, le sainfoin, le pois chiche de la famille des *légumineuses,* la garance de la famille des *rubiacées,* le buis de la famille des *euphorbiacées,* le fenouil, la coriandre, l'anis de la famille des *ombellifères,* le thym, la lavande, la marjolaine de la famille des *labiées,* occupent une surface beaucoup plus grande dans la zone méridionale que dans la zone septentrionale.

INFLUENCE DE LA NATURE DU SOL.

Le sol par sa nature et la manière d'être du sous-sol sur lequel il repose a une très grande influence sur la vie des plantes indigènes et cultivées.

Les *terres sablonneuses* produisent principalement des plantes appartenant à la famille des caryophyllées, à celles des amentacées, des chénopodées, etc.

Voici les plantes les plus communes qu'on y rencontre : *spergula arvensis, agrostis spicaventi, arenaria rubra, draba verna, hieracium pilosella, jasione montana, saxifraga granulata, aira præcox, erica vulgaris* et *cinerea, statice armeria, alyssum calicinum, anthoxanthum- odoratum, elymus arenarius, galium verum, campanula rotundifolia, pteris aquilina, veronica spicata.*

Les *terres calcaires* favorisent d'une manière remarquable la végétation d'un grand nombre de plantes. Les plus communes sont les suivantes : *papaver rhœas, ononis spinosa, salvia pratensis,* diverses *ophrys, cistus helianthemum, muscari comosum, galium tricorne,* divers *carduus, salvia sclarea, melampyrum arvense, brunella grandiflora,*

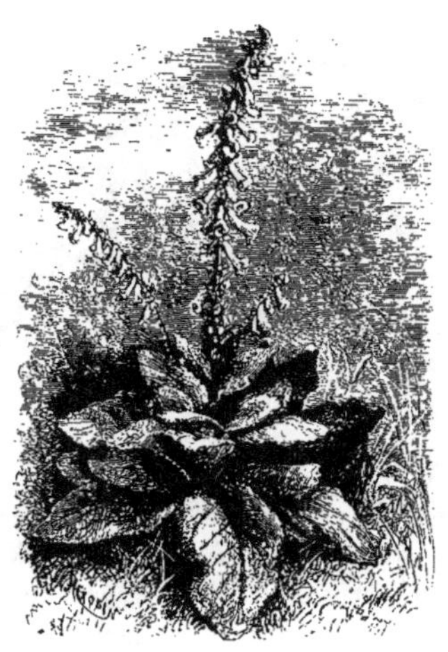

Fig. 820. — Digitale pourprée.

sesleria cœrulea, euphorbia Gerardiana, silene inflata, teucrium chamœdrys et *chamœpitys, ononis arvensis, scabiosa columbaria, centaurea scabiosa, fumaria parviflora* et *Vaillantii, globularia vulgaris,* etc.

Les plantes indicatives des *terrains argileux* sont moins nombreuses ; parmi elles on distingue les espèces suivantes : *agrostis stolonifera, lactuca virosa, sambucus ebulus, triticum repens, tormentilla reptans, potentilla anserina, dactylis glomerata, melica cœrulea, saponaria officinalis, alopecurus geniculatus, orobus tuberosus, equisetum arvense,* etc.

Les *terrains schisteux* sont particulièrement caracterisés par la *digitale pourprée* (fig. 820).

Les *terrains salifères* sont caractérisés par les plantes ci-après : *salsola soda* et *prostrata, artemisia maritima, atriplex halimus* et *littoralis, crithmum maritimum, triticum junceum, hordeum maritimum, cineraria maritima* (fig. 821), *salicornia fruticosa* et *herbacea, poa maritima, statice limonium, beta maritima,* etc.

Fig. 821. — Cineraria maritima.

Les *terres fertiles* produisent en abondance le *senneçon,* le *mouron,* la *mercuriale annuelle,* le *laitron,* etc.

Les *terres de bruyères ou acides* produisent principalement la *bruyère,* la *fougère,* la *petite oseille,* l'*ajonc marin,* etc.

Les *terrains humides ou aquatiques* favorisent la végétation d'un grand nombre de plantes appartenant à la famille des cypéracées, des renonculacées, des ombellifères, etc. Les principales sont les suivantes : *alisma plantago, festuca fluitans, poa aquatica, cardamine pratensis, scirpus palustris, juncus conglomeratus, stachys palustris, osmunda regalis, gratiola officinalis, mentha palustris, pedicularis palustris, triglochin palustre, lychnis flos cuculi, galium palustre, lotus siliquosus, cirsium palustre, polygonum amphibium* et *hydropiper,* etc.

Enfin, il existe des plantes qui ne peuvent végéter que dans les *endroits ombragés,* comme le *muguet,* la *pulmonaire,* la *pervenche,* le *daphne,* la *violette,* la *renoncule ficaire,* le *lierre terrestre,* etc.

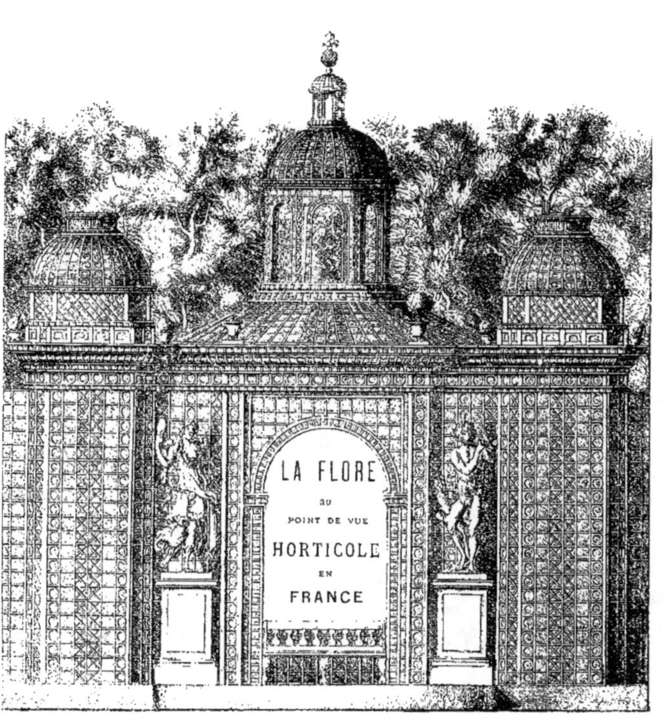

LA FLORE
AU
POINT DE VUE
HORTICOLE
EN
FRANCE

ANDRÉ LE NOTRE
né en 1613, mort en 1700

JEAN DE LA QUINTINYE
né en 1626, mort en 1688

LA FLORE

AU POINT DE VUE HORTICOLE EN FRANCE

ARMI les plantes qui croissent spontanément en France, quelques espèces, mais en petit nombre, jouent un rôle remarquable dans l'ornementation des jardins où elles ont été depuis longtemps introduites ; telles sont par exemple : les *Digitalis purpurea, Epilobium spicatum, Pæonia officinalis, Dictamnus Fraxinella, Arabis alpina, Aconitum Napellus, Delphinium elatum.* Mais si on tient compte de la richesse de notre flore, et surtout de la beauté de beaucoup des plantes qu'elle renferme, on s'aperçoit bientôt avec quelque surprise que le nombre de celles qu'elle a fournies à nos jardins est beaucoup plus restreint qu'on ne pouvait le supposer. Pourtant combien de jolies plantes autour de nous demeurent cachées à nos yeux, les unes étalant leur corolle plus ou moins grande et diversement colorée à l'ombre des buissons et des forêts de la plaine et des montagnes, les autres embaumant l'air des lieux solitaires, depuis les bas coteaux jusqu'à la limite des neiges perpétuelles, que la nature leur a assignés pour patrie. Pourquoi ces représentants du grand groupe végétal ne viennent-ils pas comme leurs congénères plus heureux, qui dans la grande généralité des cas sont empruntés à des flores lointaines, à la Chine, au Japon, à l'Amérique septentrionale, quelquefois même au Népaul, embellir nos jardins?

C'est au botaniste qui se livre aux herborisations, soit pour enrichir ses collections sèches ou recueillir des sujets d'étude, soit pour se procurer les matériaux de ses échanges, s'il est doublé d'un ami des jardins, que nous ferons appel. Observant les plantes sur place, dans les stations où elles croissent spontanément, il ne se bornera pas à récolter les échantillons destinés à être desséchés pour l'herbier, mais il voudra aussi posséder vivantes les plus jolies d'entre elles et rechercher celles qui lui paraîtront devoir présenter un intérêt au point de vue du jardinage d'agrément. Transportées dans son jardin, il tâchera de les placer dans les conditions les plus favorables à leur conservation et à leur développement, il étudiera le meilleur parti à en tirer ; puis, ce qui n'est pas le moins beau côté de sa tâche, il aura le plaisir d'en enrichir les jardins d'autres amateurs à qui il fera part de ses trouvailles. C'est ainsi qu'en se ménageant une occupation agréable pour lui et utile pour tous, il attendra le renouvellement de la belle saison qui doit le ramener avec le soleil régénérateur sur la scène de la nature.

Le but de ces quelques lignes, est, en parcourant notre flore, d'appeler l'attention sur les nombreuses espèces qui pourraient servir à orner les différentes parties des jardins d'agrément. Pour énumérer ces plantes, qu'elles habitent les plaines, les coteaux, les montagnes ou les Alpes, nous aurions pu les répartir en plusieurs groupes d'après l'emploi horticole auquel elles se seraient montrées particulièrement appropriées; nous aurions eu ainsi : A, Plantes propres à la décoration des *pelouses, perspectives* et *massifs; B*, Plantes propres à l'ornement des *parterres, bordures, corbeilles* et *plates-bandes; C*, Plantes pour *rochers, grottes* et *rocailles artificiels;* et enfin *D*, Plantes pouvant décorer les *bassins* et les *pièces d'eau.* Mais ce classement, tout pratique qu'il soit, aurait eu le grand inconvénient de séparer et de rejeter dans des compartiments différents des membres d'une même famille, parfois d'un même genre, de façon à ne plus permettre de vue d'ensemble. Il nous a paru que l'ordre botanique des familles serait de tout point préférable dans un travail surtout destiné à être annexé à une flore française. C'est donc lui que nous allons suivre, en indiquant à propos de chacune d'elles, les espèces déjà cultivées, et celles que nous jugerons digne de l'être à un point de vue quelconque, et quand cela sera nécessaire nous appellerons l'attention sur leur habitat, la nature du sol où elles croissent et le rôle qu'elles pourraient remplir dans telles ou telles parties des jardins d'agrément. On comprend l'utilité de ces points divers, car ce n'est qu'en observant la nature qu'on arrive à des résultats satisfaisants de culture et de conservation.

En adoptant l'ordre suivi par l'auteur de cette flore, la première famille sur laquelle il convient d'appeler l'attention est celle des **Renonculacées**, vaste groupe dont les représentants habitent les parties froides et tempérées de l'ancien et du nouveau monde. Ce sont presque toutes des plantes herbacées annuelles ou vivaces. Les plus jolies espèces indigènes appartiennent aux genres suivants : *Anemone*, *Hepatica*, *Adonis*, *Ranunculus*, *Aquilegia*, *Delphinium*, *Aconitum* et *Pæonia*. Les Anémones à souches tubéreuses, telles que *coronaria*, *pavonina*, *fulgens* et *stellata*, habitent la région du Midi où leurs élégantes fleurs simples ou doubles, rouges, bleues ou blanches, selon l'espèce, constituent le plus bel ornement du printemps ; toutes sont très répandues dans nos parterres où, il faut le dire, elles ne peuvent toujours résister à nos hivers rigoureux. L'Anémone pulsatille (fig. 827), et ses formes voisines mériteraient d'être plus répandues ; leurs grandes fleurs bleuâtres et inclinées ne sont

Fig. 827. — Anémone pulsatille.

pas sans effet. Enfin les *Anemone Halleri*, *alpina* et *vernalis* qui croissent dans les pâturages alpins entre environ 1800 et 2500 mètres d'altitude, devraient contribuer pour une large part à la décoration des rochers artificiels ; il en est de même de l'*Anemone narcissiflora*, si remarquable par ses fleurs nombreuses, blanches, et réunies en une sorte d'ombelle à l'extrémité d'une tige raide de 20 à 30 centimètres de hauteur. On sait que la Sylvie (*Anemone nemorosa*), si commune dans les bois frais et siliceux, a produit une variété à fleurs doubles qui est depuis longtemps introduite dans les jardins. L'*Hepatica triloba* (fig. 828), à fleurs bleues simples dans le type sauvage, a fourni des variétés roses ou blanches et à fleurs doubles, toutes également recherchées et dont on fait de charmantes bordures, principalement dans les lieux demi-ombragés. Le genre *Adonis* renferme deux espèces depuis longtemps cultivées, l'une annuelle, *A. œstivalis,* vulgairement désignée sous le nom de *Goutte de sang,* l'autre vivace, *A. vernalis,*

Fig. 828. — Hepatica triloba.

originaire des prairies supra-alpines, à grandes fleurs d'un jaune doré et ne s'épanouissant bien qu'au soleil le plus ardent.

Peu de Renoncules indigènes ont pris droit de cité dans nos jardins. Il faut rappeler toutefois les Renoncules bouton d'or à fleurs doubles ou pleines (*R. bulbosus* et *acer*) et R. bouton d'argent (*R. aconitifolius fl. pleno*). A ces espèces on pourrait ajouter toute une série de Renoncules habitant les Alpes et les Pyrénées, tantôt dans les pâturages élevés, telles que les R. *pyrenæus* et *amplexicaulis,* tantôt dans les éboulis calcaires, comme les *R. Seguieri, parnassifolius* et *alpestris,* toutes de petite dimension et à fleurs blanches, qu'on ne peut conserver dans nos jardins que cultivées en pots bien drainés et en terre de bruyère qu'on fait hiverner sous chassis; tantôt enfin, les racines plongeant dans

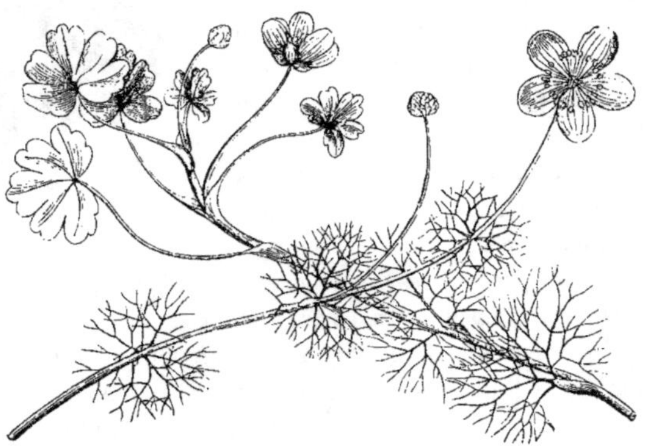

Fig. 829. — Renoncule aquatique.

l'eau provenant de la neige fondue, c'est-à-dire à une altitude d'environ 3000 mètres, comme l'incultivable *Ranunculus glacialis.* Presque toutes les Renoncules de la section *Batrachium* (fig. 829) si intéressantes par leur végétation aquatique, ainsi que par la multitude de leurs petites fleurs blanches qui, s'épanouissant à

la surface des eaux, peuvent concourir à l'ornement des pièces d'eau de peu
d'étendue ou encore des aquariums d'appartement. Les Ancolies (*Aquilegia*), à
fleurs si anormalement conformées, sont surtout représentées dans nos plates-
bandes par l'*A.* vulgaire (*A. vulgaris*) et ses nombreuses variétés à fleurs roses,
lilas, blanches, simples ou doubles. A cette espèce dont le type est de couleur
bleue et qu'on trouve fréquemment dans les lieux boisés siliceux, on pourrait
ajouter les *A. alpina* des pâturages rocailleux et un peu ombragés des hautes
montagnes, ainsi que les *A. pyrenaica* et *viscosa* (fig. 830) particulières aux
Pyrénées; toutes trois sont de conservation assez difficile, surtout lorsqu'on les
introduit dans des localités un peu éloignées de celles où elles croissent spontanément. Le genre *Delphinium* ou Pied d'alouette fournit à nos jardins un grand
nombre d'espèces vivaces ; la plus classique est
le *D. elatum* des prairies alpines rocailleuses qui,
par une culture longtemps prolongée et des semis
répétés, a produit un nombre considérable de
formes à fleurs plus ou moins grandes, variant
du bleu clair au bleu foncé, mais jamais blanches. C'est sans contredit l'une de nos plus belles
plantes vivaces pour orner les parterres ; ses
nombreuses fleurs disposées en longues grappes
spiciformes souvent ramifiées se succèdent fort
longtemps, surtout quand on a le soin de tron-
quer le rameau terminal quelques jours après
l'épanouissement de ses fleurs. Presque tous les
Aconits sont des plantes d'ornement. Le plus

Fig. 830. — Aquilegia viscosa.

vulgaire est l'*Aconitum Napellus* originaire des lieux montueux, boisés et calcaires,
et que les botanistes ont subdivisé en une foule d'espèces secondaires à peine
distinctes du type ; l'*A. variegatum* ou *hebegynum* constitue avec quelques plantes
herbacées l'ornement presque obligé des jardinets des habitants des Hautes-Alpes,
entre autres du Briançonnais et du Mont-Cenis; l'*A. paniculatum* ou *camarum,* à
fleurs bleues comme les précédents, croît dans les éboulis de rochers qui succèdent
aux forêts alpines ; les *A. Lycoctonum* ou Tue-Loup, communs dans les lieux boisés
des basses montagnes, mais qui s'élève jusqu'à 2000 mètres d'altitude, l'*A. pyrenaicum* qui est spécial aux Pyrénées où il végète à la même hauteur, ainsi que
l'*A. Anthora* propre aussi aux régions élevées, ont des fleurs jaunes. Nos jardins
possèdent de longue date la Pivoine officinale (*P. officinalis*), originaire pense-t-on
du Briançonnais et notamment de l'Embrunais, mais que les botanistes ont

rarement occasion de récolter à cause de sa floraison vernale; elle est sans contredit l'un des plus beaux ornements de nos parterres au printemps; le type

Fig. 831. — Eranthis hiemalis.

partout très rare, même dans les jardins botaniques, a des fleurs simples et d'un beau rouge; il a produit par la culture des variétés diversement colorées, à fleurs tout à fait pleines par suite de la transformation et du dédoublement des étamines en organes pétaloïdes. Enfin on peut citer encore, comme Renonculacées cultivées ou dignes de l'être, les: *Callianthemum rutæfolium* ou Renoncule à feuilles de Rue, petite plante à fleurs blanches qui a pour habitat les prairies situées à environ 2800 mètres d'altitude, mais d'une culture difficile; *Trollius europæus,* des pâturages élevés, si remarquable pour la forme de son feuillage et de ses grandes fleurs globuleuses et dorées; *Eranthis hiemalis* (fig. 831), petite plante qui montre déjà ses fleurs jaunes en décembre; et enfin l'*Helleborus*

Fig. 832. — Rose de Noël.

niger ou Rose de Noël (fig. 832), si apprécié des faiseurs de bouquets dans les mois les plus froids de l'année et dont la patrie, en France du moins, paraît incertaine.

Nos **Nymphéacées** sont toutes vivaces, à souches rhizomateuses plus ou moins épaisses; elles habitent les eaux à peu près tranquilles de presque toutes les parties de la France. Ce sont des plantes remarquables par leurs grandes et belles feuilles longuement pétiolées, à limbe plus ou moins largement cordiforme ou ovale arrondi, selon la profondeur des eaux, non moins que par l'élégance de leurs fleurs. Le Nénuphar blanc (*Nymphæa alba*, fig. 833), croît surtout

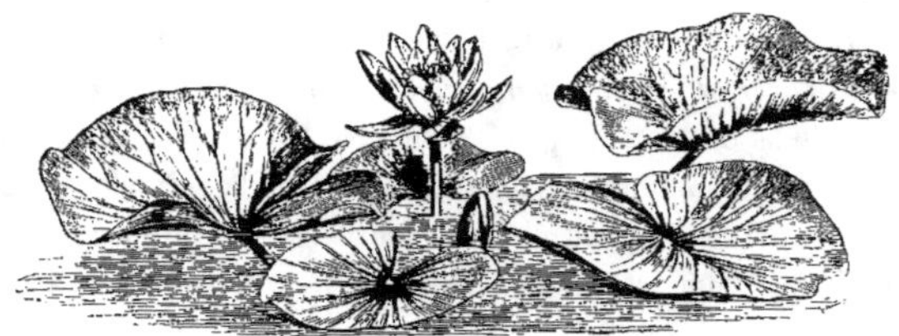

Fig. 833. — Nénuphar blanc.

dans les mares ou les marais siliceux, et le Nénuphar jaune (*Nuphar luteum*, fig. 834) dans les eaux calcaires; il est rare, en effet, de rencontrer les deux espèces dans la même localité. Les Vosges sont la patrie du *Nuphar pumilum*, petite espèce à fleurs jaunes. Toutes ces plantes forment l'ornement principal de la partie centrale des pièces d'eau; leurs fleurs se succèdent de mai à juillet.

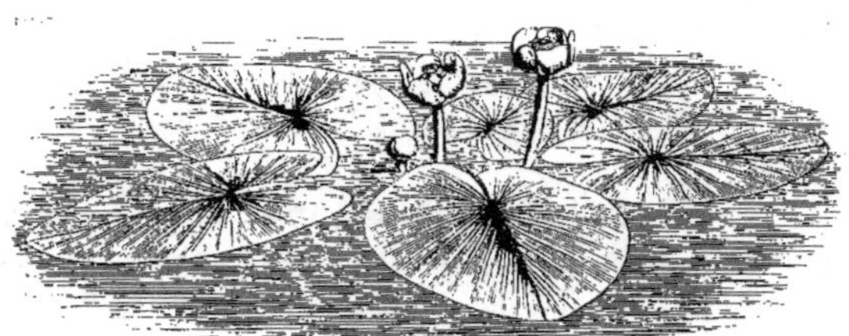

Fig. 834. — Nénuphar jaune.

Les **Papavéracées** de notre flore, dignes de figurer dans les jardins, sont peu nombreuses; toutefois le vulgaire Coquelicot (*Papaver Rhœas*) est devenu, surtout depuis une vingtaine d'années, la souche d'une multitude de variétés caractérisées non seulement par leurs coloris allant du rouge au blanc pur en passant par toutes les nuances intermédiaires, mais encore par la plénitude plus ou moins complète de leurs fleurs. On sait que des horticulteurs habiles sont arrivés à fixer quelques variétés de Coquelicots à fleurs doubles. Quoiqu'il en soit, ces plantes semées dès l'automne forment au printemps d'élégants massifs ou de ravissantes corbeilles.

Le *Meconopsis cambrica*, propre aux Pyrénées et au massif central, où il croît dans les lieux assez élevés, frais et un peu ombragés, est curieux par son feuillage glauque et par ses fleurs jaunes ; c'est une plante plutôt bisannuelle que vivace et qu'il conviendrait de propager sur les grottes ou les rochers frais et ombragés. Les *Papaver alpinum* et *pyrenaicum* habitent les éboulis calcaires des hauts sommets alpins et pyrénéens ; ce sont de charmantes plantes naines, à fleurs blanches dans la première, jaune orangé dans la seconde, mais dont la culture est difficile. On ne peut les obtenir, sous le climat de Paris, que par une culture en pot bien drainé et en terre de bruyère concassée. Le Pavot cornu (*Glaucium flavum*) mériterait une place dans les rocailles insolées à cause de sa facile culture, de l'élégance et de la teinte glauque de son feuillage, et enfin de la grandeur de ses fleurs jaunes.

Seuls, parmi les **Fumariacées** françaises, les *Corydalis cava*, à fleurs blanches, *solida*, à fleurs lilas clair et *lutea*, à fleurs jaunes, méritent la culture. Les deux premiers ont des souches renflées et pourraient concourir, plus qu'ils ne l'ont fait jusqu'ici, à orner les lieux boisés et frais des jardins paysagers ; le troisième a des racines fibreuses et convient surtout pour garnir les rocailles et les vieux murs, où il se resème naturellement.

Les **Crucifères** sont des herbes vivaces ou annuelles croissant partout, mais très abondantes surtout dans les régions froides de l'hémisphère septentrional où elles atteignent sur les plus hauts sommets les limites de la végétation phanérogamique.

Nos Crucifères ornementales sont nombreuses ; il faut rappeler entre autres le *Matthiola incana* ou Quarantaine bisannuelle, propre à la région méditerranéenne, introduit depuis longtemps dans les jardins du Midi, mais qui supporte difficilement l'hiver sous le climat de Paris ; le *Cheiranthus Cheiri* ou Giroflée des murailles, chez laquelle une culture ancienne a produit un grand nombre de variétés, non seulement sous le rapport de la coloration des fleurs, mais encore de leur composition ; la Barbarée vulgaire à fleurs doubles, simple monstruosité souvent cultivée ; l'*Arabis alpina* qui, bien qu'originaire des montagnes élevées, se complaît parfaitement dans les jardins où il forme au premier printemps de ravissants tapis ou d'élégantes bordures ; la Cardamine des prés, surtout sa variété à fleurs doubles, qui a été beaucoup plus cultivée qu'elle ne l'est de nos jours ; le *Lunaria biennis*, la plus belle de nos Crucifères : elle doit moins sa popularité à sa facile culture qu'à l'élégance de ses nombreuses et grandes fleurs lilas, disposées en grappes paniculées, et auxquelles succèdent, après leur fécondation, de larges silicules aplaties ; le *Vesicaria utriculata* des montagnes du Dauphiné où il croît dans les éboulis ou les fissures des rochers à environ 1000-1200 mètres d'altitude : c'est une fort belle plante qui, bien cultivée, a rendu et rendra encore d'importants services à l'horticulteur pour faire de belles bordures ; l'*Iberis amara*, plante annuelle plus connue sous le nom de *Taraspic* et qui a produit par une culture raisonnée plusieurs variétés, notamment celle qui s'écarte le plus du type et qu'on nomme *Iberis hesperidiflora* ; les *Iberis saxatilis* et *Garrexiana* des Alpes et des Pyrénées sont des Crucifères fruticuleuses qui ne sont pas assez employées pour orner les rocailles artificielles ; le *Malcolmia maritima*, bien connu sous le nom de Giroflée ou Julienne de Mahon ; l'*Hesperis matronalis* ou Julienne, plante bisannuelle et parfois vivace, à fleurs roses des lieux boisés et montagneux, et qui a produit des variétés roses et blanches doubles qui, connues sous le nom de Girarde, font les délices des amateurs de belles plantes. Tel est à peu près le bilan des Crucifères françaises qui peuplent les jardins d'agrément.

Si maintenant on jette un coup d'œil rapide sur les espèces qui mériteraient d'être ajoutées au précédentes, on les trouvera surtout dans les régions montagneuses, et ce seront toutes des plantes convenables par conséquent pour peupler les rochers factices ou les rocailles. On peut citer parmi elles les : *Arabis arenosa* (à fleurs roses), *cebennensis* et *bellidifolia*, *Dentaria digitata*, *bulbifera* et *pinnata*, charmantes plantes némorales qui exigent en outre un sol siliceux et frais, *Lunaria rediviva* des forêts alpines et demi-ombragées, *Petrocallis pyrenaica*, minuscule espèce à fleurs lilas croissant dans les éboulis calcaires situés entre 2000 et 2500 mètres d'altitude, *Hutchinsia alpina* à fleurs blanches et *H. rotundifolia* à fleurs roses, croissant à peu près dans les mêmes conditions, quelques *Draba*, et enfin l'*Erysimum ochroleucum* des montagnes calcaires du Dauphiné où il se fait remarquer, en mai-juin, par ses grandes fleurs jaunes.

Les **Cistinées** habitent pour la plupart les régions méridionales. Ce sont des arbuscules plus ou moins rameux, dressés ou étalés, à fleurs nombreuses, variables selon l'espèce, mais très éphémères. Les Cistes proprement dits caractérisent en quelque sorte la végétation du midi de la France et ne peuvent être cultivés dans le Nord qu'en pots et hivernés sous chassis. Toutefois plusieurs Cistes prospèrent à l'air libre dans les cultures de l'Anjou où, à la suite d'un hiver tempéré, ils se font remarquer par leur belle et continue floraison. Les jardins du Nord pourraient emprunter au genre *Helianthemum*, qui appartient à la même famille, un petit nombre d'espèces dont la diffusion sur les tertres, les rocailles ou autres lieux accidentés et inclinés ne serait pas sans effet ; tels sont entre autres les *H. vulgare, œlandicum, alpestre* et *vulgare,* tous à fleurs jaunes, et l'*H. polifolium* à fleurs blanches.

En France les **Violariées** ne sont représentées que par le genre *Viola,* dont certaines espèces croissent dans les plaines et d'autres dans les lieux élevés des montagnes, surtout s'ils sont frais ou demi-ombragés, au moins au printemps, époque de la floraison de ces plantes. De toutes les Violettes vivaces cultivées, la plus populaire est sans contredit le *V. odorata,* dont il existe un grand nombre de variétés obtenues dans les cultures; ces variations ont porté sur la couleur et la composition des fleurs. Mais il est d'autres Violettes que les mérites de la précédente ne devraient pas faire exclure; telles sont, pour les cultures de pleine terre les *Viola mirabilis, silvatica,* etc.; pour garnir les rochers artificiels,

Fig. 835. — Polygala vulgaris.

les *V. arenaria, pumila, calcarata, lutea, cornuta, rothomagensis* et enfin le *V. biflora* qui malgré ses petites fleurs jaunes ne mérite pas moins d'être recherché.

Si les **Polygalées** étaient moins difficiles à cultiver, on les verrait bientôt répandues dans les jardins où leur gracilité et l'élégance de leurs fleurs diversement colorées et si singulièrement conformées, les feraient utiliser pour orner les rocailles; mais il n'en est pas ainsi, et les plus jolies d'entre elles: *Polygala calcarea, P. Vulgaris* (fig. 835) et leurs variétés, par exemple, resteront longtemps encore confinées dans les lieux où la nature les a placées.

Les **Silénées** forment un groupe particulier dont les représentants, tous herbacés, habitent à peu près partout, et dont quelques-uns s'élèvent même jusqu'à la limite des neiges perpétuelles. A cause de leur taille exiguë les Silénées cultivées sont surtout utilisées pour former des bordures, pour garnir des rocailles ou pour orner des plates-bandes. Dans le premier groupe il faut citer les suivantes: *Gypsophila repens,* des débris mouvants; *Tunica Saxifraga,* à tige filiforme terminée par une multitude de petites fleurs lilas; *Saponaria ocimoides* formant des tapis roses, *Silene Saxifraga,* etc. D'autres Silénées conviennent tout particulièrement pour peupler les rochers et les rocailles. On peut citer parmi les plus convenables sous ce rapport: un grand nombre de *Dianthus* (OEillets), et parmi eux les: *D. cœsius, Seguieri* et *neglectus* des hauts pâturages alpins, *Carthusianorum* et *vaginatus* des coteaux siliceux et calcaires, *silvestris, saxi-*

cola et *Godronianus* des rochers arides et calcaires, enfin les *D. brachyanthus* des environs de Narbonne, *deltoïdes* et *monspessulanus* (fig. 836), ce dernier aux fleurs blanches ou lilas, très odorant et à pétales délicatement fimbriés. Le genre *Silene* fournit à l'amateur de plantes alpines toute une série d'espèces intéressantes, telles sont entre autres les *S. acaulis, exscapa* et *bryoïdes*, tous trois des régions très élevées et formant des tapis ras, serrés, d'un vert intense surmontés d'une multitude de petites fleurs roses; les *Silene alpina* et *Vallesia*, à fleurs blanches, et le *Viscaria alpina* à fleurs roses, les *Saponaria lutea* et *cespitosa* augmenteront aussi ses richesses.

Nos parterres possèdent les *Lychnis Flos-Jovis*, qui habitent les rochers des hautes montagnes granitiques, et surtout le *L. Coronaria* et ses variétés vulgairement désignés sous le nom de Coquelourde, ainsi que le *Viscaria purpurea* (Bourbonnaise) aussi remarquable par le lilas foncé de ses fleurs que par la durée de leur épanouissement, surtout dans la variété à fleurs pleines; le *Silene Armeria*, plante annuelle à tige ferme, à fleurs roses, petites, mais nombreuses et disposées en une sorte de grappe corymbiforme, est depuis longtemps introduit dans les jardins. Il ne faut pas oublier la Saponaire officinale, surtout sa variété à fleurs doubles qui lui est de beaucoup préférable; le type et sa

Fig. 836. — Dianthus monspessulanus.

forme peuvent être utilisés pour garnir quelques parties fraîches des jardins pittoresques. Mais le *Dianthus barbatus*, plus connu sous le nom d'OEillet de poète (fig. 837), ainsi que ses innombrables variétés, est l'un des plus beaux ornements des parterres au printemps. Enfin le *Dianthus Caryophyllus* qu'on rencontre à l'état sauvage sur les murs des vieux châteaux, mais toujours à fleurs simples et dont la culture remonte aux temps les plus reculés, a produit par le semis plusieurs races qui renferment elles-mêmes un nombre vraiment infini de variétés.

Voisines des Silénées, les **Alsinées** renferment des plantes herbacées de dimensions souvent très réduites. Plusieurs sont utilisées pour décorer les rochers; tels sont les: *Mœhringia muscosa* dont les rameaux grêles surmontés de petites fleurs blanches stellées tapissent les parois mousseuses des rochers humides et ombragés; *Alsine striata* et *Bauhinorum* des hauts sommets formant des tapis tout blancs; *Arenaria balearica,* de Corse, charmante miniature dont les petites fleurs blanches sont plus grandes que la plante tout entière. Les *Alsine Villarsii* des montagnes élevées du Dauphiné, *A. montana,* du centre de la France et *tetraquetra* des Cévennes et des Pyrénées mériteraient aussi la culture.

Une seule **Linée** est parfois cultivée, c'est le *Linum flavum* (fig. 838), suffruticule du Midi, remarquable par ses grandes fleurs jaunes. Les *Linum salsoloïdes* (fig. 839) et *tenuifolium,* tous deux à fleurs grandes lilas grisâtres striées plus foncées, mériteraient la culture et contribueraient à décorer les tertres calcaires exposés au Midi.

Nos jardins sont redevables aux **Malvacées** françaises de la Ketmie rose (Hibiscus roseus), grande plante vivace, peut-être d'origine américaine, mais depuis longtemps naturalisée aux environs de Bayonne; la hauteur de ses tiges et la grandeur de ses fleurs, qui s'épanouissent en septembre, la rendent propre à orner quelques parties accidentées des jardins pittoresques. Les *Malva Alcea* et *moschata,* si jolis pendant leur floraison, devraient aussi être introduits dans les parterres.

Les **Géraniacées** de notre flore appartiennent exclusivement aux genres *Erodium* et *Geranium* dont tous les représentants sont herbacés. Peu d'espèces concourent à la décoration des jar-

Fig. 837. — Œillet de Poète.

dins; cependant on peut en citer quelques-unes qui ne dépareraient pas les parterres ainsi que les rochers artificiels. Tels sont, par exemple, les *Erodium Manescavi* des Pyrénées qui, par ses grandes fleurs lilas se succédant pendant près de deux mois, a déjà pris le droit de cité dans les plates-bandes des jardins bien tenus; les *E. macradenum,* également des Pyrénées et *E. petræum* des Cévennes, pourraient concourir à l'ornement des rochers factices. Les *Geranium* sont plus cultivés que les *Erodium;* il le doivent sans doute à leur rusticité plus grande. Parmi les plus belles espèces, il faut citer les *G. sanguineum* si communs dans les terrains siliceux et boisés, *Endressi,* des prairies pyrénéennes, remarquable par ses fleurs d'un rose gai, *phœum*, si curieux par la teinte violet vineux de ses pétales; enfin les amateurs de plantes pour rocailles, cultiveront avec plaisir le *G. prostratum* qui croît spontanément à la Chambre d'Amour près Bayonne, le *G. cinereum* des Pyrénées, le *G. argenteum* des hautes montagnes calcaires du Dauphiné et de la Provence.

Parmi les **Balsaminées**, on peut signaler à l'attention des amateurs de plantes curieuses l'*Impatiens Noli tangere*, à l'aspect glauque et aux fleurs jaunes. On pourrait l'utiliser pour garnir les lieux frais et demi-ombragés, à sol léger et poreux des jardins paysagers.

De toutes les **Rutacées** françaises, la plus élégante comme aussi la plus recherchée pour l'ornement des plates-bandes, est sans contredit la Fraxinelle

Fig. 838. — Linum flavum.

(*Dictamnus Fraxinella*), plante vivace à tiges dressées, raides et terminées par une grappe spiciforme formée d'un grand nombre de fleurs élégantes rose lilas dans le type, blanches dans une variété (*Dictamnus albus*). Cette plante croît surtout sur les coteaux calcaires montueux et boisés, notamment au Val-Suzon (Côte d'Or), où elle fut découverte vers 1840.

Les **Papilionacées** ou *Légumineuses*, forment un groupe immense dont les représentants sont répartis sur tous les pays depuis les tropiques jusqu'aux régions les plus froides. Ce sont quelquefois de grands arbres comme le Robinier commun qui, originaire de l'Amérique septentrionale, s'est rapidement répandu dans l'ancien

Fig. 839. — Linum salsoloides.

continent, d'autres fois ce ne sont que des arbustes tels que les *Coronilla Emerus, Cytisus Laburnum, alpinus* et *sessilifolius*, d'autres fois enfin, et le plus souvent, nos Légumineuses ne sont que des plantes herbacées. Nos jardins se sont depuis longtemps déjà emparés des espèces arborescentes les plus jolies; il suffit de rappeler les *Spartium junceum* ou Genêt d'Espagne, *Sarothamnus vulgaris* ou Genêt à balais, *Genista hispanica, Cytisus alpinus, Laburnum* et *sessilifolius*, tous à fleurs d'un jaune plus ou moins foncé et dont la place est depuis long-

temps assurée dans la formation des bosquets. Il en est de même du Baguenaudier (*Colutea arborescens*) à fleurs pareillement jaunes et de l'*Ononis fruticosa*,
charmant arbrisseau à fleurs roses, originaire des montagnes calcaires et fort
insolées de l'Est et du Midi.

Les Papilionacées herbacées indigènes d'ornement sont peu abondantes. Toutefois il est bon de rappeler les sortes suivantes qui ont fait depuis longtemps leur
preuve dans les parterres : ce sont d'abord les *Astragalus alopecuroïdes*, grande
espèce à fleurs jaunes et qui habite quelques parties du Briançonnais, notamment
Boscodon près Embrun et Villevieille près Château Queyras, *Lathyrus latifolius*
ou Pois vivace, si remarquable par ses grandes fleurs lilas rosé disposées en
grappe, ainsi que quelques espèces voisines qui mériteraient aussi la culture si
elles étaient plus connues, telles que les *L. heterophyllus, sylvestris* et *pyrenaicus*.
Toutes ces Gesses sont grimpantes, comme aussi les *Vicia Cracca, tenuifolia* et
Gerardi à fleurs petites, mais nombreuses, et le *V. sylvatica,* qui pourraient
concourir à orner quelques parties ensoleillées des jardins pittoresques.

Parmi les Légumineuses herbacées non grimpantes, il suffit de rappeler les
suivantes pour montrer combien ces plantes sont recherchées dans les parterres,
pour la singulière conformation de leurs corolles et parfois pour la vivacité de
leur coloris ; ce sont les *Orobus vernus,* si communs sur les coteaux calcaires
boisés de la Bourgogne et du Dauphiné auxquels on pourrait ajouter les *Orobus
asphodeloïdes* des montagnes du Sud-Est ainsi que l'*O. luteus* des prairies élevées
des Hautes-Alpes et de la Savoie. Il ne faut pas omettre la vulgaire Coronille
bigarrée, si commune dans les sols calcaires et sablonneux, et dont on pourrait
tirer parti pour décorer les terrains en pente et autres lieux accidentés des
jardins paysagers, et surtout la *Coronilla montana,* qui forme d'élégantes touffes
glauques qui se couvrent, au printemps, de nombreuses fleurs jaune foncé.

La famille des **Rosacées** forme un groupe de végétaux très nombreux, presque
exclusivement propres aux régions de l'hémisphère septentrional. Les espèces
françaises, dont un grand nombre sont alimentaires par leurs fruits, se groupent
en quatre sections ou tribus dont deux seulement renferment des végétaux d'ornement, ce sont les Pomacées auxquelles appartient l'Aubépine (*Cratægus Oxyacantha*), arbre de troisième grandeur et à peu près partout cultivé dans les
bosquets ou les massifs, dont il est le plus bel ornement au printemps. Le type
a des fleurs blanches, mais il a produit par suite des nombreux semis qui en ont
été faits, des variétés à fleurs rose plus ou moins foncé, tantôt simples, tantôt
semi-doubles, ou même tout à fait pleines par suite de la transformation complète
des étamines en organes pétaloïdes. Aux Pomacées appartiennent aussi les Genres

Poirier (*Pirus*), Pommier (*Malus*) et Coignassier (*Cydonia*) dont les nombreuses variétés font partie du jardinage d'utilité. C'est à la tribu des Rosées qu'appartient le genre *Rosa*, si riche en France en espèces tantôt grimpantes, tantôt buissonnantes et dont un certain nombre ne déparerait pas les Rosarium, bien que leurs fleurs soient simples. Tels sont parmi les premières les *Rosa arvensis* et *conspicua*, tous deux à fleurs blanches; puis parmi les secondes les *Rosa gallica* et *incarnata* qui sont très vraisemblablement les types des Rosiers horticoles connus sous le nom de *Provins*; le *Rosa cinnamomea* ou Rosier Cannelle, si curieux par ses tiges glabres, rougeâtres et par ses fleurs grandes et d'un rose foncé, est parfois planté dans les bosquets où il occupe la rangée extérieure. Beaucoup d'autres espèces pourraient concourir au même but, par exemple les *Rosa alba*, si remarquable par ses grandes fleurs blanches semi-doubles, *alpina* et *rubrifolia*, espèces alpines à fleurs roses, *pimpinellifolia* et ses formes voisines qui recherchent surtout les terrains siliceux et les expositions bien insolées; enfin il n'est pas jusqu'au *Rosa canina* qui sert en grande partie de sujet pour le greffage des innombrables Rosiers horticoles, qui ne puisse être également utilisé dans l'ornementation.

Les Rosées herbacées sont nombreuses; il faut rappeler surtout les suivantes : *Dryas octopetala*, charmant suffruticule des montagnes calcaires, où il croît entre 1000 et 2000 mètres d'altitude; ses grandes fleurs blanches ne sont pas sans effet sur les rocailles artificielles, qui sont aussi l'endroit où on doit planter les *Geum* (Sieversia) *montanum*, des hauts pâturages alpins et pyrénéens, et *reptans* qui ne croît qu'à environ 3000 mètres au-dessus du niveau de la mer, notamment au Galibier et dans le massif du Mont-Viso. Les *Geum rivale* et *nutans* sont quelquefois employés pour former des bordures ou orner les plates-bandes. Le genre *Potentilla* fournit à l'amateur de plantes alpines un grand contingent d'espèces; tels sont entre autres les *P. nivea, aurea, grandiflora, multifida, delphinensis* des hautes prairies du Dauphiné; *alba, cinerea, caulescens, petiolulata* et *alchemilloides*, et enfin le *P. nitida* à fleurs blanches des montagnes calcaires de la grande Chartreuse. Les *Alchemilla alpina*, aux feuilles soyeuses en dessous, *fissa, subsericea, pentaphyllea* et *pyrenaica* pourraient être associés aux Potentilles précitées. Les marais tourbeux et siliceux de l'Ouest et des Vosges nourrissent une Rosée aquatique bien curieuse par ses fleurs purpurines, le Comaret (*Comarum palustre*).

Les **Granatées** forment un groupe qui n'est très probablement formé que d'une seule espèce, le Grenadier (*Punica Granatum*), arbuste d'origine orientale et naturalisé dans toute la région de l'olivier, où il est souvent utilisé pour former des clôtures. C'est le type de quelques variétés à fleurs simples ou doubles et diversement colorées qu'on cultive en pot ou en caisse dans les régions du Nord pour orner les jardins. Sous ce rapport, la culture du Grenadier remonte aux temps les plus reculés et il fait partie, comme l'Oranger, des plantes qui ont besoin d'un abri l'hiver sous le climat de Paris.

La famille des Onagrariées renferme des plantes herbacées ou suffrutescentes, répandues dans l'ancien et le nouveau monde. Ces plantes sont surtout représentées en France par le Genre *Epilobium*, dont les plus élégantes espèces habitent les collines boisées et montagneuses ou les bords des étangs des plaines ; tels sont l'*E. spicatum*, vulgairement désigné sous le nom de Laurier Saint-Antoine, qui fait partie de nos plus jolies plantes d'ornement, et l'*E. hirsutum* qui passe avec raison pour l'une de nos plus belles plantes semi-aquatiques. D'autres Onagrariées mériteraient aussi la culture; entre autres les *Epilobium Fleischeri* et *rosmarinifolium*, si remarquables par leurs grandes fleurs lilas et qui habitent les bords des torrents des montagnes du Sud-Est ; *Œnothera biennis* aux grandes fleurs jaunes, si abondant dans les lieux sablonneux ; il faut rappeler le *Jussiæa grandiflora*, plante aquatique depuis longtemps naturalisée dans le Lez près de Montpellier et dont les longues tiges flottantes portent de grandes fleurs d'un jaune foncé ; puis les humbles *Circæa alpina* et *intermedia* des forêts alpines fraîches et même humides qu'on peut utiliser pour garnir quelques parties ombragées des rocailles artificielles.

Les **Lythrariées** forment un petit groupe de plantes qui végètent généralement dans les lieux sablonneux, frais, humides et parfois inondés. La Salicaire commune (*Lythrum Salicaria*) passe à juste titre pour l'une de nos plantes aquatiques les plus décoratives par ses nombreuses fleurs lilas foncé réunies en longues grappes spiciformes simples, parfois rameuses.

Les **Myrtacées** constituent une importante famille dont les membres sont surtout propres à la Nouvelle-Hollande et aux parties chaudes des deux zones tempérées ; une seule espèce, le Myrte-commun (*Myrtus communis*), appartient à la région méditerranéenne ; on sait tout le parti que l'horticulture a su tirer de cet arbuste qui exige l'abri de l'orangerie sous le climat de Paris, mais qui est décidément rustique dans le midi de la France.

Les **Crassulacées** françaises sont nombreuses et pour la grande généralité d'entre elles, herbacées et vivaces. Les genres *Sedum* et *Sempervivum*, les seuls qui nous occuperont ici, ne nous offrent en général que d'humbles plantes, leurs nombreuses espèces n'en ont pas moins une certaine importance pour l'horticulteur qui a su tirer parti pour garnir ou décorer les rochers ou les rocailles. C'est d'ordinaire dans les lieux secs et arides qu'elles croissent, et plusieurs s'élèvent dans les hautes régions des Vosges, des Alpes et des Pyrénées, où elles végètent soit sur les pelouses sèches entremêlées de débris de rochers, soit le plus souvent sur les rochers eux-mêmes, en y formant de ravissants tapis. Les Sedum les plus fréquemment cultivés ou qui mériteraient de l'être sont : les *S. Rhodiola* à feuilles glauques et à fleurs jaunâtres ou purpurines, *Telephium* et les nombreuses espèces qui ont été faites à son détriment, *Anacampseros* des hautes régions, aux feuilles glaucescentes et aux fleurs lilas purpurin, réunies en glomérules arrondis au sommet des tiges qui ne dépassent pas 10 à 15 cent. de hauteur, *acre, sexangulare* et *dasyphyllum*, minuscules plantes aux fleurs jaunes dans la première, blanches dans la troisième ; enfin toutes les sortes appartenant au groupe du *Sedum reflexum*, surtout les *S. altissimum, anopetalum, aureum*, etc., doivent nécessairement faire partie du cortège des plantes utilisées pour ce genre d'ornementation. Il est juste aussi d'ajouter que plusieurs espèces concourent à former ces masses de coloration distincte qu'on désigne sous le nom de mosaïculture.

Les Joubarbes, par leurs feuilles charnues, nombreuses et réunies en rosettes plus ou moins grandes, selon l'espèce, sont surtout des plantes rustiques par excellence et qui ne redoutent pas les situations les plus ensoleillées ; c'est donc à l'exposition du Midi qu'il faudra les placer de préférence. Presque tous les *Sempervivum* rendent aussi des services aux mosaïculteurs. Les plus élégants sous ce rapport sont les : *S. tectorum* et ses nombreuses formes spécifiques, *calcareum*, qui de tous est le plus recherché pour ses feuilles glaucescentes marquées d'une tache purpurine à leur partie supérieure, *Wulfeni*, à feuilles également glauques et à fleurs jaunes ; enfin et surtout les *S. arachnoideum*, aux rosettes peu développées qu'accompagnent des filaments aranéeux argentés, et *piliferum* qui est moins abondamment pourvu de cet ornement. Toutes ces plantes vivent de peu et se propagent facilement par la séparation de leurs rosettes.

De toutes les Dicotylédones qui passionnent l'amateur de plantes alpines, les Saxifrages tiennent sans contredit le premier rang ; ils le doivent moins peut-être à la beauté de leurs fleurs qu'à leur mode de végéter. Les Saxifrages, en effet, forment des tapis fins et serrés, d'un beau vert, qui dans quelques cas sont même d'une rare élégance, auxquels viennent s'ajouter dans certaines espèces, notamment dans le *Saxifrage oppositifolia*, de grandes fleurs lilas foncé ou purpurin. Sous le rapport de leur distribution dans les rocailles, les Saxifrages qui deviennent de plus en plus vulgaires à mesure qu'on s'élève vers les plus hauts sommets des montagnes, peuvent se diviser en deux groupes : en espèces rupicoles pouvant, dans beaucoup de cas, braver le soleil le plus ardent, au même titre que les Joubarbes, et en espèces sylvicoles ou némorales. A la première série appartiennent toutes les sortes à feuilles crustacées : *S. pyramidalis, media, calycina, longifolia, Cotyledon, cœsia, valdensis, Aizoon,* et ses nombreuses formes ; à la seconde, les *S. muscoides, ajugœfolia, hypnoides,* (vulgo : Gazon turc), *geranioides* dont on fait de jolies bordures dans les lieux frais et demi-

Fig. 840. — Saxifrages variées.

ombragés, et enfin, rentrant encore dans cette section, plusieurs espèces à feuilles larges et plus ou moins arrondies et dentées : *S. cuneifolia, hirsuta, Geum* et *rotundifolia.* Les *Saxifraga retusa, oppositifolia* et *biflora,* qui atteignent la limite des neiges perpétuelles, sont de difficile culture, surtout dans les milieux très éloignés de ceux où ils croissent naturellement ; il en est de même des *S. aizoides,* à fleurs jaunes et *stellaris* à corolle blanc rosé, qui végètent spontanément le long des cascades ou au milieu des maigres ruisselets provenant de la fonte des neiges.

A l'exception de l'*Astrantia major* qu'il est même regrettable de ne pas voir plus répandu dans les plates-bandes, à cause de la forme singulière de son feuillage et de l'élégance de ses fleurs, les **Ombellifères** françaises qui forment un groupe extrêmement important, sont peu ou point ornementales. Pourtant l'*Eryngium alpinum* des prairies rocailleuses des Hautes-Alpes et des Pyrénées, si remarquable par ses inflorescences coniques qu'entourent de grandes bractées bleu foncé, pourrait aussi concourir à la décoration des parterres. Le *Ferula communis*, à cause de son feuillage très élégamment découpé, et de l'élévation de ses tiges robustes terminées par des ombelles jaune d'or, mérite d'être placé isolément sur les pelouses des jardins paysagers.

Les **Caprifoliacées** sont des plantes suffrutescentes, buissonnantes ou grimpantes. Les espèces d'ornement de notre flore appartiennent aux Genres *Viburnum* et *Lonicera*, dont on ne cultive, du reste, qu'un petit nombre d'espèces. C'est d'abord la forme stérile du *Viburnum Opulus*, bien connue sous le nom de *Boule-de-neige*, puis les *Lonicera Caprifolium*, *etrusca* et *implexa*, tous arbrisseaux sarmenteux qui se font remarquer par la forme, la coloration et l'odeur agréable de leurs corolles.

Peu de **Rubiacées** concourent à orner nos jardins ; il n'en est vraiment qu'une qui puisse être citée, c'est le Muguet de Mai (*Asperula odorata*), petite plante herbacée, traçante, d'environ 10 centimètres, à feuilles verticillées et à fleurs blanches et odorantes ; elle convient particulièrement pour garnir les lieux un peu boisés et frais.

Les **Valérianées** sont propres aux régions tempérées de l'ancien et du nouveau continent ; elles sont surtout représentées dans les jardins par la Valériane rouge (*Centranthus ruber*), qui depuis bien longtemps a pris droit de cité dans les parterres ou les corbeilles ; elle le doit à ses nombreuses fleurs rouge foncé disposées en racèmes paniculés et surtout à sa floraison de longue durée. A ce *Centranthus* qui croît dans les lieux rocailleux et sur les murailles, et qui a produit une variété albiflore, on pourrait ajouter le *C. angustifolius* qui lui est, toutefois, bien inférieur. Les *Valeriana montana*, *tripteris* et *pyrenaica* ne dépareraient pas les rocailles artificielles demi-ombragées.

Les **Dipsacées** constituent une petite famille dont les représentants généralement herbacés habitent les régions tempérées. La Fleur-des-Veuves (*Scabiosa atropurpurea*), bien proche parente du *Scabiosa maritima*, est à peu près la seule espèce cultivée et elle a doté nos jardins d'un grand nombre de variétés de coloration. Les fleurs sont noir pourpre dans le type, blanches, carnées ou rosées dans des formes aujourd'hui fixées par le semis. Nous ne voyons à citer après elle que le *Scabiosa graminifolia* dont les feuilles linéaires argentées et les fleurs violet pâle orneraient les pentes sèches exposées au Midi.

Le plus vaste groupe du règne végétal est sans contredit celui des **Composées** ;

ses représentants sont dispersés sur tous les points de l'ancien et du nouveau monde, depuis les plaines jusqu'aux confins de toute végétation, c'est-à-dire jusqu'à la limite des neiges perpétuelles. En France, les Composées sont nombreuses. Pourtant peu d'espèces en dehors de celles qui sont déjà cultivées dans les jardins, mériteraient d'être introduites, excepté toutefois dans les collections de l'amateur ou du curieux. Cette grande classe se subdivise en plusieurs tribus dont cinq sont représentées en France : les Chicoracées, les Cynarées, les Sénécionidées, les Astéracées et les Eupatoriacées.

Parmi les Chicoracées qu'il conviendrait d'introduire, les *Mulgedium alpinum* et *Plumieri,* qui habitent la limite supérieure des forêts alpines, doivent être placées au premier rang ; ce sont de grandes espèces vivaces à tige robuste, à feuilles amples et à capitules formés de ligules bleues, exception assez rare dans une tribu où la coloration dominante est le jaune plus ou moins foncé ; elles pourraient être plantées dans les lieux demi-ombragés et frais, par exemple à la base des rocailles qui agrémentent d'ordinaire les abords d'une pièce d'eau. Le genre *Hieracium,* si riche en espèces, en comprend surtout deux qu'on ne saurait trop répandre ; ce sont les *H. lanatum* et *aurantiacum,* croissant, le premier dans les éboulis herbeux des rochers à 2000 mètres d'altitude et très curieux par l'indumentum cotonneux blanchâtre qui tapisse les deux faces de ses grandes feuilles ; le second, abondant dans les prairies avoisinant le lac du Mont-Cenis, est surtout intéressant par la teinte orangée de ses capitules, coloration particulière qu'on ne retrouve guère que dans le *Crepis aurea,* autre habitant des prairies supra-alpines qu'il faudrait planter sur les rocailles. C'est encore à cette tribu qu'appartient la Cupidone (*Catananche cœrulea*), l'un des ornements obligés des parterres.

Les Cynarées renferment un nombreux contingent d'espèces dont les jardins pittoresques pourraient tirer parti, tels sont les : *Rhaponticum scariosum* des hautes montagnes granitiques de l'Isère et des Hautes-Alpes, grande plante à feuilles largement ovales, lancéolées et à capitules volumineux formés d'écailles scarieuses qui entourent des fleurons lilas ; *Onopordon Acanthium,* commun partout, mais très curieux par son feuillage blanchâtre, sinueux et épineux : tous deux doivent être plantés en petits groupes isolés sur les pelouses. Il en est de même des *Sylibum Marianum* et *viride,* qui se recommandent par l'élégance de leur feuillage. Les plates-bandes possèdent depuis longtemps de jolies Cynarées. Rappelons le vulgaire Bleuet (*Centaurea Cyanus*) dont l'indigénat en France n'est pas suffisamment démontré, mais dont on trouve le type invariablement à fleurs bleues dans les céréales ; cette plante a produit par la culture un grand nombre de variétés de coloration. Le *Centaurea montana* est aussi, comme ses variétés blanches et carnées, fort utilisé dans les plates-bandes. Il serait désirable qu'il en fût de même pour les *C. lugdunensis, semidecurrens, axillaris* et *seusana,* voisins du précédent et comme lui à capitules bleus. Enfin, nos jardins possèdent de longue date le *Xeranthemum radiatum,* plante annuelle, rameuse, à tiges grêles et terminées par des capitules à involucre scarieux. Cette Immortelle qui appartient à la sous-tribu des Xéranthémées, peut servir, naturelle ou teinte, au même titre que l'I. d'Orient (*Helichrysum orientale*), de la sous-tribu des Gnaphaliées, à la confection des bouquets funéraires ; il en est de même de l'*Helichrysum Stæchas* qui abonde sur les rochers ou dans les garrigues de la région méditerranéenne. Il faut ajouter encore l'Edelweiss (*Leontopodium alpinum*) qui fait et fera longtemps encore le délice des amateurs de plantes alpines.

Plusieurs Sénécionidées françaises contribuent à des titres divers à orner les parterres ; tels sont les *Senecio maritimus* (Cinéraire maritime), plante frutescente, originaire du Midi, très rameuse et à feuilles recouvertes d'un épais tomentum satiné blanchâtre, et *Doria,* grande plante vivace et aquatique, à feuilles épaisses, luisantes et à capitules nombreux disposés en vaste corymbe ; *Doronicum Parda-lianches* et *plantagineum* des lieux boisés et frais des basses montagnes ; *Pyre-thrum corymbosum* des coteaux secs et arides des montagnes calcaires, et *P. Parthenium,* considéré comme le type de la Matricaire Mandiane qui orne si élégamment les plates-bandes ; la grande Marguerite des prés (*Leucanthemum vulgare*), plante commune, mais à recommander pour orner les plates-bandes ; *Ptarmica vulgaris* et surtout sa variété à fleurs pleines, ainsi que le *P. macrophylla* des lieux boisés alpins ; *Anthemis tinctoria,* si remarquable par la durée de sa floraison et *A. nobilis* à fleurs doubles dont on fait de jolies bordures. A ces Sénécionidées on pourrait ajouter les suivantes, toutes remarquables par leur taille réduite, parfois aussi par l'élégance de leurs capitules et qui pourraient contribuer à décorer les rocailles : *Arnica montana, Senecio incanus, uniflorus, Doronicum* et *aurantiacus, Antennaria dioica, Artemisia glacialis, Mutellina* et *Villarsii,* bien connus tous trois sous le nom de Génépy, *Chrysanthemum alpinum, Achillea tomentosa, Ptarmica nana,* toutes plantes humbles habitant les prairies et pâturages alpins ou les débris plus ou moins mouvants des rochers.

Les Astéracées françaises fournissent aussi un certain contingent d'espèces aux jardins d'agrément ; telles sont ou devraient être les suivantes : *Buphthalmum salicifolium* et *grandiflorum,* aux capitules jaune foncé, *Inula montana* qui ne redoute pas l'exposition la plus chaude, *Lynosiris vulgaris,* plante tardive des sols calcaires, *Solidago alpestris* et *minuta,* très voisins de la Verge d'or ordinaire, mais beaucoup plus réduits dans toutes leurs parties, *Bellis perennis*, auquel les jardins sont redevables de plusieurs variétés, *Erigeron Villarsii* et *alpinus*, *Aster alpinus* et *pyrenœus* et *Bellidiastrum Michelii*, qui sont des plantes alpines.

Les Eupatoriacées ornementales de notre flore sont peu nombreuses ; il faut rappeler l'Héliotrope d'hiver qui fleurit dès décembre et dont les fleurs lilas gris exhalent une délicieuse odeur, les *Petasites vulgaris*, *albus* et *niveus*, aux grandes feuilles arrondies, vertes dans le premier, blanchâtres dans les suivants ; ce sont des plantes, surtout le *P. vulgaris*, qui recherchent les lieux frais, parfois même inondés, et dont on peut tirer un bon parti pour décorer les abords des pièces d'eau ou la base des rocailles dans les grands jardins paysagers ; les *Adenostyles*

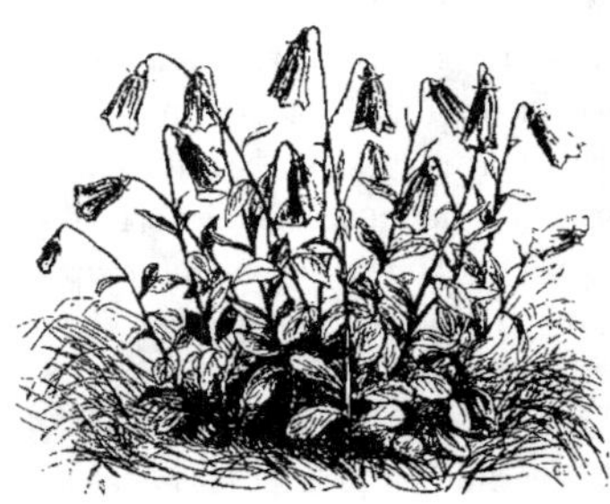
Fig. 841. — Campanula pusilla.

albifrons, *alpina* et *leucophylla*, qui croissent aux bords des torrents et sur les rochers ou dans les débris de rochers humides des montagnes du Jura, des Vosges, des Pyrénées et des Alpes, pourraient être employés au même titre que les précédents ; enfin l'*Eupatorium cannabinum*, si commun dans les lieux humides, pourrait être planté dans les mêmes conditions.

La famille des **Campanulacées** offre des représentants dans tous les climats tempérés ; celles de notre flore appartiennent surtout aux genres *Phyteuma* et *Campanula*, dont on retrouve des membres jusqu'au sommet des plus hautes montagnes, où ils croissent tantôt dans les prairies ou les pâturages, tantôt dans les éboulis rocailleux, tantôt enfin dans les fissures des rochers.

On peut dire que presque tous les Phyteuma mériteraient la culture ; toutefois les plus élégants sont sans contredit les *P. spicatum*, si commun aux environs de Paris, mais toujours à fleurs blanches, tandis que dans les montagnes ses fleurs sont uniformément bleues, *P. Halleri* des hautes prairies du Viso aux fleurs presque noires, *P. betonicœfolium* et *scorzonerifolium*, bien voisins du *P. orbiculare*, et enfin les *P. comosum* et *hemisphericum*, espèces naines des régions nivales.

Les Campanules les plus jolies sont les suivantes : *Campanula Medium* désigné sous le nom de Carillon, plante bisannuelle fréquemment cultivée et qui a produit plusieurs variétés, et *C. persicœfolia*, à grandes fleurs bleu clair. Les espèces vivaces de second ordre sont les *C. Trachelium*, *latifolia*, *glomerata* et *rapunculoides* qu'on ne saurait trop répandre dans les massifs des jardins paysagers. Les sortes alpines sont en général de très petite taille; les unes peuvent orner les rocailles, telles sont: *C. spicata, thyrsoides, rotundifolia, cenisia, rhomboidalis* et *Allionii*; les autres, et en particulier le *C. pusilla* (fig. 841), forment d'élégantes bordures.

Les **Éricinées** renferment des arbustes ou des sous-arbrisseaux habitant les régions froides ou tempérées des deux continents. Les espèces françaises appartiennent à deux tribus: 1° aux Vacciniées, et 2° aux Éricinées proprement dites. Toutes ces plantes, depuis l'humble *Oxycoccos palustris* des marais tourbeux jusqu'aux élégantes Bruyères et au remarquable Rosage des Alpes (*Rhododendron ferrugineum*), doivent être cultivées en terre de bruyère concassée et à une exposition demi-ombragée. On pourrait aussi les réunir dans un massif ainsi composé et exposé, en ayant soin de répandre à la surface du sol un lit de Mousses fraîchement recueillies pour lui conserver un certain degré d'humidité.

Fig. 842. — Primula auricula.

Les **Pirolacées** forment une petite famille exclusivement européenne et représentées par l'unique genre *Pirola*, dont les espèces sont plus curieuses que jolies et dont la culture est difficile. Ici encore la terre de bruyère concassée est absolument nécessaire pour assurer leur conservation qu'on ne pourra cependant prolonger que pendant un petit nombre d'années.

La grande généralité des **Primulacées** appartiennent aux montagnes très élevées, et quelques-unes atteignent même la région des neiges perpétuelles, comme certains *Primula, Androsace, Gregoria vitaliana* et *Soldanella*. Les Primulacées sont fort recherchées des amateurs à cause de l'exiguïté de leur taille et de l'élégance de leurs fleurs. Les plus fréquemment cultivées sont, outre le *Primula Auricula* (fig. 842) des montagnes calcaires et qui passe non sans raison pour le type des nombreuses variétés d'Oreilles d'ours dont la culture remonte à une date fort reculée, les *P. grandiflora* et ses variétés simples et doubles depuis longtemps aussi tributaires des jardins, *officinalis* (fig. 843), et ses formes nombreuses diversement colorées et qui sont cultivées sous le nom de *P. hortensis, marginata* de la chaîne du Viso, *latifolia, graveolens, longiflora, integrifolia* et *farinosa*, toutes plus jolies les unes que les autres. Les *Androsace*, qui ont aussi les montagnes et les rochers escarpés pour demeure, fournissent parmi les espèces les plus cultivables les : *A. villosa* et *carnea* qui, comme les Primevères qui précèdent, doivent être cultivées en terre de bruyère concassée ; il en est de même de l'*Aretia Vitaliana*, si curieux par ses fleurs orangées, des *Soldanella alpina* aux fleurs bleues délicatement fimbriées, *Cortusa Matthioli*, et enfin des *Cyclamen euro- pœum* (fig. 844), *neapolitanum* et *repandum*. Le genre *Lysimachia* offre quelques espèces qui pourraient aussi être utilisées, par exemple : *L. Ephe- merum* dans les plates-bandes, *Num- mularia*, dans les lieux frais et om- bragés, où il formerait de jolis tapis, et *vulgaris*, sur les bords des bas- sins ou des pièces d'eau ; il en serait de même, du reste, de l'*Hottonia palustris*.

La famille des **Gentianées** est sur- tout constituée par les Gentianes qui sont propres aux régions élevées des montagnes, où elles croissent dans les stations les plus diverses, et par deux plantes aquatiques très élégantes et qui font l'ornement des pièces d'eau : ce sont les *Limnan- themum nymphoïdes,* à feuilles flot- tantes et à fleurs jaunes, et *Menyan- thes trifoliata* ou Trèfle d'eau, aux corolles blanc rosé délicatement fim- briées. Presque toutes les Gentianes méritent la culture ; les plus inté-

Fig 843. — Primula officinalis.

ressantes sont, outre le *Gentiana lutea* qui fleurit rarement dans les jardins et les *G. biloba, Burseri, punctata* et *purpurea,* toutes à grandes feuilles ovales plissées et à fleurs jaune plus ou moins vif ou pourpre, les : *G. acaulis* aux grandes fleurs bleu foncé, *verna* (fig. 845), *bavarica, brachyphylla, asclepiadea, Kochiana, alpina, Clusii* et *angustifolia* dont les corolles sont d'un bleu plus ou moins intense. Les espèces à fleurs jaunes exigent un sol un peu substantiel ; celui qui conviendra le mieux à celles à fleurs bleues sera encore la terre de bruyère non réduite en poussière avec une exposition demi-ombragée. Le *Polemonium cœruleum* bien connu dans les jardins sous le nom de Valériane grecque, est la seule **Polémoniacée** française d'ornement.

Les **Convolvulacées** de notre flore appartiennent aux genres *Convolvulus* et *Calystegia*. Parmi les premiers il faut citer la Belle de jour (*C. tricolor*) et ses variétés, puis le *C. cantabrica*, plante vivace des coteaux calcaires du Midi et le *C. althœoïdes* des mêmes régions, mais à tiges volubiles et à fleurs assez grandes d'un rose vif. Le vulgaire liseron des haies (*Calystegia sepium*) mériterait la culture pour ses grandes fleurs blanc pur, malheureusement ses tendances par trop envahissantes s'opposent à son introduction dans les jardins.

Fig. 844.
Cyclamen europæum.

La famille des **Borraginées** est formée de végétaux annuels ou vivaces, appartenant à l'hémisphère septentrional. Depuis longtemps quelques-unes d'entre elles sont tributaires des jardins ; telles sont les *Anchusa sempervirens* qu'on ne saurait trop planter dans les massifs d'arbustes et *italica* aux tiges dressées, fermes et aux grandes fleurs bleu foncé ; les *Myosotis alpestris* qui s'est tant modifié par la culture et *M. palustris* si populaire et partout si répandu aux abords des pièces d'eau ; et enfin *Omphalodes linifolia*, plante annuelle, glauque et à fleurs blanches, qui joue un certain rôle dans les jardins.

Fig. 845. — Gentiana verna.

D'autres Borraginées mériteraient la culture, par exemple les : *Echium vulgare, Anchusa officinalis, Symphytum officinale* et sa variété blanche, *Lithospermum purpureo-cœruleum* et la plupart de nos Pulmonaires.

Les **Scrofularinées** constituent un groupe très vaste dont les représentants habitent surtout les climats tempérés de notre hémisphère. On sait tout le parti que les jardins d'ornement tirent de la Digitale pourpre (fig. 846) et du Muflier (*Antirrhinum majus*) pour garnir les plates-bandes ou les massifs. Ce ne sont pas les seules Scrofularinées françaises qu'on puisse utiliser, il en est un grand nombre d'autres de moindre valeur sans doute, mais qui n'en rendraient pas moins de réels services dans des circonstances diverses. Sous ce rapport, on peut rappeler parmi celles qui pourraient décorer les rocailles : *Linaria Cymbalaria, alpina* et *origanifolia, Erinus alpinus, Veronica prostrata, aphylla, Allionii* et *fruticulosa;* pour orner les plantes-bandes : *Linaria purpurea, Digitalis grandiflora* et *lutea, Veronica spicata* et *Teucrium;* enfin pour peupler les pièces d'eau, le *Gratiola officinalis.*

Seuls, parmi les **Acanthacées**, l'*Acanthus mollis* fait partie de notre flore; il est du reste cultivé pour la beauté et l'élégance de son feuillage bien plus que pour ses fleurs lilas clair disposées en un long épi qui ne sont cependant pas sans effet.

Les **Labiées** françaises sont nombreuses, mais la plus grande partie appartient à la région méridionale. Peu d'espèces sont utilisées dans les jardins d'ornement. Parmi celles qu'il conviendrait d'introduire, notamment sur les rochers, il faut citer : *Calamintha alpina, Horminum pyrenaicum, Nepeta lanceolata, Dracocephalum Ruyschiana, Brunella grandiflora, Scutellaria alpina, Betonica Alopecuros* et *Teucrium pyrenaicum,* toutes espèces alpines ou subalpines.

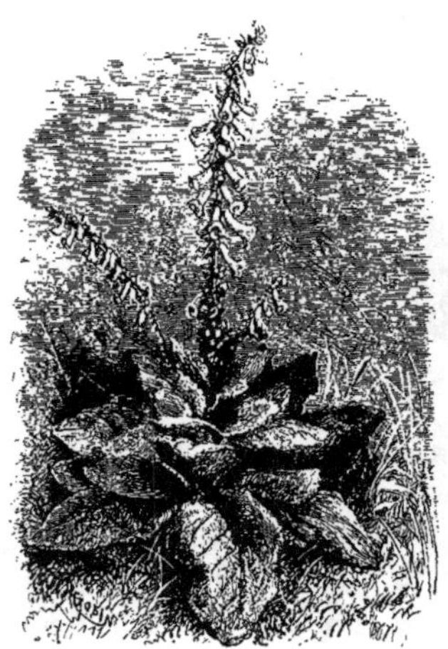

Fig. 846. — Digitale pourprée.

Parmi les **Globulariées**, les *Globularia cordifolia, vulgaris, nudicaulis* et *nana* conviendraient pour tapisser les rocailles.

Une seule **Plombaginée** française est cultivée depuis longtemps, c'est le Gazon d'Olympe (*Armeria maritima*), dont on fait de très élégantes bordures. On pourrait ajouter l'*Armeria alpina* des hautes montagnes.

Nos **Polygonées** sont peu ornementales et il n'en existe pour ainsi dire aucune espèce dans les jardins d'agrément, à l'exception toutefois du *Rumex Hydrolapathum* et du *Polygonum amphibium* qu'on trouve planté parfois dans les pièces d'eau. Les *Oxyria digyna* des montagnes granitiques et les *Polygonum Bistorta* et *viviparum* des prairies élevées pourraient être introduits sur les rocailles artificielles.

Les **Daphnoïdées** sont en général des arbustes ou des arbrisseaux. Nos espèces intéressantes appartiennent surtout au Genre *Daphne,* dont trois sont depuis longtemps cultivés : les *D. Cneorum, Verloti* et *Mezereum,* auxquels on pourrait ajouter les *D. alpina* et *striata.*

Parmi les **Salicinées** il est un petit groupe de *Salix* qui passionne les amateurs de plantes de rocailles, c'est celui des espèces alpines naines qui croissent jusqu'à la limite des neiges perpétuelles, où elles revêtent la forme de petites plantes herbacées ; tels sont les *Salix reticulata, retusa, ser-*

Fig. 847. — Salix herbacea

pyllifolia et *herbacea* (fig. 847) dont la culture n'offre aucune difficulté sérieuse.

Dans la grande division des Monocotylédones, les Alismacées, Butomées,

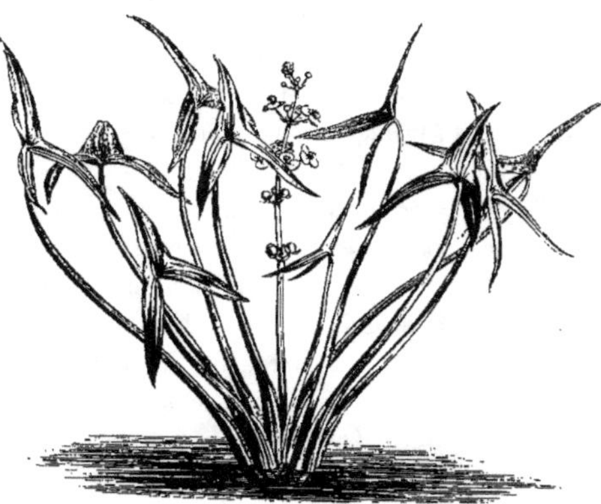

Fig. 848. — Sagittaria sagittæfolia.

Hydrocharidées et Potamées forment quatre familles dont les représentants sont aquatiques et peuvent par conséquent servir à orner les aquariums ou les pièces d'eau. Les plus belles espèces sont, dans les **Alismacées**, les *Alisma Plantago* et sa variété *lanceolatum,* puis la Fléchière (*Sagittaria sagittæfolia ,* fig. 848) ; dans les **Butomées** le Jonc-fleuri (*Butomus umbellatus*) ; dans les **Hydro-**charidées, les *Hydrocharis Morsus-ranœ, Stratiotes aloides* et *Vallisneria spiralis,* le premier à feuilles flottantes, les suivants à feuilles submergées ; enfin dans les **Potamées,** les *Potamogeton natans* et *oblongus,* tous deux à feuilles flottantes.

La grande classe des Lirioïdées comprend six tribus qui sont souvent élevées au rang de famille : 1° Les **Colchicacées** ou **Mélanthacées** sont formées de plantes vivaces, à souche tubéreuse ou fibreuse, et dont les représentants croissent tantôt dans les prairies humides des plaines ou les pâturages des montagnes comme les Colchiques et le Varaire, tantôt dans les lieux tourbeux, comme l'*Abama*. Quelques Colchiques, notamment les *Colchicum alpinum* des hauts pâturages alpins, le *C. arenarium* des lieux élevés de la Provence, et enfin le vulgaire *C. autumnale* égayent les jardins en automne, époque de leur floraison. Le *Bulbocodium vernum* (fig. 849) montre ses fleurs au premier printemps,

Fig. 849. — Bulbocodium vernum.

parfois même plus tôt si le manteau de neige qui l'abrite d'ordinaire disparaît de bonne heure ; enfin le *Merendera Bulbocodium* des pâturages pyrénéens fleurit à l'automne, en même temps que les Colchiques. Quant aux *Veratrum album* et à sa variété *Lobelianum* qui croissent l'un et l'autre dans les prairies situées entre 1800 et 2500 mètres d'altitude, on doit les cultiver dans quelques parties un peu ombragées des jardins pittoresques, où leurs grandes feuilles, offrant quelque analogie avec celles de la Gentiane jaune, produiront un certain effet.

2° Les **Asparagées** comprennent des plantes à souche rhizomateuse et épaisse comme les *Polygonatum*, ou des arbuscules à tige soit dressée comme les Ruscus, soit grimpante comme les *Smilax*. Les asparagées françaises cultivées ou qui seraient dignes de l'être sont : le *Smilax aspera*, si commun dans la région méditerranéenne, l'*Asparagus tenuifolius*, espèce au feuillage délicat, et remarquable en outre par ses gros fruits qui se teignent d'un beau rouge à la maturité, le *Ruscus aculeatus* ou Petit Houx que sa perpétuelle verdure fait souvent employer pour décorer les parties accidentées et boisées des jardins paysagers, le *Maïanthemum bifolium*, petite plante némorale, à fleurs blanches, le Muguet (*Convallaria majalis*, (fig. 850), qui forme l'objet d'une grande culture forcée pour l'approvisionnement des marchés aux fleurs où il apparaît déjà dès décembre, les *Polygonatum vulgare* et *multiflorum* des lieux boisés et siliceux des plaines et *P. verticillatum* des montagnes élevées ; enfin le *Streptopus amplexifolius* des forêts alpines, où il recherche le voisinage des eaux.

3° Les **Hyacinthinées** forment un grand groupe dont les membres répartis sous tous les climats concourent ou pourraient concourir à l'ornement des jardins; tels sont les *Muscari racemosum* et *botryoides*, *Hyacinthus amethystinus* aux fleurs d'un beau bleu, *Agraphis nutans* et ses variétés blanche et rose, *A. patula* et *campanulata* en différant par leurs fleurs plus grandes, *Scilla bifolia*, *amœna* et *italica*, *Ornithogalum umbellatum* (vulgo: Dame d'onze heures), enfin plusieurs *Allium*, entre autres les: *A. ursinum*, très convenable pour garnir les bois et les bosquets frais et siliceux, *Victorialis* des prairies alpines, *narcissiflorum* des débris mouvants des montagnes calcaires, et *Moly* ou ail à fleurs jaune doré qui croît subspon- tanément sur quelques points du midi de la France.

4° Les **Asphodélinées** com- munes au Cap de Bonne- Espérance et ailleurs, ne comprennent que le genre *Asphodelus*, formé de plan- tes remarquables par leur souche fasciculée et renflée, par leurs longues feuilles linéaires, et surtout par leurs grandes et belles fleurs blan- ches réunies vers l'extrémité de tiges robustes en une sorte de grappe spiciforme

Fig. 850. — Convallaria majalis.

parfois rameuse. Les plus jolies espèces sont les *A. albus*, commun dans le centre et l'ouest, *Villarsii* des prairies alpines, *microcarpus* et *cerasiferus* du Midi; ce dernier n'est qu'une des nombreuses formes de l'*A. ramosus*.

5° Les **Hémérocallidées** françaises ne renferment que deux genres présentant quelque intérêt au point de vue de l'ornement, ce sont les *Hemerocallis* et *Phalangium*. Au premier nos jardins sont redevables de l'*H. fulva*, magnifique espèce à grandes fleurs jaune rouge depuis longtemps introduite; au second du remarquable Lis Saint-Bruno (*Phalangium Liliastrum*) des prairies alpines, et comme espèces de second ordre les *P. ramosum* et *Liliago*.

6° Les **Tulipacées** renferment sans contredit les plus belles Lirioïdées d'orne- ment. En effet c'est à cette tribu qu'appartiennent les genres *Lilium*, *Fritillaria* et *Tulipa*. Les Lis français sont peu nombreux, mais tous méritent la culture;

nous citerons les *L. Martagon*, qui est bien l'un des plus beaux ornements des prairies alpines, *pyrenaicum*, qui croît dans les mêmes stations mais aux Pyrénées, *pomponium*, des montagnes calcaires et chaudes du Midi, *croceum* (fig. 851), qui ne redoute pas l'exposition la plus insolée des montagnes calcaires avoisinant Grenoble, et enfin le *Lilium candidum* ou Lis blanc, dont l'indigénat est plus que douteux.

Fig. 851. — Lilium croceum.

Par leurs belles et grandes fleurs inclinées et diversement colorées, les *Fritillaria Meleagris* des prairies du centre et *delphinensis* des pâturages alpins mériteraient d'être plus répandus dans les jardins, où pour assurer leur conservation il ne s'agirait que de les planter en terre sablonneuse, maintenue un peu fraîche pendant la végétation. Toutes les Tulipes de France pourraient prendre droit de cité dans les parterres, où il n'est pas jusqu'au *Tulipa silvestris* qui ne puisse être utilisé : ses grandes fleurs jaune vif, ne s'épanouissant bien qu'au soleil le plus ardent, produisent beaucoup d'effet, surtout si on a le soin de ne planter que des bulbes adultes. Mais les plus belles de nos Tulipes sont sans contredit les *T. Oculus-Solis* et *præcox*, si remarquables par leurs larges périanthes rouges à division largement maculées de purpurin à leur base. Les *T. Clusiana* et *Celsiana* sont de second ordre. Quant aux *T. Didieri, platystigma, mauritiana* et *Billietiana*, tous originaires de la Savoie, de la Maurienne en particulier, ils ne paraissent être que des formes du *Tulipa Gesneriana* qui auront été probablement introduites dans ces localités en même temps que le Safran qui, à une certaine époque, a été l'objet d'une culture assez suivie.

Les **Amaryllidées** françaises sont réparties sur tous les climats, mais elles sont surtout abondantes dans les régions de l'Ouest et de la Méditerranée. Toutes sont bulbeuses. Les plus élégantes espèces sont les *Galanthus nivalis* ou perce-neige (fig. 852), *Leucoium æstivum* et *vernum*, toutes plantes printanières; puis le *Sternbergia lutea* qui montre ses fleurs à l'automne en même temps que les Colchiques, *Pancratium maritimum* des sables maritimes de l'Ouest, et surtout le *P. illyricum* qui croît en Corse; puis un grand nombre de Narcisses : *Narcissus Pseudo-narcissus, incomparabilis, odorus, Jonquilla* (fig. 853) *poeticus*, qui s'élève dans les prairies alpines jusqu'à 2000 mètres d'altitude, et enfin le *N. Tazetta* du Midi et ses nombreuses variétés.

Les **Iridées** sont des plantes rhizomateuses, parfois bulbeuses, répandues dans les zones tempérées de l'ancien et du nouveau monde. Les espèces françaises qui méritent la culture sont surtout les *Iris Xiphioïdes* des prairies pyrénéennes et *Xiphium* des prairies du bord de la Méditerranée, plantes bulbeuses dont une culture longtemps prolongée et surtout des semis réitérés ont produit un grand nombre de jolies variétés; *I. Germanica* à peu près naturalisé partout ainsi que l'*I. pumila, I. olbiensis* du Midi, *I. lutescens* et *Chamæiris*, sortes naines à fleurs jaunes et qui comme le *pumila* et ses variétés peuvent servir à former d'élégantes bordures au printemps; enfin *I. Pseudacorus*, l'un des plus beaux ornements de nos bassins. Les *Gladiolus communis, segetum* et *Guepini* sont parfois cultivés dans les jardins d'amateurs. Le *Crocus vernus* ou Safran printanier abonde dans les régions élevées des Alpes et des Pyrénées; on sait qu'il est considéré comme le type des innombrables variétés de Safran printanier dont la culture et la multiplication sont pratiquées sur une vaste échelle en Belgique et surtout en Hollande.

Fig. 852. — Galanthus nivalis.

La famille des **Orchidées** est sans contredit l'une des plus importantes du règne végétal. Ses représentants sont disséminés dans tous les climats depuis les zones équatoriales jusqu'aux régions polaires; celles des contrées tropicales ou subtropicales, où elles sont d'une abondance extrême, diffèrent de nos espèces non seulement par leur épiphytisme, mais encore par la grandeur et souvent le vif éclat de leurs périanthes. Contrairement aux espèces exotiques, les Orchidées françaises sont terrestres et leurs racines tantôt fibreuses, tantôt tuberculeuses ; on les trouve disséminées sur tous les points de la France et croissant dans les lieux les plus divers, depuis les plaines jusqu'aux régions supérieures des Alpes et des Pyrénées.

Les Orchidées, par la couleur et les formes variées de leurs fleurs, font partie de l'ornement de nos prairies, de nos bois et de nos coteaux. Lorsqu'un amateur peut les voir de près, c'est avec admiration qu'il les observe, puis il veut emporter des tubercules de ces plantes bizarres, les cultiver dans son jardin en leur prodiguant les soins qu'il croira nécessaires ; mais ces soins seront souvent vains, car ces plantes sont d'une difficile culture. Combien de personnes n'ont pas déjà essayé de collectionner les orchidées indigènes ! Mais toutes ont à peu près échoué et bon gré mal gré il faut renouveler sans cesse les individus ; c'est à quoi on est condamné aussi bien dans les jardins privés que dans les jardins botaniques. Le seul moyen de les conserver quelques années, c'est de les planter en pots bien drainés, surtout s'il s'agit d'espèces tuberculeuses, de les placer à une exposition demi-ombragée, de maintenir frais le sol, qui devra être toujours plus léger que substantiel, mais seulement pendant la période de végétation. En procédant ainsi on peut arriver à conserver une grande partie de ces plantes pendant plusieurs an-

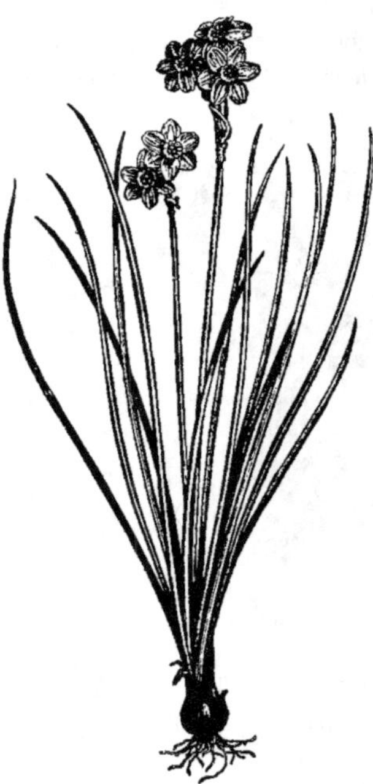

Fig. 853. — Narcissus jonquilla.

nées. Pourtant, pour assurer les chances de reprises, il faudra que les personnes qui iront les arracher dans la campagne aient soin de ne pas attaquer les tubercules, principalement le dernier formé, de ne pas les débarrasser de toute la terre adhérente, et surtout de les planter peu de temps après leur récolte.

Toutes les Orchidées françaises méritent la culture, et à ce point de vue il serait bien difficile de ne pas les citer toutes. Les suivantes peuvent être considérées comme les plus belles ou les plus curieuses et les moins exigeantes à la domestication. Ce sont les *Orchis Morio, Simia, purpurea, militaris, sambucina, mascula, maculata* et *latifolia ;* puis les *Platanthera bifolia* et *montana, Gymnadenia conopea* et *odoratissima, Anacamptis pyramidalis, Loroglossum hircinum, Aceras anthropophora, Ophrys myodes* ou *muscifera, aranifera, arachnites* et *apifera, Cephalanthera grandiflora* et *rubra* : toutes appartiennent à la flore des environs de Paris. Les prairies des montagnes possèdent aussi des Orchidées qu'il serait intéressant d'introduire dans les jardins. De ce nombre sont les : *Nigritella nigra* et *angustifolia, Orchis pallens* et *globosa* et surtout le *Cypripedium calceolus* (fig. 854), si remarquable par ses grandes fleurs si singulièrement conformées et qui habite les lieux boisés frais plus ou moins montueux et même subalpins.

Fig. 854. — Cypripedium calceolus.

Les **Aroïdées** françaises sont peu nombreuses ; mais ces plantes abondent dans les régions équatoriales du nouveau monde, où beaucoup d'espèces croissent dans le sol frais et humeux provenant de la décomposition des feuilles des arbres avoisinants, mais dont un grand nombre d'autres végètent aussi, à la manière des lianes, sur les troncs mêmes de ces arbres, où leurs racines aériennes atteignent souvent une longueur considérable. Les Aroïdées de notre flore sont les : *Acorus Calamus,* plante aquatique rhizomateuse à odeur aromatique et à feuilles lancéolées qu'on utilise pour l'ornement des pièces d'eau ; le *Calla palustris* des lacs vosgiens, si curieux par ses tiges rhizomateuses portant de belles feuilles cordiformes d'un vert gai et à leur aisselle des fleurs entourées d'une grande spathe d'un blanc pur à l'intérieur : c'est encore l'un des ornements obligés de nos pièces d'eau, dont il ne devra toutefois occuper que les bords à cause de son mode de végétation. Les Aroïdées tuberculeuses habitent surtout les terrains ombragés, frais et siliceux ; à ce titre elles mériteraient d'être plus répandues dans quelques parties des jardins paysagers. Tels sont les *Arum vulgare* et *italicum* aux grandes feuilles hastées, d'un vert plus ou moins taché de purpurin, et aux grandes spathes qui entourent des spadices dont l'extrémité est noire dans le premier et blanc jaunâtre dans le second. Enfin il faut rappeler le *Dracunculus vulgaris* qui croît dans la région méridionale, si curieux par ses gros tubercules, ses tiges robustes vert blanchâtre ponctué de purpurin, par ses feuilles divisées en lobes aigus et surtout par sa grande spathe noire pourpre intérieurement, verdâtre en dessous, qu'entoure un spadice relativement court.

Avec les **Joncées** commence la série des familles phanérogames monocotylédones qui n'offrent que peu ou point d'espèces à signaler au point de vue de l'ornement. Il faut rappeler toutefois le vulgaire Jonc des Jardiniers (*Juncus glaucus*) qu'il est bon de citer pour mémoire à cause des nombreux services que rendent journellement au jardinage d'utilité, ses tiges souples et flexibles.

Les **Typhacées** forment une petite famille représentée en France par les genres *Typha* et *Sparganium*. Ce sont des plantes rhizomateuses, vivaces, aquatiques émergées qui habitent les mares ou le bord des eaux dans les plaines. Les *Typha* (Massettes) qui appartiennent à notre flore sont au nombre de trois : *Typha latifolia, angustifolia* (fig. 855) et *minima* ; les deux premiers surtout sont cultivés dans les pièces d'eau, voire même les aquariums, à cause de leurs tiges simples dépassant souvent 1 mètre 50 cent. de hauteur, accompagnées de longues feuilles alternes,

Fig. 855. — Typha angustifolia.

linéaires et qui se terminent par des fleurs monoïques disposées en un long épi compact, les mâles occupant la partie supérieure de l'inflorescence et les femelles la partie inférieure. Le *Sparganium ramosum*, désigné souvent sous le nom de *Ruban d'eau*, est la seule espèce cultivée, moins peut-être pour ses fleurs disposées en capitules unisexués, globuleux, superposés et espacés, que pour ses longues feuilles qui, une fois desséchées, sont souvent utilisées par les jardiniers multiplicateurs pour assujettir leurs greffons.

Les **Cypéracées** sont des herbes annuelles ou vivaces très répandues dans tous les climats, mais moins abondantes dans les pays chauds que dans les régions septentrionales, où elles croissent jusqu'aux confins de toute végétation. Deux ou trois espèces françaises seulement peuvent concourir à l'ornement des bassins ; ce sont les : *Carex pendula*, à souche cespiteuse, à tiges robustes et à feuilles larges, planes et très longues ; le *Scirpus lacustris*, à souche longuement rampante et à tiges dressées atteignant plus de 1 mètre 50 cent. de hauteur, spongieuse, arrondie et portant vers son sommet un grand nombre de petites fleurs insignifiantes réunies en panicule un peu penchée et paraissant latérale ; enfin et surtout les *Eriophorum* (Linaigrettes), notamment les *E. latifolium* et *E. angustifolium*, si curieux pour leurs épillets multiflores disposés en panicule ressemblant, surtout après l'anthèse, à des houppes soyeuses.

Les **Graminées** constituent l'un des groupes les plus nombreux du règne végétal ; il est formé de plantes annuelles ou vivaces, rarement frutescentes, et ses représentants abondent dans tous les climats, depuis les régions les plus chaudes jusqu'aux lieux les plus froids de l'hémisphère septentrional.

Si on laisse de côté les espèces qui servent à la formation des gazons et des pelouses, cet accompagnement indispensable de nos plates-bandes et de nos parterres, peu de Graminées françaises contribuent à l'ornement des jardins. Toutefois par leur rusticité, la hauteur de leurs chaumes, la largeur de leurs feuilles et les stations qu'elles affectionnent, les *Phragmites communis* (Roseau à balai) et *Glyceria aquatica* peuvent contribuer à l'ornement des pièces d'eau. Les jardins pittoresques utilisent avantageusement le robuste et élégant *Arundo Donax* (Canne de Provence), dont les tiges dépassent deux mètres de hauteur et qu'accompagnent de longues et larges feuilles glauques, pour former des groupes isolés dans les lieux accidentés et frais. Cette plante est en outre fort employée dans le Midi pour former des haies destinées à abriter des cultures de plantes délicates. Un grand nombre de Graminées, séchées naturellement, ou teintes, même les plus vulgaires, contribuent aussi, pour une large part, à la composition des bouquets dits perpétuels. Parmi elles nous citons : *Lasia grostis Calamagrostis, Stipa pennata, Agrostis Spica-Venti, Polypogon monspeliensis, Aira flexuosa, pulchella* et *caryophyllea, Lagurus ovatus, Eragrostis megastachya, poæoides* et *pilosa, Briza maxima, media* et *minor, Melica ciliata* et ses formes affines, *Bromus secalinus, macrostachys* et *arvensis, Andropogon halepense, Phragmites communis, Avena sterilis, Glyceria aquatica* et *Scleropoa rigida*.

Plusieurs Graminées peuvent, par leur souche cespiteuse et la teinte de leur feuillage fin et abondant, former des bordures durables. Telles sont les *Festuca glauca* et surtout le *F. Eskia ;* ce dernier, originaire des Pyrénées, conserve son feuillage vert gai même pendant l'hiver.

Les **Fougères**, dont on connaît plusieurs milliers de représentants spécifiques, sont répandues dans tous les pays et croissent dans les stations les plus diverses depuis les plaines boisées et fraîches jusqu'aux débris des rochers des hauts sommets alpins. Ces plantes, malgré leur élégance, ne figurent que peu ou point dans les jardins, à l'exception toutefois de l'*Osmunda regalis* qu'on emploie depuis quelque temps pour la décoration des pelouses et des perspectives situées à une exposition ombragée et humide. Cependant beaucoup d'espèces pourraient être utilisées dans le même but à cause du grand développement que prennent leurs frondes. Telles sont les *Lastrea Oreopteris, Filix-mas, spinulosa* et *dilatata, Athyrium-Filix fœmina, Polystichum Lonchitis, aculeatum* et ses variétés *Pluckenetii* et *angulare*. Plantées isolément, ces plantes feraient un bel effet; réunies par petits groupes et placées çà et là, elles offriraient encore plus d'intérêt.

Toutes les Fougères, depuis les plus petites jusqu'aux plus élevées, peuvent être réunies dans un lieu *ad hoc* qu'on désigne sous le nom de *Filicetum* ou Fougeraie. Les exemples de ce genre de réunion ne sont pas rares, surtout en Angleterre où ces plantes sont très recherchées. Pour cela il faut choisir un lieu demi-ombragé et frais, sur lequel on construit un rocher artificiel à l'aide de meulières de conformation aussi irrégulière que possible, en ménageant des cases destinées à recevoir les plantes. Le sol devra être léger, siliceux, très poreux et maintenu dans un constant état de fraîcheur, surtout du printemps à l'automne. La terre de bruyère concassée et non pulvérisée est celle qu'on doit employer de préférence. Après la plantation on répand sur le sol un faible lit de mousse pour maintenir la fraîcheur dont ont besoin ces plantes. L'ordre qui doit présider à la plantation d'une Fougeraie peut différer selon les goûts de l'amateur, la forme et l'orientation du rocher. Quoi qu'il en soit, et tout en tenant compte des conditions dans lesquelles vit chacune de ces plantes, il vaudra mieux, pour obtenir un tout plus gracieux, planter les Fougères les plus élevées dans la partie centrale de la fougeraie ou du tertre rocailleux qui leur est destiné, et arriver insensiblement aux petites espèces qui devront occuper les parties inférieures. Il faut ajouter que les Fougères de notre Flore ne sont point délicates sous le climat de Paris, à l'exception toutefois des *Notochlæna Marantæ, Adiantum Capillus-Veneris, Cheilanthes odora* et *Scolopendrium Hemionitis* qu'on doit cultiver en pot et hiverner sous châssis.

FLORE
PITTORESQUE
DE
LA FRANCE

PHYSIONOMIE GÉNÉRALE
DE NOS FORÊTS

LA FLORE

AU POINT DE VUE FORESTIER EN FRANCE

LES forêts de la France n'ont pas l'aspect grandiose de celles des contrées équatoriales, où, sous l'influence d'une température toujours chaude, d'une atmosphère toujours saturée d'humidité, croissent d'innombrables espèces d'arbres et de plantes sarmenteuses dont les dimensions énormes, les fleurs et les feuilles vivement colorées étonnent et charment le voyageur.

Chez nous la vie végétale moins exubérante ne produit pas d'arbres aussi gigantesques, de feuillages aussi luxuriants, de fleurs aussi éclatantes. Mais quoiqu'elles soient formées d'arbres d'espèces peu variées, dont les feuilles sont d'un vert presque uniforme et les fleurs peu apparentes, nos forêts ne sont pas moins pleines de séductions.

Depuis la plus haute antiquité les poètes chantent la fraîcheur et la pureté de l'air qu'on respire à l'ombre des bois. Les peintres se plaisent à reproduire les jeux de la lumière dans le feuillage, les nuances délicates de la verdure printanière et les chaudes tonalités que lui donnent les chaleurs estivales.

Mais ni les poètes ni les peintres ne sauraient rendre l'impression presque religieuse qu'éprouve l'homme le moins sensible aux beautés naturelles lorsqu'il

Fig. 860. — Futaie de Sapins.

pénètre sous les sombres arceaux d'une vieille futaie de hêtres ou de sapins.

Cette impression serait-elle le souvenir vague, transmis par hérédité, des temps lointains où nos ancêtres à demi nus parcouraient d'un pas craintif les forêts celtiques, de peur d'éveiller les génies malfaisants qui hantaient leurs mystérieuses profondeurs? Je laisse aux psychologues le soin de résoudre cette question.

Les naturalistes auxquels ce livre est destiné savent trop bien apprécier le charme pénétrant de la forêt pour qu'il soit nécessaire de leur dire, comme le *cicerone* à l'étranger qu'il pilote, ce qu'il faut admirer.

Décrire nos forêts au point de vue pittoresque serait d'ailleurs difficile, car chacune d'elles a une physionomie propre à laquelle le temps et les exploitations apportent d'incessantes modifications. Je me bornerai donc à donner une idée générale de leur composition en indiquant les essences qui dominent dans les principaux massifs et les végétaux d'ordre inférieur, arbustes et arbrisseaux, qui croissent sous le couvert, s'étalent dans les clairières ou forment sur les lisières cette ceinture touffue qui les entoure comme d'un rempart.

Avant d'entreprendre cette exploration sommaire de notre domaine forestier, il me paraît opportun d'en faire connaître l'importance, au moyen de quelques chiffres puisés à des sources sûres.

Il y a en France 8,400,000 hectares de forêts. L'aire totale de notre pays est de 52,857,000 hectares. Les forêts en occupent donc près du sixième.

Sur ces 8,400,000 hectares, 1,004,000 appartiennent à l'État, 2,197,000 aux communes et aux établissements publics; le surplus, soit 5,200,000 hectares, est possédé par les particuliers.

La contenance des forêts de l'État, des communes et des établissements publics est exactement connue, parce que, à l'exception de quelques boqueteaux, dont la contenance totale est de 230,000 hectares, laissés à la disposition des administrations locales, ces forêts sont placées sous la main d'un service public qui tient avec soin compte des changements qui se produisent dans leur consistance.

Le chiffre de 5,200,000 hectares attribué aux bois des particuliers n'a pas le même caractère d'authenticité, car il résulte seulement d'évaluations faites au moyen du cadastre, document déjà ancien, dans lequel il n'a été tenu compte ni des défrichements, ni des plantations. On peut cependant le regarder comme approchant de la vérité.

La production totale des forêts françaises est évaluée à 250,000,000 de francs; la consommation annuelle des produits forestiers, bois, écorces et résines, s'élève à 500,000,000 de francs.

C'est l'importation qui comble le déficit.

Nous donnons à l'étranger 250,000,000 de francs par an pour recevoir de lui des bois que notre sol pourrait très aisément produire.

Les essences qui peuplent nos forêts sont peu nombreuses. Les plus importantes par le rôle qu'elles jouent dans la composition des massifs sont : les chênes rouvre et pédonculé, le hêtre, le charme, le sapin, l'épicéa, le mélèze, les pins sylvestre et maritime; puis viennent le chêne-liège, le tauzin, l'yeuse, les tilleuls, les ormes, les érables, les peupliers, les alisiers, les sorbiers, les bouleaux, les saules, le pin d'Alep, le pin à crochets, le laricio, le cembro et l'if. À l'exception du chêne-liège et de l'yeuse qui forment des forêts, les arbres de cette seconde catégorie sont presque toujours associés aux essences principales et disséminés dans les massifs.

Nous ne citerons parmi les arbustes et arbrisseaux très nombreux qui forment le sous-bois que le coudrier, le cornouiller, les épines, la bourdaine, le houx, le genévrier et le fusain.

Pour donner une juste idée de la manière dont ces arbres sont distribués,

FIG. 861. — LE CHÊNE.

F1G. 862. — LE FRÊNE.

j'examinerai successivement les couches géologiques qui ont donné à la France son relief actuel et j'indiquerai les caractères de la flore forestière de chacune d'elles. Je commence naturellement par la couche fondamentale, le granit, sur lequel s'appuient tous les feuillets du livre que les géologues cherchent à déchiffrer.

Les roches granitiques constituent l'ossature de la France centrale. Les montagnes de l'Auvergne, du Velay, du Forez et du Beaujolais sont granitiques. On retrouve ces roches cristallisées en Vendée, sur les côtes de la Bretagne, elles affleurent sur quelques points de la Normandie, se montrent sur les sommets des Pyrénées et des Alpes, dans la partie méridionale des Vosges, et forment sur les bords de la Méditerranée la petite chaîne de l'Esterel.

Les arbres qui croissent sur les terrains formés par la décomposition des roches granitiques sont : dans les plaines et les collines, le chêne rouvre; le hêtre et le sapin occupent la région montagneuse et sont remplacés dans les points les plus élevés de la zone forestière par l'épicéa, le pin à crochets, le mélèze et le cembro.

Les essences secondaires sont le châtaignier, le bouleau, l'aune, le sorbier des oiseleurs. Les arbustes les plus répandus, le houx, le genévrier et parmi les arbrisseaux, la bruyère commune, le genêt à balai, l'airelle-myrtille, le chèvre-feuille noir.

La digitale dresse sa hampe chargée de clochettes pourprées sur les talus des chemins, les ravins disparaissent sous les palmes en dentelles de la grande fougère. Les granits du plateau central ont été traversés par des éruptions volcaniques qui ont donné aux montagnes de l'Auvergne une configuration toute particulière. La végétation est plus vigoureuse sur les terrains d'origine volcanique que sur les granits qui les entourent. On reconnaît les arbres qui poussent dans les interstices des coulées de lave et de basalte à la couleur foncée de leurs feuilles, au brillant de leur écorce.

Je citerai comme type des forêts assises sur les terrains volcaniques celle du Falgoux (809 h.) qui couvre les pentes du Puy-Mary. Le sapin et le hêtre forment son peuplement. On trouve sur les points les plus élevés des genévriers qui, au lieu de s'élever en forme de pyramide, sont aplatis sur le sol qu'ils recouvrent de l'inextricable réseau de leurs branches contournées. Sur la mousse humide de ces gorges où le soleil n'apparaît que pendant quelques heures, rampent les tiges cordiformes du lycopode qui atteignent souvent 3-4 mètres de longueur. Parmi les nombreuses espèces de fougères qui croissent entre les rochers, la scolopendre se distingue par ses larges frondes d'un vert métallique, ondulées comme un kriss malais.

Les difficultés de transport sont telles dans cette vallée écartée, qu'il n'est pas rare d'y voir des sapins de 2 et 3 mètres de tour tomber de vétusté et pourrir sur place.

Les montagnes granitiques du Limousin et de la Manche sont parsemées de nombreux bouquets de chêne, mais on n'y trouve pas de forêts importantes. Là, comme dans le sud du Cantal et dans le Vivarais, on rencontre beaucoup de châtaigniers. Ces arbres cultivés pour leurs fruits et conservés jusqu'à leur extrême

Fig. 863. — Vue du Mont Dore.

vieillesse sont le plus souvent creux, ébranchés, complètement décrépits ; aussi vues de près les châtaigneraies n'ont rien d'attrayant, mais leur feuillage, qui forme de belles masses, lorsqu'il est vu de loin, donne très grand air au paysage.

La forêt d'Aubrac (2375 h.), reste d'une vieille futaie de hêtres que les usagers ont réduite à l'état de buisson, est assise partie sur les terrains volcaniques, partie sur les granits. Il en est de même de celles de Chambon (1413 h.) et de Mazan (1168 h.), qui couvrent les versants escarpés des montagnes de l'Ardèche.

Les chaînes du Forez et du Beaujolais sont peu boisées. Le sapin, le pin sylvestre, le chêne et le hêtre y forment quelques petits bois entrecoupés de cultures et de landes couvertes de genêts et de bruyères.

La chaîne du Beaujolais se termine par une presqu'île granitique et porphy-

Fig. 664. — Sapinière de Gerardmer.

rique qui a reçu le nom de Morvan. C'est un pays de bois et de prairies, très accidenté, arrosé par de nombreux cours d'eau, et partant très pittoresque.

Depuis plusieurs siècles le Morvan approvisionne Paris de bois de chauffage que le flottage y amène par l'Armançon, la Cure, l'Yonne et la Seine. Le hêtre

Fig. 865. — Coin dans une Forêt de Chêne.

est l'essence dominante dans le Haut-Morvan, il y est traité par la méthode du furetage qui donne aux taillis ainsi exploités une assez pauvre apparence.

Les forêts domaniales de Saulieu (766 h.) et celle au Duc (1233 h.) traitées en futaie et en taillis sous futaie prouvent qu'il y a à faire dans le Morvan autre chose que du bois de chauffage, car les chênes associés aux hêtres y acquièrent de très belles dimensions.

La partie méridionale des Vosges est couverte de magnifiques futaies de hêtres et de sapins. La forêt de Gérardmer (4749 h.) occupe les versants des montagnes au pied desquels s'étendent les lacs de Gérardmer, de Longemer et de Retournemer. Les airelles-myrtilles tapissent le sol de cette forêt hérissée de roches entre lesquelles brillent les graines de corail du sureau à grappes et du sorbier des oiseleurs.

Fig. 866. — Chêne-liège.

La Bretagne, appelée par les poètes *la terre des chênes,* est fort pauvre en forêts. Celles qui couvrent les terrains cristallisés sont peu importantes. Carnoët (750 h.), Camors (647 h.), Floranges (779 h.), Cranou (607 h.), sont peuplés de chênes, de bouleaux et de hêtres. Le pin sylvestre y a été introduit pour regarnir les vides.

La chaîne de l'Esterel, située sur les côtes de la Méditerranée, jouit d'un climat tout différent de celui de la France centrale. Aussi, quoique formée, comme les montagnes du Centre et les collines de l'Ouest, de roches cristallisées, granit, porphyre, gneiss, etc., celles de l'Esterel et des Maures ont-elles une flore qui ne rappelle en rien celle de l'Auvergne et de la Bretagne.

Les arbres qui dominent dans les 111,331 hectares de forêts qui forment le massif de l'Esterel sont les chênes-lièges et les pins maritimes. Le chêne rouvre, le châtaignier, l'yeuse et le pin d'Alep s'y trouvent à l'état sporadique. L'arbousier, l'alaterne, le térébinthe, la bruyère arborescente et les cistes forment d'épaisses broussailles que le soleil de Provence dessèche, et qu'une étincelle enflamme ; de là ces incendies formidables qui ont valu à cette contrée le nom de Région du feu.

Les terrains cristallisés qui apparaissent sur les sommets des Alpes sont en général à une altitude que la végétation forestière n'atteint pas. Il y a cependant dans la Savoie et le Briançonnais des bois communaux situés entre 1500 et 2000 mètres d'altitude, dans lesquels on trouve le hêtre, l'épicéa, le pin à crochets, le mélèze et le pin cembro. Au pied de ces derniers arbres qui appartiennent à la flore alpestre s'étalent les touffes du rhododendron ferrugineux, dont les belles fleurs, d'un rouge cramoisi, s'harmonisent si bien avec les feuilles d'un vert teinté de roux.

Les Pyrénées, dont le climat est moins sec que celui des Alpes, sont aussi plus boisées. Le hêtre, le chêne et le sapin sont les essences les plus communes dans ces montagnes où la végétation est très belle. Mais les forêts sont dégradées par le pâturage, qui y a produit et qui y entretient d'énormes clairières.

Il semble que dans les Pyrénées, comme en Espagne, le mot forêt soit synonyme de pacage et que leur destination naturelle soit de nourrir les troupeaux.

La forêt d'Auzat (14,116 h.) est la plus étendue, sinon la mieux boisée de la partie granitique des Pyrénées. Celles de Bordes (4007 h.) et de Bethmale (3153 h.) sont en partie sur les granits, en partie sur des terrains de transition.

Les couches silurienne et dévonienne qui reposent sur les granits apparaissent sous forme de schistes de nature et de consistance variables dans l'Ardenne, la partie centrale de la Bretagne, la presqu'île Normande, la Vendée et l'Anjou.

L'Ardenne est un pays de montagnes peu élevées, arrondies, couvertes de forêts de chênes presque purs. Soumis au sartage, les peuplements ont l'aspect de taillis bas et clairs. Après la coupe du taillis les menues brindilles et les herbes sont brulées, puis le sol légèrement labouré entre les souches est ensemencé en seigle. Quand la récolte du seigle est faite, la surface de la coupe se couvre spontanément de genêts au milieu desquels poussent les rejets de chêne. Quelques maigres bouleaux élèvent seuls leur tronc satiné au-dessus de ces taillis rabougris.

Le sartage a fait disparaître le hêtre, qui a dû prédominer autrefois dans cette contrée dont le climat lui convient très bien.

Les forêts domaniales de Château-Regnault (5405 h.) et de Sedan (4260 h), assises sur les schistes, mais affranchies du sartage, contiennent une belle réserve en chênes et hêtres.

La forêt de Perseigne (5065 h.), située sur la limite des terrains de transition et des jurassiques, est peuplée d'une belle futaie de hêtres et de chênes. Le pin sylvestre employé pour regarnir les vides y prospère, mais il n'en est pas

FIG. 867. — LE BOULEAU.

FIG. 868. — LE TILLEUL.

de même du pin maritime, qui là, comme partout au nord de la Loire, dépéri

Fig. 869. — Forêt pyrénéenne.

de bonne heure quand il n'est pas détruit par les fortes gelées.

La forêt du Gâvre (4482 h.), peuplée de chênes, est un spécimen typique de la culture forestière sur les terrains de transition de la Bretagne, où l'ajonc et la bruyère disputent la place au chêne.

La formation permienne qui constitue la partie septentrionale de la chaîne des Vosges s'y montre sous la forme de grès généralement rougeâtres.

Ces montagnes sont couvertes de forêts où le chêne, le hêtre, le sapin et le pin sylvestre sont mélangés dans des proportions très variables. Les Vosges sont le pays forestier par excellence : on évalue à 110,000 hectares la contenance des forêts qui croissent sur les grès auxquels ce pays a donné son nom.

Au nombre des plus importantes, je citerai celles de Rambervillers (5540 h)., du Val de Senones (4176 h.), et les bois sauvages (2142 h.). Ce sont de belles futaies de hêtres, de sapins et d'épicéas dont les dimensions imposantes donnent une idée de ce que la nature peut faire produire à un sol naturellement pauvre, quand l'homme ne vient pas détruire ce qu'elle crée. A l'ombre de ces beaux massifs croît la plus belle de nos fougères d'Europe, l'osmonde royale dont les frondes à larges folioles s'élèvent à plus d'un mètre.

La formation triasique occupe peu de place en France. Elle est représentée en Lorraine par des grès, des calcaires coquilliers, des marnes irisées, dans le Tarn par des grès et dans le Bourbonnais par des calcaires. La forêt de Grésigne (3246 h.) repose sur le grès. Celle de Tronçais (10,434 h.) est en sol très varié ; on y trouve des grès argileux, des calcaires et des roches feldspathiques que recouvre une couche épaisse d'humus et de terre végétale résultant de la décomposition des couches subjacentes. C'est une des plus belles futaies de bois feuillus de la France. Le chêne et le hêtre y acquièrent une grande hauteur.

La formation jurassique s'étend sur une grande partie de la France. La Lorraine, la Franche-Comté, la Bourgogne, le Dauphiné sont jurassiques. Le plateau central est entouré de terrains de cette formation dont les ramifications pénètrent dans le Poitou, l'Aunis, le Quercy, le Languedoc et la Provence. De puissantes couches d'argiles et de marnes et des assises non moins puissantes de roches calcaires accusent les reliefs de cette formation. Les argiles et les marnes occupent les dépressions, les roches calcaires s'élèvent sur les collines et les montagnes auxquelles elles donnent une forme très caractéristique. Au lieu d'être arrondies comme les montagnes granitiques du Forez et du Beaujolais, celles du Jura, de la Bourgogne, du Dauphiné et des Alpes sont constituées par une succession de plateaux plus ou moins étendus qui se terminent, du côté de la vallée, par des falaises à pic, au pied desquelles il existe le plus souvent un talus d'éboulement. Les plateaux sont arides et généralement boisés ou en pelouses, les talus, suivant qu'ils sont plus ou moins déclives, sont boisés ou cultivés.

FIG. 870. — L'ORME.

Fig. 871. — L'ÉPICÉA.

La flore des terrains jurassiques est bien autrement variée que celle des granits ou des grès. A côté des essences fondamentales, chênes et charmes qui peuplent les forêts des plaines et des coteaux, croissent les érables platane et champêtre, l'orme, le tilleul, les pommiers et poiriers sauvages, le tremble et les saules. De nombreux arbustes composent le sous-bois. Ce sont les cornouillers, les viornes, le sureau noir, le fusain, le troène, le prunellier, l'aubépine, les daphnés, etc.

Aux sapins, mélèzes, épicéas et hêtres qui constituent les forêts des montagnes sont associés l'érable sycomore, le frêne, les alisiers. La bruyère des terrains siliceux et granitiques est remplacée dans les hautes montagnes calcaires par les rhododendrons et sur les versants plus méridionaux par le buis et la lavande.

A l'ombre des grands taillis croissent l'anémone pulsatille qui dès le mois de mars annonce la fin de l'hiver, puis viennent les muguets, le sceau de Salomon, l'arum pied de veau, en été la petite centaurée étale ses corymbes de fleurettes roses dans les clairières et l'épilobe dresse sur les lisières sa hampe de fleurs violettes.

La végétation forestière, faible dans les sols secs et sans profondeur formés par les couches calcaires de l'oolithe, devient vigoureuse dans ceux où domine l'argile. C'est dans les forêts comme celles du Montdieu (1124 h.), de Belval (1795 h.), de Mangiennes (947h.), qui reposent sur les argiles oxfordiennes, que le chêne acquiert ses plus belles dimensions et les qualités qui le font rechercher.

Les forêts de Moyeuvre (2088 h.), de Haye (6533 h.), d'Auberive (5417 h.), de Châtillon (8730 h.), sont sur l'oolithe inférieure. Celles de Signy l'Abbaye (3183 h.) et la belle sapinière de La Joux (2624 h.) sont sur l'oolithe moyenne.

Châtel-Gérard (1476 h.), Is-sur-Thil (3031 h.), Braconne (3983 h.) sont sur la grande oolithe.

Je cite, en passant, le petit bois de la Sainte-Baume (138 h.), peuplé d'une vieille futaie de hêtres et de chênes, parmi lesquels se trouvent quelques ifs plusieurs fois séculaires. Ce boqueteau est fort admiré par les Provençaux, qui n'ont pas l'habitude de laisser aux arbres le temps d'atteindre de pareilles dimensions.

Les sols appartenant à la formation jurassique sont ou calcaires ou argileux; dans le premier cas ils sont secs, pauvres et peu propres à la culture, dans le second ils sont froids, humides, lourds et, quoique fertiles, d'une culture coûteuse; aussi voit-on une grande partie de ces terrains livrés au pâturage ou boisés. On évalue à deux millions d'hectares la contenance des forêts assises sur les terrains jurassiques.

Les terrains crétacés, qui recouvrent les jurassiques, comprennent les marnes et les calcaires néocomiens, au-dessus desquels s'étendent des lits d'argile et de grès qui passent à l'état sablonneux ; apparaissent ensuite les couches puissantes de la craie qui se présentent dans les Pyrénées, la Provence, les Corbières sous forme de roches solides, et qui deviennent dans le Maine et la Touraine la craie tufau, dans la Champagne la craie blanche.

Les forêts de Rumilly (2286 h.), du Temple (956 h.), de Trois-Fontaines (4920 h.), sont situées sur les argiles et les sables néocomiens. Ce sont des forêts de plaine, où l'écoulement des eaux se fait difficilement. Mais leur sol profond convient très bien au chêne pédonculé et au charme. Les bois blancs, les bouleaux et les saules y sont très multipliés.

Sur les limites de la Champagne et de la Lorraine les sables verts crétacés se transforment en un grès grisâtre, à grain très fin, qui se délite promptement au contact de l'air. Cette roche est la *Gaize*.

La petite chaîne de l'Argonne, succession de monticules à pentes raides qui rappellent un peu la configuration des dunes, est formée de cette roche friable. Les sols produits par sa désagrégation sont froids et pauvres, aussi l'Argonne est-elle très boisée. On peut remarquer qu'à l'inverse de ce qui se produit dans les autres régions, le haut des monticules de l'Argonne est plus fertile que les versants et les vallées. Cela provient de ce qu'il y a sur les hauteurs une couche argileuse que les eaux ont lavée dans les vallées. L'Argonne est peuplée de chênes, de hêtres et de pins.

Les forêts de la Chalade (2164 h.), de Beaulieu (2617 h.), de Châtrices (2128 h.), des Haut-Bâtis (834 h.), reposent sur la gaize.

On voit apparaître dans la Franche-Comté, le Dauphiné et la Provence les calcaires crétacés. Les forêts de la Grande-Chartreuse (6591 h.), de Lente (3291 h.) et du Vercors (3517 h.), sont assises sur ces roches, qui offrent un assemblage chaotique de crêtes déchirées et de plateaux séparés par des falaises abruptes. Les plateaux et les talus d'éboulement sont couverts de hêtres, de sapins et de sycomores. Les alisiers, les cerisiers mahaleb, les épines, les coudriers, les ronces et les framboisiers se cramponnent aux rochers à pic dont cette végétation vivace adoucit à peine les aspérités.

Le Dante avait sans doute devant les yeux le souvenir de ces sites, d'une beauté farouche, lorsqu'il dépeignait la forêt sombre qui précède l'entrée de son enfer :

> Questa selva selvaggia ed aspra è forte
> Che nel pensier rinova la paura.

Bien différents de ces forêts sauvages sont les bois qui couvrent les mêmes roches à leur affleurement sur les côteaux de la Provence.

Car on ne peut qualifier de forêts les buissons que forme l'yeuse, arbre de petite taille, dont la feuille coriace n'a rien de la fraîcheur de celle des autres chênes ses congénères.

Fig. 872. — Forêt alpestre.

L'yeuse, exploitée en taillis simple, donne aux bois de la Provence une teinte grisâtre à peine rompue par les tons moins tristes du feuillage de l'arbousier. Le ciste qui couvre le sol de ses touffes, chargées au printemps de fleurs chiffonnées, remplace là le buis des montagnes du Bugey et du Dauphiné. La forêt du Luberon (3433 h.) est un spécimen assez complet des taillis de la Provence. L'yeuse, de si triste apparence dans la France méridionale, prend un tout autre aspect en Corse et en Algérie, où elle forme des massifs touffus.

Les côteaux du Périgord, formés aussi des calcaires de la formation crétacée, sont couverts de forêts de chênes rouvres de la variété pubescente. C'est sous ces arbres qu'on récolte les truffes les plus estimées.

La craie proprement dite affleure dans les plaines de la Champagne. L'infer-

FIG. 873. — LE MELÈZE.

tilité de ce terrain a valu à cette région l'épithète de pouilleuse. Mais aujourd'hui
la Champagne pouilleuse a masqué sa nudité sous de nombreuses plantations de
pins, de bouleaux et de saules, grâce auxquelles ces plaines, légèrement ondulées, n'ont plus l'aspect désolé qu'elles présentaient il y a quarante ans. Il n'y a
pas sur la craie des forêts importantes, mais une succession de boqueteaux de

Fig. 874. — Pineraie en Champagne.

pins sylvestres et d'Autriche, séparés par de maigres cultures qui sont de plus en
plus abandonnées.

Les pins plantés les premiers sur ce sol ingrat sont bas, branchus et de mine
souffreteuse, mais ceux qui viennent de semis, sur le sol amendé par les détritus
des pins de la génération précédente, ont bien meilleure apparence et feront, dans
l'avenir, de la Champagne pouilleuse une Champagne forestière.

La formation tertiaire qui, dans l'ordre géologique, succède à celle de la craie,
comprend des lits de sable, de grès, d'argile et de roches calcaires dans les-

quelles sont intercalés des dépôts de meulière. Ces assises sont très irrégulièrement disposées, et plusieurs d'entre elles manquent sur un grand nombre de
points; de là une très grande variété dans la qualité des sols. A côté des plaines
fertiles de la Beauce et de Brie on trouve des grès, des sables et des calcaires
plus ou moins siliceux. C'est sur ces terrains pauvres que sont situées la plupart
des grandes forêts des environs de Paris. Celles de Compiègne (14,374 h.), de
Retz (12,983 h.), de Laigue (3866 h.), de Meudon (1071 h.), de Sénart
(2602 h.), de Chantilly (7800 h.), sont en grande partie assises sur les calcaires
tertiaires. Il en est de même des forêts de Mormal (9104 h.), de Saint-Amand
(3298 h.), mais là une couche argilo-calcaire, de formation plus récente,
recouvre la roche sous-jacente, et forme avec l'humus qui s'y trouve en grande
proportion un sol profond et fertile; aussi le chêne, le hêtre et le charme y
croissent-ils avec une remarquable vigueur. Le peuplier blanc et le tremble
abondent dans ces sols toujours frais et y acquièrent de très belles dimensions.

La montagne de Reims qui s'élève entre les vallées de la Marne et de la
Vesle est formée de calcaires entrecoupés de lits épais de meulière. Le plateau
de ce promontoire qui domine les plaines de la Champagne est couvert de forêts
de chênes dont les vides sont remplis par des plantations de pins sylvestres. On
remarque dans la forêt de Verzy (1033 h.), qui occupe l'extrémité orientale de
ce promontoire, quelques hêtres dont la conformation est fort bizarre. Leurs
branches contournées, repliées, tordues en spirale, partant d'un tronc court
qui semble avoir été écrasé, donnent à ces arbres, dont quelques-uns sont fort
âgés, l'aspect des monstruosités végétales que les Chinois obtiennent par des soins
minutieux et prolongés. Les *faux* de Saint-Basles sont souvent visités par les
touristes, qui ne manquent pas de jeter du haut de la côte de Verzy un coup d'œil
sur les vignobles précieux de Verzenay, d'Ay, etc., qui se déroulent à leurs pieds.

Les forêts de Vierzon (5295 h.), de Bertrange (3972 h.), d'Orléans
(34,164 h.), de Boulogne (3984 h.), de Rambouillet (5768 h.), de Saint-
Germain (4143 h.), de Lyons (10,507 h.), de Roumare (4062 h.), d'Eavy
(6570 h.), de Brotonne (6758 h.), de Chinon (5235 h.), de Loches (3619 h.),
de Blois (2756 h.), reposent sur des couches tantôt siliceuses, tantôt argileuses
de formation tertiaire.

La forêt d'Orléans, la plus grande, mais non la plus belle des forêts de France,
occupe le bord méridional du plateau qui sépare la vallée de la Loire de celle de
l'Eure. Le sol sur lequel elle est assise est sablonneux et le sous-sol imperméable.
Les peuplements sont composés de chênes, de charmes et de pins sylvestres qui
sont employés à reboiser les vastes clairières envahies par la bruyère. C'est la

Fig. 875. — LE PEUPLIER NOIR.

FIG. 876. — LE HÊTRE.

même essence qui sert à compléter les peuplements de toutes les forêts des terrains siliceux.

Le hêtre, favorisé par le climat humide de la Normandie, est associé au chêne dans les forêts d'Eavy, de Lyons, de Roumare et de Brotonne; il forme avec lui des futaies d'une grande beauté.

Entre les vallées de l'Yonne et de la Vanne s'élève un bourrelet de miocène sur lequel est assise la forêt d'Othe, massif important dans lequel l'état possède

Fig. 877. — La Reine Blanche. — Vue dans la Forêt de Fontainebleau.

les bois de Cerisiers (188 h.), Courbépine (1027 h.), Malgouverne (493 h.) et Rajeuse (714 h.). Le chêne et le charme en forment les peuplements qui, comme dans l'Argonne, et par la même raison, sont plus beaux sur les plateaux que sur les versants.

La forêt de Fontainebleau (16,973 h.) couvre les grès de formation miocène. Elle est peuplée de chênes, de bouleaux et de pins. Cette forêt chérie des peintres, à cause de ses sites pittoresques, a une végétation très médiocre. On a dû recourir aux pins, essence des sols pauvres, pour regarnir les nombreux vides qu'elle renferme. Les cantons les plus accidentés, dans lesquels d'énormes blocs de grès affectent les formes les plus étranges, sont mis en dehors de l'aménagement et constituent sous la dénomination de Série artistique (1057 h.) un musée naturel, dont les paysagistes ont souvent reproduit les singuliers aspects. La forêt de Fontainebleau, anciennement désignée sous le nom de forêt de Bierre, a été constituée par des acquisitions commencées par le roi Robert et continuées par ses successeurs, mais jusqu'à la fin du 18ᵉ siècle elle a conservé l'aspect d'un désert de sable et de rochers entrecoupé de bouquets de bois. C'est le roi Louis XVI qui a fait exécuter les premières plantations de pins sylvestres qui ont relié ces boqueteaux épars et fait disparaître les vastes clairières qui les séparaient.

Je ne signalerai parmi les forêts assises sur les terrains tertiaires supérieurs (pliocène) que celles de Citeaux (3497 h.) et de Chaux (13,964 h.), dont les peuplements n'offrent rien de particulier. Ce sont toujours les chênes et les charmes qui en forment la base.

Les terrains de formation moderne sont en général trop fertiles pour être abandonnés à la culture forestière. Cependant ils sont sur certains points composés de sables siliceux qui ne peuvent produire que du bois. Les landes de Gascogne, qui sont dans ce cas, sont couvertes de forêts dont la contenance totale dépasse 800,000 hectares. C'est le pin maritime qui a transformé ce désert de sable. Traité en vue de la production de la résine, il est soumis au gemmage, mode de traitement qui exige que les arbres soient largement espacés. Aussi les pineraies des landes sont-elles assez claires. L'aspect de l'interminable série de troncs couverts de plaies qui défilent devant les yeux du voyageur est d'une désespérante monotonie. Le chêne rouvre, le chêne tauzin et, sur quelques points du littoral, l'yeuse sont trop disséminés pour modifier cette impression. L'ajonc, le fragon, le genêt, la bruyère à balai, le genévrier et le saule rampant sont les seules plantes ligneuses qui croissent sur ce sol ingrat.

Après cette rapide excursion dans quelques-unes de nos principales forêts il me reste, pour terminer cette notice, à indiquer sommairement les causes qui ont déterminé la répartition des forêts dans les diverses régions de la France.

Ces causes sont multiples. On doit placer en première ligne celles qui se rattachent à la qualité du sol. L'agriculture s'est emparée depuis longtemps des terres fertiles, elle a relégué les forêts sur les montagnes, les coteaux arides, les plaines marécageuses ou sablonneuses. La logique voudrait que toutes les terres qui se trouvent dans ces conditions fussent boisées, mais la logique ne préside pas toujours aux œuvres de l'homme, la preuve c'est qu'il y a encore aujourd'hui en France 7,000,000 d'hectares incultes, landes, guarrigues, etc., dont une grande partie pourrait être reboisée au grand avantage de la fortune

FIG. 878. — Le Charme.

publique et même de celle des propriétaires de ces friches. Mais ces immenses terrains appartiennent presque tous aux communes ; devenus communaux parce qu'ils étaient improductifs, ils restent improductifs parce qu'ils sont communaux. C'est un cercle vicieux dont il est difficile de sortir. Les communes n'ont pas les capitaux nécessaires pour entreprendre des travaux de reboisement qui sont des placements d'avenir. Obérées par des dépenses exagérées, elles ne trou-

veraient pas dans le crédit les ressources qui leur font défaut. Il faudrait d'ailleurs sortir de la vieille routine du pacage en commun, et il est peu de municipalités assez intelligentes et assez courageuses pour risquer leur popularité en supprimant les abus qu'entraîne ce mode de jouissance.

L'institution ancienne du domaine royal et celle des biens de main-morte ont puissamment contribué à contrebalancer dans certaines régions les causes de destruction qui menaçaient les forêts.

Toutes celles qui entraient dans le domaine de la couronne étaient à jamais préservées de la destruction, car elles devenaient

Fig. 879. — Pin maritime des Landes.

inaliénables. Nos rois d'ailleurs, presque tous grands chasseurs, prenaient à tâche de les maintenir en bon état et de les agrandir.

C'est ce qui explique l'existence actuelle dans les environs de Paris des grandes forêts de Retz, de Fontainebleau, de Compiègne, etc., qui auraient certainement disparu depuis longtemps sans cette cause de préservation.

Les communautés religieuses, très riches sous l'ancien régime, possédaient de très grandes forêts qui, passées à l'état de biens de main-morte, étaient soigneusement aménagées. Les forêts de la couronne et celles des couvents qui n'ont pas été aliénées depuis 1792, constituent aujourd'hui le domaine de l'État.

Enfin les communes ont aussi conservé, souvent malgré elles, les forêts qu'elles possèdent, car une législation fort sage leur interdit de les détruire et même d'en mésuser.

Quant aux bois des particuliers, exposés comme ils le sont à des partages, à des ventes, à des exploitations réitérées, ils ne présentent aucune autre garantie de conservation que l'intérêt de leurs possesseurs temporaires. Or cet intérêt peut souvent les amener à les détruire. En effet, si le matériel superficiel a une grande valeur, il risque fort d'être réalisé dès qu'un besoin d'argent se fait sentir, et s'il a peu de valeur, ou si les débouchés manquent, le propriétaire est naturellement porté à transformer son bois en terres arables ou en pacages.

C'est pour cela que les bois des particuliers sont généralement si pauvres en futaies et pourquoi tant de forêts des pays de montagne ont disparu pour faire place à de médiocres pâturages ou à des cultures encore plus mauvaises.

FLORES
FOSSILES
DE
LA FRANCE
Par STANISLAS MEUNIER

ADOLPHE BRONGNIART
Professeur au Jardin des Plantes à Paris

W.-PH. SCHIMPER
Professeur à la Faculté des Sciences de Strasbourg

FLORES FOSSILES DE LA FRANCE

IEN avant que les plantes actuellement vivantes aient pris possession de la surface de la terre, la région, qui est aujourd'hui la France, nourrissait déjà depuis longtemps une végétation tout aussi riche. Les assises du sol, mises à découvert dans les escarpements naturels comme dans les exploitations industrielles — mines et carrières — ou dans les tranchées de chemin de fer et de canaux, livrent au collectionneur des échantillons aussi nombreux que variés de végétaux fossiles. Feuilles, fleurs, fruits, graines, rameaux, troncs d'arbres, racines, remplissent en maintes localités des couches et des groupes de couches. Ici, on trouve des forêts entières transformées, presque sur place, en substances minérales; ailleurs, c'est le microscope qui révèle dans la substance des pierres, des détails de tissus, des organes : des silex contiennent des pistils, vieux de millions de siècles, où le pollen a été saisi durant son trajet du stigmate vers l'ovaire.

2. — L'étude de la Botanique fossile n'a pas le résultat unique de faire connaître l'existence de végétaux antérieurs à ceux d'aujourd'hui ; elle montre que ces végétaux antérieurs n'ont pas tous vécu ensemble et que depuis un temps fort reculé des plantes différentes les unes des autres se sont succédé.

3. — Bien que les phénomènes de successions de formes végétales dont il s'agit aient été parfaitement continus, on observe, durant leur développement, des époques remarquables par l'exaltation de certains types qui dominent les autres. Ces époques, quoique concordant d'une manière générale avec celles que les géologues ont admises d'après l'étude des fossiles animaux, en diffèrent cependant notablement. Le manque de coïncidence des coupures tirées de la *Zoopaléontologie* et de la *Phytopaléontologie* suffit pour montrer l'inexactitude de la thèse si longtemps et si brillamment soutenue des *révolutions du globe*.

4. — Les principales époques à considérer dans l'histoire des végétaux fossiles de la France sont au nombre de quatre ; M. de Saporta les qualifie de périodes *éophytique, paléophytique, mésophytique* et *néophytique*.

5. — La période éophytique, correspondant aux terrains stratifiés les plus anciens, laurentien, cambrien et silurien, est caractérisée par des empreintes d'algues marines, c'est-à-dire des végétaux les plus inférieurs.

6. — L'époque paléophytique correspond aux terrains dévonien, carbonifère et permien ; elle se distingue par une véritable explosion botanique dont le maximum répond au moment du dépôt de la houille. Les végétaux qui y abondent surtout sont des cryptogames vasculaires, prêles et fougères, auxquels se joignent des conifères, mais sur un plan plus modeste.

7. — A l'époque mésophytique qui englobe tout le trias, tout le terrain jurassique et le crétacé inférieur jusques et y compris le gault, les fougères qui persistent n'occupent plus le rang exceptionnel de tout à l'heure. Les conifères partagent décidément la place avec elles, et les cycadées témoignent de leur importance par des vestiges innombrables.

8. — L'époque néophytique, comprise entre le terrain cénomanien et la fin du terrain pliocène, est caractérisée avant tout par l'apparition des végétaux monocotylédones et dicotylédones. Les formes communes aujourd'hui jouent un rôle

saillant dans la flore. Des lierres, des chênes, des platanes sont mélangés à des bambous, à des balisiers, à des palmiers, fort analogues aux nôtres, quoique constamment différents.

9. — Ces diverses périodes ne sont aucunement séparées les unes des autres par des solutions de continuité ; elles correspondent, dans la série du développement végétal, aux moments qualifiés d'enfance, de jeunesse, de virilité dans la vie d'un homme.

10. — Il est impossible jusqu'à présent d'avoir aucune notion, même approximative, sur la durée des diverses époques paléontologiques. Des considérations diverses montrent cependant qu'elles ont été beaucoup plus longues que l'humanité ne se l'était imaginé dans son ignorance première, et l'on sait par exemple que la *période actuelle* de l'histoire du globe embrasse plusieurs centaines de milliers d'années.

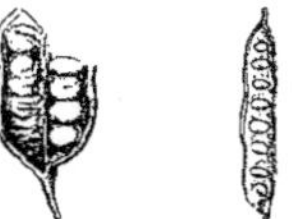

Fig. 885.
Virgilia macrocarpa (Sap.).

Fig. 886.
Robinia Regeli (Heer.).

Fig. 887.
Cercis antiqua (Sap.).

11. — Les plantes fossiles de la France peuvent être étudiées non seulement comme on l'a indiqué plus haut, au point de vue stratigraphique, c'est-à-dire relativement à l'âge géologique relatif de chacune d'elles ; — mais aussi au point de vue purement botanique. On confond alors les diverses flores qui se sont succédé pour énumérer les formes appartenant à chacune des divisions du règne végétal.

12. — Les plantes fossiles se répartissent entre les deux grands embranchements des Cotylédonées et des Acotylédonées.

13. — Les Cotylédonées fossiles sont des dicotylédonées, des monocotylédonées et des gymnospermes.

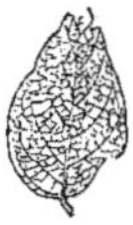

Fig. 889.
Cratægus oxyacanthoides (Gœpp.).

Fig. 888.
Phaseolites ycinoides (Sap.).

14. — Dicotylédonées : **Famille des Légumineuses.** — Des mimosas et des acacias étaient abondants en France pendant la période tertiaire moyenne. Les couches de gypse d'Aix en Provence, les calcaires de Rougon dans la Haute-Loire en conservent des vestiges. Des gousses de Virgilia renfermant encore leurs graines (fig. 885) font partie des fossiles d'Armissan (Aude) et du Bois d'Asson. On pourrait également citer des Robinia (fig. 886), des arbres de Judée (*Cercis*, fig. 887), des *Phaseolites* (fig. 888), bien voisins des haricots, dans un grand nombre de localités.

15. — **Famille des Rosacées.** — Dans les mêmes terrains sont des rosacées et spécialement des aubépines *Cratægus* (fig. 889) et des cotonéasters.

16. — **Famille des Myrtacées.** — Mentionnons de vrais myrtes (fig. 890) dont

les feuilles ont été trouvées à Armissan, à Aix, à Saint-Zacharie, et à côté d'eux des grenadiers (*Punica*, fig. 891) qui remplissent de leurs boutons floraux certains dépôts pliocènes de Meximieux (Ain).

17. — Famille des Térébinthinées. — Des noyers (*Juglans*, fig. 892) vivaient en Provence pendant les temps miocènes, et des pistachiers (*Pistacia*, fig. 893) mêlaient leurs rameaux aux siens et à ceux de plusieurs sumacs (*Rhus*, fig. 894).

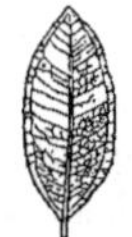

Fig. 890.
Myrtus caryophylloides (Sap.).

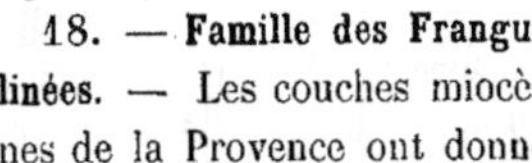

Fig. 891.
Punica Planchoni (Sap.).

Fig. 892.
Juglans minor (Sap. et Mar.).

Fig. 893.
Pistacia Gervais (Sap.).

18. — Famille des Frangulinées. — Les couches miocènes de la Provence ont donné des fusains (*Evonymus*, fig. 895). A Armissan et à Aix on recueille les débris de plusieurs houx (*Ilex*, fig. 896) mêlés à des nerpruns (*Rhamnus*, fig. 897) peu différents de ceux d'aujourd'hui.

19. — Famille des Acérinées. — Beaucoup d'érables (*Acer*) figurent dans la flore fossile de la France. A Aix, à Saint-Zacharie, à Saint-Jean de Gar-

Fig. 894.
Rhus reddita (Sap.).

Fig. 895.
Evonymus rotundatus (Sap.).

Fig. 896.
Ilex Falsani (Sap.).

Fig. 897.
Rhamnus Œningenensis (Al. Br.).

guier, à Armissan, à Brognon (Côte-d'Or), à Menat, à Meximieux, les empreintes sont nombreuses et variées, comprenant, outre les feuilles (fig. 898), les samares ou fruits si caractéristiques (fig. 899). Des savonniers (*Sapindus*, fig. 900) figurent parmi les échantillons qui viennent de plusieurs localités de Provence.

20. — Famille des Tiliacées. — Des arbres très voisins des tilleuls et dont on

Fig. 898.
Acer primævum (Sap.).

Fig. 899.
Acer trilobatum (A. Br.).

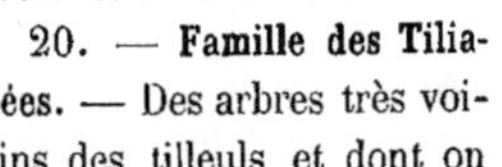

Fig. 900.
Sapindus falcifolius (A. Br.).

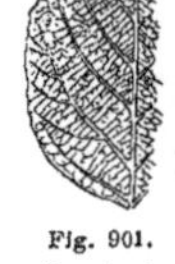

Fig. 901.
Grewiopsis Credneriæformis (Sap.).

a fait le genre *Grewiopsis*, se signalent par leurs empreintes (fig. 901) dans les travertins de Sézanne (Marne).

21. — Famille des Nymphéacées. — Des feuilles de nénuphar (*Nymphea*, fig. 903) se reconnaissent à première vue dans les dépôts d'Aix; avec elles sont des rhizomes ou racines souterraines dont l'étude a été difficile. Près de Paris, les meulières de Longjumeau contiennent des graines provenant de plantes analogues.

22. — Famille des Magnoliacées. — Depuis le milieu des temps crétacés jusqu'à la fin du terrain miocène, les magnolias vivaient en France. Des fruits (fig. 902) et des feuilles, ne laissant aucun doute, ont été trouvés par exemple à Sézanne, à Aix et à Meximieux.

Fig. 902.
Magnolia (fruit).

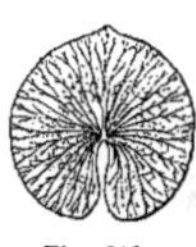

Fig. 903.
*Nymphœa
D umasi* (Sap.).

Fig. 904.
Aralia multifida
(Sap.).

Fig. 905.
Hedera prisca
(Sap.).

23. — Famille des Discan-thées. — C'est en très grand nombre que la paléontologie française compte les *Aralia* (fig. 904), genre absolument disparu d'Europe à l'heure présente. Un lierre (*Hedera*, fig. 905) bien peu différent du lierre actuel s'est fossilisé à Sézanne en même temps que des vignes vierges (*Cissus*) et des cornouillers (*Cornus*, fig. 906).

24. — Famille des Éricacées. — De petites bruyères à feuilles persistantes dont on a fait le genre *Leucothea* (fig. 907) se présentent dans les formations miocènes du Var, des Bouches-du-Rhône et de l'Aude.

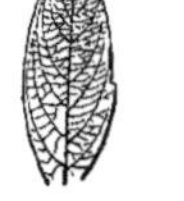

Fig. 906.
*Cornus
platyphylla* (Sap.).

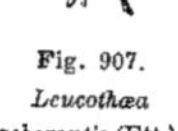

Fig. 907.
*Leucothœa
acherontis* (Ett.).

Fig. 908.
*Diospyros
senescens* (Sap.).

Fig. 909.
*Nerium
Sarthacense*
(Sap.).

25. — Famille des Diospyrées. — C'est encore dans ces départements qu'on a découvert des ébéniers fossiles (*Dyospiros*), représentés non seulement par des feuilles, mais aussi par des fleurs (fig. 908) où se reconnaissent le calice, la corolle, les étamines et les carpelles. Aujourd'hui les arbres du même genre sont strictement cantonnés dans les régions les plus chaudes du globe. Des lauriers roses (*Nerium*, fig. 909) existent dans les couches crétacées du département de la Sarthe et dans les grès moyens des environs de Paris.

Fig. 910.
*Solanites
Brongniarti*
(Sap.).

Fig. 911.
*Fraxinus
gracilis*
(Sap.).

26. — Famille des Solanées. — On qualifie de *Sola-nites* une plante des schistes marneux du terrain à gypse d'Aix, dont on a conservé toutes les parties principales y compris des fleurs (fig. 910).

27. — Famille des Oléinées. — Les frênes (*Fraxinus*, fig. 911) étaient déjà nombreux en France à l'époque tertiaire. Menat en Auvergne, le Bois-d'Asson en Provence, en ont fourni plusieurs espèces.

28. — Famille des Lonicérées. — Le célèbre gisement de travertin de Sézanne, les dépôts pliocènes de Meximieux contiennent des empreintes de viornes

(*Viburnum*) dont certaines (fig. 912) se rapprochent singulièrement du laurier-tin d'aujourd'hui.

29. — **Famille des Composées.** — La famille des composées, représentée dans la flore vivante par dix mille espèces environ, n'a laissé que peu de vestiges fossiles. Il faut citer cependant une épervière (*Hyeracium*) dans les schistes d'Aix et quelques autres genres très peu importants.

Fig. 912.
*Viburnum
palæomorphum*
(Sap. et Mar.).

Fig. 913.
*Persea
polymorpha*
(Sap. et Mar.).

Fig. 914.
*Sassafras
primigenium*
(Sap.).

Fig. 915.
*Cinnamomum
racemosum*(Ung.).

30. — **Famille de Laurinées.** — Beaucoup de lauriers (*laurus*) et de *Persea* (fig. 913), ont été extraits des formations de Sézanne, de Marseille, d'Armissan, de Meximieux. Menat et Sézanne ont donné des *Sassafras* (fig. 914); Armissan, Aix des canneliers (*Cinnamonum*, fig. 915).

31. — **Famille des Protéinées.** — A l'époque présente, c'est dans l'hémisphère austral extra-tropical et par exemple au Cap de Bonne Espérance qu'il faut aller pour rencontrer des plantes de cette famille. Aux temps tertiaires, les *Grevillea* (fig. 916), les *Hakea*, les *Rhopala* (*Rhopalospermites*), les *Lomatia* (fig. 917), les *Banksia* (fig. 919), les *Dryandra*, abondaient dans nos localités provençales.

Fig. 916.
*Grevillea
provincialis*
(Sap.).

Fig. 917.
*Lomatites
aquensis*
(Sap.).

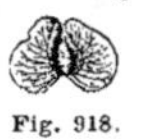
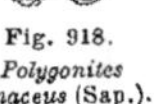

Fig. 918.
*Polygonites
ulmaceus* (Sap.).

Fig. 919.
*Banksites
aculeatus* (Sap.).

32. — **Famille des Polygonées.** — On rattache au genre *Polygonytes* des fruits samaroïdes (fig. 918) découverts à Fenestrelle et à Saint-Jean de Garguier.

33. — **Famille des Urticées.** — Des ormes (*Ulmus*, fig. 920) fossiles figurent parmi les végétaux des travertins de Sézanne. Il en a été trouvé aussi à Belleu (Oise), à Saint-Zacharie,

Fig. 920.
Ulmus primæva
(Sap.).

Fig. 921.
Celtis trachytica
(Ung.).

Fig. 922.
Ficus carica
de Moret.

Fig. 923.
Ficus carica
de Moret.

à Armissan et ailleurs. Les schistes tertiaires de Ménat (Puy-de-Dôme) donnent des feuilles de micocoulier (*Celtis*, fig. 921). Une trouvaille récente et très intéressante a consisté dans la découverte auprès de Moret (Seine-et-Marne) dans un travertin d'âge quaternaire, de feuilles (fig. 923) et sycoses (fig. 922) d'un figuier fort analogue au *Ficus carica* d'aujourd'hui. Déjà vivait lors du dépôt des calcaires de Sézanne un arbre peu différent dont on a fait le genre *Protificus* (fig. 924).

34. — **Famille des Amentacées.** — Les arbres à chatons sont largement repré-sentés dans les flores fossiles de la France. Des *Myrica*, maintenant répandus surtout en Amérique et en Asie, se trouvent en abondance dans les formations miocènes du Midi. C'est en très grand nombre qu'on collectionne des bouleaux (*Betula*, fig. 925) fossiles : les plus anciens sont de Sézanne, c'est-à-dire de l'éocène inférieur, le calcaire grossier de Paris, le gypse d'Aix, les calcaires d'Armissan en fournissent également. Les aulnes

Fig. 924.
*Protoficus
Sezannensis*
(Sap.).

Fig. 925.
Betula gypsicola
(Sap.).

Fig. 926.
*Alnus
Kefersteinii*
(Gœpp).

(*Alnus*, fig. 926) ont à peu près la même histoire paléontologique. Des arbres bien voisins des noisetiers et qui composent le genre *Ostrya* ont laissé des empreintes à Aix et à Saint-Zacharie. Avec elles se montrent des

charmes (*Carpinus*, fig. 927), dont certains représentants habitaient Sézanne et Belleu à une époque antérieure. Dès l'époque crétacée se montrent des hêtres (*Fagus*, fig. 928); ils continuent pendant tout le tertiaire. Des feuilles de châtai-

Fig. 927.
*Carpinus
cuspidata* (Sap.).

Fig. 928.
*Fagus
sylvatica* (Lin.).

Fig. 929.
Castanea Ungeri
(Heer.).

Fig. 930.
*Quercus
Farnetto* (Ten.).

gniers (*Castanea*, fig. 929) ont été empâtées dans les grès éocènes de Belleu et dans les calcaires marneux miocènes d'Armissan. D'innombrables chênes fossiles

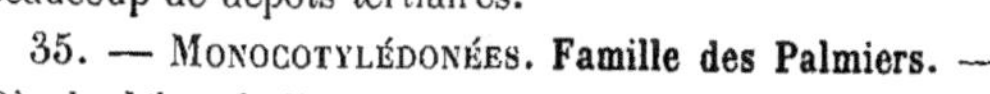

(*Quercus*, fig. 930) fournis par des localités françaises figurent dans les collections. M. de Saporta a publié une curieuse étude sur les variations de formes qu'ils présentent. C'est aussi avec abondance que les saules (*Salix*, fig. 931) et les peupliers (*Populus*, fig. 932) se présentent dans beaucoup de dépôts tertiaires.

Fig. 931.
Salix aquensis
(Sap.).

Fig. 932.
Populus canescens
(Sap.).

35. — Monocotylédonées. **Famille des Palmiers.** — Dès le début de l'époque tertiaire il y avait en France des forêts de palmiers. Ces arbres ont abondé surtout pendant le dépôt des lignites et du calcaire grossier; ils se sont prolongés jusque dans le miocène. La mollasse de Castres, de Toulouse, les grès éocènes d'Angers, le calcaire

grossier de Paris, les lignites de Soissons contiennent diverses espèces de *Sabal* (fig. 933). On appelle *Flabellaria* (fig. 936), de beaux palmiers maintenant disparus qui ont laissé de vastes feuilles dans le calcaire grossier de Paris, dans les gypses d'Aix et ailleurs. Enfin des dattiers (*Phœnix*) figurent parmi les fossiles de la mollasse de Toulouse, des gypses d'Aix, du calcaire grossier de Meudon et des grès du Soissonnais (*Endogenites*, fig. 934).

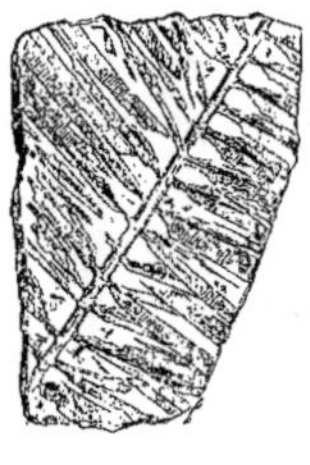

Fig. 933.
Sabal Hœringiana (Ung.).

Fig. 934.
Endogenites echinatus (Br.).

36. — **Famille des Potamées.** — Les potamots (*Potamogeton*) qui pullulent à l'heure actuelle dans toutes les eaux douces, habitent la France depuis le commencement des temps tertiaires (fig. 937). Paris en présente dans son calcaire grossier, Aix dans son gypse, Longjumeau dans ses meulières. D'élégantes naïadées du genre caulinie (*Caulinites*, fig. 935) remplissent de leurs tiges rameuses, des grés à Belleu, des calcaires à Paris et près de Nantes.

37. — **Famille des Hydrocharidées.** — Les *Ottelia* (fig. 938) qui de nos jours habitent le Gange et fournissent un légume aux Indiens, ont laissé l'empreinte de leurs feuilles dans le calcaire grossier du Trocadéro à Paris. Les gypses de Provence contiennent une vallisnérie.

Fig. 935.
Caulinites parisiensis (Al. Br.).

Fig. 936.
Flabellaria Saportana (Crié).

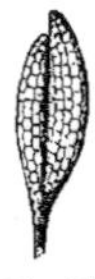

Fig. 937.
Potamogeton Bruckmannia (Al. Br.).

38. — **Famille des Liliacées.** — Pendant les temps tertiaires, des dragoniers (*Dracœnites*) vivaient à Aix et à Armissan. Les plantes grimpantes connues sous le nom de *Smilax* (fig. 939) se mêlaient avec eux.

39. — **Famille des Cypéracées.** — Les laiches (*Carex*) et les souchets (*Cyperacites*) vivaient pendant la période tertiaire dans un grand nombre de localités françaises.

40. — **Famille des Graminées.** — En général peu résistantes, les graminées ne se sont pas toujours con-

Fig. 938.
Ottelia parisiensis (Sap.).

Fig. 939.
Smilax semifolia (Wess.).

servées à l'état fossile. On en connaît néanmoins assez pour être sûr qu'aux temps tertiaires elles étaient aussi abondantes qu'aujourd'hui, On constate même qu'elles étaient plus variées, parce que beaucoup de formes, maintenant exotiques, habitaient alors notre pays. Des millets (*Panicum*, fig. 940) se reconnaissent à leurs épis d'ailleurs rares, à Aix et aux environs de Forcalquier. Les meulières de Longjumeau contiennent des roseaux (*Arundo*, fig. 941). Les paturins (*Poacites*, fig. 943) sont plus abondants ; on en a signalé à Aix dans l'éocène le plus supérieur, dans l'Aisne et dans l'Oise, à la base du même terrain. Dès le terrain crétacé moyen (cénomanien) des bambous (*Bambusa*, fig. 942) existaient dans l'ouest de la France. Il sont abondants dans le pliocène de Meximieux (Ain) et du Cantal.

Fig. 940.
*Panicum
Hartungi*
(Heer).

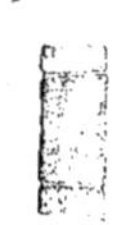

Fig. 941.
*Arundo ægyptia
antiqua*
(Sap. et Mar.).

Fig. 942.
*Bambusa
cenomanensis*
(Crié).

Fig. 943.
Poacites tortus
(Al. Br.).

41. GYMNOSPERMES. **Famille des Conifères.** — Dès l'époque permienne les environs d'Autun et ceux de Lodève étaient ombragés par des forêts d'un bel arbre appelé *Walchia* (fig. 944) qu'on peut comparer pour le port aux *Araucarias* du Brésil. Dans le trias des Vosges on retrouve toutes les parties d'un arbre sans analogue à présent et qu'on appelle *Voltzia* (fig. 945). De vrais *Araucarias* (fig. 946) sont fossilisés dans les grés verts de Nogent le Rotrou (Eure-et-Loir) et c'est près d'eux qu'il faut classer les *Pachyphyllum* (fig. 947) du terrain corallien de Verdun et de Saint-Mihiel. On a appelé *Albertia* (fig. 948) une conifère très particulière qui accompagne le voltzia et dont on connait maintenant plusieurs espèces. Les pins (*Pinus*, fig. 949) sont très communs dans plusieurs dépôts tertiaires où l'on retrouve des vestiges de tous leurs organes principaux et spécialement de leurs cônes. C'est à Armissan, à Aix, à Saint-Zacharie, que les découvertes les plus importantes ont été faites. Armissan a procuré aussi un *Sequoïa* (fig. 950) dont les représentants actuels

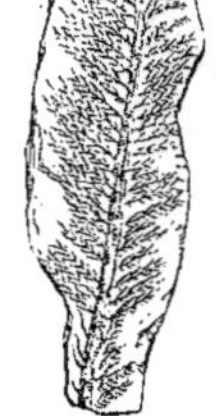

Fig. 944.
Walchia pinniformis (Sternb.).

Fig. 945.
*Voltzia
heterophylla*
(Schimper).

Fig 946.
*Araucaria
Toucasi* (Sap.).

Fig. 947.
*Pachyphyllum
majus* (Brongn.).

Fig. 948.
*Albertia
Braunii*
(Schimper).

Fig. 949.
*Pinus
Caroliniana*
(Carr.).

Fig. 950.
*Sequoïa
Tournalii*
(Sap.).

constituent comme on sait de gigantesques forêts en Californie. Les genres

Widdringtonia (fig. 951) et *Brachyphyllum* (fig. 952) doivent également être mentionnés.

Fig. 951.
Widdringtonia brachyphylla (Sap.).

Fig. 952.
Brachyphyllum nepos (Sap.).

42. — Famille des Cycadées. —Cantonnées maintenant dans l'Amérique tropicale, les *Zamia* (fig. 953) vivaient en France dès les temps jurassiques (du corallien au kimméridgien). Les localités qui en ont fourni

Fig. 953.
Zamites Moreauanus (Brongn.).

Fig. 954.
Otozamites deconcs (Sap.).

sont, entre autres, Cirin (Isère), la Montagne-Noire (Aude), le lac d'Armaille (Ain), Saint-Mihiel (Meurthe). On distingue sous le nom d'*Otozamites* (fig. 954) un genre assez voisin, découvert dans les mêmes localités. Dans le grès infraliasique d'Hettange se rencontrent des troncs subsphériques couverts de cicatrices foliaires, fort ressemblants à ceux des *Cycas* d'à présent et qu'on a catalogués sous le nom de *Cycadites* (fig. 956).

43. — Acotylédonées. Les acotylédonées fossiles sont des acrogènes ou des amphigènes.

Fig. 955.
Lepidodendron longifolium (Br.).

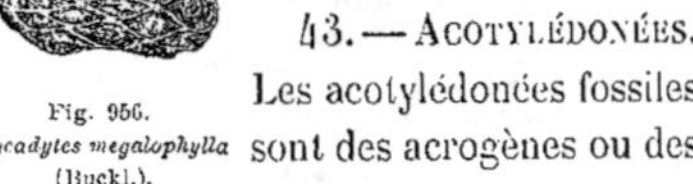

Fig. 956.
Cycadytes megalophylla (Buckl.).

Fig. 957.
Lepidophloïus laricinum (Stern).

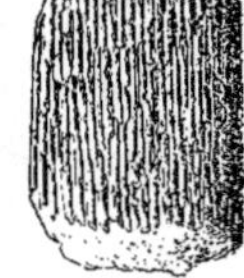

Fig. 958.
Knorria imbricata (Sternb.).

44. — Acrogènes. Famille des Lycopodinées. — Les *Lepidodendron* (fig. 955), disparus de la flore actuelle, sont représentés dans les couches carbonifères par des échantillons parfois fort volumineux. On les rencontre dans presque tous les bassins houillers. A la même famille appartiennent les *Knorria* (fig. 958) et les *Lepidophloïos* (fig. 957), cantonnés surtout dans le culm. On sépare sous le nom de *Lepidostrobus* (fig. 959) des fructifications appartenant vraisemblablement aux végétaux précédents. Les *Sigillaria* (fig. 960) sont encore plus abondantes que les lépidodendrons ; leurs fruits sont qualifiés de *Sigil-*

Fig. 959.
Lepidostrobus Goldenbergii (Schloth.).

Fig 960.
Sigillaria pachyderma (Br.).

Fig. 961.
Stigmaria ficoides (Br.).

Fig. 962.
Sigillariostrobus.

lariostrobus (fig. 962) et leurs racines font partie de la grande catégorie des *Stigmaria* (fig. 961).

45. — **Famille des Fougères.** — Les formes de fougères fossiles sont extrêmement nombreuses. Déjà on a dit qu'à l'époque houillère elles étaient souvent de taille fort élevée. On en trouve dans des terrains fort différents. Nous nous bornerons à mentionner les principales. Les *Sphenopteris* (fig. 963) ont été recueillies dans les

Fig. 963.
Sphenopteris marginata (Dub.).

Fig. 964.
Cyclopteris Brownii (Dub.).

couches carbonifères d'Anzin (Nord), de Montrelais (Loire-Inférieure), d'Alais (Gard), etc. Les *Cyclopteris* (fig. 964) abondent à Saint-Étienne (Loire). Les *Nevropteris* (fig. 965) ont laissé leurs em-

Fig. 965.
Nevropteris auriculata (Br.).

Fig. 966.
Cardiopteris frondosa (Gœpp.).

preintes dans plusieurs des localités précédentes et dans les roches triasiques de Soultz-les-Bains et de Lunéville. Le *Cardiopteris* (fig. 966) est spécial au culm. A Saint-Pierre-

Fig. 968.
Callipteris conferta (Br.).

la-Cour (Mayenne) comme à Saint-Étienne, on a observé des *Odontopteris* (fig. 967). Les couches permiennes d'Autun et de Lodève fournissent des *Callipteris* (fig. 968). Sous le nom de *Pecopteris* (fig. 970) on désigne un genre important de fougères, représenté dans tous les bassins houillers et qui possède des caractères très distinctifs.

Fig. 967.
Odontopteris Brardi (Br.).

Comme fougères plus récentes on peut citer les *Lomatopteris* (fig. 969) et les *Loxopteris* qui sont jurassiques, et les *Adiantum* (fig. 971), les *Blechnum*, les *Pteris*, les *Lygodium* (fig. 972), etc., qui sont tertiaires.

Fig. 969.
Lomatopteris superstes (Sap.).

Fig. 970.
Pecopteris nervosa (Br.).

46. — **Famille des Équisetacées.** — Ces plantes dont le type moderne est la prêle (*Equisetum*) ont joué un grand rôle dans les forêts houillères. Les *Calamites* (fig. 973) atteignaient la

Fig. 971.
Adiantum reniforma.

Fig. 972.
Lygodium Gaudini (Heer).

taille de nos plus grands arbres et étaient extraordinairement abondantes. On en trouve dans tous les bassins houillers. Dans le trias sont des végétaux fort voisins qu'on rapporte maintenant au genre *Equisetum* (fig. 974) proprement dit et qu'on vient de retrouver dans le terrain houiller de Commentry et de Maine-et-Loire. Les *Schizoneura* (fig. 975), les *Calamocladus* (fig. 976),

les *Bornia* (fig. 977) sont des végétaux voisins. Les *Annularia* (fig. 978) se distinguent aisément par les élégants verticilles de feuilles dont leurs tiges sont ornées. Dans les schistes carbonifères de Ronchamp (Haute-Saône) on en rencontre communément les épis fructifiés.

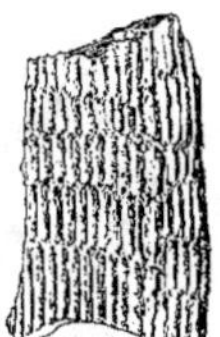

Fig. 973.
Calamites cannæformis (Schloth.).

Fig. 974.
Equisetum arenaceum (Jæg.).

Fig. 975.
Schizoneura paradoxa (Schimp.).

Fig. 976.
Calamocladus equisetiformis (Schloth.).

47. — Famille des Mousses. — Ce sont ici des plantes cellulaires dont la conservation par fossilisation n'a pu se faire que dans des conditions très spéciales. Des *Marchantia* (fig. 979) ont été trouvées à Sézanne et près de Marseille dans des formations tertiaires. A Manosque une *Plagiochila* (fig. 980) est du même âge. Le calcaire miocène d'Armissan donne des *Fontinalis* (fig. 981) et des *Hypnum* (fig. 982).

Fig. 977.
Bornia transitionis (Rœmer).

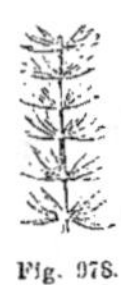

Fig. 978.
Annularia longifolia (Br.).

Fig. 979.
Marchantia gracilis (Sap.).

Fig. 980.
Plagiochila Saportana (Schimper).

48. — Famille des Characées. — Les charagnes (*Chara* fig. 983), si abondantes dans nos eaux douces, jouaient déjà un rôle important dans la botanique française à l'époque tertiaire. Les meulières dites de Beauce, du miocène parisien en sont parfois tellement pétries qu'on avait proposé pour ces roches le nom de *characite*. On en trouve de diverses espèces dans la plupart des terrains tertiaires d'eau douce.

Fig. 981.
Fontinalis Tournalii (Br.).

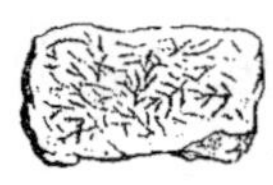

Fig. 982.
Hypnum Heerii (Schimper).

49. — Amphigènes. Famille des Algues. — Les algues fossiles ne sont pas aussi nombreuses ni aussi variées qu'il serait légitime de le croire ; mais le fait tient sans doute à la très difficile conservation de végétaux aussi peu résistants. Dans certaines régions et à certains niveaux de l'éocène inférieur, des couches entières sont pétries de *Fucoïdes* ou *Chondrites* (fig. 984), plantes voisines des

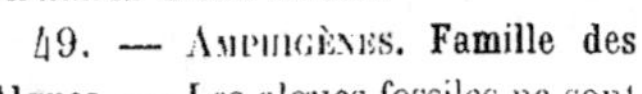

fucus et dont l'organisation n'est pas toujours facile à discerner. On a émis l'opinion que des empreintes considérées comme dues à des algues, n'ont en réalité rien
d'organique. Cette opinion défendue avec passion par M. Nathorst, a rencontré
dans M. de Saporta un adversaire des plus décidés. Cependant des algues incon-
testables, des *Laminarites*, voisines de nos laminaires se
montrent dans la craie des environs de La Rochelle, dans le
calcaire grossier de l'Aisne
et ailleurs. Les *Taonurus* et
les *Granularia* sont encore
des fucacées. Analogues aux
Chondrus d'à présent, les
Polysiphonides (fig. 985)
sont très abondants au sein
des couches miocènes. Des

Fig. 983.
Chara medicaginula (Br.).

Fig. 984.
*Chondrites arbus-
cula.*

Fig. 985.
Polysiphonides Kœchlini
(Schimper).

Corallina (fig. 989) comparables à celles que nourrissent nos mers, sont
du calcaire grossier de Paris. Il faut enfin mentionner, à la base même de
tout le règne végétal, des algues microscopiques pour la plupart, et que rend
bien remarquable le squelette siliceux inaltérable qui leur survit. On leur donne
le nom général de diatomées (fig. 986 à 968). Elles appartiennent à des genres
forts différents et à des espèces fort diverses, et l'abondance de leurs carapaces
est si grande qu'en maintes régions elles font à elles seules des couches tout
entières. Le tripoli de Randan en Auvergne en est un exemple entre autres.

50. — Voilà, en un résumé bien incomplet et bien
court, sur quoi les paléontologistes ont travaillé, et voilà
ce qui les a mis à même, non seulement de restaurer
les plantes à jamais disparues, mais de
décrire les climats successifs des anciennes
périodes. Il est vrai que si tous sont d'ac-
cord sur le côté qu'on peut appeler *matériel*
de la question, ils se heurtent souvent
et se contredisent dans l'interprétation des

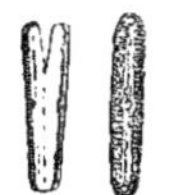

Fig. 986 à 988.
Diatomées.

Fig. 989.
Corallina Reussiana (Gœpp.).

faits et les recherches de leurs causes. On prétend bien arriver à découvrir
la vérité par le raisonnement appuyé sur l'observation..... mais trop souvent
l'observation est excellente et le raisonnement douteux.

Du reste, deux écoles se partagent les esprits consacrés aux études biolo-
giques : celle de l'invariabilité et celle de la transformation de l'espèce. Elles sont
bien connues toutes deux et bien que la seconde jouisse d'une faveur qui va

grandissant chaque jour, on ne peut mieux que dire avec **M.** Gaudry en présence du doute qui plane encore sur ces grandes questions : « Ce que nous savons est peu de chose comparativement à la richesse des formes enfouies dans le sein de notre terre, et ce serait grand hasard, qu'ayant encore rassemblé seulement quelques anneaux des chaînes du monde organique, nous ayons justement mis la main sur les anneaux qui se suivent ».

Ce sera aussi la philosophie du présent article, comme c'est d'ailleurs celle de toute science : nous avons peu, nous espérons beaucoup..... Mais ce peu que nous avons est bon à proclamer ; c'est par lui que nous aurons un jour ce qui nous manque.

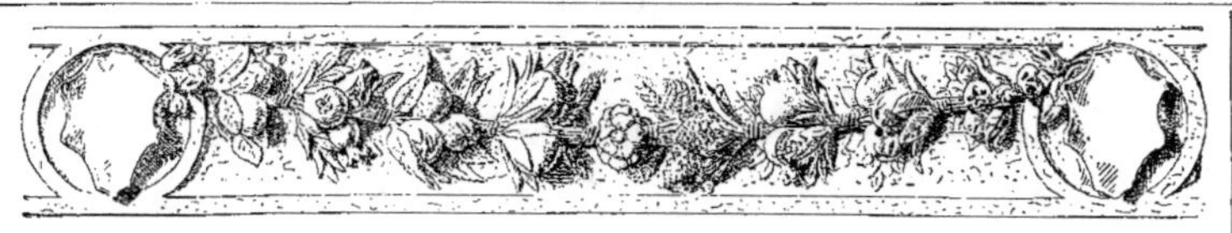

TABLE ALPHABÉTIQUE

DES FAMILLES, GENRES ET ESPÈCES DE PLANTES

FIGURÉES ET DÉCRITES DANS CE VOLUME [1]

[1] Voir pour les mots techniques le Glossaire à la page 53.

[2] La colonne ayant l'entête (Vig. du texte) indique les numéros des gravures noires qui sont dans le texte.

[3] *fos.* mis à la suite d'un nom, indique une plante fossile.

TABLE ALPHABETIQUE.

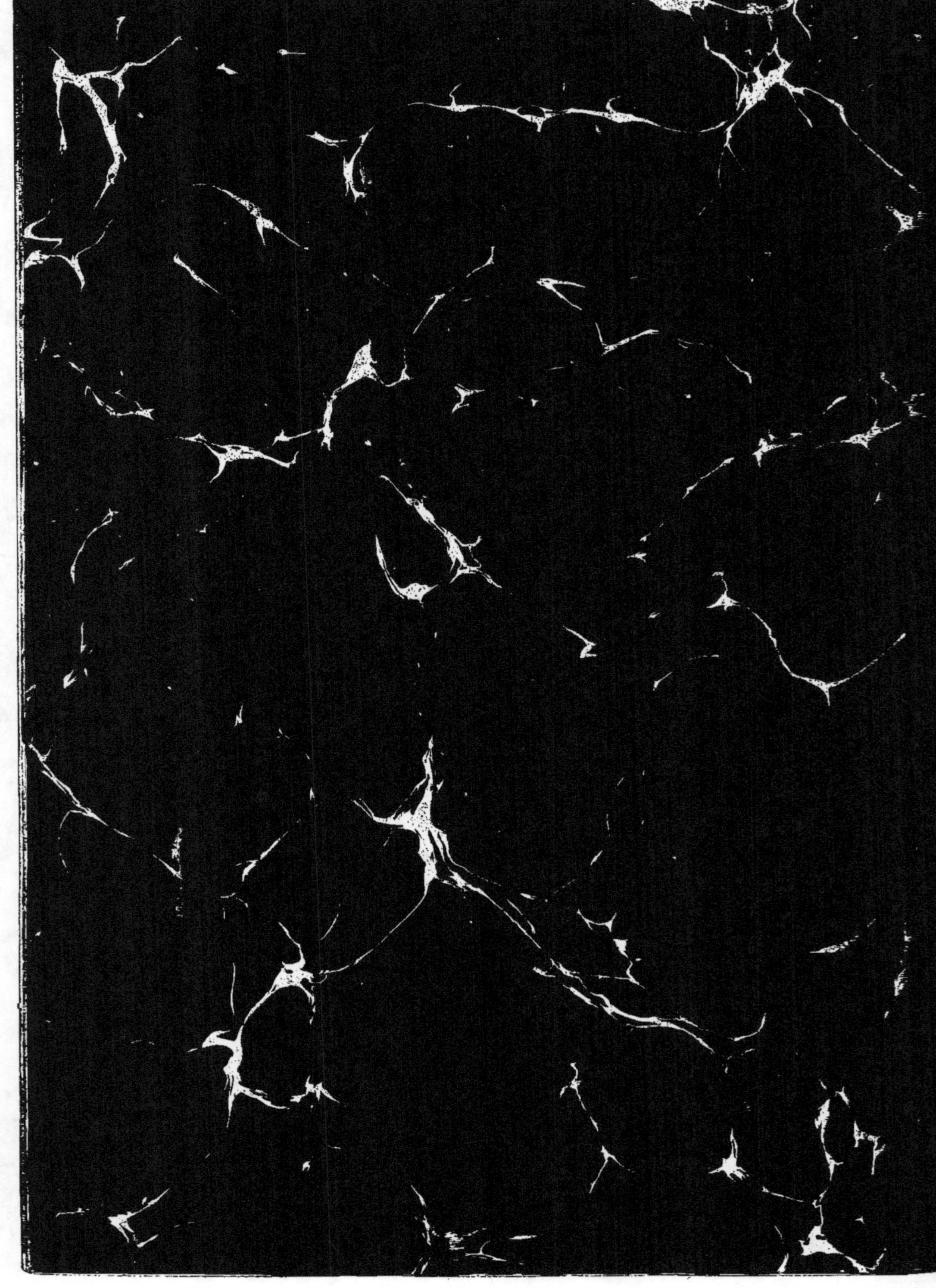

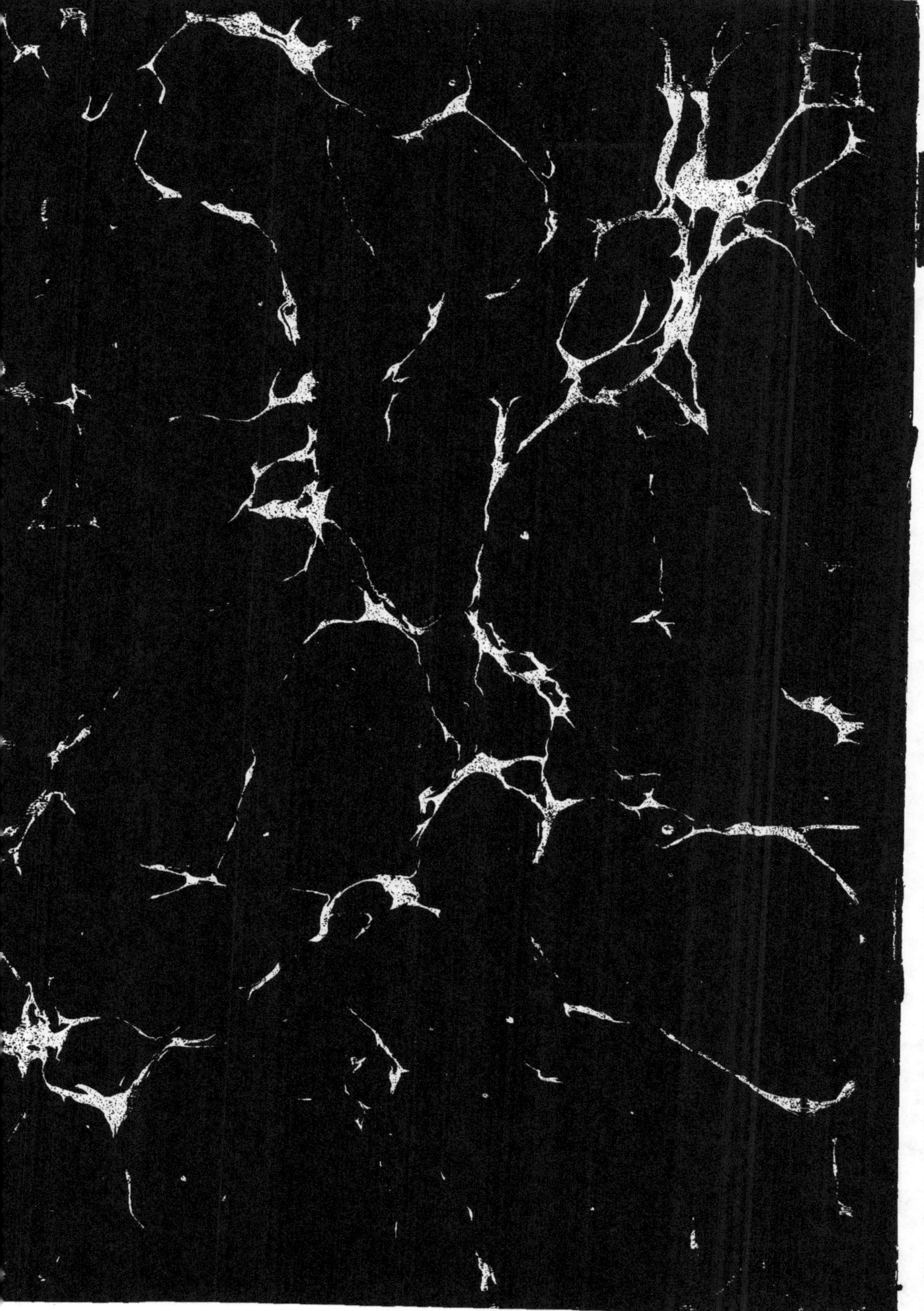